生物多样性优先保护区丛书——大巴山系列

重庆阴条岭国家级自然保护区生物多样性

邓洪平 等 著

科 学 出 版 社

北 京

内 容 简 介

重庆阴条岭国家级自然保护区位于重庆市巫溪县东部,地处渝、鄂两省市交界处,既是大巴山生物多样性保护优先区核心区域,也是秦巴山地及大神农架生物多样性关键区的重要组成部分。该区域的保护工作不仅是国家实施重要生态系统保护工程、优化生态安全屏障体系、构建生态廊道和生物多样性保护网络的重点之一,还对提升生态系统质量和稳定性具有重要意义。

生态文明已成为当今社会的热词,本书沿着新时代生态文明建设的方向,在落实生态文明创新理念的前提下并结合保护区多年科学考察成果,分 10 章对保护区自然地理、大型真菌多样性、维管植物多样性、昆虫多样性、脊椎动物多样性、植被及生态系统多样性、旅游资源、社区经济等做了详细的分析、研究和评价。本书可为从事区域生物多样性研究、保护区科学考察和管理以及自然科普教育的科学工作者提供参考。

图书在版编目(CIP)数据

重庆阴条岭国家级自然保护区生物多样性 / 邓洪平等著. —北京:科学出版社,2018.6

(生物多样性优先保护区丛书. 大巴山系列)

ISBN 978-7-03-057653-8

Ⅰ. ①重… Ⅱ. ①邓… Ⅲ. ①自然保护区–生物多样性–研究–重庆 Ⅳ. ①Q16

中国版本图书馆 CIP 数据核字(2018)第 121705 号

责任编辑:冯 铂 刘 琳 / 责任校对:韩雨舟
责任印制:罗 科 / 封面设计:墨创文化

科 学 出 版 社 出版

北京东黄城根北街 16 号
邮政编码:100717
http://www.sciencep.com

成都锦瑞印刷有限责任公司 印刷

科学出版社发行 各地新华书店经销

*

2018 年 6 月第 一 版 开本:889×1194 1/16
2018 年 6 月第一次印刷 印张:20
字数:700 000

定价:108.00 元
(如有印装质量问题,我社负责调换)

《重庆阴条岭国家级自然保护区生物多样性》
编委会

主　编：邓洪平

副主编：王志坚　陶建平　杨志明　张家辉　王　茜

编　者：谢嗣光　李树恒　陈　锋　丁　博　郑昌兵　程大志　李运婷

　　　　钱　凤　张华雨　蒋庆庆　巴罗菊　宗秀虹　苏　岩　伍小刚

　　　　陈　淼　党成强　何　松　喻奉琼　曾嘉庆　李丘霖　万海霞

　　　　刘　钦　倪东萍　詹素平　顾　梨　程莅登　瞿欢欢　左有为

　　　　汪　豪　李满婷　林　乐　夏常英　刘燕林　张雅婧　马　琪

　　　　胡佐灿　张兴建　廖正佳　张凌云　廖　丹　姚　辉　佘大斌

　　　　刘忠华

前　　言

重庆阴条岭国家级自然保护区位于重庆市巫溪县东部,地处鄂、渝两省市交界处,介于东经 109°41′19″~109°57′42″,北纬 31°23′52″~31°33′37″。它既是大巴山生物多样性保护优先区的核心区域,也是秦巴山地及大神农架生物多样性关键区的重要组成部分。随着国家生态文明建设的不断推进,如何做好自然保护区的工作显得越发重要。习近平总书记在十九大报告中提到,要加大生态系统保护力度,实施重要生态系统保护和修复工程,优化生态安全屏障体系,构建生态廊道和生物多样性保护网络,提升生态系统质量和稳定性。报告给生态保护工作提出了新的要求和方向,而该区域的保护工作是国家实施重要生态系统保护工程、优化生态安全屏障体系、构建生态廊道和生物多样性保护网络的重要体现,对于提升区域生态系统质量和稳定性具有重要意义。

特殊的地理位置孕育了丰富的物种多样性。为保护好这一天然的生物基因库,2001 年 11 月,重庆市政府以渝府〔2001〕310 号文件批复,同意建立重庆阴条岭市级自然保护区。为了促进保护区的发展,2009 年进行了一次保护区范围和功能区划调整,2012 年晋升为国家级自然保护区(国办发〔2012〕7 号)。

保护区距巫溪县城约 30km,辖区范围包括白果、官山两个国有林场的全部范围以及双阳乡、兰英乡、宁厂镇的部分区域,总面积约 224.23km²,其中核心区面积为 78.51km²,缓冲区面积为 62.38km²,实验区面积为 83.34km²。区内最高峰阴条岭,海拔 2796.8m,为重庆市最高点,最低点兰英河河谷,海拔 450.2m,海拔高差近 2400m。保护区属森林生态系统类型,主要保护对象是中山亚热带森林生态系统,以及以红豆杉(*Taxus chinensis*)、珙桐(*Davidia involucrata*)、水青树(*Tetracentron sinense*)、林麝(*Moschus berezovskii*)、金钱豹(*Panthera pardus*)等重点保护和珍稀濒危野生动植物为代表的生物多样性。

为及时掌握保护区内野生动植物资源的生存现状及其与自然环境和社区经济、人口等条件之间的关系,为有效开展保护和管理工作提供依据,在各级地方政府及主管部门的大力支持下,保护区管理部门与相关科研单位合作,开展了大量的科学考察工作。

本著作是在前人工作的基础上,结合本团队 2014~2017 年对保护区进行的最新科学考察成果编撰而成。考察工作中得到了巫溪县林业局和重庆阴条岭国家级自然保护区管理局的大力支持,在此表示衷心的感谢!

限于时间和业务水平,错漏之处在所难免,敬请批评指正。

编　者

2018 年 3 月

目　　录

第1章 自然地理概况

1.1 地 理 位 置

重庆阴条岭国家级自然保护区位于重庆市巫溪县东部，地处渝、鄂两省市交界处（附图1-1），地跨东经109°41′19″～109°57′42″，北纬31°23′52″～31°33′37″。保护区距巫溪县城约30km，辖区范围包括白果、官山两个国有林场的全部范围以及双阳乡、兰英乡、宁厂镇的部分区域，总面积约224.23km²，其中核心区面积为78.51km²，占保护区总面积的35.01%，缓冲区面积为62.38km²，占保护区总面积的27.82%，实验区面积为83.34km²，占保护区总面积的37.17%（附图1-2）。

1.2 地 质

保护区所在的巫溪县地质发育自新元古代震旦纪，在4亿～5亿年前的"加里东运动"中，成为华北、华中和狭义的长江流域地区唯一的一块加里东褶皱，因地势险峻，地震危害极小，一般地震烈度小于6度，处于相对稳定状态。该区地处大巴山弧形构造与淮阳山字型构造西翼反射弧的结合部位，大部分地区居于南大巴山弧形构造挤压带，地质构造复杂。其格局表现为近东西向的紧密线型褶皱和冲断裂。

1.3 地 貌

保护区处于大巴山东段南麓。地形、地貌基本骨架明显受地质构造的控制，为典型的深切割中山地形，海拔高差近2400m。山脉多呈东西走向，形成平行岭谷，立体地貌景观颇具特色：一方面总体上表现为强烈的切割，崇山峻岭连绵起伏，悬崖峡谷随处可见；另一方面地形有明显的高山区平坝。

保护区内最高峰阴条岭，海拔2796.8m，为重庆市最高点。最低点兰英河河谷，海拔450.2m。

1.4 气 候

保护区属亚热带湿润区，春秋相连，常年无夏，冬季漫长。同纬度地区，海拔每升高100m，年平均气温下降约0.65℃，全年平均大于10℃的日数为225天，年降雨日数为120天左右，年降水量在1400mm上下，其中55%～60%的降水集中在夏季，形成明显的雨季。夏秋季，在中国台风路径图上，该地区位于台风路径影响之外，而冬季该地区未在寒潮影响区内。高海拔地区的年霜日数为25天左右，无霜期较长。年平均相对湿度85%左右，年平均干燥度1.0。优越的气候条件非常有利于植物生长、动物的繁衍和生存，从而形成了保护区内特有的森林生态环境。

1.5 水 文

保护区内水体在山谷间广泛分布，有阳板河、清岩河、龙洞河3条主要河流，山谷溪流主要包括天池、小阳板、杨柳池、棋盘沟、甘水峡、龙洞沟等溪流山涧，构成溪流山涧、森林相伴生辉的森林生态环境。区域内地表水资源极为丰富，年径流量836mm，水质清澈透明，无任何环境污染。

1.6 土 壤

保护区内的土壤类型分布错综复杂，母岩主要有灰岩、白云质灰岩、板岩、页岩及砂岩。从地质地貌、气候、植被等因素方面看，其土壤具有山地垂直分带的特点：保护区海拔由低到高，依次分布有山地黄壤、黄棕壤、山地草甸土和棕壤等土壤类型，此外还零星分布有少量潮土、紫色土和石灰（岩）土。

保护区海拔 1500m 以下局部区域分布有山地黄壤，面积约 272hm²。山地黄壤分布区局部气候条件较为湿润，是在亚热带气候和常绿阔叶林、针阔叶混交林等植被条件下形成的。土壤剖面常形成高度腐殖质化的层次，腐殖质层以下，大多呈淡黄或灰黄色，有时还有铁结核，通常可见到黏土和胶体以及铁、铝化合物向下淀积的现象。在代换性阳离子中以氢最高，而钙、镁含量极低，氮、硫也极低。黄壤的风化壳厚度一般为 1～5cm。黄壤具灰化层，为硅铝型土壤，但它的富铝化作用表现较微弱。

山地草甸土主要分布于官山林场海拔 2100m 左右的槽谷地带，植被为草甸或灌丛，面积约 342hm²。土壤母质为砂岩、石灰岩复层的残积物。山地草甸土的主要特征是土层不厚，50～80cm，pH 5.0～7.0，表层有机质含量高，呈黑色或暗棕至暗黄棕色，且草根盘结层发育，软而具弹性。腐殖质层明显，厚度 10cm 左右。

黄棕壤广泛分布于海拔 2100m 以下的山坡林下，面积约 8511hm²。保护区黄棕壤是湿润气候下发育的介于黄壤、棕壤之间的过渡土壤，其母质为页岩、泥岩、砂质泥岩。该类型土壤分布着以混生落叶阔叶树、常绿阔叶树和华山松、箭竹为主的植被。黄棕壤的成土过程具有脱钙、离铁、黏化和弱富铝化特点。土体中盐基大部分已淋失，呈弱酸性反应，pH 5.0～6.0，吸收复合体不饱和。土壤代换性酸度虽不高，但代换性铝较代换性氢为多，富铝化过程相当明显，具有由棕壤向黄壤的过渡性质。

棕壤在保护区主要分布于海拔 1700m 以上的亚高山林草地段，面积约 13297hm²。保护区棕壤为砂岩、板岩、灰岩等残坡积母质发育而成，是山区暖温带、温带和以针叶林为主的生物气候条件下发育而成的土壤。土壤剖面以棕色或浅棕色为主，仅表层受到有机质影响而稍暗，A、B 层过渡不明显。土壤剖面呈微酸性或中度酸性反应，没有游离的碳酸钙，剖面上部的铁、铝化合物显得特别缺乏，而二氧化硅含量则有所增加。土壤黏土矿物以高度分散的伊利石和蒙脱石含量较多，这是在近中性的土壤溶液作用下，原生矿物进一步分解的产物。棕壤有机质及腐殖质均厚，吸收性能良好，自然肥力高，抗蚀能力很强，是保护区重要的土壤类型。

1.7　灾害性因子

保护区内自然灾害相对较少，包括暴雨、霜冻、大风、干旱、火灾等。由于森林植被保存较好，暴雨、洪涝灾害一般较少；秋季低温阴雨会限制一些喜温植物的生长；干旱对保护区的影响极小；冰雹多集中在大官山、小官山一带；因而这一带的生物生长会受到影响；区内寒潮多为降温降雨天气，并伴随偏北大风，会造成部分树木的风折和风倒；大风天气多出现在山口和河谷地带；区内海拔高于 1500m 的地带往往容易遭受晚霜的袭击，造成对针叶林、幼树等严重的冻害甚至是死亡。

第 2 章　调查内容和方法

2.1　调查内容

2.1.1　植物物种多样性调查

（1）保护区内大型真菌和维管植物的种类、分布、区系组成及特点分析。

（2）珍稀濒危、重点保护、特有植物及模式植物的种类、分布及保护现状。

（3）大型真菌资源及维管植物资源分析。

2.1.2　植被调查

样地概况：地理位置（包括地理名称、经纬度、海拔和坡位等），坡形、坡度、坡向；土壤类型、枯枝落叶层厚度，活地被层（苔藓层）厚度等生境特征；群落的名称、群落外貌特征和郁闭度等。

乔木层：高度大于 5m 的木本，进行每木检测，记录植物种名、高度（m）、胸径（围）（cm）、枝下高（m）及冠幅等。

灌木层：高度小于 5m 的木本植物及乔木树种的幼树，采用分株（丛）调查，记录种名、株（丛）数、盖度（冠幅）、高度（m）、基径（cm）等。

草本层：草本植物，测定记录所有种类的种名、平均高度（m）、多度和盖度（%）等。

除了线路调查和样地调查外，对区域内的植被还进行野外植被图初步勾绘工作，勾绘方法采取以对坡勾绘为主，线路调查标注为辅的方法，初步勾绘出植被的类型、分布范围和界限，经计算机处理完成保护区域植被类型图。

2.1.3　动物物种多样性调查

1. 昆虫

调查保护区内昆虫物种组成和区系特点，以及特有昆虫、珍稀濒危昆虫及资源昆虫情况。

2. 脊椎动物

调查保护区内野生脊椎动物的物种种类、数量、分布、习性、生境状况以及国家重点保护动物、重庆市保护动物及特有动物情况。

2.1.4　生态系统调查

采用与土地资源调查类似的方法进行生态系统空间位置及面积调查，生态系统的种类、面积调查以资料搜集为主。采用与野生动植物资源调查设置的样方调查与线路调查相结合的方法调查生态系统特征。线路调查主要用于调查生态系统的动物种类、生态环境情况。样方调查主要用于生态系统植物物种组成成分、生态系统结构、植物生产力等方面。

2.1.5　社会经济调查

社会经济与生态旅游，重点对社区共管以及存在的主要问题做分析评价。

2.2　调　查　方　法

2.2.1　植物物种多样性调查方法

1. 大型真菌调查方法

调查采用踏查、样地调查和访谈相结合的方法，对保护区的主要大型真菌进行了调查和标本采集，对采集的标本依据标本的彩色照片及形态分类学结构特征、生态分布及生活习性，结合制作孢子印、孢子的显微观察等方法。

采用了近代真菌学家普遍承认和采用的 *Dictionary of the Fungi*（第十版）的分类系统，编制保护区主要大型真菌名录，部分种类根据传统的分类习惯做了少许修正。在此基础上，对保护区大型真菌的经济价值及其生态习性等进行统计分析。

2. 维管植物调查方法

本次调查采用了野外实地调查与资料收集相结合的方法。野外实地调查采取线路调查法、样方调查法为主，辅以问询法进行现场观察与记录。保护区植物种类的调查仅调查维管束植物，即蕨类植物和种子植物（包括裸子植物和被子植物）。详细记录保护区内分布的植物种类。对现场能确认物种的，记录种名、分布的海拔、生境和盖度等。对现场不能准确确定的物种，采集标本，根据《中国植物志》《四川植物志》《中国高等植物图鉴》等专著对其进行鉴定。将采集标本信息录入标本数据系统汇总，并结合教学标本资源共享平台（http://mnh.scu.edu.cn/main.aspx）、中国数字植物标本馆（http://www.cvh.ac.cn）查阅的标本数据和以往的记载资料，包括收集区域相关文献资料《中国植物志》《四川植物志》《四川树木志》《重庆维管植物检索表》《重庆阴条岭自然保护区综合科学考察报告（2009）》等，最终得到保护区的植物名录。

珍稀濒危及保护植物种类分别根据《国家重点保护野生植物名录》（第一批，1999）、《IUCN 物种红色名录》（2015）、《濒危野生动植物种国际贸易公约》（CITES，2011）及《中国植物红皮书》（第一册，1992）确定。

2.2.2　植被调查方法

1. 调查地点的选取原则

根据项目组前期工作基础及对保护区植被分布状况的初步了解，确定具体的调查地点。对于一般地域采取线路调查，对植被人为破坏较少的地域进行详细调查，调查时兼顾植被的垂直分布。样线选择以经过地海拔落差尽量大，植被破坏程度尽量小，植物多样性尽量丰富为标准；样线遍及整个保护区，样线间生态环境各具特色，以期全面反映保护区的植被特点。

2. 标本鉴定与植被类型划分依据

标本鉴定参考书：以《中国植物志》《四川植物志》为主，同时参考《中国树木志》《中国高等植物》《中国高等植物图鉴》《湖北植物志》等。

根据《中国植被》《中国植物区系与植物地理》《四川植被》来划分植被类型。

3. 陆生植被调查与分析方法

将保护区植物物种多样性和植被的调查结合起来进行。植物区系调查包括物种的识别、统计、鉴定等。植被调查方法主要采用线路调查法和样地调查法相结合的方式进行，对典型生境中具有代表性的植被类型及垂直带上的主要植被类型采用样地调查法。

线路调查：线路调查中，根据保护区的地形、地势特点，分别设置水平样线和垂直样线。水平样线的线路调查内容包括记录保护区内生境良好、典型植被类型和人为干扰现状，记录方式有现场调查、咨询记录、数码拍摄记录等。同时通过沿线踏查选择合适的垂直样线，并为样地调查提供参考。垂直样线分别以兰英峡谷、双阳、大官山等为起点，或顺着山坡垂直向上，或行至山顶垂直下行，并沿线记录植被类型的变化，同时选择典型的群落样地，进行样地调查。

样地调查：在垂直样线的线路调查基础上，根据地形、海拔、坡向坡位、地质土壤，以及植物群落的形态结构和主要组成成分的特点，采取典型选样的方式设置样地。

样方设置：根据不同植被类型，采用种-面积的方法确定调查面积，并运用相邻格子法和十字分割法对保护区的森林、灌木及草本群落分别进行典型样方取样，具体方法主要分为以下几种。

（1）森林群落：含常绿阔叶林、常绿落叶阔叶混交林、落叶阔叶林、针叶阔叶混交林、针叶林等森林群落类型，常绿阔叶林、常绿落叶阔叶混交林样方面积设置为 40m×20m，其他森林群落类型的样方面积设置为 20m×20m，每个样方划分成 8 个或 4 个 10m×10m 的相邻格子作为乔木层物种调查小样方，每个10m×10m 的格子中又分别划分出 1 个 5m×5m 的灌木层小样方做灌木层物种调查,在每个灌木层样方内，设置 2 个 2m×2m 的草本层小样方做草本物种调查。

（2）灌丛群落：样方面积统一设置为 10m×10m，每个样方采用十字分割法等分成 4 个 5m×5m 的样方作为灌木层多样性调查小样方，同时在每个小样方中划分出 2 个 2m×2m 的草本层小样方做草本物种调查。

（3）草本群落：样方面积统一设置为 2m×2m，同样采用十字分割法等分成 4 个 1m×1m 的样方作为多样性调查。

（4）竹林：保护区竹林样方面积均设置为 10m×10m，采用十字分割法等分成 4 个 5m×5m 的样方调查竹子及其他灌木、草本植物。

2.2.3　动物物种多样性调查方法

1. 昆虫调查方法

昆虫主要采用野外直接网捕和诱虫灯诱集相结合的方法。将所采标本杀死后，带回实验室整理，根据《中国动物志昆虫纲》等专著对其初步鉴定后，分送国内有关的专家，做进一步鉴定，除少数种类鉴定到属外（标本不完整、仅有雌性标本或仅有幼体），绝大多数种类鉴定到种。通过对本次调查结果和查阅有关文献资料进行整理，得到保护区的昆虫名录。

2. 脊椎动物调查方法

鱼类：查阅以往研究资料，确定部分物种；调查人员采用手抄网、刺网等在调查区域捕捞；访问当地农民和管理人员，获得鱼类的种类组成情况。

两栖爬行类：根据两栖爬行类的生活习性，主要选择在溪流、水塘、草丛、灌丛、乱石堆、洞穴等环境下采用样线法进行调查。

鸟类：主要采用样线法完成，调查时观察记录所见鸟类种类、数量，查阅文献资料，确定部分未在实地调查中所见种类。

兽类：查阅以往文献资料、保护区布设的红外自动数码照相机拍摄照片资料和新闻报道等信息，了解保护区兽类资料。实地调查中主要通过走访保护区范围内及其周边村民，对照动物图鉴向他们核实曾经所见动物种类、数量、时间、地点等信息；部分种类采用样线法沿途观察，根据观察到的兽类足迹、粪便以及兽类实体等判断种类。

2.2.4　社会经济调查方法

采用 PRA 法（participatory rural appraisal）进行调查评估，主要调查保护区内人口、民族、收入、产业结构等。重点调查保护区范围内社区现有经济活动及与保护区的关系。

2.3　调　查　时　间

西南大学考察组于 2014～2017 年，先后对保护区进行了 8 次野外考察。

2.4　调　查　路　线

调查路线涉及保护区的实验区、缓冲区和核心区的各个区域，各种生态环境，各种海拔梯度，兼顾均匀性和重要性布设原则。重点对保护区核心区、植被保存较完好的区域及以往资料积累较少的区域进行调查。

第3章 植物物种多样性

3.1 大型真菌

3.1.1 物种组成

保护区内较充沛的降水使得区内林木繁茂，枯枝落叶层及土壤腐殖质肥厚，树种繁多且根系复杂，为大型真菌的繁衍提供了优越条件。而大型真菌在长期的系统发育和演变过程中，与外界的生态环境相互作用和相互影响，也形成了相对稳定的种类。

通过调查、鉴定及统计分析，保护区的大型真菌种类有83种，隶属于2门13目36科62属。其中子囊菌门3目8科11属12种，占总种数的14.46%；担子菌门10目28科51属71种，占总种数的85.54%（物种名录详见附表1-1）。

3.1.2 生态类型

通过分析大型真菌获得营养的方式和生长基质或寄主的类型，可有效地反映大型真菌的生态类型。调查结果显示，保护区83种大型真菌中，木生真菌（包括生于木材、树木、枯枝、落叶、腐草等基质上的腐生真菌）所占比例最大，有45种，占总数的54.22%；寄生真菌1种，即棒束孢属蝉棒束孢（*Isaria cicadae*）；生长于土壤的大型真菌有37种，占总数的44.58%，其中有的是粪土生大型真菌，如粪缘刺盘菌（*Cheilymenia fimicola*），有的是外生菌根菌，主要是牛肝菌科、乳牛肝菌科、鹅膏菌科和红菇科等的一些种类，土生真菌中共生真菌有1种，即膨瑚菌科（Physalacriaceae）的蜜环菌（*Armillariella mellea* (Vahl) P. Kumm.）。

3.1.3 优势科属分析

保护区内大型真菌的优势科（种数≥4种）有4科，种类最多的科是伞菌科和多孔菌科，均各有10种，各占全部种类的12.04%；第三大科是小皮伞科，共有5种，占全部种类的6.02%；然后是脆柄菇科，有4种，占全部种类的4.82%。该4科仅占总科数11.11%，但包含种数达29种，占整个保护区大型真菌总种数的34.94%。可以看出，保护区大型真菌优势科明显（表3-1）。

表 3-1 保护区大型真菌优势科（≥4种）的统计

科名	种数	占总数的比例/%
伞菌科 Agaricaceae	10	12.04
多孔菌科 Polyporaceae	10	12.04
小皮伞科 Marasmiaceae	5	6.02
脆柄菇科 Psathyrellaceae	4	4.82
合计	29	34.94

保护区大型真菌共有62属，其中子囊菌有11属，担子菌有51属。据统计，优势属（种数≥3种）有鬼伞属（*Coprinus*）、皮伞属（*Marasmius*）、小菇属（*Mycena*）、小鬼伞属（*Coprinellus*）和多孔菌属（*Polyporus*）5个属，均为世界分布属，这5个属仅占总属数的8.06%，含有大型真菌16种，占总种数的19.28%；含2种的属有10个属，占总数属的16.13%，含有大型真菌20种，占总种数的24.10%；仅含1种的属有47属，占总属数的75.81%，占总种数的56.62%，其中裂褶菌属（*Schizophyllum*）为单种属（表3-2）。

表 3-2　保护区大型真菌优势属（≥3 种）的统计

科名	种数	占总数的比例/%
鬼伞属 Coprinus	4	4.82
皮伞属 Marasmius	3	3.61
小菇属 Mycena	3	3.61
小鬼伞属 Coprinellus	3	3.61
多孔菌属 Polyporus	3	3.61
合计	16	19.28

3.1.4　区系成分

从科的地理分布型上看，保护区仅有虫草科、灵芝科等少数科为热带亚热带成分，其余的科均为世界分布科或北温带分布科，缺少特有科的分布。同时由于目前人们对真菌的科的概念和范围划分上没有统一的标准，而且科级的分类单位比较适合于讨论大面积的生物区系特点，所以科的分布型很难体现出阴条岭的真菌区系特点；因此，本部分将只重点讨论属的区系特征。

1. 广布成分

广布成分指广泛分布于世界各大洲而没有特殊分布中心的属。在保护区 62 属中，子囊菌有棒束孢属（Isaria）、轮层炭壳菌属（Daldinia）、炭角菌属（Xylaria）、二头孢盘菌属（Dicephalospora）、盘菌属（Peziza）、缘刺盘菌属（Cheilymenia）；担子菌有伞菌属（Agaricus）、马勃菌属（Calvatia）、鬼伞属（Coprinus）、黑蛋巢菌属（Cyathus）、马勃属（Lycoperdon）、鹅膏菌属（Amanita）、珊瑚菌属（Clavaria）、蜡蘑属（Laccaria）、靴耳属（Crepidotas）、皮伞属（Marasmius）、小菇属（Mycena）、侧耳属（Pleurotus）、蜜环菌属（Armillaria）、裂褶菌属（Schizophyllum）、裸伞属（Gymnopilus）、沿丝伞属（Naematoloma）、晶蘑属（Lepista）、木耳属（Auricularia）、黑耳属（Exidia）、松塔牛肝菌属（Strobilomyces）、蛇革菌属（Serpula）、假牛肝菌属（Boletinus）、伏革菌属（Corticium）、枝瑚菌属（Ramaria）、集毛菌属（Coltricia）、鬼笔属（Phallus）、韧革菌属（Stereum）、银耳属（Tremella）、硫黄菌属（Laetiporus）、黑孔菌属（Nigroporus）、拟迷孔菌属（Daedaleopsis）、毛栓孔菌属（Funalia）、齿脉菌属（Lopharia）、微孔菌属（Microporus）、多孔菌属（Polyporus）、栓菌属（Trametes）；共计 42 属，占总属数的 67.74%。

2. 泛热带成分

泛热带成分指分布于东、西两半球热带或可达亚热带至温带，但分布中心仍在热带的属。此成分在保护区内有 10 属，共占总属数 16.13%；全部为担子菌类，包括白鬼伞属（Leucocoprinus）、裸菇属（Gymnopus）、小奥德蘑属（Oudemansiella）、小鬼伞属（Coprinellus）、滴泪珠伞属（Lacrymaria）、刺革菌属（Hymenochaete）、散尾鬼笔属（Lysurus）、灵芝属（Ganoderma）、香菇属（Lentinus）、近毛菌属（Trichaptum）。

3. 北温带成分

北温带成分指广泛分布于北半球（欧亚大陆及北美）温带地区的属，个别种类可以到达南温带、但其分布中心仍在北温带的属。此成分在保护区内也有 10 属，占 16.13%。包括马鞍菌属（Helvella）、羊肚菌属（Morchella）、网孢盘菌属（Aleuria）、盾盘菌属（Scutellinia）、肉杯菌属（Sarcoscypha）、火焰菇属（Flammulina）、粉孢牛肝菌属（Tylopilus）、乳牛肝菌属（Suillus）、乳菇属（Lactarius）、烟管菌属（Bjerkandera）。

从以上分析可以看出，保护区大型真菌属是以广布成分为主；除广布成分外，阴条岭大型真菌泛热带成分属和北温带成分属数量相当，这与保护区地处亚热带地区是相一致的，同时也显示出保护区大型真菌的分布具备从亚热带向北温带过渡的区系特征。

大型真菌区系的地理成分主要是按照属或种的分布类型来划分的，但由于目前对各属、种的现代分布区未必知道得很清楚，所以地理成分分析的准确性只能说是相对的。以上分析仅是作者根据现有文献资料进行的初步分析和研究的结果，难免有不足之处。但随着有关研究的不断开展和研究资料的积累，保护区大型真菌区系研究将得到不断的修正和深化。

3.1.5　资源分析

根据大型经济真菌的利用价值，将保护区内各种大型真菌的资源类型简略分为 4 大类：食用大型真菌、药用大型真菌、有毒大型真菌和腐生大型真菌；除此之外，还有一些用途不明的种类。当然，这几类大型真菌之间的界限不是绝对的，有的食用菌和有毒菌也兼具有药用价值或是木腐作用（分解作用）。

1. 食用大型真菌资源

食用大型真菌是具有肉质或胶质的子实体，并具有食用价值的大型真菌类群。根据文献资料进行初步统计，保护区内有食用大型真菌 34 种。美味食用菌有羊肚菌（*Morehella esculenta*）、松乳菇（*Lactarius deliciosus*）、糙皮侧耳（*Pleurotus ostreatus*）、木耳（*Auricularia auricula-judae*）以及牛肝菌科和乳牛肝菌科的一些种类；网纹马勃（*Lycoperdon perlatum*）、头状秃马勃（*Calvatia craniiformis*）等大型真菌幼嫩子实体也可食用，但基本没人采食；脆珊瑚菌（*Clavaria fragilis*）、红蜡蘑（*Laccaria laccata*）以及小菇属（*Mycena*）的菌类体积相对其他菌类弱小，虽然具有一定的食用价值，但因个体微小难于采集作为食材；而一些菌类，如花脸香蘑（*Lepista sordida*）、金色银耳（*Tremella aurantia*）和毛柄金钱菌（*Flammulina velutipes*）等因外形、色彩等较奇特，虽然美味却无人采食。

2. 药用大型真菌资源

广义的药用菌指一切可用于制药的真菌种类。根据文献资料进行初步统计，保护区内有药用价值的大型真菌 28 种。已经开发用于临床治疗和保健的大型真菌种类有云芝栓孔菌（*Trametes versicolor*）、裂褶菌（白参）（*Schizophyllum commne*）等；此外，保护区内分布较为广泛的药用大型真菌资源还有红鬼笔（*Phallus rubicundus*）、地棒炭角菌（*Xylaria kedahae*）、小马勃（*Lycoperdon pusillum*）等；有的真菌兼具有食用和药用价值，如羊肚菌（*Morehella esculenta*）、木耳（*Auricularia auricula-judae*）等。

3. 有毒大型真菌资源

有毒大型真菌，也即是通常所说的毒蘑菇，是指能引起人和动物产生中毒反应甚至死亡的大型真菌。保护区内明确记载有毒性的大型真菌统计有 5 种。鹅膏菌属（*Amanita*）一般有毒，如豹斑毒鹅膏菌（*Amanita pantherina*）和土红粉盖鹅膏（*Amanita ruforerruginea*）含有与毒蝇鹅膏菌相似的毒素及豹斑毒伞素等毒素；此外，绿褐裸伞（*Gymnopilus aeruginosus*）、桔黄裸伞（*Gymnopilus spectabilis*）等有毒大型真菌分布也较多，但因色彩艳丽或气味难闻，一般无人采食；黑胶耳（*Exidia glandulosa*）因具有与木耳类相似的子实体，应提防误采误食而导致中毒。一些牛肝菌类在加工熟透后可以放心食用。

4. 腐生大型真菌资源

木腐真菌是腐生大型真菌资源中的一类重要组成部分，包括多孔菌科所有种类在内的木腐菌类，具有或强或弱的木材分解能力，能够分解保护区内的枯木、朽木，对维持保护区的生态平衡具有重要的作用；但同时也要防止裂褶菌等木腐菌对活立木造成的损失。

除了上述类群外，保护区内的一些共生真菌，如牛肝菌科、红菇科的一些种类作为菌根菌，对于森林繁衍具有重要作用；蜜环菌属（*Armillaria*）真菌对于野生天麻资源的可持续利用具有重要的意义。

3.2 维管植物

3.2.1 物种组成

保护区共有维管植物 202 科 1033 属 3595 种，其中，蕨类植物有 41 科 85 属 298 种，裸子植物有 6 科 21 属 35 种，被子植物有 155 科 927 属 3262 种（表 3-3），详细名录见附表 1-2。

保护区维管植物物种约占重庆市维管植物物种总数的 63.76%，充分说明保护区维管植物物种的丰富性。

表 3-3 保护区维管植物物种统计表

种类	保护区			重庆			中国		
	科	属	种	科	属	种	科	属	种
蕨类植物	41	85	298	43	109	379	63	227	2200
裸子植物	6	21	35	7	25	42	10	34	193
被子植物	155	927	3262	173	1154	5217	191	3135	25581
合计	202	1033	3595	223	1288	5638	364	3396	27974
保护区所占比例/%	—	—	—	90.58	80.20	36.76	55.49	30.42	12.85

3.2.2 区系分析

1. 科的区系分析

1）科的数量级别统计及分析

根据李锡文《中国种子植物区系统计分析》中对科大小的统计，保护区内种子植物的科可被划分为 4 个等级：单种科（含 1 种）、少种科（含 2~10 种）、中等科（含 11~600 种）、大科（＞600 种）。

统计结果表明：中等科所占比例最大，共 109 科，占总科数的 67.70%（109/161），如马兜铃科（Aristolochiaceae）、五加科（Araliaceae）、桦木科（Betulaceae）、小檗科（Berberidaceae）等。少种科 29 科，如三尖杉科（Cephalotaxaceae）、杉科（Taxodiaceae）、三白草科（Saururaceae）、马桑科（Coriariaceae）、蜡梅科（Calycanthaceae）等。单种科 10 科，如连香树科（Cercidiphyllaceae）、水青树科（Tetracentraceae）、领春木科（Eupteleaceae）、杜仲科（Eucommiaceae）、透骨草科（Phrymataceae）等。少种科和单种科共占总科数的 24.22%。大科包括毛茛科（Ranunculaceae）、茜草科（Rubiaceae）、玄参科（Scrophulariaceae）、杜鹃花科（Ericaceae）、唇形科（Labiatae）、蔷薇科（Rosaceae）、豆科（Leguminosae）、菊科（Compositae）、莎草科（Cyperaceae）、禾本科（Poaceae）、兰科（Orchidaceae），共 13 科，仅占保护区种子植物总科数的 8.07%（13/161），但共包含了种子植物 3297 种，占保护区种子植物总数的 91.71%（3297/3595），说明该区大科的优势明显（表 3-4）。

表 3-4 保护区种子植物科的级别统计

级别	数量	占总科数比例/%
单种科（1 种）	10	6.21
少种科（2~10 种）	29	18.01
中等科（11~600 种）	109	67.70
大科（＞600 种）	13	8.07
合计	161	100.00

注：植物区系分析仅针对野生植物而言。

2）科的区系成分分析

保护区种子植物科分为 12 个分布区类型，其中世界分布 33 科。热带分布（2～7 型）76 科，占非世界分布科的 59.38%。温带分布科（8～14 型）47 科，占非世界分布科的 36.72%。中国特有科 5 科，占非世界分布科的 3.91%。从科的水平上看，该区种子植物区系热带成分大于温带成分，可见本植物区系种子植物科的分布类型具有明显热带区系性质的同时，有向温带过渡的趋势（表 3-5）。

表 3-5　保护区种子植物科的分布区类型

分布区类型	科数	占非世界科总数比例/%
1 世界分布 cosmopolitan	33	—
2 泛热带分布 pantropic	60	46.88
2-1 热带亚洲，大洋洲（至新西兰）和中、南美（或墨西哥）间断分布 Trop.Asia, Australasa（to N.Zeal.）&C. to S. Amer.（or Mexico）disjuncted	2	1.56
2-2 热带亚洲，非洲和中、南美间断分布 Trop. Asia, Africa &C. to S. Amer. disjucted	2	1.56
3 热带亚洲和热带美洲间断分布 Trop. Asia & Trop. Amer. disjuncted	4	3.13
4 旧世界热带 old world tropics	2	1.56
4-1 热带亚洲，非洲（或东非，马达加斯加）和大洋洲间断分布 Trop. Asia, Africa（or E. Afr., Madagascar）and Australasia disjuncted	2	1.56
5 热带亚洲至热带大洋洲分布 Trop. Asia to Trop. Australasia	1	0.78
7 热带亚洲（印度—马来西亚）分布 Trop. Asia（Indo Malaysia）	3	2.34
8 北温带分布 North temperate	20	15.63
8-4 北温带和南温带间断分布"全温带" N. Temp. & S. Temp. disjuncted（"pan-temperate"）	7	5.47
8-5 欧亚和南美温带间断分布 Eurasia & Temp. S. Amer. disjuncted	3	2.34
8-6 地中海，东亚，新西兰和墨西哥—智利间断分布 Mediterranea, E. Asia, New Zealand and Mexico-Chile disjuncted	1	0.78
9 东亚和北美间断分布 E. Asia & N. Amer. disjuncted	8	6.25
10-3 欧亚和南部非洲（有时也在大洋洲）间断分布 Eurasia & S. Africa（sometimes also Australasia）disjuncted	2	1.56
12-5 地中海至北非洲，中亚，北美洲西南部，非洲南部，智利和大洋洲间断分布（"泛地中海"）Mediterranea to N. Afria, C. Asia, SW. N. Amer., S. Africa. Chile and Australasia disjuncted（"Pan-Mediterranea"）	1	0.78
14 东亚分布 E. Asia	3	2.34
14-1 中国—喜马拉雅分布 Sino Himalaya（SH）	1	0.78
14-2 中国—日本分布 Sino Japan（SJ）	1	0.78
15 中国特有分布 Endemic to China	5	3.91
总科数（不含世界分布）total（excluded the cosmopolitan）	161	100.00

注：植物区系分析仅针对野生植物而言。

种子植物科的分布区类型分述如下：

（1）世界分布科。

世界分布 33 科，多为草本类群，如苋科（Amaranthaceae）、石竹科（Caryophyllaceae）、藜科（Chenopodiaceae）、菊科（Compositae）、旋花科（Convolvulaceae）、车前科（Plantaginaceae）、景天科（Crassulaceae）、鼠李科（Rhamnaceae）、蔷薇科（Rosaceae）等。其中，藜科（Chenopodiaceae）是一个广布于世界，但以温带、亚热带为主，尤其喜生于盐土、荒漠和半荒漠的较大自然科，容易成为新垦地、工程矿地的先锋植物。蔷薇科（Rosaceae）由南北温带广布而成世界分布，尤以北半球温带至亚热带为主，是河谷、山地灌丛的重要优势类群。菊科（Compositae）长期在东亚分化、发展，因此在东亚，菊科（Compositae）区系较为古老，种类也最为丰富。

（2）热带分布科。

热带分布科共 76 科，占非世界分布科的 59.38%。其中泛热带分布及其变型共计 64 科，是本分布区类型的主要成分，如漆树科（Anacardiaceae）、夹竹桃科（Apocynaceae）、天南星科（Araceae）、五加科（Araliaceae）、蛇菰科（Balanophoraceae）、茄科（Solanaceae）、山茶科（Theaceae）、榆科（Ulmaceae）、荨麻科（Urticaceae）、马鞭草科（Verbenaceae）、安息香科（Styracaceae）、大戟科（Euphorbiaceae）、豆科（Leguminosae）、杜英科（Elaeocarpaceae）、防己科（Menispermaceae）、凤仙花科（Balsaminaceae）、壳斗科（Fagaceae）、苦苣苔科（Gesneriaceae）、兰科（Orchidaceae）、木犀科（Oleaceae）、葡萄科（Vitaceae）、荨麻科（Urticaceae）、茜草科（Rubiaceae）等。热带亚洲和热带美洲间断分布 4 科：木兰科（Magnoliaceae）、省沽油科（Staphyleaceae）、椴树科（Tiliaceae）、山柳树科（Clethraceae）。旧世界热带分布及其变型共 4 科：海桐花科（Pittosporaceae）、紫金牛科（Myrsinaceae）、紫葳科（Bignoniaceae）、芭蕉科（Musaceae）；热带亚洲至热带大洋洲分布 1 科：百部科（Stemonaceae）；热带亚洲（印度—马来西亚）分布包含的 3 科为姜科（Zingiberaceae）、清风藤科（Sabiaceae）、虎皮楠科（Daphniphyllaceae）。

（3）温带分布科。

温带分布共 47 科，占非世界分布科的 36.72%。具代表性的科如：报春花科（Primulaceae）、胡颓子科（Elaeagnaceae）、松科（Pinaceae）、柏科（Cupressaceae）、蓼科（Polygonaceae）、毛茛科（Ranunculaceae）、槭树科（Aceraceae）、忍冬科（Caprifoliaceae）、伞形科（Umbelliferae）、紫草科（Boraginaceae）。其中，毛茛科（Ranunculaceae）以温带分布为主，是草本方面体现东亚特色的大科；紫草科（Boraginaceae）是地中海到中亚分化较大的草本科，体现中国区系中有不少地中海—中亚成分。桔梗科（Campanulaceae）南北温带间断分布，较为古老。罂粟科（Papaveraceae）多分布于北温带，较原始，属古地中海起源。杨柳科（Salicaceae）以东亚和北温带为主，东亚是其第一个分布中心。

北温带分布及其变型共 31 科。北温带分布共 20 科，包括忍冬科（Caprifoliaceae）、山茱萸科（Cornaceae）、桔梗科（Campanulaceae）、杜鹃花科（Ericaceae）、罂粟科（Papaveraceae）、报春花科（Primulaceae）等。在该区包含了 3 种变型：北温带和南温带间断分布共 7 科：柏科（Cupressaceae Bartling）、败酱科（Valerianaceae）、虎耳草科（Saxifragaceae）、桦木科（Betulaceae）、金缕梅科（Hamamelidaceae）、柳叶菜科（Onagraceae）、花荵科（Polemoniaceae）；欧亚和南美温带间断分布 3 科：木通科（Lardizabalaceae）、七叶树科（Hippocastanaceae）、芍药科（Paeoniaceae）。地中海、东亚、新西兰和墨西哥—智利间断分布 1 科：马桑科（Coriariaceae）。

东亚和北美间断分布 8 科：小檗科（Berberidaceae）、蓝果树科（Nyssaceae）、三白草科（Saururaceae）、杉科（Taxodiaceae）、八角科（Dicotyledoneae）、五味子科（Schisandraceae）、蜡梅科（Calycanthaceae）、透骨草科（Phrymaceae）。小檗科（Berberidaceae）也是一个起源古老的类群，反映出该地区种子植物区系有着较悠久的演化历史。

欧亚和南部非洲（有时也在大洋洲）间断分布 2 科：川续断科（Dipsacaceae）、菱科（Trapaceae）。

地中海至北非洲，中亚，北美洲西南部，非洲南部，智利和大洋洲间断分布（"泛地中海"）1 科：石榴科（Punicaceae）。

东亚分布及其变型共 5 科：猕猴桃科（Actinidiaceae）、领春木科（Eupteleaceae）、连香树科（Cercidiphyllaceae）、旌节花科（Stachyuraceae）、水青树科（Tetracentraceae）等。

（4）中国特有分布科。

保护区内共有中国特有分布科 5 科：大血藤科（Sargentodoxaceae）、杜仲科（Eucommiaceae）、珙桐科（Nyssaceae）、银杏科（Ginkgoaceae）、三尖杉科（Cephalotaxaceae）。

2. 属的区系分析

在植物分类学上，属的生物学特征相对一致而且比较稳定，占有比较稳定的分布区和一致的分布区类型。一个属内的物种起源常具有同一性，演化趋势上常具相似性，所以属比科更能反映植物区系系统发育过程中的物种演化关系和地理学特征。

1）属的数量级别统计及分析

保护区内种子植物共 948 属。可根据各属所含物种的数量将其分为 4 个等级：单种属（1 种）、少种属（2～10 种）、中等属（11～40 种）、大属（40 种以上）（表3-6）。大属所占比例最大，共 385 属，占保护区总属数的 40.61%。其次是少种属，共 257 属，占总属数的 27.11%。单种属 63 属，占总属数的 6.65%。中等属 243 属，占总属数的 25.63%，包含了 936 种，占保护区种子植物总数的 39.23%（936/2386），可见该区大属优势较为明显。

表 3-6 保护区内种子植物属的级别统计

级别	该区包含的属数	占该区所有属的比例/%
单种属（1 种）	63	6.65
少种属（2～10 种）	257	27.11
中等属（11～40 种）	243	25.63
大属（40 种以上）	385	40.61
合计	948	100.00

注：属的大小是就我国境内该属所含的物种数而言；植物区系分析仅针对野生植物而言。

2）属的区系成分分析

根据吴征镒《中国种子植物属的分布区类型》，区内 948 属分属于 15 种类型及 25 种变型。中国种子植物属的 15 种分布区类型在保护区均有分布，体现了该区系地理成分的复杂性。热带、亚热带分布 332 属，占总属数的 37.68%，其中泛热带分布的属最多，约占总属数的 14.07%，如紫金牛属（*Ardisia*）、羊蹄甲属（*Bauhinia*）、黄杨属（*Buxus*）、金粟兰属（*Chloranthus*）、卫矛属（*Euonymus*）、楠属（*Phoebe*）等。温带成分有 498 属，占总属数的 56.53%，其中以北温带分布较多，约占总属数的 17.03%，如槭属（*Acer*）、鹅耳栎属（*Carpinus*）、榆属（*Ulmus*）、乌头属（*Aconitum*）、胡颓子属（*Elaeagnus*）、鸢尾属（*Iris*）、忍冬属（*Lonicera*）、芍药属（*Paeonia*）、松属（*Pinus*）、栎属（*Quercus*）、杜鹃花属（*Rhododendron*）、蔷薇属（*Rosa*）、小檗属（*Berberis*）等。中国特有分布属 51 属，占总属数的 5.79%，如喜树属（*Camptotheca*）、杉木属（*Cunninghamia*）、珙桐属（*Davidia*）、香果树属（*Emmenopterys*）、血水草属（*Eomecon*）、大血藤属（*Sargentodoxa*）、通脱木属（*Tetrapanax*）等（表 3-7）。

表 3-7 保护区种子植物属的分布区类型

分布区类型	属数	占非世界属总数比例/%
1 世界分布 cosmopolitan	67	—
2 泛热带分布 pantropic	124	14.07
2-1 热带亚洲、大洋洲和南美洲（墨西哥）间断 Trop. Asia，Astralasia &S. Amer. disjuncted	6	0.68
2-2 热带亚洲、非洲和南美洲间断 Trop. Asia，Africa & Trop. Amer. disjuncted	8	0.91
3 热带亚洲—美洲分布 Trop. Asia & Trop. Amer. disjuncted	14	1.59
4 旧世界热带分布 old world tropics	34	3.86
4-1 热带亚洲、非洲和大洋洲间断 Trop. Asia.，Africa & Australasia disjuncted	6	0.68
5 热带亚洲—大洋洲分布 Trop. Asia & Trop. Australasia	27	3.06
5-1 中国（西南）亚热带和新西兰间断 Chinese（SW.）subtropics & New Zealand disjuncted	2	0.23
6 热带亚洲—非洲分布 Trop. Asia to Trop. Africa	30	3.41
6-1 华南、西南到印度和热带非洲间断 S.，SW. China to India & Trop. Africa disjuncted	1	0.11
6-2 热带亚洲和东非间断 Trop. Asia & E. Afr.	2	0.23
7 热带亚洲分布 Trop. Asia（Indo-Malesia）	56	6.36
7-1 爪哇、喜马拉雅和华南、西南星散 Java，Himalaya to S. SW. China diffused	8	0.91
7-2 热带印度至华南 Trop. India to S. China	2	0.23
7-3 缅甸、泰国至华西南 Burma，Thailand to SW. China	3	0.34
7-4 越南（或中南半岛）至华南（或西南）Vietnam（or Indo-Chinese Peninsula）to S. China（or SW. China）	9	1.02
8 北温带分布 north temperate	150	17.03

续表

分布区类型	属数	占非世界属总数比例/%
8-2 北极-高山 Actic-alpine	3	0.34
8-4 北温带和南温带（全温带）间断 N. Temp. & S. Temp. disjuncted（"Pan-temperate"）	37	4.20
8-5 欧亚和南美温带间断 Eurasia & Temp. S. Amer. disjuncted	5	0.57
8-6 地中海区、东亚、新西兰和墨西哥到智利间断 Mediterranea, E. Asia, New Zealand and Mexico-Chile disjuncted	1	0.11
9 东亚、北美间断分布 E. Asia & N. Amer. disjuncted	76	8.63
9-1 东亚和墨西哥间断 E. Asia & Mexico disjuncted	1	0.11
10 旧世界温带分布 old world temperate	43	4.88
10-1 地中海区、西亚和东亚间断 Mediterranea. W. Asia（or C. Asia）&E. Asia disjuncted	10	1.14
10-2 地中海区和喜马拉雅间断 Mediterranea & Himalaya disjuncted	2	0.23
10-3 欧亚和南非洲（有时也在大洋洲）间断 Eurasia & S. Africa（Some-times also Australasia）disjuncted	4	0.45
11 温带亚洲分布 Temp. Asia	17	1.93
12 地中海区、西亚至中亚 Medterranea，W Asia to C. Asia	1	0.11
12-1 地中海区至中亚和南美洲、大洋洲间断 Mediterranea to C. Asia &S.Africa, Ausralasia disjuncted	1	0.11
12-3 地中海区至温带、热带亚洲、大洋洲和南美洲间断 Mediterranea to Temp.-Trop. Asia, Australasia & S. Amer. disjuncted	2	0.23
13 中亚 C. Asia	2	0.23
13-1 中亚东部（亚洲中部）East C. Asia（or Asia Media）	2	0.23
13-2 中亚至喜马拉雅 C. Asia to Himalaya & S. W. China	1	0.11
14 东亚分布 E. Asia	59	6.70
14（SH）中国—喜马拉雅（SH）Sino-Himalaya（SH）	41	4.65
14（SJ）中国—日本（SJ）Sino-Japan（SJ）	40	4.54
15 中国特有分布 Endemic to China	51	5.79
总属数（不含世界分布）total（Excluded the cosmopolitan）	948	100.00

注：世界分布未列入统计。

种子植物属的具体分布区类型分述如下：

（1）世界分布属。

保护区内种子植物中，世界分布 67 属。这些属的存在体现了保护区系与其他地区区系的广泛联系。这些属大多数在我国普遍分布，如鼠李属（*Rhamnus*）、悬钩子属（*Rubus*）、鬼针草属（*Bidens*）、千里光属（*Senecio*）、早熟禾属（*Poa*）、灯心草属（*Juncus*）、苔草属（*Carex*）、碎米荠属（*Cardamine*）、薄菜属（*Rorippa*）、毛茛属（*Ranunculus*）、蓼属（*Polygonum*）、地杨梅属（*Luzula*）、黄芩属（*Scutellaria*）及鼠麴草属（*Gnaphalium*）等。其中千里光属（*Senecio*）分布于除南极洲之外的全球，在我国其分布以西南为多；苔草属（*Carex*）是我国第二大属，种类丰富；悬钩子属（*Rubus*）是全温带和热带、亚热带山区的亚热带至温带森林中的主要林下组成之一，或在次生灌草丛中更占优势；灯心草属（*Juncus*）多生于草甸或沼泽、水边或林下阴湿处，以西南山地（中国—喜马拉雅）为多样性中心；薄菜属（*Rorippa*）是一个极广布的大属，多为杂草，该属在北大西洋扩张后期分化较烈，但起源和早期分化似仍在东北亚至澳大利亚东部；碎米荠属（*Cardamine*）为早期扩散到世界性分布很广的大属，但以北半球寒温带和热带高山为主；毛茛属（*Ranunculus*）分布于各大洲，包括北极和热带高山；蓼属（*Polygonum*）为北温带广布，但在新世界南达西印度群岛和热带南美，是蓼科中的骨干大属，有许多常见种和杂草。其中悬钩子属（*Rubus*）是全温带和热带、亚热带山区的亚热带至温带森林中的主要林下植物，或在次生灌草丛中更占优势。毛茛属（*Ranunculus*）分布于各大洲，包括北极和热带高山。千里光属（*Senecio*）分布于除南极洲的全球，在我国其分布以西南为多，但东北、华北、华南、华中、华东、新、藏均有分布。

（2）热带分布属。

该地热带分布属共 332 属，占保护区总属数（不包括世界分布）的 37.68%。其中泛热带分布及其变型共 138 属，占保护区总属数（不包括世界分布）的 15.66%。属于这一分布类型的有铁苋菜属（*Acalypha*）、卫矛属（*Euonymus*）、紫金牛属（*Ardisia*）、鸭跖草属（*Commelina*）、菝葜属（*Smilax*）、黄杨属（*Buxus*）、冬青属（*Ilex*）、天胡荽属（*Hydrocotyle*）、卫矛属（*Euonymus*）、大戟属（*Euphorbia*）、榕属（*Ficus*）、扁莎草属（*Pycreus*）、狗牙根属（*Cynodon*）等。其中铁苋菜属（*Acalypha*）为热带、亚热带广布，以热带亚洲至太平洋岛屿为主；菝葜属（*Smilax*）为北半球古热带山地及亚热带森林中的重要组成，为层间藤本植物的重要组成部分。

热带亚洲—美洲分布属在保护区内有 14 属，占非世界分布总属数的 1.59%，如山柳属（*Clethra*）、柃木属（*Eurya*）、无患子属（*Sapindus*）、木姜子属（*Litsea*）、楠属（*Phoebe*）等。其中木姜子属（*Litsea*）主产热带、亚热带亚洲，东南亚和东亚为其分化中心。但据李锡文的研究，木姜子属可能起源于我国南部至印度、马来西亚。因此，这一分布型的起源可能比过去所认为的更复杂。

旧世界热带分布及其变型共 40 属，占保护区非世界分布总属数的 4.54%，如千金藤属（*Stephania*）、爵床属（*Rostellularia*）、八角枫属（*Alangium*）、山姜属（*Alpinia*）、茜树属（*Alangium*）、楼梯草属（*Elatostema*）、海桐花属（*Pittosporum*）及乌蔹莓属（*Cayratia*）等。其中爵床属（*Rostellularia*）主要分布于亚洲热带。

热带亚洲至热带大洋州分布及其变型 29 属，占保护区非世界分布总属数的 3.29%，包括新耳草属（*Neanotis*）、樟属（*Cinnamomum*）、通泉草属（*Mazus*）、野牡丹属（*Melastoma*）、梁王茶属（*Nothopanax*）、荛花属（*Wikstroemia*）、旋蒴苣苔属（*Boea*）、崖爬藤属（*Tetrastigma*）。其中通泉草属（*Mazus*）主产我国，是印度洋扩张的产物。

热带亚洲至热带非洲分布及变型共 33 属，占保护区非世界分布总属数的 3.75%，如大豆属（*Glycine*）、铁仔属（*Myrsine*）、莠竹属（*Microstegium*）、荩草属（*Arthraxon*）、水团花属（*Adina*）、杠柳属（*Periploca*）、芒属（*Miscanthus*）、水麻属（*Debregeasia*）、鱼眼草属（*Dichrocephala*）等。其中芒属（*Miscanthus*）为河岸及多数山坡灌丛的优势草本类群。

热带亚洲分布及变型共 78 属，占保护区非世界分布总属数的 8.85%，如绞股蓝属（*Gynostemma*）、山茶属（*Camellia*）、草珊瑚属（*Sarcandra*）、木荷属（*Schima*）、构属（*Broussonetia*）、含笑属（*Michelia*）、山胡椒属（*Lindera*）、润楠属（*Machilus*）、箬竹属（*Indocalamus*）、蛇莓属（*Duchesnea*）、半蒴苣苔属（*Hemiboea*）等。

（3）温带分布属。

北温带分布类型一般是指那些广泛分布于欧洲、亚洲和北美洲地区的属，由于地理历史的原因，有些属沿山脉向南延伸到热带地区，甚至远达南半球温带，但其原始类型或分布中心仍在温带。

温带分布共计 498 属，占保护区非世界分布总属数的 56.53%。其中，北温带分布及变型共计 196 属，占非世界分布总属数的 22.25%，包括松属（*Pinus*）、荚蒾属（*Viburnum*）、活血丹属（*Glechoma*）、婆婆纳属（*Veronica*）、葱属（*Allium*）、柳属（*Salix*）、槭属（*Acer*）、蓍属（*Achillea*）、乌头属（*Aconitum*）、蓟属（*Cirsium*）、胡颓子属（*Elaeagnus*）、杨属（*Populus*）、栎属（*Quercus*）、鸭儿芹属（*Cryptotaenia*）、柳叶菜属（*Epilobium*）、草莓属（*Fragaria*）、鸢尾属（*Iris*）、忍冬属（*Lonicera*）、芍药属（*Paeonia*）、杜鹃花属（*Rhododendron*）、蔷薇属（*Rosa*）、小檗属（*Berberis*）等及看麦娘属（*Alopecurus*）等。其中松属（*Pinus*）起源较早，在白垩纪晚期就已较广泛地在北半球的中纬度地区扩散开来；杨属（*Populus*）分布限于北温带，生态适应和进化水平方面都不如柳属，柳属（*Salix*）在起源后自东向西传播，欧亚大陆是它的分布中心。栎属分布于整个环北区、东亚区、印度—马来和北美至中美。杜鹃花属（*Rhododendron*）从“小三角”地区早期起源后，在新生代许多次变动中逐渐向喜马拉雅和环北地区扩散，并向东南亚热带高山发育，达到了最进化的顶极。小檗属（*Berberis*）较进化和特化，喜生于石灰岩上，为林下标识或刺灌丛的常见种。忍冬属（*Lonicera*）北温带广布，但亚洲种类最多，多样性尤以中国为最，为山地灌丛的组成成分。

东亚至北美间断分布及其变型共 77 属，占保护区非世界分布总属数的 8.74%，如十大功劳属（*Mahonia*）、鼠刺属（*Itea*）、黄水枝属（*Tiarella*）、漆树属（*Toxicodendron*）、络石属（*Trachelospermum*）、勾儿茶属（*Berchemia*）、胡枝子属（*Lespedeza*）、楤木属（*Aralia*）、枫香树属（*Liquidambar*）、鹅掌楸属（*Liriodendron*）、山蚂蝗

（*Podocarpium*）、三白草属（*Saururus*）及腹水草属（*Veronicastrum*）等。其中勾儿茶属（*Berchemia*）分布于旧世界，从东非至东亚，与北美西部的种对应分化，在东亚作中国—喜马拉雅和中国—日本的分化，并向高原高山延伸；胡枝子属（*Lespedeza*）在温带亚洲分布偏北偏低海拔，显系古北大陆早期居民。

旧世界温带分布及其变型共计 59 属，占保护区非世界分布总属数的 6.70%。保护区内属于该分布型的有旋覆花属（*Inula*）、重楼属（*Paris*）、火棘属（*Pyracantha*）、淫羊藿属（*Epimedium*）、鹅观草属（*Roegneria*）、沙参属（*Adenophora*）、侧金盏花属（*Adonis*）、筋骨草属（*Ajuga*）、天名精属（*Carpesium*）、菊属（*Dendranthema*）、川续断属（*Dipsacus*）、香薷属（*Elsholtzia*）、益母草属（*Leonurus*），女贞属（*Ligustrum*）及萱草属（*Hemerocallis*）等。其中鹅观草属（*Roegneria*）于旧世界温带分布，尤以东亚为主，以林缘或林间草甸常见；天名精属（*Carpesium*）由欧亚大陆，南经印度—马来达热带澳大利亚，后者多在山地，我国占多数，且均在东亚林区范围内，西南尤为集中。

温带亚洲分布共计 17 属，占保护区非世界分布总属数的 1.93%。包括大油芒属（*Spodiopogon*）、附地菜属（*Trigonotis*）、马兰属（*Kalimeris*）、大黄属（*Rheum*）、山牛蒡属（*Synurus*）等。

地中海区、西亚至中亚分布及其变型共 4 属：牻牛儿苗属（*Erodium*）、石榴属（*Punica*）、黄连木属（*Pistacia*）、茴香属（*Foeniculum*），占保护区非世界分布总属数的 0.45%。

中亚分布 5 属：大麻属（*Cannabis*）、诸葛菜属（*Orychophragmus*）、木瓜属（*Chaenomeles*）、假百合属（*Notholirion*）、鸡仔木属（*Sinoadina*），占保护区非世界分布总属数的 0.57%。

东亚分布是被子植物早期分化的一个关键地区。该地区东亚分布及其变型共 140 属，占保护区总属数的 15.89%。包括金发草属（*Pogonatherum*）、桃叶珊瑚属（*Aucuba*）、无柱兰属（*Amitostigma*）、栾树属（*Koelreuteria*）、莸属（*Caryopteris*）、紫苏属（*Perilla*）、败酱属（*Patrinia*）、黄鹌菜属（*Youngia*）、四照花属（*Dendrobenthamia*）、青荚叶属（*Helwingia*）、柳杉属（*Cryptomeria*）、枫杨属（*Pterocary*）、泡桐属（*Paulownia*）、半夏属（*Pinellia*）等。

（4）中国特有属。

中国特有属共 51 属，占保护区非世界分布总属数的 5.79%。如杉木属（*Cunninghamia*）、喜树属（*Camptotheca*）、异野芝麻属（*Heterolamium*）、华蟹甲属（*Sinacalia*）、紫伞芹属（*Melanosciadium*）、血水草属（*Eomecon*）、大血藤属（*Sargentodoxa*）、盾果草属（*Thyrocarpus*）、通脱木属（*Tetrapanax*）等。其中喜树属（*Camptotheca*）广布于大巴山以南、南岭以北，尤以成都平原和赣东南较常见。通脱木属（*Tetrapanax*）广布于秦岭、长江以南，南岭以北，台湾、华东、华中至西南特有，是一类古老植被（常绿阔叶林）中的旗帜成分。血水草属（*Eomecon*）是第四纪冰川后的孑遗份子，为第三纪古热带起源，在保护区内分布较多。

3. 种子植物区系特征

综上所述，保护区种子植物区系特征如下：

（1）区系成分复杂，类型丰富。区内共有野生种子植物 161 科 948 属 3297 种，其中裸子植物 6 科 21 属 35 种，被子植物 155 科 927 属 3262 种。保护区科、属、种分别占重庆市科、属、种的 90.58%、80.20%、36.76%；占全国科、属、种的 55.49%、30.42%、12.85%。区内共有 12 种科的分布区类型，占中国范围内科分布区类型的 80%；有 15 种属的分布区类型，占中国范围内属的分布类型的 100.00%。这在一定程度上体现了保护区种子植物资源丰富、区系成分复杂的特点。

（2）大科及大属的优势明显。保护区内占总科数 7.64% 的大科（600 种以上）共包含种子植物 950 种，占保护区种子植物总数的 39.82%；占总属数 14.07% 的大属（40 种以上）共包含种子植物 936 种，占保护区种子植物总数的 39.23%（936/2386）。可见保护区种子植物中大科及大属优势明显。

（3）种子植物区系具有明显的过渡性质。从科级水平上看，热带成分占 59.38%，温带成分占 36.72%；从属级水平上看，热带成分仅占 37.68%，温带成分占 56.53%。体现了该区从热带向温带过渡的性质。

（4）种子植物区系较为古老，特有属比较丰富。保护区内单种科、单种属、少种属、形态上原始的类型、间断分布等类型在该区均有分布，体现了种子植物区系较为古老。特有科属较为丰富，中国特有科 5 科，特有属 51 属，占保护区总属数的 5.79%。

3.2.3 生活型组成

植物的生活型是植物长期适应外界综合环境在形态上的表型特征，是对环境的综合反应。生活型是植物群落外貌、季相结构特征的决定因素。因此，研究植物生活型能有助于我们了解和掌握植物的群落特征和资源状况。在 3595 种维管植物中，以分布广、抗逆性强的草本植物最多，2057 种，占总种数的57.22%；灌木次之，有 834 种，占总种数的 23.20%；乔木 493 种，占总种数的 13.71%；藤本 211 种，占总种数的 5.87%（表 3-8）。

表 3-8 保护区维管植物生活型组成

类型	乔木	灌木	草本	藤本
蕨类	0	0	298	0
裸子	34	1	0	0
被子	459	833	1759	211
合计	493	834	2057	211
占总种数/%	13.71	23.20	57.22	5.87

3.2.4 资源分析

目前，植物资源类型的分类还没有统一的标准，本书参照《中国资源植物》（朱太平，2007），以资源植物的用途及其所含化合物为主要分类标准将保护区内各种植物的资源类型分为 5 大类（表 3-9）：药用资源、观赏资源、食用资源、蜜源及工业原料。据粗略统计，保护区内共有资源植物 2089 种（不重复统计）。本处仅列出典型例子简要说明，具体用途详见附表 1.2。

表 3-9 保护区植物资源类型统计 （单位：种）

资源类型	蕨类植物	裸子植物	被子植物	合计	占本区物种总数（3595）的比例/%
药用资源	78	45	1611	1734	48.23
观赏资源	17	33	560	610	16.97
食用资源	3	1	229	233	6.48
蜜源	0	0	29	29	0.80
工业原料	0	5	182	187	5.20

1. 药用资源

保护区内有 1734 种药用植物，占保护区内维管植物物种总数的 48.23%。不仅包含大量民间常用药，还有黄连（*Coptis chinensis*）、淫羊藿（*Epimedium sagittatum*）、龙眼独活（*Aralia fargesii*）、天麻（*Gastrodia elata*）等名贵中药材。

毛茛科包含众多药用植物，为重要的药用植物大科，巫溪内分布有西南银莲花（*Anemone davidii*），其根茎入药叫血零子，用于治疗风湿疼痛、肋间神经痛、跌打损伤、吐血、便血等各种出血。升麻（*Cimicifuga foetida*）根茎含升麻碱、水杨酸、鞣质、树脂等，发表透疹，清热解毒，升举阳气，用于治疗风热头痛、齿痛、口疮、咽喉肿痛、麻疹不透、阳毒发斑；脱肛、子宫脱垂等。威灵仙（*Clematis chinensis*），干燥的根及茎药用，其根含白头翁素、白头翁内酯、甾醇、糖类、皂苷、内酯、酚类，有治疗风寒湿痹、腰膝冷痛、肢体麻木、筋骨脉动拘挛、脚气肿痛、胸膈痰饮、腹内冷积、诸骨鲠咽的作用。

紫金牛科包含许多药用植物，本地分布的如百两金（*Ardisia crispa*）有清热利咽、祛痰利湿、活血解毒的功能。主治咽喉肿痛、咳嗽咯痰不畅、湿热黄疸、小便淋痛、风湿痹痛、跌打损伤、疔疮、无名肿毒、蛇咬伤。杜茎山（*Maesa japonica*），为民间常用中药，全株药用，有祛风寒、消肿之功，用于治腰痛、头痛、心燥烦渴、眼目晕眩等症；根与白糖煎服治皮肤风毒，亦治妇女崩带；茎、叶外敷治跌打损伤，止血。

唇形科也包含许多药用植物，本地分布有藿香（*Agastache rugosa*）和筋骨草（*Ajuga ciliata*）等。藿香芳香化浊，和中止呕，发表解暑。用于湿浊中阻，脘痞呕吐，暑湿表证，湿温初起，发热倦怠，胸闷不舒，寒湿闭暑，腹痛吐泻，鼻渊头痛。另外，藿香有杀菌功能，口含一叶可除口臭，预防传染病，并能用作防腐剂。夏季用藿香煮粥或泡茶饮服，对暑湿重症、脾胃湿阻、脘腹胀满、肢体重困、恶心呕吐有效。

五加科的五加（*Acanthopanax gracilistylus*）、龙眼独活（*Aralia fargesii*）及大叶三七（*Panax pseudo-ginseny*）等都具有重要的药用价值。五加别名文章草、白刺、木骨，味辛、苦、微甘、性温。其茎、叶、果实入药，主治风寒湿痹、腰膝疼痛、筋骨痿软、小数点儿行迟、跌打损伤、骨折、水肿、脚气。

三叶崖爬藤（*Tetrastigma hemsleyanum*）全株供药用，有活血散瘀、解毒、化痰的作用，临床上用于治疗病毒性脑膜炎、乙型肝炎、病毒性肺炎、黄胆性肝炎，特别是块茎对小儿高烧有特效。

小柴胡（*Common goldenrop*）全草含芸香甙、山奈酚-3-芸香糖甙、一枝黄花酚甙、2,6-二甲氧基苯甲酸苄酯、当归酸-3,5-二甲氧基-4-乙酰氧基肉桂酯及 2-顺、8-顺-母菊酯。主治疏风清热，抗菌消炎。用于治疗风热感冒、头痛、咽喉肿痛、肺热咳嗽、黄疸、泄泻、热淋、痈肿疮疖、毒蛇咬伤。

阔叶十大功劳（*Mahonia bealei*），全株供药用，滋阴强壮、清凉、解毒。根、茎、叶含小檗碱等生物碱。叶：滋阴清热。主治肺结核，感冒。根、茎：清热解毒。主治细菌性痢疾，急性肠胃炎，传染性肝炎，肺炎，肺结核，支气管炎，咽喉肿痛。外用治眼结膜炎，痈疖肿毒，烧、烫伤。

防风（*Saposhnikovia divaricata*）根可生用，味辛、甘、性微温。祛风解表，胜湿止痛，止痉，用于外感表证，风疹瘙痒，风湿痹痛，破伤风正，脾虚湿盛。

醉鱼草（*Buddleja lindleyana*），别名鱼尾草、药杆子、痒见消。全株有小毒，捣碎投入河中能使活鱼麻醉，便于捕捉，故有"醉鱼草"之称。花和叶含醉鱼草甙，柳穿鱼甙，刺槐素等多种黄酮类。花、叶及根供药用，有祛风除湿、止咳化痰、散瘀之功效。兽医用枝叶治牛泻血。全株可用作农药，专杀小麦吸浆虫、螟虫及孑孓等。

巫溪内还有一些名贵药材，如杜仲科植物杜仲（*Eucommia ulmoides*），干燥树皮入药，具补肝肾、强筋骨、降血压、安胎等诸多功效。兰科植物天麻（*Gastrodia elata*），可治疗头晕目眩、肢体麻木、小儿惊风等症。

2. 观赏资源

自然界可作为观赏的植物资源十分丰富。有草本花卉、灌木花卉及观赏树木花卉；有观花植物、观叶植物还有观果植物。保护区内可供观赏的植物有 610 种，占保护区内维管植物物种总数的 16.97%。蕨类植物多以观叶为主，姬蕨（*Hypolepis punctata*）、团扇蕨（*Crepidomanes minutum*）、乌蕨（*Sphenomeris chinensis*）、凤尾蕨（*Pteris cretica*）及石韦（*Pyrrosia lingua*）等常用于盆栽或者造景。裸子植物树干笔直，树形优美，大多数都可作为观赏植物，如银杏（*Ginkgo biloba*）、红豆杉（*Taxus chinensis*）等常被栽培作为行道树。被子植物具有各式的花，蔷薇科、杜鹃花科、锦葵科、报春花科、虎耳草科、豆科、茜草科、菊科、百合科等科有许多花大且颜色多样的种类，是常见的观赏植物。

根据生活型，观赏的乔木类如青钱柳（*Cyclocarya paliurus*）、胡桃（*Juglans regia*）、化香树（*Platycarya strobilacea*）、灯台树（*Bothrocaryum controversum*）、白桦（*Betula platyphylla*）、垂柳（*Salix babylonica*）等，树形优美，是良好的观赏树种，可作行道树或园林观赏树种。灌木类如小檗科、金缕梅科、蔷薇科、杜鹃花科、紫金牛科、木犀科的许多植物，形态各异，包含构树（*Broussonetia papyrifera*）、堆花小檗（*Berberis aggregata*）、金丝桃（*Hypericum monogynum*）等制作盆景的良好材料。草本类如凤仙花科、报春花科、龙胆科、苦苣苔科、百合科、石蒜科及兰科植物，往往花色艳丽，形态优美，是良好的观花植物。

3. 食用资源

食用植物主要包括粮、果、菜和饮料用植物资源。保护区内的野生植物中共有 233 种可作为食用资源。特别是保护区内生长着大量野生的山楂（*Crataegus cuneata*）。该物种已经作为一种营养价值极高的水果被选育出，并大量种植。山楂为核果类水果，核质硬，果肉薄，味微酸涩。果可生吃或作果脯果糕，干制后可入药，是中国特有的药果兼用树种，具有降血脂、血压、强心、抗心律不齐等作用，同时也是健脾开胃、消食化滞、活血化痰的良药，对胸膈脾满、疝气、血淤、闭经等症有很好的疗效。山楂内的黄酮类化合物牡荆素，是一种抗癌作用较强的药物，其提取物对抑制体内癌细胞生长、增殖和浸润转移均有一定的作用。

微毛樱桃（*Cerasus clarofolia*）风味优美，生食或制罐头，樱桃汁可制糖浆、糖胶及果酒；核仁可榨油，似杏仁油。紫花地丁嫩叶可做蔬菜。蛇莓（*Duchesnea indica*）植物果实可直接食用或酿酒。珍珠花（*Lyonia ovalifolia*）也称乌饭树，其果实成熟后酸甜，可食。

枇杷（*Eriobotrya japonica*）味道甘美，形如黄杏，果柔软多汁，风味酸甜。每年三四月为盛产的季节，枇杷富含人体所需的各种营养元素，是营养的保健水果。枇杷富含纤维素、果胶、胡萝卜素、苹果酸、柠檬酸、钾、磷、铁、钙及维生素 A、B、C。丰富的维生素 B、胡萝卜素，具有保护视力、保持皮肤健康润泽、促进儿童身体发育的功用，其中所含的维生素 B17，还是防癌的营养素，因此，枇杷也被称为"果之冠"。它可促进食欲、帮助消化；也可预防癌症、防止老化。

东方草莓（*Fragaria orientalis*），又称泡泡莓。果实鲜红色，质软而多汁，香味浓厚，略酸微甜，可生食或供制果酒、果酱。可用于血热性化脓症，肺胃瘀血，止渴生津，祛痰。火棘（*Pyracantha fortuneana*），果实含有丰富的有机酸、蛋白质、氨基酸、维生素和多种矿质元素，可鲜食，也可加工成各种饮料。火棘根可入药，其性味苦涩，具有止泻、散瘀、消食等功效，果实、叶、茎皮也具类似药效。火棘树叶可制茶，具有清热解毒，生津止渴、收敛止泻的作用。

沙梨（*Pyrus serotina*）果近球形，浅褐色，果肉沙糯爽口。其果实、果皮清热，生津，润燥，化痰。可用于咳嗽、干咳、烦渴、口干、汗多、喉痛、痰热惊狂、便秘、烦躁。根能止咳嗽。歪头菜（*Vicia unijuga*）幼嫩时可为蔬菜，含有丰富的维生素 C、胡萝卜素等物质，有助于增强人体免疫功能，具有一定的抗肿瘤作用，可凉拌和炝炒。小扁豆（*Polygala tatariniwii*），又名滨豆、鸡眼豆，一种粮食和绿肥兼用作物。种子可食用，茎、叶和种子可做饲料，枝叶做绿肥。欧美国家、阿拉伯等地常用小扁豆制罐头食品或煮汤菜。中国主要将小扁豆与小麦、玉米磨成混合粉制作面食或以小扁豆粉制凉粉；嫩叶、青荚、豆芽作蔬菜。豆秸含蛋白质约 4.4%，是优质饲料，也常于开花时翻入土中用作绿肥。

4. 蜜源

能分泌花蜜供蜜蜂采集的植物，叫狭义蜜源植物；能产生花粉供蜜蜂采集的植物，叫粉源植物。蜜蜂主要食料的来源是花蜜和花粉；在养蜂实践上，常把它们通称为蜜源植物。蜜源植物主要包括主要蜜源植物、辅助蜜源植物、特殊蜜源植物。无论是野生植物或栽培植物凡能提供大量商品蜜的，称为主要蜜源植物；仅能维持蜂群生活和繁殖的，称为辅助蜜源植物。蜜源植物是发展养蜂业的物质基础，一个地区蜜源植物的分布和生长情况，对蜜蜂的生活有着极为重要的影响。

据统计该区共有蜜源植物 29 种，占该区物种总数的 0.80%。蜜源植物主要集中于蔷薇科、豆科、忍冬科、山茶科、十字花科、唇形科、玄参科、菊科、兰科等植物中：

杜鹃花科杜鹃花属（*Rhododendron*）植物蜜色浅淡，蜜质优良，蜜为淡琥珀色，味甘甜纯正，适口。

山茶科柃木属（*Eurya*）植物泌蜜量大，蜜蜂喜欢采集。蜜水白色，结晶细腻，有浓郁香气，属上等蜂蜜。柃木属植物是我国生产优质商品蜜的主要蜜源，所产蜂蜜品质极佳，被视为蜜中珍品。

唇形科香薷属（*Elsholtzia*）植物开花沁蜜约 30 天，新蜜浅琥珀色，味醇正、芳香。广泛分布于我国西北和西南地区。

豆科胡枝子属（*Lespedeza*）植物花多、花期长、泌蜜量大。花粉中含有 17 种氨基酸，各类矿物质 16 种，微量元素铁、锰、硫、锌含量也较高。我国南北皆有分布。

菊科许多属植物的开花沁蜜期长，蜜粉丰富，头状花序有利于蜜蜂的繁殖和采蜜。新蜜气味芳香，甜度较高，颇为适口。

菜花蜜浅琥珀色，略混浊，有油菜花的香气，略具辛辣味，贮放日久辣味减轻，味道甜润；极易结晶，结晶后呈乳白色，晶体呈细粒或油脂状。性温，有行血破气、消肿散结的功能，和血补身。

枣花蜜呈琥珀色、深色，因品种不同，蜜汁透明或略浊，有光泽。质地黏稠，不易结晶，有时在底部可见少量粗粒结晶。气味浊香，有特殊的浓郁气味（枣花香味）。味道甜腻，甜度大，略感辣喉，回味重。具有枇杷"主治肺热喘咳、胃热呕吐、烦热口渴"的药效，有清肺、泄热、化痰、止咳平喘等保健功效，是伤风感冒、咳嗽痰多患者的理想选择。

益母草蜜含有多种维生素、氨基酸、天然葡萄及天然果糖，常饮有活血去风、滋润养颜的功效。

5. 工业原料

可做工业原料的植物包括工业用材植物、纤维植物、鞣料植物、染料植物、芳香植物、油料植物、树脂植物及树胶植物等。保护区内共有工业原料植物 187 种，占该区物种总数的 5.20%。

用材植物如千金榆（*Carpinus cordata*），木材坚重、致密，可做工具、农具、家具等用材。铁木（*Ostrya japonica*），木材较坚硬，淡黄灰色，有光泽，带清雅的香气，供制家具及建筑材料之用。水青冈（*Fagus longipetiolata*），木材纹理直，结构细，材质较坚重，但干燥后易开裂，供农具、家具用材，为楼层的优良地板材。石栎（*Lithocarpus glaber*），树皮褐黑色，不开裂，内皮红棕色，木材的心边材近于同色，干后淡茶褐色，材质颇坚重，结构略粗，纹理直行，不甚耐腐，适作家具、农具等材。

纤维植物如苎麻（*Boehmeria nivea*），苎麻的茎皮纤维细长，强韧，洁白，有光泽，拉力强，耐水湿，富弹力和绝缘性，可织成夏布、渔网、制人造丝、人造棉等，与羊毛、棉花混纺可制高级衣料；短纤维可为高级纸张、火药、人造丝等的原料，又可织地毯、麻袋等；山杨（*Abutilon theophrasti*），茎皮纤维色白，具光泽，可编织麻袋、搓绳索、编麻鞋等纺织材料；田麻（*Corchoropsis tomentosa*），茎皮纤维可代麻，可作绳索或麻袋；小黄构（*Wikstroemia micrantha*），茎皮纤维是制作蜡纸的主要原料。

鞣料植物如杉木（*Cunninghamia lanceolata*）、构树（*Broussonetia papyrifera*）、青榨槭（*Acer davidii*）等，其果实、壳斗、树皮或根，均含有较丰富的单宁，经加工后可供制造栲胶。

染料植物如茜草（*Rubia cordifolia*），是一种历史悠久的植物染料，古时称茹藘、地血，早在商周时期就已经是主要的红色染料；紫草（*Lithospermum erythrorhizon*），为紫色染料；化香树（*Platycarya strobilacea*），果序及树皮富单宁，作天然染料用；栀子（*Gardenia jasminoides*）果实含栀子黄，为黄色系染料。栀子黄色素为栀子果实提取物，具有着色力强、色泽鲜艳、色调自然、无异味、耐热、耐光、稳定性好、色调不受 pH 的影响，对人体无毒副作用等优点。

芳香植物如薄荷（*Mentha haplocalyx*），薄荷为芳香植物的代表，品种很多，每种都有清凉的香味。花色有白、粉、淡紫等颜色，组成唇形科特有的花茎；大叶醉鱼草（*Buddleja davidii*）和牛至（*Origanum vulgare*）等，花可提芳香油；留兰香（*Mentha spicata*），全株含精油，可用于制作牙膏、糖果、香皂等。粗糠柴，种子可提油；红椋子（*Swida hemsleyi*），种子榨油可供工业用。鼠尾草（*Salvia japonica*），鼠尾草常栽培来作为厨房用的香草。

树脂植物如马尾松（*Pinus massoniana*）、漆树（*Toxicodendron succedaneum*）等，树胶植物如桃（*Amygdalus persica*）等。

3.2.5 濒危及保护物种

1. 濒危物种

不同参考材料对珍稀濒危物种的界定有明显差异，为了兼顾科学性和实用性，本书分别选取了《中国生物多样性红色名录——高等植物卷》（环境保护部、中国科学院，2013）、《中国植物红皮书》（傅立国，1991）及《濒危野生动植物种国际贸易公约》（CITES，2011）对保护区濒危植物进行统计分析。

1)《中国生物多样性红色名录——高等植物卷》收录情况

该名录采用国际 IUCN 物种红色名录的等级划分标准，将评估物种分为绝灭（EX）、野外绝灭（EW）、地区绝灭（RE）、极危（CR）、濒危（EN）、易危（VU）、近危（NT）、无危（LC）、数据缺乏（DD）9 类，其中极危（CR）、濒危（EN）及易危（VU）为生存受到威胁的等级，是保护工作中需要重点关注的等级。根据该名录，除去数据缺乏的种类，保护区中有 2257 种植物被收录，其中极危 6 种，濒危 26 种，易危 60 种，近危 90 种，无危 2075 种（表 3-10）。受威胁种类 92 种，占保护区物种总数的 2.56%。极危物种包括川东灯台报春（*Primula mallophylla*）、曲茎石斛（*Dendrobium flexicaule*）等，濒危物种包括薄叶械（*Acer tenellum*）、细叶石斛（*Dendrobium hancockii*）等，巴山松（*Pinus henryi*）、八角莲（*Dysosma versipelle*）等，该名录收录物种及其评估等级详见附表 1-3。

表 3-10　保护区 IUCN 物种保护级别数量统计

种类	CR（极危）	EN（濒危）	VU（易危）	NT（近危）	LC（无危）
蕨类植物	0	1	1	7	192
裸子植物	1	1	5	2	16
被子植物	5	24	54	81	1867
合计	6	26	60	90	2075

2）《中国植物红皮书》收录情况

该名录将收录其中的物种分为三个等级：濒危、渐危及稀有，其中濒危种类指那些在其整个分布区域或分布区域的重要部分，处于灭绝危险中的分类单位，这些植物的种群不多，植株稀少，地理分布有很大的局限性，仅生存于特殊的生境或有限的地方；稀有种类是指那些目前尚未处于灭绝危险的、我国特有的单种属或少种属的代表种类，它们的分布区域狭窄，生境比较独特，种群不多，植株也较稀少，或分布区域虽广但零星生存的种类；渐危种类是指那些因人为的后自然的原因所致，其分布范围和居群、植株数量正在日益缩减，在可预见的将来可能成为濒危的种类。保护区共分布有红皮书收录物种 34 种。其中濒危种 3 种，为粗齿桫椤（*Alsophila denticulata*）、大果青杆（*Picea neoveitchii*）及秀丽假人参（*panax pseudo-ginseny* var. *eleganlior*）；稀有种 17 种，如珙桐（*Davidia involucrata*）、杜仲（*Eucommia ulmoides*）、青檀（*Pteroceltis tatarinowii*）等；渐危种 23 种，如八角莲（*Dysosma versipellis*）、黄连（*Coptis chinensis*）、麦吊云杉（*Picea brachytyla*）等，名录收录物种及其相应等级详见附表 1-4。

表 3-11　保护区中国植物红皮书名录物种保护级别数量统计

类群	濒危	稀有	渐危
蕨类植物	0	0	1
裸子植物	2	2	5
被子植物	1	15	17
合计	3	17	23

3）CITES 名录物种

《濒危野生动植物种国际贸易公约》，于 1973 年 6 月 21 日在美国首都华盛顿所签署。其旨在管制而非完全禁止野生物种的国际贸易，其用物种分级与许可证的方式，以达成野生物种市场的永续利用性。该公约管制国际贸易的物种，可归类成三项附录，附录 I 的物种为若再进行国际贸易会导致灭绝的动植物，明确规定禁止其国际性的交易；附录 II 的物种则为目前无灭绝危机，管制其国际贸易的物种，若仍面临贸易压力，族群量继续降低，则将其升级入附录 I。附录III是各国视其国内需要，区域性管制国际贸易的物种。

根据《濒危野生动植物种国际贸易公约》（CITES，2011），保护区共分布有 CITES 收录植物物种 39 种，其中，附录 I 1 种、附录 II 37 种，附录III 1 种（表 3-12）。其中裸子植物 2 种，红豆杉（*Taxus chinensis*）、南方红豆杉（*Taxus chinensis* var. *mairei*）；被子植物 37 种，如水青树（*Tetracentron sinense*）、云木香（*Saussurea costus*）等，收录情况详见附表 1-5。

表 3-12　保护区 CITES 名录物种保护级别数量统计

种类	附录Ⅰ	附录Ⅱ	附录Ⅲ
蕨类植物	0	0	0
裸子植物	0	2	0
被子植物	1	35	1
合计	1	37	1

2. 保护物种

根据 1999 年国务院批准公布的《国家重点保护野生植物名录》（第一批）及 2015 年重庆市人民政府公布的《重庆市重点保护野生植物名录》（第一批），保护区共分布有国家重点野生保护植物 32 种，其中Ⅰ级保护植物 6 种，如南方红豆杉（*Taxus chinensis* var. *mairei*）、珙桐（*Davidia involucrata*）；Ⅱ级保护植物 26 种，如大果青杆（*Picea neoveitchii*）、巴山榧（*Torreya fargesii*）、喜树（*Camptotheca acuminata*）等，分布有重庆市重点保护物种 27 种，如铁杉（*Tsuga chinensis*）、华榛（*Corylus chinensis*）、金钱槭（*Dipteronia sinensis*）等（表 3-13）。保护植物名录详见附录 1-6，国家级保护物种的分布状况详见附图 1-5。

表 3-13　保护区国家重点保护野生植物保护级别数量统计

保护类别	国家Ⅰ级	国家Ⅱ级	重庆市级
蕨类植物	0	2	0
裸子植物	4	5	6
被子植物	2	19	21
合计	6	26	27

3. 部分濒危及保护物种的形态和分布

红豆杉（*Taxus chinensis*）

红豆杉是国家Ⅰ级保护植物，常绿乔木，小枝秋天变成黄绿色或淡红褐色，叶条形，雌雄异株，种子扁圆形。种子用来榨油，也可入药。属浅根植物，其主根不明显、侧根发达，高 30m，干径达 1m。叶螺旋状互生，基部扭转为二列，条形略微弯曲，长 1~2.5cm，宽 2~2.5mm，叶缘微反曲，叶端渐尖，叶背有 2 条宽黄绿色或灰绿色气孔带，中脉上密生有细小凸点，叶缘绿带极窄，雌雄异株，雄球花单生于叶腋，雌球花的胚珠单生于花轴上部侧生短轴的顶端，基部有圆盘状假种皮。种子扁卵圆形，有 2 棱，种卵圆形，假种皮杯状，红色。

在我国仅见于甘肃南部、陕西南部、湖北西部、重庆和四川，海拔 1500~2100m 的山地。分布区的气候特点是夏温冬凉，四季分明，冬季有雪覆盖。年平均温 10℃左右，最高温 16~18℃，最低温 0℃。年降水量 800~1000mm，年平均湿度 50%~60%，能耐寒，并有较强的耐阴性，多生于河谷和较湿润地段的林中。主要群落为针阔混交林。在保护区主要分布于海拔 1000m 以上的山地。

南方红豆杉（*Taxus chinensis* var. *mairei*）

南方红豆杉是国家Ⅰ级保护区植物。常绿乔木，树皮淡灰色，纵裂成长条薄片；芽鳞顶端钝或稍尖，脱落或部分宿存于小枝基部。叶 2 列，近镰刀形，长 1.5~4.5cm，背面中脉带上无乳头角质突起，或有时有零星分布，或与气孔带邻近的中脉两边有 1 至数条乳头状角质突起，颜色与气孔带不同，淡绿色，边带宽而明显。

南方红豆杉是中国亚热带至暖温带特有成分之一，在阔叶林中常有分布。耐荫树种，喜阴湿环境。喜温暖湿润的气候。自然生长在山谷、溪边、缓坡腐殖质丰富的酸性土壤中，中性土、钙质土也能生长。耐干旱瘠薄，不耐低洼积水。很少有病虫害，生长缓慢，寿命长。产于我国长江流域以南，常生于海拔 1000m 以下山林中，星散分布。在保护区中主要分布于兰英乡海拔较低的地方。

珙桐（*Davidia involucrata* var. *vilmoriniana*）

珙桐是国家Ⅰ级保护植物，濒危种，为落叶乔木。可生长到高 15～25m，叶子呈广卵形，边缘有锯齿。本科植物只有一属两种，两种相似，只是一种叶面有毛，另一种是光面。花色奇美，是 1000 万年前新生代新生代留下的孑遗植物，在第四纪冰川时期，大部分地区的珙桐相继灭绝，只在中国南方的一些地区幸存下来，洛阳绿诚农业已规模化繁育及种植成功，成了植物界今天的"活化石"，被誉为"中国的鸽子树"，又称"鸽子花树""水梨子"，野生种只生长在四川、重庆、贵州、湖南、湖北等省市。珙桐为国家一级重点保护野生植物，也为我国特有的单属植物，属孑遗植物，是全世界著名的观赏植物。

珙桐为落叶乔木，高 15～20m；胸高直径约 1m；树皮深灰色或深褐色，常裂成不规则的薄片而脱落。幼枝圆柱形，当年生枝紫绿色，无毛，生枝深褐色或深灰色。叶纸质，互生，无托叶，常密集于幼枝顶端，阔卵形或近圆形，顶端急尖或短急尖，具微弯曲的尖头，基部心脏形或深心脏形，边缘有三角形而尖端锐尖的粗锯齿；叶柄圆柱形，长 4～5cm，稀达 7cm，幼时被稀疏的短柔毛。两性花与雄花同株，由多数的雄花与 1 个雌花或两性花呈近球形的头状花序，直径约 2cm，着生于幼枝的顶端，两性花位于花序的顶端，雄花环绕于其周围，基部具纸质、矩圆状卵形或矩圆状倒卵形花瓣状的苞片 2～3 枚，初淡绿色，继变为乳白色。雄花无花萼及花瓣，有雄蕊 1～7，长 6～8mm，花丝纤细，无毛，花药椭圆形，紫色；雌花或两性花具下位子房，6～10 室，与花托合生，子房的顶端具退化的花被及短小的雄蕊，花柱粗壮，分成 6～10 枝，柱头向珙桐花果叶（11 张）外平展，每室有 1 枚胚珠，常下垂。果实为长卵圆形核果，长 3～4cm，直径 15～20mm，紫绿色具黄色斑点，外果皮很薄，中果皮肉质，内果皮骨质具沟纹，种子 3～5 枚；果梗粗壮，圆柱形。花期 4 月，果期 10 月。在保护区中主要分布于林口子、鬼门关海拔 1600～2000m 的沟谷落叶阔叶林中。

巴山榧树（*Torreya fargesii*）

巴山榧树是国家Ⅱ级保护植物，乔木，高达 12m；树皮深灰色，不规则纵裂；一年生枝绿色，二、三年生枝呈黄绿色或黄色，稀淡褐黄色。叶条形，稀条状披针形，通常直，稀微弯，长 1.3～3cm，宽 2～3mm，先端微凸尖或微渐尖，具刺状短尖头，基部微偏斜，宽楔形，上面亮绿色，无明显隆起的中脉，通常有两条较明显的凹槽，延伸不达中部以上，稀无凹槽，下面淡绿色，中脉不隆起，气孔带较中脉带为窄，干后呈淡褐色，绿色边带较宽，约为气孔带的一倍。雄球花卵圆形，基部的苞片背部具纵脊，雄蕊常具 4 个花药，花丝短，药隔三角状，边具细缺齿。种子卵圆形、圆球形或宽椭圆形，肉质假种皮微被白粉，径约 1.5cm，顶端具小凸尖，基部有宿存的苞片；骨质种皮的内壁平滑；胚乳周围显著地向内深皱。花期 4～5 月，种子 9～10 月成熟。

巴山榧树为我国特有树种，产于陕西南部、湖北西部、重庆东北部、四川东部及峨眉山海拔 1000～1800m地带。散生于针、阔叶林中。模式标本采自重庆城口。在保护区 1000m 以上的山地林下较为常见。

连香树（*Cercidiphyllum japonicum*）

连香树是国家Ⅱ级保护植物，稀有种。连香树在我国残遗分布于暖温带及亚热带地区。由于结实率低，幼树极少。加之历年来只砍伐，不种植，致使分布区逐渐缩小，成片植株更为罕见。

落叶乔木，高 10～20（～40）m，胸径达 1m；树皮灰色，纵裂，呈薄片剥落枝无毛，有长枝和距状短枝，短枝在长枝上对生；在短枝上单生，近圆形或宽卵形，长 4～7cm，宽 3.5～6cm，先端圆或锐尖，基部心形、圆形或宽楔形，边缘具圆钝锯齿，齿端具腺体，上面深绿色，下面粉绿色，具 5～7 条掌状脉；叶柄长 1～2.5cm。雌雄异株，先叶开放或与叶同放，腋生；每花有 1 苞片，花萼 4 裂，膜质，无花瓣；雄花常 4 朵簇生，近无梗，雄蕊 15～20，花丝纤细，花药红色，2 室，纵裂；雌花具梗，心皮 2～6，长 8～18mm，直径 2～3mm，微弯曲，熟时紫褐色，上部喙状，花柱宿存；种子卵圆形，顶端有长圆形透明翅。

主要分布于山西南部、河南西部、陕西南部、甘肃南部、浙江西部及南部、江西及湖北、湖南、四川、重庆及贵州。生于海拔 400～2700m 的向阳山谷或溪旁的阔叶林中。

连香树为新生代孑遗植物，中国和日本的间断分布种。对于阐明新生代植物区系起源以及中国与日本植物区系的关系，均有较大科研价值。树姿高大雄伟，叶型奇特，为很好的园林绿化树种。保护区林口子、鬼门关、转坪等地分布有较多的连香树。

红椿（*Toona sureni*）

红椿是国家Ⅱ级保护植物，渐危种，为楝科香椿属落叶或半落叶乔木。小枝初时被柔毛，渐变无毛，有稀疏的苍白色皮孔。叶为偶数或奇数羽状复叶，通常有小叶 7～8 对；叶柄长约为叶长的 1/4，圆柱形；小叶对生或近对生，纸质，长圆状卵形或披针形，先端尾状渐尖，基部一侧圆形，另一侧楔形，不等边，边全缘，两面均无毛或仅于背面脉腋内有毛。

红椿产于福建、湖南、广东、广西、四川、重庆、云南等地。其为阳性树种，不耐庇荫，但幼苗或幼树可稍耐阴，在土层深厚、肥沃、湿润、排水良好的疏林中，生长较快。在保护区中分布于海拔 400～1500m 的山坡、沟谷林中、河边及村旁。

香果树（*Emmenopterys henryi*）

香果树是国家Ⅱ级保护植物，稀有种。落叶大乔木；树皮灰褐色，鳞片状；小枝有皮孔，粗壮，扩展。叶纸质或革质，阔椭圆形、阔卵形或卵状椭圆形。托叶大，三角状卵形，早落。圆锥状聚伞花序顶生；花芳香，裂片近圆形，具缘毛，脱落，变态的叶状萼裂片白色、淡红色或淡黄色，纸质或革质，匙状卵形或广椭圆形；花冠漏斗形，白色或黄色，被黄白色绒毛，裂片近圆形；花丝被绒毛。蒴果长圆状卵形或近纺锤形；种子多数，小而阔翅。

香果树产于陕西、甘肃、江苏、安徽、浙江、江西、福建、河南、湖北、湖南、广西、四川、重庆、贵州及云南东北部至中部；分布于海拔 430～1630m 的山谷林中，喜湿润而肥沃的土壤。

树干高耸，花美丽，可作庭园观赏树。树皮纤维柔细，是制蜡纸及人造棉的原料。木材无边材和心材的明显区别，纹理直，结构细，供制家具和建筑用。耐涝，可作固堤植物。在保护区中主要分布于黄草坪等山地沟谷中。

水青树（*Tetracentron sinense*）

水青树是国家Ⅱ级保护植物，为水青树科水青树属落叶乔木，高可达 30m，胸径达 1.5m，全株无毛；树皮灰褐色或灰棕色而略带红色，片状脱落；长枝顶生，细长，幼时暗红褐色，短枝侧生，距状，基部有叠生环状的叶痕及芽鳞痕。叶片卵状心形，长 7～15cm，宽 4～11cm，顶端渐尖，基部心形，边缘具细锯齿，齿端具腺点，两面无毛，背面略被白霜，掌状脉 5～7，近缘边形成不明显的网络；叶柄长 2～3.5cm。水青树为深根性、喜光的阳性树种，幼龄期稍耐荫蔽。喜生于土层深厚、疏松、潮湿、腐殖质丰富、水良好的山谷与山腹地带，在陡坡、深谷的悬岩上也能生长。零星散生于陕西、甘肃、湖北、湖南、广西、四川、重庆、贵州及云南等地的常绿、落叶阔叶林内或林缘；生于海拔 430～1630m 的山谷林中，喜湿润而肥沃的土壤。在保护区中主要分布于林口子、鬼门关海拔 1600～2000m 的沟谷落叶阔叶林中。

3.2.6　特有植物

分布有中国特有植物 1214 种，占保护区维管植物物种总数的 33.77%，特有现象明显，代表种类如中华对马耳蕨（*Polystichum sino-tsus-simense*）、城口蔷薇（*Rosa chengkouensis*）等。

3.2.7　模式植物

据本次调查统计，保护区内至少有 22 种植物其模式标本采集于巫溪本地（表 3-14），如腺毛茎翠雀花（*Delphinium hirticaule* var. *Mollipes*）、垂花委陵菜（*Potentilla pendula*）模式标本采自保护区内的兰英寨，巫溪箬竹（*Indocalamus wuxiensis*）、巫溪铁线莲（*Clematis wuxiensis*）及巫溪虾脊兰（*Calanthe wuxiensis*）的模式标本采自保护区内的大官山。

表 3-14　巫溪模式植物种类名录

序号	科名	中文名	拉丁名
1	蛇菰科	疏花蛇菰	*Balanophora laxiflora* Hemsl.
2	樟科	隐脉黄肉楠	*Actinodaphne obscurinervia* Yang et P. H. Huang
3	毛茛科	巫溪银莲花	*Anemone rockii* Ulbr.var. *pilocarpa* W. T. Wang
4	毛茛科	巫溪铁线莲	*Clematis wuxiensis* Q.Q. Jiang & H.P. Deng
5	毛茛科	腺毛茎翠雀花	*Delphinium hirticaule* Franch.var. *mollipes* W. T. Wang
6	罂粟科	巫溪紫堇	*Corydalis bulbillifera* C. Y. Wu

序号	科名	中文名	拉丁名
7	虎耳草科	革叶溲疏	*Deutzia coriacea* R.
8	虎耳草科	小聚伞溲疏	*Deutzia cymuligera* S.M.Huang
9	蔷薇科	垂花委陵菜	*Potentilla pendula* Yu et Li
10	清风藤科	假轮叶泡花树	*Meliosma subverticillaris* Rehd.et Wils.
11	伞形科	重齿当归	*Angelica biserrata*（Shan et Yuan）Yunn et Shan
12	杜鹃花科	干净杜鹃	*Rhododendron detersile* Franch.
13	龙胆科	巫溪龙胆	*Gentiana myrioclada* T. N. Ho var. *wuxiensis* T. N. Ho & S. W. Liu
14	唇形科	少花陕甘筋骨草	*Ajuga ciliata* Bunge var. *chanetii*（Levl. et Vant.）C. Y. Wu et C. Chen form *pauciflora* C.Y.Wu et Chen
15	唇形科	粗齿香茶菜	*Amethystanthus grosseserratus*（Dunn）Kudo
16	唇形科	大花京黄芩	*Scutellaria pekinensis* Maxim. var. *grandiflora* C. Y. Wu et H. W. Li
17	玄参科	宽齿扭盖马先蒿	*Pedicularis davidii* Franch. var. *platyodon* Tsoong
18	苦苣苔科	全唇苣苔	*Deinocheilos sichuanense* W. T. Wang
19	禾本科	坝竹	*Drepanostachyum microphyllum*（Hsueh et Yi）Keng f. et Yi
20	禾本科	窝竹	*Fargesia brevissima* Yi
21	禾本科	巫溪箬竹	*Indocalamus wuxiensis* Yi
22	兰科	巫溪虾脊兰	*Calanthe wuxiensis* H.P. Deng & F.Q. Yu

3.2.8　孑遗植物

保护区所在的华中地区是著名的生物避难所，秦巴山地绵亘华中之北，成为阻挡北方冷空气入侵的屏障。保护区地形复杂，是众多孑遗植物集中分布的区域，如鹅掌楸（*Liriodendron chinense*）、红豆杉（*Taxus chinensis*）、珙桐（*Davidia involucrata*）、穗花杉（*Amentotaxus argotaenia*）、领春木（*Euptelea pleiospermum*）、水青树（*Tetracentron sinense*）等。这些植物曾经不同程度地经历过第四纪冰期气候变迁的干扰，在全球目前仅存于少数地区。但在重庆阴条岭国家级自然保护区，这些物种仍有集群或散生分布，保存较为完好，是十分珍贵的植物资源和生态记录，为研究古植物、古地理、古气候提供了重要的原始证据，具有重要的科研价值。

第4章 动物物种多样性

4.1 昆虫多样性

重庆阴条岭国家级自然保护区自2001年11月成立以来,尚未对昆虫的多样性进行过较为全面的调查。为进一步弄清保护区生物资源本底,并为有效管理和保护提供理论依据,2014~2016年期间研究人员先后5次在该保护区开展昆虫科学考察,并结合有关科研单位和大专院校的昆虫调查资料,对该区域昆虫多样性进行分析。

4.1.1 物种组成及其特点

2009年西南大学和重庆市巫溪县林业局编写的《重庆阴条岭自然保护区综合科学考察报告》所涉及的昆虫种类有12目72科275属326种。通过本次考察,并结合有关科研单位和大专院校对该保护区的调查资料,统计出昆虫830种,隶属于17目128科558属。比2009年增加了5个目56个科313个属514个种。各个目的科、属、种数见表4-1。

从各目种类数量上看,鳞翅目最多,有476种,占保护区昆虫总种数的57.35%,隶属33科298属;鞘翅目次之,有128种,占15.42%,隶属22科93属;半翅目种类数量第三,有70种,占8.43%,隶属25科67属;双翅目42种,占5.06%,隶属9科16属;直翅目有40种,占4.82%,隶属10科32属;膜翅目有27种,占3.25%,隶属10科21属;蜻蜓目有23种,占2.77%,隶属5科12属;螳螂目8种,占0.96%,隶属2科5属;广翅目有3种,占0.36%,隶属1科2属;脉翅目有3种,占0.36%,隶属3科3属;蜚蠊目3种,占0.36%,隶属2科2属;䗛目有2种,占0.24%,隶属1科2属。种类数量最少是蜉蝣目、襀翅目、等翅目、革翅目和缨翅目仅1科1属1种。

表 4-1 保护区昆虫类群统计一览表

目	科数	比例/%	属数	比例/%	种数	比例/%
蜉蝣目 Ephemeroptera	1	0.78	1	0.18	1	0.12
蜻蜓目 Odonata	5	3.91	12	2.15	23	2.77
襀翅目 Plecoptera	1	0.78	1	0.18	1	0.12
螳螂目 Mantodea	2	1.56	5	0.90	8	0.96
䗛目 Phasmaodea	1	0.78	2	0.36	2	0.24
等翅目 Isoptera	1	0.78	1	0.18	1	0.12
蜚蠊目 Blattodea	2	1.56	2	0.36	3	0.36
直翅目 Orthoptera	10	7.81	32	5.73	40	4.82
革翅目 Dermaptera	1	0.78	1	0.18	1	0.12
缨翅目 Thysanoptera	1	0.78	1	0.18	1	0.12
半翅目 Hemiptera	25	19.53	67	12.01	70	8.43
鞘翅目 Coleoptera	22	17.19	93	16.67	128	15.42
广翅目 Megaloptera	1	0.78	2	0.36	3	0.36
脉翅目 Neuroptera	3	2.34	3	0.54	3	0.36
鳞翅目 Lepidoptera	33	25.78	298	53.40	476	57.35
双翅目 Diptera	9	7.03	16	2.86	42	5.06
膜翅目 Hymenoptera	10	7.81	21	3.76	27	3.25
合计	128	100	558	100	830	100

表 4-2 保护区与重庆市昆虫数量比较

种类名称		目数	科数	属数	种数
地区	保护区	17	128	558	830
	重庆市	26	319	2566	4715
保护区所占比例/%		65.38	40.13	21.75	17.60

保护区与重庆市昆虫各个目、科、属、种数比较（表 4-2）昆虫种数占重庆市昆虫种数的 17.60%，这可以说明保护区的物种丰富度相当高。

在已知的保护区 17 个目昆虫中，有 128 个科，超过 10 个科的有 4 个目，占目数的 23.53%，分别是鳞翅目 33 科、鞘翅目 22 科、半翅目 25 科和膜翅目 10 科等，共计 90 科，占总科数的 70.31%。

从属的数量看，超过 10 个属的有 14 个科，占总科数的 11.38%。分别是斑腿蝗科（Catantopidae）10 属、花金龟科（Cetoniidae）10 属、天牛科（Cerambycidae）17 属、叶甲科（Chrysomelidae）15 属、螟蛾科（Pyralidae）15 属、尺蛾科（Geometridae）28 属、舟蛾科（Notodontidae）15 属、灯蛾科（Arctiidae）24 属、夜蛾科（Noctuidae）34 属、天蛾科（Sphingidae）20 属、眼蝶科（Satyridae）19 属、蛱蝶科（Nymphalidae）33 属、灰蝶科（Lycaenidae）20 属和弄蝶科（Hesperiidae）18 属等，共计 279 属，占总属数的 50.00%。上述各科，构成保护区昆虫的优势种类。

从种的数量看，超过 20 个种的有 12 个科，占总科数的 9.76%。分别是天牛科（Cerambycidae）21 种、螟蛾科（Pyralidae）20 种、尺蛾科（Geometridae）34 种、舟蛾科（Notodontidae）20 种、灯蛾科（Arctiidae）40 种、夜蛾科（Noctuidae）39 种、天蛾科（Sphingidae）29 种、凤蝶科（Papilionidae）25 种、眼蝶科（Satyridae）42 种、蛱蝶科（Nymphalidae）73 种、灰蝶科（Lycaenidae）31 种和弄蝶科（Hesperiidae）32 种等，共计 406 种，占总种数的 48.92%。

4.1.2 区系分析

本次对保护区进行的昆虫调查因调查时间和强度所限，调查缺乏系统性和广泛性，涉及的种类和数量有一定的局限性，在具有比较系统的本底调查资料中，对蝶类有比较系统深入的研究，就此为代表对保护区区系成分进行讨论。根据本次采集到的标本以及文献记载（刘文萍等，2000；李树恒和谢嗣光，2003；陈斌等，2010），现已知保护区蝶类有 11 科 112 属 226 种（表 4-3）。

表 4-3 保护区蝶类组成与区系成分

科名	种类组成		区系成分		
	属	种	东洋种	古北种	广布种
凤蝶科 Papilionidae	8	25	19	0	6
绢蝶科 Parnassiidae	1	1	0	1	0
粉蝶科 Pieridae	8	17	12	3	12
斑蝶科 Danaidae	1	1	1	0	0
环蝶科 Amathusiidae	1	1	1	0	0
眼蝶科 Satyridae	19	42	28	4	10
蛱蝶科 Nymphalidae	33	73	47	9	17
喙蝶科 Libytheidae	1	1	0	0	1
蚬蝶科 Riodinidae	2	2	2	0	0
灰蝶科 Lycaenidae	20	31	17	0	14
弄蝶科 Hesperiidae	18	32	12	2	8
合计	112	226	139（61.50）	19（8.41）	68（30.09）

从科级水平的蝶类组成看，其物种由多至少的顺序依次为蛱蝶科（Nymphalidae）（73 种）＞眼蝶科

（Satyridae）（42 种）＞弄蝶科（Hesperiidae）（32 种）＞灰蝶科（Lycaenidae）（31 种）＞凤蝶科（Papilionidae）（25 种）＞粉蝶科（Pieridae）（17 种）＞蚬蝶科（Riodinidae）（2 种）＞环蝶科（Amathusiidae）（1 种）＝绢蝶科（Parnassiidae）（1 种）＝斑蝶科（Danaidae）（1 种）＝喙蝶科（Libytheidae）（1 种）。蛱蝶科（Nymphalidae）种类最多，占保护区蝶类种数的 32.30%；眼蝶科（Satyridae）次之，占 18.58%；绢蝶科（Parnassiidae）、斑蝶科（Danaidae）、环蝶科（Amathusiidae）和喙蝶科（Libytheidae）最少，仅占 0.44%。

从保护区已知蝶类的区系组成上来看，东洋区种类最多，有 139 种，占总种数的 61.50%；广布种次之，有 68 种，占 30.09%，古北区的蝶类最少，有 19 种，占 8.41%。保护区以东洋种为主，属于东洋界范畴。

保护区与巫山湿地、四面山和金佛山 3 个处于不同纬度的自然保护区蝶类种类区系组成进行比较（表 4-4）。从其结果可看出，在比例上四面山东洋种成分最高，阴条岭次之，巫山湿地最低；巫山湿地广布种成分最高，金佛山次之，四面山最低；阴条岭古北种成分最高，巫山湿地次之，四面山最低。由此可见，随着纬度的增大，东洋种成分逐渐减少，古北种成分逐渐增加。蝶类是昆虫的一部分，蝶类昆虫区系成分与地理位置（经纬度）、海拔、气候、植物分布等因素密切相关，其蝶类区系成分特征必然反映出该区域的生态地理特点，这与它们所处的地理位置是相一致的。虽然保护区以东洋种为主，属于东洋界范畴，但是由于地处大巴山北邻秦岭以及特殊的自然地理、气候和植被，有较多古北种蝶类适于在此生息繁衍，反映出保护区古北种成分高于巫山湿地、四面山和金佛山这 3 个自然保护区，具有较强的向北方区系和秦巴山地过渡的区系性质。大部分古北种向北分布至日本、西伯利亚及欧洲。主要代表性昆虫有冰清绢蝶（*Parnassius glacialis*）、黄尖襟粉蝶（*Anthocharis scolymus*）、突角小粉蝶（*Leptidea amurensis*）、斗毛眼蝶（*Lasiommata deidamia*）、白眼蝶（*Melanargia halimede*）、蛇眼蝶（*Minois dryas*）、紫闪蛱蝶（*Apatura iris*）、灿福蛱蝶（*Fabriciana adippe*）、多眼灰蝶（*Polyommatus eras*）、花弄蝶（*Pyrgus maculates*）、珠弄蝶（*Erynnis montanus*）和小赭弄蝶（*Ochlodes venata*）。

表 4-4　保护区与巫山湿地、四面山和金佛山蝶类种类区系组成比较

地点	地理位置	物种数	东洋种	古北种	广布种
阴条岭	109°41′～109°57′E，31°23′～31°33′N	226	139（61.50）	19（8.41）	68（30.09）
巫山湿地	109°64′～110°96′E，31°09′～31°38′N	61	12（19.70）	5（8.20）	44（71.10）
金佛山	108°27′～109°16′E，31°37′～32°12′N	152	97（50.80）	9（5.90）	68（36.00）
四面山	106°17′～106°30′E，28°31′～28°46′N	155	108（69.70）	6（3.90）	41（26.40）

4.1.3　特有昆虫

特有昆虫是相对于分布的地区而言，它的断定是要受到研究基础的影响。就目前文献资料而论，被列为特有种的有光锦舟蛾秦巴亚种（*Ginshachia phoebe shanguang*）1 种。

4.1.4　珍稀昆虫

保护区的珍稀昆虫主要指在《国家重点保护野生动物名录》《国家保护的有益的或者有重要经济、科学研究价值的陆生野生动物名录》和《中国珍稀昆虫图鉴》中所包括的重点保护和珍稀昆虫种类。除此以外，一些个体稀少、分布区域狭窄、生存环境特殊、形态特异的种类也可视为珍稀昆虫。

保护区有国家重点保护昆虫拉步甲（*Carabus lafossei*）、中华虎凤蝶（*Luehdorfia chinensis*）2 种。其中，中华虎凤蝶（*Luehdorfia chinensis*）在国际濒危物保护委员会（IUCN）《受威胁的世界凤蝶》红皮书中列为 K 级（险情未详）保护对象；《重庆市昆虫》（陈斌，2010）收录，重庆市环保局的重庆市物种资源基础数据库也有记录，分布于巫溪，III 级可信度，为文献记录。中华虎凤蝶在邻近的湖北省神农架国家级自然保护区有分布，虽然本次调查未采集到，但在保护区有分布的可能性很大，需待进一步调查。国家保护的有益的或者有重要经济、科学研究价值的陆生野生动物有金裳凤蝶（*Troides aeacus*）、冰清绢蝶（*Parnassius glacialis*）、枯叶蛱蝶（*Kallima inachus*）和中华蜜蜂（*Apis cerana*）4 种。

　　保护区珍稀昆虫有巨圆臂大蜓（*Anotogaster sieboldii*）、中华屏顶螳（*Kishinouyeum sinensae*）、四川无肛蜻（*Paraentoria sichuanensis*）、慈蝎（*Eparachus insignis*）、黑头斑鱼蛉（*Neochauliodes nigris*）、巨锯锹甲（*Serrognathus titanus*）、黑蕊舟蛾（*Dudusa sphingiformis*）、锯线荣夜蛾（*Gloriana dentilinea*）、柞蚕蛾（*Antheraea pernyi*）、后目大蚕蛾（*Dictyoploca simla*）、枯球箩纹蛾（*Brahmophthalma wallichii*）、牛郎凤蝶（*Papilio bootes*）、三黄绢粉蝶（*Aporia larraldei*）、白条黛眼蝶（*Lethe albolineata*）和大紫蛱蝶（*Sasakia charonda*）15 种。

　　所有这些珍稀昆虫都应该加以重点保护，特别是大多数珍稀种类的生物学习性还不清楚，因此需要进一步做较为深入的生物学研究，以便更好地为它们的保护提供科学依据。

4.1.5　昆虫资源及评价

　　昆虫是自然界中一类重要的生物资源，与人类的关系十分密切。昆虫个体相对较小，种类繁多。除了少数种类对人类有害外，绝大多数均对人类是有利或中性的。它们当中，许多昆虫可以被人类作为重要资源加以利用。保护区昆虫资源丰富，可以利用的昆虫种类多。昆虫资源主要包括有害昆虫、天敌昆虫、传粉昆虫、药用昆虫、食用昆虫、观赏昆虫、工业原料昆虫和有益于环保的昆虫。

1. 有害昆虫

　　有害昆虫会对农林牧业等带来危害，但是也有其存在价值，它是维持生态平衡的重要因子，对自然界生物群落的稳定及生物种群的发展起着明显的调节和控制作用。有害昆虫主要是等翅目（Isoptera）、直翅目（Orthoptera）、半翅目（Hemiptera）、鞘翅目（Coleoptera）和鳞翅目（Lepidoptera）等种类，其主要危害对象为针叶树、阔叶树、竹类、经济林木。森林害虫对森林资源的破坏起着一定的作用，通过对其进行调查，摸清其发生发展规律，确定防治重点，制订防治计划，减少灾害，对森林资源保护有着现实意义。保护区内的昆虫由于长期对环境的适应，在生物群落中占据着重要的组成成分，因其种类和数量的相对稳定而构成各种群落间的相对稳定。虽然保护区内有害昆虫较多，但真正造成大危害的种类很少，这就反映出有害昆虫的存在价值。

2. 天敌昆虫

　　保护区的植食性昆虫种类有一些是取食杂草的，它们是防治杂草的自然天敌。肉食性昆虫主要包括主要捕食性和寄生性两种类型。天敌昆虫捕食或寄生害虫，在各种生态环境中对抑制害虫的种群数量，维持自然生态平衡起重要作用，有利于植物的生长和发育，对保护区的持续发展有重要意义。本次调查记录保护区主要天敌昆虫种类有 32 科 73 属 111 种，发现保护区内天敌昆虫种类非常丰富，保护区内大量存在的天敌昆虫对许多害虫起着控制作用，为保护森林资源作出了重大贡献。主要天敌昆虫类群见表 4-5。主要有蜻蜓目的（Odonata）蜻科（Libellulidae）、蜓科（Aeschnidae）、色蟌科（Calopterygidae）、蟌科（Coenagrionidae），螳螂目的（Mantodea）螳科（Mantidae），半翅目的（Hemiptera）猎蝽科（Reduviidae）、蝎蝽科（Nepidae），广翅目的（Megaloptera）齿蛉科（Corydalidae），脉翅目的（Neuroptera）褐蛉科（Hemerobiidae）、蚁蛉科（Myrmeleontidae），鞘翅目（Coleoptera）的虎甲科（Cieindilidae）、步甲科（Carabidae）、瓢虫科（Coccinellidae），双翅目的（Diptera）食蚜蝇科（Syrphidae）和膜翅目的（Hymenoptera）蚜茧蜂科（Aphidiidae）、泥蜂科（Sphecidae）等昆虫。

表 4-5　保护区天敌昆虫数量统计

目	科数	属数	种数	目	科数	属数	种数
蜻蜓目 Odonata	5	12	23	广翅目 Megaloptera	1	2	3
螳螂目 Mantodea	2	5	8	脉翅目 Neuroptera	3	3	3
襀翅目 Plecoptera	1	1	1	鳞翅目 Lepidoptera	1	1	1
缨翅目 Thysanoptera	1	1	1	双翅目 Diptera	2	6	7
半翅目 Hemiptera	4	7	9	膜翅目 Hymenoptera	6	8	10
鞘翅目 Coleoptera	6	27	45	合计	32	73	111

3. 传粉昆虫

昆虫喜花是其特殊的行为和生物学特性，有很多类群成为重要的传粉昆虫，促进了植物的繁衍与发展。同时，由于植物的发展，又为昆虫创造了良好的生存环境，表现出明显的协同进化关系。保护区主要的传粉昆虫为蜜蜂科的种类，如中华蜜蜂（*Apis ceranan*）是重要的传粉昆虫。双翅目（Diptera）许多类群的成虫也是重要的传粉昆虫，较为典型的是食蚜蝇类，这个类群的多数种类喜欢访花。此外，鞘翅目（Coleoptera）中许多类群的成虫，如花金龟、叩甲、鳞翅目（Lepidoptera）蝶类和一些蛾类成虫，缨翅目（Thysanoptera）蓟马也是重要的传粉昆虫，在农作物传粉上起重要作用。

4. 药用昆虫

药用昆虫是指昆虫体本身具有的独特的活性物质可以用于药用的昆虫种类。据程地云等（2002）记载重庆市已知药用昆虫13目45科97种。大多数在保护区内有分布，可以采取有效措施进行利用。保护区药用昆虫主要分布在螳螂目（Mantodea）、直翅目（Orthoptera）、半翅目（Hemiptera）、鞘翅目（Coleoptera）、鳞翅目（Lepidoptera）和膜翅目（Hymenoptera）中。如中华稻蝗（*Oxya chinensis*）、东方蝼蛄（*Gryllotlpa orientalis*）干燥成虫入药，螳螂入药主要是它的卵块（螵蛸），蝼蛄的若虫羽化成虫后，若虫脱下的皮在中医学上称为蝉蜕，芫菁科（Meloidae）昆虫体内能分泌一种称为芫菁素或斑蝥素的刺激性液体，其药用价值在李时珍的《本草纲目》中记载有破血祛瘀攻毒等功能。金凤蝶（*Papilio machaon*）干燥成虫入药、药材名为茴香虫。这不过是药典中提到的一些种类，其实，还有很多昆虫的药用价值未被发现，具有极大的开发潜力。

5. 食用昆虫

作为一类特殊的食用资源，昆虫体内含有丰富的蛋白质、氨基酸、脂肪类物质、无机盐、微量元素、碳水化合物和维生素等成分。据统计，全世界的食用昆虫有3000余种，几乎所有目的昆虫都有人食用。保护区的昆虫种类中，常见食用昆虫有蝗虫、鳞翅类、鞘翅类、半翅类和膜翅类等的一些成虫、蛹或幼虫。如柞蚕蛾（*Antheraea pernyi*）、豆天蛾（*Clanis bilineata*）、蚱蝉（*Cryptotympana atrata*）营养丰富，味道鲜美，具有较大的开发价值。

6. 观赏昆虫

昆虫种类颜色丰富，形态多样。保护区观赏昆虫资源丰富。可供观赏的鳞翅目（Lepidoptera）、鞘翅目（Coleoptera）、直翅目（Orthoptera）和半翅目（Hemiptera）昆虫种类有300多种。如翩翩起舞的蝶类主要为粉蝶科（Pieridae）、眼蝶科（Satyridae）、凤蝶科（Papilionidae）、环蝶科（Amathusiidae）和蛱蝶科（Nymphalidae）以及蛾类的大蚕蛾科（Saturniidae）、天蛾科（Sphingidae）等种类，形态奇特的甲虫类如虎甲、鳃金龟、花金龟、丽金龟、天牛、锹甲等，最具有重要的观赏价值。直翅目有鸣叫动听、好斗成性的蟋蟀和鸣声高亢的昆虫有直翅目的螽蟖和半翅目的蝉，竹节虫体形呈竹节状和叶片状，高度拟态，体型较大的蜻蜓姿态优美，色彩艳丽，是人们喜闻乐见的观赏昆虫。

7. 工业原料昆虫

对部分昆虫种类的虫体或其分泌物的研究和利用，在中国已有悠久的历史。保护区可用于工业原料的昆虫主要有蚕蛾科（Bombycidae）和大蚕蛾科（Saturniidae）的产丝昆虫，如樗蚕蛾（*Philosamia cynthia*）、柞蚕蛾（*Antheraea pernyi*）、枯叶蛾科（Lasiocampidae）和舟蛾科（Notodontidae）等，以及可分泌蜂蜜的蜜蜂科（Apidae）中华蜜蜂（*Apis cerana*）。

8. 环境监测型和有益于环保的昆虫

昆虫对环境变化十分敏感，利用昆虫对环境污染的不同忍耐程度，可以作为环境指示物，监测环境变化，指示环境质量。保护区有益于环保的昆虫有以下类群：鳞翅目的蝶类对气候和光线非常敏感，许多研究者都认为蝶类很适合作为环境指示物。蜉蝣目（Ephemeroptera）、蜻蜓目（Odonata）、半翅目（Hemiptera）、广翅目（Megaloptera）和襀翅目（Plecoptera）等的幼虫对水体环境的敏感度加高，它们的物种类型和数量与水体环境的水质相关，它们作为水体环境变化的指示昆虫，可以成为监测现有水质量监测工作的重要补充。昆虫对清洁环境也起着很重要作用，如黑食尸葬甲（Necrophorus concolor）、戴联蜣螂（Synapsis davidis）等种类，广泛分布于保护区的多种环境中。成虫、幼虫均以牛、马的粪便为食。成虫常在新鲜粪中垂直挖洞，将粪便运入洞中，供孵化后的幼虫取食。因此，人们常把这类昆虫称为天然的"清道夫"。其作用除将动物粪便、尸体吃掉外，还在于将粪便、尸体埋入地下，有利于植物的生长。若深入研究，选出优良种类，对于其他地方牧场粪便的处理有积极意义。

4.1.6　昆虫多样性保护利用的建议

昆虫是自然生态系统中非常重要的动物群落。在长期的地球生命历史年代中，相当数量的陆生植物物种与难以计数的昆虫种类在协同进化过程中，形成了互相依存而共生的密切关系。昆虫是森林生态系统的重要组成部分，对系统的运行和稳定有重要作用。昆虫具有重要的生态及经济价值，保存该区域的昆虫多样性，实现昆虫资源可持续利用，对保护区的建设和管理有重要的现实意义。

1. 深入开展昆虫多样性的基础研究

对保护区昆虫多样性进行的调查结果表明，保护区昆虫资源丰富，昆虫多样性水平较高，一定程度上反映了保护区良好的生态环境和取得的保护成效。昆虫种类繁多、形态各异，是地球上数量最多的动物群体，它们的踪迹几乎遍布世界的每一个角落。直到 21 世纪初，人类已知的昆虫有 100 余万种，但仍有许多种类尚待发现。本次调查由于诸多原因昆虫调查仅仅只是初步调查。为了摸清昆虫资源，建议进一步开展对保护区昆虫资源的专项调查，随着调查的不断深入，种群数量还会增加。除管理、保护和监测工作外，应有计划地引进科研人才，加强与大专院校、科研院所的联系合作，系统深入开展保护区科研工作，加强对一些特有珍稀昆虫的生物学、生态学、昆虫群落多样性、昆虫群落与森林群落之间的相互作用机理等方面的研究，建立保护区昆虫资源数据库，为更好地利用昆虫资源，全面保护生物多样性，及可持续利用提供理论依据。

2. 加强宣传教育和加大执法力度

加强昆虫多样性保护的法制宣传教育，通过各种途径和方式进行宣传，提高和强化人们保护昆虫多样性的意识。加强法制建设，把保护昆虫多样性纳入法制化轨道，严厉打击破坏森林，非法捕杀、采集和经营野生动植物及其产品的行为。

3. 合理使用化学农药，采用天敌控制，保护昆虫物种多样性

加强保护区内农林害虫的预测、预报和监督，防治保护区内的森林虫灾和病害、虫害、入侵生物等，严防发生大面积森林灾害。在保护区的试验区虫害大量发生年，可用农药进行防治，但要严格执行农药施用法规，选择使用高效、低毒杀虫剂及生物农药，选用科学合理的用药时间和用药方法，尽量把农药可能产生的副作用和对环境的污染降到最低程度，以利于保护昆虫物种多样性。缓冲区和核心区主要通过生态系统的自然调节和天敌的作用控制。

4. 合理规划开发保护区的旅游业，可持续开发昆虫资源

合理规划开发保护区旅游资源，做好科学规划，立足于长远，尽量做到经济发展和环境保护的双赢，有效促进保护区旅游业的持续发展。随着保护区旅游业的发展，昆虫资源开发利用所带来的经济价值也会越来越高，因此应在保护的基础上进行。开发利用环境监测型和有益于环保的昆虫，作为环境指示物监测保护区环境变化，尽量减少和控制人类活动，使其免遭破坏。保障昆虫生存和繁衍的足够空间和环境条件，最大程度保留原始生态环境。

5. 加强植树造林，增加昆虫多样性

昆虫多样性与其生存环境的多样性紧密相关，森林植物种类和类型的高度多样性能够为昆虫提供优越的生存空间。在保护区严格执行退耕还林政策，植树造林，改善植物群落结构，扩大森林面积，创造复杂多样的生境无疑有益于昆虫物种多样性的保护。

4.2　脊椎动物物种多样性

4.2.1　脊椎动物区系

根据张荣祖《中国动物地理》（2011），把保护区的 319 种陆生脊椎动物的区系成分总结如表 4-6。其中东洋种 157 种，占 49.22%；古北种 61 种，占 19.12%；广布种 101 种，占 31.66%。兽类中东洋种 29 种，占 48.33%；广布种 31 种，占 51.67%。鸟类 215 种，其中东洋界鸟类最多，95 种，占总种数的 44.2%；古北界鸟类 61 种，占总种数的 28.4%；广布种 59 种，占总种数的 27.4%。爬行动物 25 种，东洋种有 18 种，占 72%，广布种 7 种，占 28%，没有古北种。两栖动物 19 种，东洋种有 15 种，占 78.95%，广布种 4 种，占 21.05%，没有古北。表明保护区的脊椎动物区系以东洋界成分为主，古北种和广布种相当，古北种主要是鸟类，两栖类、爬行类和兽类中没有古北界成分。

按照鸟类在本保护区内的居留类型，在 215 种鸟类中，留鸟最多，有 124 种，占该区域总种数的 57.7%；夏候鸟次之，有 47 种，占总种数的 21.9%；冬候鸟 29 种，占 13.5%；漂鸟 15 种，占总种数的 6.9%。

表 4-6　保护区陆生脊椎动物区系成分统计表

类群	东洋种	古北种	广布种	合计
哺乳纲	29	0	31	60
鸟纲	95	61	59	215
爬行纲	18	0	7	25
两栖纲	15	0	4	19
种类合计	157	61	101	319
所占比例/%	49.22	19.12	31.66	100

4.2.2　哺乳类

1. 物种组成

本项目组于 2014～2016 年对保护区进行多次调查。根据野外考察，结合 2008 年的科考报告及《四川资源动物志》等文献资料和访问调查，记录到保护区内兽类共 60 种，隶属于 7 目 22 科 51 属（附表 4）。其中，食肉目 5 科 21 种、啮齿目 4 科 20 种，分别占该地区兽类物种总数的 35.00%、33.33%，数量占有显著的优势地位；其次，偶蹄目 4 科 8 种、翼手目 3 科 4 种，分别占总种数的 13.33%、6.67%。在 22 科中，以鼠科物种最为丰富，共 9 种，占保护区总种数的 15.00%；其次鼩科，有 8 种，占总种数的 13.33%；松鼠科名列第三，有 7 种，占总种数的 11.67%；其余各科种数较少（表 4-7）。

表 4-7　保护区兽类种类组成

目	科	种	比例/%
食虫目	猬科	1	1.67
	鼹科	1	1.67
	鼩鼱科	1	1.67

续表

目	科	种	比例/%
翼手目	菊头蝠科	2	3.33
	蹄蝠科	1	1.67
	蝙蝠科	1	1.67
灵长目	猴科	2	3.33
食肉目	犬科	4	6.67
	熊科	1	1.67
	鼬科	8	13.33
	灵猫科	4	6.67
	猫科	4	6.67
偶蹄目	猪科	1	1.67
	麝科	1	1.67
	鹿科	4	6.67
	牛科	2	3.33
啮齿目	松鼠科	7	11.67
	鼠科	9	15.00
	鼹型鼠科	2	3.33
	豪猪科	2	3.33
兔形目	兔科	1	1.67
	鼠兔科	1	1.67
合计　7	22	60	100

2. 生态类型

兽类活动能力较强，分布范围较大。由于习性不同，其分布也有所不同，并且不同生态环境的兽类有所重叠。根据兽类在保护区内的分布特征，可以将其分为 7 种生态类群。即：

（1）森林兽类：保护区内的森林覆盖率高、原始性强，植被类型以温性针阔叶混交林为主。分布在该生境的兽类有 31 种，包括食虫目、灵长目、食肉目、啮齿目、偶蹄目的种类。其中主要以森林群落为生境的有 13 种，主要是偶蹄目和食肉目的种类，如项目调查期间根据目击和红外相机发现的黄喉貂和林麝均分布在森林生境中，另外还有资料记录种如川金丝猴、豺、貉、赤狐、黑熊、黄喉貂、香鼬、金猫、云豹、林麝等。因此，保护区内的大多数兽类都属于森林兽类。

（2）灌丛、灌草丛兽类：保护区落叶阔叶灌丛面积非常广，仅次于针阔叶混交林。因此分布在此生境的种类较多，包括食虫目、灵长目、食肉目、偶蹄目、啮齿目、兔形目的 35 种动物。其中以灌丛、灌草丛为主要生境的为食虫目几个种类、食肉目鼬科，偶蹄目及啮齿目的部分种类，如项目调查期间，狗獾和狍均在灌丛生境中被观察到。

（3）草地兽类：保护区草甸所占面积不大，分布于此的兽类也比较少，包括食虫目、食肉目、啮齿目和兔形目共 6 种，其中以草地为主要生境的有罗氏鼢鼠、藏鼠兔、草兔 3 种。

（4）水域兽类：本类生境的兽类也比较少，包括灵长目、食肉目、偶蹄目、啮齿目共 9 种，其中以河谷、溪边为重要生境的有食肉目的黄鼬、鼬獾、水獭和啮齿目大足鼠 4 种，且大足鼠以种子及水生小动物为食，所以水域对于它们是主要利用的生境。

（5）洞穴裸岩兽类：保护区内分布于此的兽类为翼手目、灵长目、偶蹄目的种类。包括小菊头蝠、皮氏菊头蝠、大蹄蝠、中华鼠耳蝠、猕猴、鬣羚、喜马拉雅斑羚 7 种，并且洞穴、裸岩为这些物种的主要生境，尤其是项目调查期间所见的猕猴，多数时候在山体裸岩附近活动。

（6）村庄农田兽类：分布在该生境的兽类，包括食虫目、食肉目、啮齿目和兔形目的 14 种，以啮齿目鼠科、豪猪科的种类为主。

（7）居民区兽类：出没在人类居住区的主要是以啮齿目的鼠类、松鼠科、食性与鼠类相近的食虫目的微尾鼩为主，还有豹猫等以小型动物为食的兽类出现。在此区域出现的兽类有 7 种，即微尾鼩、黄鼬、黄腹鼬、褐家鼠、黄胸鼠、小家鼠、中华竹鼠。

4.2.3　鸟类

1. 物种组成

结合相关文献及实地考察，保护区共有鸟类 215 种，隶属 16 目 48 科（附表 4）。其中雀形目鸟类有 30 科 144 种，占总种数的 67%；非雀形目鸟类 15 目 18 科 71 种，占总种数的 33%。各科中，种类最多的是画眉科，有 21 种，占总种数的 9.77%；鹟科以 18 种次之，占总种数的 8.37%；莺科有 16 种，占总种数的 7.44%，位列第三；其余各科占比均小于 5%（表 4-8）。

表 4-8　保护区鸟类种类组成

目	科		种类	比例/%
鸊鷉目	1	鸊鷉科	1	0.47
鹈形目	1	鹭科	6	2.79
雁形目	1	鸭科	5	2.33
隼形目	2	鹰科	8	3.72
		隼科	2	0.93
鸡形目	1	雉科	6	2.79
鹤形目	1	秧鸡科	2	0.93
鸻形目	2	鸻科	2	0.93
		鹬科	3	1.40
鸽形目	1	鸠鸽科	4	1.86
鹃形目	1	杜鹃科	9	4.19
鸮形目	1	鸱鸮科	8	3.72
夜鹰目	1	夜鹰科	1	0.47
雨燕目	1	雨燕科	3	1.40
佛法僧目	2	翠鸟科	3	1.40
		佛法僧科	1	0.47
戴胜目	1	戴胜科	1	0.47
鴷形目	1	啄木鸟科	6	2.79
雀形目	30	百灵科	1	0.47
		燕科	2	0.93
		鹡鸰科	8	3.72
		山椒鸟科	3	1.40
		鹎科	5	2.33
		伯劳科	5	2.33
		黄鹂科	1	0.47
		卷尾科	3	1.40
		椋鸟科	3	1.40
		鸦科	8	3.72
		河乌科	1	0.47

目	科		种类	比例/%
		鹟鹀科	1	0.47
		鹟科	18	8.37
		鸫科	9	4.19
		王鹟科	1	0.47
		画眉科	21	9.77
		鸦雀科	3	1.40
		扇尾莺科	3	1.40
		莺科	16	7.44
		戴菊科	1	0.47
雀形目	30	绣眼鸟科	1	0.47
		长尾山雀科	3	1.40
		山雀科	4	1.86
		鸸科	1	0.47
		啄花鸟科	1	0.47
		花蜜鸟科	1	0.47
		雀科	2	0.93
		梅花雀科	1	0.47
		燕雀科	7	3.26
		鹀科	10	4.65
合计	16	48	215	100%

2. 分布区域

保护区大多数鸟类都是全境分布，它们善于飞行，活动范围广，扩散能力强，在保护区内适宜生境类型中广泛分布。仅有少数种类受到生境、食物等因素的影响在保护区内分布区域较窄，另外鸡形目部分种类因扩散能力较弱，且性机警胆怯，多分布在人迹罕至的森林、灌丛。

根据鸟类在本保护区内的分布特征，可将其划分为 5 大类。

森林鸟类：保护区内的森林覆盖率高、原始性强，且多种鸟类必须在森林生境进行繁殖、觅食活动，甚至有多种水禽对森林生境也具有很强的依赖性，因此与该生境具有密切关系的鸟类种类较多，达 161 种，占鸟类总种数的 74.9%。

灌丛和灌草丛鸟类：与该生境具有密切相关关系以及具有一定程度相关关系的鸟类有 170 种，占鸟类物种总数的 79.1%。灌丛和灌草丛生境常介于几种生境类型间，属林缘地带，能被鸟类利用的食物种类丰富多样，利于躲避敌害，因此灌丛和灌草丛生境中的鸟类种类最多。

洞穴、裸岩鸟类：部分猛禽以及雨燕目、佛法僧目的鸟类常选择岩洞或峭壁等营巢。还有一些灌丛、溪流等生境中的雀形目小型鸣禽，也选择不同类型的岩石洞穴、石峰等营巢，将其列入与裸岩生境有关的鸟类，共计 26 种，占总种数的 12.1%。

水域鸟类：水域生境是水鸟必不可少的栖居觅食场所，同时也是某些其他鸟类的必要生境。例如佛法僧目、鹳形目、鸻形目以及部分雀形目鸟类。在该保护区中，与此生境相关的鸟类共 48 种，占总种数的 22.3%。

村庄农田鸟类：村庄农田区的鸟类数量众多，于该生境生活的鸟类有 145 种，占鸟类总种数的 67.4%。农田属人工植被生境类型，利用农田生境的鸟类大多是周边生境的鸟类对该生境长期适应的结果，例如白鹭、池鹭、夜鹭等几种鹭科鸟类，猛禽中的黑鸢、红隼等，以及山斑鸠、珠颈斑鸠，杜鹃科的大杜鹃、四声杜鹃，雀形目中的麻雀、家燕、鹊鸲、白鹡鸰、白头鹎、大山雀等。

4.2.4 爬行类

1. 物种组成

综合重庆市的药用两栖爬行类（程地芸，1999）、重庆市两栖爬行动物分类分布名录（罗键，2012）、《四川资源动物志》、《四川爬行类原色图鉴》和本次考察结果，保护区共有爬行动物 25 种，隶属于 1 目 8 科（附表 4）。其中，游蛇科最多，有 14 种，占保护区内爬行动物种数的 56%；蝰科次之，有 4 种，占保护区内爬行动物种数的 16%；石龙子科 2 种，占保护区内爬行动物种数的 8%；壁虎科、鬣蜥科、蜥蜴科、闪皮蛇科、眼镜蛇科各 1 种，占保护区爬行动物种数的 4%（表 4-9）。

表 4-9　保护区爬行类种类组成

目	科	种数	比例/%
有鳞目	壁虎科	1	4
	鬣蜥科	1	4
	蜥蜴科	1	4
	石龙子科	2	8
	闪皮蛇科	1	4
	游蛇科	14	56
	眼镜蛇科	1	4
	蝰科	4	16
合计　　1	8 科	25	100

2. 分布区域

保护区爬行类的分布受生境、食物以及自身生活特点等因素的影响呈现出较为明显的局部分区的分布特点。根据爬行类在本保护区的分布特征，可以将其分为 4 种生态类群。即：

水栖型爬行类有 1 种，为乌华游蛇。

半水栖型爬行类有 1 种，为大眼斜鳞蛇。

陆栖型爬行类有 21 种，主要为有鳞目壁虎科的蹼趾壁虎，鬣蜥科的丽纹攀蜥，蜥蜴科的北草蜥，石龙子科的山滑蜥和铜蜓蜥，闪皮蛇科的黑脊蛇，游蛇科的翠青蛇、黄链蛇、赤链蛇、双斑锦蛇、王锦蛇、玉斑蛇、紫灰蛇、黑眉晨蛇、颈槽蛇、虎斑颈槽蛇、黑头剑蛇、乌梢蛇，眼镜蛇科的中华珊瑚蛇，以及蝰科的尖吻蝮、短尾蝮。

树栖型爬行类有 2 种，分别为蝰科的菜花原矛头蝮和福建绿蝮。

阴条岭爬行动物中陆栖型最多，占 84%。这符合阴条岭以山地为主，同时附有溪流的生态类型。

4.2.5 两栖类

1. 物种组成

综合重庆市的药用两栖爬行类（程地芸，1999）、重庆市两栖爬行动物分类分布名录（罗键，2012）、《四川资源动物志》、《四川两栖类原色图鉴》、《中国两栖动物及其分布彩色图鉴》和本次考察结果，保护区共有两栖类 19 种，隶属 2 目 9 科（附表 4）。其中蛙科最多，有 6 种，占保护区内两栖动物总种数的 31.58%；雨蛙科次之，有 3 种，占保护区内两栖动物总种数的 15.79%；角蟾科、蟾蜍科、叉舌蛙科各有 2 种，占保护区内两栖动物总种数的 10.53%；小鲵科、隐鳃鲵科、树蛙科、姬蛙科各 1 种，占保护区内两栖动物总种数的 5.26%（表 4-10）。

表 4-10　保护区两栖类种类组成

目		科	种数	比例/%
有尾目	2	小鲵科	1	5.26
		隐鳃鲵科	1	5.26
无尾目	7	角蟾科	2	10.53
		蟾蜍科	2	10.53
		雨蛙科	3	15.79
		蛙科	6	31.58
		叉舌蛙科	2	10.53
		树蛙科	1	5.26
		姬蛙科	1	5.26
合计	2	9	19	100

2. 分布区域

两栖类生态分布类型颇多，根据两栖类在保护区的分布特征可将其分为 3 个生态类群。即：

水栖型：如巫山巴鲵、大鲵、隆肛蛙、花臭蛙、利川齿蟾属于水栖溪流型，主要在溪流边生活；而黑斑侧褶蛙、沼蛙、南江臭蛙属于水栖静水型，都不能远离水域生活。

陆栖型：巫山角蟾属于陆栖型中林栖流溪繁殖型；中华蟾蜍华西亚种、中华蟾蜍指名亚种、合征姬蛙属于陆栖型中穴栖静水繁殖型；峨眉林蛙、中国林蛙、泽陆蛙属于陆栖型中林栖静水繁殖型。

树栖型：如秦岭雨蛙、华西雨蛙、无斑雨蛙、斑腿泛树蛙。

4.2.6　鱼类

保护区自然环境复杂，溪流和沟渠较多，水资源相对丰富，主要位于巴岩子河源头。巴岩子河主要是由阳板沟、杨柳沟和龙洞溪 3 条溪流汇合后形成，其中阳板沟中的青龙洞和白龙洞水量较大，3 条溪流最后于巫山大昌处流入大宁河。巴岩子河两岸悬崖峭壁，落差较大，河床多为砾石。

2009 年西南大学何学福团队对保护区的鱼类进行了一次资源调查，之前并无相关资料记载。本次参考已有资料和实地调查，该保护区内鱼类种类共计有 2 目 5 科 15 种（附表 4）。其中以鲤形目的种类最多，有 3 科 10 属 11 种，占 73.33%，其次是鲇形目，有 2 科 2 属 4 种，占 26.67%（表 4-11）。保护区 15 种鱼类中，无国家级重点保护鱼类，市级保护种类有峨眉后平鳅，是一种小型鱼类，栖居于山溪急流中，主要以固着藻类为食。

表 4-11　保护区鱼类种类组成

目		科	种数	比例/%
鲤形目	3	条鳅科	2	13.33
		鲤科	8	53.33
		爬鳅科	1	6.67
鲇形目	2	鮡科	3	20.00
		鮠科	1	6.67
合计	2	5	15	100

4.2.7　保护物种

保护区内有各级保护动物 69 种，其中国家 I 级重点保护动物 5 种，国家 II 级重点保护动物 33 种，重庆市重点保护动物 31 种（表 4-12）。国家 I 级重点保护动物中，兽类 4 种：川金丝猴、金钱豹、云豹和林麝；鸟类 1 种：金雕。国家 Ⅱ 级重点保护动物中，兽类 10 种，鸟类 22 种，两栖类 1 种。重庆市重点保护动物中，兽类 11 种，鸟类 12 种，爬行类 2 种，两栖类 5 种，鱼类 1 种。按照 2015 年环保部和中国科学院联合发布的《中国生物多样性红色名录》，市级及以上保护级别的兽类有极危物种 4 种，濒危物种 6 种，易危物种 10 种，近危物种 22 种。

表 4-12　保护区珍稀濒危动物名录

序号	中文种名	拉丁学名	保护级别	濒危等级	最新发现时间	数量状况	数据来源
1	川金丝猴	*Rhinopithecus roxellana*	Ⅰ	易危	不详	不详	原科考报告，2009
2	金钱豹	*Panthera pardus*	Ⅰ	濒危	不详	不详	四川兽类原色图鉴，1999；原科考报告，2009
3	云豹	*Neofelis nebulosa*	Ⅰ	极危	不详	不详	四川兽类原色图鉴，1999；原科考报告，2009
4	林麝	*Moschus berezovskii*	Ⅰ	极危	2015	+	原科考报告，2009；野外考察见到，2015
5	金雕	*Aquila chrysaetos*	Ⅰ	易危	2009	+	原科考报告，2009；重庆大巴山自然保护区鸟类资源调查
6	猕猴	*Macaca mulatta*	Ⅱ	无危	2015	++	原科考报告，2009；野外考察见到，2015
7	豺	*Cuon alpinus*	Ⅱ	濒危	不详	不详	四川资源动物志第二卷，1984；原科考报告，2009
8	黑熊	*Ursus thibetanus*	Ⅱ	易危	2014	+	四川资源动物志第二卷，1984；原科考报告，2009；访问保护区管理人员，2014
9	黄喉貂	*Martes flavigula*	Ⅱ	近危	2015	+	原科考报告，2009；野外考察见到，2015
10	水獭	*Lutra lutra*	Ⅱ	濒危	2009	+	四川资源动物志第二卷，1984；原科考报告，2009
11	大灵猫	*Viverra zibetha*	Ⅱ	易危	2009	+	四川资源动物志第二卷，1984；原科考报告，2009
12	小灵猫	*Viverricula indica*	Ⅱ	易危	2009	+	四川兽类原色图鉴，1999；原科考报告，2009
13	金猫	*Pardofelis temminckii*	Ⅱ	极危	2009	+	四川资源动物志第二卷，1984；原科考报告，2009
14	鬣羚	*Capricornis sumatraensis*	Ⅱ	易危	2015	++	2015 照片；2009 年科考报告；四川资源动物志-第二卷，1984（巫溪）
15	喜马拉雅斑羚	*Naemorhedus goral*	Ⅱ	濒危	2015	+	原科考报告，2009；野外考察见到，2015
16	鸳鸯	*Aix galericulata*	Ⅱ	近危	2014	+	野外考察见到；重庆大巴山自然保护区鸟类资源调查
17	凤头蜂鹰	*Pernis ptilorhyncus*	Ⅱ	近危	2009	+	原科考报告，2009；重庆大巴山自然保护区鸟类资源调查
18	黑鸢	*Milvus migrans*	Ⅱ	无危	2009	+	原科考报告，2009；重庆大巴山自然保护区鸟类资源调查
19	白尾鹞	*Circus cyaneus*	Ⅱ	近危	2009	+	原科考报告，2009
20	松雀鹰	*Accipiter virgatus*	Ⅱ	无危	2009	+	原科考报告，2009
21	雀鹰	*Accipiter nisus*	Ⅱ	无危	2009	+	原科考报告，2009
22	普通鵟	*Buteo buteo*	Ⅱ	无危	2009	+	原科考报告，2009；重庆大巴山自然保护区鸟类资源调查
23	大鵟	*Buteo hemilasius*	Ⅱ	易危	2009	+	原科考报告，2009
24	红隼	*Falco tinnunculus*	Ⅱ	无危	2009	+	原科考报告，2009；重庆大巴山自然保护区鸟类资源调查
25	游隼	*Falco peregrinus*	Ⅱ	近危	2009	+	原科考报告，2009
26	红腹角雉	*Tragopan temminckii*	Ⅱ	近危	2015	+	野外考察见到；重庆大巴山自然保护区鸟类资源调查
27	白冠长尾雉	*Syrmaticus reevesii*	Ⅱ	濒危	2009	+	原科考报告，2009；重庆大巴山自然保护区鸟类资源调查
28	红腹锦鸡	*Chrysolophus pictus*	Ⅱ	近危	2015	+	野外考察见到；原科考报告，2009；重庆大巴山自然保护区鸟类资源调查
29	红翅绿鸠	*Treron sieboldii*	Ⅱ	无危	2009	+	原科考报告，2009；重庆大巴山自然保护区鸟类资源调查

续表

序号	中文种名	拉丁学名	保护级别	濒危等级	最新发现时间	数量状况	数据来源
30	领角鸮	*Otus lettia*	II	无危	2009	+	原科考报告，2009；重庆大巴山自然保护区鸟类资源调查
31	雕鸮	*Bubo bubo*	II	近危	2009	+	原科考报告，2009
32	灰林鸮	*Strix aluco*	II	近危	2015	+	野外考察见到；原科考报告，2009
33	领鸺鹠	*Glaucidium brodiei*	II	无危	2009	+	原科考报告，2009
34	斑头鸺鹠	*Glaucidium cuculoides*	II	无危	2015	+	野外考察见到
35	长耳鸮	*Asio otus*	II	近危	2009	+	原科考报告，2009
36	鹰鸮	*Ninox scutulata*	II	近危	2009	+	原科考报告，2009；重庆大巴山自然保护区鸟类资源调查
37	短耳鸮	*Asio flammeus*	II	近危	2009	+	原科考报告，2009
38	大鲵	*Andrias daviddianus*	II	极危	2006	+	四川两栖类原色图鉴，费梁，2001；重庆市的药用两栖爬行类，程地芸，1999；原科考报告2009；重庆市两栖爬行动物分类分布名录，罗键，2012；四川资源动物志，第一卷，1982
39	狼	*Canis lupus*	市级	近危	不详	不详	四川资源动物志-第二卷，1984；原科考报告，2009
40	貉	*Nyctereutes procyonoides*	市级	近危	不详	不详	四川资源动物志-第二卷，1984；原科考报告，2009
41	赤狐	*Vulpes vulpes*	市级	近危	1984	+	四川资源动物志-第二卷，1984；原科考报告，2009
42	黄鼬	*Mustela sibirca*	市级	无危	2015	+	原科考报告，2009；野外考察见到，2015
43	香鼬	*Mustela altaica*	市级	近危	2009	+	四川资源动物志-第二卷，1984；原科考报告，2009
44	果子狸	*Paguma larvata*	市级	近危	2011	+	原科考报告，2009；野外考察见到，2011
45	豹猫	*Prionailurus bengalensis*	市级	易危	2011	+	原科考报告，2009；野外考察见到，2011
46	赤麂	*Muntiacus vaginalis*	市级	近危	2015	+	野外考察见到，2015
47	小麂	*Muntiacus reevesi*	市级	易危	2015	++	原科考报告，2009；野外考察见到，2015
48	毛冠鹿	*Elaphodus cephalophus*	市级	易危	2015	+	原科考报告，2009；野外考察见到，2015
49	狍	*Capreolus pygargus*	市级	近危	2015	+	原科考报告，2009；野外考察见到，2015
50	小䴙䴘	*Tachybaptus ruficollis*	市级	无危	2009	+	原科考报告，2009
51	大麻鳽	*Botaurus stellaris*	市级	无危	2014	+	野外考察见到；原科考报告；2009
52	灰胸竹鸡	*Bambusicola thoracicus*	市级	无危	2009	++	原科考报告，2009；重庆大巴山自然保护区鸟类资源调查
53	董鸡	*Gallicrex cinerea*	市级	无危	2009	+	原科考报告，2009；重庆大巴山自然保护区鸟类资源调查
54	四声杜鹃	*Cuculus micropterus*	市级	无危	2009	++	原科考报告，2009；重庆大巴山自然保护区鸟类资源调查
55	中杜鹃	*Cuculus saturatus*	市级	无危	2009	+	原科考报告，2009；重庆大巴山自然保护区鸟类资源调查
56	小杜鹃	*Cuculus poliocephalus*	市级	无危	2014	+	野外考察见到；原科考报告，2009；重庆大巴山自然保护区鸟类资源调查
57	翠金鹃	*Chrysococcyx maculatus*	市级	近危	2009	+	原科考报告，2009；重庆大巴山自然保护区鸟类资源调查
58	噪鹃	*Eudynamys scolopacea*	市级	无危	2009	++	原科考报告，2009；重庆大巴山自然保护区鸟类资源调查
59	普通夜鹰	*Caprimulgus indicus*	市级	无危	2009	+	原科考报告，2009；重庆大巴山自然保护区鸟类资源调查
60	蓝翡翠	*Halcyon pileata*	市级	无危	2009	+	原科考报告，2009
61	黑短脚鹎	*Hypsipetes leucocephalus*	市级	无危	2014	+	野外考察见到；原科考报告，2009；重庆大巴山自然保护区鸟类资源调查
62	尖吻蝮	*Deinagkistrodon acutus*	市级	濒危	2009	+	原科考报告，2009

续表

序号	中文种名	拉丁学名	保护级别	濒危等级	最新发现时间	数量状况	数据来源
63	福建竹叶青蛇	*Trimeresurus stejnegeri*	市级	无危	2014	+	2014年照片/标本；原科考报告，2009
64	巫山巴鲵	*Liua shihi*	市级	近危	2015	++	2008年/2014年/2015年照片/标本；中国两栖动物及其分布彩色图鉴，费梁，2012；原科考报告2009；重庆市两栖爬行动物分类分布名录，罗键，2012
65	黑斑侧褶蛙	*Pelophylax nigromaculatus*	市级	近危	2012	++	四川两栖类原色图鉴，费梁，2001；重庆市的药用两栖爬行类，程地芸，1999；原科考报告2009；重庆市两栖爬行动物分类分布名录，罗键，2012
66	沼蛙	*Boulengerana guentheri*	市级	无危	2012	++	重庆市的药用两栖爬行类，程地芸，1999；中国两栖动物及其分布彩色图鉴，费梁，2012；原科考报告2009
67	泽陆蛙	*Fejervarya multistriata*	市级	无危	2012	+++	四川两栖类原色图鉴，费梁，2001；中国两栖动物及其分布彩色图鉴，费梁，2012；原科考报告2009；重庆市两栖爬行动物分类分布名录，罗键，2012
68	隆肛蛙	*Feirana quadranus*	市级	近危	2015	+	2008年/2014年/2015年照片/标本；四川两栖类原色图鉴，费梁，2001；中国两栖动物及其分布彩色图鉴，费梁，2012；原科考报告2009；重庆市两栖爬行动物分类分布名录，罗键，2012；中国两栖动物及其分布彩色图鉴，费梁，2012
69	峨眉后平鳅	*Metahomaloptera omeiensis*	市级	数据缺乏	2016	+	原科考报告，2009；2016年采到标本

国家级保护动物简介：

川金丝猴（*Rhinopithecus roxellana*）

灵长目，猴科，仰鼻猴属。国家Ⅰ级保护动物。体型比猕猴大，颜面天蓝，鼻孔向上仰，无颊囊，颊部及颈侧棕红，背有长毛，色泽金黄，尾与体长相等或更长。成兽嘴角上方有很大的瘤状突起，幼兽不明显。头圆、耳短，四肢粗壮，后肢比前肢长，手掌与脚掌为深褐色，趾甲为黑褐色。栖息于海拔1500～3500m一带的针阔混交林和针叶林内，完全树栖，很少下地，无固定栖所。随季节和食物基地的变化，栖息地每年有两次大的迁移。夏秋气候炎热，高山融雪，食物丰富，迁居达3000m左右的高山针叶林。冬季气候寒冷，食物欠缺，下移到1500m左右的针阔叶混交林内。性成熟年龄一般为4～5岁，雌性成熟较雄性略早，雌猴发情期多在9～11月，孕期7个月，多在次年4～6月产仔，每年一胎，每胎一仔，偶产二仔，哺乳期5～6个月，正常情况下可活20～25年。川金丝猴很罕见，属于神龙架的群体游荡到保护区。

金钱豹（*Panthera pardus*）

食肉目，猫科，豹属。国家Ⅰ级保护动物。体型与虎相似，但较小，为大中型食肉兽类。体重50kg左右，体长在1m以上，尾长超过体长之半。头圆、耳短、四肢强健有力，爪锐利伸缩性强。豹全身颜色鲜亮，毛色棕黄，遍布黑色斑点和环纹，形成古钱状斑纹，故称之为"金钱豹"。其背部颜色较深，腹部为乳白色。豹栖息环境多种多样，从低山、丘陵至高山森林、灌丛均有分布，具有隐蔽性强的固定巢穴。豹的体能极强，视觉和嗅觉灵敏异常，性情机警，既会游泳，又善于爬树，成为食性广泛、胆大凶猛的食肉类。繁殖时争雌行为激烈，3～4月发情交配，6～7月产仔，每胎2～3仔，幼豹于当年秋季就离开母豹，独立生活。在保护区金钱豹已经多年未见。

云豹（*Neofelis nebulosa*）

食肉目，猫科，云豹属。国家Ⅰ级保护动物。云豹比金猫略大，体重15～20kg，体长1m左右，比豹要小。体侧由数个狭长黑斑连接成云块状大斑，故名为"云豹"。云豹体毛灰黄，眼周具黑环。颈背有4条黑纹，中间两条止于肩部，外侧两条则继续向后延伸至尾部；胸、腹部及四肢内侧灰白色，具暗褐色条纹；尾长80cm左右，末端有几个黑环。云豹属夜行性动物，清晨与傍晚最为活跃。栖息在山地常绿阔叶林内，毛色与周围环境形成良好的保护及隐蔽效果。爬树本领高，比在地面活动灵巧，尾巴成了有效的平衡器官，在树上活动和睡眠。发情期多在晚间，孕期90天左右，每胎2～4仔。在保护区云豹也多年未见。

林麝（*Moschus berezovskii*）

偶蹄目，麝科，麝属。国家Ⅰ级保护动物。林麝是麝属中体型最小的一种。体长70cm左右，肩高47cm，体重 7kg 左右。雌雄均无角；耳长直立，端部稍圆。雄麝上犬齿发达，向后下方弯曲，伸出唇外；腹部生殖器前有麝香囊，尾粗短，尾脂腺发达。四肢细长，后肢长于前肢。体毛粗硬色深，呈橄榄褐色，并染以橘红色。下颌、喉部、颈下以至前胸间为界限分明的白色或橘黄色区。臀部毛色近黑色，成体不具斑点。有人认为它是原麝的一个亚种。生活在针叶林、针阔混交林区。性情胆怯；过独居生活；嗅觉灵敏，行动轻快敏捷。随气候和饲料的变化垂直迁移。食物多以灌木嫩枝叶为主。发情交配多在 11～12 月，在此期间，雌雄合群，雄性间发生激烈的争偶殴斗。孕期 6 个月，每胎 1～3 仔。国内已有养殖，雄麝所产麝香是名贵的中药材和高级香料。2015 年 8 月 20 日，在保护区的林口子拍摄到一只林麝，表明保护区内还有林麝分布。

金雕（*Aquila chrysaetos*）

隼形目，鹰科，雕属。俗称老雕、洁白雕。国家 I 级保护动物。全长 0.7～0.9m 的大型猛禽，身体呈较深的褐色，因颈后羽毛金黄色而得名，幼鸟尾羽基部有大面积白色，翅下也有白色斑，因而飞行时仰视观察很好确认，成熟后白色不明显。主要栖息于高山森林、草原、荒漠、山区地带，冬季可能游荡到浅山及丘陵生境，常借助热气流在高空展翅盘旋，翅膀上举呈深 "V" 字形。以大中型的鸟类和兽类为食。3、4 月开始繁殖，巢在高大的乔木上或悬崖峭壁上，以树枝搭建而成，巢可沿用多年，年年添加新巢材，年产 1 窝，窝卵数 1～3 枚，卵呈青白色，孵化期 35～45 天，育雏期 75～80 天，由双亲共同孵化、共同育雏。金雕在重庆主要分布于巫山、巫溪、城口、奉节等地，在保护区偶见。

猕猴（*Macaca mulatta*）

灵长目，猴科。国家 II 级保护动物。别名：黄猴、恒河猴、广西猴。猕猴是我国常见的一种猴类，体长 430～500mm，尾长 150～240mm。头部呈棕色，背上部棕灰或棕黄色，下部橙黄或橙红色，腹面淡灰黄色。鼻孔向下，具颊囊。臀部的胼胝明显。营半树栖生活，多栖息在石山峭壁、溪旁沟谷和江河岸边的密林中或疏林岩山上，群居，一般 30～50 只为一群，大群可达 200 只左右。善于攀缘跳跃，会游泳和模仿人的动作，有喜怒哀乐的表现。取食植物的花、果、枝、叶及树皮，偶尔也吃鸟卵和小型无脊椎动物。在农作物成熟季节，有时到田里采食玉米和花生等。4～5 岁性成熟，每年产 1 胎，每胎 1 仔。分布于西南、华南、华中、华东、华北及西北的部分地区，地域范围十分广泛，西到青海南部，北至河北省兴隆县，南达海南岛，都能见到它们的活动踪迹。活动范围宽，主要分布于保护区的双阳镇以上北林区。红外线相机多次在保护区拍摄到，表明在保护区猕猴有一定数量。

豺（*Cuon alpinus*）

食肉目，犬科，豺属。国家 II 级保护动物。外形与狗、狼相近，体型比狼小，体长 100cm 左右，体重 10kg 左右。体毛红棕色或灰棕色，杂有少量具黑褐色毛尖的针毛，腹色较浅。四肢较短。耳短，端部圆钝。尾较长。额部隆起，鼻长，吻部短而宽。全身被毛较短，尾毛略长，尾型粗大，尾端黑色。豺为典型的山地动物，栖息于山地草原、亚高山草甸及山地疏林中。多结群营游猎生活，性警觉，嗅觉很发达，晨昏活动最频繁。十分凶残，喜追逐，发现猎物后聚集在一起进行围猎，主要捕食狍、麝、羊类等中型有蹄动物。秋季交配，冬季产仔，怀孕期约 60 天，每胎 3～4 仔。豺在保护区已经多年未见。

黑熊（*Ursus thibetanus*）

食肉目，熊科，熊属。国家 II 级保护动物。黑熊是人们比较熟悉的大型兽类。体长 150～170cm，体重 150kg 左右。体毛黑亮而长，下颏白色，胸部有一块 "V" 字形白斑。头圆、耳大、眼小，吻短而尖，鼻端裸露，足垫厚实，前后足具 5 趾，爪尖锐不能伸缩。栖息于山地森林，主要在白天活动，善爬树、游泳；能直立行走。视觉差，嗅觉、听觉灵敏。食性较杂，以植物叶、芽、果实、种子为食，有时也吃昆虫、鸟卵和小型兽类。北方的黑熊有冬眠习性，整个冬季蛰伏洞中，不吃不动，处于半睡眠状态，至翌年 3～4 月出洞活动。夏季交配，怀孕期 7 个月，每胎 1～3 仔。黑熊在保护区有分布，但数量较少。

黄喉貂（*Martes flavigula*）

食肉目，鼬科，貂属。国家 II 级保护动物。体形较大的貂类，体长在 42～63cm，体重 1.5～2.0kg。尾巴很长，约为体长的三分之二。黄喉貂的头部较为尖细，略呈三角形，身体细长，呈圆筒状。四肢虽然短小，但强健有力。前后肢上各具 5 个趾，趾爪弯曲而锐利。身体的毛色比较鲜艳，主要为棕褐色或黄褐色，腹部呈灰褐色，尾巴为黑色。由于它的前胸部有明显的黄色、橙色的喉斑，其上缘还有一条明显的黑线，因此得名。还由于它喜欢吃蜂蜜，因而又有 "蜜狗" 之称。栖息于大面积的丘陵或山地森林，居于树洞中，常单独或成对活动，行动快速而敏捷，具有高强的爬树本领，跑动中间常以大跨步跳跃。它的性情凶猛，可以单独捕猎，也能够集群行动。典型的食肉兽，从昆虫到鱼类及小型鸟兽都在它的捕食之列。6～7 月发情。妊娠期 9～10 个月。次年 5 月产仔，每胎 2～4 仔，饲养寿命可达 14 年。黄喉貂在保护区罕见。

水獭（*Lutra lutra*）

食肉目，鼬科，水獭属。国家Ⅱ级保护动物。水獭体长 60～80cm，体重可达 5kg。体型细长，呈流线型。头部宽而略扁，吻短，下颌中央有数根短而硬的须。眼略突出，耳短小而圆，鼻孔、耳道有防水灌入的瓣膜。四肢短，趾间具蹼，尾长而粗大。体毛短而密，呈棕黑色或咖啡色，具丝绢光泽；腹部毛色灰褐。栖息于林木茂盛的河、溪、湖沼及岸边，营半水栖生活。在水边的灌丛、树根下、石缝或杂草丛中筑洞，洞浅，有数个出口。多在夜间活动，善游泳。嗅觉发达，动作迅速。主要捕食鱼、蛙、蟹、水鸟和鼠类。每年繁殖 1～2 胎，在夏季或秋季产仔，每胎 1～3 仔。除干旱地区外多数省（区）都有分布。水獭皮板厚而绒密，柔软华丽，毛皮珍贵，因而遭到无节制的捕猎，加之开发建设使水域污染，数量已很稀少，亟须加强保护。水獭在保护区罕见。

大灵猫（*Viverra zibetha*）

食肉目，灵猫科，灵猫属。国家Ⅱ级保护动物。别名：九节狸、灵狸、麝香猫。大灵猫体重 6～10kg，体长 60～80cm，比家猫大得多，其体型细长，四肢较短，尾长超过体长之半。头略尖，耳小，额部较宽阔，沿背脊有一条黑色鬃毛。雌雄两性会阴部具发达的囊状腺体，雄性为梨形，雌性呈方形，其分泌物就是著名的灵猫香。体色棕灰，杂以黑褐色斑纹。颈侧及喉部有 3 条波状黑色领纹，间夹白色宽纹，四足黑褐。尾具 5～6 条黑白相间的色环。大灵猫生性孤独，喜夜行，生活于热带、亚热带林缘灌丛。杂食，包括小型兽类、鸟类、两栖爬行类、甲壳类、昆虫和植物的果实、种子等。遇敌时，可释放极臭的物质，用于防身。在活动区内有固定的排便处，可根据排泄物推断其活动强度。每年 1～3 月发情，4～5 月产仔，每胎 2～4 仔。广布于南方各省区。大灵猫在保护区罕见。

小灵猫（*Viverricula indica*）

食肉目，灵猫科，小灵猫属。国家Ⅱ级重点保护动物。其外形与大灵猫相似而较小，体重 2～4kg，体长 46～61cm，比家猫略大，吻部尖，额部狭窄，四肢细短，会阴部也有囊状香腺，雄性的较大。肛门腺体比大灵猫还发达，可喷射臭液御敌。全身以棕黄色为主，唇白色，眼下、耳后棕黑色，背部有五条连续或间断的黑褐色纵纹，具不规则斑点，腹部棕灰。四脚乌黑，故又称"乌脚狸"。尾部有 7～9 个深褐色环纹。栖息于多林的山地，比大灵猫更加适应凉爽的气候。多筑巢于石堆、墓穴、树洞中，有 2～3 个出口。以夜行性为主，虽极善攀缘，但多在地面以巢穴为中心活动。喜独居，相遇时经常相互撕咬。小灵猫的食性与大灵猫一样，也很杂。该物种有占区行为，但无固定的排泄场所。小灵猫在保护区罕见。

金猫（*Pardofelis temminckii*）

食肉目，猫科，金猫属。国家Ⅱ级保护动物。别名：原猫、红椿豹、芝麻豹、狸豹、乌云豹。金猫比云豹略小，体长 80～100cm。尾长超过体长的一半。耳朵短小直立；眼大而圆。四肢粗壮，体强健有力，体毛多变，有几个由毛皮颜色而得的别名：全身乌黑的称"乌云豹"；体色棕红的称"红椿豹"；而狸豹以暗棕黄色为主；其他色型统称为"芝麻豹"。金猫主要生活在热带、亚热带山地森林。属于夜行性动物，白天多在树洞中休息。独居，善攀缘，但多在地面行动。活动区域较固定，随季节变化而垂直迁移。食性较广，小型有蹄类、鼠类、野禽都是捕食对象。每胎 2 仔，多产于树洞中。金猫在保护区罕见。

鬣羚（*Capricornis sumatraensis*）

偶蹄目，牛科，鬣羚属。国家Ⅱ级保护动物。别名：苏门羚、明鬃羊、山驴子。鬣羚外形似羊，略比斑羚大，体重 60～90kg。雌雄均具短而光滑的黑角。耳似驴耳，狭长而尖。自角基至颈背有长 10 余厘米的灰白色鬣毛，甚为明显。尾巴较短，四肢短粗，适于在山崖乱石间奔跑跳跃。全身被毛稀疏而粗硬，通体略呈黑褐色，但上下唇及耳内污白色。生活于高山岩崖或森林峭壁。单独或成小群生活，多在早晨和黄昏活动，行动敏捷，在乱石间奔跑很迅速。取食草、嫩枝和树叶，喜食菌类。秋季发情交配，孕期 7～8 个月，每胎 1 仔，有时产 2 仔。保护区比较常见，红外线相机多次拍摄到。

喜马拉雅斑羚（*Naemorhedus goral*）

偶蹄目，牛科，斑羚属。国家Ⅱ级保护动物。别名：青羊、山羊，产于东北、华北、西南、华南等地。斑羚体大小如山羊，但无胡须。体长 110～130cm，肩高 70cm 左右，体重 40～50kg。雌雄均具黑色短直的角，长 15～20cm。四肢短而匀称，蹄狭窄而强健。毛色随地区而有差异，一般为灰棕褐色，背部有褐色背纹，喉部有一块白斑。生活于山地森林中，单独或成小群生活。多在早晨和黄昏活动，极善于在悬崖峭壁上跳跃、攀登，视觉和听觉也很敏锐。以各种青草和灌木的嫩枝叶、果实等为食。秋末冬初发情交配。孕期 6 个月左右，每胎 1 仔，有时产 2 仔。保护区内较常见，红外线相机多次拍摄到。

鸳鸯（*Aix galericulata*）

雁形目，鸭科。国家 II 级重点保护动物。体长 450mm 左右，雄鸟：额、头顶中央翠绿，枕部紫铜色与后颈的暗紫、绿色长羽组成羽冠；眉纹白色；背、腰、尾上覆羽及尾均暗褐，具金属铜绿色闪光，翅大多暗褐，初级飞羽外缘似银灰色，最内一枚飞羽内翈栗黄，扩大直立成帆状饰羽；颈侧领羽细长如矛，辉栗；颏、喉、颊几纯栗，下体灰色；下体淡色浅淡，腹和尾下覆羽白色；无羽冠、饰羽和领羽。嘴红棕；脚黄褐色。栖息于江河、水田等处，多成对或小群活动。保护区罕见。

凤头蜂鹰（*Pernis ptilorhynchus*）

隼形目，鹰科，国家 II 级保护动物。体长 650mm 左右。枕羽较长，形成羽冠，额、头顶至背和腰暗褐，羽轴黑色，各羽基部白色，尾上覆羽暗褐，有棕白横斑，尾暗褐具有 3 道黑色带斑及棕白或灰白色波状横纹，羽端白色；飞羽黑褐，内翈有灰白横斑；眼先与眼周具灰褐色短羽；颏、喉灰白，胸腹暗褐或灰白、具黑褐纵纹，覆腿羽浅棕褐。嘴黑，蜡膜黄色；脚黄爪黑。栖息于山区沟谷灌丛地带，嗜吃野蜂及其幼虫，也捕食小鸟、鼠、蛇等。在保护区偶见。

黑鸢（*Milvus migrans*）

隼形目，鹰科。国家 II 级保护动物。俗称麻鹰、老鹰、老雕等。体长 0.5m。浅叉型尾为本种识别特征。飞行时初级飞羽基部浅色斑与近黑色的翼尖成对照，头有时比背色浅，与黑耳鸢的区别在于前额及脸颊棕色；初级飞羽黑褐色，外侧飞羽内翈基部白色，形成翼下一大型白色斑；飞翔时极为醒目。栖息于开阔平原、草地、荒原和低山丘陵地带，也常在城郊、村屯、田野、港湾、湖泊上空活动，偶尔也出现在 2000m 以上的高山森林和林缘地带。主要以小鸟、鼠类、蛇、蛙、鱼、野兔、蜥蜴和昆虫等动物性食物为食，偶尔也吃家禽和腐尸。黑鸢的繁殖期为 4～7 月；巢呈浅盘状，雌雄亲鸟共同营巢，通常雄鸟运送巢材，雌鸟留在巢上筑巢；每窝产卵 2～3 枚；雌雄亲鸟轮流孵卵，孵化期 38 天；雏鸟晚成性，雌雄共同抚育，约 42 天后雏鸟即可飞翔。保护区内较为常见。

白尾鹞（*Circus cyaneus*）

隼形目，鹰科，国家 II 级保护动物。体长 470mm 左右。雄鸟上体灰蓝，枕及上背沾褐，尾上覆羽白色；中央尾羽灰蓝，外侧尾羽灰白；初级飞羽黑褐，次级飞羽和翅上覆羽暗灰，羽轴黑褐，头侧灰色；颏、喉及胸浅蓝色；腹及尾下覆羽白色，覆腿羽灰白。雌鸟上体大部分褐色；上体羽缘棕黄；尾上覆羽似雄鸟；下体棕黄，杂以暗褐纵纹。嘴黑、基部带蓝，腊膜黄色；脚蜡黄。栖息于开阔原野或河岸疏林；食鼠类、小鸟以及昆虫等。在保护区偶见。

松雀鹰（*Accipiter virgatus*）

隼形目，鹰科。俗称松儿、松子鹰、摆胸、雀贼、雀鹰、雀鹞。国家 II 级保护动物。体长约 0.3m，体重 0.16～0.19kg 的小型鹰类。雄鸟上体深灰色，尾具粗横斑，下体白，两胁棕色且具褐色横斑，喉白而具黑色喉中线，有黑色髭纹；雌鸟及亚成鸟两胁棕色少，下体多具红褐色横斑，背褐，尾褐而具深色横纹，亚成鸟胸部具纵纹；翼下覆羽和腋羽棕色并具有黑色横斑，第二枚初级飞羽短于第六枚初级飞羽。通常栖息于海拔 2800m 以下的山地针叶林、阔叶林和混交林中，冬季时则会到海拔较低的山区活动，常单独生活。主要捕食鼠类、小型鸟类、昆虫、蜥蜴等。繁殖期为 4～6 月，喜在 6～13m 高的乔木上筑巢，以树枝编成皿状，也会修理和利用旧巢；繁殖期间每窝可产卵 4～5 枚，卵为浅蓝白色，并带有明显的赤褐色斑点；孵化期约 1 个月左右。在保护区偶见。

雀鹰（*Accipiter nisus*）

隼形目，鹰科。俗称鹞子。国家 II 级保护动物。体长 0.3～0.4m，体重 0.2～0.3kg 的小型猛禽。雌鸟整体偏褐色，下体布满深色横纹，头部具白色眉纹，翼短圆而尾长；雄鸟较小，上体灰褐色，下体具棕红色横斑，脸颊棕红色；尾具 4～5 道黑褐色横斑，飞翔时翼后缘略为突出，翼下飞羽具数道黑褐色横带。雀鹰栖息于针叶林、混交林、阔叶林等山地森林和林缘地带，冬季主要栖息于低山丘陵、山脚平原、农田村庄附近，尤其喜欢在林缘、河谷、采伐迹地的次生林和农田附近的小块丛林地带活动；日出性，常单独活动，飞行迅速。雀鹰主要以小型鸟类、昆虫和鼠类等为食，也捕鸠鸽类和鹑鸡类等体形稍大的鸟类和野兔、蛇等，雀鹰是鹰类中的捕鼠能手。繁殖期 5～7 月，营巢于森林中的树上，巢通常放在靠近树干的枝叉上，巢区和巢均较固定，常多年利用；每窝产卵通常 3～4 枚，卵呈椭圆形或近圆形，雌鸟孵卵，雄鸟偶尔也参与孵卵活动，孵化期 32～35 天，雏鸟经过 24～30 天的巢期生活，便离巢。该物种分布范围广，种群数量趋势稳定，被评价为无生存危机的物种。雀鹰能捕食大量的鼠类和害虫，对于农业、林业和牧业均十分有益，还可驯养为狩猎禽。保护区偶见。

普通鵟（*Buteo buteo*）

隼形目，鹰科，国家Ⅱ级保护动物。体长 500mm 左右。额、头顶至上背暗褐，羽端灰白或浅棕褐，下背至尾上覆羽浅褐，尾羽暗褐，有时沾棕，末端黄褐，具 4～5 道黑褐横斑，有的则仅具黑褐色次端斑，飞羽黑褐，翅上覆羽羽缘黄褐；头侧浅褐，颊部有暗褐纵纹；颏、喉灰白或浅褐，有时沾棕，具褐色纵纹，下体余部乳白色或黄白，胸和腹、具褐黑色纵纹，覆腿羽有时具棕褐色细横斑或纵纹。嘴黑褐，基部沾蓝，腊膜黄色；脚蜡黄。迁徙时集群。常单独活动；食鼠类、鸟类等。在保护区偶见。

大鵟（*Buteo hemilasius*）

隼形目，鹰科，国家Ⅱ级保护动物。体长 680mm 左右。额灰白，头顶、后颈浅褐，具暗褐纵纹，上体余部土褐，尾浅褐，具数道褐色横斑，飞羽黑褐，初级飞羽具白灰色羽干，次级飞羽内翈灰白具褐色横斑；翅上覆羽暗褐，羽缘黄褐；眼周灰白，耳羽灰褐；羽端暗褐；颏、喉及胸浅栗色，下体余部白色具或稀或密的栗褐色斑块。雄鸟较雌鸟体型小，体色暗黑。嘴黑褐，腊膜黄绿；脚蜡黄，附蹠有时被羽至趾基，但后缘为盾状鳞。常栖息于高树；捕食鼠类、野兔及鸟类等。在保护区偶见。

红隼（*Falcotinnunculus Linnaeus*）

隼形目，隼科。国家Ⅱ级保护动物。俗称茶隼、红鹰、黄鹰、红鹞子。小型猛禽，体长 0.3m，体重 0.3～0.4kg。雄鸟头顶、后颈、颈侧蓝灰色，具黑褐色羽干纹；额基、眼先和眉纹棕白色，耳羽灰色，髭纹灰黑色；上体赤黑色具黑色横斑，下体皮黄色具黑色纵纹；雌鸟上体全褐色，多粗横斑。常栖息在山区植物稀疏的混合林、开垦耕地及旷野灌丛草地；喜欢单独活动，飞翔力强，喜逆风飞翔，可快速振翅停于空中。视力敏捷，取食迅速，主要以昆虫、两栖类、小型爬行类、小型鸟类和小型哺乳类为食。繁殖期为 5～7 月，每窝产卵 4～5 枚，孵化期 28～30 天，雏鸟为晚成性，由亲鸟共同喂养 30 天左右离巢。红隼是比利时国鸟，在中国分布也很广，除干旱沙漠外几乎中国各地均有分布。保护区少见。

游隼（*Falco peregrinus*）

隼形目，隼科。国家Ⅱ级保护动物。体长 410mm 左右，头顶及后颈、颈侧均黑沾蓝灰；喉侧有一条宽阔的黑色髭纹；上体余部灰蓝，具黑褐色横斑；尾呈灰蓝与黑褐相杂的横斑；末端灰白；飞羽黑褐，内翈有灰白横斑；翅上覆羽暗灰蓝，具黑褐横斑；而羽毛和喉白色；其余下体白色沾棕黄，下胸及腹有黑褐纵纹或略似三角形的斑点，前者较密，覆腿羽灰白，具褐色斑点。嘴铅蓝，下嘴基蜡黄，腊膜黄；脚橙黄。栖于丘陵、河谷林地；食鸟类及小型兽类等。保护区罕见。

红腹角雉（*Tragopan temmunckii*）

鸡形目，雉科，角雉属。俗称娃娃鸡、寿鸡。国家Ⅱ级保护动物。全长 0.4～0.6m；雄鸟通体绯红色，项上具肉群，上体布满灰色而具黑色边缘的点斑，下体具大块的浅灰色鳞状斑，羽冠的两侧长着一对钴蓝色的肉质角，因此称为"角雉"。栖息于常绿阔叶林、针阔混交林、灌丛、竹林等。喜单独活动，冬季偶尔结小群。主要以植物嫩芽、嫩叶、青叶、花、果实和种子等为食，兼食少量动物性食物。3 月进入繁殖期，筑巢于树上，每窝产卵 3～5 枚，雌鸟孵卵，孵化期 28～30 天。在阴条岭主要分布在 1000～3000m 的山地森林，数量少，且性隐匿，为少见留鸟。繁殖期雄鸟肉群充血膨胀突然张开，色彩绚丽，像草书的"寿"字，具有很高的观赏价值和经济价值，曾远输欧洲，其栖息地和种数受到人类活动的干扰和威胁，应加强管理和保护。保护区较为常见。

白冠长尾雉（*Syrmaticus reevesii*）

鸡形目，雉科。俗称翟鸟、地鸡、长尾鸡、山雉。国家Ⅱ级保护动物。体形大小似雉鸡，但雄鸟尾较长得多，全长 1.5m。雄鸟的头顶和颈部均白色；上体大都为金黄色，下体深栗色，而杂以白色；尾羽特长，具黑栗二色并列的横斑；雌鸟上体大都黄褐色，背部黑色显著，而具大的矢状白斑；下体为浅栗棕色，向后转为棕黄；尾较短，具有多少模糊不显的黄褐色横斑。主要栖息在海拔 400～1500m 的山地森林中，尤为喜欢地形复杂、地势起伏不平、多沟谷悬崖、峭壁陡坡和林木茂密的山地阔叶林或混交林,有时可上到海拔 2000～2600m 的高度。主要以植物果实、种子、幼芽、嫩叶、花、块茎、块根和农作物幼苗和谷粒为食。繁殖期为 3～6 月。通常一雄一雌制,偶尔也见一雄配 2～3 只雌鸟;1 年繁殖 1 窝,每窝产卵 6～10 枚;孵卵期 24～25 天。白冠长尾雉的尾羽特长而秀丽夺目,羽色华丽,姿态优美,为供观赏用的珍兽。保护区多年未见。

红腹锦鸡 (*Chrysolophus pictus*)

鸡形目,雉科。俗称金鸡。国家 II 级保护动物。雄鸟全长 1.1m,尾长 0.4m,雌鸟全长 0.6m。雄鸟羽色华丽,头具金黄色丝状羽冠,枕部至后颈的羽毛金色具黑色条纹,上背披肩灰绿色,下体绯红色,翅金属蓝色;雌鸟较小,周身黄褐色而具有深色杂斑。栖息于阔叶林、针阔混交林和林缘疏林灌丛地带,单独或集小群活动。以植物的茎、叶、花、果实、种子和昆虫为食。繁殖期 4～6 月,一雄多雌制,巢简陋,为浅土坑,每窝产卵 5～9 枚,卵椭圆形,孵化期 22～24 天。在阴条岭部分山区有分布,但种群数量不大,为少见留鸟。红腹锦鸡是中国特产珍禽,也是"金鸡报晓"的金鸡;中国的版图像一只大公鸡,而且中国是世界上雉鸡类最丰富的国家。因此,红腹锦鸡在多次重要国际性会议中,屡次履行"代国鸟"的职责。雄鸟色彩极为艳丽,使得它成为偷猎者热衷的目标,非法捕猎是对本物种的最大威胁。保护区较为常见。

红翅绿鸠 (*Treron sieboldii*)

鸽形目,鸠鸽科,绿鸠属。国家 II 级保护动物。红翅绿鸠为留鸟,仅有少部分迁徙。栖息于海拔 2000m 以下的山地针叶林和针阔叶混交林中,有时也见于林缘耕地。常成小群或单独活动,主要以山樱桃、草莓等浆果为食。繁殖期为 5～6 月。营巢于山沟或河谷边的树上,巢呈平盆状,甚为简陋,主要由枯枝堆集而成,每窝产卵 2 枚。保护区少见。

领角鸮 (*Otus bakkamoena*)

鸮形目,鸱鸮科。国家 II 级重点保护动物。体长 240mm 左右。额、眉部和面盘灰白,翎领棕白,杂有黑褐横斑,上体及肩棕灰具黑褐羽干纹,肩有黄色眼斑,后颈有半圈棕白和黑褐斑驳的领环,尾羽有斑驳的黑褐和棕白相间的横斑,次级翅上覆羽和三级飞羽与背部相似,但缺少羽干纹而具有黑褐羽干纹。嘴铅褐,先端较黄;脚被羽,趾蜡黄。在农耕区树栖。食昆虫和野鼠,4～5 月在树洞产卵育雏。保护区少见。

雕鸮 (*Bubo bubo*)

鸮形目,鸱鸮科。国家 II 级重点保护动物。体长 600～640mm。眼先白色而羽干黑色,面盘淡棕而杂黑褐横斑,翎领黑褐,喉部的翎羽缘棕色,头顶黑褐,羽缘有棕色斑,上体、肩和三级飞羽淡棕色,布以黑褐纵纹、横斑;尾具斑杂而相间的褐色和棕色横斑;颏白,下体余部淡棕及棕色,具黑褐纵纹和横斑。嘴铅褐;脚趾被羽。夏季在海拔 2000m 以上的地方活动,冬季比较低。栖息于高树;食野鼠、小鸟,昆虫。保护区少见。

灰林鸮 (*Strix aluco*)

鸮形目,鸱鸮科。国家 II 级重点保护动物。体长 410mm 左右。上体黑色,额至后颈各羽有棕黄缘斑,背具棕黄横斑,要以转为虫蠹问;尾暗褐而端白,具斑驳的棕白横斑,中央尾羽还有蠹状纹,肩和次级翅上覆羽黑色,具蠹状纹,外侧大覆羽和肩羽还有大白斑,其余翅羽黑褐,具并列的棕白斑驳横斑,三级飞羽还有蠹状纹;面盘前部灰白具褐纹,后部棕白具褐色横斑,翎领黑色,具棕黄及白色羽端和羽缘,下喉纯白,其余下体棕白,具交叉的纵纹和横纹,尾下覆羽转为矢状斑。嘴角褐而端黄;脚被羽。夏季见于落叶阔叶林和针阔混交林;食昆虫和野鼠。保护区少见。

领鸺鹠 (*Glaucidium brodiei*)

鸮形目,鸱鸮科。国家 II 级重点保护动物。体长 160mm 左右。眉纹、眼先和眼周均白,其余头颈背部和两侧暗褐而具棕白斑点,后颈羽端棕黄或纯白,形成半圈领环,上体余部暗褐而且具棕色横斑,尾黑褐而具棕色横斑,次级覆羽和内侧飞羽同背,其余翅羽黑褐,初级飞羽有退化的棕白横斑;颏喉均白,上喉暗褐而具棕色横斑,形成环带,下体余部白色,胸侧和胁同背,腹侧有显著的棕褐纵纹。嘴、脚黄绿。栖于山区阔叶林及山坡灌丛,食昆虫。保护区少见。

斑头鸺鹠 (*Glaucidium cuculoides*)

鸮形目,鸱鸮科。俗称小猫头鹰。国家 II 级保护动物。体长 0.25m,体重 0.25kg。面盘不明显,没有耳羽簇;体羽为褐色,头部和全身的羽毛均具有细的白色横斑,腹部白色,下腹部和肛周具有宽阔的褐色纵纹，喉部还具有两个显著的白色斑；虹膜黄色，嘴黄绿色，基部较暗，蜡膜暗褐色，趾黄绿色，爪近黑色。栖息于从平原、低山丘陵到海拔 2000m 左右的中山地带的阔叶林、混交林、次生林和林缘灌丛。大多单独或成对在白天活动和觅食，主要以各种昆虫和幼虫为食，也吃鼠类、小鸟、蜥蜴等。繁殖期 3～6 月，通常营巢于树洞或天然洞穴中，每窝产卵 3～5 枚；孵卵由雌鸟承担，孵化期为 28～29 天。保护区常见。

长耳鸮（*Aiso otus*）

鸮形目，鸱鸮科。国家Ⅱ级重点保护动物。体长 360mm 左右，头顶后侧的耳状簇羽长约 45mm，上体棕黄而羽端灰白，具黑褐纵纹，尾棕黄而端灰，具黑褐横斑，小覆羽黑褐而窄缘棕黄，肩和大、中覆羽和三级飞羽与被相似，初级飞羽黑褐，微具棕色横斑；颏白，下体余部棕黄，胸、上腹和胁具黑褐纵纹。嘴角黑；脚全被羽。栖息于丘陵或庭院树丛；捕食野鼠。保护区少见。

鹰鸮（*Ninox scutulata*）

鸮形目，鸱鸮科。国家Ⅱ级保护动物。体长 0.3m。无明显的脸盘和领翎，额基和眼先白色，眼先具黑须；头、后颈、上背及翅上覆羽为深褐色，初级飞羽表面带棕色；胸以下白色，遍布粗重的棕褐色纵纹；尾棕褐色并有黑褐色横斑，端部近白色。常栖息于山地阔叶林中，也见于灌丛地带；活跃，黄昏前活动于林缘地带，飞行追捕空中昆虫，也捕食小鼠、小鸟等。在中国北方为夏候鸟，南方为留鸟。5～6 月繁殖，在树洞中营巢，每窝产卵 2～3 枚。保护区少见。

短耳鸮（*Aiso flammeus*）

鸮形目，鸱鸮科。国家Ⅱ级重点保护动物。体长 360mm 左右。耳状羽簇长约 25mm；上体棕黄，头顶至背有黑褐纵纹，余部有黑褐云斑，尾棕黄色具黑褐横斑，小覆羽黑褐而缘窄棕黄，肩和大、中覆羽和三级飞羽具白端，外侧飞羽端部黑褐，均具黑褐横斑；眼周黑褐，面盘前半部较白，余部较棕黄，翎领棕白，具黑褐羽干纹，至喉部正中转为黑褐缘棕黄色；颏白，下体余部棕黄，胸、上腹和胁具黑褐纵纹，故与长耳鸮不同。嘴角黑，脚被羽，栖息于丘陵或庭院树丛；食野鼠和昆虫。保护区少见。

大鲵（*Andrias davidianus*）

有尾目，隐鳃鲵科。国家Ⅱ级保护动物。别名：娃娃鱼。是现存有尾目中最大的一种，最长可超过 1m。头部扁平、钝圆，口大，眼不发达，无眼睑。身体前部扁平，至尾部逐渐转为侧扁。体两侧有明显的肤褶，四肢短扁，指、趾前五后四，具微蹼。尾圆形，尾上下有鳍状物。体表光滑，布满黏液。身体背面为黑色和棕红色相杂，腹面颜色浅淡。生活在山区的清澈溪流中，一般都匿居在山溪的石隙间，洞穴位于水面以下。每年 7～8 月产卵，每尾产卵 300 枚以上，雄鲵将卵带绕在背上，2～3 周后孵化。产于华北、华中、华南和西南各地。大鲵为我国特有物种，因其叫声也似婴儿啼哭，故俗称"娃娃鱼"。由于肉味鲜美，被视为珍品，遭到捕杀，资源已受到严重的破坏，需加强保护。保护区多年未见。

4.2.8　特有脊椎动物

保护区中国特有兽类 7 种，特有鸟类 7 种，特有爬行类 4 种，特有两栖类 12 种，特有鱼类 9 种，共计 39 种（表 4-13）。

表 4-13　保护区特有动物名录

序号	目	科	中文种名	拉丁种名	最新发现时间	数量状况	数据来源
1	食虫目	鼹科	宽齿鼹	*Euroscaptor grandis*	2014	+	2014 年照片
2	灵长目	猴科	川金丝猴	*Rhinopithecus roxellana*	不详	不详	2009 年科考报告
3	偶蹄目	鹿科	小麂	*Muntiacus reevesi*	2015	++	2015 年照片；2009 年科考报告
4	啮齿目	松鼠科	岩松鼠	*Sciurotamias davidianus*	2015	++	2015 年照片；2009 年科考报告
5	啮齿目	松鼠科	复齿鼯鼠	*Trogopterus xanthipes*	2015	+	2015 年照片；2009 年科考报告；四川资源动物志-第二卷，1984（巫溪）
6	啮齿目	松鼠科	红白鼯鼠	*Petaurista alborufus*	2013	+	2013 年照片；2009 年科考报告；四川资源动物志-第二卷，1984（巫溪）

续表

序号	目	科	中文种名	拉丁种名	最新发现时间	数量状况	数据来源
7	啮齿目	鼹型鼠科	罗氏鼢鼠	*Eospalax rothschildi*	2015	++	2009 年科考报告；四川资源动物志-第二卷，1984（巫山、城口）；四川兽类原色图鉴，王酉之，1999（城口、巫山）
8	鸡形目	雉科	灰胸竹鸡	*Bambusicola thoracicus*	2009	++	原科考报告，2009；重庆大巴山自然保护区鸟类资源调查
9	鸡形目	雉科	红腹锦鸡	*Chrysolophus pictus*	2015	++	野外考察见到；原科考报告，2009；重庆大巴山自然保护区鸟类资源调查
10	雀形目	画眉科	斑背噪鹛	*Garrulax lunulatus*	2015	+++	野外考察见到；重庆大巴山自然保护区鸟类调查
11	雀形目	画眉科	橙翅噪鹛	*Garrulax elliotii*	2014	+++	野外考察见到；原科考报告，2009；重庆大巴山自然保护区鸟类资源调查
12	雀形目	长尾山雀科	银脸长尾山雀	*Aegithalos fuliginosus*	2015	+++	野外考察见到；原科考报告，2009；重庆大巴山自然保护区鸟类资源调查
13	雀形目	山雀科	黄腹山雀	*Parus venustulus*	2009	+	原科考报告，2009；重庆大巴山自然保护区鸟类资源调查
14	雀形目	鹀科	蓝鹀	*Latoucheornis siemsseni*	2009	+	原科考报告，2009；重庆大巴山自然保护区鸟类资源调查
15	有鳞目	鬣蜥科	丽纹攀蜥（丽纹龙蜥）	*Japalura splendida*	2008	++	2008 年照片；四川爬行类原色图鉴，赵尔宓，2002；重庆市两栖爬行动物分类分布名录，罗键，2012；重庆脊椎动物名录，程地芸，2002；原科考报告，2009
16	有鳞目	蜥蜴科	北草蜥	*Takydromus septentrionalis*	2012	+++	四川爬行类原色图鉴，赵尔宓，2002；重庆市两栖爬行动物分类分布名录，罗键，2012；重庆脊椎动物名录，程地芸，2002；原科考报告，2009
17	有鳞目	石龙子科	山滑蜥	*Scincella monticola*	2009	+	原科考报告，2009
18	有鳞目	游蛇科	双斑锦蛇	*Elaphe bimaculata*	2012	+	重庆市原科考报告，2009；两栖爬行动物分类分布名录，罗键，2012
19	有尾目	小鲵科	巫山巴鲵	*Liua shihi*			
20	有尾目	隐鳃鲵科	大鲵	*Andrias daviddianus*	2015	++	2008 年/2014 年/2015 年照片/标本；中国两栖动物及其分布彩色图鉴，费梁，2012（巫山北鲵）；原科考报告，2009；重庆市两栖爬行动物分类分布名录，罗键，2012
21	无尾目	角蟾科	利川齿蟾	*Oreolalax lichuanensis*	2006	+	四川两栖类原色图鉴，费梁，2001；重庆市的药用两栖爬行类，程地芸，1999；原科考报告，2009；重庆市两栖爬行动物分类分布名录，罗键，2012；四川省脊椎动物名录及分布，第一卷，1982
22	无尾目	角蟾科	巫山角蟾	*Megophrys wushanensis*	2014	+	2014 年照片/标本；原科考报告，2009
23	无尾目	蟾蜍科	中华蟾蜍华西亚种	*Bufo gargarizans andrewsi* Schmidt	2009	+	原科考报告，2009
24	无尾目	雨蛙科	秦岭雨蛙	*Hyla tsinlingensis*	2012	+	原科考报告，2009；重庆市两栖爬行动物分类分布名录，罗键，2012
25	无尾目	蛙科	峨眉林蛙	*Rana omeimontis*	2012	++	原科考报告，2009；重庆市两栖爬行动物分类分布名录，罗键，2012
26	无尾目	蛙科	中国林蛙	*Rana chensinensis*	2012	+	中国两栖动物及其分布彩色图鉴，费梁，2012；原科考报告，2009；重庆市两栖爬行动物分类分布名录，罗键，2012
27	无尾目	蛙科	花臭蛙	*Odorrana schmackeri*	2002	++	重庆脊椎动物名录，程地芸，2002；中国两栖动物及其分布彩色图鉴，费梁，2012；原科考报告，2009
28	无尾目	蛙科	南江臭蛙	*Odorrana nanjiangensis*	2012	++	中国两栖动物及其分布彩色图鉴，费梁，2012；原科考报告，2009
29	无尾目	叉舌蛙科	隆肛蛙	*Feirana quadranus*	2012	+	四川两栖类原色图鉴，费梁，2001；中国两栖动物及其分布彩色图鉴，费梁，2012；原科考报告，2009；重庆市两栖爬行动物分类分布名录，罗键，2012
30	无尾目	姬蛙科	合征姬蛙	*Microhyla mixtura*	2009	++	原科考报告，2009
31	鲤形目	条鳅科	红尾荷马条鳅	*Homatula variegata*	2016	++	原科考报告，2009；2016 年采到标本

续表

序号	目	科	中文种名	拉丁种名	最新发现时间	数量状况	数据来源
32	鲤形目	条鳅科	短体荷马条鳅	*Homatula potanini*	2008	+	原科考报告，2009
33	鲤形目	鲤科	泸溪直口鲮	*Rectoris luxiensis*	2008	+	原科考报告，2009
34	鲤形目	鲤科	云南盘鮈	*Discogobio yunnanensis*	2016	+	原科考报告，2009；2016 年采到标本
35	鲤形目	鲤科	中华裂腹鱼	*Schizothorax sinensis*	2008	+	原科考报告，2009
36	鲤形目	爬鳅科	峨眉后平鳅	*Metahomaloptera omeiensis*	2016	+	原科考报告，2009；2016 年采到标本
37	鲇形目	鲿科	光泽拟鲿	*Pseudobagrus nitidus*	2008	+	原科考报告，2009
38	鲇形目	鲿科	切尾拟鲿	*Pseudobagrus truncatus*	2016	++	原科考报告，2009；2016 年采到标本
39	鲇形目	鲱科	中华纹胸鲱	*Glyptothorax sinensis*	2008	+	原科考报告，2009

第5章 植　　被

5.1　植被分类的依据和原则

植被是生长在一定区域的植物覆盖，是该区域所有植物群落及其时空配置的总和。植物群落则是由生长在一起且彼此存在相互联系的众多植物种类及所有个体组成的群体。根据植被分类的不同目的，可以从不同的角度对植被进行分类，具体的分类原则和划分依据与系统也千差万别。

我们从森林植被的形成历史和人类活动的关系，将保护区的植被分为人工植被和自然植被。人工植被根据栽培对象的生活型，分为草本栽培植被和木本栽培植被，部分木本栽培植被如日本落叶松林、杉木林、柳杉林、油松林、马尾松林等无人工抚育的生态经济林则统一归入自然植被。保护区人工植被较为简单，以种植玉米、土豆、烟叶、向日葵、当归、独活、贝母等粮食经济作物和胡桃、板栗等坚果类木本经济林为主，因此如上所述，根据生活型划分为草本作物和木本作物。

自然植被的分类依据"植物群落学-生态学原则"，并参考《中国植被》《中国植物区系与植物地理》中的分类体系，对保护区的自然植被进行分类。本书沿用《中国植被》中的三级分类单位，即植被型、群系和群丛。植被型是最主要的高级分类单位。建群种或共建种生活型相同或相近的植物群落联合为植被型，如常绿针叶林、常绿阔叶林、落叶阔叶林、落叶阔叶灌丛、常绿阔叶灌丛等植被型。植被型之上设植被型组，根据综合生态条件和植被外貌特征进行划分，如上述常绿阔叶林、落叶阔叶林和常绿针叶林联合为森林，而落叶阔叶灌丛、常绿阔叶灌丛联合为灌丛。植被亚型是植被型下的辅助分类单位，在同一植被型下主要依据生态条件与生境的不同划分，如常绿针叶林根据分布生境的温度条件划分出寒温性针叶林、温性针叶林、暖温性针叶林等亚型。

群系是最主要的中级分类单位。建群种或主要共建种相同的植物群落联合为群系，如巴山冷杉林、秦岭冷杉林、华山松林、巴山松林等。混交林或类似的植物群落，同样以建群种相同为划分依据，但同一群系的次要层片可以是一个确定的种，也可以是某一类植物，如华山松、漆树林，青冈、水青冈林等。群系之上，将同一植被型或亚型范围内同一属的建群种植物群落联合为群系组，如巴山冷杉林和秦岭冷杉林联合为"冷杉林"群系组。群系下设一个亚群系的辅助分类单位，建群种生态幅度比较广的群系，根据分布生境的不同，群落的其他优势种和种类组成可能存在明显的差异，可以根据群落生境的综合特征和建群种外其他优势种的生活型等进一步划分亚群系。但对于本保护区而言，由于地理跨度较小，所有的群系均不需要再划分亚群系。同时，限于群丛一级分类过细，本书是对整个保护区的植被进行分类，所涉及群系较多，群系以下不再进一步分类。

5.2　植被分类简表

按照上述植物群落分类划分标准，并参考《中国植被》的命名原则对保护区自然植被进行系统分类，将保护区的植被划分为3个植被型组，11个植被型，15个植被亚型，49个群系。其植被分类简表如表5-1所示。

表5-1　保护区植被类型简表

植被型组	植被型	植被亚型	群系
一、森林	I 落叶针叶林	（一）寒温性落叶针叶林	1. 日本落叶松
	II 常绿针叶林	（二）寒温性常绿针叶林	2. 巴山冷杉
			3. 秦岭冷杉
			4. 青杆林
		（三）温性常绿针叶林	5. 华山松林
			6. 油松林
			7. 巴山松林
			8. 柳杉林

续表

植被型组	植被型	植被亚型	群系
一、森林	Ⅱ常绿针叶林	（四）暖性常绿针叶林	9. 马尾松林
			10. 杉木林
	Ⅲ针阔叶混交林	（五）山地针阔叶混交林	11. 华山松、漆树林
			12. 华山松、红桦林
			13. 华山松、匙叶栎林
	Ⅳ落叶阔叶林	（六）温性落叶阔叶林	14. 红桦林
			15. 川陕鹅耳枥林
			16. 山杨林
	Ⅴ常绿落叶阔叶混交林	（七）暖性落叶阔叶林	17. 米心水青冈林
			18. 栓皮栎林
			19. 短柄枹栎林
			20. 化香树林
			21. 胡桃楸林
			22. 红桦、漆树林
			23. 红桦、短柄枹栎林
			24. 灯台树、领春木林
			25. 藏刺榛、桦叶荚蒾、湖北花楸林
			26. 连香树、水青树、珙桐林
		（八）山地常绿、落叶阔叶混交林	27. 曼青冈、化香树、米心水青冈林
			28. 包果石栎、水青冈林
	Ⅵ常绿阔叶林	（九）暖湿性常绿阔叶林	29. 青冈林
			30. 曼青冈林
			31. 包果石栎（包果柯）
		（十）暖性常绿阔叶林	32. 栲树林、青冈林
			33. 钩栲（钩锥）、栲树林
	Ⅶ竹林和竹丛	（十一）温性竹丛	34. 箭竹丛
			35. 鄂西箬竹丛
			36. 巫溪箬竹丛
			37. 巴山箬竹丛
			38. 鄂西玉山竹丛
			39. 巴山木竹丛
二、灌丛	Ⅷ落叶阔叶灌丛	（十二）温性落叶阔叶灌丛	40. 尾萼蔷薇、城口蔷薇、卫矛灌丛
			41. 湖北海棠、陇东海棠灌丛
			42. 中华绣线菊灌丛
			43. 陕甘花楸灌丛
三、草甸与草丛	Ⅸ丛生草类草甸	（十三）丛生草类典型草甸	44. 糙野青茅草甸
			45. 鹅观草草甸
	Ⅹ根茎草类草甸	（十四）根茎草类典型草甸	46. 膨囊苔草草甸
	Ⅺ杂类草甸或草丛	（十五）杂类草典型草甸或草丛	47. 香青草甸
			48. 地榆、白苞蒿草甸
			49. 丝茅草丛

5.3　主要类型的基本特征

Ⅰ落叶针叶林

落叶针叶林是以落叶针叶树为建群种的森林，其主要特点是冬季落叶。落叶针叶林在国内主要有落叶松林、水杉林、水松林、金钱松林等群系，重庆市自然分布的落叶针叶林仅有水杉林一种（分布于石柱）。此外，在城口、巫溪、巫山等重庆东北部中高海拔地区广泛栽培有日本落叶松林。

1. 日本落叶松林　Form. *Larix kaempferi*

保护区的日本落叶松林为人工栽培，主要分布于转坪、杨柳池、黄草坪等地的谷地。栽培时间最早从1990年开始，距今虽不足30年，但群落密度已达到25株/m²。林下物种较少，多以柳叶箬竹（*Isachne globosa*）、鄂西绣线菊（*Spiraea veitchii*）、野青茅（*Deyeuxia arundinacea*）等物种为主。

Ⅱ常绿针叶林

常绿针叶林是以常绿针叶树组成的森林，常绿针叶林在我国分布十分广泛，群系类型众多。从水平分布看，其从寒温带到热带均有分布；从垂直分布看，由平原至亚高山分布也较广泛。由于常绿针叶林分布幅度广，生境差异大，可分为4种亚型，即寒温性常绿针叶林、温性常绿针叶林、暖性常绿针叶林和热性常绿针叶林。重庆市自然分布包括寒温性、温性、暖性3种亚型，这3种亚型也是我国分布范围最广的亚型。因保护区的特殊地理位置和地质地貌特点，这3种类型在保护区也均有分布，如寒温性常绿针叶林的典型代表类型：巴山冷杉林、秦岭冷杉林、青杆林；温性常绿针叶林的典型代表类型：华山松林、巴山松林、油松林；暖性常绿针叶林的典型代表类型：马尾松林和杉木林。

2. 巴山冷杉林　Form. *Abiea fargesii*

巴山冷杉林以秦巴山地为中心，在保护区主要分布于阴条岭、转坪等地的海拔2000~2700m的阴坡或沟谷，是大巴山地区典型的亚高山针叶林类型之一。该群落大多受岩溶地貌和早前人为影响，多为块状散生林，镶嵌分布有各类落叶阔叶灌丛或亚高山草甸。乔木层优势种除巴山冷杉（*Abies fargesii*）外，在海拔2000~2400m的乔木层中有水青冈（*Fagus longipetiolata*）、山桐子（*Idesia polycarpa*）、红桦（*Betula albo-sinensis*）、漆树（*Toxicodendron verniciuum*）、扇叶槭（*Acer flabellatum*）等落叶树种；海拔2400m以上则以青杆（*Picea wilsonii*）、秦岭冷杉（*Abies chensiensis*）、红桦等树种为主。灌木层以箭竹（*Fargesia spathacea*）、黄杨（*Buxus sinica*）、华中山楂（*Crataegus wilsonii*）、长串茶藨（*Ribes longiracemosum*）、陕甘花楸（*Sorbus koehneana*）、领春木（*Euptelea pleiospermum*）、山梅花（*Philadelphus incanus*）等物种为主；草本层盖度较低，分布稀疏，常以丛毛羊胡子草（*Eriophorum comosum*）、十字苔草（*Carex cruciata*）、山酢浆（*Oxalis acetosella*）、细辛（*Asarum sieboldii*）、莲叶点地梅（*Androsace henryi*）等物种为主，偶见落新妇（*Astilbe chinensis*）、华重楼（*Paris polyphylla* var. *chinensis*）、虎耳草（*Saxifraga stolonifera*）、轮叶马先蒿（*Pedicularis verticillata*）、东亚唐松草（*Thalictrum minus* var. *hypoleucum*）等草本植物。

3. 秦岭冷杉林　Form. *Abiea chensiensis*

秦岭冷杉林在保护区分布较为分散，海拔分布范围以1600~2450m为主，并多与其他针、阔叶树种组成混交林。该群落分布区域阳光充足，土壤较为深厚，多以山地黄壤或黄棕土壤为主。秦岭冷杉幼龄树较耐荫，但在郁闭度太大的生境下，生长缓慢，性喜湿润气候，肥沃而不积水的土壤。

保护区秦岭冷杉林均为原始林，林冠高度达25m，林内郁闭度为0.6左右。群落乔木层中，秦岭冷杉的冠盖度在30%~50%，伴生树种可见有华山松（*Pinus armandi*）、青杆、巴山冷杉、野漆（*Toxicodendron succedaneum*）等，其中华山松和青杆的冠盖度均在10%左右。林下灌木种类较少，主要有川鄂小檗（*Berberis henryana*）、鄂西绣线菊、华中山楂等，平均高度2~3m，总盖度在30%左右。

草本层植物以菊科的橐吾（*Ligularia sibirica*）、蓟状风毛菊（*Saussurea carduiformis*）、千里光（*Senecio scandens*）等，虎耳草科的落新妇、虎耳草以及禾本科、莎草科等科的草本植物为主，总盖度约25%，个体数量较少。

4. 青杆林　Form. *Picea wilsonii*

青杆林在保护区分布海拔较高，主要分布于1900~2600m土壤湿润但排水良好的谷坡及沟边两侧山麓坡地上，如杨柳池、转坪、红旗等地均有分布。保护区青杆林大部分曾被砍伐，次生的青杆林内常混生山杨（*Populus davidiana*）、红桦、青榨槭（*Acer davidii*）等落叶阔叶树种，且比例较高，秋冬季群落外貌颜色多彩丰富；阴条岭、转坪等地形陡峭的阴坡也有保存较好的青杆林，呈纯林或与巴山冷杉、秦岭冷杉、华山松等混生。

灌木层植物种类和种群数量一般，总盖度在40%左右，主要种类有唐古特忍冬（*Lonicera tangutica*）、陕甘花楸和鄂西茶藨（*Ribes franchetii*），平均高度2m左右。此外，还有少许小叶六道木（*Abelia parvifolia*）、箭竹、喜荫悬钩子（*Rubus mesogaeus*）、山梅花以及白桦（*Betula platyphylla*）、青榨槭幼苗等植物物种。

草本层植物相对较多，而且与林内土壤的湿度关系较大，在阴湿的环境下，植物种类较多，包括菊科的橐吾属（*Ligularia*）、蟹甲草属（*Parasenecio*）、紫菀属（*Aster*）、天名精属（*Carpesium*）、禾本科、莎草科、伞形科、百合科的葱属（*Allium*）、鹿药属（*Smilacina* Desf）、菝葜属（*Smilax*）、毛茛科的铁线莲属（*Clematis*）、唐松草属（*Thalictrum*）等科属草本植物。

5. 华山松林　Form. *Pinus armandii*

华山松林在保护区分布较广，主要分布于杨柳池、官山、林口子一带，既有飞播林也有天然林。华山松飞播林林冠整齐，群落郁闭度在0.8左右，乔木层伴生树种主要有白桦、漆树，平均高度为14m，总冠盖度分别为20%。林下灌木层柳叶箬竹为优势种，平均高度1.2m，总盖度可达90%，伴生种有陇东海棠（*Malus kansuensis*）、巴山柳（*Salix etosia*），平均高度3m，盖度分别为15%、10%。草本层植物稀少，仅有少量的落新妇、唐松草（*Thalictrum aquilegifolium*）、茜草（*Rubia cordifolia*）和蕨类植物等，高矮不一，总盖度不到15%，且分布极不均匀。

与飞播林相比，华山松天然林林冠相对不整齐，林内较为稀疏、透光，郁闭度0.4～0.6。群落乔木层华山松的平均高度为21m左右，胸径达到40cm以上，在群落中的总冠盖度为45%左右。乔木层伴生树种数量较多，位于上层的主要有秦岭冷杉、巴山冷杉、青杆、米心水青冈（*Fagus engleriana*）、红桦、山杨、野漆等，总冠盖度达40%以上；林冠亚层还伴生有藏刺榛（*Corylus thibetics*）、青榨槭、陕甘花楸等，总冠盖度为30%左右，数量分布不均匀。灌木层物种较为丰富，但数量不多，主要有楤木（*Aralia chinensis*）、三桠乌药（*Lindera obtusiloba*）、猫儿刺（*Ilex pernyi*）、杜鹃（*Rhododendron simsii*）、鄂西绣线菊、华中山楂、灰栒子（*Cotoneaster acutifolius*）和川鄂小檗等，总盖度不足30%。草本植物有十字苔草、早熟禾（*Poa annua*）、鹅观草（*Roegneria kamoji*）、多花落新妇（*Astilbe rivularis* var. *myriantha*）、大火草（*Anemone tomentosa*）、玉竹（*Polygonatum odoratum*）、蓟状风毛菊、橐吾和细辛等，总盖度55%左右，在群落中分布较为均匀。

6. 油松林　Form. *Pinus tabulaeformis*

油松林在保护区内分布于海拔1000～1600m的浅变质灰岩风化的中性土壤上，土层瘠薄，并有大量崩塌石块裸露。油松喜光、耐干旱贫瘠，常分布于阳坡、半阳坡。

油松林群落外貌深绿色，林冠整齐，林内郁闭度在0.6以上，乔木层以油松为主，常有短柄枹栎（*Quercus glandulifera* var. *brevipetiolata*）、枫香树（*Liquidambar formosana*）、四照花（*Dendrobenthamia japonica* var. *chinensis*）、亮叶桦（*Betula luminifera*）等树种伴生。灌木层总盖度在35%～50%，优势种有西南绣球（*Hydragen davidii*）、麻栎（*Quercus acutissima*）、杜鹃、铁仔（*Myrsine africana*）、南烛（*Vaccinium bracteatum*）、球核荚蒾（*Viburnum propinquum*）、猫儿刺等。草本植物则以多花落新妇、芒（*Miscanthus sinensis*）和大火草为主，总盖度在20%左右，另外还有少量的黄精（*Polygonatum sibiricum*）、中华蟹甲草（*Parasenecio sinicus*）、流苏龙胆（*Gentiana panthaica*）、橐吾、紫菀（*Aster tataricus*）、蓟状风毛菊、鹿药（*Smilacina japonica*）和冷蕨类等，层间植物主要以菝葜（*Smilax china*）、野葛（*Pueraria lobata*）居多。

7. 巴山松林　Form. *Pinus henryi*

巴山松林分布较为狭窄，是大巴山区特有的一种重要的植被类型，保护区内分布于海拔1000～2000m的半阴坡山坡，上限为常绿阔叶阔叶混交林，下方接马尾松或常绿阔叶林。巴山松林处于中山地段，有小片纯林，林中常混有青冈（*Cyclobalanopsis glauca*）、曼青冈（*Cyclobalanopsis oxyodon*）、华山松、秦岭冷杉、化香树（*Platycarya strobilacea*）、川陕鹅耳枥（*Carpinus fargesiana*）、米心水青冈等树种，林下灌木以箭竹、胡枝子（*Lespedeza bicolor*）、木姜子（*Litsea pungens*）、川鄂小檗、球核荚蒾、西南绣球和卫矛（*Euonymus alatus*）等为主，平均高度2m左右，总盖度通常低于25%，分布松散。草本植物种类丰富，其中苔草类、禾本科类植物较多，总盖度60%以上，另外常见的草本植物还有菊科风毛菊属、橐吾属、蟹甲草属、毛茛科唐松草属以及虎耳草科、百合科等科属植物，层外植物常有葛枣猕猴桃（*Actinidia polygama*）、鸡矢藤（*Paederia scandens*）、菝葜等藤本植物分布。

8. 柳杉林　Form. *Cryptomeria fortunei*

柳杉林在保护区分布面积较小，多数为人工纯林，主要分布于海拔 1700m 以下的山坡、山谷周边，斑块状分布。群落中，柳杉的平均高度 15m 左右，胸径 10～15cm，林冠整齐，林内郁闭度在 0.7 左右。林下植物较为简单，灌木种类较少，主要是喜荫悬钩子、峨眉蔷薇（*Rosa omeiensis*）、粉花绣线菊（*Spiraea japonica* var. *acuminate*）、绣球（*Hydrangea* sp.）等，总盖度低于 15%。草本植物以菊科、禾本科和莎草科植物为主，总盖度在 35%左右，分布较为分散。

9. 马尾松林　Form. *Pinus massoniana*

马尾松是四川东部地区针叶林的代表树种，保护区的马尾松林在海拔 1100m 以下的山坡上成片分布，早前飞播的马尾松纯林现已大多演替为混交林。乔木层通常伴生有刺柏（*Juniperus formosana*）、交让木（*Daphniphyllum macropodum*）、栓皮栎（*Quercus variabilis*）、白栎（*Quercus fabri*）、杉木（*Cunninghamia lanceolata*）、盐肤木（*Rhus chinensis*）等树种，平均高度 6～11m 不等，总冠盖度可达 30%以上。灌木层中，盖度在 10%以上的灌木主要有铁仔、崖花子（*Pittosporum truncatum*）、细枝柃（*Eurya loquaiana*）和火棘（*Pyracantha fortuneana*）以及白栎、交让木幼树，其平均高度 1～2m。其他常见灌木还有野花椒（*Zanthoxylum simulans*）、三花假卫矛（*Microtropis triflora*）、异叶梁王茶（*Nothopanax davidii*）、阔叶十大功劳（*Mahonia bealei*）、球核荚蒾、马桑（*Coriaria nepalensis*）和百两金（*Ardisia crispa*）等。草本层植物种类丰富，常见的有狗脊（*Woodwardia japonica*）、蝴蝶花（*Iris japonica*）、地果（*Ficus tikoua*）、点腺过路黄（*Lysimachia hemsleyana*）、龙芽草（*Agrimonia pilosa*）、卷叶黄精（*Polygonatum cirrhifolium*）、淫羊藿（*Epimedium* sp.）、丝茅（*Imperata koenigii*）、十字苔草、乌蕨（*Odontosoria chinensis*）和石韦（*Pyrrosia lingua*）等，总盖度 60%左右。层间植物可见多花勾儿茶（*Berchemia floribunda*）、菝葜，数量不多。

10. 杉木林　Form. *Cunninghamia lanceolata*

保护区杉木林多数属于人工林，林冠整齐，部分区域杉木种植较密集，林内透光度较低，郁闭度高达 0.7 以上，主要分布于海拔 1500m 以下区域。

群落的乔木层以杉木树种为主，平均高度约 10m，胸径 9cm 以上，其植株密度为 3250 株/hm²，偶有盐肤木、楤木等物种分布。灌木层物种组成较为复杂，包括细枝柃、野漆、山胡椒（*Lindera glauca*）、小果蔷薇（*Rosa cymosa*）、毛叶木姜子（*Litsea mollifolia*）和檵木（*Loropetalum chinense*）等，重要值在 0.12～0.3 不等，平均高度 0.9～1.5m，层次不明显。草本层以狗脊、芒萁（*Dicranopteris pedata*）和淡竹叶（*Lophatherum gracile*）较为常见，总盖度占 50%左右，其他草本植物还有禾本科的芒以及乌蕨、蕨（*Pteridium aquilinum* var. *latiusculum*）等，层间植物主要是菝葜。

III 针阔混交林

针阔混交林是由针叶树和阔叶树混交组成的森林，一般是温性森林类型，针叶树一般为常绿树种，阔叶树一般以落叶树为主。主要有两种亚型，一种是分布于东北地区的典型针叶与落叶阔叶混交林，典型代表类型是红松阔叶混交林；另一种是山地垂直带类型，典型代表是铁杉阔叶混交林。重庆市地处亚热带地区，属于山地垂直带类型，主要以华山松、马尾松等针叶树与其他阔叶树组成的针阔混交林，这种类型是山地垂直带谱的一个过渡阶段。保护区的针阔混交林以华山松、化香树、漆树等组成的群落为代表。

11. 华山松、漆树林　Form. *Pinus armandii*，*Toxicodendron vernicifluum*

华山松、漆树林是保护区分布面积较广的植被类型，主要分布于海拔 1500～2200m，均为 20 世纪 70 年代的飞播林。乔木层物种较为简单，仅见共建种华山松和漆树，其中华山松的胸径 10～18cm，平均高度为 10m，冠盖度为 30%；漆树的胸径 8～12cm，平均高度为 8m，冠盖度为 20%，分布较为分散。灌木层植物种类数量较少，优势种为木姜子，平均高度 2.5m，总盖度可达 30%。其他灌木主要有粉花绣线菊、陇东海棠、高粱泡（*Rubus lambertianus*）等，平均高度 3m，盖度分别为 10%、5%、2%。林下草本层植物数量丰富，总盖度 80%以上。草本植物优势种为十字苔草，平均高度 0.3m，盖度为 70%。其他常见草本植物主要有野青茅、睫毛萼凤仙花（*Impatiens blepharosepala*）、龙芽草、落新妇、冷蕨（*Pseudocystopteris* sp.）、钩腺大戟（*Euphorbia sieboldiana*）等，平均高度 0.5m，盖度为 3%～15%不等，在群落中随机分布。

12. 华山松、红桦林　Form. *Pinus armandii*，*Betula albo-sinensis*

华山松、红桦混交林在保护区分布较为广泛，其中在转坪、杨柳池周边有大面积分布。群落中华山松总冠盖度占 45%，红桦的总冠盖度占 35%，其中华山松的平均高度 16m 左右，胸径 12～16cm，而红桦的平均高度通常可达 19m 以上，胸径 10～15cm。乔木层除建群种华山松、红桦外，通常还伴生有少量的野漆、青榨槭、山杨等落叶阔叶树种，总冠盖度可达 25%，平均高度 15m 左右，胸径 8～15m 不等。林下灌木种类较为丰富，常见种类主要有小叶六道木、绣球、荚蒾（*Viburnum* sp.）、楤木以及青榨槭、红桦、华山松幼树等，高度 1～3m 不等，盖度均在 10%～20%。另外，灌木层中可见有少量的青荚叶（*Helwingia japonica*）、陕甘花楸、粉花绣线菊以及藤本植物菝葜、葛枣猕猴桃、五味子（*Schisandra chinensis*）等。草本植物种类较为简单，主要是柳叶箬竹、十字苔草等，总盖度在 35% 左右，在群落中分布较为均匀。

13. 华山松、匙叶栎林　Form. *Pinus armandii*，*Quercus dolicholepis*

华山松、匙叶栎林在保护区主要分布于海拔为 2000～2200m 较陡峭的山坡上，分布量少，多呈现带状分布。

群落乔木层中华山松的平均高度 10m 左右，胸径 8～12cm，总冠盖度 25%，匙叶栎的平均高度为 8m，胸径 10～14cm，总冠盖度为 40% 左右，共建种华山松与匙叶栎交错分布。群落灌木层的中物种较为简单，主要有杜鹃、腺萼马银花（*Rhododendron bachii*）、绣球和菝葜等植物分布，总盖度低于 25%，多分布于林间空隙。草本植物仅见有少量的箭竹、十字苔草、茜草、玉竹等，总盖度在 15% 左右，在群落中随机分布。

IV 落叶阔叶林

落叶阔叶林主要分布于我国北方温带、暖温带地区，为地带性的森林类型，此外，在亚热带的中高山地段也成为垂直带谱的组成部分。主要有 4 种植被亚型，包括寒温性落叶阔叶林、温性落叶阔叶林、暖性落叶阔叶林、荒漠区河岸落叶阔叶林。重庆市分布的落叶阔叶林是山地垂直带谱的重要组成部分，主要分布于大巴山、武陵山、金佛山等山脉的中山地段。阴条岭自然保护区内有温性落叶阔叶林和暖性落叶阔叶林两种亚型。

14. 红桦林　Form. *Betula albosinensis*

红桦林在重庆仅见于东北部的大巴山及巫山地区，在保护区的石门子、转坪、兰英等地分布有较多的红桦林，分布海拔为 1900～2400m，群落外貌夏季呈绿色，林冠较整齐。

群落乔木层中红桦总冠盖度达到 40%～60%，部分地段更高，其平均高度 23m，亚优势种有川陕鹅耳枥、房县槭（*Acer faranchetii*）、疏花槭（*Acer laxiflorum*）、野漆、灯台树（*Cornus controversa*）、三桠乌药、麻栎、华山松等，偶见领春木、米心水青冈等。灌木层大约有两种类型，一种以箭竹、巴山木竹（*Bashania fargesii*）等为主，盖度 30%～60%，另外一种以粉花绣线菊、卫矛为优势种，平均高度 3m，盖度均为 10%，常伴生陕甘花楸、桦叶荚蒾（*Viburnum betulifolium*）、青荚叶、陕甘花楸、西南绣球等物种偶有小叶六道木、高丛珍珠梅（*Sorbaria arborea*）、楤木、疏花槭、灯台树等。草本层较稀疏，盖度一般低于 20%，主要有珍珠菜（*Lysimachia clethroides*）、冷水花（*Pilea notata*）、糙苏（*Phlomis umbrosa*）、金挖耳（*Carpesium divaricatum*）、十字苔草、六叶葎（*Galium asperuloides* var. *hoffmeisteri*）、落新妇、镰羽复叶耳蕨（*Arachniodes estina*）、睫毛萼凤仙花、紫菀和橐吾等物种。

15. 川陕鹅耳枥林　Form. *Carpinus fargesiana*

川陕鹅耳枥林分布于保护区的红旗管护站、小阳板和寨坪附近的山坡中部，海拔范围在 1400～2000m。该群落的分布面积较小，多呈现斑块状分布，并且其纯林极少，常伴生有少量的山杨、白桦、湖北花楸（*Sorbus hupehensis*）和疏花槭等。群落外貌随季节不同变化较大。

乔木层郁闭度在 0.6 左右，层高 15～18m。灌木层植物总盖度在 40%～60%，优势种包括多苞蔷薇（*Rosa multibracteata*）、西南绣球和川鄂小檗等，平均高度均在 2.5m 以上；此外，灌木层中尚有华中枸子（*Cotoneaster silvestrii*）、平枝枸子（*Cotoneaster horizontalis*）、小叶六道木、菝葜和少量白桦幼苗等物种。草本植物较少，总盖度低于 15%，仅有一些菊科、莎草科和百合科的草本，种类较少。

16. 山杨林　Form. *Populus davidiana*

山杨林群落在保护区的分布面积不大，多为次生林，通常与红桦林，短柄枹栎林镶嵌分布，其生境要求与该区常见的落叶阔叶林类似，即多分布于低海拔和土壤潮湿的山坳及其边缘。群落外貌亮绿色，林冠整齐，林内郁闭度在 0.6 左右，林下灌丛和草本丰富。

乔木层一般以山杨、红桦、短柄枹栎、华山松等物种为主，林下乔木幼苗稀少，仅有少量的华山松和短柄枹栎幼苗。灌木层总盖度 70%以上，高度在 4m 左右，其优势物种以桦叶荚蒾、毛叶木姜子、藤山柳（*Clematoclethra lasioclada*）和箭竹等植物为主，平均盖度均大于 10%。另外，华中枸子、西南绣球、多苞蔷薇、野梦花（*Daphne tangutica* var. *wilsonii*）等也是常见种。受高盖度的灌木的影响，草本层植物的数量则相对较少，总盖度小于 30%，常见的草本植物有落新妇、十字苔草、橐吾、大火草和玉竹等，另外还有野豌豆（*Vicia sepium*）、千里光、芍药（*Paeonia lactiflora*）、大叶茜草（*Rubia schumanniana*）和阔鳞鳞毛蕨（*Dryopteris championii*）等植物物种，但分布不均匀。

17. 米心水青冈林　Form. *Fagus engleriana*

米心水青冈林为温带属性的落叶树种，重庆地区主要分布于大巴山、巫山等地，保护区内米心水青冈林分布较少，主要在转坪、兰英海拔 1500～2000m 陡峭坡地群落物种保存较好，群落外貌黄绿色，林冠整齐，结构复杂。

乔木层总冠盖度 70%左右，其中米心水青冈平均高度 18～22m，胸径 0.3～0.6m，除米心水青冈外，尚有红桦、糙皮桦（*Betula utilis*）、川陕鹅耳枥、太白深灰槭（*Acer caesium* subsp. *giraldii*）、刺叶高山栎（*Quercus spinosa*）、领春木等物种分布。灌木层物种数量较少，总盖度小于 10%，主要有杜鹃、猫儿刺、淡红忍冬（*Lonicera acuminata*）、匙叶黄杨（*Buxus harlandii*）以及漆树、领春木幼树等。草本层优势种为鄂西玉山竹（*Yushania confusa*），平均高度 2m，总盖度占 70%，偶见种为鄂西鼠尾草（*Salvia maximowiczii*）、铁线蕨（*Adiantum capillus-veneris*）、千里光、糙苏和冷蕨等。

18. 栓皮栎林　Form. *Quercus variabilis*

栓皮栎林在重庆地区分布较为广泛，其木材常作山区村民种植木耳或砍伐作薪炭用，因此多有砍伐。保护区内栓皮栎分布也较为广泛，属于该区域较为典型的落叶阔叶林，各区域内均有分布，尤其在黄草坪、大官山保存较好。群落外观较为整齐，林内郁闭度 0.6～0.8，林下植物分布较少。

群落乔木层中，栓皮栎的平均高度 7m，胸径 10～15cm，总冠盖度大于 50%，群落优势十分明显。乔木层中还伴生有白栎、短柄枹栎等落叶栎类和马尾松等物种。栓皮栎林的灌木层中，优势种为火棘、川陕鹅耳枥，平均高度 2m 左右，盖度分别达到 35%和 10%。其他灌木有豪猪刺（*Berberis julianae*）、山胡椒、近轮叶木姜子、野花椒、小构树、马桑等，平均高度均低于 1.5m，总盖度在 15%左右。群落草本层植物种类比较简单，以丝茅、馥芳艾纳香（*Blumea aromatica*）、大火草、三脉紫菀（*Aster ageratoides*）等草本植物为主，林缘常有葛枣猕猴桃、常春藤等层间藤本植物，总盖度低于 10%。

19. 短柄枹栎林　Form. *Quercus serrata* var. *brevipetiolata*

短柄枹栎林也是典型的落叶栎类林，主要分布于保护区的红旗区域，群落外貌绿色，林冠整齐，乔木层郁闭度 0.7 左右，其中短柄枹栎可达 50%，层高约 15m，伴生种有川陕鹅耳枥、栓皮栎。

灌木层以短柄枹栎幼树和宜昌荚蒾为优势种，平均高度 1.7m，盖度都为 20%，伴生种有胡颓子、川陕鹅耳枥、四照花、胡枝子，盖度分别为 10%、10%、5%、5%，平均高度 1.8m。草本层优势种为十字苔草，平均高度 0.3m，总盖度占 35%。伴生种为野青茅和葛藤，平均高度 0.7m，盖度分别为 15%、5%，偶见种为蕨、白花败酱、珍珠菜和杏叶沙参等。

20. 化香树林　Form. *Platycarya strobilacea*

化香树林是石灰岩区域的典型落叶阔叶林群落，在保护区白果林场至林口子附近，分布有较多的化香树林，其主要分布海拔范围 1300～1800m，呈斑块状分布。

群落乔木层中化香树占据绝对优势，其平均高度 12m，胸径 8～11cm，总冠盖度达到 75%以上。伴生树种主要有润楠、青冈、漆树、盐肤木、麻栎栎、石栎等，但数量均低于 3 株，总冠盖度低于 20%。灌木层中主要组成部分有化香树、菝葜、栎栎、藤黄檀、火棘、中华猕猴桃（*Actinidia chinensis*）、海桐、卫矛等，平均高度 1.5～3m，数量较少，总盖度在 35%左右。草本层主要有十字苔草、野青茅、淫羊藿、葛藤等。

21. 野核桃林　Form. *Juglans cathayensis*

野核桃又称胡桃楸，广泛分布于秦巴山区，在保护区的分布面积较小，多分布于海拔 1800m 以下的山坡下部或沟谷地带，通常与白桦、栎类林混生，其生境要求与该区常见的落叶阔叶林类似，即多分布于低海拔和土壤潮湿的山坳及其边缘，典型分布于鬼门关-转坪途中。群落外貌亮绿色，林冠整齐，林内郁闭度在 0.6 左右。

乔木层以野核桃为绝对优势物种，偶有野漆、华山松等物种渗入其中，且分布于林缘。群落的林下乔木幼苗稀少，仅有少量的华山松和胡桃楸幼苗。灌木层物种较少，除箭竹外，有少量桦叶荚蒾、西南绣球分布。草本层生长茂盛，以东方荚果蕨、狼尾草、丝茅、狗牙根等物种为主，东方荚果蕨株高可达 1.2m，丝茅、狗牙根等物种盖度大于 70%，生境潮湿，为蛇类的良好生境，野外调查时在一胡桃楸林内不足百米发现 5 条菜花烙铁头（菜花原矛头蝮）。

22. 红桦、漆树林　Form. *Betula albosinensis*，*Toxicodendron verniciftuum*

红桦、漆树林主要分布于林口子到转坪一带海拔 1900～2100m 的山体中部的凹坡上，该群落外貌灰绿色，成熟林因为漆树而呈现黄色。

乔木层郁闭度约 0.5，平均高度约 20m，乔木层不分层，除红桦、漆树林两种建群种外，常伴生有秦岭冷杉、巴山冷杉针叶树种和川陕鹅耳枥、山杨、青杆、疏花槭、糙皮桦、水青冈等阔叶树种。灌木层植物的总盖度在 10%左右，常见的物种有寒莓、柳叶忍冬（*Lonicera lanceolata*）、箭竹和五加等，平均高度不超过 3m。草本植物总盖度在 40%～55%，其中以三脉紫菀、中华蟹甲草、丛毛羊胡子草、落新妇等植物为优势种，常见的草本植物还有毛茛、山酢浆、东方草莓（*Fragaria orientalis*）和各种蕨类植物等。

23. 红桦、短柄枹栎林　Form. *Betula albosinensis*，*Quercus serrata* var. *brevipetiolata*

红桦、短柄枹栎林分布于保护区海拔 1400～1700m 的凹坡、均匀坡上，特别是林内土壤的湿度较大时分布较多。群落外貌亮绿色，树冠整齐。

乔木层郁闭度 0.6 以上，群落平均高度约 18m，乔木层不分层，除红桦、短柄枹栎两种建群种外，尚有化香树、扇叶槭、疏花槭、栓皮栎等落叶树种伴生其间。灌木层植物总盖度约在 55%，优势种是多苞蔷薇、荚蒾和短柄枹栎幼苗，平均高度 2.5m，盖度均大于 10%，其伴生种有山梅花、淡红忍冬、川鄂小檗、野梦花、五加、胡颓子、毛叶木姜子、华中山楂、陕甘花楸等。草本层植物较少，总盖度低于 20%，主要以茜草科、禾本科和莎草科植物为主，另有少量的天门冬、山酢浆。

24. 灯台树、领春木林　Form. *Cornus contuoversa*，*Euptelea pleiosperma*

灯台树、领春木林在保护区主要沿河谷或沟谷两岸分布，为典型的混交型落叶阔叶林。乔木层分两层，灯台树占据第一层，高度约 15m，冠盖度约 50%；领春木占据第二层，高度 8～10m。乔木层除灯台树、领春木外，常伴生野樱桃、野漆、川陕鹅耳枥、糙皮桦、红桦等物种。灌木层盖度在 40%左右，以箭竹、柳叶箬竹、巴山木竹等较为常见，伴生棣棠、高丛珍珠梅、匙叶黄杨、卫矛、猫儿刺等物种。草本层零星分布有落新妇、鬼灯檠、水芹、玉竹等物种，盖度一般低于 10%。

25. 藏刺榛、桦叶荚蒾、湖北花楸林　Form. *Carpinus ferox* var. *thibetica*，*Viburnum betulifolium*，*Sorbus hupehensis*

藏刺榛、桦叶荚蒾林、湖北花楸矮林在保护区分布不多，主要分布于官山、杨柳池的山坡、沟谷周边，多呈斑块状。该群落物种多样性丰富，林内郁闭度高于 0.8。乔木层共建种藏刺榛的胸径 10～15cm，总冠盖度为 35%，平均高度为 8m，桦叶荚蒾和湖北花楸的总冠盖度均在 20%左右，平均高度分别为 6m 和 9m，桦叶荚蒾的胸径为 7～9cm，湖北花楸的平均胸径在 16cm 左右。其他伴生树种主要有野樱桃、棶木、多枝柳（*Salix polyclona*）等，平均高度均在 8m 左右，盖度分别为 15%、12%和 10%。

由于乔木层高的郁闭度，林下灌木层植物个体数量较少。灌木层优势种为藏刺榛幼树，平均高度 3.5m，总盖度 20%，其他常见灌木种类主要有尾萼蔷薇（*Rosa caudata*）、卫矛、山杨、青榨槭、川陕鹅耳枥等，平均高 3m，盖度 2%～10%不等。该群落林下较为潮湿，草本层多样性较丰富，总盖度达 90%以上，物种组成以耐荫的草本植物为主。草本植物优势种为鄂西鼠尾草，平均高度 1.6m，盖度为 40%。亚优势种主要有多头风毛菊（*Saussurea polycephala*）、酢浆草、鬼灯檠、落新妇等，盖度分别为 25%、20%、15%和 10%，平均高度 0.4～0.6m。其他偶见种还有独活、风轮草、虎耳草、乌头、柳叶菜、阔鳞鳞毛蕨和山酢浆等，盖度常低于 5%，数量较少。

26. 连香树、水青树、珙桐林　Form. *Cercidiphyllum japonicum*，*Tetracentron sinense*，*Davidia involucrata*

保护区鬼门关至转坪一带山坡中下部分布有少量的连香树、水青树、珙桐林，该群落面积较小，主要以孑遗植物为建群种，同时也是国家珍稀濒保护植物分布较为集中的群落类型，在保护区有十分重要的保护地位。

群落中连香树的平均高度 16m 左右，胸径达到 80cm，个别树干可达 1.5m，树总冠盖度在 30%左右；

水青树和珙桐的平均高度 10~15m，胸径 20~30cm，总冠盖度达 40%。乔木层伴生的其他树种主要有水青冈、山桐子、青榨槭、野漆和胡桃楸等，总冠盖度低于 30%，多分布于群落的边缘。林下灌木较为简单，主要有鄂西绣线菊、绣球和尾萼蔷薇，平均高度 2~3m，总盖度在 30% 左右，其他灌木数量相对较少。草本植物种类丰富，其中十字苔草、菊科植物数量最多，总盖度达 70% 以上，另外常有多种蕨类植物、藤本植物，在群落中随机分布。

Ⅴ 常绿落叶阔叶混交林

常绿落叶阔叶混交林是阔叶树种混交而成的森林，是落叶阔叶林和常绿阔叶林的过渡类型，广泛分布于北亚热带地区和亚热带的石灰岩地区，该类型在纬向分布上常是北亚热带地区的地带性植被类型，在中亚热带则成为山地植被垂直带谱的群落类型。重庆的大巴山、巫山、金佛山等地分布有大面积的石灰岩地区、同时也有大面积山地地形，常绿落叶阔叶混交林分布较为广泛，成为重庆山区主要的植被类型之一。保护区内的白果林场、转坪、兰英寨等区域均有一定面积的石灰岩地区，加之地势变换，落叶阔叶树种如化香树、漆树、水青冈等成为重要的组成物种，因此，常绿落叶阔叶混交林物种十分丰富。

27. 曼青冈、化香树、米心水青冈林　Form. *Cyclobalanopsis oxyodon*, *Platycarya strobilacea*, *Fagus engleriana*

曼青冈、化香树、米心水青冈林是典型的山地常绿、落叶阔叶混交林类型，是保护区植被垂直带谱中作为落叶阔叶林带的重要组成部分，在 1400~1900m 范围的山坡，分布有成片的、原始的曼青冈、化香树、米心水青冈常绿落叶阔叶混交林。

乔木层曼青冈的平均高度为 28m，胸径 35~40cm，总冠盖度为 30%，共建种为化香树和米心水青冈，冠盖度均在 25% 左右，其中化香树有 3 株，平均高度 25m，胸径 45cm，冠盖度为 25%，米心水青冈的平均高度 19m，胸径 30~35cm，样地中共计有 6 株。该层伴生树种主要为漆树、水青树、白辛树、铁杉、领春木和大果卫矛等，冠盖度分别为 5%~15%，平均高度为 10~15m，胸径 10~25cm 不等。海拔较高处，偶见有少量的红桦分布其中。群落灌木层植物数量较少，总盖度低于 20%，以短柄枹栎幼树为优势种，平均高度 4m，盖度在 10% 左右。其他灌木仅见少量的旌节花、华桑、菝葜等，平均高度 4m 左右，盖度分别为 5%、4%、3%。该群落的草本层以竹类为优势种，主要是鄂西玉山竹，平均高度为 2m，总盖度达 95%。其他常见的草本植物主要有鸡矢藤、乌敛莓、阔鳞鳞毛蕨、楼梯草、贯众和玉竹等，盖度均低于 5%，在样方中随机分布。

28. 包果石栎、水青冈林　Form. *Lithocarpus cleistocarpus*, *Fagus longipetiolata*

包果石栎、水青冈林是大巴山地区的代表性群落类型，其主要体现在山地垂直带谱中的过渡群系类型，下接包果石栎林、青冈林等常绿阔叶林，上接米心水青冈林、红桦、野漆林等落叶阔叶林，在保护区主要分布于海拔 1300~1800m 的沟谷周边山坡上。

乔木层郁闭度 0.7 左右，平均高度约 20m，平均胸径 30cm，包果石栎和水青冈为群落中的主要优势种，随海拔梯度上升，群落中落叶树种的比例逐渐增加，其常见伴生树种还有灯台树、化香树、米心水青冈、野漆等。灌木层以鄂西玉山竹为优势种，平均高度 3m，盖度为 80% 左右，伴生种有大叶石栎、崖花子、禾叶山麦冬（*Liriope graminifolia*），其平均高度 1.5m，盖度分别为 10%、5% 和 3%，偶见种有猫儿刺、鄂西绣线菊等。草本层物种比较复杂，物种数量较多，主要有贯众、异叶榕、镰羽复叶耳蕨、鄂西鼠尾草、淫羊藿、华重楼、马兜铃等，均为偶见种。

Ⅵ 常绿阔叶林

常绿阔叶林是我国亚热带地区具有代表性的森林植被类型，四季常绿，呈深绿色。因分布区域广阔，群系类型多样，根据其分布区的水热条件划分为 4 个亚型：暖性常绿阔叶林、暖湿性常绿阔叶林、偏热性常绿阔叶林和偏热湿性常绿阔叶林。重庆地区分布有暖性常绿阔叶林亚型和暖湿性常绿阔叶林亚型，保护区所在的大巴山区则是典型的暖湿性常绿阔叶林亚型的分布区域，分布有典型的包石栎林，另外在沟谷区域也有小面积的青冈林、曼青冈林，低山丘陵陡峭的沟区域还有残存的栲树林及栲树、钩锥组成的混交林。

29. 青冈林　Form. *Cyclobalanopsis glauca*

保护区青冈林主要分布于海拔 1700~2100m 的坡度较陡的阳坡或半阳坡生境，其土壤为石灰岩发育的山地黄壤，山地黄棕壤。青冈林呈块状分布，面积较小，多为原始林。

群落外貌黄绿色，有时杂以深绿色或浅绿色，林冠整齐微波浪形起伏，郁闭度 0.6~0.8，群落层次明显。乔木层植物种类较少，建群种较为单一，青冈的平均高度 12～17m，胸径 15～30cm，少数地段植株可高达 25m，胸径 60cm。乔木层优势层青冈占绝对优势，其他种类只有个别单株，亚层种类也较少，高度低于 10m，冠盖度占 40%左右，其他伴生种主要有西南樱桃、山矾、枋木和野漆等，不同地段伴生树种的差异和数量多少相差较大。灌木层在很大程度上具有与乔木层相似的特点，种类组成比较简单，物种以挂苦绣球、鄂西绣线菊和淡红忍冬为主，高 1～1.5m，盖度 45%，植株分布零散稀疏。林下草本种类较少，盖度最大约 30%，少者稀疏几株。草本植物种类主要有湖北凤仙花（*Impatiens pritzelii*）、刺柄南星（*Arisaema asperatum*）、碎米莎草（*Cyperus iria*）、荩草（*Arthraxon hispidus*）、禾叶山麦冬和伏地卷柏（*Selaginella nipponica*）等。一般高 15～35cm，有的个体可高达 80～100cm。

30. 曼青冈林　Form. *Cyclobalanopsis oxyodon*

曼青冈林在保护区主要分布于海拔 1500m 以下的山坡中部或山脊上，其典型样地设置于海拔 1400m，坡向西偏北 20°，坡度 20°～40°的山坡上。

乔木层除曼青冈外，其伴生乔木树种还有乌冈栎、石栎、化香树、黑壳楠、交让木、黄肉楠等，平均高度为 13m，盖度均在 10%左右，多分布于群落周边。灌木层以南烛、杜鹃为优势种，平均高度 3m，总盖度为 15%，其他常见灌木主要有乌冈栎、石栎，平均高度 2.5m，盖度 5%～10%。草本层结构单一，主要由柳叶箬竹构成，平均高度 1.5m，总盖度 75%。

31. 包果石栎林　Form. *Lithocarpus cleistocarpus*

包果石栎林是主要分布为大巴山区的山地常绿阔叶林类型之一，也是保护区十分重要的常绿阔叶林，海拔 1800m 以下均有分布。包果石栎土壤以黄壤、黄棕壤为主，群落外貌深绿色。

在群落乔木层中，包果石栎的优势度十分明显，其中，包果石栎的总冠盖度大于 50%，乔木层伴生树种主要是落叶阔叶树种，如野漆、化香树、灯台树等，但数量较少，总冠盖度低于 15%。灌木层植物总盖度为 25%，优势种包括陕西悬钩子（*Rubus piluliferus*）、盐肤木、勾儿茶和包果石栎幼苗等，平均高度均在 2.5m 以下，聚集度 0.3～0.4。草本植物种类较少，但数量非常丰富，总盖度达到 70%以上，优势种主要是十字苔草和蕨类植物，平均高度在 0.4～0.6m，其他种类的草本植物仅见少量的山地凤仙花（*Impatiens monticolo*）、阔叶山麦冬、林生沿阶草、紫菀等，总盖度低于 5%。

32. 栲树林　Form. *Castanopsis fargesii*

栲树林是常绿阔叶林的典型代表类型，也是保护区较为重要的常绿阔叶林类型，主要分布于海拔 1300m 以下的陡峭山坡上或峡谷区域，群落外貌深黄绿色，林冠较为整齐，林内郁闭度 0.6～0.8，林下植物较少。

群落乔木层中，栲树的平均高度 19m，胸径 20～35cm，总冠盖度达到 50%以上，优势度十分明显。该类林中，其他伴生乔木主要有马尾松、板栗和君迁子等，平均高度均在 12～15m，冠盖度均低于 10%，胸径除马尾松达到 20cm 以上外，其他乔木的胸径均低于 7cm，优势度较低。栲树林灌木层中，火棘、多脉鹅耳枥（*Carpinus polyneura*）、尾萼蔷薇分布最多，是该层的优势种，平均高度在 2m 左右，盖度分别为 20%、20%和 15%。其他灌木主要有豪猪刺、山胡椒、近轮叶木姜子（*Litsea elongata* var. *subverticillata*）、野花椒、小构树（*Broussonetia kazinoki*）、陕西悬钩子等，平均高度均低于 1.5m，总盖度在 15%左右。群落草本层植物种类比较简单，蝴蝶花是该层的优势种，其平均高度为 0.3m，盖度在 65%以上，其次是淡竹叶，高度 0.5m，盖度在 20%左右。另外，仅有少量的三脉紫菀、大火草以及藤本植物革叶猕猴桃（*Actinidia rubricaulis* var. *coriacea*）、常春藤（*Hedera nepalensis* var. *sinensis*），总盖度低于 10%，在样地中零星分布。

33. 钩栲、栲树林　Form. *Castanopsis tibetana*，*Castanopsis fargesii*

保护区常绿阔叶林中，钩栲、栲树林是一种较为常见，主要分布于海拔 1400m 以下山坡中下部。乔木层中钩栲、栲树为共建种，其中钩栲的平均高度 16m，胸径 15cm 左右，总冠盖度达到 40%，栲树的平均高度 18m，胸径 20～23cm。

乔木层伴生树种主要有多脉鹅耳枥、巴山松、刺柏等，平均高度为 5m，冠盖度分别为 50%、12%、3%。灌木层以崖花子为优势种，平均高度 3.5m，盖度为 20%，另有巴山松、黄栌（*Cotinus coggygria* var. *cinerea*），平均高度 1m，盖度分别为 10%、5%，偶见种为菝葜、巴山榧（*Torreya fargesii*）、淡红忍冬、青荚叶、刺叶高山栎、藤黄檀（*Dalbergia hancei*）等。草本层优势种为鄂西玉山竹，平均高度 0.8m，总盖度占 60%。其他常见草本植物有十字苔草和淫羊藿，平均高度 0.1m，盖度分别为 25%和 12%，在群落中随机分布。

Ⅶ竹林和竹丛

竹类植物适应性强，分布范围广，根据其分布区的水热条件划分为 5 个亚型，分别是温性竹林和竹丛、暖性竹林和竹丛、暖湿性竹林、热性竹林和热温性竹林。我国西南地区是竹类的分布中心，特别是秦巴山地，竹类植物十分丰富，竹类植物组成的群系类型也十分多样。保护区内分布有温性竹林和竹丛，主要包括箭竹丛、巴山木竹丛等多种群系。

34. 箭竹丛　Form. *Fargesia spathacea*

箭竹丛多数以零星、小块状分布于海拔 1800m 以上的坡地，或者在针叶林、落叶阔叶林下均有大量箭竹。箭竹林中箭竹的平均高度 1.2～1.5m，盖度在 90%以上，多呈背景化。群落中散生少量的寒莓（*Rubus buergeri*）、棣棠（*Kerria japonica*）、卫矛等灌木植株。草本层植物以禾叶山麦冬（*Liriope graminifolia*）、玉竹和春兰（*Cymbidium goeringii*）等植物为主，盖度在 30%左右。

35. 鄂西箬竹丛　Form. *Indocalamus wilsonii*

鄂西箬竹丛在保护区多分布于海拔 1700～2400m 的山顶空旷地、红桦林，华山松林林缘，如杨柳池至红旗工区沿途成小片分布，密集生长，盖度在 80%以上。群落中，鄂西箬竹的平均高度 0.3～0.8m，直径 0.1～0.3cm，盖度 70%～90%，林下基本没有其他草本植物，仅在空隙处分布有少量的五味子、党参（*Codonopsis pilosula*）和卷柏（*Selaginella sp.*）等，总盖度约 15%。

36. 巫溪箬竹丛　Form. *Indocalamus wuxiensis*

巫溪箬竹林分布于保护区海拔 2200～2400m 的荒坡、灌丛中，如保护区官山周边，呈小片分布。群落中，巫溪箬竹的平均高度 1.2～1.6m，直径 0.4～0.6cm，总盖度 60%左右。混生的灌木、草本植物种类数量较多，但盖度均较低，其中灌木以蔷薇科、卫矛科植物为主，草本植物以禾本科、菊科植物为主，灌草丛的总盖度在 30%左右。

37. 巴山箬竹丛　Form. *Indocalamus bashanensis*

巴山箬竹丛主产于秦岭-大巴山地区，保护区分布于海拔 1500～2000m 甚至更高。群落平均高度约 3m，竹杆密度为 25～40 株/m²，总盖度 50%～70%，竹丛中灌木层物种较少，主要有西南绣球、棣棠、猫儿刺等，草本植物有茜草、十字苔草、薯蓣（*Dioscorea opposita*）等。

38. 鄂西玉山竹丛　Form. *Yushania confusa*

鄂西玉山竹丛在保护区主要分布于海拔 2300m 以下的针叶林、阔叶林林下或林间空地，偶在荒坡小片分布。群落中，鄂西玉山竹的平均高度 1～2m，直径 0.4～1cm，总盖度 40%左右，其他林下物种组成同巫溪箬竹丛和鄂西箬竹丛等群系。

39. 巴山木竹丛　Form. *Bashania fargesii*

巴山竹丛为灌木状竹类，特产我国西部地区，保护区海拔 2500m 以下均有分布，其中以海拔 1600～2000m 较为常见。巴山木竹林在保护区的平均高度 4～6m，总盖度 50%～70%。群落中灌木、草本植物较少，主要有尾萼蔷薇、绣球、五加（*Acanthopanax gracilistylus*）等灌木。草本植物则有茜草、十字苔草、薯蓣等，灌草丛总盖度低于 20%，分布较为分散。

Ⅷ落叶阔叶灌丛

本植被型是以冬季落叶的灌木种类为群落优势种，一般缺乏乔木树种或者乔木树种尚处于幼树期，尚没有空间高度优势，灌木层盖度大于 30%的植被类型。该植被类型在我国温带、暖温带、亚热带地区分布十分广泛，类型复杂多样，气候、土壤性质、海拔等均是影响因素。根据落叶阔叶灌木种类对水热等生境条件的要求及适应，将其划分为 7 个植被亚型。保护区主要为温性落叶阔叶灌丛。

40. 尾萼蔷薇、城口蔷薇、卫矛灌丛　Form. *Rosa caudata*, *Rosa chengkouensis*, *Euonymus alatus*

保护区海拔 2300m 以上的山坡、山脊和槽谷地带均分布有尾萼蔷薇、城口蔷薇、卫矛灌丛，山脊处该群落则与亚高山禾草草丛相间分布，其中草丛盖度占 60%，灌丛占 40%。群落灌木层以尾萼蔷薇、城口蔷薇和卫矛为优势种，其中尾萼蔷薇的平均高度 2.2m，盖度可达 40%，城口蔷薇和卫矛的平均高度 2m 左右，盖度分别为 25%和 20%。该层其他常见灌木还有陇东海棠、陕甘花楸、荚蒾、五加等，平均高度 1～2m 不等，盖度在 5%～10%。群落草本层物种多样性较丰富，总盖度达到 80%以上。样地内草本植物优势种为鹅观草和铁角蕨（*Asplenium trichomanes*），平均高度 0.6m，盖度均为 30%。亚优势种主要有瞿麦（*Dianthus superbus*）、湖北老鹳草（*Geranium hupehanum*）、香青（*Anaphalis sinica*）、白苞蒿（*Artemisia lactiflora*）、蓟（*Cirsium japonicum*）、糙苏、轮叶马先蒿、一年蓬（*Erigeron annuus*）等，平均高度 0.4m 左右，盖度为 10%～20%不等。群落其他偶见种还有石竹、小花凤仙花（*Impatiens exiguiflora*）、椭圆叶花锚、千里光、夏枯草和风轮草等，盖度均低于 3%，分布较为分散。

41. 湖北海棠、陇东海棠灌丛　Form. *Malus hupehensis*，*Malus kansuensis*

湖北海棠、陇东海棠灌丛主要分布于窄溪沟和黑水沟的阳坡及海拔 2000m 以下的山坡的中下部或山脊、梁顶，坡度较缓。本灌丛中以湖北海棠、陇东海棠占优势，常与其他灌木组成共建种。湖北海棠、陇东海棠的平均高度 1.5m，最高可达 2.5m，总盖度可达 65%以上。群落中其他常见灌木有胡枝子、平枝栒子、山黄麻、川鄂小檗和陕西悬钩子等。草本层高度约 0.6m，总盖度 30%～40%。优势种有白苞蒿、柳叶亚菊、大火草和禾草类，盖度均在 10%左右，其他草本植物还有小花凤仙花、瞿麦、椭圆叶花锚、老鹳草（*Geranium wilfordii*）等。

42. 中华绣线菊灌丛　Form. *Spiraea chinensis*

中华绣线菊灌丛成片分布于保护区官山、天池坝一带海拔 1800～2200m 的缓坡、针阔混交林林缘。群落中，中华绣线菊的平均高度为 1.5m 左右，总盖度占灌木层的 60%以上。另外混生的灌木仅有少量的高丛珍珠梅、川鄂小檗、栒子和中华绣线菊等。草本层植物种类较多，数量占优势的主要是无毛牛尾蒿（*Artemisia dubia* var. *subdigitata*）、大火草和蹄盖蕨，总盖度在 40%以上。另外，常见的还有金挖耳、轮叶马先蒿、花锚、流苏龙胆、野豌豆、掌叶橐吾、唐松草、龙芽草、鹅观草和十字苔草等。

43. 陕甘花楸灌丛　Form. *Sorbus koehneana*

陕甘花楸灌丛主要分布于保护区海拔 1800～2500m 的林缘或山坡，呈丛生状态，群落外貌绿色，秋冬季节变紫红色。群落中陕甘花楸，高度为 1m，最高 1.5m，总盖度为 40%～60%。除陕甘花楸外，能形成较大盖度的种类还有栒子、长叶溲疏、中华绣线菊等，其盖度均在 10%～15%。此外，红麸杨、川榛也能形成 5%左右的盖度。常见的其他灌木还有中华青荚叶（*Helwingia chinensis*）、川鄂小檗等。川榛在一些地区可取代陕甘花楸形成建群种。草本植物生长得比较稀疏，盖度在 10%～15%，主要有多头风毛菊、画眉草、大火草、甘青老鹳草、唐松草、大车前等。

IX 丛生草类草甸

本植被型由适低温耐寒冷的中生多年生丛生草本植物为优势组成。我国主要分布于北方温带地区及青藏高原，亚热带北部有少量分布。根据建群植物的生态特性和分布地环境特点可分为 4 个亚型。保护区分布有丛生草类典型草甸。

44. 糙野青茅草甸　Form. *Deyeuxia scabrescens*

糙野青茅草甸在保护区分布不大，多分布于林间空隙或沟谷周边，海拔分布范围较广，1400～2200m 均有分布。糙野青茅是丛生型高大多年生禾草，适应性强，多生于山坡草地、砾质坡地、耐干旱。群落中，糙野青茅的平均高度 0.8m 左右，总盖度在 45%左右，局部区域可达到 80%以上。群落中其他草本植物主要有垂穗披碱草、羊茅、早熟禾、大火草、甘肃嵩草等平均高度 0.8m 左右，位于草丛的上层。群落下层则分布有西南委陵菜、鹅绒委陵菜、珠芽蓼、圆穗蓼（*Polygonum macrophyllum*）、香青、薄雪火绒草（*Leontopodium japonicum*）、扭盖马先蒿（*Pedicularis davidii*）等，层高 0.2～0.3m，总盖度在 35%左右。

45. 鹅观草草甸　Form. *Roegneria kamoji*

鹅观草草甸在保护区主要分布在官山、葱坪、阴条岭等海拔较高区域。鹅观草的种类包括鹅观草和垂穗鹅观草（*Roegneria nutans*），相比之下，鹅观草更喜欢分布于干燥和高海拔的山坡上。通常鹅观草的盖度在 30%～50%，夹杂其中的其他草本植物种类和数量都很丰富。群落优势种为鹅观草和垂穗鹅观草，平均高度为 0.7m 左右，总盖度达 35%以上。群落的常见种主要有白苞蒿、大火草和琉璃草（*Cynoglossum zeylanicum*）等，盖度均在 15%左右。另外，常见的其他草本主要有紫草（*Lithospermum erythrorhizon*）、东方草莓、狗尾草（*Setaria viridis*）、无毛牛尾蒿和蓟等，总盖度 25%～35%。

由于该草甸属于次生草甸，群落的稳定性较差，在不同阶段和地域其种类的组成和结构差异较大，特别是容易受到放牧和农耕地的影响。所以，该群落类型易于演替为其他类型，群落存在时期较短。

X 根茎草类草甸

本植被型由适低温抗高寒的中生多年生根茎草本植物为优势组成，该植被型根据建群种的生态特性、群落结构及生境特点分为 4 个亚型。保护区分布有根茎草类典型草甸。

46. 膨囊苔草草甸　Form. *Carex lehmanii*

苔草草甸主要分布于保护区海拔 1800～2300m 的山坡上，在低海拔的林间和沟谷两侧的坡地上也有分布。该类型草丛中膨囊苔草的总盖度通常在 25% 以上，另外还有苔草属的褐果苔草、穹隆苔草、城口苔草等草本植物，与膨囊苔草交替分布或混生其中，平均高度在 0.4m 左右。除膨囊苔草外，该草丛通常还夹杂较多的禾本科的早熟禾、菊科的蒿属、香青属、紫菀属、毛茛科的金莲花以及龙胆科、多种蕨类植物等。

XI 杂草类草甸

本植被型是由适低温耐寒的多年生中生杂类草为优势的植物群落，我国主要分布于北方地区和青藏高原东部。

47. 地榆、白苞蒿草甸　Form. *Sanguisorba officinalis*，*Artemisia lactiflora*，*Vicia cracca*

群落分布较多的草本植物，其中优势种是地榆和白苞蒿，其平均高度均为 1m 左右，盖度分别为 65% 和 40%。其他常见种有鹅观草、一年蓬、金丝桃（*Hypericum monogynum*）、空心柴胡（*Bupleurum longicaule*）、老鹳草、无毛牛尾蒿、野豌豆和窃衣（*Torilis scabra*），盖度分别为 40%、25%、20%、15%、10%、10%、5%、5%，偶见种有头花蓼（*Polygonum capitatum*）、皱叶酸模（*Rumex crispus*）、夏枯草（*Prunella vulgaris*）、柳叶菜（*Epilobium hirstutum*）、膨囊苔草、香青和野燕麦（*Avena fatua*）等植物，数量较少。

48. 香青草甸　Form. *Anaphalis sinica*

该群落主要分布于官山谷地草丛或山坡上，海拔 2000m 左右，基质多为砾石，泥沙含量较大。群落中，香青的平均盖度 0.5m 左右，总盖度 50%，位于群的上层。群落伴生的其他常见草本植物主要有大火草、天名精（*Carpesium abrotanoides*）、银莲花（*Anemone* sp.）、扭盖马先蒿、鹿蹄草（*Pyrola calliantha*）、草玉梅（*Anemone rivularis*）、东方草莓、委陵菜（*Potentilla chinensis*）和草木犀（*Melilotus officinalis*）等。群落内有时散生少量多枝柳和胡颓子（*Elaeagnus pungens*），并常见有青杆幼苗。

49. 丝茅草丛　Form. *Imperata koenigii*

丝茅草丛广泛分布于川渝地区的丘陵山地，保护区低山丘陵区的道路旁、撂荒地多有生长，以丝茅为绝对优势，盖度一般可达 50%～70%，草本层中除丝茅外，常伴生有柔毛路边青（*Geum japonicum* var. *chinens*）、龙芽草、蛇莓（*Duchesnea indica*）、地果、龙葵（*Solanum nigrum*）、鬼针草（*Bidens pilosa*）等草本植物，偶有火棘、马桑等零星生长其间。

5.4　植被分布特征

5.4.1　垂直地带性

保护区经纬度跨度小，自然植被的水平分布较为均匀，但地势起伏较大，保护区海拔落差最大可达 2300m，植被的垂直地带性十分明显，具有较为完整的山地垂直带谱，自下而上大致分为 3 个植被垂直带（图 5-1）。

海拔 1500m 以下常绿阔叶林为基带的常绿阔叶林带。常绿阔叶林由耐寒的青冈、曼青冈、包果石栎等为主，局部山麓沟谷有栲树等分布；此带还分布有以马尾松、柳杉、杉木、华山松、巴山松等为主的亚热带针叶林；栓皮栎主的落叶阔叶林；部分石灰岩生境还分布有化香树林等。栽培植被大多为以玉米和烟草为主的一年两熟类型。

海拔 1500～2200m 为常绿落和叶阔叶混交林带，此带不仅具有稳定的植物群落组合，因其在垂直带中处于常绿阔叶林带和亚高山针叶林带之间，还具有很强的过渡特点，植物多样性十分丰富，植物群落组合多样。常绿和落叶阔叶混交林带的代表类型为常绿和落叶阔叶混交林、落叶阔叶林。海拔较低处以常绿和落叶阔叶混交林类型为代表，常绿树种以青冈属的青冈、曼青冈、石栎属的包果石栎等为主，落叶树种以水青冈属的水青冈、米心水青冈、栎属的栓皮栎、麻栎、短柄枹栎，桦木属的红桦、糙皮桦，川陕鹅耳枥、漆树、灯台树等为主，海拔较高处的陡峭地段或沟谷地段以落叶阔叶树为主，形成红桦、山杨、川陕鹅耳枥、短柄枹栎、野核桃、漆树、连香树等为优势的落叶阔叶林。此外，还有华山松与多种落叶树组成的针阔混交林和巴山松、油松、华山松为主的针叶林。栽培植被以玉米、马铃薯等为主，部分地段种植贝母、大黄等中药。

海拔 2200～2700m 为亚高山针叶林带，主要为亚高山针叶林和次生性落叶阔叶林，亚高山针叶林以秦岭大巴山地区的代表性物种巴山冷杉林、秦岭冷杉林为主，次生性落叶阔叶林以红桦、糙皮桦、漆树等为主。此外在局部地段如葱坪、韭菜坪等地由于土壤层浅薄、风大等因素分布有大面积的灌丛、竹丛、草甸等。

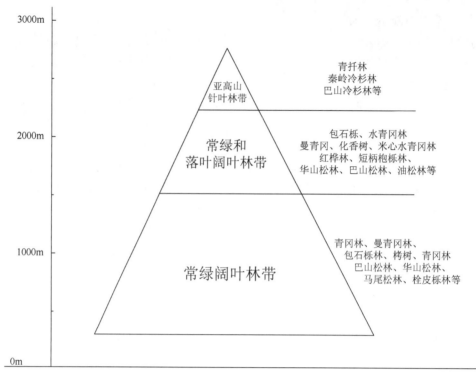

图 5-1　保护区植被垂直带谱

5.4.2　植被分布面积

　　根据 GIS 植被制图统计保护区植被分布面积，统计时因当前植被解译无法准确区分到群系一级，为力求相对准确，考虑将植被型作为植被分布面积研究的单位，分植被型统计各植被类型的面积，统计结果显示保护区植被以森林为主，包括常绿针叶林、落叶阔叶林、常绿阔叶林、竹林等面积总和占保护区总面积的 64.46%，灌丛、草甸总面积为 32.84%，栽培植被和建设用地为 2.7%。

　　保护区森林植被以常绿针叶林类型较多，以马尾松林、巴山松林、华山松林、巴山冷杉林、秦岭冷杉林等为主，其总面积为 9974.55hm²，占保护区面积的 44.78%；其次为落叶阔叶灌丛，其面积为 3922.39hm²，占保护区总面积的 17.61%；常绿阔叶林面积为 2476.87hm²，草甸为 3055.94hm²；草丛和落叶阔叶林面积最少，分别占保护区总面积的 1.61% 和 1.27%。保护区人工植被和建设用地面积较小，建设用地仅为 24.31hm²，占保护区面积的 0.11%（图 5-2）。

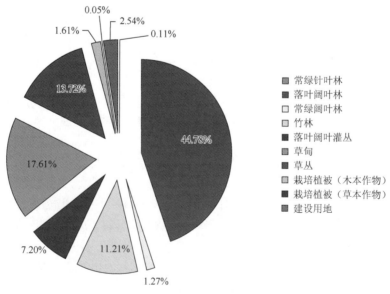

图 5-2　保护区植被类型分布面积比例图

第6章 生态系统

6.1 生态系统类型

生态系统是在一定空间中共同栖居着的所有生物（所有生物群落）与环境之间通过不断的物质循环和能量流动过程而形成的统一整体。生态系统的范围和大小没有严格的限制，其分类也没有绝对标准。自 1935 年 Tansly 提出生态系统概念以来，对于其分类便有诸多讨论，我们参考欧阳志云等于 2015 年发表的分类体系，该分类体系是根据遥感数据的光谱特征，结合植被覆盖度与生态系统植物群落构成特征，以研究区遥感土地覆盖分类系统为基础进行划分，并结合保护区的具体情况，将保护区的生态系统划分为 6 个 I 类，10 个 II 类，12 个 III 类（表 6-1）。保护区的生态系统类型按照人为干预划分，森林、灌丛、草地、湿地 4 个 I 类生态系统均属于自然生态系统，而农田生态系统和城镇生态系统则属于人工生态系统。

表 6-1 保护区生态系统分类一览表

I 级分类	II 级分类	III 级分类	包含主要群系
森林生态系统	阔叶林	常绿阔叶林	青冈林、曼青冈林、包果石栎林、栲树、青冈林、钩栲、栲树林等
		落叶阔叶林	米心水青冈林、栓皮栎林、短柄枹栎林、化香树林、胡桃楸林、红桦林等
	针叶林	常绿针叶林	秦岭冷杉林、巴山冷杉林、青杆林、华山松林、巴山林、马尾松林等
		落叶针叶林	日本落叶松林
	针阔混交林	针阔混交林	华山松-漆树、红桦、匙叶栎林等
	竹丛或竹林	竹丛	箭竹丛、鄂西箬竹丛、巴山木竹丛等竹丛
灌丛生态系统	阔叶灌丛	落叶阔叶灌木林	湖北海棠、陇东海棠灌丛、中华绣线菊灌丛、陕甘花楸灌丛等
草地生态系统	草甸	温带草甸	糙野青茅草甸、鹅观草草甸、膨囊苔草草甸等
湿地生态系统	河流	河流	保护区内溪流
农田生态系统	耕地	旱地	种植玉米、大黄等草本作物
	园地	乔木园地	核桃园、板栗园等木本作物
城镇生态系统	居住地	居住地	兰英乡、双阳乡等乡镇及村落驻地

6.1.1 自然生态系统

自然生态系统的人为干预较少，其结构保存完整，能充分发挥其生态功能。在森林生态系统、灌丛生态系统、草丛生态系统湿地生态系统类型 4 级类型中，森林生态系统类型占地面积最大，其下级类型最多，在保护区内各种生态系统类型中也发挥其最大生态作用，因而是陆地生态系统类型的主体；湿地生态系统类型中，因保护区的山地地形限制，没有湖泊水库等生态系统类型分布，但保护区溪谷、河流纵横，河流生态系统较为发达。

1. 森林生态系统

森林生态系统是陆地生态系统中最重要的类型之一，也是保护区内分布面积最广，生态功能作用最大的生态系统类型。保护区森林类型较多，包括以秦岭冷杉林、巴山冷杉林、青杆林、华山松林、巴山松林、马尾松林等为代表的常绿针叶林；日本落叶松为代表的落叶松林；米心水青冈林、红桦林、巴山水青冈林等落叶阔叶林；青冈林、包果石栎林等为代表的常绿阔叶林等约 30 种森林类型，除此之外，还有一类特别的生态系统类型，即以竹丛为主的森林生态系统。竹丛主要分布于海拔较高的中山及以上区域，以巴山木竹丛、巫溪箬竹丛、箭竹丛等为代表，主要与秦岭冷杉、巴山冷杉等镶嵌分布，也带有一定的次生性质。复杂的生境和多样性的植物为保护区 300 多种陆生脊椎动物提供了栖息地合食物，保护区内鸟兽较多，食物链复杂，其中包括梅花鹿、林麝、鬣羚等食草动物；狼、赤狐、豺等肉食动物；金雕、普通鵟等猛禽，复杂的营养级关系维系复杂的食物链、食物网，这些动物、植物以及它们所处的环境共同形成了保护区多样而稳定的森林生态系统。

2. 灌丛生态系统

灌丛生态系统类型包括落叶阔叶灌丛，该生态系统除中山以上区域外，部分还分布于砍伐或撂荒后的荒地，伴有一定的次生性质。保护区的灌丛主要为各种啮齿目、爬行类及部分鸟兽提供栖息地和食物，共同组成了保护区内的灌丛生态系统。

3. 草丛生态系统

草丛生态系统主要包括保护区所有的草本植被及其组成的生态系统，其典型代表有鹅观草草甸、糙野青茅草甸等，保护区的草甸大多为森林砍伐后形成的次生性草甸，与川西亚高山地区和北部秦岭的亚高山草甸不同，其稳定性较差。

4. 湿地生态系统

保护区地处大巴山南麓东段，因受复杂的地形地貌影响，发育了众多的溪谷河流，包括阳板河、清岩河、杨柳池、棋盘沟、甘水峡、龙洞沟等河流及溪流山涧等，庞大的支流体系及流域面积为保护区内河流生态系统中 19 种两栖类和 15 种野生鱼类提供了稳定的生境，其中包括巫山北鲵、黑斑侧褶蛙和隆肛蛙、峨眉后平鳅等主要物种。此外河流生态系统中还生活着少量的水生植物和底栖动物，这些生物同水域环境一起组成了复杂的河流生态系统。

6.1.2　人工生态系统

人工生态系统是一种人为干预下的"驯化"生态系统，其结构和运行既服从一般生态系统的某些普遍规律，又受到社会、经济、技术因素不断变化的影响。人工生态系统的组成主要包括农业生态系统和城镇生态系统。农业生态系统在保护区内主要在开阔海拔较低处平坦低山，主要以农业种植和经济林为主。农业种植用地主要是旱地，种植土豆、玉米、红薯、大黄等经济作物，经济林主要种植的是核桃和板栗等。保护区内人工生态系统的明显特点是接近于人类聚居地，在保护区内面积较小，该生态系统主要的作用是为当地居民提供食物，并为当地居民提高经济收入，但对于保持水土流失及人类活动对保护区的功能起负面作用。

6.2　生态系统主要特征

生态系统的一般特征包括生态系统的结构组成特征和功能特征，关于保护区内生态系统的结构组成在"6.1 生态系统类型"中已做介绍，故本部分不再累述，主要介绍保护区内生态系统的功能特征。

6.2.1　食物网和营养级

生物能量和物质通过一系列取食与被取食的关系在生态系统中传递，各种生物按其食物关系排列的链状顺序称为食物链，各种生物成分通过食物链形成错综复杂的普遍联系，这种联系使得生物之间都有间接或直接的关系，称为食物网。

保护区内主要存在 3 种类型的食物链，包括牧食食物链、寄生生物链、碎屑食物链。

由于寄生生物链和碎屑食物链普遍存在于各处，不做详细介绍，主要对牧食食物链作简述。牧食食物链又称捕食食物链，是以绿色植物为基础，从食草动物开始的食物链，该种类型在保护区内陆地生态系统和水域生态系统都存在。其构成方式是植物→植食性动物→肉食性动物。其中植物主要包括各生态系统类型中的草本植物、灌木和乔木的嫩叶嫩芽及果、种子等。

营养级是指处于食物链某一环节上的所有生物物种的总和。保护区内有隼形目的猛禽及食肉目的兽类存在，各生态系统中营养级在 3～5 级。生态系统中各营养级的生物量结构组成呈现金字塔形。

6.2.2 生态系统稳定性

关于生态系统稳定性，此处着重讨论保护区内的自然生态系统类型，关于人工构建的生态系统则做简要说明。

1. 自然生态系统类型

森林生态系统是保护区陆地生态系统的主体，人为干扰较少，生境多样，物种多样性较高，其抵抗外界干扰的能力较强，因此此种类型的生态系统稳定性较高，如保护区内的栲树林、青冈林、包果柯林等组成的常绿阔叶林森林生态系统；但是如落叶阔叶林等森林生态系统，由于其群落生境的大部分土壤基质属于石灰岩土壤基质，在中山以上地段容易形成较干旱区，此类生态系统，其抵抗力稳定性较常绿阔叶林较低。森林生态系统类型的抵抗力较高，但恢复力则较低，倘若森林生态系统被破坏，其组成、结构和功能则很难在短时间内得到恢复，特别是保护区内还存在一类特殊的山顶矮曲林森林生态系统，该系统是在特殊生境下形成的，因而其受环境影响较大，一旦遭受破坏，恢复难度较大。

因此，应该注重对森林生态系统的保护。灌丛生态系统和草地生态系统，由于其物种组成多样性较低，群落结构较简单，加之本身具有较强的次生性，这两类生态系统对外界的抵抗力稳定性较低，在受到人为干扰或环境干扰时，系统很容易崩溃，形成退化生态系统。但相反，这两种生态系统在退化后，干扰一旦消除，则会很快恢复到先前的生态系统类型，即恢复力稳定性较高。甚至，受到干扰形成的马桑、火棘等灌丛生态系统，倘若人为干扰消失，则会向森林生态系统进行恢复性演替，最终恢复为森林生态系统类型。

湿地生态系统类型中的河流生态系统的稳定性主要与河流中的生物多样性及食物链、食物网相关。保护区内的河流生态系统，其河流主要发源于高山，其中水生植物及水生动物组成结构均较为简单，因此河流生态系统相对脆弱，其生态系统的抵抗力稳定性较低。

2. 人工生态系统

保护区内人工生态系统类型，其物种组成单一、群落结构简单，因此其生态系统的抵抗力稳定性非常低，其生态系统的维持主要依靠人工抚育，否则无法维持其稳定状态，例如保护区内的弃耕荒地，早前为农作物种植地，废弃后荒草丛生，向着灌丛演替方向进行。又如保护区内种植的日本落叶松林和板栗林，人工种植后，很少进行定期的人工抚育行为，则林内的植物组成日渐丰富，其原本单一的落叶松群落结构无法维持。

6.3 影响生态系统稳定的因素

6.3.1 自然因素

保护区内影响生态系统稳定的自然因素主要有泥石流、雷击火烧和长期干旱等，这些自然干扰因素的发生频率都较低，而一旦发生则会引起较大面积的生态系统稳定性受到影响，如雷击造成的山火会导致大面积森林遭到破坏，长期干旱也会导致生态系统特别是河流生态系统和中山及亚高山的森林生态系统的稳定性受到影响。

6.3.2　人为因素

保护区内对生态系统稳定性干扰较大的是人为因素，保护区内特别是实验区内有居民点，这些居民的生产活动，主要表现在采伐、挖药和农作物生产等，这些活动势必会对保护区内的生态系统造成影响。

6.3.3　旅游潜在因素

旅游对保护区的生态系统稳定性体现在以下几方面：首先，旅游开发及旅游活动可能导致大气、水和固体的直接污染。其次，旅游开发可能增加侵蚀、破坏地貌，造成对环境的间接影响。第三，景区建设占用森林或草地，对植被和动物栖息地造成影响。最后，旅游还可能增加外来有害生物入侵及增大森林火灾的可能性，对生物多样性的保护造成负面影响。

第 7 章 旅 游 资 源

旅游是满足现代人类最高层次生活的需求，旅游业也是当今世界非常重要、发展最快和盈利较丰的行业之一，并将继续保持增长趋势，在国民经济持续发展的国家中表现尤为突出。旅游资源是存在于自然或社会的环境下，对旅游者构成一定的吸引力，对旅游经营者构成经济价值的客观事物与因素，是旅游业赖以产生和发展的基础。保护区位于重庆市巫溪县东部，地处渝、鄂两省交界处，辖区范围包括白果、官山两个国有林场，区内有重庆市最高峰——阴条岭，海拔 2796.8m。保护区自然旅游资源十分丰富，不仅植被类型丰富，林茂草丰，拥有保存较好、垂直分布带谱明显、具丰富生物多样性特征的森林生态系统，同时，还分布有大量的珍稀保护植物和国家重点保护野生动物。保护区良好的生态环境与丰富的旅游资源，是人们研究自然、保护自然、接受生态与环境教育的重要物质载体，是发展生态旅游的理想基地。

7.1 自然旅游资源

7.1.1 资源概况

保护区在自然旅游资源方面以山地草甸、原始森林、峡谷河流风光为主要特色，它们都具有原始性、原生性。同时，由于保护区具有一定的封闭性，因此受周边人为干扰破坏较少，环境优美干净而安静。因此，保护区以一种原始文化、原始生态为特征，呈现出一种悠远、神秘、安静的旅游气息与氛围，为保护区的一大特色。这对于现代人来说是一份宝贵的资源，具有较大的吸引力，游客可到此进行观光、度假、生态旅游、休闲娱乐等。

保护区主要自然旅游资源如表 7-1 所示。从表中可以看出，保护区自然旅游资源十分丰富，包括 3 个景类、15 个景型和 32 个景段，其中生物多样性旅游资源是保护最为特色的旅游资源，保护区不仅动、植物物种资源丰富，珍稀保护植物随处可见，是生物多样性保护教育的理想基地，同时，保护植被类型也异常丰富，生态系统复杂多样，原始森林大面积分布，形成了独具特色的自然景观，其显著特点是林海莽莽、涛声阵阵；山清水秀、白练碧潭；盛夏无暑、气象变幻；飞禽走兽、鸟语花香；春花秋叶、处处是景。

表 7-1 保护区自然旅游资源分类体系

景类	景型	景段
地文旅游资源	山地景区	官山、三块石、石柱子、蛇山
	探险山地	阴条岭
	峡谷	车盘沟峡谷风光、龙洞河峡谷风光
	探险/徒步旅游地	青岩河、杨柳池
	自然灾变遗迹	鬼门关、阎王鼻
水文旅游资源	非峡谷风景河流	西流溪、磨刀溪、青岩河
	湖泊/水库	天池子
	雾/雾凇	阴条岭之"腾云吞雾"
	冰雪景型	官山冬季雪景
生物多样性旅游资源	原始植物群落	白果常绿阔叶林、转坪原始冷杉林、石门子红桦林
	珍稀植物资源	白果林口子珍稀植物区、红旗珍稀植物区
	风景森林	白果森林公园（珙桐、银杏）、杨柳池森林公园（冷云杉林）
	观赏花草	官山、杨柳池、转坪野生花卉资源
	野生动物栖息地	白果、杨柳池、转坪原始林区
	风景草甸	官山草甸、天池坝草甸

7.1.2　旅游功能分区

把保护区看成一个旅游区，根据保护区的自然旅游资源的布局特征，可以将保护区的旅游资源划分为两个旅游亚区，分别是官山旅游亚区和白果原始森林旅游亚区。保护区旅游亚区的主要景区、景点和资源特色如下：

1. 官山旅游亚区

（1）主要景区：官山景区；
（2）主要景点：天池子、三块石、石柱子、西流溪、磨刀溪；
（3）资源特色：山地草甸景观、湖泊河流景观。

2. 白果原始森林旅游亚区

（1）主要景区：白果原始森林景区；
（2）主要景点：阴条岭、杨柳池、兰英寨、兰英河谷；
（3）资源特色：原始森林景观、峡谷山地景观。

7.2　人文旅游资源

保护区的人为旅游资源不多，主要分布于白果原始林森林旅游亚区，以历史遗留的军事防御体系为主，如兰英寨、古炮台、古练兵演武场、长沙城遗址。另外，白果自然保护区林口子区域森林生态系统较为原始，并分布有大量的珍稀濒危植物，可以作为科研教学实习、生物多样性保护教育的重要基地。

7.3　旅游开发现状

由于保护区地处渝、鄂两省交界处，距巫溪县城约 30km，前往保护区的交通条极差，只有龙洞湾—林口子—双阳乡—通城乡—巫溪县城的公路一条，全长约 65km，其中龙洞湾至双阳乡一段，几乎在山崖峭壁上攀沿，唯有此途，别无它道。同时，林区小路也是行人稀少的山间小道，路况极差，行走不便，甚至无法攀登。因此，保护区的旅游发展十分缓慢。

7.4　旅游开发对环境的影响及其保护对策

7.4.1　旅游环境与生态

旅游是一个既促进生态与环境保护、又促进地方经济发展的产业，在产业发展与环境保护的矛盾关系上，旅游业冲突最少，发展目标最为接近。国内外的经验表明，旅游开发对自然与社会环境的影响仍然存在：

（1）规划不当的旅游开发造成自然/人文资源环境建设性破坏。
（2）旅游景区游客严重超量以及旅游者不文明的旅游习惯造成环境污染或资源破坏。
（3）地方文化习俗与旅游外来文化消费观念的冲突，导致新的文化污染。

旅游生态、旅游环境的丧失将直接导致旅游业的衰退。因此，制订和实施巫溪旅游生态环境建设和资源保护规划，是确保保护区旅游开发可持续发展的重要途径。旅游环境保护规划的目的和要求十分明确：

（1）要防止旅游区内因各种人文开发、自然变化及旅游活动本身所导致的旅游区环境质量的下降、生态恶化等现象。
（2）制定相应的环境标准及立法措施，采取相应的手段，解决环境污染问题。

7.4.2　旅游资源与保护

旅游资源是旅游业可持续发展的基础，优美洁净的旅游环境是旅游景区景点存在和发展的必备条件。从根本上讲，树立旅游业的可持续发展观念和原则对旅游资源和旅游环境保护应该成为制定旅游发展规划的大前提，始终贯穿于旅游发展规划的各个方面。

在旅游景区开发建设和经营管理的过程中，坚持"综合开发，保护第一"的原则，把旅游资源和环境保护放在首位，做到经济效益，环境效益和社会效益的协调统一：

（1）要采取相应措施保护区内各类自然的和人文的旅游景观，特别是对重要历史文物要采取特殊的保护措施。

（2）旅游开发内容要有利于游人的身体健康，保护旅游者的合法权利。

（3）要协调旅游资源开发和资源保护的矛盾，以及旅游业的发展与提高环境质量的矛盾。

7.4.3　地文景观旅游资源保护

山体地貌、地质奇观、河流峡谷都是保护区自然旅游资源的重要组成部分，对该类旅游资源进行有效保护需要进一步精心设计：

（1）在以观赏山、峡谷、河流等地文景观为主的旅游区，严禁开山炸石、毁林开荒等破坏植被和景观的行为，保持地质地貌景观和自然植被的原始风貌和整体性与观赏性。

（2）在景区内修建道路和必要旅游设施等要统一规划，精心设计，尽量与周围的地文景观环境相协调。

（3）开发旅游项目应进行建设项目环境影响评价工作，建筑所需石材，采石场应安排在景区之外开发。

（4）防止旅游活动开展带来垃圾，应将其集中掩埋，以保护环境。

7.4.4　生物多样性景观旅游资源保护

保护区自然条件好，生物种类丰富，植被发育良好，形成了多样化的生态系统类型，生物景观旅游资源丰富，是开展森林生态旅游和科考旅游的理想场所。保护生物多样性景观主要是依靠全面贯彻落实保护区的有关保护规划。

1. 植物景观保护

（1）以控制水土流失为中心，实施小流域片区综合治理，推进天然林保护、植树造林、退耕（25°以上）还草还林、绿化荒山荒坡、自然保护区建设等一批重点生态工程。

（2）对有价值的林地实施全面管护，主要是护林防火、护山营林、防治病虫害等。

（3）为避免景观林被破坏，以村为单位建设薪炭林。

（4）申请并建立更高级别的森林自然保护区，在保护区内严格执法。

（5）严禁在旅游景区内乱砍倒伐，开荒种地，实行封山育林和人工造林，禁止（或控制）野炊。

（6）加强对游客的宣传教育，修建游客服务中心，向游客展示景区的资源与环境，介绍生态知识，增强游客生态意识，自觉保护生态环境。

2. 动物景观保护

（1）动物旅游资源保护要严格执行《野生动物保护法》等国家有关保护野生动物的法律、规则。

（2）坚决打击滥捕乱杀、走私贩卖等违法活动，成立监察队。

（3）在主要野生动物保护活动区，不宜开展任何旅游活动。

（4）观光、科考、科普等旅游活动严格限制在保护区的试验区、缓冲区范围内。

7.4.5 水体景观旅游资源保护

水是旅游景观的"脉"，同时也是保护最为重要的环境资源。水质、水量及沿岸景观直接影响到对游客的吸引力。为了使得对保护区的旅游开发与保护完美结合，必须加强主要河流沿岸水体旅游景观的综合整治与保护：

（1）首先要加强保护区及其周边的环卫设施建设和村庄卫生的管理，严禁向河流、溪沟直接倾倒垃圾和排放废水，确保保护区水体环境达到一级标准以上。

（2）严格控制沿旅游景观河段（庙峡、剪刀峡等）的建筑。

（3）严禁一切未经规划的河道开发建设和伐树采石等活动。

（4）在有关规划指导下，制定旅游河段的旅游开发详细规划，有步骤地开展景区建设。

（5）对旅游所产生的垃圾和废弃物应及时清理、集中掩埋，以保护水体及周边环境。

第8章 社会经济与社区共管

8.1 保护区及周边社会经济状况

8.1.1 乡镇及人口

保护区共涉及 3 个乡镇，包括 17 个村，48 社，总户数 5114 户，总人口 14473 人。各乡镇人口分布情况详见表 8-1。

表 8-1 保护区所涉乡镇人口分布

乡镇	村/个	社/个	户数/户	人口/人
双阳乡	4	10	792	2936
兰英乡	3	10	947	3299
宁厂镇	10	28	3375	8238

保护区内常住人口不多，核心区和缓冲区无人居住，实验区内现有 5 个村 118 户 571 人，均为汉族。

8.1.2 交通与通信

目前有北、中、南三条道路通往保护区内部：中部 102 省道到达双阳乡政府驻地接进入保护区干道，即由双阳乡政府驻地—白果林场场部—林口子，长度为 18.01km，为山区土路，多处路基一侧滑坡或崩塌，全段损毁严重；北部干道是由官山林场场部—杠口—宁厂镇接 201 省道（通往巫溪县城）的简易山区公路，长度为 22.01km，由于年久失修路基滑坡通行艰难；南部由 102 省道经过兰英乡政府驻地进入保护区的干道有 12km，道路情况良好。道路交通条件差，给保护区各项工作的开展带来了一定影响。林区小路也由于行人稀少维修跟不上，路况极差。

保护区内部社区主要通过进入保护区的上述道路与外界交通联系，其交通条件差。保护区周边社区部分（兰英乡、双阳乡、通城乡与保护区接壤的村）通过上述道路系统和外界联系，部分（宁厂镇、城厢镇与保护区接壤的村）直接与省道联系，交通条件相对较好。

保护区管理处所在巫溪县城和保护区周边乡镇驻地电力、通信网络健全，固定电话、移动电话、网络一应俱全；官山管理站电力、固定电话没有到位，移动电话可以接通；白果管理站电力供应、固定电话、移动电话都处于接通状态，网络没有接入。保护区内部和周边社区通过固定电话、移动电话和外界联系，其通信条件基本能够满足需要。

8.1.3 土地利用现状与结构

保护区土地资源权属只有国有和集体两部分。其中白果林场和官山林场的土地属于国有土地，国有土地面积为 13640.7hm^2，占保护区总面积的 60.8%；双阳乡的双阳村、马趟村、七龙村、白果村以及兰英乡的兰英村的资源属集体所有，集体土地土地面积 8782.4hm^2，占保护区总面积的 39.2%。国有土地已经巫溪县人民政府划归保护区进行管理；巫溪县集体林权制度改革已经结束，保护区内的集体土地没有分到农户，由村集体所有，保护区已经与村集体签订了代管协议，目前不存在林权纠纷。

保护区土地利用情况如下：林地面积为 20398.9hm^2，占保护区总面积的 90.97%；荒山荒地 1492.1hm^2，占保护区总面积的 6.65%；农地 139.2hm^2，占保护区总面积的 0.62%；水域 90.2hm^2，占保护区总面积的 0.40%；其他 302.6hm^2，占保护区总面积的 1.35%。

8.1.4　社区经济结构

1997 年前，区内居民以伐木收入为主要经济收入。实施天保工程后，群众便断了经济来源，仅靠种地为生。保护区内现有农业用地面积 139.15hm²，占保护区总面积的 0.62%，农业用地面积较小，同时，由于保护区内气候条件特殊，种植的农作物主要为土豆、玉米、红薯等，农民生活比较艰苦。另外，种植业和养殖业及外出务工，也是主要的经济来源。

保护区农民的产业结构简单，以农业、种植业及养殖业为主，辅以旅游服务等副业，部分农户主要依靠外出务工的收入。主要种植有党参、当归、贝母、独活、冬花等，建成 3 个中药材种源场（党参育苗 100 万棵/年、贝母育苗 10 万棵/年、独活育苗 100 万棵/年）以及党参和太白贝母百亩育苗基地 2 个，成立了 7 个专业合作社，2 个药材公司。除药材种植外，烟草、核桃的种植也是农民的主要经济来源之一。养殖业以猪、羊、鸡、牛为主，规模也在逐步扩大。依托林口子和兰英大峡谷的旅游产业也逐步发展起来。

8.1.5　公共服务

2014 年末，巫溪县有幼儿园 40 所（不含附属幼儿园），小学 218 所，普通中学 19 所（普通初中 15 所，完全中学 3 所），职业高中 1 所，特殊教育学校 1 所。有幼儿园教职工 469 人，其中专任教师 301 人；小学教职工 2642 人，其中专任教师 2607 人；初中教职工 1093 人，其中专任教师 1041 人；高中教职工 808 人，其中专任教师 756 人。

全县公共图书馆总藏量达到 55150 册（件）。县图书馆、大宁河刺绣非遗传习所已建成投入使用。

全县共有卫生机构 344 个，其中：医院 9 个，基层医疗单位 329 个（乡镇卫生院 30 个，社区卫生服务中心 2 个，诊所、卫生所、医务室 44 个，村卫生室 253 个），妇幼卫生保健院、精神卫生保健院、疾病预防控制中心、卫生监督所、医学在职培训机构各 1 个。拥有卫生机构床位数 1398 张，其中，医院病床 786 张，乡镇卫生院 577 张，妇幼保健院 22 张，皮肤病防治院 13 张。卫生机构人员总数 1734 人，其中卫生技术人员 1376 人、管理人员 81 人、执业（助理）医师 470 人（其中执业医师 318 人）；注册护士 347 人、技师（士）55 人、药师（士）56 人。

保护涉及的 3 个乡镇中，目前双阳乡有 1 所中心小学，无村级小学；兰英乡有 1 所中心小学，4 个村级校点，在校学生 156 人，29 个教职工；宁厂镇有 1 所中心校，共有教师 39 人。基本可以满足本乡教育教学工作的需要，但随着教育教学水平的不断提升，教育资源又显得不足，教学条件和水平不高。

3 个乡镇均建有中心卫生院，个别村建有卫生室，但基础设施相对落后，医疗条件较差，不能为群众提供优质的医疗服务。此外，乡文化站、村级农家书屋虽然提供了一定的文化资源，但因缺乏文化活动场所和健身器材，与群众日益增长的文化生活需要不相适应。

8.2　社区共管

8.2.1　社区环境现状

保护区地处偏远山区，经济落后，交通不便，教育水平相对较低，但生态环境良好，自然资源丰富。保护区的建立，无疑对促进当地生态环境的保护和区域经济社会和谐发展提供了良好的机遇。但是，同时也对当地居民的经济生活产生一定影响，采伐、狩猎、采药等维持生计的方式被禁止，农业和养殖业的发展也受到一定限制。如何协调处理保护区保护与居民发展，引导区内居民改变生产、生活方式，成为保护区社区共管的一项重要任务。

8.2.2　社区共管措施

为了积极协调保护区域当地居民经济生活的关系，保护区在保护管理工作中做了如下协调工作：一是与社区群众合作修建了县城到官山飞管站的公路，方便保护区管理工作开展的同时也解决了群众出行难的问题；二是在各保护站点配备必需的药品，以方便群众；三是加强同当地政府的沟通和协调，从政策、资金和工程项目方面给予保护区居民支持和倾斜，采取多种思路解决社区农民生计和劳动就业、转产问题；四是积极动员当地居民，发挥村组群众在社区共管中的主体作用；五是对保护区的重要意义及国家有关的法律、法规进行经常性的宣传，使人们对保护区有了正确的认识，并积极参与保护治理工作。

8.2.3　替代生计项目

保护区及其周边居民祖辈世居于此，靠山吃山，形成了一套传统而有效的保护和利用该区域自然资源的民俗生态生存方式。然而，随着社会经济的发展，原有的经济收入方式已经不能满足居民逐渐扩大的物质需求，利用现有自然生态资源提高生活水平的强烈愿望与加强生物多样性保护的意识冲突矛盾在保护区日益突出。如何保护好生物多样性，又提升保护区居民的生活水平，是摆在保护区管理局面前的一个现实问题。为保护区居民发展替代生计项目，是解决问题的根本途径，目前保护区及周边地区已经逐步开展了一些生计替代方式的探索，主要包括种植加工、养殖和生态旅游几方面。

1. 种植业和加工

保护区环境优越、资源丰富，在发展高产值、无污染、无公害种植产品上具有明显优势。一些乡镇已经将药材和烟叶作为经济发展骨干项目，在海拔 800m 以上的地带，种植党参、独活、冬花、云木香、川乌、牛膝等十多种药材，在海拔 500～800m 的地方，种植烤烟，通过近几年的培育壮大，大大增加了农民的收入。为了发展药材的初级加工和深加工，当地还建立了两个药材公司。另外，局部地区在高海拔地区推行核桃种植，有望成为这一片区的另一骨干经济项目。

2. 养殖业

保护区目前的养殖业主要以猪、羊、鸡、牛为主，还有少量的中蜂养殖。发展养殖业是提高当地农民收入的重要手段之一。但牛、羊等的养殖仍对自然资源依赖较大，随着养殖规模的扩大，经济发展与生态保护的矛盾便会凸显。

3. 生态旅游和服务业

生态旅游作为人们物质文化生活水平提高后的一种高级精神享受，是人们旅游需求结构不断变化后的具体表现，是当前国际旅游市场发展最为迅速、适应性最广泛的一项旅游活动。发展生态旅游不仅对自然环境破坏小，还能增加就业机会、增加当地农民收入是保护区生计替代发展的重要方向。保护区内具有丰富的旅游资源，但目前旅游基础设施还相对缺乏，开发程度较小。正在发展的有林口子旅游度假中心项目和兰英大峡谷景区建设项目。

8.2.4　社区共管中存在的问题

1. 背景知识和经验缺乏

在保护区的管理中，社区共管几乎依托于保护区管理局。社区共管人员缺乏必要的相关背景知识和共管经验，使共管工作的开展较初步，社区参与度不够。

2. 社区发展和保护区的保护之间存在矛盾

社区重点考虑的是发展经济，忽略自然资源的保护，而保护区在促进社区经济发展的同时，则要坚守保护第一的原则。因此，两者不同程度上产生了矛盾。

3. 社区项目缺乏统筹考虑

保护区管理局尽管结合自然资源，开展了种植加工等社区项目，取得了较大进展。但是，限于技术和资金问题，受经济利益的驱使，社区项目实施缺乏统筹考虑，一些项目的扩大可能加剧发展与保护的矛盾。

4. 生态补偿制度缺乏

保护区部分居民参与社区项目，基本能实现同保护区的和谐相处。生态补偿成为解决其他居民生计问题的重要途径。由于我国目前还没有成熟的生态补偿规章制度可借鉴，保护区生态补偿也没落到实处。因此，保护区管理局应率先根据自身资源特色和社区居民状况，合理规划社区项目，吸引资金，制定生态补偿制度，促进社区共建共管。

第9章 阴条岭自然保护区评价

9.1 保护区管理评价

9.1.1 历史沿革

2001 年 11 月，重庆市政府以渝府〔2001〕310 号文件批复，同意建立重庆阴条岭市级自然保护区。保护区包括白果林场、官山林场、双阳乡的全部，兰英乡的大部分以及通城乡的 1 个村，面积 302.84km²。

市级保护区建立后，巫溪县成立了重庆阴条岭自然保护区管理处，在保护区管理处、林场、乡镇的协调下，成立了基层保护站、点，先后开展了一些基础设施建设、资源调查考察、宣传教育等工作。

随着保护管理工作的开展，保护区在范围和功能区划等方面面临的深层次矛盾、困难逐步显现，集中体现在：保护区范围广，集体土地面积大，局部人口密度大，局部范围土地权属存在争议，功能区划不合理。上述问题导致保护管理难度大，保护管理成效受到很大影响，生态保护和当地社会经济发展的矛盾突出，限制了当地社会和经济的发展；保护与集体林权制度改革产生根本冲突；社区发展和建设受到影响等。为了妥善解决保护区存在的难题，消除保护与发展的矛盾，促进保护区科学有效的管理，给当地的发展留出空间，巫溪县政府和重庆阴条岭自然保护区管理处决定对保护区的范围和功能区进行必要的调整。

2009 年 3 月，经重庆市环保局、林业局的考察、审核，重庆市政府经研究决定，同意将重庆阴条岭自然保护区的范围进行调减，功能区根据实际情况进行重新区划。调整后的保护区总面积为 224.23km²，其中国有土地面积为 136.41km²，占保护区总面积的 60.8%，集体土地面积为 87.82km²，占保护区总面积的 39.2%。

为了进一步有效地保护生物多样性、珍稀濒危和国家重点保护动植物，以及原始古老的森林植被，提升保护管理能力，建立科学的监测和研究体系，更好地发挥保护区的价值，2009 年 4 月，巫溪县政府和保护区管理处研究决定晋升国家级自然保护区。2012 年 1 月，国务院办公厅发布了 28 处新建国家级自然保护区名单，重庆阴条岭国家级自然保护区名列其中，正式成为国家级自然保护区。

9.1.2 范围及功能区划评价

1. 保护区范围和面积评价

保护区保护范围以境内山脉自然地形、地势等自然界线为主，结合行政、权属界线，具有完整性和连续性。保护区所在区域行政隶属于两场七村，即官山林场、白果林场、宁场镇花栗村、双阳乡双阳村、双阳乡马淌村、双阳乡七龙村、双阳乡白果村、兰英乡兰英村、兰英乡西安村，总面积 224.23km²，占巫溪县总面积的 5.56%，但却涵盖了巫溪县境内绝大多数生物资源。因此，保护区的范围和面积规划合理。

2. 保护区功能区划评价

保护区核心区面积为 78.51km²，占保护区总面积的 35.01%，整个范围连续不间断，呈带状。核心区与周边的保护区直接接壤，北侧是湖北的十八里长峡自然保护区和堵河源自然保护区，东侧为湖北的神龙架大九湖自然保护区和巫山的五里坡自然保护区。核心区的南侧和西侧为连续带状缓冲区。核心区内植被类型丰富，生态系统相对稳定和原始，涵盖了保护区内 4 大原始林片区（红旗原始林片区、杨柳池原始林片区、白果龙洞原始林片区、兰英原始林片区），也是国家重点保护和珍稀濒危野生动植物集中分布的区域。

缓冲区面积为 62.38km²，占保护区总面积的 27.82%。呈连续带状分布于保护区核心区南侧和西侧。区内森林茂密，保存了相对原始的自然生态系统，为核心区的保护起到了重要的缓冲作用。

实验区面积为 83.34km²，占保护区总面积的 37.17%。位于保护区最外围，受人为干扰的痕迹更为明显，是保护区与周边社区联系的纽带。

整体而言，保护区核心区分布了主要保护对象，缓冲区起到了有效的缓冲和保护作用，实验区有效解决了社区共建公管、和谐发展的问题，因此，比较合理。

9.1.3　组织机构与人员配备

保护区管理机构为重庆阴条岭国家级自然保护区管理局，管理局为处级全额拨款事业单位，设在巫溪县林业局，行政管理隶属于重庆市巫溪县政府，行业管理归属于重庆市林业局。管理局下设综合科、保护管理科、持续发展科、科研宣教科 4 个科室。核定事业编制 14 名，目前在职人员 10 名，其中领导职数 4 名，正职 1 名，副职 3 名；中硕士研究生 1 人，本科 1 人，大专 8 人。

9.1.4　保护管理现状及评价

1. 保护管理

自保护区建立以来，在省市主管部门和巫溪县政府的大力支持下，投入大量建设资金。通过组建成立专门的组织机构和保护队伍，实施了一系列的野生动物保护、救护和森林植被恢复措施，建设了部分基础设施和管护设施，进行了土地的勘界、确权、界定立标工作，加大了宣传教育力度，并积极开展了保护区本地资源调查和综合科学考察等科研监测工作，有利推动了保护区保护管理工作的发展。

2. 科学研究

在保护区管理处的组织下，自 2000 年以来，西南大学、重庆药用植物研究所、湖北林科院、中科院植物标本馆、重庆博物馆等单位先后对保护区及其周边区域的自然资源、生物资源以及森林生态系统等进行了多次实地考察和调查研究，初步掌握了保护区内的自然地理、生态环境和自然生态系统的本底状况。2009 年为了方便管理，并申报国家级自然保护区，巫溪县委、县政府委托西南大学对调整后的阴条岭自然保护区进行综合科学考察，并编制了《阴条岭国家级自然保护区综合科学考察报告》和《阴条岭国家级自然保护区总体规划》。

3. 法制建设

保护区配备专职护林人员护林巡视，严肃查处毁林案件；与周边社区建立了自然保护区森林防火、动植物保护联防委员会，制定了联防公约，定期召开联防会议，实行联防共建；加强宣传，在交通要道口设立宣传标牌多处，每年印刷、书写上千份宣传品，发送和张贴到各乡、镇、村、居民点、学校、机关单位，收到了良好的社会效果。

4. 机构建设

保护区管理局设有综合科、保护管理科、持续发展科、科研宣教科 4 个职能科室，建立了一套较为严格和完整的管理体制，制定了科室、站、点一系列详细的工作制度；从管理局局长到各护林员，层层签订岗位目标责任书，明确岗位职责、岗位目标和奖惩规定，严格执行，对管理人员和职工都起到很好的激励作用。

9.2　保护区自然属性评价

9.2.1　物种多样性

保护区地处秦巴山地腹地，处于我国亚热带和温带气候带的过渡区，同时也处于我国第一大阶梯和第二大阶梯的过渡地带，孕育了丰富的物种多样性。

1. 植物物种多样性

保护区拥有种类丰富的植物资源。据统计,有大型真菌 83 种,隶属于 2 门 13 目 36 科 62 属。其中,子囊菌门 3 目 8 科 11 属 12 种,担子菌门 10 目 28 科 51 属 71 种。保护区共有维管植物 202 科 1033 属 3595 种,其中,蕨类植物 41 科 85 属 298 种,裸子植物 6 科 21 属 35 种,被子植物 155 科 927 属 3262 种;保护区维管植物物种占重庆市维管植物物种总数的 63.76%,充分说明保护区维管植物物种的丰富性。

2. 动物物种多样性

保护区动物物种也非常丰富,其中,昆虫有 830 种,隶属于 17 目 127 科 558 属。脊椎动物有 334 种,隶属于 5 纲 28 目 92 科,其中哺乳纲有 7 目 22 科 60 种,鸟纲有 16 目 48 科 215 种,爬行纲有 1 目 8 科 25 种,两栖纲有 2 目 9 科 19 种,鱼纲有 2 目 5 科 15 种。

9.2.2　植被及生态系统类型多样性

保护区植被包含 3 个植被型组,11 个植被型,15 个植被亚型,49 个群系,以森林为主,包括常绿针叶林、落叶阔叶林、常绿阔叶林、竹林等面积总和占保护区总面积的 64.46%,灌丛、草甸总面积为 32.84%,栽培植被和建设用地为 2.7%。大面积的森林及丰富多样的植被类型,为区域内多样的生物提供了生存环境,也是构成丰富多样生态系统的基础。

保护区的生态系统可划分为 6 个 I 类,9 个 II 类,12 个III类。 I 类生态系统包括森林生态系统、灌丛生态系统、草地生态系统、湿地生态系统、农田生态系统和城镇生态系统。其中,前 4 者属于自然生态系统,在保护区内占绝对优势,人为干预少,生态结构完整,能充分发挥其生态功能;后两者属于人工生态系统,受人为活动干扰明显,生态功能相对较差。

9.2.3　稀有性

保护区分布大量珍稀濒危及保护植物物种,如:大果青杆(*Picea neoveitchii*)、巴山榧(*Torreya fargesii*)、南方红豆杉(*Taxus chinensis* var. *mairei*)、水青树(*Tetracentron sinense*)、八角莲(*Dysosma versipellis*)、珙桐(*Davidia involucrata*)等。有《中国生物多样性红色名录——高等植物卷》收录植物物种 2257 种,其中极危 6 种,濒危 26 种,易危 60 种,近危 90 种。有《中国植物红皮书》收录物种 34 种,其中濒危种 3 种,稀有种 17 种,渐危种 23 种。有《濒危野生动植物种国际贸易公约》(CITES)收录植物物种 39 种,其中,附录 I 有 1 种、附录 II 有 37 种,附录III有 1 种。有国家重点野生保护植物 32 种,其中 I 级保护植物 6 种, II 级保护植物 26 种。有重庆市重点保护物种 27 种。

动物中有国家 II 级重点保护昆虫 2 种,有国家保护的有益的或者有重要经济、科学研究价值的昆虫 4 种,有珍稀昆虫 15 种。有各级保护脊椎动物 69 种,其中国家 I 级重点保护动物 5 种,国家 II 级重点保护动物 33 种,重庆市重点保护动物 31 种。

9.2.4　原始性

由于保护区内地形复杂,山势陡峭,许多区域海拔均在 2000m 左右,因而人为活动较少,原始群落得以大面积保存。保护区有 4 片原始林片区,即红旗原始林片区、杨柳池原始林片区、白果龙洞原始林片区和兰英原始林片区,片区总面积 6357.672hm^2,占保护区总面积的 28.35%。

保护区内的植物区系也表现出明显的古老性,保存了大量的孑遗植物,如鹅掌楸(*Liriodendron chinense*)、红豆杉(*Taxus chinensis*)、珙桐(*Davidia involucrata*)、穗花杉(*Amentotaxus argotaenia*)、领春木(*Euptelea pleiospermum*)、水青树(*Tetracentron sinense*)等。

9.3　保护区价值评价

9.3.1　科学价值

保护区作为科学研究基地，具有巨大的科研潜力。首先，这里是研究各种森林生态系统结构、功能和演化规律的基地。通过对这些规律的研究，可以探索出合理保护森林生态系统，拯救系统内濒危珍稀物种的方法和途径，为植被恢复和生境重建提供科学依据，同时可以为当地经济发展寻求出一条在保证最佳生态效益的前提下，获得最大经济效益和社会效益的途径。其次，在生物科学研究上，该保护区对研究极端环境条件下动植物种群的适应性等方面具有极高的学术价值，通过对环境敏感类群的深入研究，进一步探索自然环境改变对动植物的影响；保护区丰富动植物种类包含了极为丰富的资源物种，对其进行利用研究也具有重要的意义。第三，通过定位观测，可以研究森林在改善气候、水源涵养、水土保持等方面的重要生态作用。最后，在社会科学方面，保护区内具有丰富的文化遗产，将成为研究历史、宗教和文化的重要基地。

9.3.2　生态价值

1. 涵养水源、保持水土

保护区为三峡库区及长江中下游地区提供安全保障。保护区的建立，通过人工促进生态恢复等措施，促进保护区森林植的自然修复，保护区森林植被面积将逐年增加，林分质量提高，林分结构更趋合理，森林生态系统将更加完善。涵养水源是森林生态系统的主要功能，其价值主要表现在减少径流、增加有效水分，改善水质和调节径流方面。据有关试验表明，在林地，森林涵养水源量约占降水量的55%，就像一个巨大的水库，以现有林地计算，保护区可涵养水源12471.69万t，按我国每 m^3 库容的水库工程成本为1.2元，可计算出保护区森林涵养水源价值为14966.28万元/t。

2. 固定二氧化碳

森林是大气之肺，通过光合作用和呼气作用使大气的二氧化碳和氧气达到平衡，减少温室气体。根据光合作用方程式，森林每合成1t干物资，可以固定1.63t二氧化碳，根据巫溪县森林资源规划设计调查和自然保护区相关资料，保护区有森林13481.7hm^2，每年森林生长量为约为12.14万 m^3、年消耗量1.5万 m^3，年净增长10.63万 m^3，折合干物质6.83万t，每年可固定二氧化碳10.4万t，根据欧盟2007年底二氧化碳许可证价格为100欧元每吨计算，每年固定二氧化碳效益1040万欧元，折合人民币8320万元。

3. 净化空气

我国是少数几个以煤炭为主要能源的国家之一，目前每年排放的二氧化硫超过2000万t，酸雨面积已占国土面积的30%，大大超过环境容量。特别是重庆市是我国著名的雾都，酸雨危害极为严重，据《中国生物多样性国情研究报告》，每公顷阔叶林每年可吸收二氧化硫88.65kg、针叶林为215.6kg，保护区森林每年可吸收二氧化硫2022t，按我国目前每消减1t二氧化硫成本为600元计算，每年净化空气效益121.2万元。

9.3.3　社会价值

1. 科研和宣教基地

保护区丰富的生物资源和优美的自然生态环境为生物多样性保护意识教育和青少年环境保护意识培养提供了天然的实习基地。通过保护区与社会各界人士的共同努力，必将使环境保护意识和生物多样性保护意识深入民心，使全民都来关心和参与生物多样性保护和环境保护，从而推动自然保护事业的发展。

2. 遗传保护价值

保护区中保存了大量的生物资源，不同的遗传特性赋予了它们不同的生产利用价值。这些资源有的已经被我们开发利用，有的可能在将来具有巨大的利用价值，这是我们拥有的一笔重要的财富。

9.3.4　经济价值

（1）保护区丰富的自然资源和生态环境吸引着越来越多的游客来到保护区享受回归自然之美，由此产生了较好的游憩娱乐价值。虽然保护区目前的旅游开发还处于初级阶段，随着生态旅游规划的实施，必将促进当地的经济发展，促进保护区周边社区的对外交流，将使保护区脱贫致富，开始自我发展的良性循环。

（2）保护区有着丰富的动植物资源，而且中药材资源资源丰富。这些资源为当地社区居民的持续生存提供了基本条件，对这些资源在有效保护和可持续利用基础之上的开发和利用，可以促进保护区和当地的经济发展。

第 10 章 管 理 建 议

10.1 保护区存在的问题

1. 基础设施设备还有待补充完善

管理局和部分管护站办公及生活用房得到了明显的改善，但是仍不能满足保护区目前的发展需求。部分管护站房屋陈旧、简陋，有待修缮，部分区域交通不便，巡护较困难，科研设备相对欠缺。

2. 人员队伍缺乏，科研力量薄弱

保护区目前只有在职人员 10 名，其中硕士研究生 1 人，本科 1 人，大专 8 人，并缺乏植物学、生态学、地理学方面的专业技术人员。因此，保护区尚不具备独立开展科学研究的能力，专业人员急需得到补充。

3. 社区群众的保护意识不强，执法力度需要加强

虽然保护区已经采取了各种宣传手段对自然保护区的重要意义及国家有关的法律、法规进行宣传，但有意、无意破坏自然资源，随意采挖药用植物、捕杀巫山巴鲵等保护动物的情况仍时有发生。

4. 保护区范围广、周界长、管理难度大

保护区包括两个乡的三个村，与三个县一个林区相邻，其中两个县处于湖北省，一个区为神龙架林区，这给管理和执法带来了难度。保护区版图的形状特殊，周界长度逾 121km，是一个很不规则的区域，为日常的管理和管护工作带来很大挑战，极大地增加了工作量和保护管理成本。保护区的西部和南部紧临多个乡镇的农村居民地，保护区内部尚有集体林地和农村居民数百人，这也在一定程度上增加了保护区的负担。

10.2 保护管理建议

为了促进保护区的管理和发展，根据保护区的具体情况及目前存在的问题，对保护区的管理提出以下建议：

（1）进一步完善保护区基础设施，加大对科研设备的投入。

（2）引进专业人才，扩充专业队伍，加强职工培训，逐步提高管理队伍的科研能力。同时加强与大专院校、科研院所的联系合作，系统深入开展保护区科研工作。

（3）加强宣传教育，提高群众保护意识。同时，加强对保护区境内森林、河流、湖泊等的巡视工作，加大执法力度，严厉打击进入保护区进行违法犯罪活动。

（4）加强监督和防治保护区内的森林火灾和病害、虫害、入侵生物等，严防发生大面积森林灾害。

（5）构建替代生计的方式提高居民生活水平与降低居民对生物资源的依赖性。

参 考 文 献

大型真菌：

巴图，乌云高娃，图力古尔，2005. 内蒙古高格斯台罕乌拉自然保护区大型真菌区系调查[J]. 吉林农业大学学报，27（1）：29-34.

柴新义，2012. 安徽皇埔山大型真菌区系地理成分分析[J]. 生态学杂志，31（9）：2344-2349.

陈晔，詹寿发，彭琴，等，2011. 赣西北地区森林大型真菌区系成分初步分析[J]. 吉林农业大学学报，33（1）：31-35，46.

戴玉成，2009. 中国储木及建筑木材腐朽菌图志[M]. 北京：科学出版社.

戴玉成，杨祝良，2008. 中国药用真菌名录及部分名称的修订[J]. 菌物学报，27（6）：801-824.

戴玉成，周丽伟，杨祝良，等，2010. 中国食用菌名录[J]. 菌物学报，29（1）：1-21.

Kirk PM，Cannon PF，Minter DW，et al，2008. Ainsworth & Bisby's Dictionary of the Fungi. 10th ed[M]. CABI Bioscience，CAB International.

卯晓岚，2000. 中国大型真菌[M]. 郑州：河南科学技术出版社.

林晓民，李振岐，侯军，2005. 中国大型真菌的多样性[M]. 北京：中国农业出版社.

Peter Frankenberg，1987. Methodische iiberlegungen zur florlstischen pflanzengeographie[J]. Erdkunde，32：251-258.

任毅，温战强，李刚，等，2008. 陕西米仓山自然保护区综合科学考察报告[M]. 北京：科学出版社.

宋斌，邓旺秋，2001. 广东鼎湖山自然保护区大型真菌区系初析[J]. 贵州科学，19（3）：41-49.

宋斌，李泰辉，章卫民，等，2001. 广东南岭大型真菌区系地理成分特征初步分析[J]. 生态科学，20（4）：37-41.

图力古尔，李玉，2000. 大青沟自然保护区大型真菌区系多样性的研究[J]. 生物多样性，8（1）：73-80.

吴兴亮，戴玉成，李泰辉，等，2011. 中国热带真菌[M]. 北京：科学出版社.

肖波，范宇光，2010. 常见蘑菇野外识别手册[M]. 重庆：重庆大学出版社.

徐江，2012. 湖北省大型真菌资源初步研究[D]. 武汉：华中农业大学，58-60.

杨祝良，臧穆，2003. 中国南部高等真菌的热带亲缘[J]. 云南植物研究，25（2）：129-144.

应建浙，臧穆，1994. 西南地区大型经济真菌[M]. 北京：科学出版社.

张春霞，曹支敏，2007. 火地塘大型真菌区系地理成分初步分析[J]. 云南农业大学学报，22（3）：345-348.

中国科学院青藏高原综合考察队，1994. 川西地区大型经济真菌[M]. 北京：科学出版社.

维管植物：

冯国楣，1996. 中国珍稀野生花卉（Ⅰ）[M]. 北京：中国林业出版社.

傅立国，谭清，楷勇，2002. 中国高等植物图鉴[M]. 青岛：青岛出版社.

傅立国，1991. 中国植物红皮书[M]. 北京：科学出版社.

环境保护部，中国科学院，2013. 中国生物多样性红色名录——高等植物卷[R].

李先源，2007. 观赏植物学[M]. 重庆：西南师范大学出版社.

李锡文，1996. 中国种子植物区系统计分析[J]. 云南植物研究，18（4）：363-384.

刘初钿，2001. 中国珍稀野生花卉（Ⅱ）[M]. 北京：中国林业出版社.

马洪菊，何平，陈建民，等，2002. 重庆市珍稀濒危植物的现状及保护对策[J]. 西南师范大学学报（自然科学版），27（6）：932-938.

彭建国，朱万泽，李俊，等，1992. 大巴山木本植物区系的研究[J]. 西北林学院学报，7（1）：36-44.

彭军，龙云，刘玉成，等，2000. 重庆的珍稀濒危植物[J]. 武汉植物学研究，18（1）：42-48.

《四川植物志》编辑委员会，1988. 《四川植物志第一卷至第十六卷》[M]. 成都：四川科学技术出版社.

宋希强，2012. 观赏植物种质资源学[M]. 北京：中国建筑工业出版社.

王荷生，1992. 植物区系地理[M]. 北京：科学出版社.

万方浩，谢柄炎，褚栋，2008. 生物入侵：管理篇[M]. 北京：科学出版社.

吴晓雯，罗晶，陈家宽，等，2006. 中国外来入侵植物的分布格局及其与环境因子和人类活动的关系[J]. 植物生态学报，30（4）：576-584.

吴征镒，孙航，周浙昆，等，2011. 中国种子植物区系地理[M]. 北京：科学出版社.

吴征镒，周浙昆，孙航，等，2006. 种子植物的分布区类型及其起源和分化[M]. 昆明：云南科技出版社.

吴征镒，1991. 中国种子植物属的分布区类型[J]. 云南植物研究，增刊：1-139.

徐海根，强胜，2011. 中国外来入侵生物[M]. 北京：科学出版社.

徐海根，强胜，2004. 中国外来入侵物种编目[M]. 北京：中国环境科学出版社.

杨昌煦，熊济华，钟世理，等，2009. 重庆维管植物检索表[M]. 成都：四川科学技术出版社.

易思荣，黄娅，肖波，等，2008. 重庆市种子植物区系特征分析[J]. 热带亚热带植物学报，16（1）：23-28.

中国科学院《中国植物志》编辑委员会，1981. 中国植物志—第一至八十卷[M]. 北京科学出版社.

中国科学院西北植物研究所，1983. 秦岭植物志—第一卷至第五卷. 北京：科学出版社.

《中国高等植物图鉴》编写组，1986. 中国高等植物图鉴—第一至五卷及补编[M]. 北京科学出版社.

左家哺，傅德志，彭代文，1996. 植物区系的数值分析[M]. 北京：中国科学技术出版社.

张宏达，1980. 华夏植物区系的起源与发展[J]. 中山大学学报，19（1）：89-98.

张军，刘正宇，任明波，等，2008. 西南地区大巴山药用植物资源调查[J]. 资源开发与市场，24（10）：894-895.

周先荣，刘玉成，尚进，等，2007. 缙云山自然保护区种子植物区系研究[J]. 四川师范大学学报，30（5）：648-651.

朱太平，刘亮，朱明，2007. 中国资源植物[M]. 北京：科学出版社.

昆虫：

卜文俊，郑乐怡，2001. 中国动物志 昆虫纲 第24卷 半翅目 毛唇花蝽科 细角花蝽科 花蝽科[M]. 北京：科学出版社.

陈斌，李廷景，何正波，2010. 重庆市昆虫[M]. 北京：科学出版社.

陈家骅，杨建全，2006. 中国动物志 昆虫纲 第46卷 膜翅目 茧蜂科 窄径茧蜂亚科[M]. 北京：科学出版社.

陈世骧，等，1986. 中国动物志 昆虫纲 第2卷 鞘翅目 铁甲科[M]. 北京：科学出版社.

陈树椿，等，1999. 中国珍稀昆虫图鉴[M]. 北京：中国林业出版社.

陈学新，何俊华，马云，2004. 中国动物志 昆虫纲 第37卷 膜翅目 茧蜂科（二）[M]. 北京：科学出版社.

陈一心，马文珍，2004. 中国动物志 昆虫纲 第35卷 革翅目[M]. 北京：科学出版社.

陈一心，1999. 中国动物志 昆虫纲 第16卷 鳞翅目 夜蛾科[M]. 北京：科学出版社.

程地云，王昌华，任凌燕，2002. 重庆的药用昆虫名录[J]. 重庆中草药研究，2（6）：2-29.

丁锦华，2006. 中国动物志 昆虫纲 第45卷同翅目 飞虱科[M]. 北京：科学出版社.

范滋德，等，1997. 中国动物志 昆虫纲 第6卷 双翅目 丽蝇科[M]. 北京：科学出版社.

范滋德，等，2008. 中国动物志 昆虫纲 第49卷 双翅目 蝇科（一）[M]. 北京：科学出版社.

方承莱，2000. 中国动物志 昆虫纲 第19卷 鳞翅目 灯蛾科[M]. 北京：科学出版社.

何俊华，等，2000. 中国动物志 昆虫纲 第18卷 膜翅目 茧蜂科（一）[M]. 北京：科学出版社.

何俊华，许再福，2002. 中国动物志 昆虫纲 第29卷 膜翅目 螯蜂科[M]. 北京：科学出版社.

黄大卫，肖晖，2005. 中国动物志 昆虫纲 第42卷 膜翅目 金小蜂科[M]. 北京：科学出版社.

黄复生，等，2000. 中国动物志 昆虫纲 第17卷 等翅目[M]. 北京：科学出版社.

季恒青，冯绍全，刘南，等，2012. 重庆市吸血蚋、蠓、虻种类及地理分布研究[R]. 第28届全国卫生杀虫药械学术交流暨
　　产品展示会资料汇编，134-137.

蒋书楠，陈力，2001. 中国动物志 昆虫纲 第21卷 鞘翅目 天牛科 花天牛亚科[M]. 北京：科学出版社.

李爱民，邓合黎，陈常卿，2011. 重庆市锹甲研究[J]. 西南师范大学学报（自然科学版），36（1）：135-141.

李鸿昌，夏凯龄，等，2006. 中国动物志 昆虫纲 第43卷 直翅目 蝗总科 斑腿蝗科[M]. 北京：科学出版社.

李树恒，谢嗣光，2003. 重庆地区蝗虫区系组成的初步研究[J]. 四川动物，22（3）：133-136.

李树恒，2001. 重庆地区凤蝶科昆虫地理分布的聚类研究[J]. 四川动物，20（4）：201-204.

梁铬球，郑哲民，1998. 中国动物志 昆虫纲 第12卷 直翅目 蚱总科[M]. 北京：科学出版社.

刘文萍，邓合黎，李树恒，2000. 大巴山南坡蝶类调查[J]. 西南农业大学学报（自然科学版），22（2）：140-145.

刘友樵，李广武，2002. 中国动物志 昆虫纲 第27卷 鳞翅目 卷蛾科[M]. 北京：科学出版社.

刘友樵，武春生，2006. 中国动物志 昆虫纲 第47卷鳞翅目 枯叶蛾科[M]. 北京：科学出版社.

陆宝麟，等，1997. 中国动物志 昆虫纲 第8卷 双翅目 蚊科（上）[M]. 北京：科学出版社.

陆宝麟，等，1997. 中国动物志 昆虫纲 第9卷 双翅目 蚊科（下）[M]. 北京：科学出版社.

马忠余，等，2002. 中国动物志 昆虫纲 第26卷 双翅目 蝇科（二）棘蝇亚科（Ⅰ）[M]. 北京：科学出版社.

漆波，杨德敏，任本权，等，2007. 重庆市林业有害生物种类调查[J]. 西南大学学报（自然科学版），29（5）：81-89.

乔格侠，张广学，钟铁森，2005. 中国动物志 昆虫纲 第41卷 同翅目 斑蚜科[M]. 北京：科学出版社.

任树芝，1998. 中国动物志 昆虫纲 第13卷 半翅目：异翅亚目 姬蝽科[M]. 北京：科学出版社.

谭娟杰，王书永，周红章，2005. 中国动物志 昆虫纲 第40卷 鞘翅目 肖叶甲科 肖叶甲亚科[M]. 北京：科学出版社.

汪松，解炎，2004. 中国物种红色名录第1卷[M]. 北京：高等教育出版社.

汪松，解炎，2005. 中国物种红色名录第3卷[M]. 北京：高等教育出版社.

王子清，2001. 中国动物志 昆虫纲 第22卷 同翅目 蚧总科 粉蚧科 绒蚧科 蜡蚧科 链蚧科 盘蚧科 壶蚧科 仁蚧科[M]. 北
　　京：科学出版社.

吴燕如，2000. 中国动物志 昆虫纲 第20卷 膜翅目 准蜂科 蜜蜂科[M]. 北京：科学出版社.

武春生，言承莱，2003. 中国动物志 昆虫纲 第31卷 鳞翅目 舟蛾科[M]. 北京：科学出版社.

武春生，2001. 中国动物志 昆虫纲 第25卷 鳞翅目 凤蝶科 凤蝶亚科 锯凤蝶亚科 绢蝶亚科[M]. 北京：科学出版社.

武春生，1997. 中国动物志 昆虫纲 第7卷 鳞翅目 祝蛾科[M]. 北京：科学出版社.

西南大学，重庆市巫溪县林业局，2009. 重庆阴条岭自然保护区科学考察集[R].

西南农业大学，四川省农业科学院植物保护研究所，1990. 四川农业害虫天敌图册[M]. 四川：科学技术出版社.

夏凯龄，等，1994. 中国动物志 昆虫纲 第4卷 直翅目 癞蝗科 蝗总科 瘤锥蝗科 锥头蝗科[M]. 北京：科学出版社.

徐艳，石福明，杜喜翠，2004. 四川和重庆地区蝗虫调查（直翅目：蝗总科）[J]. 西南农业大学学报（自然科学版），26（3）：340-344.

薛大勇，朱弘复，1999. 中国动物志 昆虫纲 第15卷 鳞翅目 尺蛾科 花尺蛾亚科[M]. 北京：科学出版社.

杨定，刘星月，2010. 中国动物志 昆虫纲 第51卷 广翅目[M]. 北京：科学出版社.

杨定，杨集昆，2004. 中国动物志 昆虫纲 第34卷 双翅目 舞虻科 螳舞虻亚科 驼舞虻亚科[M]. 北京：科学出版社.

杨萍，任本权，杨德敏，等，2008. 重庆市林业有害生物发生特点及原因分析[J]. 重庆林业科技，82（1）：57-58.

杨星科，杨集昆，李文柱，2005. 中国动物志 昆虫纲 第39卷 脉翅目 草蛉科[M]. 北京：科学出版社.

印象初，夏凯龄，等，2003. 中国动物志 昆虫纲 第32卷 直翅目 蝗总科 槌角蝗科 剑角蝗科[M]. 北京：科学出版社.

袁锋，周尧，2002. 中国动物志 昆虫纲 第28卷 同翅目 角蝉总科 犁胸蝉科 角蝉科[M]. 北京：科学出版社.

张广学，等，1999. 中国动物志 昆虫纲 第14卷 同翅目 纩蚜科 瘿绵蚜科[M]. 北京：科学出版社.

张巍巍，李元胜，2011. 中国昆虫生态图鉴[M]. 重庆：重庆大学出版社.

张巍巍，2007. 常见昆虫野外识别手册[M]. 重庆：重庆大学出版社.

章士美，赵泳祥，1996. 中国动物志农林昆虫地理分布[M]. 北京：中国农业出版社.

赵建铭，等，2001. 中国动物志 昆虫纲 第23卷 双翅目 寄蝇科（一）[M]. 北京：科学出版社.

赵仲苓，2004. 中国动物志 昆虫纲 第36卷 鳞翅目 波纹蛾科[M]. 北京：科学出版社.

赵仲苓，2003. 中国动物志 昆虫纲 第30卷 鳞翅目 毒蛾科[M]. 北京：科学出版社.

郑乐怡，吕楠，刘国卿，等，2004. 中国动物志 昆虫纲 第33卷 半翅目 盲蝽科 盲蝽亚科[M]. 北京：科学出版社.

郑哲民，等，1998. 中国动物志 昆虫纲 第10卷 直翅目 蝗总科[M]. 北京：科学出版社.

中国科学院动物研究所，1983. 中国蛾类图鉴Ⅰ，Ⅱ，Ⅲ，Ⅳ[M]. 北京：科学出版社.

重庆市环境保护局. 重庆市物种资源基础数据库（http://www.cepb.gov.cn/ecbp/index.asp）.

朱弘复，王林瑶，1991. 中国动物志 昆虫纲 第3卷 鳞翅目 圆钩蛾科 钩蛾科[M]. 北京：科学出版社.

朱弘复，王林瑶，1996. 中国动物志 昆虫纲 第5卷 鳞翅目 蚕蛾科 大蚕蛾科 网蛾科[M]. 北京：科学出版社.

朱弘复，王林瑶，韩红香，2004. 中国动物志 昆虫纲 第38卷 鳞翅目 蝙蝠蛾科 蛱蛾科[M]. 北京：科学出版社.

朱弘复，王林瑶，1997. 中国动物志 昆虫纲 第11卷 鳞翅目 天蛾科[M]. 北京：科学出版社.

朱弘复，等，1984. 蛾类图册[M]. 北京：科学出版社.

脊椎动物：

《四川资源动物志》编辑委员会，1984. 四川资源动物志（第二卷：兽类）[M]. 成都：四川科学技术出版社.

《四川资源动物志》编辑委员会，1985. 四川资源动物志（第三卷：鸟类）[M]. 成都：四川科学技术出版社.

《四川资源动物志》编辑委员会，1984. 四川资源动物志（第一卷：总论）[M]. 成都：四川科学技术出版社.

Andrew T. Smith，解炎，2009. 中国兽类野外手册[M]. 长沙：湖南教育出版社.

陈宜瑜，1998. 中国动物志：硬骨鱼纲 鲤形目（中卷）[M]. 北京：科学出版社.

程地芸，金仕勇，王向东，1999. 重庆市的药用两栖爬行类[J]. 四川动物，18（2）：74-75.

丁瑞华，1994. 四川鱼类志[M]. 成都：四川科学技术出版社.

费梁，胡淑琴，叶昌媛，等，2009. 中国动物志：两栖纲（下卷）[M]. 北京：科学出版社.

费梁，胡淑琴，叶昌媛，等，2009. 中国动物志：两栖纲（中卷）[M]. 北京：科学出版社.

费梁，叶昌媛，黄永昭，等，2005. 中国两栖动物检索及图解[M]. 成都：四川科学技术出版社.

费梁，叶昌媛，江建平，2012. 中国两栖动物及其分布彩色图鉴[M]. 成都：四川科学技术出版社.

费梁，叶昌媛，2001. 四川两栖类原色图鉴[M]. 北京：中国林业出版社.

费梁，胡淑琴，叶昌媛，等，2006. 中国动物志：两栖纲（上卷）[M]. 北京：科学出版社.

国家林业局，2000. 国家保护的有益的或者有重要经济、科学价值的陆生野生动物名录[J]. 野生动物，21（5）：49-82.

胡淑琴，赵尔宓，刘承钊，1966. 秦岭及大巴山地区两栖爬行动物调查报告[J]. 动物学报，18（1）：57-92.

华惠伦，殷静雯，1993. 中国保护动物[M]. 上海：上海科技教育出版社.

乐佩琦，陈宜瑜，1998. 中国濒危动物红皮书：鱼类[M]. 北京：科学出版社.

乐佩琦，2000. 中国动物志：硬骨鱼纲 鲤形目（下卷）[M]. 北京：科学出版社.

李桂垣，1993. 四川鸟类原色图鉴[M]. 北京：中国林业出版社.

罗键，高红英，2002. 重庆市翼手类调查及保护建议[J]. 四川动物，21（1）：45-46.

罗健，刘颖梅，高红英，等，2012. 重庆市两栖爬行动物分类分布名录[J]. 西南师范大学学报（自然科学版），37（4）：130-134.

潘清华，王应祥，岩崑，2007. 中国哺乳动物彩色图鉴[M]. 北京：中国林业出版社.

曲利明，2013. 中国鸟类图鉴（全三册）[M]. 福州：海峡书局.

盛和林，大泰司纪之，陆厚基，1999. 中国野生哺乳动物[M]. 北京：中国林业出版社.

汪松，解焱，2009. 中国物种红色名录[M]. 北京：高等教育出版社.

汪松，1998. 中国濒危动物红皮书：兽类[M]. 北京：科学出版社.

王酉之，胡锦矗，1999. 四川兽类原色图鉴[M]. 北京：中国林业出版社.

伍汉霖，钟俊生，2008. 中国动物志：硬骨鱼纲 鲈形目（五）虾虎鱼亚目[M]. 北京：科学出版社.

西南大学，巫溪县林业局，2009. 重庆阴条岭自然保护区综合科学考察报告[R].

杨奇森，岩崑，2007. 中国兽类彩色图鉴[M]. 北京：科学出版社.

叶昌媛，费梁，胡淑琴，1993. 中国珍稀及经济两栖动物[M]. 成都：四川科学技术出版社.

余志伟，邓其祥，胡锦矗，等. 四川省大巴山、米仓山鸟类调查报告. 11-18.

约翰·马敬能，卡伦·菲利普斯，何芬奇，2000. 中国鸟类野外手册[M]. 卢和芬，译. 长沙：湖南教育出版社.

张荣祖，2011. 中国动物地理（第二版）[M]. 北京：科学出版社.

赵尔宓，2003. 四川爬行类原色图鉴[M]. 北京：中国林业出版社.

赵尔宓，1998. 中国濒危动物红皮书：两栖类和爬行类[M]. 北京：科学出版社.

赵尔宓，2006. 中国蛇类（上下册）[M]. 合肥：安徽科学技术出版社.

褚新洛，郑葆珊，戴定远，1991. 中国动物志：硬骨鱼纲 鲇形目[M]. 北京：科学出版社.

郑光美，王岐山，1998. 中国濒危动物红皮书：鸟类[M]. 北京：科学出版社.

郑光美，2011. 中国鸟类分类与分布名录（第二版）[M]. 北京：科学出版社.

郑作新，钱燕文，关贯勋，1962. 秦岭、大巴山地区的鸟类区系调查研究[J]. 动物学报，14（3）：361-380.

中国科学院，环境保护部，2015. 中国生物多样性红色名录[R].

中国野生动物保护协会，2005. 中国哺乳动物图鉴[M]. 郑州：河南科学技术出版社.

中国野生动物保护协会，1999. 中国两栖动物图鉴[M]. 郑州：河南科学技术出版社.

中国野生动物保护协会，1995. 中国鸟类图鉴[M]. 郑州：河南科学技术出版社.

中国野生动物保护协会，2002. 中国爬行动物图鉴[M]. 郑州：河南科学技术出版社.

植被及生态系统：

陈灵芝，2014. 中国植物区系与植被地理[M]. 北京：科学出版社.

李博，杨持，林鹏，2000. 生态学[M]. 北京：高等教育出版社.

李振基，陈圣宾，2011. 群落生态学[M]. 北京：气象出版社.

刘增文，李雅素，李文华，2003. 关于生态系统概念的讨论[J]. 西北农林科技大学学报：自然科学版，31（6）：204-208.

欧阳志云，张路，吴炳方，等，2015. 基于遥感技术的全国生态系统分类体系[J]. 生态学报，35（2）：219-226.

四川植被协作组，1978. 四川植被[M]. 成都：四川人民出版社.

宋永昌，2001. 植被生态学[M]. 上海：华东师范大学出版社.

中国植物委员会，1980. 中国植被[M]. 北京：科学出版社.

附表 1 重庆阴条岭国家级自然保护区植物名录

附表 1.1 保护区大型真菌名录

序号	目名	科名	属名	物种名	数据来源
一	子囊菌门 Ascomycota				
1	肉座菌目 Hypocreales	虫草科 Cordycipitaceae	棒束孢属 Isaria	蝉棒束孢 Isaria cicadae Miq.	1
2	炭角菌目 Xylariales	炭角菌科 Xylariaceae	轮层炭壳菌属 Daldinia	黑轮层炭壳 Daldinia concentrica（Bolt.）Ces. et De Not.	1
3	炭角菌目 Xylariales	炭角菌科 Xylariaceae	炭角菌属 Xylaria	地棒炭角菌 Xylaria kedahae Lloyd	1
4	炭角菌目 Xylariales	炭角菌科 Xylariaceae	炭角菌属 Xylaria	笔状炭角菌 Xylaria sanchezii Lloyd	1
5	盘菌目 Pezizales	马鞍菌科 Helvellaceae	马鞍菌属 Helvella	棱柄马鞍菌 Helvella lacunosa Afzel.	1
6	盘菌目 Pezizales	羊肚菌科 Morchellaceae	羊肚菌属 Morchella	羊肚菌 Morchella esculenta（L.）Pers.	2
7	盘菌目 Pezizales	核盘菌科 Sclerotiniaceae	二头孢盘菌属 Dicephalospora	橙红二头孢盘菌 Dicephalospora rufocornea（Berk.& Broome）Spooner	1
8	盘菌目 Pezizales	盘菌科 Pezizaceae	盘菌属 Peziza	茶褐盘菌 Peziza praetervisa Bres.	1
9	盘菌目 Pezizales	火丝菌科 Pyronemataceae	网孢盘菌属 Aleuria	橙黄网孢盘菌 Aleuria aurantia（Pers.）Fuckel	1
10	盘菌目 Pezizales	火丝菌科 Pyronemataceae	缘刺盘菌属 Cheilymenia	粪缘刺盘菌 Cheilymenia fimicola（Bagl.）Dennis	1
11	盘菌目 Pezizales	火丝菌科 Pyronemataceae	盾盘菌属 Scutellinia	红毛盾盘菌 Scutellinia scutellata（L.）Lambotte	1
12	盘菌目 Pezizales	肉杯菌科 Sarcoscyphaceae	肉杯菌属 Sarcoscypha	小红肉杯菌 Sarcoscypha occidentalis（Schwein.）Sacc.	1
二	担子菌门 Basidiomycota				
13	伞菌目 Agaricales	伞菌科 Agaricaceae	伞菌属 Agaricus	灰鳞蘑菇 Agaricus moelleri Wasser	1
14	伞菌目 Agaricales	伞菌科 Agaricaceae	马勃菌属 Calvatia	头状秃马勃 Calvatia craniiformis（Schwein.）Fr.	1
15	伞菌目 Agaricales	伞菌科 Agaricaceae	鬼伞属 Coprinus	墨汁鬼伞 Coprinopsis atramentaria（Bull.）Redhead et al.	1
16	伞菌目 Agaricales	伞菌科 Agaricaceae	鬼伞属 Coprinus	毛头鬼伞 Coprinus comatus（O.F. Müll.）Pers.	1
17	伞菌目 Agaricales	伞菌科 Agaricaceae	鬼伞属 Coprinus	小射纹鬼伞 Coprinopsis patouillardii（Quél.）Gminder	1
18	伞菌目 Agaricales	伞菌科 Agaricaceae	鬼伞属 Coprinus	褶纹鬼伞 Coprinus plicatilis（Curtis）Redhead et al.	1
19	伞菌目 Agaricales	伞菌科 Agaricaceae	黑蛋巢菌属 Cyathus	白被黑蛋巢菌 Cyathus pallidus Berk. & M.A. Curtis	1
20	伞菌目 Agaricales	伞菌科 Agaricaceae	白鬼伞属 Leucocoprinus	易碎白鬼伞 Leucocoprinus fragilissimus（Ravenel ex Berk. & Curtis）Pat.	1
21	伞菌目 Agaricales	伞菌科 Agaricaceae	马勃属 Lycoperdon	网纹马勃 Lycoperdon perlatum Pers.	1
22	伞菌目 Agaricales	伞菌科 Agaricaceae	马勃属 Lycoperdon	小马勃 Lycoperdon pusillum Batsch	1
23	伞菌目 Agaricales	鹅膏菌科 Amanitaceae	鹅膏菌属 Amanita	豹斑毒鹅膏菌 Amanita pantherina（DC.）Krombh.	1
24	伞菌目 Agaricales	鹅膏菌科 Amanitaceae	鹅膏菌属 Amanita	土红粉盖鹅膏 Amanita rufoferruginea Hongo	1
25	伞菌目 Agaricales	珊瑚菌科 Clavariaceae	珊瑚菌属 Clavaria	脆珊瑚菌 Clavaria fragilis Holmsk.	1
26	伞菌目 Agaricales	轴腹菌科 Hydnangiaceae	蜡蘑属 Laccaria	紫蜡蘑 Laccaria amethystina Cooke	1
27	伞菌目 Agaricales	轴腹菌科 Hydnangiaceae	蜡蘑属 Laccaria	红蜡蘑 Laccaria laccata（Scop.）Cooke	1
28	伞菌目 Agaricales	丝盖菇科 Inocybaceae	靴耳属 Crepidotas	粘锈耳 Crepidotus mollis（Schaeff.）Staude	1
29	伞菌目 Agaricales	小皮伞科 Marasmiaceae	裸菇属 Gymnopus	栎裸柄伞 Gymnopus dryophilus（Bull.）Murrill	1
30	伞菌目 Agaricales	小皮伞科 Marasmiaceae	裸菇属 Gymnopus	臭裸柄伞 Gymnopus perforans（Hoffm.）Antonín & Noordel	1

序号	目名	科名	属名	物种名	数据来源
二				担子菌门 Basidiomycota	
31	伞菌目 Agaricales	小皮伞科 Marasmiaceae	皮伞属 Marasmius	叶生皮伞 Marasmius epiphyllus（Pers.）Fr.	1
32	伞菌目 Agaricales	小皮伞科 Marasmiaceae	皮伞属 Marasmius	紫红小皮伞 Marasmius pulcherripes Peck	1
33	伞菌目 Agaricales	小皮伞科 Marasmiaceae	皮伞属 Marasmius	干小皮伞 Marasmius siccus（Schwein.）Fr.	1
34	伞菌目 Agaricales	小伞科 Mycenaceae	小菇属 Mycena	浅灰色小菇 Mycena leptocephala（Pers.）Gillet	1
35	伞菌目 Agaricales	小伞科 Mycenaceae	小菇属 Mycena	洁小菇 Mycena prua（Pers.）P. Kumm.	1
36	伞菌目 Agaricales	小伞科 Mycenaceae	小菇属 Mycena	血色小菇 Mycena sanguinolenta（Alb. & Schwein.）P. Kumm.	1
37	伞菌目 Agaricales	侧耳科 Pleurotaceae	侧耳属 Pleurotus	糙皮侧耳 Pleurotus ostreatus（Jacq.）P. Kumm..	1
38	伞菌目 Agaricales	膨瑚菌科 Physalacriaceae	蜜环菌属 Armillaria	蜜环菌 Armillariella mellea（Vahl）P. Kumm.	2
39	伞菌目 Agaricales	膨瑚菌科 Physalacriaceae	火焰菇属 Flammulina	毛柄金钱菌 Flammulina velutipes（Curtis）Singer	1
40	伞菌目 Agaricales	膨瑚菌科 Physalacriaceae	小奥德蘑属 Oudemansiella	长根小奥德蘑 Hymenopellis radicata（Relhan）R.H. Petersen	1
41	伞菌目 Agaricales	脆柄菇科 Psathyrellaceae	小鬼伞属 Coprinellus	假小鬼伞 Coprinellus disseminatus（Pers.）J.E.Lange	1
42	伞菌目 Agaricales	脆柄菇科 Psathyrellaceae	小鬼伞属 Coprinellus	晶粒小鬼伞 Coprinellus micaceus（Bull.）Vilgalys et al.	1
43	伞菌目 Agaricales	脆柄菇科 Psathyrellaceae	小鬼伞属 Coprinellus	辐毛小鬼伞 Coprinellus radians（Desm.）Vilgalys et al.	1
44	伞菌目 Agaricales	脆柄菇科 Psathyrellaceae	滴泪珠伞属 Lacrymaria	绒毛鬼伞 Lacrymaria lacrymabunda（Bull.）Pat.	1
45	伞菌目 Agaricales	裂褶菌科 Schizophyllaceae	裂褶菌属 Schizophyllum	裂褶菌 Schizophyllum commne Fr.	1
46	伞菌目 Agaricales	球盖菇科 Strophariaceae	裸伞属 Gymnopilus	绿褐裸伞 Gymnopilus aeruginosus（Peck）Singer	1
47	伞菌目 Agaricales	球盖菇科 Strophariaceae	裸伞属 Gymnopilus	桔黄裸伞 Gymnopilus spectabilis（Fr.）Singer	1
48	伞菌目 Agaricales	球盖菇科 Strophariaceae	沿丝伞属 Naematoloma	土黄韧伞 Naematoloma gracile Hongo	1
49	伞菌目 Agaricales	口蘑科 Tricholomataceae	晶蘑属 Lepista	花脸香蘑 Lepista sordida（Schumach.）Singer	1
50	木耳目 Auriculariales	木耳科 Auriculariaceae	木耳属 Auriculuria	木耳 Auricularia auricula-judae（Bull.）Quél.	1
51	木耳目 Auriculariales	木耳科 Auriculariaceae	木耳属 Auriculuria	毛木耳 Auricularia polytricha（Mont.）Sacc.	1
52	木耳目 Auriculariales	木耳科 Auriculariaceae	黑耳属 Exidia	黑胶耳 Exidia glandulosa（Bull.）Fr.	1
53	牛肝菌目 Boletales	牛肝菌科 Boletaceae	松塔牛肝菌属 Strobilomyces	松塔牛肝菌 Strobilomyces strobilaceus（Scop.）Berk.	1
54	牛肝菌目 Boletales	牛肝菌科 Boletaceae	粉孢牛肝菌属 Tylopilus	灰紫粉孢牛肝菌 Tylopilus plumbeoviolaceus Snell & E.A. Dick	1
55	牛肝菌目 Boletales	蛇革菌科 Serpulaceae	蛇革菌属 Serpula	伏果干腐菌 Serpula lacrymans（Wulfen）J. Schröt.	1
56	牛肝菌目 Boletales	乳牛肝菌科 Suillaceae	假牛肝菌属 Boletinus	松林小牛肝菌 Boletinus pinetorum（W.F. Chiu）Teng	1
57	牛肝菌目 Boletales	乳牛肝菌科 Suillaceae	乳牛肝菌 Suillus	粘盖乳牛肝菌 Suillus bovinus（L.）Roussel	1
58	伏革菌目 Corticiales	伏革菌科 Corticiaceae	伏革菌属 Corticium	硫磺伏革菌 Corticium bicolor Peck	1
59	钉菇目 Gomphales	钉菇科 Gomphaceae	枝瑚菌属 Ramaria	密枝瑚菌 Ramaria stricta（Pers.）Quél.	1
60	钉菇目 Gomphales	钉菇科 Gomphaceae	枝瑚菌属 Ramaria	黄枝珊瑚菌 Ramaria flava（Schaeff.）Quél	1
61	刺革菌目 Hymenochaetales	刺革菌科 Hymenochaetaceae	集毛菌属 Coltricia	肉桂色集毛菌 Coltricia cinnamomea（Jacq.）Murrill	1
62	刺革菌目 Hymenochaetales	刺革菌科 Hymenochaetaceae	刺革菌属 Hymenochaete	红锈刺革菌 Hymenochaete mougeotii（Fr.）Cooke	1
63	鬼笔目 Phallales	鬼笔科 Phallaceae	散尾鬼笔属 Lysurus	棱柱散尾鬼笔 Lysurus mokusin（L.）Fr.	1
64	鬼笔目 Phallales	鬼笔科 Phallaceae	鬼笔属 Phallus	红鬼笔 Phallus rubicundus（Bosc）Fr.	1
65	红菇目 Russulales	红菇科 Russulaceae	乳菇属 Lactarius	松乳菇 Lactarius deliciosus（L.）Gary	1

续表

序号	目名	科名	属名	物种名	数据来源
二				担子菌门 Basidiomycota	
66	红菇目 Russulales	红菇科 Russulaceae	乳菇属 Lactarius	白乳菇 Lactarius piperatus（L.）Pers.	1
67	红菇目 Russulales	韧革菌科 Stereaceae	韧革菌属 Stereum	粗毛韧革菌 Stereum hirsutum（Willid.）Pers.	1
68	银耳目 Tremellales	银耳科 Tremellaceae	银耳属 Tremella	金色银耳 Tremella aurantia Schwein.	1
69	银耳目 Tremellales	银耳科 Tremellaceae	银耳属 Tremella	垫状银耳 Tremella pulvinalis Kobayasi	1
70	多孔菌目 Polyporales	拟层孔菌科 Fomitopsidaceae	硫黄菌属 Laetiporus	硫磺菌 Laetiporus sulphureus（Bull.）Murrill	2
71	多孔菌目 Polyporales	拟层孔菌科 Fomitopsidaceae	黑孔菌属 Nigroporus	紫褐黑孔菌 Nigroporus vinosus（Berk.）Murrill	1
72	多孔菌目 Polyporales	灵芝科 Ganodermataceae	灵芝属 Ganoderma	树舌灵芝 Ganoderma applanatum（Pers.）Pat.	1
73	多孔菌目 Polyporales	干朽菌科 Meruliaceae	烟管菌属 Bjerkandera	亚黑管孔菌 Bjerkandera fumosa（Pers.）P. Karst.	1
74	多孔菌目 Polyporales	多孔菌科 Polyporaceae	拟迷孔菌属 Daedaleopsis	红拟迷孔菌 Daedaleopsis rubescens（Alb. & Schwein.）Imazeki	1
75	多孔菌目 Polyporales	多孔菌科 Polyporaceae	毛栓孔菌属 Funalia	淡黄粗毛盖孔菌 Funalia cervina（Schwein.）Y.C.Dai	1
76	多孔菌目 Polyporales	多孔菌科 Polyporaceae	香菇属 Lentinus	香菇 Lentinus edodes（Berk.）Singer	1
77	多孔菌目 Polyporales	多孔菌科 Polyporaceae	齿脉菌属 Lopharia	奇异脊革菌 Lopharia mirabilis（Berk. & Broome）Pat.	1
78	多孔菌目 Polyporales	多孔菌科 Polyporaceae	微孔菌属 Microporus	褐扇小孔菌 Trametes vernicipes（Berk.）Zmitr. et al.	1
79	多孔菌目 Polyporales	多孔菌科 Polyporaceae	多孔菌属 Polyporus	漏斗棱孔菌 Polyporus arcularius（Batsch）Fr.	1
80	多孔菌目 Polyporales	多孔菌科 Polyporaceae	多孔菌属 Polyporus	暗绒盖多孔菌 Polyporus ciliatus Fr.	1
81	多孔菌目 Polyporales	多孔菌科 Polyporaceae	多孔菌属 Polyporus	桑多孔菌 Polyporus mori（Pollini）Fr.	1
82	多孔菌目 Polyporales	多孔菌科 Polyporaceae	栓菌属 Trametes	云芝栓孔菌 Trametes versicolor（L.）Lloyd	1
83	多孔菌目 Polyporales	多孔菌科 Polyporaceae	近毛菌属 Trichaptum	冷杉附毛孔菌 Trichaptum abietinum（Dicks.）Ryvarden	1

注：1 为野外见到，2 为查阅文献

附表 1.2　保护区维管植物名录

物种	学名	生活型	数据来源	药用	观赏	食用	蜜源	工业原料
1 石杉科 Huperziaceae								
皱边石杉	Huperzia crispata（Ching ex H. S. Kung）Ching	草本	■	+				
峨眉石杉	Huperzia emeiensis（Ching et H. S. Kung）Ching et H. S. Kung	草本	■	+				
南川石杉	Huperzia nanchuanensis（Ching et H. S. Kung）Ching et H. S. Kung	草本	■					
蛇足石杉	Huperzia serrata（Thunb. ex Murray）Trev.	草本	■	+				
四川石杉	Huperzia sutchueniana（Herter）Ching	草本	■		+			
2 石松科 Lycopodiaceae								
金丝条马尾杉（捆仙绳）	Phlegmariurus fargesii（Herter）Ching	草本	■	+				
闽浙马尾杉	Phlegmariurus minchegensis（Ching）L. B. Zhang	草本	■					
藤石松	Lycopodiastrum casuarinoides（Spring）Holub	草本	■	+				
多穗石松	Lycopodium annotinum L.	草本	■	+				
垂穗石松	Lycopodium cernuum Linnaeus	草本	■	+	+			
毛枝垂穗石松	Palhinhaea cernua（L.）Vasc. et Franco f. sikkimensis（Mueller）H. S. Kung	草本	■					
扁枝石松	Lycopodium complanatum Linnaeus	草本	■	+				
石松	Lycopodium japonicum Thunb. ex Murray	草本	■	+				
笔直石松	Lycopodium verticale Li Bing Zhang	草本	■		+			

物种	学名	生活型	数据来源	药用	观赏	食用	蜜源	工业原料
3 卷柏科 Selaginellaceae								
大叶卷柏	*Selaginella bodinieri* Hieron.	草本	■					
布朗卷柏（毛枝卷柏）	*Selaginella braunii* Bak.	草本	■	+				
蔓出卷柏（蔓生卷柏）	*Selaginella davidii* Franch.	草本	■					
薄叶卷柏	*Selaginella delicatula*（Desv.）Alston	草本	■	+				
深绿卷柏	*Selaginella doederleinii* Hieron.	草本	■		+			
异穗卷柏	*Selaginella heterostachys* Baker	草本	■	+				
兖州卷柏	*Selaginella involvens*（Sw.）Spring	草本	■					
细叶卷柏	*Selaginella labordei* Hieron. ex Christ	草本	■					
江南卷柏	*Selaginella moellendorffii* Hieron.	草本	■					
伏地卷柏	*Selaginella nipponica* Franch. et Sav.	草本	■					
垫状卷柏	*Selaginella pulvinata*（Hook. et Grev.）Maxim.	草本	▼					
疏叶卷柏	*Selaginella remotifolia* Spring	草本	■	+				
红枝卷柏	*Selaginella sanguinolenta*（L.）Spring	草本	■					
卷柏	*Selaginella tamariscina*（P. Beauv.）Spring	草本	▼	+				
翠云草	*Selaginella uncinata*（Desv.）Spring	草本	■		+			
4 木贼科 Equisetaceae								
问荆	*Equisetum arvense* L.	草本	■	+				
披散木贼	*Equisetum diffusum* D. Don	草本	■	+	+			
木贼	*Equisetum hyemale* L.	草本	■					
犬问荆	*Equisetum palustre* L.	草本	■	+				
节节草	*Equisetum ramosissimum* Desf.	草本	■	+				
笔管草	*Equisetum ramosissimum* Desf. ssp. *debile*（Roxb. ex Vauch.）Hauke	草本	■	+				
5 阴地蕨科 Botrychiaceae								
蕨萁（一朵云）	*Botrychium virginianum*（L.）Holub	草本	■	+				
药用阴地蕨	*Sceptridium officinale*（Ching）Ching et H. S. Kung	草本	■	+				
阴地蕨	*Sceptridium ternatum*（Thunb.）Lyon	草本	■	+				
6 瓶儿小草科 Ophioglossaceae								
心叶瓶儿小草（尖头瓶尔小草）	*Ophioglossum reticulatum* L.	草本	●	+				
狭叶瓶儿小草	*Ophioglossum thermale* Kom.	草本	■	+				
瓶儿小草	*Ophioglossum vulgatum* L.	草本	▼	+				
6 紫萁科 Osmundaceae								
绒紫萁	*Osmunda claytoniana* L.	草本	■					
紫萁	*Osmunda japonica* Thunb	草本	■	+				
华南紫萁	*Osmunda vachelii* Hook.	草本	■	+				
7 瘤足蕨科 Plagiogyriaceae								
瘤足蕨（镰叶瘤足蕨）	*Plagiogyria adnata*（Blume）Beddome	草本	■					
华中瘤足蕨	*Plagiogyria euphlebia*（Kunze）Mett.	草本	■	+				
华东瘤足蕨（日本瘤足蕨）	*Plagiogyria japonica* Nakai	草本	■	+				
耳形瘤足蕨	*Plagiogyria stenoptera*（Hance）Diels	草本	■	+				
8 里白科 Gleicheniaceae								
芒萁	*Dicranopteris pedata*（Houtt.）Nakaike	草本	■	+	+			

续表

物种	学名	生活型	数据来源	药用	观赏	食用	蜜源	工业原料
8 里白科 Gleicheniaceae								
中华里白	*Diplopterygium chinense*（Rosenst.）De Vol	草本	■					
里白	*Diplopterygium glaucum*（Thunb. ex Houtt.）Nakai	草本	■					
光里白	*Diplopterygium laevissimum*（Christ）Nakai	草本	■	+				
9 海金沙科 Lygodiaceae								
海金沙	*Lygodium japonicum*（Thunb.）Sw.	草本	■	+				
10 膜蕨科 Hymenophyllaceae								
团扇蕨	*Crepidomanes minutum*（Blume）K. Iwatsuki	草本	▼		+			
华东膜蕨	*Hymenophyllum barbatum*（v.d. Bosch）Bak.	草本	■	+				
瓶蕨	*Vandenboschia auriculata*（Bl.）Cop.	草本	■	+				
城口瓶蕨	*Vandenboschiu fargesii*（Christ）Ching	草本	■	+				
华东瓶蕨	*Vandenboschia orientalis*（C. Chr.）Ching	草本	■	+				
11 蚌壳蕨科 Dicksoniaceae								
金毛狗	*Cibotium barometz*（L.）J. Sm.	草本	▼	+	+	+		
12 桫椤科 Cyatheaceae								
粗齿桫椤	*Alsophila denticulata* Bak.	草本	■					
13 姬蕨科 Dennstaedtiaceae								
细毛碗蕨	*Dennstaedtia hirsuta*（Sw.）Mett. ex Miq.	草本	■					
碗蕨	*Dennstaedtia scabra*（Wall. ex Hook.）Moore	草本	■					
光叶碗蕨	*Dennstaedtia scabra*（Wall. ex Hook.）Moore var. *glabrescens*（Ching）C.Chr.	草本	■					
溪洞碗蕨	*Dennstaedtia wilfordii*（Moore）Christ	草本	■					
光盖鳞盖蕨	*Microlepia glabra* Ching	草本	■					
边缘鳞盖蕨	*Microlepia marginata*（Panzer）C. Chr.	草本	■	+	+			
假粗毛鳞盖蕨	*Microlepia pseudo-strigosa* Makino	草本	■	+				
14 陵齿蕨科 Lindsaeaceae								
乌蕨	*Odontosoria chinensis*（Linnaeus）J. Smith	草本	■	+	+			
香鳞始蕨（鳞始蕨）	*Osmolindsaea odorata*（Roxburgh）Lehtonen & Christenhusz	草本	■					
15 姬蕨科 Dennstaedtiaceae								
姬蕨	*Hypolepis punctata*（Thunb.）Mett.	草本	■	+				
16 蕨科 Pteridiaceae								
蕨	*Pteridium aquilinum*（L.）Kuhn var. *latiusculum*（Desv.）Underw. ex Heller	草本	■	+		+		
密毛蕨	*Pteridium revolutum*（Bl.）Nakai	草本	■	+				
17 凤尾蕨科 Pteridaceae								
猪鬣凤尾蕨	*Pteris actiniopteroides* Christ	草本	▼	+				
粗糙凤尾蕨	*Pteris cretica* L. var. *laeta*（Wall. ex Ettingsh.）C. Chr.	草本	▼	+				
凤尾蕨	*Pteris cretica* L. var. *nervosa*（Thunb.）Ching et S. H. Wu	草本	■	+	+			
指状凤尾蕨（掌叶凤尾蕨）	*Pteris dactylina* Hook.	草本	■	+				
岩凤尾蕨	*Pteris deltodon* Bak.	草本	■	+				
溪边凤尾蕨	*Pteris excelsa* Graud.	草本	▼		+			
狭叶凤尾蕨	*Pteris henryi* Christ	草本	■					
井栏边草	*Pteris multifida* Poir.	草本	▼	+	+			

续表

物种	学名	生活型	数据来源	药用	观赏	食用	蜜源	工业原料
17 凤尾蕨科 Pteridaceae								
蜈蚣草	*Pteris vittata* L.	草本	■	+	+			
西南凤尾蕨	*Pteris wallichiana* Agardh	草本	■	+				
18 中国蕨科 Sinopteridaceae								
多鳞粉背蕨	*Aleuritopteris anceps*（Blanford）Panigrahi	草本	■					
银粉背蕨	*Aleuritopteris argentea*（Gmél.）Fée	草本	■	+	+			
毛轴碎米蕨（舟山碎米蕨）	*Cheilanthes chusana* Hooker	草本	▼	+				
野雉尾金粉蕨	*Onychium japonicum*（Thunb.）Kze.	草本	▼	+				
栗柄金粉蕨	*Onychium japonicum*（Thunb.）Kze. var. *lucidum*（Don）Christ	草本	■	+				
木坪金粉蕨	*Onychium moupinense* Ching	草本	■					
旱蕨	*Pellaea nitidula*（Hook.）Bak.	草本	■		+			
宜昌旱蕨	*Pellaea patula*（Bak.）Ching	草本	■					
19 铁线蕨科 Adiantaceae								
团扇铁线蕨（圆叶铁线蕨）	*Adiantum capillus-junonis* Rupr.	草本	■		+			
铁线蕨	*Adiantum capillus-veneris* L.	草本	▼		+			
白背铁线蕨	*Adiantum davidii* Franch.	草本	■					
月芽铁线蕨	*Adiantum edentulum* Christ	草本	■					
肾盖铁线蕨（红盖铁线蕨）	*Adiantum erythrochlamys* Diels	草本	■	+				
扇叶铁线蕨	*Adiantum flabellulatum* L.	草本	■					
假鞭叶铁线蕨	*Adiantum malesianum* Ghatak	草本	■		+			
小铁线蕨	*Adiantum mariesii* Bak.	草本	■					
灰背铁线蕨	*Adiantum myriosorum* Bak	草本	■					
掌叶铁线蕨	*Adiantum pedatum* L.	草本	▼		+			
陇南铁线蕨	*Adiantum roborowskii* Maxim	草本	■					
峨眉铁线蕨	*Adiantum roborowskii* Maxim. f. *faberi*（Bak.）Y. X. Lin	草本	■	+				
20 裸子蕨科 Hemionitidaceae								
尾尖凤丫蕨	*Coniogramme caudiformis* Ching et Shing	草本	■					
峨眉凤丫蕨	*Coniogramme emeiensis* Ching et Shing	草本	▼					
普通凤丫蕨	*Coniogramme intermedia* Hieron.	草本	■					
凤丫蕨	*Coniogramme japonica*（Thunb.）Diels	草本	■	+	+			
黑轴凤丫蕨	*Coniogramme robusta* Christ	草本	■					
乳头凤丫蕨（太白山凤丫蕨）	*Coniogramme rosthornii* Hieron	草本	■					
上毛凤丫蕨	*Coniogramme suprapilosa* Ching	草本	■					
疏网凤丫蕨	*Coniogramme wilsonii* Hieron.	草本	■					
川西金毛裸蕨	*Gymnopteris bipinnata* Christ	草本	■					
耳羽金毛裸蕨	*Gymnopteris bipinnata* Christ var. *auriculata*（Franch.）Ching	草本	■					
21 书带蕨科 Haplopteris								
书带蕨	*Haplopteris flexuosa*（Fée）E. H. Crane	草本	■	+				
平肋书带蕨	*Haplopteris fudzinoi*（Makino）E. H. Crane.	草本	■	+				
22 蹄盖蕨科 Vittariaceae								
短叶蹄盖蕨	*Athyrium brevifrons* Nakai	草本	■					
亮毛蕨	*Acystopteris japonica*（Luerss.）Nakai	草本	■					

物种	学名	生活型	数据来源	药用	观赏	食用	蜜源	工业原料
22 蹄盖蕨科 Vittariaceae								
中华短肠蕨	*Allantodia chinensis*（Bak.）Ching	草本	■	+				
黑鳞短肠蕨	*Allantodia crenata*（Sommerf.）Ching	草本	■					
江南短肠蕨	*Allantodia metteniana*（Miq.）Ching	草本	■					
鳞柄短肠蕨	*Allantodia squamigera*（Mett.）Ching	草本	■					
华东安蕨	*Anisocampium sheareri*（Bak.）Ching	草本	■					
假蹄盖蕨	*Athyriopsis japonica*（Thunb.）Ching	草本	■					
毛轴假蹄盖蕨	*Athyriopsis petersenii*（Kunze）Ching	草本	■					
短柄蹄盖蕨	*Athyrium brevistipes* Ching	草本	■					
翅轴蹄盖蕨	*Athyrium delavayi* Christ	草本	■	+				
薄叶蹄盖蕨	*Athyrium delicatulum* Ching et S. K. Wu	草本	■					
麦秆蹄盖蕨	*Athyrium fallaciosum* Milde	草本	■					
日本蹄盖蕨（华东蹄盖蕨）	*Athyrium nipponica*（Mett.）Hance	草本						
峨眉蹄盖蕨	*Athyrium omeiense* Ching	草本	▼					
光蹄盖蕨	*Athyrium otophorum*（Miq.）Koidz.	草本	■					
中华蹄盖蕨	*Athyrium sinense* Rupr.	草本	■	+				
尖头蹄盖蕨	*Athyrium vidalii*（Franch. et Sav.）Nakai	草本	■					
华中蹄盖蕨	*Athyrium wardii*（Hook.）Makino	草本	■					
禾秆蹄盖蕨	*Athyrium yokoscens*（Franch. et Sav.）Christ	草本	■					
薄叶双盖蕨	*Diplazium pinfaense* Ching	草本	■					
单叶双盖蕨	*Diplazium subsinuatum*（Wall. ex Hook. et Grev.）Tagawa	草本	■	+				
鄂西介蕨	*Dryoathyrium henryi*（Bak.）Ching	草本	■	+				
华中介蕨	*Dryoathyrium okuboanum*（Makino）Ching	草本	■					
川东介蕨	*Dryoathyrium stenopteron*（Bak.）Ching	草本	■					
峨眉介蕨	*Dryoathyrium unifurcatum*（Bak.）Ching	草本	■					
东亚羽节蕨	*Gymnocarpium oyamense*（Bak.）Ching	草本	■					
蛾眉蕨	*Lunathyrium acrostichoides*（Sw.）Ching	草本	■					
陕西蛾眉蕨	*Lunathyrium giraldii*（Christ）Ching	草本	■					
华中蛾眉蕨	*Lunathyrium shennongense* Ching，Boufford et Shing	草本	■					
四川蛾眉蕨	*Lunathyrium sichuanense* Z. R. Wang	草本	■					
峨山蛾眉蕨	*Lunathyrium wilsonii*（Christ）Ching	草本	■					
大叶假冷蕨	*Pseudocystopteris atkinsonii*（Bedd.）Ching	草本	■					
三角叶假冷蕨	*Pseudocystopteris subtriangularis*（Hook.）Ching	草本	■					
23 肿足蕨科 Hypodematiaceae								
光轴肿足蕨	*Hypodematium hirsutum*（Don）Ching	草本	■					
24 金星蕨科 Thelypteridaceae								
渐尖毛蕨	*Cyclosorus acuminatus*（Houtt.）Nakai	草本	■	+				
干旱毛蕨	*Cyclosorus aridus*（Don）Tagawa	草本	■	+				
狭基毛蕨	*Cyclosorus cuneatus* Ching ex Shing	草本	■					
齿牙毛蕨	*Cyclosorus dentatus*（Forssk.）Ching	草本	■					
假渐尖毛蕨	*Cyclosorus subacuminatus* Ching ex Shing et J. f. Cheng	草本	▼					
方秆蕨	*Glaphyropteridopsis erubescens*（Hook.）Ching	草本	■					

续表

物种	学名	生活型	数据来源	药用	观赏	食用	蜜源	工业原料
24 金星蕨科 Thelypteridaceae								
粉红方秆蕨	*Glaphyropteridopsis rufostraminea*（Christ）Ching	草本	▼					
普通针毛蕨	*Macrothelypteris torresiana*（Gaud.）Ching	草本	■					
林下凸轴蕨	*Metathelypteris hattorii*（H. Ito）Ching	草本	■					
疏羽凸轴蕨	*Metathelypteris laxa*（Franch. et Sav.）Ching	草本	■					
金星蕨	*Parathelypteris glanduligera*（Kze.）Ching	草本	■	+				
中日金星蕨	*Parathelypteris nipponica*（Franch. et Sav.）Ching	草本	■					
延羽卵果蕨	*Phegopteris decursive-pinnata*（van Hall）Fée	草本	▼					
披针新月蕨	*Pronephrium penangianum*（Hook.）Holtt.	草本	■	+				
西南假毛蕨	*Pseudocyclosorus esquirolii*（Christ）Ching	草本	■					
普通假毛蕨	*Pseudocyclosorus subochthodes*（Ching）Ching	草本	■					
紫柄蕨	*Pseudophegopteris pyrrhorachis*（Kunze）Ching	草本	■					
25 铁角蕨科 Aspleniaceae								
线柄铁角蕨	*Asplenium capillipes* Makino	草本	■					
城口铁角蕨	*Asplenium chengkouense* Ching ex X. X. Kong	草本	■					
线裂铁角蕨（紫柄铁角蕨）	*Asplenium coenobiale* Hance	草本	■					
虎尾铁角蕨	*Asplenium incisum* Thunb.	草本	■	+				
倒挂铁角蕨	*Asplenium normale* Don	草本	■	+				
北京铁角蕨	*Asplenium pekinense* Hance	草本	■					
长叶铁角蕨	*Asplenium prolongatum* Hook.	草本	■	+				
华中铁角蕨	*Asplenium sareliii* Hook.	草本	▼					
铁角蕨	*Asplenium trichomanes* L.	草本	■	+				
三翅铁角蕨	*Asplenium tripteropus* Nakai	草本	●	+				
半边铁角蕨	*Asplenium unilaterale* Lam.	草本	▼					
变异铁角蕨	*Asplenium varians* Wall. ex Hook. et Grev.	草本	■					
狭翅铁角蕨	*Asplenium wrightii* Eaton ex Hook.	草本	■					
26 睫毛蕨科 Pleurosoriopsidaceae								
睫毛蕨	*Pleurosoriopsis makinoi*（Maxim. ex Makino）Fomin	草本	■					
27 球子蕨科 Onocleaceae								
荚果蕨	*Matteuccia struthiopteris*（L.）Todaro	草本	■					
中华荚果蕨	*Pentarhizidium intermedium*（C. Chr.）Hayata	草本	■	+	+			
东方荚果蕨	*Pentarhizidium orientalis*（Hook.）Hyata.	草本	■	+				
28 岩蕨科 Woodsiaceae								
蜘蛛岩蕨	*Woodsia andersonii*（Bedd.）Christ	草本	■					
耳羽岩蕨	*Woodsia polystichoides* Eaton	草本	■					
神龙岩蕨	*Woodsia shennongensis* D.S.Jiang	草本	■					
陕西岩蕨	*Woodsia shensiensis* Ching	草本	■					
29 乌毛蕨科 Blechnaceae								
荚囊蕨	*Struthiopteris eburnea*（Christ）Ching	草本	▼	+				
狗脊	*Woodwardia japonica*（L. f.）Sm.	草本	■					
顶芽狗脊	*Woodwardia unigemmata*（Makino）Nakai	草本	■	+				

续表

物种	学名	生活型	数据来源	药用	观赏	食用	蜜源	工业原料
30 球盖蕨科 Peranema								
柄盖蕨	*Peranema cyatheoides* Don	草本	■					
31 鳞毛蕨科 Peranemaceae								
镰羽复叶耳蕨	*Arachniodes estina*（Hance）Ching	草本	■					
美丽复叶耳蕨	*Arachniodes speciosa*（D. Don）Ching	草本	■					
南方复叶耳蕨	*Arachniodes australis* Y. T. Hsieh	草本	■	+				
斜方复叶耳蕨	*Arachniodes rhomboidea*（Wall. ex C. Presl）Ching	草本	■	+				
异羽复叶耳蕨（长尾复叶耳蕨）	*Arachniodes simplicior*（Makino）Ohwi	草本	■			+		
镰羽贯众	*Cyrtomium balansae*（Christ）C. Chr.	草本	■	+				
刺齿贯众	*Cyrtomium caryotideum*（Wall. ex Hook. et Grev.）Presl	草本	●					
粗齿贯众	*Cyrtomium coryotideum* f. *grossedentetum* Ching ex Shing	草本	●					
全缘贯众	*Cyrtomium falcatum*（L. f.）Presl	草本	■	+				
贯众	*Cyrtomium fortunei* J. Sm.	草本	▼	+				
全缘贯众	*Cyrtomium fortunei* J. Sm. f. *polypterum*（Diels）Ching	草本	■	+				
大叶贯众	*Cyrtomium macrophyllum*（Makino）Tagawa	草本	▼	+				
峨眉贯众	*Cyrtomium omeiense* Ching et Shing	草本	■					
齿盖贯众	*Cyrtomium tukusicola* Tagawa	草本	■					
单行贯众	*Cyrtomium uniseriale* Ching ex Shing	草本	■					
阔羽贯众	*Cyrtomium yamamotoi* Tagawa	草本	■	+				
尖齿鳞毛蕨	*Dryopteris acutodentata* Ching	草本	■					
暗鳞鳞毛蕨	*Dryopteris atrata*（Kunze）Ching	草本	■	+				
阔鳞鳞毛蕨	*Dryopteris championii*（Benth.）C. Chr.	草本	■	+				
粗茎鳞毛蕨	*Dryopteris crassirhizoma* Nakai	草本	■	+				
红盖鳞毛蕨	*Dryopteris erythrosora*（Eaton）O. Ktze.	草本	▼		+			
黑足鳞毛蕨	*Dryopteris fuscipes* C. Chr.	草本	■					
假异鳞毛蕨	*Dryopteris immixta* Ching	草本	■					
齿头鳞毛蕨	*Dryopteris labordei*（Christ）C. Chr.	草本	■	+				
狭顶鳞毛蕨	*Dryopteris lacera*（Thunb.）Kurata	草本	■	+				
黑鳞远轴鳞毛蕨	*Dryopteris namegatae*（Kurata）Kurata	草本	■	+				
微孔鳞毛蕨	*Dryopteris porosa* Ching	草本	■					
川西鳞毛蕨	*Dryopteris rosthornii*（Diels）C. Chr.	草本	■					
两色鳞毛蕨	*Dryopteris setosa*（Thunb.）Akasawa	草本	■	+				
稀羽鳞毛蕨	*Dryopteris sparsa*（Buch.-Ham. ex D. Don）O. Ktze.	草本	■	+				
半育鳞毛蕨	*Dryopteris sublacera* Christ	草本	■					
变异鳞毛蕨	*Dryopteris varia*（L.）O. Ktze.	草本	■	+				
尖齿耳蕨	*Polystichum acutidens* Christ	草本	▼	+				
小狭叶芽胞耳蕨	*Polystichum atkinsonii* Bedd.	草本	■					
城口耳蕨	*Polystichum chenkouense* Ching	草本	■					
鞭叶耳蕨	*Polystichum craspedosorum*（Maxim.）Diels	草本	■	+				
圆片耳蕨	*Polystichum cyclolobum* C. Chr.	草本	■					
对生耳蕨	*Polystichum deltodon*（Bak.）Diels	草本	■	+				
蚀盖耳蕨	*Polystichum erosum* Ching et Shing	草本	■					

物种	学名	生活型	数据来源	药用	观赏	食用	蜜源	工业原料
31 鳞毛蕨科 Peranemaceae								
草叶耳蕨	*Polystichum herbaceum* Ching et Z. Y. Liu	草本	■					
黑鳞耳蕨	*Polystichum makinoi*（Tagawa）Tagawa	草本	■	+				
穆坪耳蕨	*Polystichum moupinense*（Franch.）Bedd.	草本	■					
革叶耳蕨	*Polystichum neolobatum* Nakai	草本	▼	+				
南湖耳蕨（芒刺耳蕨）	*Polystichum prescottianum*（Wall. ex Mett.）Moore	草本	■		+			
倒鳞耳蕨	*Polystichum retroso-paleaceum*（Kodama）Tagawa	草本	■		+			
陕西耳蕨	*Polystichum shenslense* Christ.	草本	■					
中华耳蕨	*Polystichum sinense* Christ	草本	■					
中华对马耳蕨	*Polystichum sino-tsus-simense* Ching et Z. Y. Liu ex Z. Y. Liu	草本	■	+				
狭叶芽胞耳蕨	*Polystichum stenophyllum* Christ	草本	■					
猫儿刺耳蕨	*Polystichum stimulans*（Kunze ex Mett.）Bedd.	草本	■					
戟叶耳蕨	*Polystichum tripteron*（Kunze）Presl	草本	■					
对马耳蕨	*Polystichum tsus-simense*（Hook.）J. Sm.	草本	■	+				
剑叶耳蕨	*Polystichum xiphophyllum*（Bak.）Diels	草本	■					
32 叉蕨科 Aspidiaceae								
阔鳞肋毛蕨	*Ctenitis maximowicziana*（Miq.）Ching	草本	■					
虹鳞肋毛蕨	*Ctenitis rhodolepis*（Clarke）Ching	草本	■	+				
长叶实蕨	*Bolbitis heteroclita*（Presl）Ching	草本	■	+				
33 肾蕨科 Nephrolepidaceae								
肾蕨	*Nephrolepis cordifolia*（L.）C. Presl	草本	■	+	+			
34 水龙骨科 Nephrolepidaceae								
节肢蕨	*Arthromeris lehmanni*（Mett.）Ching	草本	■	+				
披针骨牌蕨	*Lepidogrammitis diversa*（Rosenst.）Ching	草本	■	+				
抱石莲	*Lepidogrammitis drymoglossoides*（Bak.）Ching	草本	■	+				
中间骨牌蕨	*Lepidogrammitis intermidia* Ching	草本	■	+				
鳞果星蕨	*Lepidomicrosorum buergerianum*（Miq.）Ching et Shing	草本	■					
黄瓦韦	*Lepisorus asterolepis*（Bak.）Ching	草本	■	+				
二色瓦韦	*Lepisorus bicolor* Ching	草本	■	+				
扭瓦韦	*Lepisorus contortus*（Christ）Ching	草本	■	+				
高山瓦韦	*Lepisorus eilophyllus*（Diels）Ching	草本	■	+				
大瓦韦	*Lepisorus macrosphaerus*（Bak.）Ching	草本	■	+				
有边瓦韦	*Lepisorus marginatus* Ching	草本	■	+				
丝带蕨	*Lepisorus miyoshianus*（Makino）Fraser-Jenkins & Subh.	草本	■	+				
鳞瓦韦	*Lepisorus oligolepidus*（Bak.）Ching	草本	■					
百华山瓦韦	*Lepisorus paohuashanensis* Ching	草本	■					
神龙架瓦韦	*Lepisorus patungensis*（Regel）Ching	草本	■					
瓦韦	*Lepisorus thunbergianus*（Kaulf.）Ching	草本	■	+				
乌苏里瓦韦	*Lepisorus ussuriensis*（Regel）Ching	草本	■	+				
多变瓦韦	*Lepisorus variabilis* Ching et S. K. Wu	草本	■					
青叶线蕨	*Leptochilus ×hemitomus*（Hance）Nooteboom	草本	■					
曲边线蕨	*Colysis hemitoma*（Hance）Ching	草本	■					

续表

物种	学名	生活型	数据来源	药用	观赏	食用	蜜源	工业原料
34 水龙骨科 Nephrolepidaceae								
矩圆线蕨	*Leptochilus henryi*（Baker）X. C. Zhang	草本	■					
江南星蕨	*Microsorum fortunei*（T. Moore）Ching	草本	■	+				
世纬盾蕨	*Neolepisorus dengii* Ching et P. S. Wang	草本	■					
盾蕨	*Neolepisorus ovatus*（Bedd.）Ching	草本	■					
三角叶盾蕨	*Neolepisorus ovatus*（Bedd.）Ching f. *deltoideus*（Baker）Ching	草本	▼					
金鸡脚假瘤蕨	*Phymatopteris hastata*（Thunb.）Pic. Serm.	草本	■					
宽底假瘤蕨	*Phymatopteris majoensis*（C. Chr.）Pic. Serm.	草本	■					
陕西假瘤蕨	*Phymatopteris shensiensis*（Christ）Pic.	草本	■					
中华水龙骨	*Polypodiodes chinensis*（Christ）S. G. Lu	草本	■	+				
日本水龙骨	*Polypodiodes niponica*（Mett.）Ching	草本	▼	+				
相近石韦	*Pyrrosia assimilis*（Bak.）Ching	草本	■					
光石韦	*Pyrrosia calvata*（Bak.）Ching	草本	■	+				
华北石韦	*Pyrrosia davidii*（Bak.）Ching	草本	▼					
毡毛石韦	*Pyrrosia drakenana*（Franch.）Ching	草本	■	+				
西南石韦	*Pyrrosia gralla*（Gies.）Ching	草本	■	+				
石韦	*Pyrrosia lingua*（Thunb.）Farwell	草本	■	+				
有柄石韦	*Pyrrosia petiolosa*（Christ）Ching	草本	■	+				
柔软石韦	*Pyrrosia porosa*（C. Presl）Hovenk.	草本	■					
拟毡毛石韦	*Pyrrosia pseudodrakeana* Shing	草本	■					
庐山石韦	*Pyrrosia sheareri*（Bak.）Ching	草本	■	+				
石蕨	*Saxiglossum angustissimum*（Gies.）Ching	草本	■	+				
35 槲蕨科 Drynariaceae								
团叶槲蕨	*Drynaria bonii* Christ	草本	▼					
槲蕨	*Drynaria roosii* Nakaike	草本	■	+				
秦岭槲蕨	*Drynaria sinica* Diels	草本	■					
36 剑蕨科 Loxogrammaceae								
褐柄剑蕨	*Loxogramme duclouxii* Christ	草本	■					
柳叶剑蕨	*Loxogramme salicifolia*（Makino）Makino	草本	■	+				
37 苹科 Marsileaceae								
苹	*Marsilea quadrifolia* L.	草本	■	+				
38 槐叶苹科 Salviniaceae								
槐叶苹	*Salvinia natans*（L.）All.	草本	■	+				
40 满江红科 Azollaceae								
细叶满江红	*Azolla filiculoides* Lam.	草本	■					
满江红	*Azolla imbricata*（Roxb.）Nakai	草本	■					
41 银杏科 Ginkgoaceae								
银杏&	*Ginkgo biloba* L.	乔木	■	+	+	+		
42 松科 Pinaceae								
巴山冷杉	*Abies fargesii* Franch.	乔木	■		+			
秦岭冷杉	*Abies chensiensis* Van Tiegh.	乔木	▼	+	+			
雪松&	*Cedrus deodara*（Roxb.）G. Don	乔木	▼	+	+			

物种	学名	生活型	数据来源	药用	观赏	食用	蜜源	工业原料
42 松科 Pinaceae								
铁坚油杉	*Keteleeria davidiana*（Bertr.）Beissn.	乔木	▼		+			
日本落叶松&	*Larix kaempferi*（Lamb.）Carr.	乔木	▼		+			
麦吊云杉	*Picea brachytyla*（Franch.）Pritz.	乔木	■		+			
大果青杆	*Picea neoveitchii* Mast.	乔木	■		+			
青杆	*Picea wilsonii* Mast.	乔木	■		+			
华山松	*Pinus armandi* Franch.	乔木	■	+	+			
巴山松	*Pinus henryi* Mast.	乔木	■		+			
马尾松	*Pinus massoniana* Lamb.	乔木	▼	+	+			
油松	*Pinus tabulaeformis* Carr.	乔木	●	+	+			
黄杉	*Pseudotsuga sinensis* Dode	乔木	■	+				+
铁杉	*Tsuga chinensis*（Franch.）Pritz.	乔木	■		+			
43 杉科 Taxodiaceae								
日本柳杉&	*Cryptomeria japonica*（Thunb. ex L. f.）D. Don	乔木	▼		+			+
柳杉&	*Cryptomeria fortunei* Hooibrenk ex Otto et Dietr.	乔木	■		+			
杉木	*Cunninghamia lanceolata*（Lamb.）Hook.	乔木	▼	+	+			
水杉	*Metasequoia glyptostroboides* Hu et Cheng	乔木	●		+			+
44 柏科 Cupressaceae								
柏木	*Cupressus funebris* Endl.	乔木	▼	+				
圆柏	*Juniperus chinensis* Linnaeus	乔木	▼		+			
刺柏	*Juniperus formosana* Hayata	乔木	▼	+	+			
香柏	*Juniperus pingii* var. *wilsonii*（Rehder）Silba	乔木	▼		+			
高山柏	*Juniperus squamata* Buchanan-Hamilton ex D. Don	乔木	■		+			
长叶高山柏	*Juniperus squamata* Buchanan-Hamilton ex D. Don var. *fargesii* Rehder & E. H. Wilson	乔木	■	+	+			
侧柏	*Platycladus orientalis*（L.）Franco	乔木	■	+	+			+
45 三尖杉科 Cephalotaxaceae								
三尖杉	*Cephalotaxus fortunei* Hook.f.	乔木	▼		+			
绿背三尖杉	*Cephalotaxus fortunei* Hook.f. var. *concolor* Franch.	乔木	▼		+			
篦子三尖杉	*Cephalotaxus oliveri* Mast.	灌木	▼	+	+			+
粗榧	*Cephalotaxus sinensis*（Rehd.et WilS.）Li	乔木	■	+	+			
宽叶粗榧	*Cephalotaxus sinensis*（Rehd.et WilS.）Li var. *latifolia* Cheng et L.K.Fu	乔木	▼					
46 红豆杉科 Taxaceae								
穗花杉	*Amentotaxus argotaenia*（Hance）Pilger	乔木	■	+	+			+
红豆杉	*Taxus chinensis*（Pilger.）Rehd	乔木	▼	+	+			
南方红豆杉	*Taxus chinensis*（Pilger.）Rehd. var. *mairei*（Lemée et Lévl.）Cheng et L.K.Fu.	乔木	▼	+				
巴山榧	*Torreya fargesii* Franch.	乔木	■	+				
47 杨梅科 Myricaceae								
杨梅	*Myrica rubra*（Lour.）Sieb.et Zucc.	乔木	■	+	+	+		
48 胡桃科 Juglandaceae								
青钱柳	*Cyclocarya paliurus*（Batal.）Iljinsk.	乔木	■		+	+		
黄杞	*Engelhardia roxburghiana* Wall.	乔木	■					

物种	学名	生活型	数据来源	药用	观赏	食用	蜜源	工业原料
48 胡桃科 Juglandaceae								
野核桃	*Juglans cathayensis* Dode	乔木	■		+	+		
胡桃	*Juglans regia* L.	乔木	▼		+	+		
圆果化香树	*Platycarya longipes* Wu	乔木	■	+				
化香树	*Platycarya strobilacea* Sieb.et Zucc.	乔木	■	+	+			+
湖北枫杨	*Pterocarya hupehensis* Skan	乔木	▼		+			
华西枫杨	*Pterocarya insignis* Rehd.et Wils.	乔木	■	+				
枫杨	*Pterocarya stenoptera* C. DC.	乔木	●	+				
49 杨柳科 Salicaceae								
响叶杨	*Populus adenopoda* Maxim.	乔木	▼	+	+			
山杨	*Populus davidiana* Dode	乔木	■		+			
茸毛山杨	*Populus davidiana* Dode var. *tomentella*（Schneid.）Nakai	乔木	■					
大叶杨	*Populus Iasiocarpa* Oliv.	乔木	■		+			
钻天杨	*Populus nigra* L. var. *italica*（Moench）Koehne	乔木	■	+	+			+
冬瓜杨	*Populus purdomii* Rehd.	乔木	■					+
毛白杨	*Populus tomentosa* Carr.	乔木	■		+			`
椅杨	*Populus wilsonii* Schneid.	乔木	■		+			
垂柳	*Salix babylonica* L.	乔木	■	+	+			
中华柳（长花柳）	*Salix cathayana* Diels	灌木	■	+				
腺柳（河柳）	*Salix chaenomeloides* Kimura（*S. glandulosa* Seem.）	乔木	■		+			
杯腺柳	*Salix cupularis* Rehd.	灌木	■					
绵毛柳	*Salix erioclada* Levl.	乔木	■					
巴山柳	*Salix etosia* Schneid.	乔木	▼					
川鄂柳	*Salix fargesii* Burk.	灌木	■		+			
甘肃柳	*Salix fargesii* Burk.var. *kansuensis*（Hao）N. Chao	乔木	▼					
川红柳（黑苞柳）	*Salix haoana* Fang	灌木	■					
紫枝柳	*Salix heterochroma* Seem.	乔木	■		+			
小叶柳	*Salix hypoleuca* Seem.	乔木	■		+			
宽叶翻白柳	*Salix hypoleuca* Seemen var. *platyphylla* Schneid.	乔木	■					
丝毛柳	*Salix luctuosa* Lévl.	乔木	■		+			
旱柳	*Salix matsudana* Koidz.	乔木	▼		+			
龙爪柳	*Salix matsudana* Koidz. f. *tortuosa*（Vilm.）Rehd.	乔木	■		+			
兴山柳	*Salix mictotricha* Schneid.	灌木	■					
华西柳	*Salix occidentalisinensis* N. Chao	灌木	■					
多枝柳	*Salix polyclona* Schneid.	灌木	■					
草地柳	*Salix praticoloa* Hand.-Mazz.ex Enand.	灌木	■					
房县柳	*Salix rhoophila* Schneid.	灌木	■					
南川柳	*Salix rosthornii* Franch.	灌木	■					
秋华柳	*Salix variegata* Franch.	乔木	▼		+			
皂柳	*Salix wallichiana* Anderss	乔木	■		+			
紫柳	*Salix wilsonii* Seem.	乔木	■		+			

物种	学名	生活型	数据来源	药用	观赏	食用	蜜源	工业原料
50 桦木科 Betulaceae								
桤木	*Alnus cremastogyne* Burk.	乔木	■	+	+			
红桦	*Betula albo-sinensis* Burk.	乔木	■					
狭翅桦（巴山桦）	*Betula chinensis* Maxim.var. *fargesii*（Franch.）P. C. Li	乔木	■					
香桦	*Betula insignis* Franch.	乔木	■					
亮叶桦（光皮桦）	*Betula luminifera* H. Winkler	乔木	■	+				
白桦	*Betula platyphylla* Suk.	乔木	▼	+	+			+
糙皮桦	*Betula utilis* D. Don	乔木	■	+				+
千金榆	*Carpinus cordata* Bl.	乔木	■		+			+
华千金榆	*Carpinus cordata* Bl.var. *chinensis* Franch.（*C. chinensis*（Franch.）Cheng）	乔木	▼					
毛叶千金榆	*Carpinus cordata* Bl.var. *mollis*（Rehd.）Cheng ex Chen	乔木	■					
川黔千金榆（长穗鹅耳枥）	*Carpinus fangiana* Hu.	乔木	■					
川陕鹅耳枥	*Carpinus fargesiana* H. Winkle	乔木	■					
湖北鹅耳枥	*Carpinus hupeana* Hu	乔木	▼					
川鄂鹅耳枥	*Carpinus hupeana* Hu var. *henryana*（H. Winkl.）P. C. Li	乔木	■					
单齿鹅耳枥	*Carpinus hupeana* Hu var. *simplicidentata*（Hu）P. C. Li（*C. simplicidentata* Hu）	乔木	▼					
多脉鹅耳枥	*Carpinus polyneura* Franch.	乔木	■					
云贵鹅耳枥	*Carpinus pubescens* Burk.（*C. pubescens* Bunk.var. *seemeniana*（Diels）Hu）	乔木	▼					
陕西鹅耳枥	*Carpinus shensiensis* Hu.	乔木	■					
昌化鹅耳枥	*Carpinus tschonoskii* Maxim	乔木	■					
雷公鹅耳枥	*Carpinus viminea* Wall.	乔木	■					
华榛	*Corylus chinensis* Franch.	乔木	■		+	+		
披针叶榛	*Corylus fargesii*（Franch.）Schneid.	乔木	▼					
刺榛	*Corylus ferox* Wall.	乔木	■					
川榛	*Corylus heterophylla* Fisch.ex Trautv. var.*sutchuenensis* Franch.	乔木	●					
毛榛	*Corylus mandshurica* Maxim.	灌木	▼	+		+	+	+
藏刺榛	*Corylus thibetics* Bata.	乔木	■			+		+
滇榛	*Corylus yunnanensis*（Franch.）A. Camus	灌木	●					
铁木	*Ostrya japonica* Sarg.	乔木	■					+
多脉铁木	*Ostrya multinervis* Rehd.	乔木	■					
51 壳斗科 Fagaceae								
锥栗	*Castanea henryi*（Skan）Rehd. et Wils.	乔木	■	+		+		
板栗	*Castanea mollissima* Bl.	乔木	▼	+		+		+
茅栗	*Castanea seguinii* Dode	乔木	▼	+		+		
栲（丝栗栲）	*Castanopsis fargesii* Franch.	乔木	■					
短刺米槠	*Castanopsis carlesii*（Hemsl.）Hayata var. *spinulosa* Cheng et C. S. Chao	乔木	■					
米槠（小红栲）	*Castanopsis carlesii*（Hemsl.）Hayata.	乔木	■	+				
湖北栲	*Castanopsis hupehensis* C.S.Caho	乔木	▼					
扁刺栲	*Castanopsis platyacantha* Rehd.et Wils.	乔木	■					

物种	学名	生活型	数据来源	药用	观赏	食用	蜜源	工业原料
51 壳斗科 Fagaceae								
苦槠	*Castanopsis sclerophylla*（Lindl.）Schott.	乔木	■	+	+			+
钩锥	*Castanopsis tibetana* Hance	乔木	■					+
鳞苞栲	*Castanopsis uraiana* Kanehira et Hatusima	乔木	■		+			
短星毛青冈	*Cyclobalanopsis breviradiata* Cheng	乔木	■					
青冈	*Cyclobalanopsis glauca*（Thunb.）Oerst.	乔木	■					
细叶青冈	*Cyclobalanopsis gracilis*（Rekd.et Wils.）Cheng et T. Hong	乔木	■					+
多脉青冈	*Cyclobalanopsis multinervis* Cheng et T. Hong	乔木	■					
小叶青冈	*Cyclobalanopsis myrsinaefolia*（Bl.）Oerst.	乔木	■					+
宁冈青冈	*Cyclobalanopsis ningangensis* Cheng et Y. C. Hsu	乔木	▼					
曼青冈	*Cyclobalanopsis oxyodon*（Miq.）Oerst.	乔木	■					
褐叶青冈	*Cyclobalanopsis stewardiana*（A. Camus）Hsu et Jen	乔木	▼					
米心水青冈	*Fagus engleriana* Seem.	乔木	■					+
水青冈	*Fagus longipetiolata* Seem.	乔木	▼					+
亮叶水青冈	*Fagus lucida* Rehd.et Wils.	乔木	▼					+
短尾柯（岭南石栎）	*Lithocarpus brevicaudatus*（Skan）Hayata	乔木	▼				+	+
包果柯	*Lithocarpus cleistocarpus*（Seem.）Rehd.et Wils.	乔木	■					
川柯	*Lithocarpus fangii*（Hu et Cheng）H. Chang	乔木	▼					
石栎（柯）	*Lithocarpus glaber*（Thunb.）Nakai	乔木	■					+
硬壳柯	*Lithocarpus hancei*（Benth.）Rehd.	乔木	▼					
灰柯	*Lithocarpus henryi*（Seem .）Rehd. et Wils.	乔木	■	+				
木姜叶柯	*Lithocarpus litseifolius*（Hance）Chun	乔木	■		+			
圆锥柯	*Lithocarpus paniculatus* Hand.-Mazz.	乔木	■					
岩栎	*Quercus acrodonta* Seem.	乔木	■					
麻栎	*Quercus acutissima* Carr.	乔木	■					+
槲栎	*Quercus aliena* Bl.	乔木	■		+			
锐齿槲栎	*Quercus aliena* Bl. var. *acuteserrata* Maxim .ex Wenz.	乔木	●	+				
枹子栎	*Quercus baronii* Skan	乔木	■					
槲树（波罗栎）	*Quercus dentata* Thunb.	乔木	■	+	+			+
云南波罗栎	*Quercus dentate* Thunb. var. *oxyloba* Franch.	乔木	■					
匙叶栎	*Quercus dolicholepis* A. Cam.	乔木	■					
巴东栎	*Quercus engleriana* Seem .	乔木	■	+				
白栎	*Quercus fabri* Hance	乔木	▼	+				
枹栎	*Quercus glandulifera* Bl.	乔木	■					+
短柄枹栎	*Quercus glandulifera* Bl.var. *brevipetiolata*（DC.）Nakai	乔木	▼					
大叶栎	*Quercus griffithii* Hook.f. et Thoms. ex Miq.	乔木	●					+
长叶枹栎	*Quercus monnula* Hsu. et Jen	乔木	●					
尖叶栎	*Quercus oxyphylla*（Wils.）Hand.-Mazz.	乔木	■					
乌冈栎	*Quercus phillyraeoides* A. Gray	乔木	▼					+
刺叶高山栎	*Quercus spinosa* David ex Franch.	乔木	▼			+		
栓皮栎	*Quercus variabilis* Bl.	乔木	●		+			+

物种	学名	生活型	数据来源	药用	观赏	食用	蜜源	工业原料
52 榆科 Ulmaceae								
糙叶树	*Aphananthe aspera*（Thunb.）Planch	乔木	■	+				+
紫弹树	*Celtis biondii* Pamp.	乔木	■	+				
黑弹朴	*Celtis bungeana* Bl.	乔木	▼		+			
小果朴（樱果朴）	*Celtis cerasifera* Schneid.	乔木	■					
珊瑚朴	*Celtis julianae* Schneid.	乔木	■					
朴树	*Celtis sinensis* Pers.（*C. labilis* Schneid.）	乔木	■		+			
四蕊朴	*Celtis tetrandra* Roxb.	乔木	▼		+			
西川朴	*Celtis vandervoetiana* Schneid.	乔木	■					
青檀	*Pteroceltis tatarinowii* Maxim.	乔木	■					
山油麻	*Trema cannabina* Lour.var. *dielsiana*（Hand.-Mazz.）C. J. Chen	灌木	■	+				+
羽脉山黄麻	*Trema laevigata* Hand.-Mazz.	乔木	■					+
银毛叶山黄麻	*Trema nitida* C. J. Chen	乔木	■					
兴山榆	*Ulmus bergmanniana* Schneid.	乔木	■					
蜀榆	*Ulmus bergmanniana* Schneid.var. *lasiophylla* Schneid.	乔木	■					
昆明榆	*Ulmus changii* Cheng var. *kunmingensis*（Cheng）Cheng et L. K. Fu	乔木	■					
黑榆（春榆）	*Ulmus davidiana* Planch.	乔木	■			+		
大果榆	*Ulmus macrocarpa* Hance	乔木	■	+	+			+
榔榆	*Ulmus parvifolia* Jacq.	乔木	■	+	+			+
李叶榆	*Ulmus prunifolia* Cheng et L. K. Fu	乔木	■					
大叶榉树（榉树）	*Zelkova schneideriana* Hand.-Mazz.	乔木	■					
光叶榉树	*Zelkova serrata*（Thunb.）Makino	乔木	■	+	+			
大果榉	*Zelkova sinica* Schneid.	乔木	■	+				
53 杜仲科 Eucommiaceae								
杜仲	*Eucommia ulmoides* Oliv.	乔木	■	+				
54 桑科 Moraceae								
藤构（变种）	*Broussonetia kaempferi* Sieb.var. *australis* Suzuki	灌木	■	+				
小构树	*Broussonetia kazinoki* Sieb.	灌木	■	+	+	+		
构树	*Broussonetia papyrifera*（L.）L'Her.ex Vent.	乔木	●	+	+			
大麻	*Cannabis sativa* L.	草本	▼	+				
构棘	*Cudrania cochinchinensis*（Lour.）Kudo et Masam.（*C. integra* Wang et Tang）	灌木	●	+				
柘树	*Cudrania tricuspidata*（Carr.）Bur.ex Lavall.	灌木	■	+	+			
无花果	*Ficus carica* L.	灌木	■	+				
天仙果	*Ficus erecta* Thunb. var. *beecheyana*（Hook. et Arn.）King	灌木	■	+				
台湾榕	*Ficus fomosana* Msxim.	灌木	■	+				
菱叶冠毛榕	*Ficus gasparriniana* Miq.var. *laceratifolia*（Lévl.et Vant.）Corner（*F. laceratifolia* Lévl.et Vant.）	灌木	■		+			
尖叶榕	*Ficus henryi* Warb.ex Diels	乔木	■	+				
异叶榕	*Ficus heteromorpha* Hemsl.	灌木	■	+				
掌叶榕（粗叶榕）	*Ficus hirta* Vahl	灌木	▼	+				
榕树（小叶榕）	*Ficus microcarpa* L. f.	乔木	■	+	+			
琴叶榕	*Ficus pandurata* Hance	灌木	■	+	+			

物种	学名	生活型	数据来源	药用	观赏	食用	蜜源	工业原料
54 桑科 Moraceae								
薜荔	*Ficus pumila* L.	灌木	■	+				
珍珠莲	*Ficus sarmentosa* Buch-Ham.ex J. E. Smith.var. *henryi*（King ex D. Oliv.）Corner	灌木	▼	+				
爬藤榕	*Ficus sarmentosa* Buch-Ham.ex J. E. Smith.var. *impressa*（Champ.）Corner	灌木	●	+				
竹叶榕	*Ficus stenophylla* Hemsl.	灌木	■	+				
地果	*Ficus tikoua* Bur.	藤本	■	+				
黄葛树	*Ficus virens* Ait.var. *sublanceolata*（Miq.）Corner	乔木	■	+	+			
葎草	*Humulus scandens*（Lour.）Merr.	草本	■	+				
桑	*Morus alba* L.	乔木	■	+	+			+
鸡桑	*Morus australis* Poir	灌木	■	+				
华桑	*Morus cathayana* Hemsl.	乔木	▼	+	+			
蒙桑（崖桑）	*Morus mongolia*（Bur.）Schneid.	灌木	■	+				
55 荨麻科 Urticaceae								
序叶苎麻	*Boehmeria clidemioides* Miq.var. *diffusa*（Wedd.）Hand.-Mazz.（*Boehmeria diffusa* Wedd.）	草本	■					
细穗苎麻	*Boehmeria gracilis* C. H. Wright	草本	▼					+
大叶苎麻	*Boehmeria longispica* Steud.（*B. grandifolia* Wedd.）	草本	■	+				+
苎麻	*Boehmeria nivea*（L.）Gaud.	灌木	▼	+				+
赤麻	*Boehmeria silvestrii*（Pamp.）W.T.Wang	草本	●	+				
小赤麻	*Boehmeria spicata*（Thunb.）Thunb	草本	■	+				
悬铃木叶苎麻	*Boehmeria tricuspis*（Hance）Makino	草本	■	+				
微柱麻	*Chamabainia cuspidata* Wight.	草本	■	+				
长叶水麻	*Debregeasia longifolia*（Burm.f.）Wedd.	灌木	■	+				
水麻	*Debregeasia orientalis* C. J. Chen	灌木	●	+				
狭叶楼梯草	*Elatostema aumbellatum*（S.et z.）Bl.	草本	■					
短齿楼梯草	*Elatostema brachyodontum*（Hand.-Mazz.）W. T. Wang	草本	■					
骤尖楼梯草	*Elatostema cuspidatum* Wight.（*E. sessile* var. *cuspidatum*（Wight）Wedd.）	草本	■					
梨序楼梯草	*Elatostema ficoides*（Wall.）Wedd.	草本	■					
宜昌楼梯草	*Elatostema ichangense* H.Schroter	草本	■	+				
楼梯草	*Elatostema involucratum* Franch.et Sav.（*E. umbellatum*（Sieb.et Zucc.）Bl.var. *majus* Maxim.）	草本	▼	+				
瘤茎楼梯草	*Elatostema myrtillus*（Lévl.）Hand.-Mazz.	草本	▼					
长圆楼梯草	*Elatostema oblongifolium* Fu ex W. T. Wang	草本	■					
钝叶楼梯草	*Elatostema obtusum* Wedd.	草本	■					
小叶楼梯草	*Elatostema parvum*（Bl.）Miq.	草本	▼	+				
石生楼梯草	*Elatostema rupestre*（Ham.）Wedd.	草本	■					
庐山楼梯草	*Elatostema stewardii* Merr.	草本	■	+	+			
大蝎子草	*Girardinia diversifolia*（Link）Fiis	草本	■	+				
蝎子草	*Girardinia suborbiculata* C. J. Chen（*G. cuspidata* Wedd.）	草本	■	+	+			
红火麻	*Girardinia suborbiculata* C. J. Chen ssp. *triloba* C. J. Chen	草本	■	+				
糯米团	*Gonostegia hirta*（Bl.）Miq.	草本	■	+				

物种	学名	生活型	数据来源	药用	观赏	食用	蜜源	工业原料
55 荨麻科 Urticaceae								
珠芽艾麻	*Laportea bulbifera*（Sieb.et Zucc.）Wedd	草本	▼					
螫麻	*Laportea bulbifera*（Sieb.et Zucc.）Wedd.ssp. *dielsii* C. J. Chen（*L. dielsii* Pamp.）	草本	■					
艾麻	*Laportea elevata* C.J.Chen	草本	■					
假楼梯草	*Lecanthus peduncularis*（Royle）Wedd.	草本	▼					
花点草	*Nanocnide japonica* Bl.	草本	■	+				
毛花点草	*Nanocnide lobata* Wedd.	草本	■	+				
紫麻	*Oreocnide frutescens*（Thunb.）Miq.	灌木	▼	+				+
墙草	*Parietaria micrantha* Ledeb.	草本	■	+				
赤车	*Pellionia radicans*（Sieb.et Zucc.）Wedd.	草本	■	+				
山冷水花	*Pilea japonica*（Maxim.）Hand.-Mazz.	草本	▼		+			
华中冷水花	*Pilea angulata*（Bl.）Bl.ssp. *latiuscula* C. J. Chen	草本	▼					
波缘冷水花	*Pilea cavaleriei* Lévl.	草本	■	+				
大叶冷水花	*Pilea martinii*（Lévl.）Hand.-Mazz.	草本	■		+			
念珠冷水花	*Pilea monilifera* Hand.-Mazz.	草本	■					
冷水花	*Pilea notata* C. H. Wright	草本	■		+			
矮冷水花	*Pilea peploides*（Gaudich.）Hook. et Arn.	草本	▼	+				
西南冷水花（石筋草）	*Pilea plataniflora* C. H. Wright	草本	■	+				
透茎冷水花	*Pilea pumila*（L.）A. Gray（*P. mongolica* Wedd.）	草本	■	+				
序托冷水花	*Pilea receptacularis* C.J.Chen	草本	▼					
粗齿冷水花	*Pilea sinofasciata* C. J.Wright（*P. fasciata* Franch.non Wedd.）	草本	■					
红雾水葛	*Pouzolzia sanguinea*（Bl.）Merr.（*Pouzolzia viminea*（Well.）Wedd.）	草本	▼					
雾水葛	*Pouzolzia zeylanica*（L.）Benn.	草本	■	+				
齿叶荨麻	*Urtica latevirens* Maxim.ssp. *dentata*（Hand.-Mazz.）C. J. Chen（*U. detata* Hand.-Mazz.）	草本	■	+				
荨麻	*Urtica thunbergiana* S.et Z.	草本	■	+		+		
56 铁青树科 Olacaceae								
青皮木	*Schoepfia jasminodora* Sieb. et Zucc.	乔木	■					
57 檀香科 Santalaceae								
线苞米面蓊	*Buckleya graebneriana* Diels	灌木	■					
米面蓊	*Buckleya lanceolate*（Sieb.et Zucc.）Miq.（*Buckleya henryi* Diels）	灌木	■	+				
檀梨	*Pyrularia edulis* A.DC.	乔木	■					
华檀梨	*Pyrularia sinensis* Wu	乔木	■			+		
百蕊草	*Thesium chinense* Turcz.	草本	■	+				
58 桑寄生科 Loranthaceae								
椆树桑寄生	*Loranthus delavayi* Van Tiegh.	灌木	■	+				
毛叶钝果寄生	*Taxillus nigrans*（Hance）Danser	灌木	■					
棱枝槲寄生	*Viscum diospyrosicolum* Hayata	灌木	■	+				
枫香槲寄生	*Viscum liquidambaricolum* Hayata	灌木	■	+				
59 蛇菰科 Balanophoraceae								
筒鞘蛇菰	*Balanophora involucrata* Hook.f.	草本	■					

续表

物种	学名	生活型	数据来源	药用	观赏	食用	蜜源	工业原料
59 蛇菰科 Balanophoraceae								
疏花蛇菰	*Balanophora laxiflora* Hemsl.	草本	■	+				
红烛蛇菰	*Balanophora multinoides* Hayata	草本	▼					
60 蓼科 Polygonaceae								
金线草	*Antenoron filiforme*（Thunb.）Rob.et Vaut.	草本	■	+				
短毛金线草	*Antenoron filiforme*（Thunb.）Rob.var. *neofiliforme*（Nakai）A. J. Li（*A. neofiliforme*（Nakai）Hara）	草本	▼	+				
金荞麦	*Fagopyrum dibotrys*（D. Don）Hara（*Fagopyrum cymosum*（Trev.）Meisn.）	草本	■	+				
荞麦&	*Fagopyrum esculentum* Moench	草本	■	+		+		
细梗野荞麦	*Fagopyrum gracilipes*（Hemsl.）Damm.ex Diels	草本	■					
苦荞麦	*Fagopyrum tataricum*（L.）Gaertn.	草本	■	+				
硬枝野荞麦	*Fagopyrum urophyllum*（Bur.et Franch.）H.Gross	灌木	■					
毛脉蓼	*Fallopia multiflora*（Thunb.）Harald.var. *ciliinerve*（Nakai）A. J. Li（*Polygonum ciliinerve*（Nakai）Ohwi）	草本	■	+				
何首乌	*Fallopia multiflora*（Thunb.）Harald.（*Polygonum multiflorum* Thunb.）	草本	■	+		+		
抱茎蓼	*Polygonum amplexicaule* D. Don	草本	▼	+				
中华抱茎蓼	*Polygonum amplexicaule* D. Don var. *sinense* Forb.et Hemsl.	草本	▼	+				
萹蓄	*Polygonum aviculare* L.（*P. aviculare* L. var. *vegetum* Ledeb.）	草本	■					
毛蓼	*Polygonum barbatum* L.	草本	●					
头花蓼	*Polygonum capitatum* Buch.-Ham.ex D. Don	草本	■	+				
火炭母	*Polygonum chinense* L.	草本	▼	+				
大箭叶蓼	*Polygonum darrisii* Levl.（*P. sagittifolium* Levl.et Vant.）	草本	■	+				
稀花蓼	*Polygonum dissitiflorum* Hemsl.	草本	■	+				
细茎蓼	*Polygonum filicaule* Wall. ex Meisn.	草本	■					
水蓼（辣蓼）	*Polygonum hydropiper* L.	草本	■	+				
蚕茧草	*Polygonum japonicum* Meisn.	草本	●	+				
愉悦蓼	*Polygonum jucundum* Meisn.	草本	■					
绵毛酸模叶蓼	*Polygonum lapathifolium* L. var. *salicifolium* Sibth.	草本	■	+				
酸模叶蓼	*Polygonum lapathifoliym* L.	草本	■	+				
长鬃蓼	*Polygonum longisetum* De Bruyn.	草本	▼	+				
圆基长鬃蓼	*Polygonum longistetum* De Bruyn.var. *rotundatum* A. J. Li	草本	■					
圆穗蓼	*Polygonum macrophyllum* D. Don（*P. sphaerostachyum* Meisn.）	草本	■	+				
小头蓼	*Polygonum microcephalum* D. Don	草本	■	+				
尼泊尔蓼	*Polygonum nepalense* Meisn.（*P. alatum* Buch.-Ham. ex D. Don）	草本	■					
红蓼	*Polygonum orientale* L.	草本	▼	+	+			
草血竭	*Polygonum paleaceum* Wall.	草本	●	+				
杠板归	*Polygonum perfoliatum* L.	草本	■					
桃叶蓼（春蓼）	*Polygonum persicaria* L.	草本	■	+				
松林蓼	*Polygonum pinetorum* Hemsl.	草本	■					
习见蓼（腋花蓼）	*Polygonum plebeium* R. Br.	草本	■	+				

物种	学名	生活型	数据来源	药用	观赏	食用	蜜源	工业原料
60 蓼科 Polygonaceae								
丛枝蓼	*Polygonum posumbu* Buch.-ham.ex D. Don（*P. caespitosum* Bl.）	草本	■	+				
伏毛蓼	*Polygonum pubescens* Bl.（*P. hydropiper* L. var. *flaccidum*（Meisn.）Steward）	草本	▼					
中华赤胫散	*Polygonum runcinatum* Buch.-Ham var. *sinense* Hemsl.	草本	■					
赤胫散（羽叶蓼）	*Polygonum runcinatum* Buch.-Ham.ex D. Don	草本	■	+				
刺蓼	*Polygonum senticosum*（Meisn.）Franch.et Sav.	草本	■	+				
箭叶蓼	*Polygonum sieboldii* Meisn.	草本	■	+				
支柱蓼	*Polygonum suffultum* Maxim.	草本	●	+				
细穗支柱蓼	*Polygonum suffultum* Maxin.var. *peryracile*（Hensl.）Sam.	草本	▼					
戟叶蓼	*Polygonum thunbergii* Sieb.et Zucc.	草本	■	+				
珠芽蓼	*Polygonum viviparum* L.	草本	■	+				
虎杖	*Reynoutria japonica* Houtt.（*P. cuspidatum* Sieb.et Zucc.）	草本	▼	+				
网果酸模	*Rheum chalepensis* Mill.	草本	▼					
尼泊尔酸模	*Rheum nepalensis* Spreng.	草本	■	+				
大黄	*Rheum officinale* Baill.	草本	■	+				
巴天酸模	*Rheum patientia* L.	草本	■					
长刺酸模	*Rheum trisetifer* Stokes	草本		+				
酸模	*Rumex acetosa* L. ex Regel	草本	■	+				
皱叶酸模	*Rumex crispus* L.	草本	■					
齿果酸模	*Rumex dentatus* L.	草本	■	+				
羊蹄	*Rumex japonicus* Houtt.	草本	▼	+				
61 商陆科 Phytolaccaceae								
商陆	*Phytolacca acinosa* Roxb.	草本	■	+				
垂序商陆	*Phytolacca americana* L.	草本	●	+				
多雄蕊商陆	*Phytolacca polyandra* Batalin	草本	▼					
62 紫茉莉科 *Nyctaginaceae*								
紫茉莉	*Mirabilis jalapa* L.	草本	■		+			
粟米草	*Mollugo pentaphylla* L.	草本	■	+				
63 马齿苋科 Portulacaceae								
马齿苋	*Portulaca oleracea* L.	草本	■	+				
土人参	*Talinum paniculatum*（Jacq.）Gaertn.	草本	■	+				
64 落葵科 Basellaceae								
落葵薯	*Anredera cordifolia*（Tenore）Steenis	藤木	▼					
65 石竹科 Caryophyllaceae								
蚤缀	*Arenaria serpyllifolia* L.	草本	▼	+				
簇生卷耳	*Cerastium caespitosum* Gilib.	草本	■	+				
缘毛卷耳	*Cerastium furcatum* Cham. et Schlecht.	草本	■	+		+		
球序卷耳	*Cerastium glomeratum* Thuill.	草本	■	+				
卵叶卷耳（鄂西卷耳）	*Cerastium wilsonii* Takeda	草本	■					
狗筋蔓	*Cucubalus baccifer* L.	草本	■	+				
石竹	*Dianthus chinensis* L.	草本	■	+	+			

物种	学名	生活型	数据来源	药用	观赏	食用	蜜源	工业原料
65 石竹科 Caryophyllaceae								
长萼石竹	*Dianthus longicalyx* Miq	草本	▼					
瞿麦	*Dianthus superbus* L.	草本	■	+				
鹅肠菜	*Myosoton aquaticum*（L.）Fries	草本	■	+				
漆姑草	*Sagina japonica*（Sw.）Ohwi	草本	▼	+				
女娄菜	*Silene apricum*（Turcz. ex Fisch. et Mey.）Rohrb.	草本	▼	+				
麦瓶草	*Silene conoidea* L.	草本	■	+				
鹤草	*Silene fortunei* Vis.	草本	■	+				
蝇子草	*Silene gallica* L.	草本	■	+				
湖北蝇子草	*Silene hupehensis* C. L. Tang	草本	●					
红齿蝇子草	*Silene phoenicodonta* Fr.	草本	■					
蔓茎蝇子草	*Silene repens* Patr.	草本	■	+				
石生蝇子草	*Silene tatarinowii*（Regel）Y. M.	草本	▼	+				
雀舌草	*Stellaria alsine* Grimm.ex Grande	草本	■	+				
中国繁缕	*Stellaria chinensis* Regel	草本	▼	+				
内弯繁缕	*Stellaria infracta* Maxim.	草本	■					
繁缕	*Stellaria media*（L.）Cyr.	草本	■	+				
多花繁缕	*Stellaria nipponica* Ohwi	草本	■					
柳叶繁缕	*Stellaria salicifolia* Y. W. Tsui ex P. Ke	草本	▼					
箐姑草	*Stellaria vestita* Kurz	草本	■	+				
巫山繁缕	*Stellaria wushanensis* Williams	草本	■					
66 藜科 Chenopodiaceae								
千针苋	*Acroglochin Persicarioides*（Poir.）Moq.	草本	▼	+				
藜	*Chenopodium album* L.	草本	▼			+		
土荆芥	*Chenopodium ambrosioides* L.	草本	■	+				
小藜	*Chenopodium serotinum* L.	草本	■	+				
地肤	*Kochia scoparia*（L.）Schrad.	草本	■	+		+		
67 苋科 Amaranthaceae								
土牛膝	*Achyranthes aspera* L.	草本	■	+				
牛膝	*Achyranthes bidentata* Bl.	草本	■	+				
红叶牛膝（变种）	*Achyranthes bidentata* Bl.f.rubra Ho ex Kuan	草本	■					
柳叶牛膝	*Achyranthes longifolia*（Makino）Makino	草本	▼	+				
红柳叶牛膝	*Achyranthes longifolia*（Makino）Makino formo *rubra* Ho	草本	■	+				
喜旱莲子草	*Alternanthera philoxeroides*（Mart.）Griseb.	草本	■	+				
莲子草	*Alternanthera sessilis*（L.）DC.	草本	■	+		+		
尾穗苋	*Amaranthus caudatus* L.（*Amaranthus paniculatus* L.）	草本	■	+	+			
绿穗苋	*Amaranthus hybridus* L.	草本	▼					
凹头苋（野苋）	*Amaranthus lividus* L.（*A. sacendens* Lois.）	草本	■	+				
反枝苋	*Amaranthus retroflexus* L.	草本	■	+		+		
刺苋	*Amaranthus spinosus* L.	草本	■			+		
皱果苋	*Amaranthus viridis* L.	草本	■	+		+		

物种	学名	生活型	数据来源	药用	观赏	食用	蜜源	工业原料
67 苋科 Amaranthaceae								
青葙	*Celosia argentea* L.	草本	■		+			
川牛膝	*Cyathula officinalis* Kuan	草本	■	+				
68 木兰科 Magnoliaceae								
鹅掌楸	*Liriodendron chinense*（Hemsl.）Sarg.	乔木	●		+			
天目玉兰	*Magnolia amoena* Cheng	乔木	■	+	+			
华中木兰（望春玉兰）	*Magnolia biondii* Pamp.	乔木	■					
玉兰&	*Magnolia denudata* Desr.	乔木	■	+	+	+		
荷花玉兰&	*Magnolia grandiflora* L.	乔木	■	+	+			
紫玉兰&	*Magnolia liliflora* Desr.	灌木	■		+			
凹叶厚朴&	*Magnolia officinalis* Rehd. et Wils. ssp. *biloba*（Rehd. et Wils.）Law	乔木	■	+	+			+
厚朴&	*Magnolia officinalis* Rehd.et Wils.	乔木	■	+				
武当木兰	*Magnolia sprengeri* Pampan.	乔木	■	+	+			
川滇木莲	*Manglietia duclouxii* Finet et Gagnep.	乔木	■		+			
木莲	*Manglietia fordiana* Oliv.（*Magnolia fordiana*（Oliv.）Hu）	乔木	■		+			
四川含笑	*Michelia szechuanica* Dandy	乔木	■					
69 五味子科 Schisandraceae								
黑老虎	*Kadsura coccinea*（Lam.）A. C. Smith	藤本	■	+	+	+		
异形南五味子	*Kadsura heteroclita*（Roxb.）Craib	藤本	■	+				
南五味子	*Kadsura longipedunculata* Finet et Gagnep.	藤本	■	+				
五味子	*Schisandra chinensis*（Turcz.）Baill.	藤本	■	+				
金山五味子	*Schisandra glaucescens* Diels	藤本	■	+				
翼梗五味子（翅枝五味子）	*Schisandra henryi* Clarke	藤本	▼	+				
铁箍散	*Schisandra propinqua*（Wall.）Baill.var. *sinensis* Oliv.	草本	■	+				
毛脉五味子	*Schisandra pubescens* Hemsl.et Wils.var. *pubinervis*（Rehd.et Wils.）A. C. Sm.	藤本	■					
红花五味子	*Schisandra rubriflora*（Franch.）Rehd.et Wils.（*S. grandiflora* var. *athayensis* Schneid.）	藤本	■	+				
华中五味子	*Schisandra sphenanthera* Rehd.et Wils	藤本	■	+	+			
绿叶五味子	*Schisandra viridis* A. C. Smith	藤本	■	+				
70 八角科 Magnoliaceae								
红花八角	*Illicium dunnaianum* Tutch.	灌木	■		+			
红茴香	*Illicium henryi* Diels	灌木	▼	+	+			
小花八角	*Illicium micranthum* Dunn.（*I. chinyunensis* He）	灌木	▼					
四川八角（野八角）	*Illicium simonsii* Maxim.	乔木	▼					
71 蜡梅科 Calycanthaceae								
山蜡梅	*Chimonanthus nitens* Oliv.	灌木	■	+				
蜡梅	*Chimonanthus praecox*（L.）Link.	灌木	■	+				
72 樟科 Lauraceae								
红果黄肉楠	*Actinodaphne cupularis*（Hemsl.）Gamble	灌木	■	+				
隐脉黄肉楠	*Actinodaphne obscurinervia* Yang et P. H. Huang	乔木	■					
峨眉黄肉楠	*Actinodaphne omeiensis*（Liou）Allen	乔木	▼					

续表

物种	学名	生活型	数据来源	药用	观赏	食用	蜜源	工业原料
72 樟科 Lauraceae								
蜜花黄肉楠	*Actinodaphne reticulata* Meissn.	乔木	▼					
猴樟	*Cinnamomum bodinieri* Lévl.	乔木	■					
狭叶阴香（变种）	*Cinnamomum burmannii*（C. G. et Th.Nees）Blume. var. *linearifolium*（H. Lec.）N. Chao	乔木	■					
樟	*Cinnamomum camphora*（L.）Presl	乔木	■	+				+
黄樟	*Cinnamomum parthenoxylon*（Jack）Meissn.（*C. porrectum*（Roxb.）Kosterm.）	乔木	■	+				+
少花桂	*Cinnamomum pauciflorum* Nees	乔木	▼	+				+
阔叶樟（银木）	*Cinnamomum platyphyllum*（Diels）Allen	乔木	■	+	+			+
香桂	*Cinnamomum subavenium* Miq.	乔木	▼					
川桂	*Cinnamomum wilsonii* Gamble	乔木	■	+		+		
狭叶山胡椒	*Lindera angustifolia* Cheng	灌木	■	+				
香叶树	*Lindera communis* Hemsl.	灌木	■	+	+			
红果山胡椒	*Lindera erythrocarpa* Makino	灌木	■					
香叶子	*Lindera fragrans* Oliv.	乔木	▼	+				
绿叶甘橿	*Lindera fruticosa* Hemsl.	灌木	■					
山胡椒	*Lindera glauca*（Sieb.et Zucc.）Bl.	灌木	▼	+	+			+
广东山胡椒	*Lindera kwangtungensis*（Liou）Allen	乔木	■					
黑壳楠	*Lindera megaphylla* Hemsl.	乔木	■	+				+
绒毛山胡椒	*Lindera nacusua*（D. Don）Merr.	灌木	■			+		
三桠乌药	*Lindera obtusiloba* Bl.	乔木	■	+				
香粉叶	*Lindera pulcherrima*（Wall.）Benth.var. *attenuata* Allen	乔木	■					
川钓樟	*Lindera pulcherrima*（Wall.）Benth.var. *hemsleyana*（Diels）H. P. Tsui（*L. urophylla*（Rehd.）Allen）	乔木	▼					
山橿	*Lindera reflexa* Hemsl.	灌木	▼					
四川山胡椒	*Lindera setchuenensis* Gamble	灌木	▼			+		
菱叶钓樟	*Lindera supracostata* H. Lec.	灌木	■					
高山木姜子	*Litsea chunii* Cheng	灌木	■					+
毛豹皮樟	*Litsea coreana* Lévl.var. *lanuginosa*（Migo）Yang et P. H. Huang	乔木	■					
山鸡椒	*Litsea cubeba*（Lour.）Pers.	乔木	■	+				
长叶木姜子（黄丹木姜子）	*Litsea elongata*（Wall.ex Nees）Benth.et Hook.f.	乔木	■					
近轮叶木姜子	*Litsea elongata*（Wall.ex Nees）Benth.et Hook.f. var.*subverticillata*（Yang）Yang et P.H.Huang	乔木	▼	+				
湖北木姜子	*Litsea hupehana* Hemsl	乔木	■					
宜昌木姜子	*Litsea ichangensis* Gamble	乔木	▼					
毛叶木姜子	*Litsea mollifolia* Chun	灌木	■	+				
四川木姜子	*Litsea moupinensis* H. Lec.var. *szechuanica*（Allan）Yang et P. H. Huang	乔木	▼	+				
木姜子	*Litsea pungens* Hemsl.	灌木	▼	+		+		+
豹皮樟	*Litsea rotundifolia* Hemsl.var. *oblongifolia*（Nees）Allen	灌木	▼	+				
红叶木姜子	*Litsea rubescens* Lec.f.*nanchuanensis* Yang	灌木	■	+				
绢毛木姜子	*Litsea sericea*（Nees）Hook.f.	灌木	■	+				
钝叶木姜子	*Litsea veitchiana* Gamble	灌木	▼					

物种	学名	生活型	数据来源	药用	观赏	食用	蜜源	工业原料
72 樟科 Lauraceae								
宜昌润楠	*Machilus ichangensis* Rehd.et Wils.	乔木	●					
薄叶润楠	*Machilus lcptophylla* Hanel-Mzt.	乔木	▼	+				
利川润楠	*Machilus lichuanensis* Cheng	乔木	▼					
小果润楠	*Machilus microcarpa* Hemsl.	乔木	■					
刨花润楠	*Machilus pauhoi* Kamchira	乔木	▼	+				+
柳叶润楠	*Machilus salicina* Hance	灌木	●	+				
川鄂新樟	*Neocinnamomum fargesii*（Lec.）Kosterm.	乔木	■					
粉叶新木姜子	*Neolitsea aurata*（Hayata）Koidz. var. *glauca* Yang	乔木	■					
簇叶新木姜子	*Neolitsea confertifolia*（Hemsl.）Merr.	乔木	■					
凹脉新木姜子	*Neolitsea impressa* Yang	灌木	▼					
巫山新木姜子	*Neolitsea wushanica*（Chun）Merr.	乔木	■					
山楠	*Phoebe chinensis* Chun	乔木	■	+				
竹叶楠	*Phoebe faberi*（Hemsl.）Chun	乔木	■					
白楠	*Phoebe neurantha*（Hemsl.）Gamble	灌木	▼					
光枝楠	*Phoebe neuranthoides* S. Lee et F. N. Wei	灌木	■					
紫楠	*Phoebe sheareri*（Hemsl.）Gamble	灌木	●	+	+			
楠木	*Phoebe zhennan* S. Lee et F. N. Wei	乔木	▼					
檫木	*Sassafras tsumu*（Hemsl.）Hemsl.	乔木	■					
73 水青树科 Tetracentraceae								
水青树	*Tetracentron sinense* Oliv.	乔木	■		+			
74 领春木科 Eupteleaceae								
领春木	*Euptelea pleiospermum* Hook.f.et Thoms.	乔木	▼		+			
75 连香树科 Cercidiphyllaceae								
连香树	*Cercidiphyllum japonicum* Sieb. et Zucc.	乔木	●		+			+
76 毛茛科 Ranunculaceae								
大麻叶乌头	*Aconitum cannabifolium* Franch. ex Finet et Gagnep.	草本	▼					
乌头	*Aconitum carmichaeli* Debx.	草本	▼	+				
高乌头	*Aconitum excelsum* Nakai	草本	■	+				
伏毛铁棒锤	*Aconitum flavum* Hand.-Mazz.	草本	■	+				
大渡乌头	*Aconitum franchetii* Fin. et Gagnep.	草本	▼	+				
瓜叶乌头	*Aconitum hemsleyanum* Pritz.	草本	■	+				
川鄂乌头	*Aconitum henryi* Pritz.	草本	■	+				
细裂川鄂乌头	*Aconitum henryi* Pritz.var. *compositum* Hand.-Mazz.	草本	■					
锐裂乌头	*Aconitum kojimae* Tamura	草本	■					
长齿乌头	*Aconitum lonchodontum* Hand.-Mazz.	草本	▼					
铁棒锤	*Aconitum pendulum* Busch	草本	■	+				
聚叶花葶乌头	*Aconitum scaposum* Frach.var. *vaginatum*（Pritz.）Rap.	草本	■	+				
花葶乌头	*Aconitum scaposum* Franch.	草本	●	+				
等叶花葶乌头	*Aconitum scaposum* Franch.var. *hupehanum* Rap.	草本	■					
松潘乌头	*Aconitum sungpanense* Hand.-Mazz.	草本	▼	+				
黄草乌	*Aconitum vilmorinianum* Kom.	草本	■	+				

物种	学名	生活型	数据来源	药用	观赏	食用	蜜源	工业原料
76 毛茛科 Ranunculaceae								
类叶升麻	*Actaea asiatica* Hara	草本	■	+				
短柱侧金盏花	*Adonis brevistyla* Franch.	草本	■					
毛果银莲花	*Anemone baicalensis* Turcz.	草本	▼	+				
西南银莲花	*Anemone davidii* Franch.	草本	■	+				
鄂西银莲花	*Anemone exiensis* G. F. Tao	草本	■					
打破碗花花	*Anemone hupehensis* Lem.	草本	▼	+				
草玉梅	*Anemone rivularis* Buc.-Ham.ex DC.	草本	■	+				
小花草玉梅	*Anemone rivularis* Buch.-Ham.ex DC. var. *flore-minore* Maxim.	草本	▼	+				
巫溪银莲花	*Anemone rockii* Ulbr.var. *pilocarpa* W. T. Wang	草本	▼					
大火草	*Anemone tomentosa*（Maxim.）Pei	草本	●	+	+			+
野棉花	*Anemone vitifolia* Buch.-Ham.	草本	■	+				
无距耧斗菜	*Aquilegia ecalcarata* Maxim.	草本	●	+				
秦岭耧斗菜	*Aquilegia incurvata* Hsiao	草本	■					
甘肃耧斗菜	*Aquilegia oxysepala* Trautv.et Mey.var. *kansuensis* Bruhl. ex Hand.-Mazz.	草本	■					
华北耧斗菜	*Aquilegia yabeana* Kitag.	草本	●	+				+
星果草	*Asteropyrum peltatum*（Franch.）Drumm.et Hutch.	草本	●	+				
铁破锣	*Beesia calthifolia*（Maxim.）Ulbr.	草本	▼	+				
鸡爪草	*Calathodes oxycarpa* Sprague	草本	■	+				
驴蹄草	*Caltha palustris* L.	草本	▼	+				
小升麻	*Cimicifuga acerina*（Sieb. et Zucc.）Tanaka	草本	■	+				
升麻	*Cimicifuga foetida* L.	草本	■	+				
南川升麻	*Cimicifuga nanchuanensis* Hsiao	草本	■					
单穗升麻	*Cimicifuga simplex* Wormsk.	草本	▼	+				
钝齿铁线莲	*Clematis apiifolia* DC var. *obtusidentata* Rehd. et Wils.	草本	■	+				
粗齿铁线莲	*Clematis argentilucida*（Rehd.et Wils.）W. T. Wang	藤本	■	+	+			
小木通	*Clematis armandii* Franch.	藤本	■	+				
大花小木通	*Clematis armandii* Franch.var. *farguhariana*（Rehd.et Wils.）W. T. Wang	藤本	▼					
短尾铁线莲	*Clematis brevicaudata* DC.	藤本	▼	+				
毛木通	*Clematis buchananiana* DC.	藤本	■	+				
威灵仙	*Clematis chinensis* Osbeck	藤本	■	+				
毛叶威灵仙	*Clematis chinensis* Osbeck f.*vestita* Rehd. et Wils.	藤本	▼					
金毛铁线莲	*Clematis chrysocoma* Franch.	藤本	▼	+				
合柄铁线莲	*Clematis connata* DC.	藤本	■	+				
多花铁线莲	*Clematis dasyandra* Maxim.var. *polyantha* Finet et Gagnap.	藤本	▼					
山木通	*Clematis finetiana* Lévl.et Vant.	藤本	■	+				
扬子铁线莲	*Clematis ganpiniana*（Lévl. et Vant.）Tamura	藤本	■		+			
小蓑衣藤	*Clematis gouriana* Roxb.ex DC.	藤本	▼					
金佛铁线莲	*Clematis gratopsis* W. T. Wang	藤本	▼					
单叶铁线莲	*Clematis henryi* Oliv.	藤本	▼	+				
巴山铁线莲	*Clematis kirilowii* Maxim. var. *pashanensis* M. C. Chang	藤本	▼					

物种	学名	生活型	数据来源	药用	观赏	食用	蜜源	工业原料
76 毛茛科 Ranunculaceae								
贵州铁线莲	*Clematis kweichowensis* Pei	藤本	▼					
竹叶铁线莲	*Clematis lancifolia* var. *ternata* W. T. Wang et M. C. Chang	藤本	■					
毛蕊铁线莲	*Clematis lasiandra* Maxim.	藤本	■					
长瓣铁线莲	*Clematis macropetala* Ledeb.	藤本	■					
毛柱铁线莲	*Clematis meyeniana* Walp.	藤本	▼					
绣球藤	*Clematis montana* Buch.-Ham.ex DC.	藤本	▼					
大花绣球藤（粉红绣球藤）	*Clematis montana* Buch.-Ham.var. *grandiflora* Hook.（*C. montana* Buch.-Ham.ex DC. var. *rubens* Wils.）	藤本	■		+			
秦岭铁线莲	*Clematis obscura* Maxim.	藤本	▼					
宽柄铁线莲	*Clematis otophora* Franch.ex Finet et Gagnep.	藤本	▼					
钝萼铁线莲	*Clematis peterae* Hand.-Mazz.	藤本	■	+				
毛果铁线莲	*Clematis peterae* Hand.-Mazz.var. *trichocarpa* W. T. Wang	藤本	■					
须蕊铁线莲	*Clematis pogonandra* Maxim.	藤本	▼					
五叶铁线莲	*Clematis quinquefoliolata* Hutch.	藤本	■		+			
杯柄铁线莲	*Clematis trullifera*（Franch.）Finet et Gagnep.	藤本	■					
柱果铁线莲	*Clematis uncinata* Champ.	藤本	■	+				
皱叶铁线莲	*Clematis uncinata* Champ.var. *coriacea* Pamp.	藤本	■					
尾叶铁线莲	*Clematis urophylla* Franch.	藤本	■	+				
巫溪铁线莲（新拟）	*Clematis wuxiensis* Q.Q. Jiang & H.P. Deng	藤本	●					
黄连	*Coptis chinensis* Franch.	草本	■	+				
还亮草	*Delphinium anthriscifolium* Hance	草本	▼	+				
卵瓣还亮草	*Delphinium anthriscifolium* Hance var. *calleryi*（Franch.）Finet et Gagnep.	草本	■					
大花还亮草	*Delphinium anthriscifolium* Hance var. *majus* Pamp.	草本	▼	+				
毛梗翠雀花	*Delphinium eriostylum* Lévl.	草本	●	+				
秦岭翠雀花	*Delphinium giraldii* Diels	草本	■	+				
川陕翠雀花	*Delphinium henryi* Franch.	草本	■					
毛茎翠雀花	*Delphinium hirticaule* Franch.	草本	▼	+				
腺毛茎翠雀花	*Delphinium hirticaule* Franch.var. *mollipes* W. T. Wang	草本	■	+				
黑水翠雀花	*Delphinium potaninii* Huth	草本	▼	+				
宝兴翠雀花	*Delphinium smithianum* Hand. -Mazz.	草本	■	+				
纵肋人字果	*Dichocarpum fargesii*（Franch.）W. T. Wang et Hsiao	草本	■	+				
假扁果草	*Enemion radeleanum* Regei	草本	■					
碱毛茛	*Halerpestes cymbalaria*（Pursh）Green	草本	■					
川鄂獐耳细辛	*Hepatica henryi*（Oliv.）Steward	草本	■	+				
白头翁	*Pulsatilla chinensis*（Bunge）Regel	草本	■	+				
禺毛茛	*Ranunculus cantoniensis* DC.	草本	■	+				
茴茴蒜	*Ranunculus chinensis* Bunge	草本	■	+				
毛茛	*Ranunculus japonicus* Thunb.（R. acris L.）	草本	■	+				
伏毛茛	*Ranunculus natuns* C. A. Mey.	草本	■					
石龙芮	*Ranunculus sceleratus* L.	草本	▼	+				
扬子毛茛	*Ranunculus sieboldii* Miq.	草本	■					

续表

物种	学名	生活型	数据来源	药用	观赏	食用	蜜源	工业原料
76 毛莨科 Ranunculaceae								
天葵	*Semiaquilegia adoxoides*（DC.）Makino	草本	■	+				
尖叶唐松草	*Thalictrum acutifolium*（Hand.-Mazz.）Boivin	草本	▼					
贝加尔唐松草	*Thalictrum baicalense* Turcz.	草本	■					
大叶唐松草	*Thalictrum faberi* Ulbr.	草本	■					
西南唐松草	*Thalictrum fargesii* Franch.ex Finet et Gagnep.	草本	■					
多叶唐松草	*Thalictrum foliolosum* DC.	草本	▼					
盾叶唐松草	*Thalictrum ichangense* Lecoy.ex Oliv.	草本	▼	+				
爪哇唐松草	*Thalictrum javanicum* Bl.	草本	▼					
长喙唐松草	*Thalictrum macrorhynchum* Franch.	草本	▼					
小果唐松草	*Thalictrum microgynum* Lecoy. ex Oliv.	草本	▼	+				
东亚唐松草	*Thalictrum minus* L. var. *hypoleucum*（Sieb.et Zucc.）Miq.（*T. thunbergii* DC.）	草本	■	+				
川鄂唐松草	*Thalictrum osmundifolium* Finet et Gagenep.	草本	▼					
长柄唐松草	*Thalictrum przewalskii* Maxim.	草本	■	+				
粗壮唐松草	*Thalictrum robustum* Maxim.	草本	■	+				
短梗箭头唐松草	*Thalictrum simplex* L. var. *brevipes* Hara	草本	▼	+				
弯柱唐松草	*Thalictrum uncinulatum* Franch.	草本	■					
川陕金莲花	*Trollius buddae* Schipcz.	草本	■					
77 小檗科 Berberidaceae								
堆花小檗	*Berberis aggregata* Schneid.	灌木	■	+				
黑果小檗	*Berberis atrocarpa* Schneid	灌木	■	+				
硬齿小檗	*Berberis bergmanniae* Schneid.	灌木	▼					
短柄小檗	*Berberis brachypoda* Maxim.	灌木	■	+				
单花小檗	*Berberis candidula* Schneid.	灌木	■					
秦岭小檗	*Berberis circumserrata* Schneid.	灌木	■					
城口小檗	*Berberis daiana* T. S.Ying	灌木	▼					
直穗小檗	*Berberis dasystachya* Maxim.	灌木	▼					
首阳小檗	*Berberis dielsiana* Fedde.	灌木	■					
南川小檗	*Berberis fallaciosa* Schneid.	灌木	■					
异长穗小檗	*Berberis feddeana* Schneid.	灌木	■					
湖北小檗	*Berberis gagnepainii* Schneid.	灌木	■					
川鄂小檗（巴东小檗）	*Berberis henryana* Schneid.	灌木	■	+				
豪猪刺	*Berberis julianae* Schneid	灌木	■	+				
变刺小檗	*Berberis mouilicana* Schneid.	灌木	▼					
刺黑珠	*Berberis sargentiana* Schneid.	灌木	▼					
华西小檗	*Berberis silva-taroucana* Schneid.	灌木	■	+				
兴山小檗	*Berberis silvicola* Schneid.	灌木	■					
假豪猪刺	*Berberis soulieana* Schneid	灌木	■					
芒齿小檗	*Berberis triacanthophora* Fedde	灌木	■	+				
鄂西小檗	*Berberis zanlaecianensis* Pamp.	灌木	■					
红毛七	*Caulophyllum robustum* Maxim.	草本	■	+				
南方山荷叶	*Diphylleia sinensis* H. L. Li	草本	▼	+				

物种	学名	生活型	数据来源	药用	观赏	食用	蜜源	工业原料
77 小檗科 Berberidaceae								
小八角莲	*Dysosma difformis*（Hemsl.et Wils.）T. H. Wang ex T. S. Ying	草本	▼	+				
六角莲	*Dysosma pleianthum*（Hance）Woods	草本	▼	+				
八角莲	*Dysosma versipelle*（Hance）M. Cheng ex T. S. Ying	草本	■	+				
粗毛淫羊藿	*Epimedium acuminatum* Franch.	草本	▼	+				
短角淫羊藿	*Epimedium brevicornu* Maxim.	草本	■					
川鄂淫羊藿	*Epimedium fargesii* Franch.	草本	▼	+				
腺毛淫羊藿	*Epimedium glandulosopilosum* H. R. Liang	草本	■					
黔岭淫羊藿	*Epimedium leptorrhizum* Stearn	草本	▼					
柔毛淫羊藿	*Epimedium pubescens* Maxim.	草本	■	+				
三枝九叶草	*Epimedium sagittatum*（Sieb.et Zucc.）Maxim.	草本	■	+				
星毛淫羊藿	*Epimedium stellulatum* Stearm	草本	■					
四川淫羊藿	*Epimedium sutchuenense* Franch.	草本	■	+				
巫山淫羊藿	*Epimedium wushanense* T. S. Ying	草本	■	+				
阔叶十大功劳	*Mahonia bealei*（Fort.）Carr.	灌木	■	+				
鄂西十大功劳	*Mahonia decipiens* Schneid.	灌木	■	+				+
宽苞十大功劳	*Mahonia eurybracteata* Fedde	灌木	■					
安坪十大功劳	*Mahonia eurybracteata* Fedde ssp. *ganpinensis*（Levl.）Ying et Boufford	灌木	■	+				
十大功劳	*Mahonia fortunei*（Lindl.）Fedde	灌木	▼	+				
细柄十大功劳	*Mahonia gracilipes*（Oliv.）Fedde.	灌木	▼	+				
峨眉十大功劳	*Mahonia polydonta* Fedde	灌木	■		+			
南天竹	*Nandina domestica* Thunb.	灌木	■		+			
78 大血藤科 *Sargentodoxaceae*								
大血藤	*Sargentodoxa cuneata*（Oliv.）Rehd.et Wils.	藤本	▼	+				
79 木通科 Lardizabalaceae								
木通	*Akebia quinata*（Houtt.）Decne	藤本	■	+				
三叶木通	*Akebia trifoliata*（Thunb.）Koidz	藤本	■	+	+	+		
白木通	*Akebia trifoliata*（Thunb.）Koidz. ssp. *australis*（Diels）Shimizu	藤本	■	+				
猫儿屎	*Decaisnea insignis*（Griff.）Hook. f et Thoms. Proc. L. Soc.	灌木	▼	+		+		
五枫藤	*Holboellia angustifolia* Wall.（*H. fargesii* Reaub.）	藤本	▼					
鹰爪枫	*Holboellia coriacea* Diels	藤本	▼	+				
牛姆瓜	*Holboellia grandiflora* Reaub.	藤本	■	+				
串果藤	*Sinofranchetia chinensis*（Franch.）Hemsl.	藤本	■	+				
80 防己科 Menispermaceae								
木防己	*Cocculus orbiculatus*（L.）DC.	藤本	■	+				
毛木防己	*Cocculus orbiculatus*（L.）DC. var. *mollis*（Wall. ex Hook. F. et Thoms.）Hara	藤本	■	+				
轮环藤	*Cyclea racemosa* Oliv.	藤本	■					
四川轮环藤	*Cyclea sutchtenensis* Gagnep.	藤本	■					
秤钩风	*Diploclisia affinis*（Oliv.）Diels	藤本	■	+				
细圆藤	*Pericampylus glaucus*（Lam.）Merr.	藤本	■					

物种	学名	生活型	数据来源	药用	观赏	食用	蜜源	工业原料
80 防己科 Menispermaceae								
风龙	*Sinomenium acutum*（Thunb.）Rehd.et Wils.	藤本	■	+				
金线吊乌龟	*Stephania cepharantha* Hayata	藤本	■	+	+			
草质千金藤	*Stephania herbacea* Gagnep.	藤本	▼					
千金藤	*Stephania japonica*（Thunb.）Miers	藤本	■	+				
华千金藤（汝兰）	*Stephania sinica* Diels	藤本	■					
青牛胆	*Tinospora sagittata*（Oliv.）Gagnep.	藤本	■	+				
81 金鱼藻科 Ceratophyllaceae								
金鱼藻	*Ceratophyllum demersum* L.	草本	■	+	+			
82 三白草科 Saururaceae								
裸蒴	*Gymnotheca chinensis* Dence.	草本	■	+				
蕺菜	*Houttuynia cordata* Thunb.	草本	■	+				
三白草	*Saururus chinensis*（Lour.）Baill.	草本	■	+				
83 胡椒科 Piperaceae								
豆瓣绿	*Peperomia tetraphylla*（Forst.f.）Hook.et Arn.（*Peperomia reflexa*（L. f.）A. Dietr.）	草本	■	+				
竹叶胡椒	*Piper bambusaefolium* Tseng	藤本	▼	+				
山蒟	*Piper hancei* Maxim.	藤本	■	+				
毛蒟	*Piper puberulum*（Benth.）Maxim.	藤本	■					
华山蒌	*Piper sinense*（Champ.）C. DC.	藤本	■					
石南藤	*Piper wallichii* var. *hupeense*（C. DC.）Hand.-Mazz.	藤本	■	+				
84 金粟兰科 Chloranthaceae								
狭叶金粟兰	*Chloranthus angustifolius* Oliv.	草本	●					
鱼子兰	*Chloranthus elatior* Link	灌木	■	+	+			
丝穗金粟兰	*Chloranthus fortunei*（A. Gray）Solms-Laub.	草本	■		+			
宽叶金粟兰	*Chloranthus henryi* Hemsl.	草本	■	+				
多穗金粟兰	*Chloranthus multistachya* Pei	草本	■	+				
及己	*Chloranthus serratus*（Thunb.）Roem.et Schult.	草本	▼	+				
金粟兰	*Chloranthus spicatus*（Thunb.）Makino	草本	●	+	+			
草珊瑚	*Sarcandra glabra*（Thunb.）Nakai	草本	■	+				
85 马兜铃科 Aristolochiaceae								
北马兜铃	*Aristolochia contorta* Bunge	藤本	▼	+				
马兜铃	*Aristolochia debilis* Sieb. et Zucc.	藤本	■	+				
鄂西马兜铃	*Aristolochia lasiops* Stapf	藤本	▼					
木通马兜铃	*Aristolochia manshuriensis* Kom.	藤本	▼	+				
管花马兜铃	*Aristolochia tubiflora* Dunn	藤本	■	+				
异叶马兜铃	*Aristolochia kaempferi* Willd. f. *heterophylla*（Hemsl.）S. M. Hwang	藤本	■	+				
短尾细辛	*Asarum caudigerellum* C. Y. Cheng et C. S. Yang	草本	■	+				
花叶尾花细辛	*Asarum caudigerum* Hance var. *cardiophyllum*（Franch.）C. Y. Cheng et C. S. Yang	草本	■					
尾花细辛	*Asarum caudigerum* Hance.	草本	■	+				
双叶细辛	*Asarum caulescens* Maxim.	草本	■					
城口细辛	*Asarum chenkoense* Z.L.Yang	藤本	■	+				

物种	学名	生活型	数据来源	药用	观赏	食用	蜜源	工业原料
85 马兜铃科 Aristolochiaceae								
川北细辛	*Asarum chinense* Franch.（*A. fargesii* Franch.）	草本	■	+				
铜钱细辛	*Asarum debile* Franch.	草本	■	+				
杜衡	*Asarum forbesii* Maxim.	草本	■	+				
单叶细辛	*Asarum himalaicum* Hook. f. et Thoms. ex Klotzsch.	草本	▼	+				
大叶马蹄香（马蹄细辛）	*Asarum maximum* Hemsl.	草本	■	+				
南川细辛	*Asarum nanchuanense* C. S. Yang et J. L. Wu	草本	■					
长毛细辛	*Asarum pulchellum* Hemsl.	草本	■	+				
细辛	*Asarum sieboldii* Miq.	草本	■	+				
花脸细辛（青城细辛）	*Asarum splendens*（Maekawa）C. Y. Cheng et C. S. Yang（*A. chingchengense* C. Y. Cheng et C. S. Yang）	草本	■	+				
马蹄香	*Saruma henryi* Oliv.	草本	■	+				
86 芍药科 Paeoniaceae								
芍药	*Paeonia lactiflora* Pall.	草本	▼	+	+			
草芍药	*Paeonia obovata* Maxim.（*P. wittmanniana* Lindl.）	草本	■		+			
86 猕猴桃科 Actinidiaceae								
紫果猕猴桃	*Actinidia arguta*（Sieb.et Zucc.）Planch. ex Miq.var. *purpurea*（Rehd.）C. F. Liang（*A. purpurea* Rehd.）	藤本	▼	+		+		
凸脉猕猴桃	*Actinidia arguta*（Sieb. et Zucc.）Planch. ex Miq.var. *nervosa* C. F. Liang	藤本	▼	+		+		
称花藤（京梨猕猴桃）	*Actinidia callosa* Lindl.var. *henryi* Maxim.	藤本	■	+		+		
城口猕猴桃	*Actinidia chengkouensis* C. Y. Chang	藤本	■	+	+	+		
中华猕猴桃	*Actinidia chinensis* Planch.	藤本	■					
硬毛猕猴桃	*Actinidia chinensis* var. *hispida* C. F. Liang	藤本	■					
黄毛猕猴桃	*Actinidia fulvicoma* Hance	藤本	▼			+		
长叶猕猴桃	*Actinidia hemsleyana* Dunn.	藤本	■					
狗枣猕猴桃	*Actinidia kolomikta*（Rupr.et Maxim.）Maxim.	藤本	■	+		+		
黑蕊猕猴桃	*Actinidia melanandra* Franch.	藤本	■	+		+		
葛枣猕猴桃（木天蓼）	*Actinidia polygama*（Sieb.et Zucc.）Maxim.	藤本	■	+		+		
革叶猕猴桃	*Actinidia rubricaulis* Dunn var. *coriacea*（Finet et Gagnep.）C. F. Liang（*A. coriacea*（Finet et Gagnep.）Dunn）	藤本	■	+	+	+		
四萼猕猴桃	*Actinidia teramera* Maxim.	藤本	■					
毛蕊猕猴桃	*Actinidia trichogyna* Franch.	藤本	▼	+		+		
对萼猕猴桃	*Actinidia valvata* Dunn	藤本	●					
猕猴桃藤山柳	*Clematoclethra actinidioides* Maxim.	藤本	■		+			
银叶藤山柳	*Clematoclethra actinidioides* Maxim. var. *integrifolia* C.F.Liang et Y.C.Chen	藤本	■					
杨叶藤山柳	*Clematoclethra actinidioides* Maxim. var. *populifolia* C.F.Liang et Y.C.Chen	藤本	▼					
毛背藤山柳（尖叶藤山柳）	*Clematoclethra faberi* Franch.	藤本	■					
圆叶藤山柳	*Clematoclethra franchetii* Kom.	藤本	■					
藤山柳	*Clematoclethra lasioclada* Maxim.	灌木	■					
粗毛藤山柳	*Clematoclethra strigllosa* Franch.	藤本	■					
87 山茶科 Theaceae								
川杨桐	*Adinandra bockiana* Pritz.ex Diels	灌木	■					

物种	学名	生活型	数据来源	药用	观赏	食用	蜜源	工业原料
87 山茶科 Theaceae								
贵州连蕊茶	*Camellia costei* Lévl.	灌木	▼					
尖连蕊茶	*Camellia cuspidata*（Kochs）Wright ex Gard.	灌木	■					
油茶	*Camellia oleifera* Abel	灌木	■	+	+		+	
川鄂连蕊茶	*Camellia rosthorniana* Hand.-Mazz.	灌木	■		+			
陕西短柱茶	*Camellia shensiensis* H. T. Chang	灌木	■					
茶	*Camellia sinensis*（L.）O. Ktze.	灌木	■	+	+	+		
细萼连蕊茶	*Camellia tsofui* Chien	灌木	■				+	
瘤果茶	*Camellia tuberculata* Chien	灌木	■					
翅柃	*Eurya alata* Kobuski	灌木	▼				+	
金叶柃	*Eurya aurea*（Lévl.）Hu et L. K. Ling	灌木	▼				+	+
短柱柃	*Eurya brevistyla* Kobuski	灌木	■	+			+	
岗柃	*Eurya groffii* Merr.	灌木	■	+				
微毛柃	*Eurya hebeclados* Y. K. Ling	灌木	■	+				
柃木	*Eurya japonica* Thunb.	灌木	■	+	+			
细枝柃	*Eurya loquaiana* Dunn	灌木	■		+			
格药柃	*Eurya muricata* Dunn	灌木	●				+	
黄背叶柃	*Eurya nitida* Korthals var. *aurescens*（Rehd.et Wils.）Kobuski	灌木	■					
细齿叶柃	*Eurya nitida* Korthls	灌木	▼		+		+	
钝叶柃	*Eurya obtusifolia* H. T. Chang	灌木	■		+		+	
四角柃	*Eurya tetragonoclada* Merr.et Chun	灌木	■		+		+	
小花木荷	*Schima parviflora* H. T. Cheng et Chang	乔木	■					
西南木荷	*Schima wallichii* Choisy	乔木	▼					
紫茎	*Stewartia sinensis* Rehd.et Wils.	乔木	■		+			
88 藤黄科 Guttiferae								
黄海棠	*Hypericum ascyron* L.	草本	■	+				
赶山鞭	*Hypericum attenuatum* Choisy	草本	■	+				
小连翘	*Hypericum erectum* Thunb.ex Murray	草本	▼	+				
扬子小连翘	*Hypericum faberi* R. Keller	草本	■					
地耳草	*Hypericum japonicum* Thunb.ex Murray	草本	■	+				
长柱金丝桃	*Hypericum longistylum* Oliv.	灌木	■	+	+			
金丝桃	*Hypericum monogynum* L.	灌木	▼	+	+			
金丝梅	*Hypericum patulum* Thunb.	灌木	■					
贯叶连翘	*Hypericum perforatum* L.	草本	■	+				
元宝草	*Hypericum sampsonii* Hance	草本	●					
遍地金	*Hypericum wightianum* Wall. ex Wight et Arn.	草本	●	+				
89 罂粟科 Papaveraceae								
川东紫堇	*Corydalis acuminata* Franch.	草本	■					
巫溪紫堇	*Corydalis bulbillifera* C. Y. Wu	草本	●					
碎米蕨叶黄堇（地柏枝）	*Corydalis cheilanthifolia* Hemsl.	草本	▼	+				
南黄堇	*Corydalis davidii* Franch.	草本	■	+				
紫堇	*Corydalis edulis* Maxim.	草本	■	+				

物种	学名	生活型	数据来源	药用	观赏	食用	蜜源	工业原料
89 罂粟科 Papaveraceae								
北岭黄堇	*Corydalis fargesii* Franch.	草本	■					
巴东紫堇	*Corydalts hemsleyana* Franch.ex Prain	草本	■					
刻叶紫堇	*Corydalis incisa*（Thunb.）Pers.	草本	▼	+				
蛇果黄堇	*Corydalis ophiocarpa* Hook. f. et Thoms.	草本	■	+				
黄堇	*Corydalis pallida*（Thunb.）Pers.	草本	■	+				
小花黄堇	*Corydalis racemosa*（Thunb.）Pers.	草本	■	+				
石生黄堇	*Corydalis saxicola* Bunting	草本	■	+				
尖距紫堇（地锦苗）	*Corydalis sheareri* S. Moore	草本	▼	+				
大叶紫堇	*Corydalis temulifolia* Franch.	草本	■	+				
毛黄堇	*Corydalis tomentella* Franch.	草本	▼	+				
秦岭紫堇	*Corydalis trisecta* Franch.	草本	■	+				
川鄂黄堇	*Corydalis wilsonii* N. E. Br.	草本	■	+				
大花荷包牡丹	*Dicentra macrantha* Oliv.	草本	■	+				
血水草	*Eomecon chionantha* Hance	草本	■	+				
荷青花	*Hylomecon japonica*（Thunb.）Prantl et Kundig	草本	▼	+				
博落回	*Macleaya cordata*（Wild）R. Br.	草本	▼	+				
小果博落回	*Macleaya microcarpa*（Maxim.）Fedde	草本	▼	+				
柱果绿绒蒿	*Meconopsis oliveriana* Franch.et Prain ex Prain	草本	▼	+				
金罂粟（人血草）	*Stylophorum lasiocarpum*（Oliv.）Fedda	草本	▼					
90 山柑科 Capparaceae								
白花菜	*Cleome gynandra* L.	草本	■	+				
91 十字花科 Cruciferae								
硬毛南芥	*Arabis hiruta*（L.）Scop.	草本	■					
圆锥南芥	*Arabis paniculata* Franch.	草本	▼	+				
垂果南芥	*Arabis pendula* L.	草本	▼	+				
芸苔&	*Brassica campestris* L.	草本	■			+		
青菜&	*Brassica chinensis* L.	草本	■	+		+		
大头菜&	*Brassica juncea* var. *megarrhiza* Tsen et Lee	草本	■			+		
榨菜&	*Brassica juncea* var. *tumida* Tsen et Lee	草本	■			+		
荠	*Capsella bursa-pastoris*（L.）Medic.	草本	■			+		
露珠碎米荠	*Cardamine circaeoides* Hook. f. et Thoms.	草本	■					
光头山碎米荠	*Cardamine engleriana* O.E. Schulz	草本	▼					
弯曲碎米荠	*Cardamine flexuosa* With.	草本	●			+		
山芥碎米荠	*Cardamine griffithii* Hook.f.et Thoms.var. *grandifolia* T. Y. Cheo et R. C. Fang	草本	▼	+				
碎米荠	*Cardamine hirsuta* L.	草本	■			+		
弹裂碎米荠	*Cardamine impatiens* L.	草本	■	+				
毛果弹裂碎米荠	*Cardamine impatiens* L. var. *dasycarpa*（M. Bieb.）T. Y. Cheo et R. C. Fang	草本	▼					
白花碎米荠	*Cardamine leucantha*（Tausch）O. E. Schulz	草本	▼	+		+		
水田碎米荠	*Cardamine lyrata* Bunge.	草本	■	+				
大叶碎米荠	*Cardamine macrophylla* Willd	草本	■	+				

物种	学名	生活型	数据来源	药用	观赏	食用	蜜源	工业原料
91 十字花科 Cruciferae								
紫花碎米荠	*Cardamine tangutorum* O. E. Schul	草本	■	+				
华中碎米荠	*Cardamine urbaniana* O. E. Schul	草本	▼	+				
锐棱岩荠	*Cochlearia acutangula* O. E. Schulz	草本	■					
柔毛岩荠	*Cochlearia henryi*（Oliv.）O. E. Schulz	草本	■					
臭荠	*Coronopus didymus*（L.）J. E. Smith	草本	■					
播娘蒿	*Descurainia sophia*（L.）Webb.ex Prantl	草本	■	+				
苞序葶苈	*Draba ladyginii* Pohle	草本	▼					
云南山嵛菜（山嵛菜）	*Eutrema yunnanense* Franch.	草本	■			+		
独行菜	*Lepidium apetalum* Willd.	草本	■			+		
楔叶独行菜	*Lepidium cuneiforme* C. Y. Wu	草本	■			+		
堇叶芥	*Neomartinella violifolia*（Lévl.）Pilger	草本	●					
诸葛菜	*Orychophragmus violaceus*（L.）O. E. Schulz	草本	■		+	+		
无瓣蔊菜	*Rorippa dubia*（Pers.）Hara	草本	■	+				
蔊菜	*Rorippa indica*（L.）Hiern	草本	▼	+		+		
菥蓂	*Thlaspi arvense* L.	草本	▼	+				
92 金缕梅科 Hamamelidaceae								
鄂西蜡瓣花	*Corylopsis henryi* Hemsl.	灌木	■		+			
瑞木	*Corylopsis multiflora* Hance	乔木	●	+	+			
蜡瓣花	*Corylopsis sinensis* Hemsl.	灌木	■		+			
秃枝蜡瓣花	*Corylopsis sinensis* Hemsl. *calvescens* R. et W.	草本	■					
红药蜡瓣花	*Corylopsis veitchiana* Bean.	灌木	▼		+			
四川蜡瓣花	*Corylopsis willmottiae* Rehd.et Wils.	乔木	■		+			
小叶蚊母树	*Distylium buxifolium*（Hance）Merr.	灌木	■					
中华蚊母树	*Distylium chinense*（Franch.）Diels	灌木	■					
杨梅叶蚊母树	*Distylium myricoides* Hemsl.	灌木	■	+				
牛鼻栓	*Fortunearia sinensis* Rehd.et Wils.	灌木	■	+				
金缕梅	*Hamamelis mollis* Oliv.	灌木	▼	+	+			
枫香树	*Liquidambar formosana* Hance	乔木	■	+	+			
山枫香	*Liquidambar formosana* Hance var. *monticola* Rehd.et Wils.	小乔木	■					
檵木	*Loropetalum chinense*（R. Bl.）Oliv.	灌木	▼		+			
山白树	*Sinowilsonia henryi* Hemsl.	灌木	■		+			
水丝梨	*Sycopsis sinensis* Oliv.	乔木	■		+			
93 景天科 Crassulaceae								
狭穗八宝	*Hylotelephium angustum*（Maxim.）H.Ohba	草本	■	+				
川鄂八宝	*Hylotelephium bonnafousii*（Hamet.）H. Ohba	草本	■					
八宝	*Hylotelephium erythrostictum*（Miq.）H. Ohba	草本	■		+			
圆扇八宝	*Hylotelephium sieboldii*（Sweet ex HK.）H.Ohba	草本	■					
轮叶八宝	*Hylotelephium verticillatum*（L.）H. Ohba	草本	■	+				
瓦松	*Orostachys fimbriatus*（Turcz.）Berger	草本	■	+	+			
菱叶红景天	*Rhodiola henryi*（Diels）S. H. Fu	草本	■	+				
云南红景天	*Rhodiola yunnanensis*（Franch.）S. H. Fu	草本	■	+				

物种	学名	生活型	数据来源	药用	观赏	食用	蜜源	工业原料
93 景天科 Crassulaceae								
费菜	*Sedum aizoon* L.	草本	▼	+		+		
东南景天	*Sedum alfredıi* Hance	草本	■					
大苞景天	*Sedum amplibracteatum* K. T. Fu	草本	▼					
珠芽景天	*Sedum buibiferum* Makino	草本	■	+				
乳瓣景天	*Sedum dielsii* Hamet	草本	▼	+				
细叶景天	*Sedum elatinoides* Franch.	草本	■					
石板菜（凹叶景天）	*Sedum emarginatum* Migo	草本	■					
小山飘风	*Sedum filipes* Hemsl.	草本	●					
佛甲草	*Sedum lineare* Thunb.	草本	▼	+				
山飘风	*Sedum major*（Hemsl.）Migo	草本	●					
齿叶景天	*Sedum odontophyllum* Frod.	草本	●	+				
南川景天	*Sedum rosthornianum* Diels	草本	▼					
垂盆草	*Sedum sarmentosum* Bunge	草本	■		+			
繁缕景天（火焰草）	*Sedum stellariifolium* Franch.	草本	■					
短蕊景天	*Sedum yvesii* Hamet	草本	▼		+			
石莲	*Sinocrassula secunda* W. B. Booth var. *glauca*（Baker）Otto（*E. glauca* Baker）	草本	●	+	+			
94 虎耳草科 Saxifragaceae								
落新妇	*Astilbe chinensis*（Maxim.）Franch. et Sav.	草本	■	+	+			
大落新妇	*Astilbe grandis* Stapf ex Wils（*A. austrosinensis* Hand.-Mazz.）（*Astilbe leucantha* Knoll）	草本	■	+				
多花落新妇	*Astilbe rivularis* Buch.-Ham.var. *myriantha*（Diels.）J. T. Pan	草本	▼	+				
岩白菜	*Bergenia purpurascens*（Hook.f.et Thoms.）Engl.	草本	■	+	+			
滇黔金腰	*Chrysosplenium cavaleriei* Lévl.et Vant.（*Ch. nepalense* D. Don var. *vegetum* Hara）	草本	■					
肾萼金腰	*Chrysosplenium delavayi* Fr.	草本	■					
绵毛金腰	*Chrysosplenium lanuginosum* Hook.f.et Thoms.	草本	■	+				
大叶金腰	*Chrysosplenium macrophyllum* Oliv.	草本	■	+				
中华金腰	*Chrysosplenium sinicum* Maxim.	草本	■	+				
赤壁木	*Decumaria sinensis* Oliv.	灌木	■					
叉叶蓝	*Deinanthe caerulea* Stapf	草本	■	+				
革叶溲疏	*Deutzia coriacea* R.	灌木	■					
小聚伞溲疏	*Deutzia cymuligera* S.M.Huang	灌木	■					
异色溲疏	*Deutzia discolor* Hemsl.（*D. densiflora* Rehd.）	灌木	■					
黄山溲疏	*Deutzia glauca* Cheng	灌木	■					
粉背溲疏	*Deutzia hypoglauca* Rehd.	灌木	■					
长叶溲疏	*Deutzia longifolia* Franch.	灌木	■					
南川溲疏	*Deutzia nanchuanensis* W. T. Wang	灌木	■					
长江溲疏	*Deutzia schneideriana* Rehd.	灌木	▼					
四川溲疏	*Deutzia setchuenensis* Franch.	灌木	■	+				
多花溲疏	*Deutzia setchuenensis* Franch.var. *corymbiflora*（Lemoine ex Andre）Rehd.	灌木	■					

物种	学名	生活型	数据来源	药用	观赏	食用	蜜源	工业原料
94 虎耳草科 Saxifragaceae								
黄常山	*Dichroa febrifuga* Lour.	灌木	▼	+				
冠盖绣球	*Hydrangea anomala* D. Don	藤本	■	+				
马桑绣球	*Hydrangea aspera* D.Don	灌木	▼	+				
东陵绣球	*Hydrangea bretschneideri* Dipp.	灌木	▼		+			
西南绣球	*Hydrangea davidii* Franch.	灌木	▼	+				
绢毛绣球	*Hydrangea glaucophylla* C.C.Yang var. *sericea*（C.C.Yang）Wei	藤本	■		+			
白背绣球	*Hydrangea hypoglauca* Rehd.	灌木	▼		+			
长柄绣球（莼兰绣球）	*Hydrangea longipes* Franch.	灌木	■					
锈毛绣球	*Hydrangea longipes* Franch.var. *fulvescens*（Rehd.）W. T. Wang ex Wei	藤本	■		+			
绣球	*Hydrangea macrophylla*（Thunb.）Ser.	灌木	●		∣			
圆锥绣球	*Hydrangea paniculata* Sieb.	灌木	■	+				
大枝绣球（乐思绣球）	*Hydrangea rosthornii* Diels	灌木	■		+			
腊莲绣球	*Hydrangea strigosa* Rehd.（*H. strigosa* Rehd.var. *angustifolia* Rehd.）	灌木	■	+				
阔叶腊莲绣球	*Hydrangea strigosa* Rehd.var. *macrophylla*（Hemsl.）Rehd.	灌木	■					
柔毛绣球	*Hydrangea villosa* R.	灌木	■					
挂苦绣球	*Hydrangea xanthoneura* Diels	灌木	■	+				
四川挂苦绣球	*Hydrangea xanthoneura* Diels var. *setchuenensis* Rehd.	灌木	■					
月月青（冬青叶鼠刺）	*Itea ilicifolia* Oliv.	灌木	▼		+			
矩叶鼠刺	*Itea oblonga* Hand.-Mazz.	灌木	■	+				
突隔梅花草	*Parnassia delavayi* Franch.	草本	●					
鸡眼梅花草	*Parnassia wightiana* Wall.ex Wight et Arn.	草本	■	+				
扯根菜	*Penthorum chinense* Pursh	草本	■	+				
山梅花	*Philadelphus incanus* Kochne	灌木	■		+			
绢毛山梅花	*Philadelphus sericanthus* Koehne	灌木	▼	+				
冠盖藤	*Pileostegia viburnoides* Hook.f.et Thoms	灌木	●					
华中茶藨子	*Ribes Henryi* Franch	灌木	■		+			
四川蔓茶藨子	*Ribes ambiguum* Maxim.	灌木	▼					
糖茶藨	*Ribes emodense* Rehd.	灌木	■	+				
花茶藨子	*Ribes fargesii* Fr.	灌木	■		+			
鄂西茶藨	*Ribes franchetii* Jancz	灌木	■					
冰川茶藨	*Ribes glaciale* Wall.	灌木	▼					
矮醋梨	*Ribes humile* Jancz.	灌木	■					
长串茶藨	*Ribes longiracemosum* Franch.	灌木	●					
刺果茶藨子（华西茶藨子）	*Ribes maximowiczii* Batal	灌木	■					
宝兴茶藨子	*Ribes moupinense* Franch.	灌木	■					
三裂茶藨子	*Ribes moupinense* Franch. var. *tripartitum*（Batalin）Jancz.	灌木	■					
木里茶藨子	*Ribes moupinense* Franchet var. *muliense* S. H. Yu et J. M. xu	灌木	▼					
四川茶藨子	*Ribes setchuense* Jancz.	灌木	■					
细枝茶藨子	*Ribes tenue* Jancz.	灌木	■					
七叶鬼灯檠	*Rodgersia aesculifolia* Batal.	草本	▼	+				

物种	学名	生活型	数据来源	药用	观赏	食用	蜜源	工业原料
94 虎耳草科 Saxifragaceae								
羽叶鬼灯檠	*Rodgersia pinnata* Franch.	草本	■					+
秦岭虎耳草	*Saxifraga giraldiana* Engl.	草本	▼					
红毛虎耳草	*Saxifraga rufescens* Balf.f.	草本	■	+				
扇叶虎耳草	*Saxifraga rufescens* var. *flabellifolia* C. Y. Wu et J. T. Pan	草本	■					
球茎虎耳草	*Saxifraga sibirica* L.（*S. sibirica* L. var. *bockiana* Engl.）	草本	■					
虎耳草	*Saxifraga stolonifera* Curt.（*S. stolonifera* var. *immaculata*（Diels.）Hand.-Mazz）	草本	■	+				
钻地风	*Schizophragma integrifolium* Oliv.（*S. integrifolium* Oliv.f. *denticutatum*（Rehd.）Chun）	草本	■	+				
黄水枝	*Tiarella polyphylla* D. Don	草本	●	+				
95 海桐花科 Pittosporaceae								
皱叶海桐	*Pittosporum crispulum* Gagnep.	灌木	●					
密脉海桐	*Pittosporum densinervatum* H. T. Chang et Yan	灌木	■					
突肋海桐	*Pittosporum elevaticostatum* H. T. Chang et Yan	灌木	■					
狭叶海桐	*Pittosporum glabratum* Lindl.var. *neriifolium* Rehd.et Wils.	灌木	■		+			
异叶海桐	*Pittosporum heterophyllum* Franch.	灌木	■	+				
崖花海桐	*Pittosporum illicioides* Makino	灌木	■	+				
柄果海桐	*Pittosporum podocarpum* Gagnep.	灌木	■	+				
线叶柄果海桐	*Pittosporum podocarpum* Gagnep.var. *angustatum* Gowda	灌木	■					
厚圆果海桐	*Pittosporum rehderianum* Gowda	灌木	■	+				
棱果海桐	*Pittosporum trigonocarpum* Lévl.	灌木	■					
崖花子	*Pittosporum truncatum* Pritz.	灌木	■	+				
木果海桐	*Pittosporum xylocarpum* Hu et Wang	灌木	■	+				
96 蔷薇科 Rosaceae								
龙芽草	*Agrimonia pilosa* Ledeb.	草本	▼	+				
唐棣	*Amelanchier sinica*（Schneid.）Chun	乔木	■					
桃&	*Amygdalus persica* L.	乔木	■		+	+		
梅&	*Armeniaca mume* Sieb.	乔木	■		+	+		
杏&	*Armeniaca vulgaris* Lam.	乔木	▼	+		+		
假升麻	*Aruncus sylvester* Kostel.	草本	■	+				
微毛樱桃	*Cerasus clarofolia*（Schneid.）Yu. et C. L. Li	灌木	▼			+		
华中樱桃	*Cerasus conradina*（Koehne）Yu et C. L. Li	乔木	▼	+	+			
尾叶樱	*Cerasus dielsiana*（Schneid.）Yu et C. L. Li	乔木	▼		+			
迎春樱桃	*Cerasus discoides* Yü et Li	乔木	▼		+			
樱桃&	*Cerasus pseudocerasus*（Lindl.）G. Don	乔木	■			+		
崖樱桃	*Cerasus scopulorum*（Koehne）Yü et C. L. Li	乔木	■					
细齿樱桃	*Cerasus serrula*（Franch.）Yu et Li	乔木	■	+				
山樱花	*Cerasus serrulata*（Lindl.）G. Don	灌木	■	+				+
刺毛樱桃	*Cerasus setulosa*（Batal.）Yü et C. L. Li	灌木	▼					
四川樱桃	*Cerasus szechuanica*（Batal.）Yü et C. L. Li	乔木	■	+	+	+		
康定樱桃	*Cerasus tatsienensis*（Batal.）Yü et Li	灌木	■	+				

续表

物种	学名	生活型	数据来源	药用	观赏	食用	蜜源	工业原料
96 蔷薇科 Rosaceae								
毛樱桃	*Cerasus tomentosa*（Thunb.）Wall.	灌木	●					
毛孔樱桃（川西樱桃）	*Cerasus trichostoma*（Koehne）Yü et Li	乔木	■		+			
毛叶木瓜	*Chaenomeles cathayensis*（Hemsl.）Schneid.	灌木	■	+	+	+		
皱皮木瓜&	*Chaenomeles speciosa*（Sweet）Nakai	灌木	■	+				
灰栒子	*Cotoneaster acutifolius* Turcz.	灌木	■	+				
密毛灰栒子	*Cotoneaster acutifolius* Turcz.var. *villosulus* Rehd.et Wils.	灌木	■					
匍匐栒子	*Cotoneaster adpressus* Bois	灌木	■					
川康栒子	*Cotoneaster ambiguus* Rehd.et Wils.	灌木	■					
细尖栒子	*Cotoneaster apiculatus* Rehd.et Wils	灌木	▼					
泡叶栒子	*Cotoneaster bullatus* Bois.	灌木	■					
矮生栒子	*Cotoneaster dammerii* Schneid.	灌木	■					
木帚栒子	*Cotoneaster dielsianus* Pritz.	灌木	■					
散生栒子	*Cotoneaster divaricatus* Rehd.et Wils.	灌木	■					
恩施栒子	*Cotoneaster fangianus* Yü	灌木	▼					
麻核栒子	*Cotoneaster foveolatus* Rehd.et Wils.	灌木	■					
光叶栒子	*Cotoneaster glabratus* Rehd.et Wils.	灌木	■					
粉叶栒子	*Cotoneaster glaucophyllus* Fr.	灌木	■					
细弱栒子	*Cotoneaster gracilis* Rehd.et Wils.	灌木	▼					
钝叶栒子	*Cotoneaster hebephyllus* Diels	灌木	■					
平枝栒子	*Cotoneaster horizontalis* Dcne.	灌木	■	+	+			
宝兴栒子	*Cotoneaster moupinensis* Franch.	灌木	■					
暗红栒子	*Cotoneaster obscurus* Rehd.et Wils.	灌木	▼					
麻叶栒子	*Cotoneaster rhytidophyllus* R. et W.	灌木	■					
柳叶栒子	*Cotoneaster salicifolius* Franch.	灌木	■		+			
皱叶柳叶栒子	*Cotoneaster salicifolius* Franch.var. *rugosus*（Pritz.）Rehd. et Wils.	灌木	▼					
华中栒子	*Cotoneaster silvestrii* Pamp.	灌木	▼					
毛叶水栒子	*Cotoneaster submultiflorus* Popov	灌木	■					
野山楂	*Crataegus cuneata* Sicb. et Zucc.	灌木	■	+		+		
湖北山楂	*Crataegus hupihensis* Sarg.	乔木	▼	+		+		
华中山楂	*Crataegus wilsonii* Sarg.	灌木	■			+		
蛇莓	*Duchesnea indica*（Andr.）Focke	草本	■	+		+		
大花枇杷	*Eriobotrya cavaleriei*（Lévl.）Rehd.	乔木	▼	+	+	+		
枇杷	*Eriobotrya japonica*（Thunb.）Lindl.	乔木	●	+		+		
栎叶枇杷	*Eriobotrya prinioidea* R.et W.	乔木	▼					
红柄白鹃梅	*Exochorda giraldii* Hesse	灌木	■					
绿柄白鹃梅	*Exochorda giraldii* Hesse var. *wilsonii*（Rehd.）Rehd.	灌木	▼					
纤细草莓	*Fragaria gracilis* Lozinsk.	草本	●			+		
黄毛草莓	*Fragaria nilgerrensis* Schlecht.ex Gay	草本	■			+		
东方草莓	*Fragaria orientalis* Lozinsk	草本	■		+	+		
路边青	*Geum aleppicum* Jacq.	草本	▼	+				
柔毛路边青	*Geum japonicum* Thunb.var. *chinense* F. Bolle	草本	▼	+				

物种	学名	生活型	数据来源	药用	观赏	食用	蜜源	工业原料
96 蔷薇科 Rosaceae								
棣棠	*Kerria japonica*（L.）DC.	灌木	▼	+				
重瓣棣棠&	*Kerria japonica*（L.）DC. f. *pleniflora*（Wıtte）Rehd.	灌木	■		+			
尖叶桂樱	*Laurocerasus undulata*（D.Don）Roem.	灌木	●					
臭樱	*Maddenia hypoleuca* Koehna	乔木	■		+			
山荆子	*Malus baccata*（L.）Borkh.	乔木	▼	+	+	+		
垂丝海棠	*Malus halliana* Rehd.	灌木	■		+			
湖北海棠	*Malus hupehensis*（Pamp.）Rehd.	乔木	●		+			
陇东海棠	*Malus kansuensis*（Batal.）Schneid.	灌木	▼		+			
光叶陇东海棠	*Malus kansuensis*（Batal.）Schneid. f. *calva* Rehd.	灌木	▼					
毛山荆子	*Malus manshurica*（Maxim.）Kom.	乔木	●	+	+			
楸子	*Malus prunifolia*（Willd.）Borkh.	乔木	●		+			
滇池海棠	*Malus yunnanensis*（Franch.）Schneid.	乔木	■					
毛叶绣线梅	*Neillia ribesioides* Rehd.	灌木	■					
中华绣线梅	*Neillia sinensis* Oliv.	灌木	■	+	+			
短梗稠李	*Padus brachypoda*（Batal.）Schneid	乔木	▼					
灰叶稠李	*Padus grayana*（Maxim.）Schneid.	乔木	▼					
细齿稠李	*Padus obtusata*（Koehne）Yu et Ku	乔木	■		+			
中华石楠	*Photinia beauverdiana* Schneid.	灌木	■	+				
厚叶中华石楠	*Photinia beauverdiana* Schneid.var. *notabilis*（Schneid.）Rehd. et Wils.	灌木	▼					
椤木石楠	*Photinia davidsoniae* Rehd. et Wils.	乔木	■		+			
卵叶石楠	*Photinia lasiogyna*（Franch.）Schneid.	灌木	■					
小叶石楠	*Photinia parvifolia*（Pritz.）Schneid.（*Ph. subumbellata* Pehd. et Wils.）	灌木	■	+				
石楠	*Photinia serrulata* Lindl.	灌木	■	+	+			
毛叶石楠	*Photinia villosa*（Thunb.）DC.	灌木	■	+				
皱叶委陵菜	*Potentilla ancistrifolia* Bunge	草本	■					
蛇莓委陵菜	*Potentilla centigrana* Maxim.	草本	■	+				
委陵菜	*Potentilla chinensis* Ser.	草本	●	+				
狼牙委陵菜	*Potentilla cryptotaeniae* Maxim.	草本	▼	+				
翻白草	*Potentilla discolor* Bunge	草本	■	+				
莓叶委陵菜	*Potentilla fragarioides* L.（*P. fragarioides* L. var. *major* Maxim.）	草本	▼	+				
三叶委陵菜	*Potentilla freyniana* Bornm.	草本	■	+				
中华三叶委陵菜	*Potentilla freyniana* Bornm.var. *sinica* Migo	草本	■	+				
蛇含委陵菜	*Potentilla kleiniana* Wight et Arn.	草本	▼	+				
银叶委陵菜	*Potentilla leuconota* D. Don	草本	■	+				
垂花委陵菜	*Potentilla pendula* Yu et Li	草本	▼	+				
丛生钉柱委陵菜	*Potentilla saundersinan* Royle var. *caespitosa* Royle	草本	■					
李&	*Prunus salicina* Lindl.	乔木	■		+	+		
全缘火棘	*Pyracantha atalantioides*（Hance）Stapf	灌木	■	+				
细圆齿火棘	*Pyracantha crenulata*（D. Don）Roem.	灌木	■	+				
火棘	*Pyracantha fortuneana*（Maxim.）Li	灌木	▼	+	+	+		

物种	学名	生活型	数据来源	药用	观赏	食用	蜜源	工业原料
96 蔷薇科 Rosaceae								
杜梨	*Pyrus betulaefolia* Bunge	乔木	▼	+	+			
川梨	*Pyrus pashia* Buch.-Ham.ex D. Don	乔木	▼					
沙梨	*Pyrus pyrifolia*（Burm.f.）Nakai	乔木	■		+	+		
麻梨	*Pyrus serrulata* Rehd.	灌木	▼		+			
鸡麻	*Rhodotypos scandens*（Thunb.）Makino	灌木	▼	+	+			
木香花	*Rosa banksiae* Ait.	灌木	■	+	+			
单瓣白木香	*Rosa banksiae* Ait.var. *normalis* Regel	灌木	■	+				
拟木香	*Rosa banksiopsis* Baker	灌木	■	+				
尾萼蔷薇	*Rosa caudata* Baker	灌木	●		+			
城口蔷薇	*Rosa chengkouensis* Yu et Ku	灌木	■		+			
伞房蔷薇	*Rosa corymbulosa* Rolfe	灌木	■		+			
小果蔷薇	*Rosa cymosa* Tratt.	灌木	■		+			
西北蔷薇	*Rosa davidii* Crep.	灌木	■	+				
陕西蔷薇	*Rosa giraldii* Crep.	灌木	▼		+			
绣球蔷薇	*Rosa glomerata* Rehd.et Wils.	灌木	■		+			
卵果蔷薇	*Rosa helenae* Rehd.et Wils.	灌木	■	+	+			
软条七蔷薇	*Rosa henryi* Bouleng.	灌木	▼		+			
金樱子	*Rosa laevigata* Michx.	灌木	■		+			
多苞蔷薇	*Rosa multibracteata* Hemsl.	灌木	■		+			
野蔷薇	*Rosa multiflora* Thunb.	灌木	■	+	+			
七姊妹	*Rosa multiflora* Thunb.var. *carnea* Thory（*R. multiflora* Thunb.var. *platyphylla* Thory）	灌木	■		+			
粉团蔷薇	*Rosa multiflora* Thunb.var. *cathayensis* Rehd.et Wils	灌木	■	+	+			
峨眉蔷薇	*Rosa omeiensis* Rolfe	灌木	■	+	+	+		
缫丝花	*Rosa roxburghii* Tratt.	灌木	●		+			
单瓣缫丝花	*Rosa roxburghii* Tratt.f. *normalis* Rehd. et Wils.	灌木	▼		+			
悬钩子蔷薇	*Rosa rubus* Lévl.et Vant.	灌木	■		+			
大红蔷薇	*Rosa saturata* Baker	灌木	■		+			
钝叶蔷薇	*Rosa sertata* Rolfe	灌木	●		+			
刺梗蔷薇	*Rosa setipoda* Hemsl.et Wils.（*R. hemsleyana* Tackholm）	灌木	■		+			
川滇蔷薇	*Rosa soulieana* Crep.	灌木	■		+			
扁刺蔷薇	*Rosa sweginzowii* Koehne	灌木	●		+			
小叶蔷薇	*Rosa willmottiae* Hemsl.	灌木	■					
腺毛莓	*Rubus adenophorus* Poir.	灌木	●	+		+		
刺萼悬钩子	*Rubus alexeterius* Focke	灌木	■					
秀丽莓	*Rubus amabilis* Focke	灌木	■	+				
西南悬钩子	*Rubus assamensis* Focke	灌木	■	+				
桔红悬钩子	*Rubus aurantiacus* Focke	灌木	▼					
竹叶鸡爪茶	*Rubus bambusarum* Focke	灌木	■			+		
粉枝莓	*Rubus biflorus* Buch.-Ham.ex Sm.	灌木	■	+		+		
寒莓	*Rubus buergeri* Miq.	灌木	▼			+		
毛萼莓	*Rubus chroosepalus* Focke	灌木	■	+		+		

续表

物种	学名	生活型	数据来源	药用	观赏	食用	蜜源	工业原料
96 蔷薇科 Rosaceae								
小柱悬钩子	*Rubus columelsris* Tutcher	灌木	■					
山莓	*Rubus corchorifolius* L. f.	灌木	■	+		+		
插田泡	*Rubus coreanus* Miq.	灌木	■					
毛叶插田泡	*Rubus coreanus* Miq.var. *tomentosus* Card.	灌木	●	+		+		
桉叶悬钩子	*Rubus eucalyptus* Focke	灌木	■	+				
腺毛大红泡	*Rubus eustephanus* Focke ex Diels var. *glanduliger* Yu et Lu	灌木	●					
弓茎悬钩子	*Rubus flosculosus* Focke	灌木	■					
宜昌悬钩子	*Rubus ichangensis* Hemsl.et Ktze.	灌木	■	+				
白叶莓	*Rubus innominatus* S. Moore	灌木	■					
高粱泡	*Rubus lambertiamus* Ser.	灌木	■	+				
光叶高粱泡	*Rubus lambertiamus* Ser. var. *glaber* Hemsl.	灌木	▼					
绵果悬钩子	*Rubus lasiostylus* Focke	灌木	▼					
棠叶悬钩子	*Rubus malifolius* Focke	灌木	▼					
喜荫悬钩子	*Rubus mesogaeus* Focke	灌木	■					
乌泡子	*Rubus parkeri* Hance	灌木	▼	+				
茅莓	*Rubus parvifolius* L.	灌木	■	+				
黄泡	*Rubus pectinellus* Maxim.	灌木	●	+				
陕西悬钩子	*Rubus piluliferus* Focke	灌木	▼					
红毛悬钩子	*Rubus pinfaensis* Lévl.et Vant.	灌木	■	+		+		
针刺悬钩子	*Rubus pungens* Camb.	灌木	▼	+		+		
香莓	*Rubus pungens* Camb. var. *oldhamii*（Miq.）Maxim.	灌木	■		+	+		
空心泡	*Rubus rosaefolius* Smith	灌木	■					
川莓	*Rubus setchuenensis* Bur.et Franch.	灌木	▼	+		+		
单茎悬钩子	*Rubus simplex* Focke	灌木	▼					
木莓	*Rubus swinhoei* Hance	灌木	■	+		+		
巫山悬钩子	*Rubus wushanensis* Yu et Lu	灌木	■	+		+		
黄脉莓	*Rubus xanthoneurus* Focke ex Diels	灌木	■					
地榆	*Sanguisorba officinalis* L.	乔木	■	+	+			
高丛珍珠梅	*Sorbaria arborea* Schneid.	灌木	●	+				
光叶高丛珍珠	*Sorbaria arborea* Schneid.var. *glabrata* Rehd.	灌木	▼					
水榆花楸	*Sorbus alnifolia*（Sieb.et Zucc .）K. koch	乔木	▼	+	+			
美脉花楸	*Sorbus caloneura*（Stapf）Rehd.	乔木	■	+				
石灰花楸	*Sorbus folgneri*（Schneid.）Rehd.	乔木	■	+				
球穗花楸	*Sorbus glomerulata* Koehne	灌木	●					
湖北花楸	*Sorbus hupehensis* Schneid.	乔木	▼	+		+		+
毛序花楸	*Sorbus keissleri*（Schneid.）Rehd.	乔木	▼					
陕甘花楸	*Sorbus koehneana* Schneid.	灌木	▼					
大花花楸	*Sorbus macranthum*（Hand.-Mazz.）Huang	乔木	■					
大果花楸	*Sorbus megalocarpa* Rehd.	乔木	■					
西南花楸	*Sorbus rehderiana* Koehne	灌木	■					
华西花楸	*Sorbus wilsoniana* Schneid.	乔木	▼					

续表

物种	学名	生活型	数据来源	药用	观赏	食用	蜜源	工业原料
96 蔷薇科 Rosaceae								
黄脉花楸	*Sorbus xanthoneura* Rehd.	乔木	■	+	+			
长果花楸	*Sorbus zahlbruckneri* Schneid.	乔木	■					
绣球绣线菊	*Spiraea blumei* G. Don	乔木	■					
中华绣线菊	*Spiraea chinensis* Maxim.	灌木	■		+			
翠蓝绣线菊	*Spiraea henryi* Hemsl.	灌木	▼	+	+			
疏毛绣线菊	*Spiraea hirsuta*（Hemsl.）Schneid.	灌木	▼					
粉花绣线菊	*Spiraea japonica* L. f.var. *acuminate* Franch.	灌木	■	+	+			
光叶粉花绣线菊	*Spiraea japonica* L. f.var. *fortunei*（Planch.）	灌木	■	+	+			
华西绣线菊	*Spiraea laeta* Rehd.	灌木	▼	+				
长芽绣线菊	*Spiraea longigemmis* Maxim.	灌木	■	+	+			
毛枝绣线菊	*Spiraea martinii* Levl.	灌木	■					
广椭绣线菊	*Spiraea ovalis* Rehd.	灌木	■					
土庄绣线菊	*Spiraea pubescens* Turcz.	灌木	■		+			
南川绣线菊	*Spiraea rosthornii* Pritz.	灌木	▼	+	+			
川滇绣线菊	*Spiraea schneideriana* R.	灌木	▼	+	+			
鄂西绣线菊	*Spiraea veitchii* Hemsl.	灌木	■					
陕西绣线菊	*Spiraea wilsonii* Duthie	灌木	■		+			
华空木	*Stephanandra chinensis* Hance	灌木	▼		+			
毛萼红果树	*Stranvaesia amphidoxa* Schneid.	灌木	■					
红果树	*Stranvaesia davidiana* Dcne.	灌木	■					
波叶红果树	*Stranvaesia davidiana* Dcne. var. *undulate*（Dcne .）Rehd. et Wils.（*S. undulata* Dcne.）	灌木	▼		+			
绒毛红果树	*Stranvaesia tomentosa* Yu et Ku	灌木	▼					
97 豆科 Leguminosae								
合萌	*Aeschynomene indica* L.	草本	▼	+				
合欢	*Albizia julibrissin* Durazz.	乔木	▼	+	+			
山槐	*Albizia kalkora*（Roxb.）Prain	乔木	■					
紫穗槐	*Amorpha fruticosa* L.	灌木	■	+		+		+
土栾儿	*Apios fortunei* Maxim.	草本	■	+				
金翼黄芪	*Astragalus chrysopterus* Bge.	草本	■					
背扁黄芪	*Astragalus complanatus* Bunge	草本	■	+				
秦岭黄芪	*Astragalus henryi* Oliv.	草本	■					
莲山黄芪	*Astragalus leansanius* Ulbr.	草本	■					
膜荚黄芪	*Astragalus membranaceus*（Fisch.）Bunge	草本	■	+				
紫云英	*Astragalus sinicus* L.	草本	■	+	+			
小鞍叶羊蹄甲	*Bauhinia brachycarpa* var. *microphylla*（Oliv. ex Craib）K. et S. S. larsen（*B. faberi* Oliv. var. *microphylla* Oliv. ex Craib）	灌木	■					
鞍叶羊蹄甲	*Bauhinia brachycarpa* Wall. ex Benth.（*B. faberi* Oliv.）	灌木	■	+				
龙须藤	*Bauhinia championii*（Benth.）Benth.	藤本	■	+	+			
鄂羊蹄甲	*Bauhinia glauca*（Wall. ex Benth .）Benth.ssp. *hupehana*（Craib）T. Chen（*B. hupehana* Craib）	藤本	■					
华南云实	*Caesalpinia crista* L.（*Caesalpinia szechuanensis* Craib）	藤本	■					

物种	学名	生活型	数据来源	药用	观赏	食用	蜜源	工业原料
97 豆科 Leguminosae								
云实	*Caesalpinia decapetala*（Roth）Alston（*C. sepiaria* Roxb.）	藤本	■		+			+
杭子梢（宜昌杭子梢）	*Campylotropis macrocarpa*（Bunge）Rehd.	灌木	■	+	+			
太白山杭子梢	*Campylotropis macrocarpa*（Bunge）Rehd. var. *giraldii*（Schindl.）K. T. Fu ex P. Y. Fu	灌木	■					
小雀花（多花杭子梢）	*Campylotropis polyantha*（Fr.）Schneid.	灌木	▼	+				
锦鸡儿	*Caragana sinica*（Buchoz）Rehd.	灌木	■	+	+			
柄荚锦鸡儿	*Caragana stipitata* Kom.	灌木	■					
豆茶决明	*Cassia nomame*（Sieb.）Kitagawa	草本	■	+				
紫荆	*Cercis chinensis* Bunge	灌木	■	+				
湖北紫荆	*Cercis glabra* Pampan.	乔木	■		+			
垂丝紫荆	*Cercis racemosa* Oliv.	乔木	▼		+			
小花香槐	*Cladrastis sinensis* Hemsl.	乔木	▼		+			+
香槐	*Cladrastis wilsonii* Takeda	乔木	■	+				
秧青	*Dalbergia assamica* Benth.	乔木	■					
大金刚藤黄檀	*Dalbergia dyeriana* Prain. ex Harms	乔木	■					
藤黄檀	*Dalbergia hancei* Benth.	乔木	■	+	+		+	
黄檀	*Dalbergia hupeana* Hance	乔木	■	+				
含羞草叶黄檀（象鼻藤）	*Dalbergia mimosoides* Franch.	草本	▼	+	+			
狭叶黄檀	*Dalbergia stenophylla* Prain	藤本	■					
小槐花	*Desmodium caudatum*（Thunb.）DC.	灌木	■					
圆锥山蚂蝗	*Desmodium elegans* DC.（*D. esquirolii* Levi.）	灌木	■	+				
饿蚂蝗	*Desmodium multiflorum* DC.	灌木	■	+				
长波叶山蚂蝗	*Desmodium sequax* Wall.	灌木	■	+				
皂荚	*Gleditsia sinensis* Lam.	乔木	■	+				
野大豆	*Glycine soja* Sieb.et Zucc.	草本	▼	+				
肥皂荚	*Gymnocladus chinensis* Baill.	乔木	■	+	+	+		+
多花木蓝	*Indigofera amblyantha* Craib	灌木	■					
苏木蓝	*Indigofera carlesii* Craib	灌木	■	+				
华槐蓝	*Indigofera kirilowii* Maxim ex Palibin	灌木	■					
马棘	*Indigofera pseudotinctoria* Mats.	灌木	■	+				
刺序木蓝	*Indigofera silvestrii* Pamp.	灌木	■		+			
长萼鸡眼草	*Kummerowia stipulacea*（Maxim.）Makino	草本	■	+				
鸡眼草	*Kummerowia striata*（Thunb.）Schindl.	草本	■	+		+		
大山黧豆（茳茳香豌豆）	*Lathyrus davidii* Hance	草本	■	+				
中华山黧豆	*Lathyrus dielsianus* Harms	草本	▼					
牧地香豌豆	*Lathyrus pratensis* L.	草本	■	+				
山黧豆	*Lathyrus quinquenervius*（Miq.）Litv. ex Kom.	草本	■	+				
胡枝子	*Lespedeza bicolor* Turcz.	灌木	■					+
绿叶胡枝子	*Lespedeza buergeri* Miq.	灌木	■	+				
中华胡枝子	*Lespedeza chinensis* G. Don	灌木	▼	+				
截叶铁扫帚	*Lespedeza cuneata*（Dum.-Cours.）G. Don（*L. juncea* Pers. var. *sericea*（Thunb.）Hemsl.）	灌木	■					+

续表

物种	学名	生活型	数据来源	药用	观赏	食用	蜜源	工业原料
97 豆科 Leguminosae								
短梗胡枝子	*Lespedeza cyrtobotrya* Miq.	灌木	▼		+			
大叶胡枝子	*Lespedeza davidii* Franch.	灌木	■	+				
多花胡枝子	*Lespedeza floribunda* Bunge	灌木	■	+	+			
美丽胡枝子	*Lespedeza formosa*（Vog.）Koehne（*L. thunbergii*（DC.）Nakai）	灌木	■	+	+		+	
铁马鞭	*Lespedeza pilosa*（Thunb.）Sieb.et Zucc.	草本	■	+	+			
山豆花（绒毛胡枝子）	*Lespedeza tomentosa*（Thunb.）Sieb. ex Maxim.	灌木	▼	+				
细梗胡枝子	*Lespedeza virgata*（Thunb.）DC.	灌木	■	+				
百脉根	*Lotus corniculatus* L.	草本	■	+	+			
马鞍树	*Maackia hupehensis* Takeda	乔木	■		+			
天蓝苜蓿	*Medicago lupulina* L.	草本	▼	+				
小苜蓿	*Medicago minima*（L.）L.	草本	■					
白花草木犀	*Melilotus albus* Desr.	草本	■	+				+
印度草木犀	*Melilotus indicus*（L.）All.	草本	■	+				
草木犀	*Melilotus officinalis*（L.）Desr.	草本	■	+				
亮叶崖豆藤	*Millettia nitida* Benth.	灌木	■	+				
厚果崖豆藤	*Millettia pachycarpa* Benth.	藤本	■	+				
锈毛崖豆藤	*Millettia sericosema* Hance	灌木	■					
香花崖豆藤	*Millettia dielsiana* Harms	灌木	■	+				
常春油麻藤	*Mucuna sempervirens* Hemsl.	藤本	■	+				
红豆树	*Ormosia hosiei* Hemsl.et Wils.	乔木	●	+				
秃叶红豆树	*Ormosia nuda*（How）R.H.Chang et Q.W.Yao	乔木	■	+				
宽卵叶长柄山蚂蝗	*Podocarpium fallax* Schindl.	草本	■					
羽叶长柄山蚂蝗	*Podocarpium oldhami* Oliv.	草本	■	+				
长柄山蚂蝗	*Podocarpium podocarpum*（DC.）Yang et Huang	草本	■	+				
尖叶长柄山蚂蝗	*Podocarpium podocarpum*（DC.）Yang et Huang var. *oxyphyllum*（DC.）Yang et Huang（*Desmodium racemosum*（Thunb.）DC.）	草本	■	+				
四川长柄山蚂蝗	*Podocarpium podocarpum* var. *szechuenensis*（Craib）Yang et Huang	草本	■	+				
食用葛藤	*Pueraria edulis* Pamp.	藤本	■	+		+		
野葛	*Pueraria lobata*（Willd.）Ohwi	藤本	■	+				
粉葛	*Pueraria lobata* var. *thomsonii*（Benth.）Van der Maesen	藤本	■	+				
苦葛	*Pueraria peduncularis*（Grah. ex Benth.）Benth.	草本	■	+				
紫脉花鹿藿	*Rhynchosia craibiana* Rehd.	草本	■					
菱叶鹿藿	*Rhynchosia dielsii* Harms	草本	■	+	+		+	
小鹿藿	*Rhynchosia minima*（L.）DC.	草本	■					
鹿藿	*Rhynchosia volubilis* Lour.	草本	●	+				
刺槐	*Robinia pseudoacacia* L.	乔木	▼	+				
苦参	*Sophora flavescens* Ait.	灌木	■	+				
槐	*Sophora japonica* L.	乔木	■			+		
白刺花	*Sophora viciifolia* Hance	乔木	■	+		+		+
红车轴草	*Trifolium pratense* L.	草本	■	+				
白车轴草	*Trifolium repens* L.	草本	●	+	+			

物种	学名	生活型	数据来源	药用	观赏	食用	蜜源	工业原料
97 豆科 Leguminosae								
山野豌豆	*Vicia amoena* Fisch.	草本	▼	+	+			
窄叶野豌豆	*Vicia angustifolia* L.	草本	■		+		+	
大花野豌豆	*Vicia bungei* Ohwi	草本	■					
华野豌豆	*Vicia chinensis* Fr.	草本	■					
广布野豌豆	*Vicia cracca* L.	草本	■	+	+	+		
大野豌豆	*Vicia gigantea* Bunge	草本	▼					
小巢菜	*Vicia hirsute*（L.）S. F. Gray	草本	▼	+				
大叶野豌豆	*Vicia pseudorobus* Fisch. et C. A. Mey.	草本	■	+				
救荒野豌豆	*Vicia sativa* L.	草本	■	+	+	+		
野豌豆	*Vicia sepium* L.	草本	■	+				
四籽野豌豆	*Vicia tetrasperma* Moench	草本	■	+	+		+	
歪头菜	*Vicia unijuga* A. Br.	草本	▼	+		+		
野豇豆	*Vigna vexillata*（L.）Rich.	草本	■	+				
98 酢浆草科 Oxalidaceae								
山酢浆草	*Oxalis acetosella* L. ssp. *griffithii*（Edgew. et Hook.f.）Hara	草本	■					
酢浆草	*Oxalis corniculata* L.	草本	■	+	+			
红花酢浆草	*Oxalis corymbosa* DC.	草本	▼	+		+		
99 牻牛儿苗科 Geraniaceae								
牻牛儿苗	*Erodium stephanianum* Wild.	草本	■	+				
圆齿老鹳草（灰岩紫地榆）	*Geranium franchetii* R. Knuth	草本	■					
湖北老鹳草	*Geranium hupehanum* R. Knuth	草本	■	+				
尼泊尔老鹳草	*Geranium nepalense* Sw.	草本	■	+				
毛蕊老鹳草	*Geranium platyanthum* Duthie	草本	■	+				
纤细老鹳草	*Geranium robertianum* L.	草本	▼					
鼠掌老鹳草	*Geranium sibiricum* L.	草本	■	+				
老鹳草	*Geranium wilfordii* Maxim.	草本	■	+				
灰背老鹳草	*Geranium wlassowianum* Pisch. ex Link	草本	●	+				
100 亚麻科 Linaceae								
野亚麻	*Linum stelleroides* Planch.	草本	■	+				
石海椒	*Reinwardtia trigyna*（Roxb.）Planch.	灌木	■					
101 大戟科 Euphorbiaceae								
木本铁苋菜（尾叶铁苋菜）	*Acalypha acmophylla* Hemsl	灌木	■					
铁苋菜	*Acalypha australis* L.	草本	■	+				
短序铁苋菜（裂苞铁苋菜）	*Acalypha brachystachya* Hornem.	草本	■					
山麻杆	*Alchornea davidii* Franch.	灌木	■					
日本五月茶	*Antidesma japonicum* Sieb. et Zucc.	乔木	■					
重阳木	*Bischofia polycarpa*（Lévl.）Airy-Shaw	乔木	■		+			
禾串树	*Bridelia insulana* Hance	乔木	■					+
巴豆	*Croton tiglium* L.	乔木	■	+				
假奓包叶	*Discocleidion rufescens*（Franch.）Pax et Hoffm.	灌木	▼	+				
乳浆大戟	*Euphorbia esula* L.	草本	■					

续表

物种	学名	生活型	数据来源	药用	观赏	食用	蜜源	工业原料
101 大戟科 Euphorbiaceae								
泽漆	*Euphorbia helioscopia* L.	草本	●	+				
飞扬草	*Euphorbia hirta* L.	草本	●	+				
地锦	*Euphorbia humifusa* Willd. ex Schlecht.	草本	■	+				
西南大戟（湖北大戟）	*Euphorbia hylonoma* Hand.-Mazz.	草本	■	+				
南大戟（大狼毒）	*Euphorbia jolkinii* Boiss.	草本	■	+				
续随子	*Euphorbia lathyris* L.	草本	●	+				
斑地锦	*Euphorbia maculata* L.	草本	■	+				
京大戟	*Euphorbia pekinensis* Rupr.	草本	■	+				
钩腺大戟	*Euphorbia sieboldiana* Morr.et Decne.	草本	■	+				
黄苞大戟	*Euphorbia sikkimensis* Boiss.	草本	■	+				
千根草	*Euphorbia thymifolia* L.	草本	▼	+				
狭叶土沉香	*Excoecaria acerifolia* Didr. var. *cuspidata*（Muell.-Arg.）Muell.-Arg.	灌木	▼					
毛白饭树	*Flueggea acicularia*（Croiz.）Webster	灌木	■					
一叶荻	*Flueggea suffruticosa*（Pall.）Baill.	灌木	●	+				
革叶算盘子	*Glochidion daltonii*（Muell. Arg.）Kurz	灌木	■					
算盘子	*Glochidion puberum*（L.）Hutch.	灌木	■	+				
湖北算盘子	*Glochidion wilsonii* Hutch.	灌木	■	+	+			
雀儿舌头（雀舌木）	*Leptopus chinensis*（Bunge）Pojark	灌木	■					
野桐	*Mallotus japonicus*（Thunb.）Muell.-Arg. var. *floccosus*（Muell.-Arg.）S.M.Hwang	灌木	■	+				
白背叶	*Mallotus apelta*（Lour.）Muell.-Arg.	灌木	●	+				
毛桐	*Mallotus barbatus*（Wall.）Muell.-Arg.	乔木	●	+				
崖豆藤野桐	*Mallotus millietii* Levl.	灌木	●					
红叶野桐	*Mallotus paxii* Pamp.	灌木	▼					+
粗糠柴	*Mallotus philippensis*（Lam.）Muell.-Arg.	灌木	■					
石岩枫	*Mallotus repandus*（Willd.）Muell.-Arg.	灌木	▼	+				+
杠香藤（腺叶石岩枫）	*Mallotus repandus*（Willd.）Muell.-Arg.var. *chrysocarpus*（Pamp.）S. M. Hwang.	灌木	▼					
密柑草	*Phyllanthus matsumurae* Hayata	草本	▼					
叶下珠	*Phyllanthus urinaria* L.	草本	●	+				+
蓖麻	*Ricinus communis* L.	草本	■	+	+			+
山乌桕	*Sapium discolor*（Champ. ex Benth.）Muell.-Arg.	乔木	■	+	+		+	+
乌桕	*Sapium sebiferum*（L.）Roxb.	乔木	●	+	+			
广东地构叶	*Speranskia cantonensis*（Hance）Pax ex Hoffm.	草本	■					
油桐	*Vernicia fordii*（Hemsl.）Airy-Shaw	乔木	▼					
102 虎皮楠科 Daphniphyllaceae								
狭叶虎皮楠	*Daphniphyllum angustifolium* Hutch.	灌木	▼					
交让木	*Daphniphyllum macropodum* Miq.	乔木	■	+				
虎皮楠	*Daphniphyllum oldhami*（Hemsl.）Rosenth.	乔木	■	+	+			+
103 芸香科 Rutaceae								
松风草（臭节草）	*Boenninghausenia albiflora*（Hook.）Reichb. ex Meisn.	草本	▼	+				
宜昌橙	*Citrus ichangensis* Swing.	乔木	■●	+		+		

物种	学名	生活型	数据来源	药用	观赏	食用	蜜源	工业原料
103 芸香科 Rutaceae								
香橼&	*Citrus medica* L.	灌木	■	+		+		
柑橘&	*Citrus reticulata* Blanco	乔木	▼	+	+	+	+	
黄皮	*Clausena lansium*（Lour.）Skeels	乔木	■	+		+		
臭辣吴萸	*Evodia fargesii* Dode	乔木	■	+				
密序吴萸	*Evodia henryi* Dode	乔木	■					
石虎	*Evodia rutaecarpa* var. *officinalis*（Dode）Huang	乔木	■					
臭常山	*Orixa japonica* Thunb.	灌木	■	+				
黄檗	*Phellodendron amurense* Rupr.	乔木	■	+				+
川黄檗	*Phellodendron chinense* Schneid.	乔木	■	+				
秃叶黄檗	*Phellodendron chinense* Schneid. var. *glabriusculum* Schneid.	乔木	■	+				
枳	*Poncirus trifoliate*（L.）Raf.	乔木	■	+				
裸芸香（山麻黄）	*Psilopeganum sinense* Hemsl.	草本	■	+				
乔木茵芋	*Skimmia arborescens* Anders.	乔木	■		+			
茵芋	*Skimmia reevesiana* Fort.	灌木	■	+				
臭檀吴萸	*Tetradium daniellii*（Bennett）T. G. Hartley	乔木	■	+				
棟叶吴萸	*Tetradium glabrifolium*（Champion ex Bentham）T. G. Hartley	乔木	■	+				+
吴茱萸	*Tetradium ruticarpum*（A. Jussieu）T. G. Hartley	乔木	▼	+				
飞龙掌血	*Toddalia asiatica*（L.）Lam.	乔木	■					
花椒	*Zanthoxylum bungeanum* Maxim.	乔木	▼					
蚬壳花椒	*Zanthoxylum dissitum* Hemsl.	灌木	■	+				
刺壳花椒	*Zanthoxylum echinocarpum* Hemsl.	藤本	■	+				
岩椒（贵州花椒）	*Zanthoxylum esquirolii* Lévl.	灌木	▼	+				
小花花椒	*Zanthoxylum micranthum* Hemsl.	乔木	■	+				
两面针	*Zanthoxylum nitidum*（Roxb.）DC.	藤本	■	+				
异叶花椒	*Zanthoxylum ovalifolium* Wight	乔木	■					
刺异叶花椒	*Zanthoxylum ovalifolium* Wight var. *spinifolium*（Rehd. et Wils.）Huang	乔木	■	+				
竹叶花椒	*Zanthoxylum planispinum* Sieb.et Zucc.	乔木	■	+				
毛竹叶花椒	*Zanthoxylum planispinum* Sieb. et. Zucc. f. *ferrugineum*	乔木	■					
花椒勒	*Zanthoxylum scandens* Bl.	灌木	▼					
野花椒	*Zanthoxylum simulans* Hance	灌木	■	+				
狭叶花椒	*Zanthoxylum stenophyllum* Hemsl.	灌木	■					
浪叶花椒	*Zanthoxylum undulatifolium* Hemsl.	乔木	▼	+				
104 苦木科 Simaroubaceae								
臭椿	*Ailanthus altissima*（Mill.）Swingle	乔木	●					+
大果臭椿	*Ailanthus altissima*（Mill.）Swingle var. *sutchuenensis*（Dode）Rehd.et Wils.	乔木	●					
苦木	*Picrasma quassioides*（D. Don）Benn.	乔木	●					
105 楝科 Meliaceae								
楝	*Melia azedarach* L.	乔木	▼	+	+			
川楝	*Melia toosendan* Sieb.et Zucc.	乔木	■	+				

物种	学名	生活型	数据来源	药用	观赏	食用	蜜源	工业原料
105 棟科 Meliaceae								
红椿	*Toona ciliate* Roem.	乔木	■					
香椿	*Toona sinensis*（A. Juss.）Roem .	乔木	■	+	+			+
106 远志科 Polygalaceae								
荷包山桂花	*Polygala arillata* Buch.-Ham. ex D. Don	灌木	■	+				
尾叶远志	*Polygala caudate* Rehd. et Wils.	灌木	■	+				
瓜子金	*Polygala japonica* Houtt.	草本	▼	+				
西伯利亚远志	*Polygala sibirica* L.	草本	▼	+		+		
小扁豆	*Polygala tatariniwii* Regel.	草本	■					
长毛远志	*Polygala wattersii* Hance	灌木	■	+				
107 马桑科 Coriariaceae								
马桑	*Coriaria nepalensis* Wall.	灌木	■					
108 漆树科 Anacardiaceae			■					
南酸枣	*Choerospondias axillaries*（Roxb.）Burtt et Hill	乔木	▼	+				
毛脉南酸枣	*Choerospondias axillaries*（Roxb.）Burtt et Hill var. *pubinervis*（Rehd. et Wils.）Burtt et Hill	乔木	▼	+		+		+
红叶（黄栌）	*Cotinus coggygria* Scop. var. *cinerea* Engl.	灌木	▼		+			
毛黄栌	*Cotinus coggygria* Scop. var. *pubescens* Engl.	灌木	■		+			
黄连木	*Pistacia chinensis* Bunge	乔木	■	+	+			
盐肤木	*Rhus chinensis* Mill.	乔木	■	+				
青麸杨	*Rhus potaninii* Maxim.	乔木	▼	+	+			
毛叶麸杨	*Rhus punjabensis* Stewart.var. *pilosa* Engl.	乔木	●	+	+		+	+
红麸杨	*Rhus Punjabensis* Stewart.var. *sinica*（Diels）Rehd. et Wils.	乔木	▼					
刺果毒漆藤	*Toxicodendron radicans*（L.）O. Kuntze.ssp. *hispidum*（Engl.）Gillis	灌木	▼					
野漆	*Toxicodendron succedaneum*（L.）O. Kuntze	乔木	●					
木蜡树	*Toxicodendron sylvestres*（Sieb.et Zucc.）O. Kuntze	乔木	■					+
漆树	*Toxicodendron vernicifluum*（Stokes）f.A. Barkl.	乔木	■					+
109 槭树科 Aceraceae								
五裂锐角槭	*Acer acutum* var. *quinquefidium* Fang et L. Chiu	乔木	●					
阔叶槭	*Acer amplum* Rehd.	乔木	●					
毛脉槭	*Acer barbinerve* Maxim.	乔木	■					
太白深灰槭	*Acer caesium* Wall.ex Brandis ssp. *giraldii*（Pax）E. Murr.	乔木	■	+				
小叶青皮槭	*Acer cappadocicum* Gled.var. *sinicum* Rehd.	乔木	■					
三尾青皮槭	*Acer cappadocicum* Gled.var. *tricardatum*（Rehd.ex Veitch）Rehd.	乔木	▼	+				
多齿长尾槭	*Acer caudatum* Wall.var. *multiserratum*（Maxim.）Rehd.	乔木	■					
紫果槭	*Acer cordatum* Pax	乔木	▼	+	+			
青榨槭	*Acer davidii* Franch.	乔木	■	+	+			
异色槭	*Acer discolor* Maxim.	乔木	■	+	+			
毛花槭	*Acer erianthum* Schwer.	乔木	▼	+	+			
罗浮槭	*Acer fabri* Hance	乔木	■	+	+			
红翅罗浮槭	*Acer fabri* Hance var. *rubrocarpum* Metc.	乔木	▼					

物种	学名	生活型	数据来源	药用	观赏	食用	蜜源	工业原料
109 槭树科 Aceraceae								
房县槭	*Acer faranchetii* Pax	乔木	▼	+				
扇叶槭	*Acer flabellatum* Rehd.	乔木	■	+				
黄毛槭	*Acer fulvescens* Rehd.	乔木	▼					
丹巴黄毛槭	*Acer fulvescens* Rehd. ssp. *danbaense* Fang	乔木	■					
血皮槭	*Acer griseum*（Franch.）Pax	乔木	■	+	+			
建始槭	*Acer henryi* Pax	乔木	■	+				
光叶槭	*Acer laevigatum* Wall.	乔木	▼					
疏花槭	*Acer laxiflorum* Pax	乔木	▼					
长柄槭	*Acer longipes* Franch.	乔木	▼	+				
五尖槭	*Acer maximowicazii* Pax	乔木	■	+	+			
色木槭	*Acer mono* Maxim.	乔木	▼	+	+			
飞蛾槭	*Acer oblongum* Wall. ex DC.	乔木	▼	+	+			
五裂槭	*Acer oliverianum* Pax	乔木	▼	+	+			
鸡爪槭	*Acer palmatum* Thunb.	乔木	■	+				
杈叶槭	*Acer robustum* Pax	乔木	▼	+	+			
中华槭	*Acer sinense* Pax	乔木	▼	+				
绿叶中华槭	*Acer sinense* Pax var. *concolor* Pax	乔木	▼	+	+			
深裂中华槭	*Acer sinense* Pax var. *logilobum* Fang	乔木	▼					
毛叶槭	*Acer stachyophyllum* Hiern	乔木	■	+				
薄叶槭	*Acer tenellum* Pax	乔木	■					
四蕊槭	*Acer tetramerum* Pax	乔木	■	+	+			
蒿苹四蕊槭	*Acer tetramerum* Pax var. *haopingense* Fang.	乔木	■					
桦叶四蕊槭	*Acer tetramerum* Pax var. *betulifolium*（Maxim.）Rehd.	乔木	■					
三花槭	*Acer triflorum* Komarow	乔木	■		+			
三峡槭	*Acer wilsonii* Rehd.	乔木	■					
金钱槭	*Dipteronia sinensis* Oliv.	乔木	■					
110 无患子科 Sapindaceae								
倒地铃	*Cardiospermum halicacabum* L.	藤本	▼	+	+			+
伞花木	*Eurycorymbus cavaleriei*（Levl.）Rehd.et Hand.-Mazz.	乔木	▼					
复羽叶栾树	*Koelreuteria bipinnata* Franch.	乔木	■	+	+			+
栾树	*Koelreuteria paniculata* Laxm.	乔木	■	+	+			+
川滇无患子	*Sapindus delavayi*（Franch.）Radlk.	乔木	■	+	+			
无患子	*Sapindus mukorossi* Gaertn.	乔木	■	+	+			+
111 七叶树科 Hippocastanaceae								
七叶树	*Aesculus chinensis* Bunge	乔木	■	+	+			+
天师栗	*Aesculus wilsonii* Rehd.	乔木	■					
112 清风藤科 Sabiaceae								
珂楠树	*Meliosma beaniana* Rehd.et Wils.	乔木	▼					
泡花树	*Meliosma cuneifolia* Franch.	乔木	■	+				
垂枝泡花树	*Meliosma flexuosa* Pamp.	乔木	■	+				
贵州泡花树	*Meliosma henryi* Diels	乔木	■	+				

物种	学名	生活型	数据来源	药用	观赏	食用	蜜源	工业原料
112 清风藤科 Sabiaceae								
柔毛泡花树	*Meliosma myriantha* Sieb.et Zucc.var. *pilosa*（Lecomte）Law	乔木	▼					
红柴枝	*Meliosma oldhamii* Mazim.	乔木	■					+
细花泡花树	*Meliosma parviflora* Lecomte	灌木	■					
假轮叶泡花树	*Meliosma subverticillaris* Rehd.et Wils.	灌木	■					
暖木	*Meliosma veitchiorum* Hemsl.	乔木	▼					
多花清风藤	*Sabia abia schumanniana* Diels ssp. *pluriflora*（Rehd.et Wils.）Y. F. Wu	藤本	■	+	+			
鄂西清风藤	*Sabia campanulata* Wall.ex Roxb.ssp. *ritchieae*（Rehd.et Wils.）Y. F. Wu	藤本	■	+	+			
清风藤	*Sabia japonica* Maxim.	藤本	■	+				
四川清风藤	*Sabia schumanniana* Diels	藤本	■	+				
尖叶清风藤	*Sabia swinhoei* Hemsl.ex Forb.et Hemsl.	藤本	■					
阔叶清风藤	*Sabia yunnanensis* Franch. ssp. *latifolia*（Rehd.et Wils.）Y.F.Wu	藤本	▼					
113 凤仙花科 Balsaminaceae								
凤仙花	*Impatiens balsamina* L.	草本	■	+				+
睫毛萼凤仙花	*Impatiens blepharosepala* Pritz.ex Diels	草本	▼					
顶喙凤仙花	*Impatiens compta* Hook.f.	草本	■		+			
细圆齿凤仙花	*Impatiens crenulata* Kook.f.	草本	●		+			
牯岭凤仙花	*Impatiens davidii* Franch.	草本	▼		+			
小花凤仙花	*Impatiens exiguiflora* Hook.f.	草本	■					
川鄂凤仙花	*Impatiens fargesii* Hook.f.	草本	▼	+				+
细柄凤仙花	*Impatiens leptocaulon* Hook.f.	草本	■	+	+			+
长翼凤仙花	*Impatiens longialata* Pritz.ex Diels.	草本	■		+			
膜叶凤仙花	*Impatiens membranifolia* Fr. ex Kook.f.	草本	■		+			
山地凤仙花	*Impatiens monticolo* Hook.f.	草本	■					
水金凤	*Impatiens noli-tangere* L.	草本	■	+	+			+
湖北凤仙花	*Impatiens pritzelii* Hook.f.	草本	■	+	+	+		+
翼萼凤仙花	*Impatiens pterosepala* Pritz.ex Hook.f.	草本	■					
齿叶凤仙花	*Impatiens sdontophylla* Hook.f.	草本	■					
四川凤仙花	*Impatiens setchuanensis* Franch.ex Hook.f.	草本	▼					
黄金凤	*Impatiens siculifer* Hook.f.	草本	■	+				+
窄萼凤仙花	*Impatiens stenosepala* Pritz.ex Diels	草本	■	+				+
小花窄萼凤仙花	*Impatiens stenosepala* Pritz.ex Diels var. *parviflora* Pritz.ex Hook.f.	草本	▼					
三角萼凤仙花	*Impatiens trigonosepala* Kook.f.	草本	■					
114 冬青科 Aquifoliaceae								
华中枸骨（针齿冬青）	*Ilex centrochinensis* S. Y. Hu	灌木	■					
城口冬青	*Ilex chengkouensis* C.J.Tseng	乔木	■	+	+			
冬青	*Ilex chinensis* Sims	乔木	■	+	+			
珊瑚冬青	*Ilex corallina* Franch.	灌木	■	+	+			
枸骨	*Ilex cornuta* Lindl. et Paxt.	灌木	■	+	+			
狭叶冬青	*Ilex fargesii* Franch	乔木	■■	+	+			

物种	学名	生活型	数据来源	药用	观赏	食用	蜜源	工业原料
114 冬青科 Aquifoliaceae								
榕叶冬青	*Ilex ficoidea* Hemsl.	乔木	▼	+				
毛薄叶冬青（毛叶扁果冬青）	*Ilex fragilis* Hook.f. f. *kingil* Loes.	灌木	▼					
细刺冬青（刺叶冬青）	*Ilex hylonoma* Hu et Tang	灌木	▼	+				
大果冬青	*Ilex macrocarpa* Oliv.	乔木	■	+				
河滩冬青（柳叶冬青）	*Ilex metabaptista* Loes.ex Diels	灌木	■	+	+			
小果冬青	*Ilex micrococca* Maxim.	乔木	■	+				
具柄冬青	*Ilex pedunculosa* Miq.	灌木	■	+	+			
猫儿刺	*Ilex pernyi* Franch.	灌木	▼	+	+			
四川冬青	*Ilex szechwanensis* Loes.	灌木	▼	+	+			
尾叶冬青	*Ilex wilsonii* Loes.	灌木	▼	+				
云南冬青	*Ilex yunnanensis* Franch.	灌木	▼					
115 卫矛科 Celastraceae								
苦皮藤	*Celastrus angulatus* Maxim.	灌木	■	+				+
大芽南蛇藤（哥兰叶）	*Celastrus gemmatus* Loes.	灌木	■	+				+
灰叶南蛇藤	*Celastrus glaucophyllus* Rehd.et Wils.	灌木	▼	+				+
青江藤	*Celastrus hindsii* Benth.	藤本	■					
粉背南蛇藤	*Celastrus hypoleucus*（Oliv.）Warb.	藤本	▼	+	+			+
南蛇藤	*Celastrus orbiculatus* Thunb.	藤本	■	+	+			+
短柄南蛇藤	*Celastrus rosthornianus* Loes.	灌木	■	+				
长序南蛇藤	*Celastrus vaniotii*（Levl.）Rehd.	藤本	▼	+	+			
刺果卫矛	*Euonymus acanthocarpus* Franch.	灌木	■	+				
软刺卫矛	*Euonymus aculeatus* Hemsl.	灌木	■	+				
卫矛	*Euonymus alatus*（Thun.）Sieb.	灌木	■	+	+			
白杜	*Euonymus bunganus* Maxim.	乔木	■	+		+		+
肉花卫矛	*Euonymus carnosus* Hemsl.	乔木	▼		+			
百齿卫矛	*Euonymus centidens* Lévl.	灌木	■	+				
陈谋卫矛	*Euonymus chenmoui* Cheng	灌木	■					
角翅卫矛	*Euonymus cornutus* Hemsl.	灌木	▼	+	+			
裂果卫矛	*Euonymus dielsianus* Loes.ex Diels	灌木	■	+				
双歧卫矛	*Euonymus distichus* Levl.	灌木	▼					
长梗卫矛	*Euonymus elegantissimus* Merr. ex J. S. Ma	灌木	■					
扶芳藤	*Euonymus fortunei*（Turcz）Hand.-Mazz.	灌木	■	+				
大花卫矛	*Euonymus grandiflorus* Wall.	灌木	■	+				
西南卫矛	*Euonymus hamiltonianus* Wall.	乔木	▼	+	+			
披针叶卫矛	*Euonymus hamiltonianus* Wall. f. *lanceifolius*（Loes.）C. Y. Cheng	草本	▼	+				
革叶卫矛	*Euonymus lecleri* Lévl.	灌木	■					
小果卫矛	*Euonymus microcarpus*（Oliv.）Sprague	灌木	■	+				
大果卫矛（矩圆叶卫矛）	*Euonymus myrianthus* Hemsl.	灌木	▼	+				
矩叶卫矛	*Euonymus oblongifolius* Loes. et Rehd.	灌木	■	+				
栓翅卫矛	*Euonymus phellomanes* Loes.	灌木	■	+				
紫花卫矛	*Euonymus porphyreus* Loes.	灌木	▼	+				

续表

物种	学名	生活型	数据来源	药用	观赏	食用	蜜源	工业原料
115 卫矛科 Celastraceae								
八宝茶	*Euonymus przwalskii* Maxim.	灌木	▼	+				
石枣子	*Euonymus sanguineus* Loes.	灌木	▼		+			
陕西卫矛	*Euonymus schensianus* Maxim.	灌木	■	+	+			
染用卫矛	*Euonymus tingens* Wall.	乔木	▼	+				
曲脉卫矛	*Euonymus venosus* Hemsl.	灌木	▼	+				
疣点卫矛	*Euonymus verrucosoides* Loes.	灌木	■	+				
刺茶美登木	*Maytenus variabilis*（Hemsl.）C. Y. Cheng	灌木	■	+				
四棱假卫矛	*Microtropis tetragena* Merr. et Freem.	灌木	■					
三花假卫矛	*Microtropis triflora* Merr. et Freem.	灌木	■					
核子木	*Perrottetia racemosa*（Oliv.）Loes.	灌木	■					
116 省沽油科 Staphyleaceae								
野鸦椿	*Euscaphis japonica*（Thunb.）Dippel	灌木	■	+	+			+
省沽油	*Staphylea bumalda* DC.	灌木	■	+		+		+
膀胱果	*Staphylea holocarpa* Hemsl.	灌木	▼	+	+			+
瘿椒树	*Tapiscia sinensis* Oliv.	乔木	■		+			
117 黄杨科 Buxaceae								
匙叶黄杨	*Buxus harlandii* Hance	灌木	▼	+	+			
大花黄杨	*Buxus henryi* Mayr.	灌木	▼					
皱叶黄杨	*Buxus rugulosa* Hatusima	灌木	■					
黄杨	*Buxus sinica*（Rehd. et Wils.）M .Cheng	乔木	■	+	+			
尖叶黄杨	*Buxus sinica*（Rehd. et Wils.）M .Cheng ssp. *aemulans*（Rehd. et Wils.）M. Cheng	灌木	▼					
板凳果	*Pachysandra axillaris* Franch.	灌木	▼	+				
顶花板凳果	*Pachysandra terminalis* Sieb.et Zucc.	灌木	■	+				
羽脉野扇花	*Sarcococca hookeriana* Baill.	灌木	■					
双蕊野扇花	*Sarcococca hookeriana* Baill. var. *digyna* Franch.	灌木	▼	+				
野扇花	*Sarcococca ruscifolia* Stapf	灌木	■	+	+			
118 茶茱萸科 Icacinaceae								
马比木	*Nothapodytes pittosporoides*（Oliv.）Sleumer	灌木	▼					
119 鼠李科 Rhamnaceae								
黄背勾儿茶	*Berchemia flavescens*（Wall.）Brongn.	灌木	▼	+				
多花勾儿茶	*Berchemia floribunda*（Wall.）Brongn.	灌木	▼	+				
毛背勾儿茶	*Berchemia hispida*（Tsai et Feng）Y. L. Chen et P. K. Chou	灌木	■	+				
牯岭勾儿茶	*Berchemia kulingensis* Schneid.	灌木	■	+				
峨眉勾儿茶	*Berchemia omeiensis* Fang ex Y. L. Chen	灌木	■					
多叶勾儿茶	*Berchemia polyphylla* Wall.ex Laws.	灌木	▼	+				
光枝勾儿茶	*Berchemia polyphylla* Wall.ex Laws.var. *leioclada* Hand.-Mazz	灌木	■	+				
勾儿茶	*Berchemia sinica* Schneid.	灌木	■	+	+			+
云南勾儿茶	*Berchemia yunnanensis* Franch.	灌木	■					
枳椇	*Hovenia acerba* Lindl.	乔木	▼	+	+			+
铜钱树	*Paliurus hemsleyanus* Rehd.	乔木	■	+	+			+
马甲子	*Paliurus ramosissimus*（Lour.）Poir	灌木	▼					

物种	学名	生活型	数据来源	药用	观赏	食用	蜜源	工业原料
119 鼠李科 Rhamnaceae								
猫乳	*Rhamnella franguloides*（Maxim.）Weberb.	灌木	●	+				
毛背猫乳	*Rhamnella julianae* Schneid.	灌木	▼					
多脉猫乳	*Rhamnella martinii*（Lévl.）Schneid	灌木	●	+				
长叶冻绿	*Rhamnus crenata* Sieb.et Zucc.	灌木	●		+			
刺鼠李	*Rhamnus dumetorum* Schneid.	灌木	■	+				
贵州鼠李	*Rhamnus esquirolii* Lévl.	灌木	■	+				
亮叶鼠李	*Rhamnus hemsleyana* Schneid.	乔木	■	+				+
异叶鼠李	*Rhamnus heterophylla* Oliv.	灌木	■	+				
桃叶鼠李	*Rhamnus iteinophylla* Schneid.	灌木	●	+				
钩刺鼠李	*Rhamnus lamprophylla* Schneid.	灌木	■					
纤花鼠李	*Rhamnus leptacantha* Schneid.	灌木	■					
薄叶鼠李	*Rhamnus leptophyllus* Schneid.	灌木	■	+				+
小叶鼠李	*Rhamnus parvifolia* Bunge	灌木	●	+				+
小冻绿树	*Rhamnus rosthornii* Pritz.	灌木	■	+				
皱叶鼠李	*Rhamnus rugulosa* Hemsl.	灌木	■	+				
脱毛皱叶鼠李	*Rhamnus rugulosa* Hemsl.var. *glabrata* Y. L. Ghen et P. K. Chou	灌木	▼					
多脉鼠李	*Rhamnus sargentiana* Schneid.	灌木	■					
冻绿	*Rhamnus utilis* Decne.	灌木	■	+				+
毛冻绿	*Rhamnus utilis* Decne.var. *hypochrysa*（Schneid.）Rehd.	灌木	■	+				+
钩刺雀梅藤	*Sageretia hamosa*（Wall.）Brongn.	灌木	▼	+				
梗花雀梅藤	*Sageretia henryi* Drumm.et Sprague	灌木	■					
凹叶雀梅藤	*Sageretia horrida* Pax et K.Hoffm.	灌木	■					
刺藤子	*Sageretia melliana* Hand.-Mazz.	灌木	■					
皱叶雀梅藤	*Sageretia rugosa* Hance	灌木	■	+	+	+		
尾叶雀梅藤	*Sageretia subcaudata* Schneid	灌木	■	+	+	+	+	
雀梅藤	*Sageretia thea*（Osbeck）Johnst.	灌木	■	+				
枣	*Ziziphus jujuba* Mill.	乔木	■	+		+		
无刺枣	*Ziziphus jujuba* Mill. var. *inemmis*（Bunge）Rehd.	乔木	■					
120 葡萄科 Vitaceae								
蓝果蛇葡萄	*Ampelopsis bodinieri*（Lévl.et Vant.）Rehd	藤本	■	+	+	+		
灰毛蛇葡萄	*Ampelopsis bodinieri* var. *cinerea*（Gagnep.）Rehd.	藤本	■		+			
羽叶蛇葡萄	*Ampelopsis chaffanjoni*（Lévl.et Vant.）Rehd.	藤本	●					
三裂叶蛇葡萄	*Ampelopsis delavayana* Planch.	藤本	■	+				
掌裂蛇葡萄	*Ampelopsis delavayana* var. *glabra*（Diel set Gilg）C. L. Li	藤本	■					
显齿蛇葡萄	*Ampelopsis grossedentata*（Hand.-Mazz.）W. T. Wang	藤本	■	+				
异叶蛇葡萄	*Ampelopsis heterophylla*（Thunb.）Sieb.et Zucc.	藤本	■					
白蔹	*Ampelopsis japonica*（Thunb.）Makino	藤本	■	+				
大叶蛇葡萄	*Ampelopsis megalophylla* Diels et Gilg	藤本	■					
毛枝蛇葡萄	*Ampelopsis rubifolia*（Wall.）Planch.	藤本	■					
白毛乌蔹莓	*Cayratia albifolia* C. L. Li	藤本	■	+				
乌蔹莓	*Cayratia japonica*（Thunb.）Gagnep.	藤本	■	+				

物种	学名	生活型	数据来源	药用	观赏	食用	蜜源	工业原料
120 葡萄科 Vitaceae								
尖叶乌蔹莓	*Cayratia japonica* var. *pseudotrifolia*（W. T. Wang）C. L. Li	藤本	■	+				
华中乌蔹莓	*Cayratia oligocarpa*（Lévl.et Vant.）Gagnep.	藤本	▼	+		+		
苦郎藤	*Cissus assamica*（Laws.）Craib	藤本	●					
花叶地锦	*Parthenocissus henryana*（Hemsl.）Diels & Gilg	藤本	▼	+	+			
三叶地锦	*Parthenocissus himalayana*（Royle）Planch.	藤本	▼	+				
绿叶地锦	*Parthenocissus laetevirens* Rehd.	藤本	■					
爬山虎	*Parthenocissus tricuspidata*（Sieb. et Zucc.）Planch.	藤本	■	+	+			
三叶崖爬藤	*Tetrastigma hemsleyanum* Diels et Gilg	藤本	■	+				
崖爬藤	*Tetrastigma obtectum*（Wall.）Planch.	藤本	■	+		+		
毛叶崖爬藤	*Tetrastigma obtectum* Planch. var. *pilosum* Gagnep	藤本	▼					
桦叶葡萄	*Vitis betulifolia* Diels et Gilg	藤本	▼			+		
刺葡萄	*Vitis davidii* Foex.	藤本	■	+		+		
葛藟	*Vitis flexuosa* Thunb.	藤本	▼					
变叶葡萄	*Vitis piasezkii* Maxim.	藤本	■			+		
华东葡萄	*Vitis pseudoreticulata* W.T.Wang	藤本	■		+			
毛葡萄	*Vitis quinquangularis* Rehd.	藤本	■	+		+		
秋葡萄	*Vitis romaneti* Roman. du Cail. ex Planch.	藤本	■	+		+		
网脉葡萄	*Vitis wilsonae* Veitch	藤本	●					
俞藤	*Yua thomsoni*（Laws.）C. L. Li（*Parthenocissus thomsoni*（Laws.）Planch.）	藤本	●					
121 杜英科 Elaeocarpaceae								
褐毛杜英（橄榄果杜英）	*Elaeocarpus duclouxii* Gagnep	乔木	■					
薯豆	*Elaeocarpus japonicus* Sieb. et Zucc.	乔木	■					
122 锦葵科 Malvaceae								
苘麻	*Abutilon theophrasti* Medic.	草本	▼	+				+
木槿&	*Hibiscus syriacus* L.	灌木	■	+	+			
野西瓜苗	*Hibiscus trionum* L.	草本	■	+				
圆叶锦葵	*Malva rotundifolia* L.	草本	■	+				
锦葵	*Malva sinensis* Cavan	草本	■	+	+			
野葵	*Malva verticillata* L.	草本	■	+				
地桃花	*Urena lobata* L.	草本	■					
123 椴树科 Tiliaceae								
光果田麻	*Corchoropsis psilocarpa* Harms et Loes.	草本	■					
田麻	*Corchoropsis tomentosa*（Thunb.）Makino	草本	■	+				+
扁担杆	*Grewia biloba* G. Don	灌木	■	+				
小花扁担杆	*Grewia biloba* G. Don var. *parviflora*（Bunge）Hand.-Mazz.	灌木	▼					
华椴	*Tilia chinensis* Maxim.	乔木	■					
秃华椴	*Tilia chinensis* Maxim. var. *investita*（V. Engl.）Rehd.	乔木	■					
大叶椴	*Tilia nobilis* Rehd. et Wils.	乔木	▼		+			
粉椴	*Tilia oliveri* Szysz.	乔木	■	+				
灰背椴	*Tilia oliveri* Szysz. var. *cinerascens* Rehd. et Wils.	乔木	■					
少脉椴	*Tilia paucicostata* Maxim.	乔木	▼					

物种	学名	生活型	数据来源	药用	观赏	食用	蜜源	工业原料
123 椴树科 Tiliaceae								
椴树	*Tilia tuan* Szysz.	乔木	■					
毛芽椴	*Tilia tuan* Szysz. var. *chinensts* Rehd. et Wils.	乔木	▼					
多毛椴	*Tilia tuan* Szysz. var. *intonsa* Rehd. et Wils.	乔木	■					
124 梧桐科 Sterculiaceae								
梧桐	*Firmiana platanifolia*（L.f.）Marsili（*F.simplex*（L.）F.W.Wight）	乔木	▼					
梭罗树	*Reevesia pubescens* Mast.	乔木	▼					
125 瑞香科 Thymelaeaceae								
尖瓣瑞香	*Daphne acutiloba* Rehd.	灌木	■	+				
小娃娃皮	*Daphne gracilis* E.Pritz.	灌木	■					
毛瑞香	*Daphne kiusiana* Miq. var. *atrocaulis*（Rehd.）Kamym.	灌木	■					
白瑞香	*Daphne papyracea* Wall.ex Steud.	灌木	■	+				+
野梦花	*Daphne tangutica* Maxim. var.*wilsonii*（Rehd.）H.F.Zhou ex C.Y.Chang	灌木	■	+	+			+
结香	*Edgeworthia chrysantha* Lindl.	灌木	■	+				
狭叶荛花（岩杉树）	*Wikstroemia angustifolia* Hemsl.	灌木	■					
头序荛花	*Wikstroemia capitata* Rehd.	灌木	■					
城口荛花	*Wikstroemia fargesii*（Lecomte）Domke	灌木	■	+				
小黄构	*Wikstroemia micrantha* Hemsl.	灌木	●					
126 胡颓子科 Elaeagnaceae								
长叶胡颓子	*Elaeagnus bockii* Diels	灌木	▼	+	+	+		+
巴东胡颓子	*Elaeagnus difficilis* Serv.	灌木	▼	+				
蔓胡颓子	*Elaeagnus glabra* Thunb.	灌木	▼	+	+	+		+
宜昌胡颓子	*Elaeagnus henryi* Warb.	灌木	■	+	+	+		+
披针叶胡颓子	*Elaeagnus lanceolata* Warb.	灌木	▼	+	+	+		+
木半夏	*Elaeagnus multiflora* Thunb.	灌木	▼	+	+			+
胡颓子	*Elaeagnus pungens* Thunb.	灌木	▼	+	+	+		
星毛羊奶子	*Elaeagnus stellipila* Rehd.	灌木	■	+	+	+		+
牛奶子	*Elaeagnus umbellata* Thunb.	灌木	▼	+	+	+		+
文山胡颓子	*Elaeagnus wenshanensis* C. Y. Chang	灌木	▼					
巫山牛奶子	*Elaeagnus wushanensis* C. Y. Chang	灌木	▼	+	+	+		+
127 大风子科 Flacourtiaceae								
山羊角树	*Carrierea calycina* Franch.	乔木	▼		+			+
山桐子	*Idesia polycarpa* Maxim.	乔木	▼				+	+
毛叶山桐子	*Idesia polycarpa* Maxim. var. *vestita* Diels	乔木	■		+			
栀子皮	*Itoa orientalis* Hemsl.	乔木	▼	+				
山拐枣	*Poliothyrsis sinensis* Oliv.	乔木	■				+	
南岭柞木	*Xylosma controversum* Clos	灌木	■	+	+		+	+
柞木	*Xylosma japonicum*（Walp.）A. Gray	灌木	■					
128 堇菜科 Violaceae								
鸡腿堇菜	*Viola acuminata* Ledeb.	草本	▼	+				
戟叶堇菜	*Viola betonicifolia* J. E. Smith	草本	▼	+				

物种	学名	生活型	数据来源	药用	观赏	食用	蜜源	工业原料
128 堇菜科 Violaceae								
双花堇菜	*Viola biflora* L.	草本	▼	+				
南山堇菜	*Viola chaerophylloides*（Regel）W.Beck.	草本	■					
球果堇菜	*Viola collina* Bess.	草本	■					
深圆齿堇菜	*Viola davidii* Franch.	草本	■	+				
蔓茎堇菜	*Viola diffusa* Ging.	草本	●	+	+			
密毛蔓茎菜	*Viola fargesii* H. de Boiss.	草本	■					
长梗紫花堇菜	*Viola faurieana* W. Beck.	草本	■		+			
阔萼堇菜	*Viola grandisepala* W.Beck.	草本	■					
紫花堇菜	*Viola grypoceras* A. Gray	草本	■	+				
如意菜	*Viola hamiltoniana* D.Don	草本	■	+		+		
紫叶堇菜	*Viola hediniana* W. Beck.et H. de Boiss.	草本	■					
巫山堇菜	*Viola henryi* H. de Boiss.	草本	■		+			
长萼堇菜	*Viola inconspicua* Bl.	草本	■	+				
犁头叶堇菜	*Viola magnifica* C.J.Wang et X.D.Wang	草本	■					
萱黄堇	*Viola moupinensis* Franch.	草本	▼					
茜堇菜	*Viola phalacrocarpa* Maxim.	草本	▼	+				
紫花地丁	*Viola philippica* Cav.	草本	■	+				
柔毛堇菜	*Viola principis* H. de Boiss.	草本	●					
早开堇菜	*Viola prionantha* Bunge	草本	■		+			
辽宁堇菜	*Viola rossii* Hemsl.	草本	■					
浅圆齿堇菜	*Viola schneideri* W. Beck.	草本	■	+				
深山堇菜	*Viola selkirkii* Pursh ex Gold.	草本	▼		+			
庐山堇菜	*Viola stewardiana* W. Beck.	草本	▼	+				
四川堇菜	*Viola szechwanensis* W.Beck.et H.de Boiss	草本	▼					
斑叶堇菜	*Viola variegata* Fish ex Link	草本	■	+				
堇菜	*Viola verecunda* A. Gray	草本	▼	+				
129 旌节花科 Stachyuraceae								
中国旌节花	*Stachyurus chinensis* Franch.	灌木	▼					
短穗旌节花	*Stachyurus chinensis* Franch. var. *brachystachyus* Franch.	灌木	▼	+				
宽叶旌节花	*Stachyurus chinensis* Franch. var. *latus* Li	灌木	●	+	+			
骤尖叶旌节花	*Stachyurus chinensis* Franch. var.*cuspidatus* H.L.Li	灌木	■					
喜马拉雅旌节花	*Stachyurus himalaicus* Hook. f. et Thoms.	乔木	▼	+	+			
矩圆叶旌节花	*Stachyurus oblongifolius* Weng et Thoms.	灌木	▼					
倒卵叶旌节花	*Stachyurus obovatus*（Rehd.）Li	灌木	■					
云南旌节花	*Stachyurus yunnanensis* Franch.	灌木	▼	+	+			
130 秋海棠科 Begoniaceae								
秋海棠	*Begonia grandis* Dry.	草本	■					
掌叶秋海棠	*Begonia hemsleyana* Hook.f.	草本	■		+			
掌裂秋海棠	*Begonia pedatifida* Lévl.	草本	▼	+				
中华秋海棠	*Begonia sinensis* A. DC.	草本	▼	+	+			
长柄秋海棠	*Begonia smithiana* Yu	草本	■	+				

物种	学名	生活型	数据来源	药用	观赏	食用	蜜源	工业原料
131 葫芦科 Cucurbitaceae								
假贝母	*Bolbostemma paniculatum*（Maxim.）Franquet	草本	▼	+		+		
心籽绞股蓝	*Gynostemma cardiospermum* Cogn. ex Oliv.	草本	■	+				
绞股蓝	*Gynostemma pentaphyllum*（Thunb.）Makino	草本	■					
雪胆	*Hemsleya chinensis* Cogn. ex Forb. et Hemsl.	草本	■	+	+	+		
湖北裂瓜	*Schizopepon dioicus* Cogn. ex. Oliv.	草本	▼					
齿叶赤飑	*Thladiantha dentata* Cogn.	草本	■					
赤飑	*Thladiantha dubia* Bunge	草本	■	+				
皱果赤飑	*Thladiantha henryi* Hemsl.	藤本	■					
长叶赤飑	*Thladiantha longifoia* Cogn. ex Oliv.	草本	■					
斑赤飑	*Thladiantha maculata* Cogn.	藤本	■					
南赤飑	*Thladiantha nudiflora* Hemsl. ex Forbes. et Hemsl.	乔木	■					
鄂赤飑	*Thladiantha oliveri* Cogn. ex Mottet（T. glabra Cogn.）	草本	■					
长毛赤飑	*Thladiantha villosula* Cogn	藤本	■	+		+		
王瓜	*Trichosanthes cucumeroides*（Ser.）Maxim.	藤本	●	+				
栝楼	*Trichosanthes kirilowii* Maxim.	藤本	■	+		+		
中华栝楼	*Trichosanthes rosthornii* Harms T. *guizhouensis* C. Y. Cheng	藤本	■					
钮子瓜	*Zehneria maysorensis*（Wight et Arn.）Arn.	藤本	▼					
马瓜交儿	*Zehneria indica*（Lour.）Keraudren	藤本	●	+				
132 千屈菜科 Lythraceae								
耳叶水苋	*Ammannia arenaria* H B K.	草本	■					
紫薇	*Lagerstroemia indica* L.	灌木	■					
南紫薇	*Lagerstroemia subcostata* Koehne	灌木	■	+	+			
节节菜	*Rotala indica*（Willd.）Koehne	草本	■	+				
圆叶节节菜	*Rotala rotundifolia*（Buch.-Ham.ex Roxb.）Koehne	草本	■	+	+			+
133 菱科 Trapaceae								
菱	*Trapa bispinosa* Roxb.	草本	▼					
丘角菱	*Trapa japonica* Flerow	草本	■					
134 石榴科 Punicaceae								
石榴&	*Punica granatum* L.	灌木	■					
135 野牡丹科 Melastomataceae								
异药花	*Fordiophyton faberi* Stapf	草本	■					
展毛野牡丹	*Melastoma normale* D. Don	灌木	■	+				
金锦香	*Osbeckia chinensis* L.	草本	■	+	+			
肉穗草	*Sarcopyramis bodiniari* Lévl.et Vant.	草本	■	+	+			
136 柳叶菜科 Onagraceae								
高山露珠草	*Circaea alpina* L.	草本	■	+				
露珠草（牛泷草）	*Circaea cordata* Royle	草本	■	+				
谷蓼	*Circaea erubescens* Franch.et Sav.	草本	■	+				
秃梗露珠草	*Circaea glabrescens*（Pamp.）Hand.-Mazz.	草本	■					
南方露珠草	*Circaea mollis* Sieb.et Zucc.	草本	■	+				
毛脉柳叶菜	*Epilobium amurense* Hausskn.	草本	■	+				

物种	学名	生活型	数据来源	药用	观赏	食用	蜜源	工业原料
136 柳叶菜科 Onagraceae								
光柳叶菜	*Epilobium amurense* ssp. *cephalostigma*（Hausskn.）C. J. Chen ex Hoch et Raven	草木	■					
柳兰	*Epilobium angustifolium* L.	草本	■	+	+			
毛脉柳兰	*Epilobium angustifolium* L. ssp. *circumvagum* Mosquin	草本	■	+				
圆柱柳叶菜	*Epilobium cylindricum* D.Don	草本	●					
柳叶菜	*Epilobium hirstutum* L.	草本	■	+				
沼生柳叶菜	*Epilobium paluster* L.	草本	■	+				
小花柳叶菜	*Epilobium parviflorum* Schreb.	草本	■	+				
阔柱柳叶菜	*Epilobium platystigmatosum* C. B. Rob	草本	■					
长籽柳叶菜	*Epilobium pyrricholophum* Franch.et Sav.	草本	●	+	+			
短梗柳叶菜	*Epilobium royleanum* Hausskn.	草本	▼	+				
中华柳叶菜	*Epilobium sinense* Lévl.	草本	■					
假柳叶菜	*Ludwigia epilobioides* Maxim.	草本	■					
137 小二仙草科 Haloragidaceae								
小二仙草	*Haloragis micrantha* R. Br.	草本	■		+			
狐尾藻	*Myriophyllum verticillattum* L.	草本	■					
138 八角枫科 Alangiaceae								
八角枫	*Alangium chinense*（Lour.）Harms	灌木	▼	+	+			+
稀花八角枫	*Alangium chinense*（Lour.）Harms ssp. *pauciflorum* Fang	灌木	■	+	+			+
伏毛八角枫	*Alangium chinense*（Lour.）Harms ssp. *strigosum* Fang	灌木	▼	+	+			+
深裂八角枫	*Alangium chinense*（Lour.）Harms ssp. *triangulare*（Wanger.）Fang	灌木	●	+	+			+
小花八角枫	*Alangium faberi* Oliv.	灌木	●	+				
异叶八角枫	*Alangium faberi* Oliv.var. *heterophyllum* Fang	灌木	▼	+				
瓜木	*Alangium platanifolium*（Sicb.et Zucc.）Harms	灌木	■					
139 蓝果树科 Nyssaceae								
喜树	*Camptotheca acuminata* Decne.	乔木	▼	+				+
140 蓝果树科 Nyssaceae								
珙桐	*Davidia involucrata* Baill.	乔木	▼	+				+
光叶珙桐	*Davidia involucrata* Baill.var. *vilmoriniana*（Dode）Wanger.	乔木	■		+			+
141 山茱萸科 Cornaceae								
斑叶珊瑚	*Aucuba albo-punctifolia* Wang	灌木	▼					
喜马拉雅珊瑚	*Aucuba himalaica* Hook. f. et Thoms	灌木	■	+	+			+
长叶桃叶珊瑚	*Aucuba himalaica* Hook. f. et Thoms. var. *dolichophylla* Fang et Soong	灌木	■					
倒心叶珊瑚	*Aucuba obcordata*（Rehd.）Fu	灌木	▼		+			
川鄂山茱萸	*Cornus chinensis* Wanger.	乔木	■					
灯台树	*Cornus controversa* Hemsl.	乔木	■	+				+
红椋子	*Cornus hemsleyi*（Schneid. et Wanger.）Sojak	灌木	▼		+	+		+
梾木	*Cornus macrophylla*（Wall.）Sojak	乔木	▼					+
长圆叶梾木	*Cornus oblonga*（Wall.）Sojak	乔木	■	+	+			
小梾木	*Cornus paucinervis*（Hance）Sojak	灌木	▼	+	+			
灰叶梾木	*Cornus poliophylla*（Schneid. et Wanger.）Sojak	灌木	■	+	+			

续表

物种	学名	生活型	数据来源	药用	观赏	食用	蜜源	工业原料
141 山茱萸科 Cornaceae								
毛梾	*Cornus walteri*（Wanger.）Sojak	乔木	■	+				
尖叶四照花	*Dendrobenthamia angustata*（Chun）Fang	乔木	■	+	+	+		
头状四照花	*Dendrobenthamia capitata*（Wall.）Hutch.	乔木	■					
四照花	*Dendrobenthamia japonica*（DC.）Fang var. *chinensis*（Osborn）Fang	乔木	■	+	+			
多脉四照花	*Dendrobenthamia multinervosa*（Pojark.）Fang	乔木	■					
中华青荚叶	*Helwingia chinensis* Batal.	灌木	▼	+	+			
钝齿青荚叶	*Helwingia chinensis* Batal. var. *crenata*（Lingelsh. et Limpr.）Fang	灌木	▼	+				
小叶青荚叶	*Helwingia chinensis* Batal. var. *microphylla* Fang et Soong	灌木	▼					
喜马拉雅青荚叶	*Helwingia himalaica* Hook. f. et Thoms. et Clarke	灌木	■					
青荚叶	*Helwingia japonica*（Thunb.）Dietr.	灌木	■		+			
白粉青荚叶	*Helwingia japonica*（Thunb.）Dietr. var. *hypoleuca* Hemsl. ex Rehd.	灌木	▼	+				
长圆叶青荚叶	*Helwingia omeiensis*（Fang）Hara et Kurosawa var. *oblonga* Fang et Soong	灌木	▼					
光皮梾木	*Swida wilsoniana*（Wanger.）Sojak	乔木	■		+			
角叶鞘柄木	*Toricellia angulata* Oliv.	灌木	■					
有齿鞘柄木	*Toricellia angulata* Oliv. var. *intermedia*（Harms）Hu	灌木	■	+				
142 五加科 Araliaceae								
两歧五加	*Acanthopanax divaricatus*（Sieb. et Zucc.）Seem.	灌木	■					
吴茱萸五加	*Acanthopanax evodiaefolius* Franch.	灌木	■	+				
红毛五加	*Acanthopanax giraldii* Harms	灌木	■	+				
五加	*Acanthopanax gracilistylus* W. W. Sm.	灌木	■	+				
糙叶五加	*Acanthopanax henryi*（Oliv.）Harms	灌木	▼	+				
藤五加	*Acanthopanax leucorrhizus*（Oliv.）Harms	灌木	▼	+				
长叶藤五加	*Acanthopanax leucorrhizus* Oliv. var. *angustifolius* Hoo	灌木	●					
糙叶藤五加	*Acanthopanax leucorrhizus* Oliv. var. *fulvescens* Harms et R.	灌木	●	+				
倒卵叶五加	*Acanthopanax obovatus* Hoo	灌木	●	+				
匙叶五加	*Acanthopanax rehderianus* Harms	灌木	●	+				
蜀五加	*Acanthopanax setchuenensis* Harms ex Diels	灌木	●					
细刺五加	*Acanthopanax setulosus* Franch.	灌木	●	+				
刚毛五加	*Acanthopanax simonii* Schneid.	灌木	●	+	+			
白簕	*Acanthopanax trifoliatus*（L.）Merr.	灌木	●	+				
楤木	*Aralia chinensis* L.	灌木	●	+				
白背楤木	*Aralia chinensis* L. var. *nuda* Nakai	灌木	●	+				
食用土当归	*Aralia cordata* Thunb.	草本	■	+				
头序楤木	*Aralia dasyphy* Miq.	灌木	■	+				
棘茎楤木	*Aralia echinocaulis* Hand. -Mazz.	乔木	■	+				
龙眼独活	*Aralia fargesii* Franch.	草本	■	+				
柔毛龙眼独活	*Aralia henryi* Harms	草本	■	+				
湖北楤木	*Aralia hupehensis* Hoo	灌木	■	+				
波缘楤木	*Aralia undulata* Hand. -Mazz.	灌木	■	+				

续表

物种	学名	生活型	数据来源	药用	观赏	食用	蜜源	工业原料
142 五加科 Araliaceae								
常春藤	*Hedera nepalensis* var. *sinensis*（Tobl.）Rehd.	灌木	■	+				
刺楸	*Kalopanax septemlobus*（Thunb.）Nakai	乔木	■	+	+			
异叶梁王茶	*Nothopanax davidii*（Franch.）Harms ex Diels	灌木	▼	+	+			
大叶三七	*Panax pseudo-ginseny* Wall.var. *japonicus*（C.A.Mey.）Hoo et Tseny	草本	▼	+				
秀丽假人参	*panax pseudo-ginseny* Wall.var.*eleganlior*（Burkill）Hoo et Tseny	草本	▼	+				
锈毛五叶参	*Pentapanax henryi* Harms	灌木	■	+			+	
短序鹅掌柴	*Schefflera bodinieri*（Lévl.）Rehd.	灌木	■					
穗序鹅掌柴	*Schefflera delavayi*（Franch.）Harms ex Diels	灌木	■	+				
通脱木	*Tetrapanax papyrifer*（Hook.）K. Koch	灌木	■					
143 伞形科 Umbelliferae								
巴东羊角芹	*Aegopodium henryi* Diels	草本	■					
重齿当归	*Angelica biserrata*（Shan et Yuan）Yunn et Shan	草本	■	+				
紫花前胡	*Angelica decursiva*（Miq.）Franch. et Sav.	草本	■	+				
疏叶当归	*Angelica laxifoiata* Diels	草本	■	+				
大叶当归	*Angelica megaphylla* Diels	草本	■	+				
当归	*Angelica sinensis*（Oliv.）Diels	草本	■	+				
峨参	*Anthriscus sylvestris*（L.）Hoffm.	草本	■	+				
旱芹	*Apium graveolens* L.	草本	●	+				
细叶旱芹	*Apium leptophyllum*（Pers.）F. Muell.	草本	■	+				
北柴胡	*Bupleurum chinense* DC.	草本	■	+				
空心柴胡	*Bupleurum longicaule* Wall. ex DC. var. *franchetii* de Boiss.	草本	▼	+				
坚挺柴胡	*Bupleurum longicaule* Wall. ex DC. var. *strictum* Clarke	草本	■	+	+			
大叶柴胡	*Bupleurum longiradiatum* Turcz.	草本	▼					
紫花大叶柴胡	*Bupleurum longiradiatum* Turcz. var. *porphyranthum* Shan et Y. Li	草本	■	+				
竹叶柴胡	*Bupleurum marginatum* Wall. ex DC.	草本	■	+				
马尾柴胡	*Bupleurum microcephalum* Diels	草本	■	+				
有柄柴胡	*Bupleurum petiolulatum* Franch.	草本	■					
小柴胡	*Bupleurum tenue* Buch-Ham. ex D. Don	草本	●	+				
葛缕子	*Carum carvi* L.	草本	■	+				
积雪草	*Centella asiatica*（L.）Urban	草本	■	+				
鞘山芎	*Conioselinum vaginatum*（Spreng.）Thell.	草本	■					
鸭儿芹	*Cryptotaenia japonica* Hassk.	草本	■	+				
野胡萝卜	*Daucus carota* L.	草本	■	+				
马蹄芹	*Dickinsia hydrocotyloides* Franch.	草本	▼	+				
茴香	*Foeniculum vulgare* Mill.	草本	●	+				
白亮独活	*Heracleum candicans* Wall. et DC.	草本	■	+				
独活	*Heracleum hemsleyanum* Diels	草本	■	+				
短毛独活	*Heracleum moellendorffii* Hance	草本	■	+				
平截独活	*Heracleum vicinum* de Boiss.	草本	■					
永宁独活	*Heracleum yungningense* Hand. -Mazz.	草本	▼	+				

物种	学名	生活型	数据来源	药用	观赏	食用	蜜源	工业原料
143 伞形科 Umbelliferae								
裂叶天胡荽	*Hydrocotyle dielsiana* Wolff	草本	■	+				
中华天胡荽	*Hydrocotyle javanica* Thunb. var. *chinensis* Dunn ex Shan et Liou	草本	■		+			
红马蹄草	*Hydrocotyle nepalensis* Hook.	草本	■	+				
天胡荽	*Hydrocotyle sibthorpioides* Lam.	草本	▼	+				
鄂西天胡荽	*Hydrocotyle wilsonii* Diels ex Wolff	草本	▼	+				
尖叶藁本	*Ligusticum acuminatum* Franch.	草本	▼	+				
短片藁本	*Ligusticum branchylobum* Franch.	草本	■					
匍匐藁本	*Ligusticum reptans*（Diels）Wolff	草本	■					
藁本	*Ligusticum sinense* Oliv.	草本	■	+				
紫伞芹	*Melanosciadium pimpinelloideum* de Boiss.	草本	■	+				
白苞芹	*Nothosmyrnium japonicum* Miq.	草本	■	+				
宽叶羌活	*Notopterygium forbesii* de Boiss.	草本	■	+				
西南水芹	*Oenanthe dielsii* de Boiss.	草本	■	+				
细叶水芹	*Oenanthe dielsii* deBoiss. var. *stenophylla* de Boiss.	草本	■	+				
水芹	*Oenanthe javanica*（Bl.）DC.	草本	■	+				
卵叶水芹	*Oenanthe rosthornii* Diels	草本	■	+				
香根芹	*Osmorhiza aristata*（Thunb.）Makino et Yabe	草本	■	+				
竹节前胡	*Peucedanum dielsianum* Fedde ex Wolff	草本	■					
鄂西前胡	*Peucedanum heryi* Wolff	草本	■					
华中前胡	*Peucedanum medicum* Dunn	草本	■	+				
前胡	*Peucedanum praeruptortum* Dunn	草本	■	+				
锐叶茴芹	*Pimpinella arguta* Diels	草本	●	+				
异叶茴芹	*Pimpinella diversifolia* DC.	草本	■	+				
城口茴芹	*Pimpinella fargesii* de Boiss.	草本	■	+				
菱叶茴芹	*Pimpinella rhomboidea* Diels	草本	●	+				
谷生茴芹	*Pimpinella valleculosa* K.T.Fu	草本	■					
太白棱子芹	*Pleurospermum giraldii* Diels	草本	■	+				
川滇变豆菜	*Sanicula astrantiifolia* Wolff ex Kretsch.	草本	■	+				
变豆菜	*Sanicula chinensis* Bunge	草本	●	+				
天蓝变豆菜	*Sanicula coerulescens* Franch.	草本	▼					
薄片变豆菜	*Sanicula lamelligera* Hance	草本	■	+				
直刺变豆菜	*Sanicula orthacantha* S. Moore	草本	▼	+				
防风	*Saposhnikovia divaricata*（Turcz.）Schischk.	草本	●	+				
小窃衣	*Torilis japonica*（Houtt.）DC.	草本	▼					
窃衣	*Torilis scabra*（Thunb.）DC.	草本	■	+				
144 桤叶树科 Clethraceae								
城口桤叶树	*Clethra fargesii* Franch.	灌木	■					
145 鹿蹄草科 Pyrolaceae								
喜冬草	*Chimaphila japonica* Miq.	灌木	●	+				
松下兰	*Monotropa hypopitys* L.	草本	■	+				
水晶兰	*Monotropa uniflora* L.	草本	■	+	+			+

续表

物种	学名	生活型	数据来源	药用	观赏	食用	蜜源	工业原料
145 鹿蹄草科 Pyrolaceae								
球果假水晶兰	*Monotropastrum humilis*（D. Don）H. Keng	草本	■					
鹿蹄草	*Pyrola calliantha* H. Andr.	灌木	■	+				
普通鹿蹄草	*Pyrola decorata* H. Andr.	灌木	■					
146 杜鹃花科 Ericaceae								
灯笼树	*Enkianthus chinensis* Franch.	灌木	■		+			
毛叶吊钟花	*Enkianthus deflexus*（Griff.）Schneid.	灌木	■	+	+			
齿缘吊钟花	*Enkianthus serrulatus*（Wils.）Schneid.	灌木	▼					
滇白珠	*Gaultheria leucocarpa* var. *crenulata*（Kurz）T.Z.Hsu	灌木	■	+				
珍珠花（南烛）	*Lyonia ovalifolia*（Wall.）Drude	灌木	■		+			
狭叶南烛（狭叶珍珠花）	*Lyonia ovalifolia*（Wall.）Drude var. *lanceolata*（Wall.）Hand. -Mazz.	灌木	■					
小果珍珠花（小果南烛）	*Lyonia ovalifolia*（Wall.）Drude var. *elliptica*（Sieb. et Zucc.）Hand. -Mazz.	灌木	■					
毛叶珍珠花	*Lyonia villosa*（Wall. ex Clarke）Hand. -Mazz.	灌木	■					
美丽马醉木	*Pieris formosa*（Wall.）D. Don	灌木	●		+			
马醉木	*Pieris japonica*（Thunb.）D. Don ex G. Don	灌木	▼		+			
弯尖杜鹃	*Rhododendron adenopodum* Franch.	灌木	▼		+			
问客杜鹃	*Rhododendron ambiguum* Hemsl.	灌木	■					
毛肋杜鹃	*Rhododendron angustinii* Hemsl.	灌木	▼		+			
耳叶杜鹃	*Rhododendron auriculatum* Hemsl.	灌木	■		+			
腺萼马银花	*Rhododendron bachii* Lévl.	灌木	■		+			
秀雅杜鹃	*Rhododendron concinnum* Hemsl.	灌木	■		+			
大白杜鹃	*Rhododendron decorum* Franch.	灌木	▼		+			
干净杜鹃	*Rhododendron detersile* Franch.	灌木	■		+			
喇叭杜鹃	*Rhododendron discolor* Franch.	灌木	■		+			
云锦杜鹃	*Rhododendron fortunei* Lindl.	灌木	■	+	+			
粉白杜鹃	*Rhododendron hypoglaucum* Hemsl.	灌木	●		+			
皋月杜鹃&	*Rhododendron indicum*（L.）Sweet	灌木	■		+			
鹿角杜鹃（鄂西杜鹃）	*Rhododendron latoucheae* Franch.（*R.wilsonae* Hemsl. et Wils.）	灌木	■	+	+			
麻花杜鹃	*Rhododendron maculiferum* Franch.	灌木	■		+			
满山红	*Rhododendron mariesii* Hemsl. et Wils.	灌木	■		+			
照山白	*Rhododendron micranthum* Turcz.	灌木	■		+			
毛棉杜鹃	*Rhododendron moulmainensis* Hook.f.	灌木	■					
白花杜鹃	*Rhododendron mucronatum*（Blume）G. Don	灌木	▼		+			
粉红杜鹃（红晕杜鹃）	*Rhododendron oreodoxa* Franch. var. *fargesii*（Franch.）Chamb. ex Cullen et Chamb.（*R. erubescens* Hutch.；*R. fargesii* Franch.）	灌木	■	+	+			+
早春杜鹃	*Rhododendron praevernum* Hutch.	灌木	■		+			
巫山杜鹃	*Rhododendron roxieoides* Chamb.	灌木	●		+			
杜鹃	*Rhododendron simsii* Planch.	灌木	■		+			
长蕊杜鹃	*Rhododendron stamineum* Franch.	灌木	■		+			
四川杜鹃	*Rhododendron sutchuenensis* Franch.	灌木	■▼		+			

物种	学名	生活型	数据来源	药用	观赏	食用	蜜源	工业原料
146 杜鹃花科 Ericaceae								
南烛（乌饭树）	*Vaccinium bracteatum* Thunb	灌木	▼	+	+	+		
无梗越橘	*Vaccinium henryi* Hemsl.	灌木	●					
黄背越橘	*Vaccinium iteophyllum* Hance	灌木	■					
扁枝越橘	*Vaccinium japonicum* Miq. var. *sinicum*（Nakai）Rehd.	灌木	■					
江南越橘	*Vaccinium mandarinorum* Diels	灌木	■					
147 紫金牛科 Myrsinaceae								
红凉伞	*Ardisia crenata* Sims	灌木	■	+	+			
朱砂根	*Ardisia crenata* Sims f. *hortensis*（Migo）W. Z. Fang et K.Yao	灌木	■	+	+			
百两金	*Ardisia crispa*（Thunb.）A. DC.	灌木	■	+				
月月红	*Ardisia faberi* Hemsl.	灌木	▼	+	+	+		
紫金牛	*Ardisia japonica*（Thunb.）Bl.	灌木	▼	+	+			
九节龙	*Ardisia pusilla* A. DC.	灌木	■	+				
网脉酸藤子	*Embelia rudis* Hand. -Mazz.	灌木	■	+				
湖北杜茎山	*Maesa hupehensis* Rehd.	灌木	■	+	+			
杜茎山	*Maesa japonica*（Thunb.）Moritzi et Zollinger	灌木	■	+				
金珠柳	*Maesa montana* A. DC.	灌木	■	+	+			
铁仔	*Myrsine africana* L.	灌木	▼	+	+			
针齿铁仔	*Myrsine semiserrata* Wall.	灌木	▼	+	+			
光叶铁仔	*Myrsine stolonifera*（Koidz.）Walder	灌木	▼					
148 报春花科 Primulaceae								
细蔓点地梅	*Androsace cuscutiformis* Franch.	草本	■	+	+			
莲叶点地梅	*Androsace henryi* Oliv.	草本	■	+	+			
白花点地梅	*Androsace incana* Lam.	草本	■	+				
秦巴点地梅	*Androsace laxa* C.M.Hu et Y.C.Yang	草本	▼	+	+			
点地梅	*Androsace umbellata*（Lour.）Merr.	草本	■	+	+			
耳叶珍珠菜	*Lysimachia auriculata* Hemsl.	草本	■					
虎尾草（狼尾花）	*Lysimachia barystachys* Bunge	草本	■					
展枝过路黄	*Lysimachia brittenii* R. Knuth	草本		+				
泽珍珠菜	*Lysimachia candida* Lindl.	草本	■	+				
细梗香草	*Lysimachia capillipes* Hemsl.	草本	■	+				
过路黄	*Lysimachia christinae* Hance	草本	■	+				
露珠珍珠菜	*Lysimachia ciraeoides* Hemsl.	草本	■	+				
矮桃（珍珠菜）	*Lysimachia clethroides* Duby	草本	▼	+				
聚花过路黄（临时救）	*Lysimachia congestiflora* Hemsl.	草本	▼	+				
管茎过路黄	*Lysimachia fistulosa* Hand. -Mazz.	草本	●	+				
五岭管茎过路黄	*Lysimachia fistulosa* Hand. -Mazz. var. *wulingensis* Chen et C. M. Hu	草本	■					
红根草	*Lysimachia fortunei* Maxim.	草本	▼	+				
点腺过路黄	*Lysimachia hemsleyana* Maxim.	草本	■	+				
宜昌过路黄	*Lysimachia henryi* Hemsl.	草本	■					
黑腺珍珠菜	*Lysimachia heterogenea* Klatt	草本	■	+				
巴山过路黄	*Lysimachia hypericoides* Hemsl.	草本	■	+				

物种	学名	生活型	数据来源	药用	观赏	食用	蜜源	工业原料
148 报春花科 Primulaceae								
山萝过路黄	*Lysimachia melampyroides* R.Kunth	草本	■	+				
落地梅	*Lysimachia paridiformis* Franch.	草本	■	+				
狭叶落地梅	*Lysimachia paridiformis* var. *stenophylla* Franch.	草本	■					
巴东过路黄	*Lysimachia patungensis* Hand. -Mazz.	草本	■					
狭叶珍珠菜	*Lysimachia pentapetala* Bunge	草本	■	+				
叶头过路黄	*Lysimachia phyllocephala* Hand. -Mazz.	草本	■	+				
点叶落地梅	*Lysimachia punctatilimba* C. Y. Wu	草本	■					
显苞过路黄	*Lysimachia rubiginosa* Hemsl.	草本	■					
腺药珍珠菜	*Lysimachia stenosepala* Hemsl.	草本	■					
灰绿报春	*Primula cinerascens* Franch.	草本	■					
无粉报春	*Primula efarinosa* Pax	草本	●					
峨眉报春	*Primula faberi* Oliv.	草本	▼					
小报春	*Primula forbesii* Franch.	草本	■	+				
鄂报春	*Primula obconica* Hance	草本	▼	+				
卵叶报春	*Primula ovalifolia* Franch.	草本	▼					
钻齿报春	*Primula pellucida* Franch.	草本	■	+				
粉被灯台报春	*Primula pulverulenta* Duthie	草本	■					
齿叶灯台报春	*Primula serratifolia* Franch.	草本	■					
巴塘报春	*Primula bathangensis* Petitm.	草本	■					
川东灯台报春	*Primula mallophylla* Balf. f.	草本	■					
俯垂粉报春	*Primula nutantiflora* Hemsl.	草本	■					
149 柿科 Ebenaceae								
乌柿	*Diospyros cathayensis* Steward	草本	■		+			
柿	*Diospyros kaki* Thunb.	乔木	■	+	+	+		+
君迁子	*Diospyros lotus* L.	乔木	▼					
罗浮柿	*Diospyros morrisiana* Hance	乔木	■	+	+	+		
岩柿	*Diospyros dumetorum* W. W. Smith	乔木	●					
油柿	*Diospyros oleifera* Cheng	乔木	▼	+	+	+		
150 安息香科 Styracaceae								
赤杨叶	*Alniphyllum fortunei*（Hemsl.）Makino	乔木	■	+	+			
鸦头梨（陀螺果）	*Melliodendron xylocarpum* Hand. -Mazz.	乔木	■					
白辛树	*Pterostyrax psilophyllus* Diels ex Perk.	乔木	▼		+			
垂珠花	*Styrax dasyantha* Perk.	灌木	▼	+				
南川安息香（老鸹铃）	*Styrax hemsleyana* Diels	乔木	▼					
野茉莉	*Styrax japonica* Sieb. et Zucc.	灌木	■					
楚雄野茉莉	*Styrax limprichtii* Lingelsh et Borza	灌木	●					
玉玲花	*Styrax obassia* Sieb. et Zucc.	乔木	■		+			
粉花安息香	*Styrax roseus* Dunn	乔木	■					
红皮安息香（栓叶安息香）	*Styrax suberifolia* Hook. et Arn.	灌木	■					
151 山矾科 Symplocaceae								
薄叶山矾	*Symplocos anomala* Brand	乔木	■					+

续表

物种	学名	生活型	数据来源	药用	观赏	食用	蜜源	工业原料
151 山矾科 Symplocaceae								
总状山矾	*Symplocos botryantha* Franch.	乔木	■					
华山矾	*Symplocos chinensis*（Lour.）Druce	灌木	■	+				
毛山矾	*Symplocos groffii* Merr.	乔木	▼					
光叶山矾	*Symplocos lancifolia* Sieb. et Zucc.	乔木	■	+				+
白檀	*Symplocos paniculata*（Thunb.）Miq.	灌木	■	+				
叶萼山矾（茶条果）	*Symplocos phyllocalyx* Clarke	乔木	■					
多花山矾	*Symplocos ramosissima* Wall. ex G. Don	灌木	▼					
四川山矾	*Symplocos setchuanensis* Brand	乔木	■					
老鼠矢	*Symplocos stellaris* Brand	乔木	■					+
152 木犀科 Oleaceae								
秦连翘	*Forsythia giraldiana* Lingelsh.	灌木	■					
连翘	*Forsythia suspensa*（Thunb.）Vahl	灌木	■	+	+			+
金钟花	*Forsythia viridissima* Lindl.	灌木	■					
小叶白蜡树	*Fraxinus bungeana* DC.	乔木	■	+				
白蜡树	*Fraxinus chinensis* Roxb.	乔木	■	+				
光蜡树	*Fraxinus griffithii* Clarke	乔木	■					
对节白蜡	*Fraxinus hupehensis* Chu Shang et Su.	乔木	▼					
苦枥木	*Fraxinus insularis* Hemsley	乔木	▼	+				
齿缘苦枥木	*Fraxinus insularis* Hemsley var.*henryana*（Oliv.）Z.Wei	乔木	■					
水曲柳	*Fraxinus mandshurica* Rupr.	乔木	▼					
尖萼白蜡树	*Fraxinus odontocalyx* Hand. -Mazz.	乔木	■					
秦岭白蜡树	*Fraxinus paxiana* Lingesh.	乔木	■	+				
宿柱白蜡树	*Fraxinus stylosa* Lingelsh.	乔木	■					
三叶梣	*Fraxinus trifoliolata* W. W. Smith	灌木	■					
探春花	*Jasminum floridum* Bunge	灌木	■	+				
清香藤	*Jasminum lanceolarium* Roxb.	灌木	■	+	+			
迎春花	*Jasminum nudiflorum* Lindl.	灌木	●	+	+			
素方花	*Jasminum officinale* L.	灌木	▼	+	+			
华素馨	*Jasminum sinense* Hemsl.	藤本	■					
川素馨	*Jasminum urophyllum* Hemsley	灌木	■	+				
丽叶女贞（苦丁茶）	*Ligustrum henryi* Hemsl.	灌木	■					
紫药女贞	*Ligustrum lelavayanum* Hariot	灌木	■	+	+			
蜡子树	*Ligustrum leuanthum*（S. Moore）P. S. Green	灌木	●	+	+			
女贞	*Ligustrum lucidum* Ait.	乔木	■	+	+			
总梗女贞	*Ligustrum pricei* Hayata	灌木	▼	+	+			
小蜡	*Ligustrum sinense* Lour.	灌木	●	+	+			
光萼小蜡	*Ligustrum sinense* Lour. var. *myrianthum*（Diels）Hook. f.	灌木	■	+				
宜昌女贞	*Ligustrum strongylophyllum* Hemsl.	灌木	▼	+	+			
兴仁女贞	*Ligustrum xingrenense* D. J. Liu	灌木	■					
红柄木犀	*Osmanthus armatus* Diels	灌木	▼					
木犀	*Osmanthus fragrans*（Thunb.）Lour.	乔木	■	+	+			

续表

物种	学名	生活型	数据来源	药用	观赏	食用	蜜源	工业原料
152 木犀科 Oleaceae								
网脉木犀	*Osmanthus reticulatus* P. S. Green	灌木	▼					
西蜀丁香	*Syringa komarowii* C. K. Schneider	灌木	■		+			
光萼巧玲花	*Syringa pubescens* Turcz. ssp. *julianae*（Schneid.）M. C. Chang et x. L. Chen	灌木	■		+			
四川丁香	*Syringa sweginzowii* Koehne et Lingelsheim	灌木	▼					
云南丁香	*Syringa yunnanensis* Franch.	灌木	■	+	+			
153 马钱科 Loganiaceae								
巴东醉鱼草	*Buddleja albiflora* Hemsl.	灌木	■	+				
白背枫（驳骨丹、七里香）	*Buddleja asiatica* Lour.	乔木	■	+	+	+		+
蜜香醉鱼草	*Buddleja candida* Dunn	灌木	■					
大叶醉鱼草	*Buddleja davidii* Franch.	灌木	■					
醉鱼草	*Buddleja lindleyana* Fort.	灌木	▼	+	+			
大序醉鱼草	*Buddleja macrostachya* Wallich ex Bentham	灌木	▼	+	+			
密蒙花	*Buddleja officinalis* Maxim.	灌木	▼	+	+			
蓬莱葛	*Gardneria multiflora* Makino	藤本	▼	+				
154 龙胆科 Gentianaceae								
鄂西喉毛花	*Comastoma henryi*（Hemsl.）Holub	草本	■					
川东龙胆	*Gentiana arethusae* Burk.	草本	■	+				
肾叶龙胆	*Gentiana crassuloides* Bureau et Franch.	草本	■					
密花龙胆	*Gentiana densiflora* T. N. Ho	草本	■	+				
大颈龙胆（苞叶龙胆）	*Gentiana incompta* H. Sm.	草本	■	+				
多枝龙胆	*Gentiana myrioclada* Franch.	草本	■	+				
巫溪龙胆	*Gentiana myrioclada* T. N. Ho var. *wuxiensis* T. N. Ho & S. W. Liu	草本	■					
少叶龙胆	*Gentiana oligophylla* H. Sm. ex Marq.	草本	■		+			
流苏龙胆	*Gentiana panthaica* Prain et Burk.	草本	■					
红花龙胆	*Gentiana rhodantha* Franch. ex Hemsl.	草本	■	+				
深红龙胆	*Gentiana rubicunda* Franch.	草本	■	+				
水繁缕龙胆	*Gentiana samolifolia* Franch.	草本	■					
母草叶龙胆	*Gentiana vandellioides* Hemsl.	草本	▼	+				
二裂母草叶龙胆	*Gentiana vandellioides* Hemsl. var. *biloba* Franch.	草本	■					
灰绿龙胆	*Gentiana yokusai* Burk.	草本	■		+			
湿生扁蕾	*Gentianopsis paludosa*（Hook. f.）Ma	草本	■	+				
卵叶扁蕾	*Gentianopsis paludosa* var. *ovato-deltoidea*（Burk.）Ma ex T. N. Ho	草本	■	+				
花锚	*Halenia corniculata*（L.）Cornaz	草本	■	+	+			
椭圆叶花锚	*Halenia elliptica* D. Don	草本	●	+				
大花花锚	*Halenia elliptica* D. Don var. *grandiflora* Hemsl.	草本	■	+				
美丽肋柱花	*Lomatogonium bellum*（Hemsl.）H. Sm.	草本	■			+		
川东大钟花	*Megacodon venosus*（Hemsl.）H. Sm.	草本	●	+				
莕菜	*Nymphoides peltatum*（Gmel.）O. Ktze.	草本	■	+				
翼萼蔓龙胆	*Pterygocalyx volubilis* Maxim.	草本	■					
獐牙菜	*Swertia bimaculata* Hook. f. et Thoms.	草本	■	+				

物种	学名	生活型	数据来源	药用	观赏	食用	蜜源	工业原料
154 龙胆科 Gentianaceae								
川东獐牙菜	*Swertia davidii* Franch.	草本	■	+				
北方獐牙菜	*Swertiu diluta*（Turze.）Benth. et Hook. f.	草本	▼	+				
红直獐牙菜	*Swertia erythrosticta* Maxim.	草本	■					
贵州獐牙菜	*Swertia kouytchensis* Franch.	草本	■	+				
鄂西獐牙菜	*Swertia oculata* Hemsl.	草本	■	+				
双蝴蝶	*Tripterospermum chinensis*（Migo）H.Smith	草本	■					
峨眉双蝴蝶	*Tripterospermum cordatum*（Marq.）H. Sm.	草本	■					
湖北双蝴蝶	*Tripterospermum discoideum*（Marq.）H. Sm	草本	■	+				
细茎双蝴蝶	*Tripterospermum filicaule*（Hemsl.）H. Sm.	草本	■					
155 夹竹桃科 Apocynaceae								
鳝藤	*Anodendron affine*（Hook. et Arn.）Druce	灌木	■					
川山橙	*Melodinus hemsleyanus* Diels	藤本	■	+	+			
毛药藤	*Sindechites henryi* Oliv.	藤本	▼					
紫花络石	*Trachelospermum axillare* Hook. f.	灌木	■					+
湖北络石	*Trachelospermum gracilipes* Hook. f. var. *hupehense* Tsiang et P. T. Li	灌木	●					
络石	*Trachelospermum jasminoides*（Lindl.）Lem.	藤本	■	+	+			
石血	*Trachelospermum jasminoides*（Lindl.）Lem.var.*heterophyllum* Tsiang	藤本	■					
156 萝藦科 Asclepiadaceae								
牛皮消	*Cynanchum auriculatum* Royle et Wight	灌木	■	+				
大理白前	*Cynanchum forrestii* Schltr.	草本	■	+				
峨眉牛皮消	*Cynanchum giraldii* Schltr.	灌木	●	+				
白前	*Cynanchum glaucescens*（Decne.）Hand. -Mazz.	灌木	■	+				
竹灵消	*Cynanchum inamoenum*（Maxim）Loes	草本	■	+				
朱砂藤	*Cynanchum officinale*（Hemsl.）Tsiang et Zhang	灌木	■	+				
青羊参	*Cynanchum otophyllum* Schneid.	藤本	▼	+				
徐长卿	*Cynanchum paniculatum*（Bunge）Kitag.	草本	■	+				
催吐白前	*Cynanchum vincetoxicum*（L.）Pers.	草本	▼	+				
隔山消	*Cynanchum wilfordii*（Maxim.）Hemsl.	藤本	■	+				
苦绳	*Dregea sinensis* Hemsl.	藤本	■	+				
醉魂藤	*Heterostemma alatum* Wight	藤本	■	+				
牛奶菜	*Marsdenia sinensis* Hemsl.	藤本	■	+				
蓝叶藤	*Marsdenia tinctoria* R. Br.	灌木	▼	+				
华萝藦	*Metaplexis hemsleyana* Oliv.	藤本	■	+				
青蛇藤	*Periploca calophylla*（Woght）Falc.	乔木	■					
黑龙骨	*Periploca forrestii* Schltr.	灌木	●	+				
杠柳	*Periploca sepium* Bunge	灌木	■	+				
157 茜草科 Rubiaceae								
水团花	*Adina pilulifera*（Lam.）Franch. ex Drake	灌木	▼					
细叶水团花	*Adina rubella* Hance	灌木	■					
茜树	*Aidia cochinchinensis* Lour.	乔木	■	+				+

续表

物种	学名	生活型	数据来源	药用	观赏	食用	蜜源	工业原料
157 茜草科 Rubiaceae								
四川虎刺	*Damnacanthus officenarum* Huang	灌木	■	+				
香果树	*Emmenopterys henryi* Oliv.	乔木	▼	+				
拉拉藤	*Galium aparine* L. var. *echinospermum*（Wallr.）Cuf.	草本	■	+				
猪殃殃	*Galium aparine* L. var. *tenerum*（Gren. et Godr.）Rcbb.	草本	■					
六叶葎	*Galium asperuloides* Edgew. var. *hoffmeisteri*（Klotz.）Hand. -Mazz.	草本	■	+				
北方拉拉藤	*Galium boreale* L.	草本	■	+				
四叶葎	*Galium bungei* Steud.	草本	■					
西南拉拉藤	*Galium elegans* Wall. ex Roxb.	草本	■					
林生拉拉藤	*Galium paradoxum* Maxim.	草本	■					
小叶猪殃殃	*Galium trifidum* L.	草本	■	+	+	+	+	+
栀子	*Gardenia jasminoides* Ellis	灌木	■					
白花蛇舌草	*Hedyotis diffusa* Willd.	草本	■	+				
榄绿粗叶木	*Lasianthus japonicus* Miq. var. *lancilimbus*（Merr.）	灌木	▼					
薄皮木	*Leptodermis oblonga* Bunge	灌木	▼		+			
野丁香	*Leptodermis potaninii* Batal.	灌木	■					+
玉叶金花	*Mussaenda pubescens* Ait. f.	灌木	■					
密脉木	*Myrioneuron fabri* Hemsl.	灌木	■					
薄叶新耳草	*Neanotis hirsuta*（L. f.）W. H. Lewis	草本	■					
臭味新耳草	*Neanotis ingrata*（Wall. ex Hook. f.）W. H. Lewis	草本	▼					
广州蛇根草	*Ophiorrhiza cantoniensis* Hance	草本	■					
中华蛇根草	*Ophiorrhiza chinensis* H. S. Lo	草本	■	+				
日本蛇根草	*Ophiorrhiza japanica* Bl.	草本	■					
鸡矢藤	*Paederia scandens*（Lour.）Merr.	藤本	■	+				
毛鸡矢藤	*Paederia scandens*（Lour.）Merr. var. *tomentosa*（Bl.）Hand. -Mazz.	藤本	▼					
狭叶鸡矢藤	*Paederia stenophylla* Merr.	灌木	▼					
金剑草	*Rubia alata* Roxb.	藤本	●					
东南茜草	*Rubia argyi*（Lévl.et Vant）Hara ex L.Lauener et D.K.Fergus	藤本	▼					
茜草	*Rubia cordifolia* L.	藤本	▼					
长叶茜草	*Rubia cordifolia* L. var. *longifolia* Hand. -Mazz.	草本	●	+	+			
卵叶茜草	*Rubia ovatifolia* Z. Y. Zhang	草本	▼					
大叶茜草	*Rubia schumanniana* Pritz.（*R. leiocaulis* Diels）	草本	■					
林生茜草	*Rubia sylvatica*（Maixm.）Nakai	藤本	▼	+				
六月雪	*Serissa japonica*（Thunb.）Thunb.	灌木	●					
白马骨	*Serissa serissoides*（DC.）Druce	灌木	▼		+			
鸡仔木	*Sinoadina racemosa*（Sieb. et. Zucc.）Ridsd.	乔木	■	+	+			
狗骨柴	*Tricalysia dubia*（Lindl.）Matsam.	灌木	▼	+				
华钩藤	*Uncaria sinensis*（Oliv.）Havil	藤本	■					
158 花荵科 Polemoniaceae								
中华花荵（花荵）	*Polemonium chinense*（Brand）Brand	草本	■	+				

物种	学名	生活型	数据来源	药用	观赏	食用	蜜源	工业原料
159 旋花科 Convolvulaceae								
打碗花	*Calystegia hederacea* ex Roxb. Wall.	藤本	▼	+	+			
长裂旋花	*Calystegia sepium*（L.）R. Br. var. *japonica*（Choisy）Makino	草本	■					
旋花	*Calystegia sepium*（L.）R. Br.	草本	■	+	+			
鼓子花（篱打旋花，篱天箭）	*Calystegia silvatica*（Kitaib.）Griseb. ssp. *orientalis* Brummitt（*C.sepium*（L.）R. Br.）	草本	■	+				
南方菟丝子	*Cuscuta australis* R. Br.	草本	■					+
菟丝子	*Cuscuta chinensis* Lam.	草本	■	+				
日本菟丝子	*Cuscuta japonica* Choisy	草本	■	+				
马蹄金	*Dichondra repens* Forst.	草本	■	+				
土丁桂	*Evolvulus alsinoides*（L.）L.	草本	●	+				
番薯	*Ipomoea batatas*（L.）Lam.	草本	■			+		
牵牛	*Ipomoea nil*（L.）Roth	草本	■	+	+			
圆叶牵牛	*Ipomoea purpurea*（L.）Roth	草本	■					
北鱼黄草	*Merremia sibirica*（L.）Hall. f.	草本	■	+		+		
毛籽鱼黄草	*Merremia sibirica*（L.）Hall. f. var. *trichosperma* C.C.Huang ex C.Y.Wu et H.W.Li	草本	●	+	+			
腺毛飞蛾藤	*Porana duclouxii* Gagnep. et Courch. var. *lasia*（Schneid.）Hand. -Mazz	灌木	■					
飞蛾藤	*Porana racemosa* Roxb.	灌木	■					
160 紫草科 Boraginaceae								
倒提壶	*Cynoglossum amabile* Stapf et Drumm.	草本	■	+				
小花琉璃草	*Cynoglossum lanceolatum* Forsk.	草本	■	+	+	+		
琉璃草	*Cynoglossum zeylanicum*（Vahl）Thunb. ex Lehm.	草本	■					
粗糠树	*Ehretia macrophylla* Wall.	乔木	■	+	+	+		
厚壳树	*Ehretia thyrsiflora*（Sieb. et Zucc.）Nakai	乔木	●	+	+			
田紫草	*Lithospermum arvense* L.	草本	●					
紫草	*Lithospermum erythrorhizon* Sieb. et Zucc.	草本	■	+				
梓木草	*Lithospermum zollingeri* DC.	草本	●					
湿地勿忘草	*Myosotis caespitosa* Schultz.	草本	■	+				
勿忘草	*Myosotis silvatica* Ehrh. ex Hoffm.	草本	■		+			
短蕊车前紫草	*Sinojohnstonia moupinensis*（Franch.）W. T. Wang et Z. Y. Zhang	草本	■	+				
车前紫草	*Sinojohnstonia plantaginea* Hu	草本	■	+				
聚合草	*Symphytum officinale* L.	草本	■	+	+			
盾果草	*Thyrocarpus sampsonii* Hance	草本	■					
钝萼附地菜	*Trigonotis amblyosepala* Nakai et Kitag.	草本	▼					
西南附地菜	*Trigonotis cavaleriei*（Lévl.）Hand. -Mazz.	草本	■					
附地菜	*Trigonotis peduncularis*（Trev.）Benth. ex Baker et Moore	草本	■					
161 马鞭草科 Verbenaceae								
尖叶紫珠	*Callicarpa acutifolia* Bunge	灌木	▼					
紫珠	*Callicarpa bodinieri* Lévl.	灌木	■	+	+			
华紫珠	*Callicarpa cathayana* H. T. Chang	灌木	■	+	+			
老鸦糊	*Callicarpa giraldii* Hesse ex Rehd.	灌木	▼	+				

续表

物种	学名	生活型	数据来源	药用	观赏	食用	蜜源	工业原料
161 马鞭草科 Verbenaceae								
日本紫珠	*Callicarpa japonica* Thunb.	灌木	■	+				
窄叶紫珠	*Callicarpa japonica* Thunb. var. *angustata* Rehd.	灌木	●		+			
白毛长叶紫珠	*Callicarpa longifolia* Lamk.f. *floccosa* Schauer	灌木	■					
黄腺紫珠	*Callicarpa luteopunctata* H.T.Chang	灌木	■					
红紫珠	*Callicarpa rubella* Lindl.	灌木	■	+				
金腺莸	*Caryopteris aureoglandulosa*（Vant.）C. Y. Wu	灌木	■					
莸	*Caryopteris divaricata*（Sieb. et Zucc.）Maxim.	草本	■	+				
兰香草	*Caryopteris incana*（Thunb.）Miq.	灌木	▼	+				
单花莸	*Caryopteris nepetaefolia*（Benth.）Maxim.	草本	■	+	+			
锥花莸	*Caryopteris paniculata* C. B. Clarke	草本	■	+				
三花莸	*Caryopteris terniflora* Maxim.	灌木	■	+	+			
臭牡丹	*Clerodendrum bungei* Steud.	灌木	■					
黄腺大青	*Clerodendrum confine* S. L. Chen et T.D.Zhuang	灌木	▼	+				
大青	*Clerodendrum cyrtophyllum* Turcz.	灌木	■	+				
海通	*Clerodendrum manderinorum* Diels	灌木	■	+				
海州常山	*Clerodendrum trichotomum* Thunb.	灌木	■	+	+			
过江藤	*Phyla nodiflora*（L.）Greene	草本	■	+				
臭黄荆	*Premna ligustroides* Hemsl.	灌木	▼	+				
豆腐柴	*Premna microphylla* Turcz.	灌木	■	+	+			
狐臭柴	*Premna puberula* Pamp.	灌木	■	+				
马鞭草	*Verbena officinalis* L.	草本	■	+	+			
黄荆	*Vitex negundo* L.	灌木	■	+	+			
荆条	*Vitex negundo* L. var. *heterophylla*（Franch.）Rehd.	灌木	●	+				
牡荆	*Vitex negundo* L. var. *cannabifolia*（Sieb. et Zucc.）Hand. -Mazz.	灌木	■	+	+			
162 水马齿科 Callitrichaceae								
水马齿	*Callitriche pulustris* L.	草本	●	+				
163 唇形科 Labiatae								
藿香	*Agastache rugosa*（Fisch. et Mey.）O. Ktze.	草本	■	+				
筋骨草	*Ajuga ciliata* Bunge	草本	■	+				
少花陕甘筋骨草	*Ajuga ciliata* Bunge var. *chanetii*（Levl. et Vant.）C. Y. Wu et C. Chen form *pauciflora* C.Y.Wu et Chen	草本	■					
金疮小草	*Ajuga decumbens* Thunb.	草本	■	+				
紫背金盘	*Ajuga nipponensis* Makino	草本	■					
尾叶香茶菜	*Amethystanthus excisa*（Maxim.）Hara	草本	■					
拟缺香茶菜	*Amethystanthus excisoides*（Sun ex C. H. Hu）C. Y. Wu et H. W. Li	草本	▼					
粗齿香茶菜	*Amethystanthus grosseserratus*（Dunn）Kudo	草本	■					
鄂西香茶菜	*Amethystanthus henryi*（Hemsl.）Kudo	草本	■					
宽叶香茶菜	*Amethystanthus latifolius* C. Y. Wu et Hsuan	草本	■	+				
显脉香茶菜	*Amethystanthus nervosus*（Hemsl.）C. Y. Wu et H. W. Li	草本	■	+				
总序香茶菜	*Amethystanthus racemosa*（Hemsl.）Hara	草本	■	+				
碎米桠	*Amethystanthus rubescens*（Hemsl.）Hara	灌木	■	+				

物种	学名	生活型	数据来源	药用	观赏	食用	蜜源	工业原料
163 唇形科 Labiatae								
溪黄草	*Amethystanthus serra*（Maxim.）Kudo	草本	■	+				
风轮菜	*Clinopodium chinense*（Benth.）O. Ktze.	草本	■	+				
细风轮菜	*Clinopodium gracile*（Benth.）Matsum.	草本	■	+				
寸金草	*Clinopodium megalanthum*（Diels）C. Y. Wu et Hsuan ex H. W. Li	草本	▼	+				
灯笼草	*Clinopodium polycephalum*（Diels）C. Y. Wu et Hsuan ex H. W. Li	草本	▼					
匍匐风轮菜	*Clinopodium repens*（D. Don）Wall. ex Benth.	草本	■					
麻叶风轮菜	*Clinopodium urticifolium*（Hance）C. Y. Wu et Hsuan ex H. W. Li	草本	●	+				
紫花香薷	*Elsholtzia argyi* Lévl.	草本	●	+				
香薷	*Elsholtzia ciliata*（Thunb.）Hyland.	草本	▼	+				
野草香	*Elsholtzia cyprianii*（Pavol.）S. Chow ex Hsu	草本	■					
狭叶野草香	*Elsholtzia cyprianii*（Pavol.）S. Chow ex Hsu var. *angustifolia* C.Y.Wu et S.C.Huang	草本	▼					
鸡骨柴	*Elsholtzia fruticosa*（D. Don）Rehd.	灌木	■	+				
水香薷	*Elsholtzia kachinensis* Prain	草本	■	+				
鼬瓣花	*Galeopsis bifida* Boenn.	草本	■	+				
白透骨草	*Glechoma biondiana*（Diels）C. Y. Wu et C. Chen	草本	■					
活血丹	*Glechoma longituba*（Nakai）Kupr.	草本	■					
异野芝麻	*Heterolamium debile*（Hemsl.）C. Y. Wu	草本	■					
细齿异野芝麻（心叶异野芝麻）	*Heterolamium debile*（Hemsl.）C. Y. Wu var. *cardiophyllum*（Hemsl.）C. Y. Wu	草本	▼	+	+	+		
粉红动蕊花	*Kinostemon ablorubrum*（Hemsl.）C. Y. Wu et S. Chow	草本	■					
动蕊花	*Kinostemon ornatum*（Hemsl.）Kudo	草本	■					
夏至草	*Lagopsis supina*（Steph.）Ik. -Gal. ex Knorr.	草本	■	+				
宝盖草	*Lamium amplexicaule* L.	草本	▼	+				+
野芝麻	*Lamium barbatum* Sieb. et Zucc.	草本	■	+				
益母草	*Leonurus artemisia*（Lour.）S. Y. Hu	草本	■	+				
假鬃尾草	*Leonurus chaituroides* C. Y. Wu et H. K. Li	草本	■	+				
疏花白绒草	*Leucas mollissima* Wall. var. *chinensis* Benth.	草本	●					
斜萼草	*Loxocalyx urticilolius* Hemsl.	草本	■	+				
小叶地笋	*Lycopus cavaleriei* H. Lév.	草本	■	+				
地笋	*Lycopus lucidus* Turze.	草本	■	+				
肉叶龙头草	*Meehania faberi*（Hemsl.）C. Y. Wu	草本	■					
华西龙头草	*Meehania fargesii*（Levl）C. Y. Wu	草本	■	+				
走茎华西龙头草（红紫苏）	*Meehania fargesii*（Levl.）C. Y. Wu var. *radicans*（Vant.）C. Y. Wu	草本	■					
蜜蜂花	*Melissa axillaris*（Benth.）Bakh. f.	草本	■	+		+		
薄荷	*Mentha haplocalyx* Briq.	草本	■	+		+		+
留兰香	*Mentha spicata* L.	草本	■					
粗壮冠唇花	*Microtoena robusta* Hemsl.	草本	■					
麻叶冠唇花	*Microtoena trticifolia* Hemsl.	草本	■					
小花荠苎	*Mosla cavaleriei* Lévl.	草本	■					

续表

物种	学名	生活型	数据来源	药用	观赏	食用	蜜源	工业原料
163 唇形科 Labiatae								
石香薷	*Mosla chinensis* Maxim.	草本	■					
小鱼仙草	*Mosla dianthera*（Buch. -Ham.）Maxim.	草本	■					
石荠苧	*Mosla scabra*（Thunb.）C. Y. Wu et H. W. Li	草本	■	+				
荆芥	*Nepeta cataria* L.	草本	■	+				
心叶荆芥	*Nepeta fodrii* Hemsl.	草本	■	+		+		+
罗勒	*Ocimum basilicum* L.	草本	▼					+
牛至	*Origanum vulgare* L.	草本	■					
白花假糙苏	*Paraphlomis albiflora*（Hemsl.）Hand. -Mazz.	草本	■	+				
紫苏	*Perilla frutescens*（L.）Britt.	草本	▼	+	+	+		+
糙苏	*Phlomis umbrosa* Turcz.	草本	■	+				
南方糙苏（变种）	*Phlomis umbrosa* Turcz. var. *australis* Hemsl.	草本	▼	+				
硬毛夏枯草	*Prunella hispida* Benth.	草本	▼					
夏枯草	*Prunella vulgaris* L.	草本	■	+				
狭叶夏枯草	*Prunella vulgaris* L. var. *lanceolata*（Bart.）Fern.	草本	■	+				
掌叶石蚕	*Rubiteucris palmata*（Benth.）Kudo	草本	▼					
血盆草	*Salvia cavalerie* Lévl. var. *simplicifolia* Stib.	草本	■	+				
贵州鼠尾草	*Salvia cavaleriei* Lévl.	草本	■	+				
紫背贵州鼠尾草	*Salvia cavaleriei* Lévl. var. *erythrophylla*（Hemsl.）Stib.	草本	●					
华鼠尾草	*Salvia chinensis* Benth.	草本	■	+				
犬形鼠尾草	*Salvia cynica* Dunn	草本	■	+				
鼠尾草	*Salvia japonica* Thunb.	草本	▼	+				
鄂西鼠尾草	*Salvia maximowiczii* Hemsl.	草本	■	+				
南川鼠尾草	*Salvia nanchuanensis* Sun	草本	■					
宽苞峨眉鼠尾草	*Salvia omeiana* Stib.var.*grangibracteata* Stib.	草本	■					
荔枝草	*Salvia plebeia* R. Br.	草本	▼		+			
长冠鼠尾草	*Salvia plectranthoides* Griff.	草本	■					
地梗鼠尾草	*Salvia scapiformis* Hance	草本	▼					
佛光草	*Salvia substolonifera* Stib.	草本	●	+				
多裂叶荆芥	*Schizonepeta multifida*（L.）Briq.	草本	■					+
黄芩	*Scutellaria baicalensis* Georgi	草本	■	+				
莸状黄芩	*Scutellaria caryopteroides* Hand. -Mazz.	草本	■					
岩藿香	*Scutellaria franchetiana* Lévl.	草本	■	+				
韩信草	*Scutellaria indica* L.	草本	■	+				
钝叶黄芩	*Scutellaria obtusifolia* Hemsl.	草本	●					
锯叶峨眉黄芩	*Scutellaria omeiensis* C. Y. Wu var. *serratifolia* C. Y. Wu et S. Chow	草本	■	+				
大花京黄芩	*Scutellaria pekinensis* Maxim. var. *grandiflora* C. Y. Wu et H. W. Li	草本	■					
水苏	*Stachys japonica* Miq.	草本	■	+				
针筒菜	*Stachys oblongifolia* Benth.	草本	■	+		+		
甘露子	*Stachys sieboldi* Miq.	草本	■	+				
二齿香科科	*Teucrium bidentatum* Hemsl.	草本	●	+				

物种	学名	生活型	数据来源	药用	观赏	食用	蜜源	工业原料
163 唇形科 Labiatae								
峨眉香科	*Teucrium omeiense* Sun ex S. Chow	草本	■					
长毛香科科	*Teucrium pilosum*（Pamp.）C. Y. Wu et S. Chow	草本	■	+				
血见愁	*Teucrium viscidum* Bl.	草本	■	+				
微毛血见愁	*Teucrium viscidum* Bl. var. *nepetoides*（Levl.）C. Y. Wu et S. Chow	草本	■					
164 茄科 Solanaceae								
天蓬子	*Atropanthe sinensis*（Hemsl.）Pascher	草本	■		+			
洋金花	*Datura metel.* L.	草本	■	+	+			+
曼陀罗	*Datura stramonium* L.（*D. tatula* L.）	草本	■					
天仙子	*Hyoscyamus niger* L.	草本	■	+				
单花红丝线	*Lycianthes lysimachioides*（Wall.）Bitter	草本	■	+		+		+
中华红丝线	*Lycianthes lysimachioides*（Wall.）Bitter var. *sinensis* Bitter	草本	■					
枸杞	*Lycium chinense* Mill.	灌木	■					
假酸浆	*Nicandra physaloides*（L.）Gaertn.	草本	■		+			
酸浆	*Physalis alkekengi* L.	草本	▼					
小酸浆	*Physalis minima* L.（*Ph. angulata* var. *villosa* Bonati）	草本	■	+				
喀西茄	*Solanum aculeatissimum* Jacq.	草本	▼	+				
千年不烂心	*Solanum cathayanum* C.Y.Wu et S.C.Huang	草本	■	+				
刺天茄	*Solanum indicum* L.	灌木	■	+				
白英	*Solanum lyratum* Thunb.	藤本	■	+		+		
龙葵	*Solanum nigrum* L.	草本	■			+		+
少花龙葵	*Solanum photeinocarpum* Nakamara et Odashima	草本	▼					
海桐叶白英	*Solanum pittosporifolium* Hemsl.	灌木	▼					
珊瑚樱	*Solanum pseudocapsicum* L.	灌木	■					
牛茄子	*Solanum surattence* Burm.f	草本	■	+				
黄果茄	*Solanum xanthocarpum* Schrad	草本	▼	+				
165 玄参科 Scrophulariaceae								
来江藤	*Brandisia hancei* Hook. f.	灌木	■	+				
小米草	*Euphrasia pectinata* Ten.	草本	■					
鞭打绣球	*Hemiphragma heterophyllum* Wall.	草本	▼					
泥花草	*Lindernia antipoda*（L.）Alston	草本	■	+				
母草	*Lindernia crustacea*（L.）F. Muell	草本	■					
宽叶母草	*Lindernia nummularifolia*（D. Don）Wettst.	草本	■	+				
陌上菜	*Lindernia procumbens*（Krock.）Von. Borbas	草本	■	+				
纤细通泉草	*Mazus gracilis* Hemsl. ex Forb. et Hemsl.	草本	■					
长匍通泉草	*Mazus procumbens* Hemsl.	草本	■					
美丽通泉草	*Mazus pulchellus* Hemsl. ex Forb. et Hemsl.	草本	■					
通泉草	*Mazus pumilus*（Burm.f.）Van. Steenis	草本	■					
毛果通泉草	*Mazus spicatus* Vant.	草本	▼					
束花通泉草	*Mazus wilsoni* Bonati	草本	■					
山罗花	*Melampyrum roseum* Maxim.	草本	■	+				
钝叶山罗花	*Melampyrum roseum* Maxim. var. *obtusifolium*（Bonati）Hong	草本	■					

物种	学名	生活型	数据来源	药用	观赏	食用	蜜源	工业原料
165 玄参科 Scrophulariaceae								
四川沟酸浆	*Mimulus szechuanensis* Pai	草本	■	+				
沟酸浆	*Mimulus tenellus* Bge.	草本	■					
尼泊尔沟酸浆	*Mimulus tenellus* Bunge var. *nepalensis*（Benth.）Tsoong	草本	●					+
川泡桐	*Paulownia fargesii* Franch.	乔木	■					+
白花泡桐	*Paulownia fiortunei*（Seem.）Hemsl.	乔木	■	+	+			
台湾泡桐	*Paulownia kawakamii* Ito	乔木	■	+				
毛泡桐	*Paulownia tomentosa*（Thunb.）Steud.	乔木	■					
聚花马先蒿	*Pedicularis confertiflora* Prain	草本	■	+				
扭盖马先蒿（大卫氏马先蒿）	*Pedicularis davidii* Franch.	草本	■					
宽齿扭盖马先蒿	*Pedicularis davidii* Franch. var. *platyodon* Tsoong	草本	■					
美观马先蒿	*Pedicularis decora* Franch.	草本	●					
密穗马先蒿	*Pedicularis densispica* Franch. ex Maxim.	草本	●					
法氏马先蒿	*Pedicularis fargesii* Franch.	草本	■					
江南马先蒿	*Pedicularis henryi* Maxim.	草本	■					
勒氏马先蒿	*Pedicularis legendrei* Bonati	草本	■					
藓生马先蒿	*Pedicularis muscicola* Maxim.	草本	■	+				
焊菜叶马先蒿	*Pedicularis nasturitiifolia* Franch.	草本	■					
返顾马先蒿	*Pedicularis resupinata* L.	草本	■					
粗茎返顾马先蒿	*Pedicularis resupinata* L. ssp. *crassicaulis*（Vaniot ex Bonati）Tsoong	草本	■					
鼬臭返顾马先蒿	*Pedicularis resupinata* L. ssp. *galeobdolon*（Diels）Tsoong	草本	■	+				
穗花马先蒿	*Pedicularis spicata* Pall.	草本	■					
扭旋马先蒿	*Pedicularis torta* Maxim.	草本	■					
轮叶马先蒿	*Pedicularis verticillata* L.	草本	▼					
松蒿	*Phtheirospermum japonicum*（Thunb.）Kanitz	草本	●					
地黄	*Rehmannia glutinosa*（Gaert.）Libosch. ex Fisch. et Mey.	草本	■					
湖北地黄	*Rehmannia henryi* N. E. Br	草本	■					
长梗玄参	*Scrophularia fargesii* Franch.	草本	■	+				
鄂西玄参	*Scrophularia henryi* Hemsl.	草本	■					
玄参	*Scrophularia ningpoensis* Hemsl.	草本	■					
阴行草	*Siphonostegia chinensis* Benth.	草本	■					
短冠草	*Sopubia trifida* Buch. -Ham. ex D. Don	草本	■	+				
光叶蝴蝶草	*Torenia glabra* Osbeck	草本	■					
紫萼蝴蝶草	*Torenia violacea*（Azaola）Pennell.	草本	■					
呆白菜	*Triaenophora rupestris*（Hemsl.）Soler.	草本	▼					
北水苦荬	*Veronica anagallis-aquatica* L.	草本	▼					
直立婆婆纳	*Veronica arvensis* L.	草本	■			+		
婆婆纳	*Veronica didyma* Tenore	草本	■					
城口婆婆纳	*Veronica fargesii* Franch	草本	■					
华中婆婆纳	*Veronica henryi* Yamazaki	草本	▼	+		+		
多枝婆婆纳	*Veronica javanica* Bl.	草本	■	+				
疏花婆婆纳	*Veronica laxa* Benth.	草本	▼	+		+		

物种	学名	生活型	数据来源	药用	观赏	食用	蜜源	工业原料
165 玄参科 Scrophulariaceae								
蚊母草	*Veronica peregvina* L.	草本	▼					
阿拉伯婆婆纳	*Veronica persica* Poir.	草本	▼	+				
小婆婆纳	*Veronica serpyllifolia* L.	草本	▼					
四川婆婆纳	*Veronica szechuanica* Batal.	草本	■					
川陕婆婆纳	*Veronica tsinglingensis* Hong	草本	■					
水苦荬	*Veronica undulata* Wall.	草本	●	+				
美穗草	*Veronicastrum brunonianum*（Benth.）Hong	草本	■	+				
宽叶腹水草	*Veronicastrum latifolium*（Hemsl.）Yamazaki	草本	■	+				
长穗腹水草	*Veronicastrum longispicatum*（Merr.）Yamazaki	草本	■					
细穗腹水草	*Veronicastrum stenostachyum*（Hemsl.）Yamazaki	草本	■					
166 紫葳科 Bignoniaceae								
凌霄	*Campsis grandiflora*（Thunb.）Schum.	藤本	▼	+	+	+		+
川楸（灰楸）	*Catalpa fargesi* Bur.	乔木	■	+				
167 爵床科 Acanthaceae								
白接骨	*Asystasiella chinensis*（S. Moore）E. Hossain	草本	■	+				
假杜鹃	*Barleria cristata* L.	灌木	■	+	+			
圆苞杜根藤	*Calophanoides chinensis*（Champ.）C. Y. Wu et H. S. Lo	草本	■					
黄猄草	*Championella tetraspermum*（Champ.ex Benrh.）Bremek.	草本	■		+			
圆苞金足草	*Goldfussia pentstemonoides* Nees	草本	■	+				
南一笼鸡	*Paragutzlaffia Henryi*（Hemsl.）H.P.Tsui	草本	●					
九头狮子草	*Peristrophe japonica*（Thunb.）Bremek.	草本	■					
翅柄马蓝	*Pteracanthus alatus*（Nees）Bremek.	草本	■					
腺毛马蓝	*Pteracanthus forrestii*（Diels）C. Y. Wu	灌木	▼					
三花马蓝	*Pteracanthus triflorus* Y. C. Tang	草本	■					
爵床	*Rostellularia procumbens*（L.）Ness	草本	■					
168 苦苣苔科 Gesneriaceae								
矮直瓣苣苔	*Ancylostemon humilis* W. T. Wang	草本	▼					
直瓣苣苔	*Ancylostemon saxatilis*（Hemsl.）Craib	草本	■	+				
旋蒴苣苔	*Boea hygrometrica*（Bunge）R. Br.	草本	■	+				
川鄂粗筒苣苔	*Briggsia rosthornii*（Diels）Burtt	草本	■					
鄂西粗筒苣苔	*Briggsia speciosa*（Hemsl.）Craib	草本	■	+				
牛耳朵	*Chirita eburnea* Hance	草本	■					
神农架唇柱苣苔	*Chirita tenuituba*（W. T. Wang）W. T. Wang	草本	■	+				
珊瑚苣苔	*Corallodiscus cordatulus*（Craib）Burtt	草本	▼					
全唇苣苔	*Deinocheilos sichuanense* W. T. Wang	草本	■					
纤细半蒴苣苔	*Hemiboea gracilis* Franch	草本	■	+		+		
半蒴苣苔	*Hemiboea henryi* Clarke	草本	■	+				
柔毛半蒴苣苔	*Hemiboea mollifolia* W.T.Wang	草本	▼					
降龙草	*Hemiboea subcapitata* Clarke	草本	▼					
毛蕊金盏苣苔	*Isometrum giraldii*（Diels）Burtt	草本	■					
吊石苣苔	*Lysionotus pauciflorus* Maxim.	灌木	■					

物种	学名	生活型	数据来源	药用	观赏	食用	蜜源	工业原料
168 苦苣苔科 Gesneriaceae								
皱叶后蕊苣苔	*Opithandra fargesii*（Fr.）Burtt	灌木	▼					
丽江马铃苣苔	*Oreocharis forrestii*（Diels）Skan	草本	▼					
厚叶蛛毛苣苔	*Paraboea crassifolia*（Hemsl.）Burtt	草本	■					
蛛毛苣苔	*Paraboea sinensis*（Oliv.）Burtt	灌木	■					
紫花苣苔	*Petrocosmea griffithii*（Wight）Clarke	草本	■					
中华石蝴蝶	*Petrocosmea sinensis* Oliv.	草本	■					
白花异叶苣苔	*Whytockia tsiangiana*（Hand. -Mazz.）A. Weber	草本	▼	+				
169 列当科 Orobanchaceae								
丁座草	*Boschniakia himalaica* Hook. f. et Thoms.	草本	■	+				
列当	*Orobanche coerulescens* Steph.	草本	■					
黄筒花	*Phacellanthus tubiflorus* Sieb. et Zucc.	草本	■	+				
170 透骨草科 Phrymaceae								
透骨草	*Phryma leptostachya* var. *oblongifolia*（Koidz.）Honda	草本	■					
171 车前科 Plantaginaceae								
车前	*Plantago asiatica* L.	草本	■	+		+		
长果车前（密花车前）	*Plantago asiatica* L. ssp. *densiflora*（J. Z. Liu）Z. Y. Li	草本	■					
疏花车前	*Plantago asiatica* L. ssp.*erosa*（Wall.）Z. Y. Li	草本	▼					
平车前	*Plantago depressa* Willd.	草本	■	+				
大车前	*Plantago major* L.	草本	▼	+				
北美车前	*Plantago virginica* L.	草本	■	+		+		
172 忍冬科 Caprifoliaceae								
糯米条	*Abelia chinensis* R. Br.	灌木	▼					
南方六道木	*Abelia dielsii*（Graebn.）Rehd.	灌木	■					
短枝六道木（蒴梗花）	*Abelia engleriana*（Graebn.）Rehd.	灌木	▼	+				
细瘦六道木	*Abelia forrestii*（Diels）W. W. Smith	灌木	■					
二翅六道木	*Abelia macrotera*（Graebn. et Buchw.）Rehd.	灌木	●					
小叶六道木	*Abelia parvifolia* Hemsl.	灌木	■					
伞花六道木	*Abelia umbellata*（Graebn. et Buchw.）Rehd.	灌木	▼					
双盾木	*Dipelta floribunda* Maxim.	灌木	▼					
淡红忍冬	*Lonicera acuminata* Wall. ex Roxb.	藤本	■					
无毛淡红忍冬	*Lonicera acuminata* Wall. var. *depilata* Hsu et H. J. Wang	藤本	■					
金花忍冬	*Lonicera chrysantha* Turcz.	灌木	▼					
须蕊忍冬	*Lonicera chrysantha* Turcz. ssp. *koehneana*（Rehd.）Hsu et H. J. Wang	灌木	■	+				
匍匐忍冬	*Lonicera crassifolia* Batal.	灌木	■					
粘毛忍冬	*Lonicera fargesii* Fr.	灌木	●					
葱皮忍冬	*Lonicera ferdinandii* Franch.	灌木	■	+	+			
蕊被忍冬	*Lonicera gynochlamydea* Hemsl.	灌木	■	+				
忍冬	*Lonicera japonica* Thunb.	藤本	■					
柳叶忍冬	*Lonicera lanceolata* Wall.	灌木	▼					
金银忍冬	*Lonicera maackii*（Rupr.）Maxim.	灌木	▼	+				
灰毡毛忍冬	*Lonicera macranthoides* Hand. -Mazz.	藤本	▼					

物种	学名	生活型	数据来源	药用	观赏	食用	蜜源	工业原料
172 忍冬科 Caprifoliaceae								
短尖忍冬	*Lonicera macronata* Rehd.	灌木	●	+				
小叶忍冬	*Lonicera microphylla* Willd. ex Roem. et Schult.	灌木	■					
越桔叶忍冬	*Lonicera myrtillus* Hook. f. et Thoms.	灌木	■	+				
红脉忍冬	*Lonicera nervosa* Maxim.	灌木	■	+				
峨眉忍冬	*Lonicera omeiensis*（Hsu et H. J. Wang）B. K. Zhou	灌木	■					
短柄忍冬（贵州忍冬）	*Lonicera pampaninii* Lévl.	藤本	■	+				
蕊帽忍冬	*Lonicera pileata* Oliv.	灌木	■					
凹叶忍冬	*Lonicera retusa* Franch.	灌木	■					
袋花忍冬	*Lonicera saccata* Rehd.	灌木	▼					
毛药忍冬	*Lonicera serreana* Hand -Mazz.	灌木	■					
细毡毛忍冬	*Lonicera similis* Hemsl.	藤本	■	+				
苦糖果	*Lonicera standishii* Jacq.（*L. fragrantissima* Lindl. ssp. *standishii*（Carr.）Hsu et H.J.Wang）	灌木	■	+				
四川忍冬	*Lonicera szechuanica* Batal.	灌木	●					
唐古特忍冬	*Lonicera tangutica* Maxim.（*L. flavipes* Rehd.）	灌木	■					
盘叶忍冬	*Lonicera tragophylla* Hemsl.	藤本	■					
毛果忍冬	*Lonicera trichogyne* Rehd.	灌木	■					
华西忍冬	*Lonicera webbiana* Wall. ex DC.	藤本	▼					
血满草	*Sambucus adnata* Wall. ex DC.	草本	■	+				
接骨草	*Sambucus chinensis* Lindl.	草本	■	+				
接骨木	*Sambucus williamsii* Hance	灌木	■					
毛核木	*Symphoricarpos sinensis* Rehd.	灌木	▼		+			
穿心莲子镳	*Triosteum himalayanum* Wall.	草本	■					+
莲子藨	*Triosteum pinnatifidum* Maxim.	草本	■	+				
桦叶荚蒾	*Viburnum betulifolium* Batal.	灌木	▼					
短序荚蒾	*Viburnum brachybotryum* Hemsl.	灌木	■					
短筒荚蒾	*Viburnum brevitubum*（Hsu）Hsu	灌木	●					
金佛山荚蒾	*Viburnum chinshanense* Graebn.	灌木	●					
水红木	*Viburnum cylindricum* Buch. -Ham. ex D. Don	灌木	■					
荚蒾	*Viburnum dilatatum* Thunb.	灌木	▼					
宜昌荚蒾	*Viburnum erosum* Thunb.	灌木	●					
细梗红荚蒾（变种）	*Viburnum erubescens* Wall. var. *gracilipes* Rehd.	灌木	■					
紫药红荚蒾	*Viburnum erubescens* Wall. var. *prattii*（Graebn.）Rehd.	灌木	■					
红荚蒾	*Viburnum eubescens* Wall.	灌木	■					
珍珠荚蒾（变种）	*Viburnum foetidum* Wall. var. *ceanothoedes*（C. H. Wright）Hand. -Mazz.	灌木	●	+				
直角荚蒾	*Viburnum foetidum* Wall. var. *rectangulatum*（Graebn.）Rehd.	灌木	■					
南方荚蒾	*Viburnum fordiae* Hance	灌木	■	+				
球花荚蒾	*Viburnum glomeratum* Maxim.	灌木	●					
巴东荚蒾	*Viburnum henryi* Hemsl.	灌木	▼					
湖北荚蒾	*Viburnum hupehense* Rehd.	灌木	■					
阔叶荚蒾	*Viburnum lobophylllum* Craebn.	灌木	●					

物种	学名	生活型	数据来源	药用	观赏	食用	蜜源	工业原料
172 忍冬科 Caprifoliaceae								
珊瑚树	*Viburnum odoratissimum* Ker-Gawl.	灌木	■					
少花荚蒾	*Viburnum oliganthum* Batal.	灌木	●		+			
鸡树条荚蒾	*Viburnum opulus* L. var. *calvescens*（Rehd.）Hara	灌木	▼	+				
蝴蝶戏珠花	*Viburnum plicatum* Thunb. var. *tomentosum*（Thunb.）Miq.	灌木	■					
球核荚蒾	*Viburnum propinquum* Hemsl.	灌木	▼	+	+			
皱叶荚蒾	*Viburnum rhytidophyllum* Hemsl.	乔木	■		+			
陕西荚蒾	*Viburnum schensianum* Maxim.	灌木	▼					
茶荚蒾（汤饭子）	*Viburnum setigerum* Hance	灌木	●					
合轴荚蒾	*Viburnum sympodiale* Graebn.	灌木	■					
壶花荚蒾	*Viburnum urceolatum* Sieb. et Zucc.	灌木	■					
烟管荚蒾	*Viburnum utile* Hemsl.	灌木	■					
水马桑（半边月）	*Weigela japonica* Thunb. var. *sinica*（Rehd.）Bailey	灌木	●					
173 败酱科 Valerianaceae								
墓头回	*Patrinia heterophylla* Bunge	藤本	■	+		+		
少蕊败酱	*Patrinia monandra* Clarke	草本	■	+				
台湾败酱	*Patrinia monandra* Clarke var. *formosana*（Kitam.）H. J. Wang	草本	▼					
败酱	*Patrinia scabiosaefolia* Fisch. ex Trev.	草本	●					
攀倒甑（白花败酱）	*Patrinia villosa*（Thunb.）Juss.	草本	■	+				
柔垂缬草	*Valeriana flaccidissima* Maxim.	草本	▼	+				
长序缬草	*Valeriana hardwickii* Wall.	草本	●	+				
蜘蛛香	*Valeriana jatamansi* Jones	草本	■	+				
缬草	*Valeriana officinalis* L.	草本	■					
174 川续断科 Dipsacaceae								
川续断	*Dipsacus asperoides* C. Y. Cheng et. T. M. Ai	草本	■					
日本续断	*Dipsacus japoncicus* Miq.	草本	■	+				
双参	*Triplostegia glandulifera* Wall. ex DC.	草本	■					
175 桔梗科 Campanulaceae								
丝裂沙参	*Adenophora capillaris* Hemsl.	草本	●	+	+	+		
鄂西沙参	*Adenophora hubeiensis* Hong	草本	■	+	+	+		
湖北沙参	*Adenophora longipedicellata* Hong	草本	▼	+	+	+		
杏叶沙参	*Adenophora petiolata* ssp. *hunanensis*（Nannfeldt）D. Y. Hong & S. Ge Novon.	草本	■	+	+	+		
多毛沙参	*Adenophora rupincola* Hemsl.	草本	■	+	+	+		
长柱沙参	*Adenophora stenanthina*（Ledeb）Kitagawa	草本	▼	+				
沙参	*Adenophora stricta* Miq.	草本	■					
无柄沙参	*Adenophora stricta* Miq. ssp. *sessilifolia* Hong	草本	■	+	+	+		
聚叶沙参	*Adenophora wilsonii* Nannf.	草本	■	+	+	+		
紫斑风铃草	*Campanula punctata* Lam.	草本	▼	+		+		
金钱豹	*Campanumoea javanica* Bl. ssp. *japonica*（Makino）Hong	草本	■	+		+		
光叶党参	*Codonopsis cardiophylla* Diels	草本	▼	+		+		
心叶党参	*Codonopsis cordifolioedes* Tsoong	草本	▼	+		+		

物种	学名	生活型	数据来源	药用	观赏	食用	蜜源	工业原料
175 桔梗科 Campanulaceae								
三角叶党参	*Codonopsis deltoidea* Chipp	草本	■	+				
羊乳	*Codonopsis lanceolata*（Sieb. et Zucc.）Trautv.	草本	■	+				
党参	*Codonopsis pilosula*（Franch.）Nannf.	草本	■	+		+		
川党参	*Codonopsis tangshen* Oliv.	草本	■	+				
半边莲	*Lobelia chinensis* Lour.	草本	▼	+				
西南山梗菜	*Lobelia sequinii* Lévl. et Vant.	草本	▼					
桔梗	*Platycodon grandiflorus*（Jacq.）A. DC.	草本	■	+				
铜锤玉带草	*Pratia nummularia*（Lam.）A. Br. etAscher	草本	■	+				
蓝花参	*Wahlenbergia marginata*（Thunb.）A. DC.	草本	▼					
176 菊科 Compositae								
云南蓍	*Achillea wilsoniana*（Heim.）Heim.	草本	■					
和尚菜（腺梗菜）	*Adenocaulon himalaicum* Edgew.	草本	■	+				
下田菊	*Adenostemma lavenia*（L.）O. Kuntze	草本	●	+				
狭叶兔儿风	*Ainsliaea angustifolia* Hook.f. et Thoms. ex C.B.Clarke	草本	●					
心叶兔儿风	*Ainsliaea bonatii* Beauverd	草本	▼	+				
杏香兔儿风	*Ainsliaea fragrans* Champ.	草本	■	+				
纤细兔儿风	*Ainsliaea gracilis* Franch.	草本	■					
粗齿兔儿风	*Ainsliaea grossedentata* Franch.	草本	▼					
长穗兔儿风	*Ainsliaea henryi* Diels	草本	■					
宽叶兔儿风	*Ainsliaea latifolia*（D.Don）Sch.-Bip.	草本	■					
红背兔儿风	*Ainsliaea rubrifolia* Franch.	草本	■					
四川兔儿风	*Ainsliaea sutchuenensis* Franch.	草本	■					
云南兔儿风	*Ainsliaea yunnanensis* Franch.	草本	▼	+				
异叶亚菊	*Ajania variifolia*（Chang）Tzvel.	灌木	■	+				
黄腺香青	*Anaphalis aureo-punctata* Ling et Borza	草本	▼					
绒毛黄腺香青	*Anaphalis aureo-punctata* Ling et Borza var. *tomentosa* Hand. -Mazz.	草本	■					
旋叶香青	*Anaphalis contorta*（D. Don）Hook. f.	草本	▼					
伞房香青	*Anaphalis corymbifera* Chang	草本	■					
宽翅香青	*Anaphalis latialata* Ling et Y. L. Chen	草本	■					
珠光香青	*Anaphalis margaritacea*（L.）Benth. et Hook. f.	草本	■					
线叶珠光香青	*Anaphalis margaritacea*（L.）Benth. et Hook. f. var. *japonica*（Sch. -Bip.）Makino	草本	■					
黄褐珠光香青	*Anaphalis margaritacea*（L.）Benth. var. *cinnamomea*（DC）Herd. ex Maxim.	草本	▼					
香青	*Anaphalis sinica* Hance	草本	■	+				
绵毛香青	*Anaphalis sinica* Hance var. *lanata* Ling	草本	■					
牛蒡	*Arctium lappa* L.	草本	▼	+				
黄花蒿	*Artemisia annua* L.	草本	■	+				
奇蒿	*Artemisia anomala* S. Moore	草本	▼	+		+		
艾蒿	*Artemisia argyi* Lévl. et Vant.	草本	■	+				
灰毛艾蒿	*Artemisia argyi* Lévl. et Vant. var. *incana*（Maxim.）Pamp.	草本	■					
暗绿蒿	*Artemisia atrovirens* Hand. -Mazz.	草本	■	+		+		

续表

物种	学名	生活型	数据来源	药用	观赏	食用	蜜源	工业原料
176 菊科 Compositae								
茵陈蒿	*Artemisia capillaris* Thunb.	草本	■					
南毛蒿	*Artemisia chingii* Pamp.	草本	■	+				
侧蒿	*Artemisia deversa* Diels	草本	■	+		+		
无毛牛尾蒿	*Artemisia dubia* Wall. ex Bess. var. *subdigitata*（Mattf.）Y. R. Ling	草本	■	+				
南牡蒿	*Artemisia eriopoda* Bunge	草本	■	+				
臭蒿	*Artemisia hedinii* Ostenf. et Pauls.	草本	■	+				
锈苞蒿	*Artemisia imponens* Pamp.	草本	■					
五月艾	*Artemisia indica* Willd.	草本	■	+		+		
牡蒿	*Artemisia japonica* Thunb.	草本	■	+				
小花牡蒿	*Artemisia japonica* var. *parviflora* Pamp.	草本	■	+				
白苞蒿	*Artemisia lactiflora* Wall.	草本	■	+				
细裂叶白苞蒿	*Artemisia lactiflora* Wall. ex DC. var. *incisa*（Pamp.）Ling et Y. R. Ling	草本	■	+				
矮蒿	*Artemisia lancea* Vant.	草本	■	+		+		
野艾蒿	*Artemisia lavandulaefolia* DC.	草本	■	+				
粘毛蒿	*Artemisia mattfeldii* Pamp.	草本	■					
蒙古蒿	*Artemisia mongolica*（Fisch. ex Bess.）Nakai	草本	■					
西南牡蒿	*Artemisia parviflora* Buch. -Ham. ex Roxb.	草本	■	+				
魁蒿	*Artemisia princeps* Pamp.	草本	▼	+				
灰苞蒿	*Artemisia roxburghiana* Bess.	草本	■	+		+		
白莲蒿	*Artemisia sacrorum* Ledeb.	草本	▼	+				
商南蒿	*Artemisia shangnanensis* Link et Y. R. Ling	草本	■					
大籽蒿	*Artemisia sieversiana* Ehrhart ex Willd.	草本	■	+				
南艾	*Artemisia simulans* Pamp.	草本	■					
西南圆头蒿	*Artemisia sinensis*（Pamp.）Ling et Y. R. Ling	草本	■					
阴地蒿	*Artemisia sylvatica* Maxim.	草本	■	+				
毛莲蒿	*Artemisia vestica* Wall. ex Bess.	灌木	■	+				
三脉紫菀	*Aster ageratoides* Turcz.	草本	▼	+				
狭叶三脉紫菀	*Aster ageratoides* Turcz. var. *gerlachii*（Hce）Chang	草本	■					
异叶三脉紫菀	*Aster ageratoides* Turcz. var. *heterophyllus* Maxim.	草本	▼					
长毛三脉紫菀	*Aster ageratoides* Turcz. var. *pilosus*（Diels）Hand. -Mazz.	草本	▼					
微糙三脉紫菀	*Aster ageratoides* Turcz. var. *scaberulus*（Miq.）Ling	草本	■					
翼柄紫菀	*Aster alatipes* Hemsl.	草本	■					
小舌紫菀	*Aster albescens*（DC.）Hand. -Mazz.	草本	■					
狭叶小舌紫菀	*Aster albescens*（DC.）Hand. -Mazz. var. *gracilior* Hand. -Mazz.	草本	●					
柳叶小舌紫菀	*Aster albescens*（DC.）Hand. -Mazz. var. *salignus* Hand. -Mazz.	草本	▼					
镰叶紫菀	*Aster falcifolius* Hand. -Mazz.	草本	■					
川鄂紫菀	*Aster moupinensis*（Franch.）Hand. -Mazz.	草本	■					
琴叶紫菀	*Aster panduratus* Nees ex Walper	草本	■					
钻叶紫菀	*Aster subulatus* Michx.	草本	■	+				

物种	学名	生活型	数据来源	药用	观赏	食用	蜜源	工业原料
176 菊科 Compositae								
紫菀	*Aster tataricus* L. f.	草本	■					
鄂西苍术	*Atractylodes carlinoides*（Hand. -Mazz.）Kitam.	草本	■	+				
苍术	*Atractylodes lancea*（Thunb.）DC.	草本	▼	+				
白术	*Atractylodes macrocephala* Koidz.	草本	■					
婆婆针	*Bidens bipinnata* L.	草本	■	+				
金盏银盘	*Bidens biternata*（Lour.）Merr. et Sherff.	草本	■	+				
小花鬼针草	*Bidens parviflora* Willd.	草本	■	+				
鬼针草	*Bidens pilosa* L.	草本	■	+				
白花鬼针草	*Bidens pilosa* L. var. *radiata* Sch. -Bip.	草本	■	+				
狼杷草	*Bidens tripartita* L.	草本	●		+			
馥芳艾纳香	*Blumea aromatica* DC.	草本	■	+				
东风草	*Blumea megacephala*（Randeria）Chang et Tseng	草本	■	+				
节毛飞廉	*Carduus acanthoides* L.	草本	■					
丝毛飞廉	*Carduus crispus* L.	草本	▼	+				
天名精	*Carpesium abrotanoides* L.	草本	●	+				
烟管头草	*Carpesium cernuum* L.	草本	■					
金挖耳	*Carpesium divaricatum* Sieb. et Zucc.	草本	▼	+				
贵州天名精	*Carpesium faberi* Winkl.	草本	■					
薄叶天名精	*Carpesium leptophyllum* Chen et C. M. Hu	草本	▼					
长叶天名精	*Carpesium longifolium* Chen et C. M. Hu	草本	▼					
大花金挖耳	*Carpesium macrocephalum* Franch. et Sav.	草本	■	+				
小花金挖耳	*Carpesium minum* Hemsl.	草本	■					
暗花金挖耳	*Carpesium triste* Maxim.	草本	■					
石胡荽	*Centipeda minima*（L.）A. Br. et Aschers.	草本	▼	+				
绿蓟	*Cirsium chinense* Gardn. et Champ.	草本	■					
贡山蓟	*Cirsium eriophoroides*（Hook.f.）Petrak	草本	■					
等苞蓟	*Cirsium fargesii*（Franch.）Diels	草本	■					
刺苞蓟	*Cirsium henryi*（Franch.）Diels	草本	■					
湖北蓟	*Cirsium hupehense* Pamp.	草本	■					
蓟	*Cirsium japonicum* Fisch. ex DC.	草本	▼					
线叶蓟	*Cirsium lineare*（Thunb.）Sch. -Bip.	草本	■	+				
野蓟	*Cirsium maackii* Maxim.	草本	▼	+				
马刺蓟	*Cirsium monocephalum*（Vant.）Lévl.	草本	▼					
刺儿菜	*Cirsium setosum*（Willd.）MB.	草本	▼					+
香丝草	*Conyza bonariensis*（L.）Cronq.	草本	▼	+				
小蓬草	*Conyza canadensi*（L.）Cronq.	草本	●	+				
白酒草	*Conyza japonica*（Thunb.）Less.	草本	■	+				
野茼蒿	*Crassocephalum crepidioides* Benth.	草本	■					
紫茎垂头菊	*Cremanthodium smithianum*（Hand. -Mazz.）Hand. -Mazz.	草本	■					
野菊	*Dendranthema indicum*（L.）Des Moul.	草本	■					
毛华菊	*Dendranthema vestitum*（Hemsl.）Ling	草本	■	+				

物种	学名	生活型	数据来源	药用	观赏	食用	蜜源	工业原料
176 菊科 Compositae								
鱼眼草	*Dichrocephala auriculata*（Thunb.）Druce.	草本	■					
东风菜	*Doellingeria scaber*（Thunb.）Nees.	草本	■	+				
鳢肠	*Eclipta prostrata*（L.）L.	草本	▼	+				
一点红	*Emilia sonchifolia*（L.）DC.	草本	■	+				
飞蓬	*Erigeron acre* L.	草本	■	+				
一年蓬	*Erigeron annuus*（L.）Pers.	草本	■	+				
长茎飞蓬	*Erigeron elongatus* Ledeb.	草本	■	+				
华泽兰（多须公）	*Eupatorium chinense* L.	草本	■	+				
佩兰	*Eupatorium fortunei* Turcz.	草本	■	+				
异叶泽兰	*Eupatorium heterophyllum* DC.	草本	■	+				
泽兰（白头婆）	*Eupatorium japonicum* Thunb.	草本	▼	+				
林泽兰	*Eupatorium lindleyanum* DC.	草本	■	+				
大吴风草	*Farfugium japonicum*（L. f.）Kitam.	草本	▼	+				
辣子草	*Galinsoga parviflora* Cav.	草本	■	+		+		
大丁草	*Gerbera anandria*（L.）Sch. -Bip.	草本	■	+				
毛大丁草	*Gerbera piloselloides*（L.）Cass.	草本	▼	+				
宽叶鼠麴草	*Gnaphalium adnatum*（Wall. ex DC.）Kitam.	草本	■					
鼠麴草	*Gnaphalium affine* D. Don	草本	■					
细叶鼠麴草	*Gnaphalium japonicum* Thunb.	草本	■					
南川鼠麴草	*Gnaphalium nanchuanense* Ling et Tseng	草本	■					
匙叶鼠麴草	*Gnaphalium pensylvanicum* Willd	草本	■					
红凤菜	*Gynura bicolor*（Willd.）DC.	草本	■					
菊三七（三七草）	*Gynura japonica*（Thumb.）Juel.	草本	■					
向日葵	*Helianthus annuus* L.	草本	■	+		+		+
菊芋	*Helianthus tuberosus* L.	草本	■					
泥胡菜	*Hemistepta lyrata*（Bunge）Bunge	草本	■		+	+	+	
阿尔泰狗娃花	*Heteropappus altaicus*（Willd.）Novopokr.	草本	■					
狗娃花	*Heteropappus hispidus*（Thunb.）Lees.	草本	■					+
山柳菊	*Hieracium umbellatum* L.	草本	■	+				
羊耳菊	*Inula cappa*（Buch. -Ham.）DC.	草本	■	+				
湖北旋覆花	*Inula hupehensis*（Ling）Ling	草本	▼	+				
线叶旋覆花	*Inula lineariifolia* Turcz.	草本	■	+				
总状土木香	*Inula racemosa* Hook. f.	草本	▼	+				
中华小苦荬	*Ixeridium chinense*（Thunb.）Tzvel	草本	■					
细叶小苦荬	*Ixeridium gracilis*（DC.）Stebb.	草本	■					
窄叶小苦荬	*Ixeridium gramineum*（Fisch.）Tzvel	草本	■					
抱茎小苦荬	*Ixeridium sonchifolium*（Maxim.）Shih	草本	■					
剪刀股	*Ixeris debilis*（Thunb.）A. Gray	草本	■					
苦荬菜	*Ixeris polycephala* Cass.	草本	▼					
马兰	*Kalimeris indica*（L.）Sch. -Bip.	草本	■			+		
马兰多型变种（裂叶马兰）	*Kalimeris indica*（L.）Sch.-Bip. var. *polymorpha*（Vant.）Kitam.	草本	●	+		+		

物种	学名	生活型	数据来源	药用	观赏	食用	蜜源	工业原料
176 菊科 Compositae								
川甘火绒草	*Leontopodium chuii* Hand.-Mazz.	草本	■					
薄雪火绒草	*Leontopodium juponicum* Miq	草本	■					
厚茸薄雪火绒草	*Leontopodium japonicum* Miq. var. *xerogens* Hand.-Mazz.	草本	■					
峨眉火绒草	*Leontopodium omeiense* Ling	草本	▼					
华火绒草	*Leontopodium sinense* Hemsl.	草本	■	+				
大黄囊吾	*Ligularia duciformis*（C. Winkl.）Hand.-Mazz.	草本	■	+				
矢叶囊吾	*Ligularia fargesii*（Franch.）Diels	草本	■					
蹄叶囊吾	*Ligularia fischeri*（Ledeb.）Turcz.	草本	■	+				
鹿蹄囊吾	*Ligularia hodgsonii* Hook.	草本	■	+				
狭苞囊吾	*Ligularia intermedia* Nakai var.*venusta* Nakai	草本	■	+				
囊吾	*Ligularia sibirica*（L.）Cass.	草本	▼					
离舌囊吾	*Ligularia veitchiana*（Hemsl.）Greenm.	草本	▼					
川鄂囊吾	*Ligularia wilsoniana*（Hemsl.）Greenm.	草本	■					
多裂紫菊	*Notoseris henryi*（Dunn）Shih	草本	▼					
黑花紫菊	*Notoseris melanantha*（Franch.）Shih	草本	■					
黄瓜菜	*Paraixeris denticulata*（Houtt）Stebb.	草本	■					
羽裂黄瓜菜	*Paraixeris pinnatipartita*（Makino）Tzvel.	草本	■					
雷山假福王草	*Paraprenanthes heptanhta* Shih et D. J. Liou	草本	■					
假福王草	*Paraprenanthes sororia*（Miq.）Shih	草本	▼					
披针叶蟹甲草	*Parasenecio lancifolia*（Franch.）Y. L. Chen	草本	■					
兔儿风蟹甲草	*Parasenecio ainsliiflorus*（Franch.）Y. L. Chen	草本	■					
秋海棠叶蟹甲草	*Parasenecio begoniaefolia*（Franch.）Hand.-Mazz.	草本	■					
珠芽蟹甲草	*Parasenecio bulbiferoides*（Hand.-Mazz.）Y. L. Chen	草本	▼					
三角叶蟹甲草	*Parasenecio deltophyllus*（Maxim.）Y. L. Chen	草本	■					
紫背蟹甲草	*Parasenecio ianthophyllus*（Franch.）Y. L. Chen	草本	■					
白头蟹甲草	*Parasenecio leucocephala*（Franch.）Hand.-Mazz.	草本	■					
耳翼蟹甲草	*Parasenecio otopteryx* Hand.-Mazz.	草本	■					
深山蟹甲草	*Parasenecio profundorum*（Dunn）Hand.-Mazz.	草本	▼					
中华蟹甲草	*Parasenecio sinicus*（Ling）Y. L. Chen	草本	■					
川鄂蟹甲草	*Parasenecio vespertilo*（Franch.）Y. L. Chen	草本	■					
心叶帚菊	*Pertya cordifolia* Mattf.	灌木	■					
华帚菊	*Pertya sinensis* Oliv.	草本	■	+		+		
蜂斗菜	*Petasites japonicus*（Sieb. et Zucc.）Maxim.	草本	■					
毛裂蜂斗菜	*Petasites tricholobus* Franch.	草本	■	+				
毛连菜	*Picris hieracioides* L.	草本	▼					
单毛毛连菜	*Picris hieracioides* L. ssp. *fuscipilosa* Hand.-Mazz.	草本	■					
日本毛连菜	*Picris japonica* Thunb.	草本	▼	+				
福王草	*Prenanthes tatarinowii* Maxim.	草本	■					
高大翅果菊	*Pterocypsela elata*（Hemsl.）Shih	草本	■					
台湾翅果菊	*Pterocypsela formosana*（Maxim.）Shih	草本	■					
翅果菊（山莴苣）	*Pterocypsela indica*（L.）Shih	草本	■	+				

物种	学名	生活型	数据来源	药用	观赏	食用	蜜源	工业原料
176 菊科 Compositae								
椭圆叶翅果菊	*Pterocypsela indica*（L.）Shih var. *dentata* C.x.Yang	草本	■					
秋分草	*Rhynchospermum verticillatum* Reinw. ex Bl.	草本	■		+			
翼柄风毛菊	*Saussurea alatipes* Hemsl.	草本	■					
蓟状风毛菊	*Saussurea carduiformis* Franch.	草本	■					
翅茎风毛菊	*Saussurea cauloptera* Hand. -Mazz.	草本	■					
心叶风毛菊	*Saussurea cordifolia* Hemsl.	草本	■	+				
云木香&	*Saussurea costus*（Falc.）Lipech.	草本	■	+				
三角叶风毛菊	*Saussurea deltoide*（DC.）Sch. -Bip	草本	■					
川陕风毛菊	*Saussurea dimorphaea* Franch.	草本	■					
长梗风毛菊	*Saussurea dolichopoda* Diels	草本	■					
川东风毛菊	*Saussurea fargesii* Franch.	草本	■					
狭翼风毛菊	*Saussurea frondosa* Hand. -Mazz.	草本	●					
球花雪莲（球花风毛菊）	*Saussurea globosa* Chen	草本	■					
巴东风毛菊（反折风毛菊）	*Saussurea henryi* Hemsl.	草本	■					
风毛菊	*Saussurea japonica*（Thunb.）DC.	草本	■					
少花风毛菊	*Saussurea oligantha* Franch.	草本	■					
小花风毛菊	*Saussurea parviflora*（Porr.）DC	草本	■					
松林风毛菊	*Saussurea pinetorum* Hand.-Mazz.	草本	▼					
多头风毛菊	*Saussurea polycephala* Hand. -Mazz.	草本	■					
杨叶风毛菊	*Saussurea populifolia* Hemsl.	草本	■					
半琴叶风毛菊	*Saussurea semilyrata* Bureau et Franch.	草本	▼					
喜林风毛菊	*Saussurea stricta* Franch.	草本	■					
四川风毛菊	*Saussurea sutchuenesis* Franch.	草本	■					
华中雪莲（南紫风毛菊）	*Saussurea veitchiana* Drumm. et Hutc.	草本	■					
云木香	*Saussurea costus*（Falc.）Lipsch.	草本	■	+				
华北鸦葱（笔管草）	*Scorzonera albicaulis* Bunge	草本	■	+				
额河千里光	*Senecio argunensis* Turcz.	草本	■					
北千里光	*Senecio dubitabilis* C. Jeffrey et Y. L. Chen	草本	■					
散生千里光	*Senecio exul* Hance	草本	■					
菊状千里光	*Senecio laetus* Edgew.	草本	■					
林荫千里光	*Senecio nemorensis* L.	草本	■	+				
千里光	*Senecio scandens* Buch. -Ham. et D. Don	草本	■					
岩生千里光	*Senecio wightii*（DC. et Wighe）Benth. ex Clarke	草本	■					
华麻花头	*Serratula chinensis* S. Moore	草本	▼	+				
缢苞麻花头	*Serratula strangulata* Iljin	草本	■	+				
豨莶	*Siegesbeckia orientalis* L.	草本	■	+				
腺梗豨莶	*Siegesbeckia pubescens* Makino	草本	■					
无腺豨莶草	*Siegesbeckia pubescens* Makino f. *eglandulosa* Ling et Hwang	草本	■					
华蟹甲	*Sinacalia tangutica*（Maxim.）B. Nord.	草本	■					
仙客来蒲儿根（单头千里光）	*Sinosenecio cyclaminifolius*（Franch）B.Nord.	草本	■					
川鄂蒲儿根	*Sinosenecio dryas*（Dunn）C.Jeffrey et Y.L.Chen	草本	▼	+				

物种	学名	生活型	数据来源	药用	观赏	食用	蜜源	工业原料
176 菊科 Compositae								
葡枝蒲儿根	*Sinosenecio globigerus*（Chang）B. Nord.	草本	■					
单头蒲儿根（单头千里光）	*Sinosenecio hederifolius*（Dunn）B. Nord.	草本	■	+				
蒲儿根	*Sinosenecio oldhamianus*（Maxim.）B. Nord.	草本	■					
七裂蒲儿根	*Sinosenecio septilobus*（Chang）B. Nord.	草本	■					
紫毛蒲儿根	*Sinosenecio villiferus*（Franch.）B. Nord.	草本	▼					
一枝黄花	*Solidago decurrens* Lour.	草本	■	+				
苣荬菜	*Sonchus arvensis* L.	草本	■					
苦苣菜	*Sonchus oleraceus* L.	草本	●	+				
兔儿伞	*Syneilesis aconitifolia*（Bunge）Maxim.	草本	■	+				
山牛蒡	*Synurus deltoides*（Ait.）Nakai	草本	■		+			
蒲公英	*Taraxacum mongolicum* Hand. -Mazz.	草本	■	+			+	
白缘蒲公英（高山蒲公英）	*Taraxacum platypecidum* Diels	草本	■					
狗舌草	*Tephroseris kirilowii*（Turcz. ex DC.）Holul	草本	▼	+				
女菀	*Turczaninovia fastigiata*（Fisch.）DC.	草本	■	+				
款冬	*Tussilago farfara* L.	草本	■					
南漳斑鸠菊	*Vernonia nantcianensis*（Pamp.）Hand. -Mazz.	草本	■	+				+
柳叶斑鸠菊	*Vernonia saligna*（Wall.）DC.	草本	■	+				
苍耳	*Xanthium sibircum* Patrin ex Widder	草本	■					
红果黄鹌菜	*Youngia erythrocarpa*（Vang.）Babe. et Stebb.	草本	■		+			
长裂黄鹌菜	*Youngia henryi*（Diels）Babc. et Stebb.	草本	▼					
异叶黄鹌菜	*Youngia heterophylla*（Hemsl.）Babc. et Stebb.	草本	■					
黄鹌菜	*Youngia japonica*（L.）DC.	草本	■					
戟叶黄鹌菜	*Youngia longipes*（Hemsl.）Babc. et Stebb.	草本	■					
羽裂黄鹌菜	*Youngia paleacea*（Diels）Babc. et Stebb.	草本	▼					
177 泽泻科 Alismataceae								
窄叶泽泻	*Alisma canaliculatum* A. Br. et Bouche.	草本	■	+	+			
泽泻	*Alisma plantago-aquatica* L.	草本	■					
矮慈姑	*Sagittaria pygmaea* Miq.	草本	■		+			
野慈姑	*Sagittaria trifolia* L.	草本	●					
剪刀草	*Sagittaria trifolia* L. f. *longiloba*（Turcz.）Makino	草本	■					
178 水鳖科 Hydrocharitaceae								
罗氏轮叶黑藻	*Hydrilla verticillata* var. *roxburghii* Casp.	草本			+			
黑藻	*Hydrilla verticillata*（L. f.）Royle	草本	■		+			
179 眼子菜科 Potamogetonaceae								
菹草	*Potamogeton crispus* L.	草本	■			+		
鸡冠眼子菜（小叶眼子菜）	*Potamogeton cristatus* Regel et Maack	草本	■					
眼子菜（浮叶眼子菜）	*Potamogeton distincus* A. Benn.（*P.tepperi* A.Benni.；*P. polygonifolius* Pour.；*P.franchetii* A.Benn. et Baag）	草本	■	+				
竹叶眼子菜	*Potamogeton malainus* Miq.	草本	■	+				
180 茨藻科 Najadaceae								
草茨藻	*Najas graminea* Del.	草本	■					
小茨藻	*Najas minor* All.	草本	■					

物种	学名	生活型	数据来源	药用	观赏	食用	蜜源	工业原料
180 茨藻科 Najadaceae								
角果藻	*Zannichellia palustris* L.	草本	■					
181 百合科 Liliaceae								
高山粉条儿菜	*Aletris alpestris* Diels	草本	■					
头花粉条儿菜	*Aletris capitata* Wang et Tang	草本	■					
无毛粉条儿菜	*Aletris glabra* Bur. et Franch.	草本	●					
疏花粉条儿菜	*Aletris laxiflora* Bur.	草本	■	+				
粉条儿菜	*Aletris spicata*（Thunb.）Franch.	草本	▼					
窄瓣粉条儿菜	*Aletris stenoloba* Franch.	草本	■					
蓝花韭	*Allium beesianum* W. W. Sm.	草本	▼					
野葱	*Allium chrysanthum* Regel	草本	●					
天蓝韭	*Allium cyaneum* Regel	草本	■	+		+		
玉簪叶韭	*Allium funckiaefolium* Hand. -Mazz.	草本	▼			+		
疏花韭	*Allium henryi* C. H. Wrighe	草本	■					
卵叶韭	*Allium ovalifolium* Hand. -Mazz.	草本	■			+		
天蒜	*Allium paepalanthoides* Airy-Shaw	草本	■	+		+		
多叶韭	*Allium plurifoliatum* Rendle	草本	▼	+				
太白韭	*Allium prattii* C. H. Wright	草本	■	+				
合被韭	*Allium tubiflorum* Rendle	草本	■	+				
茖葱	*Allium victorialis* L.	草本	■					
天门冬	*Asparagus cochinchinensis*（Lour.）Merr.	草本	■	+				
羊齿天门冬	*Asparagus filicinus* Ham. ex D. Don	草本	▼	+				
蜘蛛抱蛋	*Aspidistra elatior* Bl.	草本	■	+				
九龙盘	*Aspidistra lurida* Ker-Gawl.	草本	▼	+				
棕叶草	*Aspidistra oblanceifolia* Wang et Lang	草本	■					
大百合	*Cardiocrinum giganteum*（Wall.）Makino	草本	■	+	+			
七筋姑	*Clintonia udensis* Trautv. et Mey.	草本	■					
散斑肖万寿竹	*Disporopsis aspera*（Hua）Engl. ex Krause	草本	■					
深裂竹根七	*Disporopsis pernyi*（Hua）Diels	草本	■	+				
长蕊万寿竹	*Disporum bodinieri*（Lévl. et Vant.）Wang et Tang	草本	■	+				
万寿竹	*Disporum cantoniense*（Lour.）Merr.	草本	■					
大花万寿竹	*Disporum megalanthum* Wang et Tang	草本	▼	+				
宝铎草	*Disporum sessile* D. Dong	草本	▼					
单花万寿竹	*Disporum uniflorum* Baker	草本	▼					
湖北贝母	*Fritillaria hupehensis* Hsiao et K. C. Hsia	草本	■	+				
太白贝母	*Fritillaria taipaiensis* P. Y. Li	草本	■			+		
黄花菜	*Hemerocallis citrina* Baroni	草本	●		+			
萱草	*Hemerocallis fulva*（L.）L.	草本	●					
小黄花菜	*Hemerocallis minor* Mill.	草本	■	+		+		
折叶萱草	*Hemerocallis plicata* Stapf	草本	■			+		
华肖菝葜	*Heterosmilax chinensis* Wang	灌木	■					
肖菝葜	*Heterosmilax japonica* Kunth	灌木	■					

物种	学名	生活型	数据来源	药用	观赏	食用	蜜源	工业原料
181 百合科 Liliaceae								
短柱肖菝葜	*Heterosmilax yunnanensis* Gagnep	灌木	■					
玉簪	*Hosta plantaginea*（Lam.）Aschers.	草本	▼					
紫萼	*Hosta ventricosa*（Salisb.）Stearn	草本	■	+	+			
滇百合	*Lilium bakerianum* Coll. et Hemsl.	草本	■	+				
百合	*Lilium brownii* F. E. Br. ex Miellez var. *viridulum* Baker	草本	●			+		
野百合	*Lilium brownii* F. E. Br. ex Miellze	草本	■					
川百合	*Lilium davidii* Duch.	草本	▼					
宝兴百合	*Lilium duchartrei* Franch.	草本	■		+			
绿花百合	*Lilium fargesii* Franch.	草本	●	+		+		+
湖北百合	*Lilium henryi* Baker	草本	■	+		+		
卷丹	*Lilium lancifolium* Thunb.	草本	■					
宜昌百合	*Lilium leucanthum*（Baker）Baker	草本	■					
乳头百合	*Lilium papilliferum* Franch.	草本	●	+	+			
南川百合	*Lilium rosthornii* Diels	草本	▼	+	+	+		
禾叶山麦冬	*Liriope graminifolia*（L.）Baker	草本	■	+				
长梗山麦冬	*Liriope longipedicellata* Wang et Tang	草本	■					
山麦冬	*Liriope spicata*（Thunb.）Lour.	草本	■					
舞鹤草	*Maianthemum bifolium*（L.）F. W. Schmidt	草本	■	+				
合瓣鹿药	*Maianthemum tubiferum*（Batalin）LaFrankie	草本	■					
假百合	*Notholirion bulbuliferum*（Lingelsh.）Stearn	草本	■	+				
短药沿阶草	*Ophiopogon bockianus* Diels var. *angustifoliatus* Wang et Tang	草本	■	+	+			
沿阶草	*Ophiopogon bodinieri* Lévl.	草本	■	+				
间型沿阶草	*Ophiopogon intermedius* D. Don	草本	■	+	+			
麦冬	*Ophiopogon japonicus*（L. f.）Ker-Gawl.	草本	■	+				
阴生沿阶草	*Ophiopogon umbraticola* Hance	草本	▼					
巴山重楼	*Paris bashanensis* Wang et Tang	草本	▼	+				
金线重楼	*Paris delavayi* Franch.	草本	■					
球药隔重楼	*Paris fargesii* Franch.	草本	■	+				
具柄重楼	*Paris fargesii* Franch. var. *petiolata*（Baker ex C. H. Wright）Wang et Tang	草本	■	+				
花叶重楼	*Paris marmorata* Stearn	草本	▼	+				
七叶一枝花	*Paris polyphylla* Sm.	草本	●	+				
短梗重楼	*Paris polyphylla* Sm. var. *appendiculata* Hara	草本	■					
华重楼	*Paris polyphylla* Sm. var. *chinensis*（Franch.）Hara	草本	▼	+				
狭叶重楼	*Paris polyphylla* Sm. var. *stenophylla* Franch.	草本	■					
滇重楼（宽瓣重楼）	*Paris polyphylla* Sm. var. *yunnanensis*（Franch.）Hand. -Mazz.	草本	■	+				
北重楼	*Paris verticillata* Bieb.	草本	●	+				
卷叶黄精	*Polygonatum cirrhifolium*（Wall.）Royle	草本	■	+				
多花黄精	*Polygonatum cyrtonema* Hua（*P. multiflorum* Auct.）	草本	■	+				
距药黄精	*Polygonatum franchetii* Hua	草本	▼	+				
滇黄精	*Polygonatum kingianum* Coll. et Hemsl.	草本	▼	+				

物种	学名	生活型	数据来源	药用	观赏	食用	蜜源	工业原料
181 百合科 Liliaceae								
大叶黄精（新变种）	*Polygonatum kingianum* Coll. et Hemsl.var.*grandifolium* D.M.Liu et W.Z.Zeng.var.nov	草本	●					
长梗黄精	*Polygonatum longipedunculatum* S. Y. Liang	草本	■	+				
玉竹	*Polygonatum odoratum*（Mill.）Druce	草本	●	+				
康定玉竹	*Polygonatum prattii* Baker	草本	■	+				
黄精	*Polygonatum sibiricum* Delar. ex Redoute	草本	■	+				
轮叶黄精	*Polygonatum verticillatum*（L.）All.	草本	●	+				
湖北黄精	*Polygonatum zanlanscianense* Pamp.	草本	▼					
吉祥草	*Reineckea carnea*（Andr.）Kunth	草本	■	+				
万年青	*Rohdea japonica*（Thunb.）Roth	草本	■	+				
绵枣儿	*Scilla scilloides*（Lindl.）Druce	草本	▼	+				
窄瓣鹿药	*Smilacina estsienensis*（Franch.）Wang et Tang	草本	■					
少叶鹿药	*Smilacina estsiensis*（Franch.）Wang et Tang var. *stenoloba*（Franch.）Wang et Tang	草本	■					
管花鹿药	*Smilacina henryi*（Baker）Wang et Tang	草本	●					
鹿药	*Smilacina japonica* A. Gray	草本	●					
丽江鹿药	*Smilacina lichiangensis*（W. W. Sm.）W. W. Sm.	草本	▼					
紫花鹿药	*Smilacina purpurea* Wall.	草本	▼					
尖叶菝葜	*Smilax arisanensis* Hayata	灌木	●					
菝葜	*Smilax china* L.	灌木	●					
柔毛菝葜	*Smilax chingii* Wang et Tang	灌木	■					
托柄菝葜	*Smilax discotis* Warb.	灌木	▼					
长托菝葜	*Smilax ferox* Wall. et Kunth	灌木	■	+				
土茯苓	*Smilax glabra* Roxb.	灌木	●			+		
黑果菝葜（粉菝葜）	*Smilax glauco-china* Warb.	灌木	▼					
马甲菝葜	*Smilax lanceifolia* Roxb.	灌木	●					
无刺菝葜	*Smilax mairei* Levl.	灌木	■	+				
防己叶菝葜	*Smilax menispermoidea* A. DC.	灌木	▼	+				
小叶菝葜	*Smilax microphylla* C. H. Wright	灌木	●					
黑叶菝葜	*Smilax nigrescens* Wang et Tang ex P. Y. Li	灌木	●					
武当菝葜	*Smilax outanscianensis* Pamp.	灌木	▼					
红果菝葜	*Smilax polycolea* Wanb.	灌木	■	+			+	
牛尾菜	*Smilax riparia* A. DC.	草本	▼					
尖叶牛尾菜	*Smilax riparia* A. DC. var. *acuminata*（C. H. Wright）Wang et Tang	藤本	▼	+				
毛牛尾菜	*Smilax riparia* A. DC. var. *pubescens*（C. H. Wright）Wang et Tang	草本	●					
短梗菝葜	*Smilax scobinicaulis* C. H. Wright	灌木	■					
鞘柄菝葜	*Smilax stans* Maxim.	灌木	■					
糙柄菝葜	*Smilax trachypoda* Norton	藤本	▼					
岩菖蒲	*Tofieldia thibetica* Franch.	草本	▼					
黄花油点草	*Tricyrtis maculata*（D. Don）Machride	草本	■					
延龄草	*Trillium tschonoskii* Maxim.	草本	■	+				

续表

物种	学名	生活型	数据来源	药用	观赏	食用	蜜源	工业原料
181 百合科 Liliaceae								
开口箭	*Tupistra chinensis* Baker	草本	▼					
毛叶藜芦	*Veratrum grandiflorum*（Maxim.）Loes. f.	草本	■					
藜芦	*Veratrum nigrum* L.	草本	●					
长梗藜芦	*Veratrum oblongum* Loes. f.	草本	■	+	+			
丫蕊花	*Ypsilandra thibetica* Franch.	草本	■					
棋盘花	*Zigadenus sibiricus*（L.）A. Gray	草本	■					
182 百部科 Stemonaceae								
百部	*Stemona japonica*（Bl.）Miq.	草本	■	+				
大百部	*Stemona tuberosa* Lour.	草本	■					
183 石蒜 Lycoris			▼					
忽地笑	*Lycoris aurea*（L'Her.）Herb.	草本	■	+	+			
石蒜	*Lycoris radiata*（L'Her.）Herb.	草本	■	+	+			
大叶仙茅	*Curculigo capitulata*（Lour.）O. Kuntze	草本	■	+				
疏花仙茅	*Curculigo gracilis*（Wall. ex Kurz.）Hook. f.	草本	■	+				
仙茅	*Curculigo orchioides* Gaertn.	草本	■	+				
184 薯蓣科 Dioscoreaceae								
黄独	*Dioscorea bulbifera* L.	藤本	■	+				
薯莨	*Dioscorea cirrhosa* Lour.	藤本	■	+				
叉蕊薯蓣	*Dioscorea collettii* Hook. f.	藤本	■	+				
粉背薯蓣	*Dioscorea collettii* Hook. f. var. *hypoglauca*（Palibin）Peiet C. T. Ting	藤本	■	+				
无翅参薯	*Dioscorea exalata* C. T. Ting et M. C. Chang	藤本	■					
高山薯蓣	*Dioscorea henryi*（Prain et Burkill）C.T.Ting	藤本	■					
日本薯蓣	*Dioscorea japonica* Thunb.	藤本	■	+				
毛芋头薯蓣	*Dioscorea kamoonensis* Kunth	藤本	▼	+				
穿龙薯蓣	*Dioscorea nipponica* Makino	藤本	■	+				
紫黄姜	*Dioscorea nipponica* Makino ssp. *rosthornii*（Prain et Burkill）C.T.Ting	藤本	■	+		+		
薯蓣（山药）	*Dioscorea opposita* Thunb.	藤本	▼	+		+		
黄山药	*Dioscorea panthaica* Prain et Burkill	藤本	■	+				
五叶薯蓣	*Dioscorea pentaphylla* L.	藤本	■					
褐苞薯蓣	*Dioscorea persimilis* Prain et Burkill	藤本	▼					
盾叶薯蓣	*Dioscorea zingiberensis* C.H.Wright	藤本	▼			+		
185 雨久花科 Pontederiaceae								
鸭舌草	*Monochoria vaginalis*（Burm. f.）Presl	草本	●	+				
186 鸢尾科 Iridaceae								
射干	*Belamcanda chinensis*（L.）DC.	草本	●	+				
金脉鸢尾	*Iris chrysographes* Dykes	草本	■		+			
长柄鸢尾	*Iris henryi* Baker	草本	●					
蝴蝶花	*Iris japonica* Thunb.	草本	■					
马蔺	*Iris lactea* Pall. var. *chinensis*（Fisch.）Koidz.	草本	■	+				
小花鸢尾	*Iris speculatrix* Hance	草本	▼	+				

物种	学名	生活型	数据来源	药用	观赏	食用	蜜源	工业原料
186 鸢尾科 Iridaceae								
鸢尾	*Iris tectorum* Maxim.	草本	■	+	+			
黄花鸢尾	*Iris wilsonii* C. H. Wright	草本	■					
187 灯心草科 Juncaceae								
翅茎灯心草	*Juncus alatus* Franch. et Sav.	草本	■	+				
小花灯心草	*Juncus articulatus* L.	草本	■					
小灯心草	*Juncus bufonius* L.	草本	■	+				
扁茎灯心草	*Juncus compressus* Jacq.	草本	●					
星花灯心草	*Juncus diastrophanthus* Buchen.	草本	▼	+				
灯心草	*Juncus effusus* L.	草本	■	+				
分枝灯心草	*Juncus modestus* Buchen.	草本	●					
单枝灯心草	*Juncus potaninii* Buchen.	草本	▼	+				
野灯心草	*Juncus setchuensis* Buchen.	草本	■	+				
疏花灯心草	*Juncus pauciflorus* R. Br.	草本	■					
笄石菖（江南灯心草）	*Juncus prismatocarpus* R. Br.	草本	▼					
散序地杨梅	*Luzula effusa* Buchen.	草本	■					
多花地杨梅	*Luzula multiflora*（Retz.）Lej.	草本	■					
淡花地杨梅	*Luzula pallescens*（Wahlenb.）Bess.	草本	■			+		
羽毛地杨梅	*Luzula plumosa* E. Mey.	草本	■					
188 鸭跖草科 Commelinaceae								
饭包草	*Commelina bengalensis* L.	草本	■	+				
鸭跖草	*Commelina communis* L.	草本	■					
裸花水竹叶	*Murdannia nudiflora*（L.）Brenan	草本	■					
川杜若	*Pollia miranda*（Levl.）Hara	草本	▼					
竹叶吉祥草	*Spatholirion longifolium*（Gagnep.）Dunn	草本	■	+				
竹叶子	*Streptolirion volubile* Edgew.	草本	▼	+				
189 谷精草科 Eriocaulaceae								
谷精草	*Eriocaulon buergerianum* Koern.	草本	▼	+				
宽叶谷精草	*Eriocaulon robustius*（Maxim.）Makino	草本	■					
190 禾本科 Gramineae								
小糠草	*Agrostis alba* L.	草本	■		+			
华北剪股颖	*Agrostis clavata* Trin.	草本	■					
巨穗剪股颖	*Agrostis gigantea* Roth	草本	■					
剪股颖	*Agrostis matsumurae* Hack. ex Honda	草本	■		+			
大锥剪股颖	*Agrostis megathyrsa* Keng	草本	■					
多花剪股颖	*Agrostis myriantha* Hook. f.	草本	■					
疏花剪股颖	*Agrostis perlaxa* Pilger	草本	■					
丽江剪股颖	*Agrostis schneideri* Pilger	草本	●					
外玉山剪股颖	*Agrostis transmorrisonensis* Hayata	草本	■					
看麦娘	*Alopecurus aequalis* Sobol.	草本	■					
大看麦娘	*Alopecurus pratensis* L.	草本	■					
荩草	*Arthraxon hispidus*（Thunb.）Makino	草本	▼					

物种	学名	生活型	数据来源	药用	观赏	食用	蜜源	工业原料
190 禾本科 Gramineae								
匿芒荩草	*Arthraxon hispidus*（Thunb.）Makino var. *cryptatherus*（Hack.）Honda	草本	■					
茅叶荩草	*Arthraxon lanceolatus*（Roxb.）Hochst.	草本	■					
野古草	*Arundinella anomala* Steud.	草本	■					
瘦瘠野古草	*Arundinella anomala* var. *depauperata* Steud.	草本	■					
芦竹	*Arundo donax* L.	草本	▼	+				
沟稃草	*Aulacolepis treutleri*（Kuntze）Hack.	草本	■					
莜麦	*Avena chinensis*（Fisch. ex Roem. et Schult）Metzg	草本	■			+		
野燕麦	*Avena fatua* L.	草本	■			+		
光稃野燕麦	*Avena fatua* L. var. *glabrata* Peterm.	草本	■					
光轴野燕麦	*Avena fatua* L. var. *mollis* Keng	草本	▼					
妈竹	*Bambusa boniopsis* McClure	灌木	■					
孝顺竹	*Bambusa multiplex*（Lour.）Raeusch. ex J. A. et J. H. Schult.	灌木	■		+	+		
硬头黄竹	*Bambusa rigida* Keng et Keng f.	灌木	■		+			
巴山木竹	*Bashania fargesii*（E. G. Camus）Keng f. et Yi	灌木	■		+			
白羊草	*Bothriochloa ischaemum*（L.）Keng	草本	■					
毛臂形草	*Brachiaria villosa*（Lam.）A. Camus	草本	■					
短柄草	*Brachypodium sylvaticum*（Huds.）Beauv.	草本	●					
雀麦	*Bromus japonicus* Thunb.	草本	■					
大雀麦	*Bromus magnus* Keng	草本	▼					
疏花雀麦	*Bromus remotiflorus*（Steud.）Ohwi	草本	■					
华雀麦	*Bromus sinensis* Keng	草本	■					
拂子茅	*Calamagrostis epigejos*（L.）Roth	草本	■					
假苇拂子茅	*Calamagrostis pseudophragmites*（Hall. f.）Koel.	草本	■					
竹枝细柄草	*Capillipedium assimile*（Stued.）A. Camus	草本	■					
细柄草	*Capillipedium parviflorum*（R. Br.）Stapf	草本	■		+			
沿沟草	*Catabrosa aquatica*（L.）Beauv.	草本	■	+				
薏苡	*Coix lacryma-jobi* L.	草本	■					
狗牙根	*Cynodon dactylon*（L.）Pers.	草本	■					
弓果黍	*Cyrtococcum patens*（L.）A. Camus	草本	■	+				
鸭茅	*Dactylis glomerata* L.	草本	▼					
麻竹	*Dendrocalamus latiflorus* Munro	灌木	■		+			
发草	*Deschampsia caespitosa*（L.）Beauv.	草本	■					
长舌野青茅	*Deyeuxia araundinacea* Beauv. var. *ligulata* Beauv.	草本	▼					
疏花野青茅	*Deyeuxia arundinacea*（L.）Beauv. var. *laxiflora*（Rendle）P. C. Kuo et S. L. Lu	草本	■					
野青茅	*Deyeuxia arundinacea*（L.）Beauv.	草本	■					
疏穗野青茅	*Deyeuxia effusiflora* Rendle	草本	■					
箱根野青茅	*Deyeuxia hakonensis*（Franch. et Sav.）Keng	草本	■					
房县野青茅	*Deyeuxia henryi* Rendle（*Calamagrostis henryi*（Rehdle）Kuo et Lu）	草本	■					
湖北野青茅	*Deyeuxia hupehensis* Rendle	草本	■					
糙野青茅	*Deyeuxia scabrescens* Munro ex Duthie	草本	■					

续表

物种	学名	生活型	数据来源	药用	观赏	食用	蜜源	工业原料
190 禾本科 Gramineae								
毛马唐	*Digitaria chrysoblephara* Fig. et De Not.	草本	■					
升马唐	*Digitaria ciliaris*（Retz.）Koel.	草本	■					
十字马唐	*Digitaria cruciata*（Nees）A. Camus	草本	■					
止血马唐	*Digitaria ischaemum*（Schreb.）Schreb.	草本	■					
马唐	*Digitaria sanguinalis*（L.）Scop.	草本	■					
紫马唐	*Digitaria violascens* Link	草本	■					
坝竹	*Drepanostachyum microphyllum*（Hsueh et Yi）Keng f. et Yi	草本	▼					
光头稗	*Echinochloa colonum*（L.）Link	草本	■			+		
稗	*Echinochloa crusgalli*（L.）Beauv.	草本	■					
无芒稗	*Echinochloa crusgalli*（L.）Beauv. var. *mitis*（Pursh）Peterm	草本	■					
牛筋草	*Eleusine indica*（L.）Gaertn.	草本	▼					
麦宾草	*Elymus tangutorum*（Nevski）Hand. -Mazz.	草本	■					
大画眉草	*Eragrostis cilianensis*（All.）Link ex Vignolo-Lu-tati	草本	▼					
知风草	*Eragrostis ferruginea*（Thunb.）Beauv.	草本	■					
黑穗画眉草	*Eragrostis nigra* Nees ex Steud.	草本	■					
画眉草	*Eragrostis pilosa*（L.）Beauv.	草本	■					
蔗茅	*Erianthus rufipilus*（Steud.）Griseb.	草本	■			+		
野黍	*Eriochloa villosa*（Thunb.）Kunth	草本	■				+	
金茅	*Eulalia speciosa*（Debeaux）Kuntze	草本	■					
拟金茅	*Eulaliopsis binata*（Retz.）C. E. Hubb.	草本	■			+		
窝竹	*Fargesia brevissima* Yi	灌木	▼			+		
箭竹	*Fargesia spathacea* Franch.	灌木	■			+		
素羊茅	*Festuca modesta* Steud.	灌木	■					
羊茅	*Festuca ovina* L.	灌木	■		+			
紫羊茅	*Festuca rubra* L.	草本	■		+			
中华羊茅	*Festuca sinensis* Keng	草本	▼					
藏滇羊茅	*Festuca vierhapperi* Hand.-Mazz.	草本	■					
奢异燕麦	*Helictotrichon hookeri* ssp. *schellianum*（Hackel）Tzvelev	草本	■					
光花异燕麦	*Helictotrichon leianthum*（Keng）Ohwi	草本	▼					
牛鞭草	*Hemarthria altissima*（Poir.）Stapf et C. E. Hubb.	草本	■					
黄茅	*Heteropogon contortus*（L.）Beauv. ex Roem. et Schult.	灌木	■					+
猬草	*Hystrix duthiei*（Stapf.）Bor	草本	■					
丝茅（白茅）	*Imperata koenigii*（Retz.）Beauv.（*I.cylindrica*（L.）Beauv. var. *major* C.E. Hubb.）	草本	■					
巴山箬竹	*Indocalamus bashanensis*（C. D. Chu et C. S. Chao）H. R. Chao et Y. L. Yang	灌木	■					
硬毛箬竹	*Indocalamus hispidus* H. R. Zhao et Y. L. Yang	灌木	▼					
阔叶箬竹	*Indocalamus latifolius*（Keng）McClure	灌木	■					
胜利箬竹	*Indocalamus victorialis* Keng f.	灌木	■					
鄂西箬竹	*Indocalamus wilsoni*（Rendle）C. S. Chaoe C. D. Chu	灌木	■	+				
巫溪箬竹	*Indocalamus wuxiensis* Yi	灌木	■					
柳叶箬	*Isachne globosa*（Thunb.）Kuntze	草本	■					

物种	学名	生活型	数据来源	药用	观赏	食用	蜜源	工业原料
190 禾本科 Gramineae								
阿尔泰[艹/洽]草	*Koeleria macrantha*（Ledebour）Schultes	草本	■					
假稻	*Leersia japonica* Makino	草本	■					
千金子	*Leptochloa chinensis*（L.）Nees	草本	■					
虮子草	*Leptochloa panicea*（Retz.）Ohwi	草本	■					
料慈竹	*Lingnania diategia*（Keng et Keng f.）Keng f.	灌木	■					
淡竹叶	*Lophatherum gracile* Brongn	灌木	■					
广序臭草	*Melica onoei* Franch. et Sav.	草本	■					
甘肃臭草	*Melica przeiwalskyi* Roshev.	草本	▼					
刚莠竹	*Microstegium ciliatum*（Trin.）A. Camus	草本	■					
莠竹	*Microstegium nodosum*（Kom.）Tzvel.	灌木	■	+				+
竹叶茅	*Microstegium nudum*（Trin）A. Camus	草本	■					
柔枝莠竹	*Microstegium vimineum*（Trin.）A. Camus	灌木	■					
粟草	*Milium effusum* L.	草本	■					
五节芒	*Miscanthus floridulus*（Lab.）Warb. ex Schum. et Laut.	草本	■					
芒	*Miscanthus sinensis* Anderss	草本	■					
乱子草	*Muhlenbergia hugelii* Trin	草本	■					
日本乱子草	*Muhlenbergia japonica* Steud.	草本	■					
多枝乱子草	*Muhlenbergia ramosa*（Hack.）Makino	草本	■			+		
河八王	*Narenga porphyrocoma*（Hance）Bor	草本	■					
慈竹	*Neosinocalamus affinis*（Rendle）Kengf.	灌木	■					
类芦	*Neyraudia neynaudiana*（Kunth）Keng ex Hitchc.	草本	■	+				
竹叶草	*Oplismenus compositus*（L.）Beav.	草本	■			+		
求米草	*Oplismenus undulatifolius*（Arduino）Beauv.	草本	■					
湖北落芒草	*Orthoraphium henryi*（Rendle）Keng. ex P. C. Kuo	草本	▼					
钝颖落芒草	*Orthoraphium obtusa* Stapf	草本	▼			+		
糠稷	*Panicum bisulcatum* Thunb.	草本	■					
黍	*Panicum miliaceum* L.	草本	●	+				
圆果雀稗	*Paspalum orbiculare* Forst.	草本	▼	+				
双穗雀稗	*Paspalum paspaloides*（Michx.）Scribn.	草本	■					
雀稗	*Paspalum thunbergii* Kunth ex Steud.	草本	■					+
狼尾草	*Pennisetum alopecuroides*（L.）Spreng.	草本	■					
白草	*Pennisetum centrasiaticum* Tzvel.	草本	■	+				
显子草	*Phaenosperma globosa* Munro ex Benth.	草本	▼					
高山梯牧草	*Phleum alpinum* L.	草本	■					
鬼蜡烛	*Phleum paniculatum* Huds.	草本	■	+				+
毛竹	*Phyllostachys edulis*（Carrière）J. Houzeau	灌木	▼					
水竹	*Phyllostachys heteroclada* Oliv.（*P. congesta* Rendle）	灌木	■		+			+
紫竹	*Phyllostachys nigra*（Lodd. ex Lindl.）Munro	灌木	■	+		+		+
淡竹	*Phyllostachys nigra* var. *henonis*（Mitf.）Stapf. ex Rendle	灌木	■	+				
桂竹	*Phyllostachys reticulata*（Ruprecht）K. Koch	灌木	■			+		+
刚竹	*Phyllostachys sulphurea*（Carr.）A. et C. Riv. var. *viridis* R. A. Young	灌木	■		+			

续表

物种	学名	生活型	数据来源	药用	观赏	食用	蜜源	工业原料
190 禾本科 Gramineae								
苦竹	*Pleioblastus amarus*（Keng）Keng f.	乔木	■	+				
白顶早熟禾	*Poa acroleuca* Steud.	草本	■					
早熟禾	*Poa annua* L.	草本	■					
法氏早熟禾（华东早熟禾）	*Poa faberi* Rendle	草本	●					
疑早熟禾	*Poa incerta* Keng	草本	■					
喀西早熟禾	*Poa khasiana* Stapf	草本	■					
林地早熟禾	*Poa nemoralis* L.	草本	■					
套鞘早熟禾	*Poa tunicata* Keng	草本	■	+				
金丝草	*Pogonatherum crinitum*（Thunb.）Kunth	草本	■					
金发草	*Pogonatherum paniceum*（Lam.）Hack.	草本	■					
棒头草	*Polypogon fugax* Nees ex Steud.	草本	■					
平竹（冷竹、油竹）	*Qiongzhuea communis* Hsueh et Yi	草本	■					
钙生鹅观草	*Roegneria calcicola* Keng	草本	●					
纤毛鹅观草	*Roegneria ciliaris*（Trin.）Nevski	草本	●					
竖立鹅观草	*Roegneria japonensis*（Honda）Keng	草本	●					
鹅观草	*Roegneria kamoji* Ohwi	草本	■					
垂穗鹅观草	*Roegneria nutans*（Keng）Ken	草本	■					
微毛鹅观草	*Roegneria puberula* Keng	草本	■					
肃草	*Roegneria stricta* Keng	草本	■					+
筒轴茅	*Rottboellia cochinchinensis*（Lour.）Clayton	草本	■	+				
斑茅（巴茅）	*Saccharum arundinaceum* Retz.	草本	■			+		+
甜根子草（马儿杆）	*Saccharum spontaneum* L.	草本	■	+				
大狗尾草	*Setaria faberii* Herrm.	草本	■					
西南莩草	*Setaria forbesiana*（Nees）Hook. f.	草本	■					
金色狗尾草	*Setaria glauca*（L.）Beauv.（*S. lutescens*（Weiqel）F. T. Hubb.）	草本	■			+		
棕叶狗尾草	*Setaria palmifolia*（Koen.）Stapf	草本	■			+		
皱叶狗尾草	*Setaria plicata*（Lam.）T. Cooke	草本	■	+				+
狗尾草	*Setaria viridis*（L.）Beauv.	草本	▼					
大油芒	*Spodiopogon sibiricus* Trin.	草本	■					
鼠尾粟	*Sporobolus fertilis*（Steud.）W. D. Clayt.	草本	■					
苞子草	*Themeda candata*（Nees）A. Camus	草本	■					+
黄背草	*Themeda japonica*（Willd.）Tanada	草本	■					
菅	*Themeda villosa*（Poir.）A. Camus	草本	■					
荻	*Triarrhena sacchariflorus*（Maxim.）Nakai	草本	■					
三毛草	*Trisetum bifidum*（Thunb.）Ohwi	草本	■					
长穗三毛草[紫羊茅]	*Trisetum clarkei*（Hook. f.）R. R. Stewart.	草本	▼					
湖北三毛草	*Trisetum henryi* Rendle	草本	■					
穗三毛	*Trisetum spicatum*（L.）Richt.	草本	■					
尾稃草	*Urochloa reptans*（L.）Stapf	草本	▼					
鄂西玉山竹	*Yushania confusa*（MaClure）Z. P. Wang et G. H. Ye	灌木	■			+		
玉蜀黍&	*Zea mays* L.	草本	■					

物种	学名	生活型	数据来源	药用	观赏	食用	蜜源	工业原料
191 棕榈科 Palmae								
棕榈	*Trachycarpus fortunei*（Hook.）H. Wendl.	乔木	■					
192 天南星科 Araceae								
菖蒲	*Acorus calamus* L.	草本	●	+	+			
金钱蒲	*Acorus gramineus* Soland.	草本	■	+	+			
石菖蒲	*Acorus tatarinowii* Schott	草本	■	+	+			+
魔芋	*Amorphophallus rivieri* Durieu	草本	■	+				
刺柄南星（三步跳）	*Arisaema asperatum* N. E. Br	草本	▼	+				
长耳南星	*Arisaema auriculatum* Buchet	草本	■	+				
棒头南星	*Arisaema clavatum* Buchet	草本	■	+				
一把伞南星	*Arisaema erubescens*（Wall.）Schott	草本	■	+				
螃蟹七	*Arisaema fargesii* Buchet	草本	■	+				
象头花	*Arisaema franchetianum* Engl.	草本	■	+				
天南星（异叶南星）	*Arisaema heterophyllum* Bl.	草本	■	+				
花南星	*Arisaema lobatum* Engl.	草本	■	+		+		
灯台莲	*Arisaema sikokianum* Franch. et Sav. var. *serratum*（Makino）Hand. -Mazz.	草本	■	+				
芋	*Colocasia esculenta*（L）. Schott	草本	▼	+				
石蜘蛛	*Pinellia integrifolia* N. E. Br.	草本	■					
虎掌	*Pinellia pedatisecta* Schott.	草本	■	+				
半夏	*Pinellia ternata*（Thunb.）Breit.	草本	■	+				
大漂	*Pistia stratiotes* L.	草本	▼	+	+			+
石柑子	*Pothos chinensis*（Raf.）Merr.	草本	▼					
百足藤	*Pothos repens*（Lour.）Druce	草本	■		+			
犁头尖	*Typhonium divaricatum*（L.）Decne.	草本	▼		+			
独角莲	*Typhonium giganteum* Engl.	草本	■	+				
193 浮萍科 Lemnaceae								
浮萍	*Lemna minor* L.	草本	■					
紫萍	*Spirodela polyrrhiza*（L.）Schleid.	草本	■					
194 香蒲科 Typhaceae								
长苞香蒲	*Typha angustata* Bory et Chaubard	草本	●	+				
水烛	*Typha angustifolia* L.	草本	■	+	+	+		+
宽叶香蒲	*Typha latifolia* L.	草本	■					
香蒲（东方香蒲）	*Typha orientalis* Presl	草本	■					
195 莎草科 Cyperaceae								
丝叶球柱草	*Bulbostylis densa*（Wall.）Hand. -Mazz.	草本	■					
葱状苔草（苞状苔草）	*Carex alliiformis* Clarke	草本	■					
宜昌苔草	*Carex ascocetra* C.B.Clarke ex Fr.	草本	■					
浆果苔草	*Carex baccans* Nees	草本	■					
短芒苔草	*Carex breviaristata* K. T. Fu	草本	■					
青绿苔草	*Carex brevicalmis* R.Br.	草本	▼					
褐果苔草（栗褐苔草）	*Carex brunnea* Thunb.	草本	■					
中华苔草	*Carex chinensis* Retz.	草本	■					

续表

物种	学名	生活型	数据来源	药用	观赏	食用	蜜源	工业原料
195 莎草科 Cyperaceae								
十字苔草	*Carex cruciata* Wahlenb.	草本	■					
无喙囊苔草	*Carex davidii* Franch.	草本	■					
签草芒尖苔草	*Carex doniana* Spreng.	草本	■					
川东苔草	*Carex fargesii* Franch.	草本	▼					
蕨状苔草	*Carex filicina* Nees	草本	■					
穹隆苔草	*Carex gibba* Wahlenb.	草本	■					
长囊苔草	*Carex harlandii* Boott.	草本	■					
长安苔草	*Carex heudesii* Lévl.et Vant.	草本	■					
日本苔草	*Carex japonica* Thunb	草本	▼					
大披针苔草	*Carex lanceolata* Boott	草本	▼					
披针苔草	*Carex lancifolia* C. B. Clarke	草本	■					
舌叶苔草	*Carex ligulata* Nees	草本	■					
长穗柄苔草	*Carex longipes* D.Don	草本	■					
城口苔草	*Carex luctuosa* Franch.	草本	●					
鄂西苔草	*Carex mancaeformis* Clarke ex Franch.	草本	■					
褐红脉苔草	*Carex nubigena* D. Don ssp. *albata*（Boott）T. Koyama	草本	■					
高山穗序苔草	*Carex nubigena* D. Don ssp. *remotispicula*（Hayata）T. Koyama	草本	■					
书带苔草	*Carex rochebrunii* Franch. et Sav.	草本	●					
硬果苔草	*Carex sclerocarpa* Franch.	草本	■					
刺毛苔草	*Carex setosa* Boott	草本	■					
柄果苔草（褐绿苔草）	*Carex stipitinux* Clarke	草本	▼					
球结苔草	*Carex thompsonii* Fr.	草本	■					
阿穆尔莎草	*Cyperus amuricus* Maxim.	草本	■					
扁穗莎草	*Cyperus compressus* L.	草本	■					
异型莎草	*Cyperus difformis* L.	草本	■					
碎米莎草	*Cyperus iria* L.	草本	■					
具芒碎米莎草	*Cyperus microiria* Steud.	草本	■					
三轮草	*Cyperus orthostachyus* Franch. et Sav.	草本	●	+				
香附子	*Cyperus rotundus* L.	草本	■					
荸荠	*Eleocharis dulcis*（Burm. f.）Trin. ex Henschel	草本	■	+		+		
牛毛毡	*Eleocharis yokoscensis*（Franch. et Sav.）Tang et Wang	草本	■					
丛毛羊胡子草	*Eriophorum comosum* Nees	草本	■					
两歧飘拂草	*Fimbristylis dichotoma*（L.）Vahl	草本	■					
水虱草	*Fimbristylis miliacea*（L.）Vahl	草本	■					
结状飘拂草	*Fimbristylis rigidula* Nees	草本	■					
匍匐茎飘拂草	*Fimbristylis stolonifera* Clarke	草本	■	+				
水莎草	*Juncellus serotinus*（Rottb.）Clarke	草本	■					
水蜈蚣（短叶水蜈蚣）	*Kyllinga brevifolia* Rottb.	草本	■					
砖子苗	*Mariscus umbellatus* Vahl	草本	■	+				
球穗扁莎	*Pycreus globosus*（All.）Reichb.	草本	▼					
红鳞扁莎	*Pycreus sanguinolentus*（Vahl）Nees	草本	■	+				

物种	学名	生活型	数据来源	药用	观赏	食用	蜜源	工业原料
195 莎草科 Cyperaceae								
萤蔺	*Scirpus juncoides* Roxb.	草本	■					
百球藨草	*Scirpus rosthornii* Diels	草本	■	+				
水毛花	*Scirpus triangulatus* Roxb.	草本	■					
藨草	*Scirpus triqueter* L.	草本	■		+			
196 芭蕉科 Musaceae								
芭蕉	*Musa basjoo* Sieb. et Zucc.	草本	▼					
197 姜科 Zingiberaceae								
山姜	*Alpinia japonica*（Thunb.）Miq.	草本	■					
艳山姜	*Alpinia zerumbet*（Pers.）Burtt et Smith	草本	■	+				
川莪术	*Curcuma chuanezhu* Z. Y. Zhu	草本	▼	+				
圆瓣姜花	*Hedychium forrestii* Diels	草本	■					
川东姜	*Zingiber atrorubens* Gagnep.	草本	■	+		+		
蘘荷	*Zingiber mioga*（Thunb.）Rosc.	草本	■	+				
198 兰科 Bletilla								
头序无柱兰	*Amitostigma capitatum* Tang et Wang	草本	■	+				
金线兰（花叶开唇兰）	*Anoectochilus roxburghii*（Wall.）Lindl.	草本	■					
小白及	*Bletilla formosana*（Hayata）Schltr.	草本	■	+				
黄花白及	*Bletilla ochracea* Schltr.	草本	■	+				
白及	*Bletilla striata*（Thunb. ex A. Murray）Rchb. f.	草本	●					
梳帽卷瓣兰	*Bulbophyllum andersonii*（Hook. f.）J. J. Sm.	草本	■		+			
密花石豆兰	*Bulbophyllum odoratissimum* Lindl.	草本	■					
剑叶虾脊兰	*Calanthe davidii* Franch.	草本	■					
反瓣虾脊兰	*Calanthe reflexa*（Kuntze）Maxim. E5217	草本	■		+			
三棱虾脊兰	*Calanthe tricarinata* Wall. ex Lindl.	草本	●		+			
三褶虾脊兰	*Calanthe triplicata*（Willem.）Ames	草本	■		+			
巫溪虾脊兰（新拟）	*Calanthe wuxiensis* H.P. Deng & F.Q. Yu	草本	■		+			
流苏虾脊兰	*Calanthe alpina* Hook. f. ex Lindl.	草本	■					
短叶虾脊兰	*Calanthe arcuata* Rolfe var. *brevifolia* Z.H.Tsi	草本	▼					
肾唇虾脊兰	*Calanthe brevicornu* Lindl.	草本	■		+			
钩距虾脊兰	*Calanthe graciliflora* Hayata	草本	■		+			
银兰	*Cephalanthera erecta*（Thunb. ex A. Murray）Bl.	草本	■		+			
凹舌兰	*Coeloglossum viride*（L.）Hartm.	草本	■		+			
蕙兰	*Cymbidium faberi* Rolfe	草本	▼		+			
多花兰	*Cymbidium floribundum* Lindl.	草本	■		+			
春兰	*Cymbidium goeringii*（Rchb. f.）Rchb. f.（*C. virescens* Lindl.）	草本	■		+			
线叶春兰	*Cymbidium goeringii*（Rchb.f.）Rchb.f. var. *serratum*（Schltr.）Y. S.Wu et S. C.Chen	草本	■		+			
寒兰	*Cymbidium kanran* Makino	草本	■		+			
大叶杓兰	*Cypripedium fasciolatum* Franch.	草本	■	+	+			
黄花杓兰	*Cypripedium flavum* P. F. Hunt et Summerh	草本	■		+			
毛杓兰	*Cypripedium franchetii* Wils	草本	▼		+			

续表

物种	学名	生活型	数据来源	药用	观赏	食用	蜜源	工业原料
198 兰科 Bletilla								
绿花杓兰	*Cypripedium henryi* Rolfe	草本	■		+			
扇脉杓兰	*Cypripedium japonicum* Thunb.	草本	■	+				
曲茎石斛	*Dendrobium flexicaule* Z. H. Tsi	草本	■		+			
细叶石斛	*Dendrobium hancockii* Rolfe	草本	■	+	+			
细茎石斛	*Dendrobium moniliforme*（L.）Sw.	草本	■		+			
石斛	*Dendrobium nobile* Lindl	草本	■					
火烧兰	*Epipactis helleborine*（L.）Crantz.	草本	■					
大叶火烧兰	*Epipactis mairei* Schltr.	草本	▼					
毛萼山珊瑚	*Galeola lindleyana*（Hook. f. et Thoms.）Rchb. f.	草本	■	+				
台湾盆距兰	*Gastrochilus formosanus*（Hayata）Hayata	草本	●		+			
天麻	*Gastrodia elata* Bl.	草本	■	+				
小叶斑叶兰	*Goodyera repens*（L.）R. Br.	草本	■	+				
斑叶兰	*Goodyera schechtendaliana* Rchb. f.	草本	■	+				
西南手参	*Gymnadenia orchidis* Lindl.	草本	■	+				
长距玉凤花	*Habenaria davidii* Franch.	草本	■	+				
裂唇舌喙兰	*Hemipilia henryi* Rolfe	草本	■					
扇唇舌喙兰	*Hemipilia flabellata* Bur. et Franch.	草本	■	+				
叉唇角盘兰	*Herminium lanceum*（Thunb.）Vuijk	草本	■	+				
瘦房兰	*Ischnogyne mandarinorum*（Kraenzh.）Schltr.	草本	■	+				
大花羊耳蒜	*Liparis distans* C.B.Clarke	草本	■					
小羊耳蒜	*Liparis fargesii* Finet.	草本	■	+				
香花羊耳蒜	*Liparis odorata*（Willd.）Lindl.	草本	■	+				
大花对叶兰	*Listera grandiflora* Rolfe	草本	■					
沼兰	*Malaxis monophyllos*（L.）Sw.	草本	■					
尖唇齿鸟巢兰	*Neottia acuminata* Schltr.	草本	■					
密花兜被兰	*Neottianthe calcicola E5311*（W.W.Smith）Schltr.	草本	■		+			
长叶山兰	*Oreorchis fargesii* Finet	草本	■	+				
小花阔蕊兰	*Peristylus affinis*（D. Don）Seidenf.	草本	■		+			
阔蕊兰	*Peristylus goodyeroides* Lindl.	草本	■		+			
云南石仙桃	*Pholidota yunnanensis* Rolfe	草本	■	+	+			
二叶舌唇兰	*Platanthera chlorantha* Cust.ex Rchb.	草本	■					
对耳舌唇兰	*Platanthera finetiana* Schltr.	草本	■					
密花舌唇兰	*Platanthera hologlottis* Maxim.	草本	■	+				
舌唇兰	*Platanthera japonica*（Thunb. ex Marray）Lindl.	草本	■					
小舌唇兰	*Platanthera minor*（Miq.）Rchb. f.	草本	■	+				
独蒜兰	*Pleione bulbocodioides*（Franch.）Rolfe	草本	▼		+			
美丽独蒜兰	*Pleione pleionoides*（Kraenzl.ex Diels）Braem et H.Mohr	草本	■					
朱兰	*Pogonia japonica* Rchb. f.	草本	■	+	+			
绶草	*Spiranthes sinensis*（Pers.）Ames	草本	■					
带唇兰	*Tainia dunnii* Rolfe	草本	■		+			
小花蜻蜓兰	*Tulotis ussuriensis*（Reg. et Maack）Hara	草本	■					

注：蕨类植物采用秦仁昌系统 1978，裸子植物采用郑万均系统，被子植物采用恩格勒系统 1964，▼为野外采集标本，●为标本查阅，■为查阅文献。

附表 1.3　　《中国生物多样性红色名录》收录物种及其濒危等级

序号	科名	属拉丁名	中文名	学名	濒危等级
1	石杉科	*Huperzia*	皱边石杉	*Huperzia crispata*（Ching ex H. S. Kung）Ching	易危（VU）
2	石杉科	*Huperzia*	南川石杉	*Huperzia nanchuanensis*（Ching et H. S. Kung）Ching et H. S. Kung	近危（NT）
3	石杉科	*Huperzia*	蛇足石杉	*Huperzia serrata*（Thunb. ex Murray）Trev.	濒危（EN）
4	石杉科	*Huperzia*	四川石杉	*Huperzia sutchueniana*（Herter）Ching	近危（NT）
5	石杉科	*Phlegmariurus*	闽浙马尾杉	*Phlegmariurus minchegensis*（Ching）L. B. Zhang	无危（LC）
6	石松科	*Lycopodiastrum*	藤石松	*Lycopodiastrum casuarinoides*（Spring）Holub	无危（LC）
7	石松科	*Lycopodium*	多穗石松	*Lycopodium annotinum* L.	无危（LC）
8	石松科	*Lycopodium*	垂穗石松	*Lycopodium cernuum* Linnaeus	无危（LC）
9	石松科	*Lycopodium*	石松	*Lycopodium japonicum* Thunb. ex Murray	无危（LC）
10	卷柏科	*Selaginella*	大叶卷柏	*Selaginella bodinieri* Hieron.	无危（LC）
11	卷柏科	*Selaginella*	薄叶卷柏	*Selaginella delicatula*（Desv.）Alston	无危（LC）
12	卷柏科	*Selaginella*	异穗卷柏	*Selaginella heterostachys* Baker	无危（LC）
13	卷柏科	*Selaginella*	兖州卷柏	*Selaginella involvens*（Sw.）Spring	无危（LC）
14	卷柏科	*Selaginella*	细叶卷柏	*Selaginella labordei* Hieron. ex Christ	无危（LC）
15	卷柏科	*Selaginella*	江南卷柏	*Selaginella moellendorffii* Hieron.	无危（LC）
16	卷柏科	*Selaginella*	伏地卷柏	*Selaginella nipponica* Franch. et Sav.	无危（LC）
17	卷柏科	*Selaginella*	垫状卷柏	*Selaginella pulvinata*（Hook. et Grev.）Maxim.	近危（NT）
18	卷柏科	*Selaginella*	疏叶卷柏	*Selaginella remotifolia* Spring	无危（LC）
19	卷柏科	Selaginella	红枝卷柏	*Selaginella sanguinolenta*（L.）Spring	无危（LC）
20	卷柏科	*Selaginella*	卷柏	*Selaginella tamariscina*（P. Beauv.）Spring	无危（LC）
21	卷柏科	*Selaginella*	翠云草	*Selaginella uncinata*（Desv.）Spring	无危（LC）
22	木贼科	*Equisetum*	问荆	*Equisetum arvense* L.	无危（LC）
23	木贼科	*Equisetum*	披散木贼	*Equisetum diffusum* D. Don	无危（LC）
24	木贼科	*Equisetum*	犬问荆	*Equisetum palustre* L.	无危（LC）
25	木贼科	*Equisetum*	节节草	*Equisetum ramosissimum* Desf.	无危（LC）
26	木贼科	*Equisetum*	笔管草	*Equisetum ramosissimum* Desf. ssp. *debile*（Roxb. ex Vauch.）Hauke	无危（LC）
27	阴地蕨科	*Sceptridium*	阴地蕨	*Sceptridium ternatum*（Thunb.）Lyon	无危（LC）
28	紫萁科	*Osmunda*	绒紫萁	*Osmunda claytoniana* L.	无危（LC）
29	紫萁科	*Osmunda*	紫萁	*Osmunda japonica* Thunb	无危（LC）
30	紫萁科	*Osmunda*	华南紫萁	*Osmunda vachelii* Hook.	无危（LC）
31	瘤足蕨科	*Plagiogyria*	耳形瘤足蕨	*Plagiogyria stenoptera*（Hance）Diels	无危（LC）
32	里白科	*Dicranopteris*	芒萁	*Dicranopteris pedata*（Houtt.）Nakaike	无危（LC）
33	里白科	*Diplopterygium*	中华里白	*Diplopterygium chinense*（Rosenst.）De Vol	无危（LC）
34	里白科	*Diplopterygium*	里白	*Diplopterygium glaucum*（Thunb. ex Houtt.）Nakai	无危（LC）
35	里白科	*Diplopterygium*	光里白	*Diplopterygium laevissimum*（Christ）Nakai	无危（LC）
36	海金沙科	*Lygodium*	海金沙	*Lygodium japonicum*（Thunb.）Sw.	无危（LC）
37	膜蕨科	*Crepidomanes*	团扇蕨	*Crepidomanes minutum*（Blume）K. Iwatsuki	无危（LC）
38	膜蕨科	*Hymenophyllum*	华东膜蕨	*Hymenophyllum barbatum*（v.d. Bosch）Bak.	无危（LC）
39	膜蕨科	*Vandenboschia*	瓶蕨	*Vandenboschia auriculata*（Bl.）Cop.	无危（LC）
40	膜蕨科	*Vandenboschia*	城口瓶蕨	*Vandenboschia fargesii*（Christ）Ching	无危（LC）
41	桫椤科	*Alsophila*	粗齿桫椤	*Alsophila denticulata* Bak.	无危（LC）
42	碗蕨科	*Dennstaedtia*	细毛碗蕨	*Dennstaedtia hirsuta*（Sw.）Mett. ex Miq.	无危（LC）

序号	科名	属拉丁名	中文名	学名	濒危等级
43	碗蕨科	*Dennstaedtia*	碗蕨	*Dennstaedtia scabra*（Wall. ex Hook.）Moore	无危（LC）
44	碗蕨科	*Dennstaedtia*	光叶碗蕨	*Dennstaedtia scabra*（Wall. ex Hook.）Moore var. *glabrescens*（Ching）C.Chr.	无危（LC）
45	碗蕨科	*Dennstaedtia*	溪洞碗蕨	*Dennstaedtia wilfordii*（Moore）Christ	无危（LC）
46	碗蕨科	*Microlepia*	边缘鳞盖蕨	*Microlepia marginata*（Panzer）C. Chr.	无危（LC）
47	鳞始蕨科	*Odontosoria*	乌蕨	*Odontosoria chinensis*（Linnaeus）J. Smith	无危（LC）
48	姬蕨科	*Hypolepis*	姬蕨	*Hypolepis punctata*（Thunb.）Mett.	无危（LC）
49	蕨科	*Pteridium*	蕨	*Pteridium aquilinum*（L.）Kuhn var. *latiusculum*（Desv.）Underw. ex Heller	无危（LC）
50	凤尾蕨科	*Pteris*	猪鬣凤尾蕨	*Pteris actiniopteroides* Christ	无危（LC）
51	凤尾蕨科	*Pteris*	粗糙凤尾蕨	*Pteris cretica* L. var. *laeta*（Wall. ex Ettingsh.）C. Chr.	无危（LC）
52	凤尾蕨科	*Pteris*	凤尾蕨	*Pteris cretica* L. var. *nervosa*（Thunb.）Ching et S. H. Wu	无危（LC）
53	凤尾蕨科	*Pteris*	岩凤尾蕨	*Pteris deltodon* Bak.	无危（LC）
54	凤尾蕨科	*Pteris*	狭叶凤尾蕨	*Pteris henryi* Christ	无危（LC）
55	凤尾蕨科	*Pteris*	井栏边草	*Pteris multifida* Poir.	无危（LC）
56	凤尾蕨科	*Pteris*	蜈蚣草	*Pteris vittata* L.	无危（LC）
57	中国蕨科	*Onychium*	栗柄金粉蕨	*Onychium japonicum*（Thunb.）Kze. var. *lucidum*（Don）Christ	无危（LC）
58	中国蕨科	*Pellaea*	旱蕨	*Pellaea nitidula*（Hook.）Bak.	无危（LC）
59	铁线蕨科	*Adiantum*	铁线蕨	*Adiantum capillus-veneris* L.	无危（LC）
60	铁线蕨科	*Adiantum*	白背铁线蕨	*Adiantum davidii* Franch.	无危（LC）
61	铁线蕨科	*Adiantum*	月芽铁线蕨	*Adiantum edentulum* Christ	无危（LC）
62	铁线蕨科	*Adiantum*	扇叶铁线蕨	*Adiantum flabellulatum* L.	无危（LC）
63	铁线蕨科	*Adiantum*	假鞭叶铁线蕨	*Adiantum malesianum* Ghatak	无危（LC）
64	铁线蕨科	*Adiantum*	小铁线蕨	*Adiantum mariesii* Bak.	无危（LC）
65	铁线蕨科	*Adiantum*	灰背铁线蕨	*Adiantum myriosorum* Bak	近危（NT）
66	铁线蕨科	*Adiantum*	掌叶铁线蕨	*Adiantum pedatum* L.	近危（NT）
67	裸子蕨科	*Coniogramme*	尾尖凤丫蕨	*Coniogramme caudiformis* Ching et Shing	无危（LC）
68	裸子蕨科	*Coniogramme*	峨眉凤丫蕨	*Coniogramme emeiensis* Ching et Shing	无危（LC）
69	裸子蕨科	*Coniogramme*	凤丫蕨	*Coniogramme japonica*（Thunb.）Diels	无危（LC）
70	裸子蕨科	*Coniogramme*	疏网凤丫蕨	*Coniogramme wilsonii* Hieron.	无危（LC）
71	裸子蕨科	*Gymnopteris*	川西金毛裸蕨	*Gymnopteris bipinnata* Christ	无危（LC）
72	裸子蕨科	*Gymnopteris*	耳羽金毛裸蕨	*Gymnopteris bipinnata* Christ var. *auriculata*（Franch.）Ching	无危（LC）
73	书带蕨科	*Haplopteris*	书带蕨	*Haplopteris flexuosa*（Fée）E. H. Crane	无危（LC）
74	书带蕨科	*Haplopteris*	平肋书带蕨	*Haplopteris fudzinoi*（Makino）E. H. Crane.	无危（LC）
75	蹄盖蕨科	*Acystopteris*	亮毛蕨	*Acystopteris japonica*（Luerss.）Nakai	无危（LC）
76	蹄盖蕨科	*Allantodia*	中华短肠蕨	*Allantodia chinensis*（Bak.）Ching	无危（LC）
77	蹄盖蕨科	*Allantodia*	鳞柄短肠蕨	*Allantodia squamigera*（Mett.）Ching	无危（LC）
78	蹄盖蕨科	*Anisocampium*	华东安蕨	*Anisocampium shearери*（Bak.）Ching	无危（LC）
79	蹄盖蕨科	*Athyriopsis*	毛轴假蹄盖蕨	*Athyriopsis petersenii*（Kunze）Ching	无危（LC）
80	蹄盖蕨科	*Athyrium*	翅轴蹄盖蕨	*Athyrium delavayi* Christ	无危（LC）
81	蹄盖蕨科	*Athyrium*	薄叶蹄盖蕨	*Athyrium delicatulum* Ching et S. K. Wu	无危（LC）
82	蹄盖蕨科	*Athyrium*	麦秆蹄盖蕨	*Athyrium fallaciosum* Milde	无危（LC）
83	蹄盖蕨科	*Athyrium*	光蹄盖蕨	*Athyrium otophorum*（Miq.）Koidz.	无危（LC）
84	蹄盖蕨科	*Athyrium*	中华蹄盖蕨	*Athyrium sinense* Rupr.	无危（LC）

序号	科名	属拉丁名	中文名	学名	濒危等级
85	蹄盖蕨科	*Athyrium*	华中蹄盖蕨	*Athyrium wardii*（Hook.）Makino	无危（LC）
86	蹄盖蕨科	*Athyrium*	禾秆蹄盖蕨	*Athyrium yokoscens*（Franch. et Sav.）Christ	无危（LC）
87	蹄盖蕨科	*Diplazium*	薄叶双盖蕨	*Diplazium pinfaense* Ching	无危（LC）
88	蹄盖蕨科	*Diplazium*	单叶双盖蕨	*Diplazium subsinuatum*（Wall. ex Hook. et Grev.）Tagawa	无危（LC）
89	蹄盖蕨科	*Dryoathyrium*	鄂西介蕨	*Dryoathyrium henryi*（Bak.）Ching	无危（LC）
90	蹄盖蕨科	*Dryoathyrium*	华中介蕨	*Dryoathyrium okuboanum*（Makino）Ching	无危（LC）
91	蹄盖蕨科	*Dryoathyrium*	川东介蕨	*Dryoathyrium stenopteron*（Bak.）Ching	无危（LC）
92	蹄盖蕨科	*Dryoathyrium*	峨眉介蕨	*Dryoathyrium unifurcatum*（Bak.）Ching	无危（LC）
93	蹄盖蕨科	*Gymnocarpium*	东亚羽节蕨	*Gymnocarpium oyamense*（Bak.）Ching	无危（LC）
94	蹄盖蕨科	*Lunathyrium*	陕西蛾眉蕨	*Lunathyrium giraldii*（Christ）Ching	无危（LC）
95	蹄盖蕨科	*Lunathyrium*	华中蛾眉蕨	*Lunathyrium shennongense* Ching. Boufford et Shing	无危（LC）
96	蹄盖蕨科	*Lunathyrium*	四川蛾眉蕨	*Lunathyrium sichuanense* Z. R. Wang	无危（LC）
97	蹄盖蕨科	*Pseudocystopteris*	大叶假冷蕨	*Pseudocystopteris atkinsonii*（Bedd.）Ching	无危（LC）
98	蹄盖蕨科	*Pseudocystopteris*	三角叶假冷蕨	*Pseudocystopteris subtriangularis*（Hook.）Ching	无危（LC）
99	肿足蕨科	*Hypodematium*	光轴肿足蕨	*Hypodematium hirsutum*（Don）Ching	无危（LC）
100	金星蕨科	*Cyclosorus*	渐尖毛蕨	*Cyclosorus acuminatus*（Houtt.）Nakai	无危（LC）
101	金星蕨科	*Cyclosorus*	干旱毛蕨	*Cyclosorus aridus*（Don）Tagawa	无危（LC）
102	金星蕨科	*Cyclosorus*	齿牙毛蕨	*Cyclosorus dentatus*（Forssk.）Ching	无危（LC）
103	金星蕨科	*Glaphyropteridopsis*	方秆蕨	*Glaphyropteridopsis erubescens*（Hook.）Ching	无危（LC）
104	金星蕨科	*Glaphyropteridopsis*	粉红方秆蕨	*Glaphyropteridopsis rufostraminea*（Christ）Ching	无危（LC）
105	金星蕨科	*Macrothelypteris*	普通针毛蕨	*Macrothelypteris torresiana*（Gaud.）Ching	无危（LC）
106	金星蕨科	*Metathelypteris*	林下凸轴蕨	*Metathelypteris hattorii*（H. Ito）Ching	无危（LC）
107	金星蕨科	*Metathelypteris*	疏羽凸轴蕨	*Metathelypteris laxa*（Franch. et Sav.）Ching	无危（LC）
108	金星蕨科	*Parathelypteris*	金星蕨	*Parathelypteris glanduligera*（Kze.）Ching	无危（LC）
109	金星蕨科	*Parathelypteris*	中日金星蕨	*Parathelypteris nipponica*（Franch. et Sav.）Ching	无危（LC）
110	金星蕨科	*Phegopteris*	延羽卵果蕨	*Phegopteris decursive-pinnata*（van Hall）Fée	无危（LC）
111	金星蕨科	*Pronephrium*	披针新月蕨	*Pronephrium penangianum*（Hook.）Holtt.	无危（LC）
112	金星蕨科	*Pseudocyclosorus*	西南假毛蕨	*Pseudocyclosorus esquirolii*（Christ）Ching	无危（LC）
113	金星蕨科	*Pseudocyclosorus*	普通假毛蕨	*Pseudocyclosorus subochthodes*（Ching）Ching	无危（LC）
114	铁角蕨科	*Asplenium*	虎尾铁角蕨	*Asplenium incisum* Thunb.	无危（LC）
115	铁角蕨科	*Asplenium*	倒挂铁角蕨	*Asplenium normale* Don	无危（LC）
116	铁角蕨科	*Asplenium*	北京铁角蕨	*Asplenium pekinense* Hance	无危（LC）
117	铁角蕨科	*Asplenium*	长叶铁角蕨	*Asplenium prolongatum* Hook.	无危（LC）
118	铁角蕨科	*Asplenium*	华中铁角蕨	*Asplenium sareliii* Hook.	无危（LC）
119	铁角蕨科	*Asplenium*	铁角蕨	*Asplenium trichomanes* L.	无危（LC）
120	铁角蕨科	*Asplenium*	三翅铁角蕨	*Asplenium tripteropus* Nakai	无危（LC）
121	铁角蕨科	*Asplenium*	变异铁角蕨	*Asplenium varians* Wall. ex Hook. et Grev.	无危（LC）
122	铁角蕨科	*Asplenium*	狭翅铁角蕨	*Asplenium wrightii* Eaton ex Hook.	无危（LC）
123	睫毛蕨科	*Pleurosoriopsis*	睫毛蕨	*Pleurosoriopsis makinoi*（Maxim. ex Makino）Fomin	无危（LC）
124	球子蕨科	*Matteuccia*	荚果蕨	*Matteuccia struthiopteris*（L.）Todaro	无危（LC）
125	球子蕨科	*Pentarhizidium*	东方荚果蕨	*Pentarhizidium orientalis*（Hook.）Hyata.	无危（LC）
126	岩蕨科	*Woodsia*	蜘蛛岩蕨	*Woodsia andersonii*（Bedd.）Christ	无危（LC）
127	岩蕨科	*Woodsia*	耳羽岩蕨	*Woodsia polystichoides* Eaton	无危（LC）

续表

序号	科名	属拉丁名	中文名	学名	濒危等级
128	乌毛蕨科	*Struthiopteris*	荚囊蕨	*Struthiopteris eburnea*（Christ）Ching	近危（NT）
129	鳞毛蕨科	*Arachniodes*	美丽复叶耳蕨	*Arachniodes speciosa*（D. Don）Ching	无危（LC）
130	鳞毛蕨科	*Cyrtomium*	刺齿贯众	*Cyrtomium caryotideum*（Wall. ex Hook. et Grev.）Presl	无危（LC）
131	鳞毛蕨科	*Cyrtomium*	粗齿贯众	*Cyrtomium caryotideum*（Wall. ex Hook. et Grev.）Presl *grossedentatum* Ching ex shing	无危（LC）
132	鳞毛蕨科	*Cyrtomium*	齿盖贯众	*Cyrtomium tukusicola* Tagawa	无危（LC）
133	鳞毛蕨科	*Dryopteris*	尖齿鳞毛蕨	*Dryopteris acutodentata* Ching	无危（LC）
134	鳞毛蕨科	*Dryopteris*	暗鳞鳞毛蕨	*Dryopteris atrata*（Kunze）Ching	无危（LC）
135	鳞毛蕨科	*Dryopteris*	阔鳞鳞毛蕨	*Dryopteris championii*（Benth.）C. Chr.	无危（LC）
136	鳞毛蕨科	*Dryopteris*	红盖鳞毛蕨	*Dryopteris erythrosora*（Eaton）O. Ktze.	无危（LC）
137	鳞毛蕨科	*Dryopteris*	黑足鳞毛蕨	*Dryopteris fuscipes* C. Chr.	无危（LC）
138	鳞毛蕨科	*Dryopteris*	假异鳞毛蕨	*Dryopteris immixta* Ching	无危（LC）
139	鳞毛蕨科	*Dryopteris*	齿头鳞毛蕨	*Dryopteris labordei*（Christ）C. Chr.	无危（LC）
140	鳞毛蕨科	*Dryopteris*	狭顶鳞毛蕨	*Dryopteris lacera*（Thunb.）Kurata	无危（LC）
141	鳞毛蕨科	*Dryopteris*	黑鳞远轴鳞毛蕨	*Dryopteris namegatae*（Kurata）Kurata	无危（LC）
142	鳞毛蕨科	*Dryopteris*	微孔鳞毛蕨	*Dryopteris porosa* Ching	无危（LC）
143	鳞毛蕨科	*Dryopteris*	川西鳞毛蕨	*Dryopteris rosthornii*（Diels）C. Chr.	无危（LC）
144	鳞毛蕨科	*Dryopteris*	两色鳞毛蕨	*Dryopteris setosa*（Thunb.）Akasawa	无危（LC）
145	鳞毛蕨科	*Dryopteris*	稀羽鳞毛蕨	*Dryopteris sparsa*（Buch.-Ham. ex D. Don）O. Ktze.	无危（LC）
146	鳞毛蕨科	*Dryopteris*	半育鳞毛蕨	*Dryopteris sublacera* Christ	无危（LC）
147	鳞毛蕨科	*Dryopteris*	变异鳞毛蕨	*Dryopteris varia*（L.）O. Ktze.	无危（LC）
148	鳞毛蕨科	*Polystichum*	尖齿耳蕨	*Polystichum acutidens* Christ	无危（LC）
149	鳞毛蕨科	*Polystichum*	小狭叶芽胞耳蕨	*Polystichum atkinsonii* Bedd.	无危（LC）
150	鳞毛蕨科	*Polystichum*	鞭叶耳蕨	*Polystichum craspedosorum*（Maxim.）Diels	无危（LC）
151	鳞毛蕨科	*Polystichum*	圆片耳蕨	*Polystichum cyclolobum* C. Chr.	无危（LC）
152	鳞毛蕨科	*Polystichum*	蚀盖耳蕨	*Polystichum erosum* Ching et Shing	无危（LC）
153	鳞毛蕨科	*Polystichum*	草叶耳蕨	*Polystichum herbaceum* Ching et Z. Y. Liu ex Z. Y. Liu	无危（LC）
154	鳞毛蕨科	*Polystichum*	黑鳞耳蕨	*Polystichum makinoi*（Tagawa）Tagawa	无危（LC）
155	鳞毛蕨科	*Polystichum*	革叶耳蕨	*Polystichum neolobatum* Nakai	无危（LC）
156	鳞毛蕨科	*Polystichum*	倒鳞耳蕨	*Polystichum retroso-paleaceum*（Kodama）Tagawa	无危（LC）
157	鳞毛蕨科	*Polystichum*	中华对马耳蕨	*Polystichum sino-tsus-simense* Ching et Z. Y. Liu ex Z. Y. Liu	无危（LC）
158	鳞毛蕨科	*Polystichum*	戟叶耳蕨	*Polystichum tripteron*（Kunze）Presl	无危（LC）
159	鳞毛蕨科	*Polystichum*	剑叶耳蕨	*Polystichum xiphophyllum*（Bak.）Diels	无危（LC）
160	实蕨科	*Bolbitis*	长叶实蕨	*Bolbitis heteroclita*（Presl）Ching	无危（LC）
161	肾蕨科	*Nephrolepis*	肾蕨	*Nephrolepis cordifolia*（L.）C. Presl	无危（LC）
162	水龙骨科	*Arthromeris*	节肢蕨	*Arthromeris lehmanni*（Mett.）Ching	无危（LC）
163	水龙骨科	*Lepidogrammitis*	披针骨牌蕨	*Lepidogrammitis diversa*（Rosenst.）Ching	无危（LC）
164	水龙骨科	*Lepidogrammitis*	抱石莲	*Lepidogrammitis drymoglossoides*（Bak.）Ching	无危（LC）
165	水龙骨科	*Lepidogrammitis*	中间骨牌蕨	*Lepidogrammitis intermidia* Ching	无危（LC）
166	水龙骨科	*Lepidomicrosorum*	鳞果星蕨	*Lepidomicrosorum buergerianum*（Miq.）Ching et Shing	无危（LC）
167	水龙骨科	*Lepisorus*	黄瓦韦	*Lepisorus asterolepis*（Bak.）Ching	无危（LC）
168	水龙骨科	*Lepisorus*	扭瓦韦	*Lepisorus contortus*（Christ）Ching	无危（LC）
169	水龙骨科	*Lepisorus*	高山瓦韦	*Lepisorus eilophyllus*（Diels）Ching	无危（LC）
170	水龙骨科	*Lepisorus*	大瓦韦	*Lepisorus macrosphaerus*（Bak.）Ching	无危（LC）

序号	科名	属拉丁名	中文名	学名	濒危等级
171	水龙骨科	*Lepisorus*	有边瓦韦	*Lepisorus marginatus* Ching	无危（LC）
172	水龙骨科	*Lepisorus*	丝带蕨	*Lepisorus miyoshianus*（Makino）Fraser-Jenkins & Subh.	无危（LC）
173	水龙骨科	*Lepisorus*	鳞瓦韦	*Lepisorus oligolepidus*（Bak.）Ching	无危（LC）
174	水龙骨科	*Lepisorus*	百华山瓦韦	*Lepisorus paohuashanensis* Ching	无危（LC）
175	水龙骨科	*Lepisorus*	瓦韦	*Lepisorus thunbergianus*（Kaulf.）Ching	无危（LC）
176	水龙骨科	*Lepisorus*	乌苏里瓦韦	*Lepisorus ussuriensis*（Regel）Ching	无危（LC）
177	水龙骨科	*Leptochilus*	胄叶线蕨	*Colysis hemitoma*（Hance）Ching	无危（LC）
178	水龙骨科	*Leptochilus*	矩圆线蕨	*Colysis henryi*（Baker）Ching	无危（LC）
179	水龙骨科	*Microsorum*	江南星蕨	*Microsorum fortunei*（T. Moore）Ching	无危（LC）
180	水龙骨科	*Phymatopteris*	金鸡脚假瘤蕨	*Phymatopteris hastata*（Thunb.）Pic. Serm.	无危（LC）
181	水龙骨科	*Phymatopteris*	宽底假瘤蕨	*Phymatopteris majoensis*（C. Chr.）Pic. Serm.	无危（LC）
182	水龙骨科	*Phymatopteris*	陕西假瘤蕨	*Phymatopteris shensiensis*（Christ）Pic.	无危（LC）
183	水龙骨科	*Polypodiodes*	中华水龙骨	*Polypodiodes chinensis*（Christ）S. G. Lu	无危（LC）
184	水龙骨科	*Polypodiodes*	日本水龙骨	*Polypodiodes niponica*（Mett.）Ching	无危（LC）
185	水龙骨科	*Pyrrosia*	光石韦	*Pyrrosia calvata*（Bak.）Ching	无危（LC）
186	水龙骨科	*Pyrrosia*	华北石韦	*Pyrrosia davidii*（Bak.）Ching	无危（LC）
187	水龙骨科	*Pyrrosia*	毡毛石韦	*Pyrrosia drakenana*（Franch.）Ching	无危（LC）
188	水龙骨科	*Pyrrosia*	西南石韦	*Pyrrosia gralla*（Gies.）Ching	无危（LC）
189	水龙骨科	*Pyrrosia*	石韦	*Pyrrosia lingua*（Thunb.）Farwell	无危（LC）
190	水龙骨科	*Pyrrosia*	有柄石韦	*Pyrrosia petiolosa*（Christ）Ching	无危（LC）
191	水龙骨科	*Pyrrosia*	柔软石韦	*Pyrrosia porosa*（C. Presl）Hovenk.	无危（LC）
192	水龙骨科	*Pyrrosia*	庐山石韦	*Pyrrosia sheareri*（Bak.）Ching	无危（LC）
193	槲蕨科	*Drynaria*	团叶槲蕨	*Drynaria bonii* Christ	近危（NT）
194	槲蕨科	*Drynaria*	槲蕨	*Drynaria roosii* Nakaike	无危（LC）
195	槲蕨科	*Drynaria*	秦岭槲蕨	*Drynaria sinica* Diels	无危（LC）
196	剑蕨科	*Loxogramme*	褐柄剑蕨	*Loxogramme duclouxii* Christ	无危（LC）
197	剑蕨科	*Loxogramme*	柳叶剑蕨	*Loxogramme salicifolia*（Makino）Makino	无危（LC）
198	苹科	*Marsilea*	苹	*Marsilea quadrifolia* L.	无危（LC）
199	槐叶苹科	*Salvinia*	槐叶苹	*Salvinia natans*（L.）All.	无危（LC）
200	满江红科	*Azolla*	细叶满江红	*Azolla filiculoides* Lam.	无危（LC）
201	满江红科	*Azolla*	满江红	*Azolla imbricata*（Roxb.）Nakai	无危（LC）
202	松科	*Abies*	巴山冷杉	*Abies fargesii* Franch.	无危（LC）
203	松科	*Abies*	秦岭冷杉	*Abies chensiensis* Von Tiegh.	易危（VU）
204	松科	*Keteleeria*	铁坚油杉	*Keteleeria davidiana*（Bertr.）Beissn.	无危（LC）
205	松科	*Picea*	麦吊云杉	*Picea brachytyla*（Franch.）Pritz.	无危（LC）
206	松科	*Picea*	大果青杆	*Picea neoveitchii* Mast.	近危（NT）
207	松科	*Pinus*	华山松	*Pinus armandi* Franch.	无危（LC）
208	松科	*Pinus*	巴山松	*Pinus henryi* Mast.	易危（VU）
209	松科	*Pinus*	马尾松	*Pinus massoniana* Lamb.	无危（LC）
210	松科	*Pinus*	油松	*Pinus tabulaeformis* Carr.	无危（LC）
211	松科	*Pseudotsuga*	黄杉	*Pseudotsuga sinensis* Dode	无危（LC）
212	松科	*Tsuga*	铁杉	*Tsuga chinensis*（Franch.）Pritz.	无危（LC）
213	杉科	*Metasequoia*	水杉	*Metasequoia glyptostroboides* Hu et Cheng	濒危（EN）

续表

序号	科名	属拉丁名	中文名	学名	濒危等级
214	柏科	*Cupressus*	柏木	*Cupressus funebris* Endl.	无危（LC）
215	柏科	*Sabina*	圆柏	*Juniperus chinensis* Linnaeus	无危（LC）
216	柏科	*Juniperus*	刺柏	*Juniperus formosana* Hayata	无危（LC）
217	柏科	*Sabina*	香柏	*Juniperus pingii* var. *wilsonii*（Rehder）Silba	无危（LC）
218	柏科	*Sabina*	高山柏	*Juniperus squamata* Buch. -Ham. ex D. Don	无危（LC）
219	柏科	*Platycladus*	侧柏	*Platycladus orientalis*（L.）Franco	无危（LC）
220	三尖杉科（粗榧科）	*Cephalotaxus*	三尖杉	*Cephalotaxus fortunei* Hook.f.	无危（LC）
221	三尖杉科（粗榧科）	*Cephalotaxus*	篦子三尖杉	*Cephalotaxus oliveri* Mast.	易危（VU）
222	三尖杉科（粗榧科）	*Cephalotaxus*	粗榧	*Cephalotaxus sinensis*（Rehd.et WilS.）Li	近危（NT）
223	三尖杉科（粗榧科）	*Cephalotaxus*	宽叶粗榧	*Cephalotaxus sinensis*（Rehd.et WilS.）Li var. *latifolia* Cheng et L.K.Fu	极危（CR）
224	红豆杉科	*Amentotaxus*	穗花杉	*Amentotaxus argotaenia*（Hance）Pilger	无危（LC）
225	红豆杉科	*Taxus*	红豆杉	*Taxus chinensis*（Pilger.）Rehd	易危（VU）
226	红豆杉科	*Taxus*	南方红豆杉	*Taxus chinensis*（Pilger.）Rehd. var. *mairei*（Lemée et Lévl.）Cheng et L.K.Fu.	易危（VU）
227	杨梅科	*Myrica*	杨梅	*Myrica rubra*（Lour.）Sieb.et Zucc.	无危（LC）
228	胡桃科	*Engelhardia*	黄杞	*Engelhardia roxburghiana* Wall.	无危（LC）
229	胡桃科	*Juglans*	胡桃	*Juglans regia* L.	易危（VU）
230	胡桃科	*Platycarya*	化香树	*Platycarya strobilacea* Sieb.et Zucc.	无危（LC）
231	胡桃科	*Pterocarya*	湖北枫杨	*Pterocarya hupehensis* Skan	无危（LC）
232	胡桃科	*Pterocarya*	华西枫杨	*Pterocarya insignis* Rehd.et Wils.	无危（LC）
233	杨柳科	*Populus*	响叶杨	*Populus adenopoda* Maxim.	无危（LC）
234	杨柳科	*Populus*	山杨	*Populus davidiana* Dode	无危（LC）
235	杨柳科	*Populus*	大叶杨	*Populus Iasiocarpa* Oliv.	无危（LC）
236	杨柳科	*Populus*	钻天杨	*Populus nigra* L. var. *italica*（Moench）Koehne	无危（LC）
237	杨柳科	*Populus*	冬瓜杨	*Populus purdomii* Rehd.	无危（LC）
238	杨柳科	*Populus*	毛白杨	*Populus tomentosa* Carr.	无危（LC）
239	杨柳科	*Populus*	椅杨	*Populus wilsonii* Schneid.	无危（LC）
240	杨柳科	*Salix*	垂柳	*Salix babylonica* L.	无危（LC）
241	杨柳科	*Salix*	杯腺柳	*Salix cupularis* Rehd.	无危（LC）
242	杨柳科	*Salix*	绵毛柳	*Salix erioclada* Levl.	无危（LC）
243	杨柳科	*Salix*	川鄂柳	*Salix fargesii* Burk.	无危（LC）
244	杨柳科	*Salix*	甘肃柳	*Salix fargesii* Burk.var. *kansuensis*（Hao）N. Chao	无危（LC）
245	杨柳科	*Salix*	紫枝柳	*Salix heterochroma* Seem.	无危（LC）
246	杨柳科	*Salix*	小叶柳	*Salix hypoleuca* Seem.	无危（LC）
247	杨柳科	*Salix*	宽叶翻白柳	*Salix hypoleuca* Seemen var. *platyphylla* Schneid.	无危（LC）
248	杨柳科	*Salix*	丝毛柳	*Salix luctuosa* Lévl.	无危（LC）
249	杨柳科	*Salix*	旱柳	*Salix matsudana* Koidz.	无危（LC）
250	杨柳科	*Salix*	兴山柳	*Salix mictotricha* Schneid.	无危（LC）
251	杨柳科	*Salix*	华西柳	*Salix occidentalisinensis* N. Chao	无危（LC）
252	杨柳科	*Salix*	多枝柳	*Salix polyclona* Schneid.	无危（LC）
253	杨柳科	*Salix*	草地柳	*Salix praticoloa* Hand.-Mazz.ex Enand.	无危（LC）

序号	科名	属拉丁名	中文名	学名	濒危等级
254	杨柳科	*Salix*	房县柳	*Salix rhoophila* Schneid.	无危（LC）
255	杨柳科	*Salix*	南川柳	*Salix rosthornii* Franch.	无危（LC）
256	杨柳科	*Salix*	紫柳	*Salix wilsonii* Seem.	无危（LC）
257	桦木科	*Alnus*	桤木	*Alnus cremastogyne* Burk.	无危（LC）
258	桦木科	*Betula*	红桦	*Betula albo-sinensis* Burk.	无危（LC）
259	桦木科	*Betula*	香桦	*Betula insignis* Franch.	无危（LC）
260	桦木科	*Betula*	白桦	*Betula platyphylla* Suk.	无危（LC）
261	桦木科	*Betula*	糙皮桦	*Betula utilis* D. Don	无危（LC）
262	桦木科	*Carpinus*	千金榆	*Carpinus cordata* Bl.	无危（LC）
263	桦木科	*Carpinus*	华千金榆	*Carpinus cordata* Bl.var. *chinensis* Franch.（*C. chinensis*（Franch.）Cheng）	无危（LC）
264	桦木科	*Carpinus*	毛叶千金榆	*Carpinus cordata* Bl.var. *mollis*（Rehd.）Cheng ex Chen	无危（LC）
265	桦木科	*Carpinus*	川陕鹅耳枥	*Carpinus fargesiana* H. Winkle	无危（LC）
266	桦木科	*Carpinus*	湖北鹅耳枥	*Carpinus hupeana* Hu	无危（LC）
267	桦木科	*Carpinus*	川鄂鹅耳枥	*Carpinus hupeana* Hu var. *henryana*（H. Winkl.）P. C. Li	无危（LC）
268	桦木科	*Carpinus*	多脉鹅耳枥	*Carpinus polyneura* Franch.	无危（LC）
269	桦木科	*Carpinus*	云贵鹅耳枥	*Carpinus pubescens* Burk.（*C. pubescens* Bunk.var. *seemeniana*（Diels）Hu）	无危（LC）
270	桦木科	*Carpinus*	陕西鹅耳枥	*Carpinus shensiensis* Hu.	无危（LC）
271	桦木科	*Carpinus*	昌化鹅耳枥	*Carpinus tschonoskii* Maxim	无危（LC）
272	桦木科	*Carpinus*	雷公鹅耳枥	*Carpinus viminea* Wall.（*C. fargesii* Franch.）（*C. laxif* + *E120lora* Bl.var. *macrostachya* Oliv.）	无危（LC）
273	桦木科	*Corylus*	华榛	*Corylus chinensis* Franch.	无危（LC）
274	桦木科	*Corylus*	披针叶榛	*Corylus fargesii*（Franch.）Schneid.	无危（LC）
275	桦木科	*Corylus*	刺榛	*Corylus ferox* Wall.	无危（LC）
276	桦木科	*Corylus*	川榛	*Corylus heterophylla* Fisch.ex Trautv. var. *sutchuenensis* Franch.	无危（LC）
277	桦木科	*Corylus*	毛榛	*Corylus mandshurica* Maxim.	无危（LC）
278	桦木科	*Corylus*	藏刺榛	*Corylus thibetics* Bata.	无危（LC）
279	桦木科	*Corylus*	滇榛	*Corylus yunnanensis*（Franch.）A. Camus	无危（LC）
280	桦木科	*Ostrya*	铁木	*Ostrya japonica* Sarg.	无危（LC）
281	桦木科	*Ostrya*	多脉铁木	*Ostrya multinervis* Rehd.	无危（LC）
282	壳斗科	*Castanopsis*	短刺米槠	*Castanopsis carlesii*（Hemsl.）Hayata var. *spinulosa* Cheng et C. S. Chao	无危（LC）
283	壳斗科	*Castanopsis*	扁刺栲	*Castanopsis platyacantha* Rehd.et Wils.	无危（LC）
284	壳斗科	*Cyclobalanopsis*	青冈	*Cyclobalanopsis glauca*（Thunb.）Oerst.	无危（LC）
285	壳斗科	*Cyclobalanopsis*	细叶青冈	*Cyclobalanopsis gracilis*（Rekd.et Wils.）Cheng et T. Hong	无危（LC）
286	壳斗科	*Cyclobalanopsis*	多脉青冈	*Cyclobalanopsis multinervis* Cheng et T. Hong	无危（LC）
287	壳斗科	*Cyclobalanopsis*	宁冈青冈	*Cyclobalanopsis ningangensis* Cheng et Y. C. Hsu	无危（LC）
288	壳斗科	*Cyclobalanopsis*	曼青冈	*Cyclobalanopsis oxyodon*（Miq.）Oerst.	无危（LC）
289	壳斗科	*Cyclobalanopsis*	褐叶青冈	*Cyclobalanopsis stewardiana*（A. Camus）Hsu et Jen	无危（LC）
290	壳斗科	*Fagus*	米心水青冈	*Fagus engleriana* Seem.	无危（LC）
291	壳斗科	*Fagus*	水青冈	*Fagus longipetiolata* Seem	无危（LC）
292	壳斗科	*Fagus*	亮叶水青冈	*Fagus lucida* Rehd.et Wils.	无危（LC）
293	壳斗科	*Lithocarpus*	川柯	*Lithocarpus fangii*（Hu et Cheng）H. Chang	无危（LC）
294	壳斗科	*Lithocarpus*	木姜叶柯	*Lithocarpus litseifolius*（Hance）Chun	无危（LC）

续表

序号	科名	属拉丁名	中文名	学名	濒危等级
295	壳斗科	*Lithocarpus*	圆锥柯	*Lithocarpus paniculatus* Hand.-Mazz.	无危（LC）
296	壳斗科	*Quercus*	岩栎	*Quercus acrodonta* Seem.	无危（LC）
297	壳斗科	*Quercus*	槲栎	*Quercus aliena* Bl.	无危（LC）
298	壳斗科	*Quercus*	锐齿槲栎	*Quercus aliena* Bl. var. *acuteserrata* Maxim .ex Wenz.	无危（LC）
299	壳斗科	*Quercus*	云南波罗栎	*Quercus dentate* Thunb. var. *oxyloba* Franch.	无危（LC）
300	壳斗科	*Quercus*	匙叶栎	*Quercus dolicholepis* A. Cam.	无危（LC）
301	壳斗科	*Quercus*	巴东栎	*Quercus engleriana* Seem .	无危（LC）
302	壳斗科	*Quercus*	白栎	*Quercus fabri* Hance	无危（LC）
303	壳斗科	*Quercus*	枹栎	*Quercus glandulifera* Bl.	无危（LC）
304	壳斗科	*Quercus*	大叶栎	*Quercus griffithii* Hook.f. et Thoms. ex Miq.	无危（LC）
305	壳斗科	*Quercus*	尖叶栎	*Quercus oxyphylla*（Wils.）Hand.-Mazz.	无危（LC）
306	壳斗科	*Quercus*	乌冈栎	*Quercus phillyraeoldes* A. Gray	无危（LC）
307	壳斗科	*Quercus*	栓皮栎	*Quercus variabilis* Bl.	无危（LC）
308	榆科	*Aphananthe*	糙叶树	*Aphananthe aspera*（Thunb.）Planch	无危（LC）
309	榆科	*Celtis*	紫弹树	*Celtis biondii* Pamp.	无危（LC）
310	榆科	*Celtis*	珊瑚朴	*Celtis julianae* Schneid.	无危（LC）
311	榆科	*Celtis*	朴树	*Celtis sinensis* Pers.（*C. labilis* Schneid.）	无危（LC）
312	榆科	*Celtis*	四蕊朴	*Celtis tetrandra* Roxb.	无危（LC）
313	榆科	*Celtis*	西川朴	*Celtis vandervoetiana* Schneid.	无危（LC）
314	榆科	*Trema*	山油麻	*Trema cannabina* Lour.var. *dielsiana*（Hand.-Mazz.）C. J. Chen	无危（LC）
315	榆科	*Trema*	羽脉山黄麻	*Trema laevigata* Hand.-Mazz.	无危（LC）
316	榆科	*Trema*	银毛叶山黄麻	*Trema nitida* C. J. Chen	无危（LC）
317	榆科	*Ulmus*	兴山榆	*Ulmus bergmanniana* Schneid.	无危（LC）
318	榆科	*Ulmus*	蜀榆	*Ulmus bergmanniana* Schneid.var. *lasiophylla* Schneid.	无危（LC）
319	榆科	*Ulmus*	昆明榆	*Ulmus changii* Cheng var. *kunmingensis*（Cheng）Cheng et L. K. Fu	无危（LC）
320	榆科	*Ulmus*	大果榆	*Ulmus macrocarpa* Hance	无危（LC）
321	榆科	*Ulmus*	榔榆	*Ulmus parvifolia* Jacq.	无危（LC）
322	榆科	*Ulmus*	李叶榆	*Ulmus prunifolia* Cheng et L. K. Fu	濒危（EN）
323	榆科	*Zelkova*	大果榉	*Zelkova sinica* Schneid.	无危（LC）
324	杜仲科	*Eucommia*	杜仲	*Eucommia ulmoides* Oliv.	易危（VU）
325	桑科	*Broussonetia*	构树	*Broussonetia papyrifera*（L.）L'Her.ex Vent.	无危（LC）
326	桑科	*Cudrania*	构棘	*Cudrania cochinchinensis*（Lour.）Kudo et Masam.（*C. integra* Wang et Tang）	无危（LC）
327	桑科	*Ficus*	台湾榕	*Ficus fomosana* Maxim.	无危（LC）
328	桑科	*Ficus*	菱叶冠毛榕	*Ficus gasparriniana* Miq.var. *laceratifolia*（Lévl.et Vant.）Corner	无危（LC）
329	桑科	*Ficus*	尖叶榕	*Ficus henryi* Warb.ex Diels	无危（LC）
330	桑科	*Ficus*	异叶榕	*Ficus heteromorpha* Hemsl.	无危（LC）
331	桑科	*Ficus*	琴叶榕	*Ficus pandurata* Hance	无危（LC）
332	桑科	*Ficus*	珍珠莲	*Ficus sarmentosa* Buch-Ham.ex J. E. Smith.var. *henryi*（King ex D. Oliv.）Corner	无危（LC）
333	桑科	*Ficus*	爬藤榕	*Ficus sarmentosa* Buch-Ham.ex J. E. Smith.var. *impressa*（Champ.）Corner	无危（LC）
334	桑科	*Ficus*	竹叶榕	*Ficus stenophylla* Hemsl.	无危（LC）

续表

序号	科名	属拉丁名	中文名	学名	濒危等级
335	桑科	*Ficus*	地果	*Ficus tikoua* Bur.	无危（LC）
336	桑科	*Ficus*	黄葛树	*Ficus virens* Ait.var. *sublanceolata*（Miq.）Corner	无危（LC）
337	桑科	*Morus*	鸡桑	*Morus australis* Poir	无危（LC）
338	桑科	*Morus*	华桑	*Morus cathayana* Hemsl.	无危（LC）
339	荨麻科	*Boehmeria*	序叶苎麻	*Boehmeria clidemioides* Miq.var. *diffusa*（Wedd.）Hand.-Mazz.（*Boehmeria diffusa* Wedd.）	无危（LC）
340	荨麻科	*Boehmeria*	苎麻	*Boehmeria nivea*（L.）Gaud.	无危（LC）
341	荨麻科	*Boehmeria*	赤麻	*Boehmeria silvestrii*（Pamp.）W.T.Wang	无危（LC）
342	荨麻科	*Chamabainia*	微柱麻	*Chamabainia cuspidata* Wight.	无危（LC）
343	荨麻科	*Debregeasia*	长叶水麻	*Debregeasia longifolia*（Burm.f.）Wedd.	无危（LC）
344	荨麻科	*Debregeasia*	水麻	*Debregeasia orientalis* C. J. Chen	无危（LC）
345	荨麻科	*Elatostema*	狭叶楼梯草	*Elatostema aumbellatum*（S.et z.）Bl.	无危（LC）
346	荨麻科	*Elatostema*	短齿楼梯草	*Elatostema brachyodontum*（Hand.-Mazz.）W. T. Wang	无危（LC）
347	荨麻科	*Elatostema*	骤尖楼梯草	*Elatostema cuspidatum* Wight.（*E. sessile* var. *cuspidatum*（Wight）Wedd.）	无危（LC）
348	荨麻科	*Elatostema*	梨序楼梯草	*Elatostema ficoides*（Wall.）Wedd.	无危（LC）
349	荨麻科	*Elatostema*	宜昌楼梯草	*Elatostema ichangense* H.Schroter	无危（LC）
350	荨麻科	*Elatostema*	楼梯草	*Elatostema involucratum* Franch.et Sav.（*E. umbellatum*（Sieb.et Zucc.）Bl.var. *majus* Maxim.）	无危（LC）
351	荨麻科	*Elatostema*	瘤茎楼梯草	*Elatostema myrtillus*（Lévl.）Hand.-Mazz.	无危（LC）
352	荨麻科	*Elatostema*	长圆楼梯草	*Elatostema oblongifolium* Fu ex W. T. Wang	无危（LC）
353	荨麻科	*Elatostema*	钝叶楼梯草	*Elatostema obtusum* Wedd.	无危（LC）
354	荨麻科	*Elatostema*	小叶楼梯草	*Elatostema parvum*（Bl.）Miq.	无危（LC）
355	荨麻科	*Elatostema*	石生楼梯草	*Elatostema rupestre*（Ham.）Wedd.	无危（LC）
356	荨麻科	*Elatostema*	庐山楼梯草	*Elatostema stewardii* Merr.	无危（LC）
357	荨麻科	*Girardinia*	大蝎子草	*Girardinia diversifolia*（Link）Fiis	无危（LC）
358	荨麻科	*Girardinia*	蝎子草	*Girardinia suborbiculata* C. J. Chen（*G. cuspidata* Wedd.）	无危（LC）
359	荨麻科	*Girardinia*	红火麻	*Girardinia suborbiculata* C. J. Chen ssp. *triloba* C. J. Chen	无危（LC）
360	荨麻科	*Laportea*	珠芽艾麻	*Laportea bulbifera*（Sieb.et Zucc.）Wedd	无危（LC）
361	荨麻科	*Laportea*	艾麻	*Laportea elevata* C.J.Chen	无危（LC）
362	荨麻科	*Lecanthus*	假楼梯草	*Lecanthus peduncularis*（Royle）Wedd.	无危（LC）
363	荨麻科	*Oreocnide*	紫麻	*Oreocnide frutescens*（Thunb.）Miq.	无危（LC）
364	荨麻科	*Parietaria*	墙草	*Parietaria micrantha* Ledeb.	无危（LC）
365	荨麻科	*Pellionia*	赤车	*Pellionia radicans*（Sieb.et Zucc.）Wedd.	无危（LC）
366	荨麻科	*Pilea*	山冷水花	*Pilea japonica*（Maxim.）Hand.-Mazz.	无危（LC）
367	荨麻科	*Pilea*	华中冷水花	*Pilea angulata*（Bl.）Bl.ssp. *latiuscula* C. J. Chen	无危（LC）
368	荨麻科	*Pilea*	大叶冷水花	*Pilea martinii*（Lévl.）Hand.-Mazz.	无危（LC）
369	荨麻科	*Pilea*	念珠冷水花	*Pilea monilifera* Hand.-Mazz.	无危（LC）
370	荨麻科	*Pilea*	序托冷水花	*Pilea receptacularis* C.J.Chen	无危（LC）
371	荨麻科	*Pilea*	粗齿冷水花	*Pilea sinofasciata* C. J.Wright（*P. fasciata* Franch.non Wedd.）	无危（LC）
372	荨麻科	*Pouzolzia*	红雾水葛	*Pouzolzia sanguinea*（Bl.）Merr.（*Pouzolzia viminea*（Well.）Wedd.）	无危（LC）
373	荨麻科	*Urtica*	荨麻	*Urtica thunbergiana* S.et Z.	无危（LC）
374	檀香科	*Buckleya*	米面蓊	*Buckleya lanceolate*（Sieb.et Zucc.）Miq.（*Buckleya henryi* Diels）	无危（LC）

序号	科名	属拉丁名	中文名	学名	濒危等级
375	檀香科	*Pyrularia*	檀梨	*Pyrularia edulis* A.DC.	无危（LC）
376	蛇菰科	*Balanophora*	疏花蛇菰	*Balanophora laxiflora* Hemsl.	无危（LC）
377	蓼科	*Antenoron*	金线草	*Antenoron filiforme*（Thunb.）Rob.et Vaut.	无危（LC）
378	蓼科	*Antenoron*	短毛金线草	*Antenoron filiforme*（Thunb.）Rob.var. *neofiliforme*（Nakai）A. J. Li（*A. neofiliforme*（Nakai）Hara）	无危（LC）
379	蓼科	*Fallopia*	何首乌	*Fallopia multiflora*（Thunb.）Harald.（*Polygonum multiflorum* Thunb.）	无危（LC）
380	蓼科	*Polygonum*	大箭叶蓼	*Polygonum darrisii* Levl.（*P. sagittifolium* Levl.et Vant.）	无危（LC）
381	蓼科	*Polygonum*	细茎蓼	*Polygonum filicaule* Wall. ex Meisn.	无危（LC）
382	蓼科	*Polygonum*	圆基长鬃蓼	*Polygonum longistetum* De Bruyn.var. *rotundatum* A. J. Li	无危（LC）
383	蓼科	*Polygonum*	小头蓼	*Polygonum microcephalum* D. Don	无危（LC）
384	蓼科	*Polygonum*	草血竭	*Polygonum paleaceum* Wall.	无危（LC）
385	蓼科	*Rheum*	网果酸模	*Rheum chalepensis* Mill.	无危（LC）
386	蓼科	*Rheum*	长刺酸模	*Rheum trisetifer* Stokes	无危（LC）
387	石竹科	*Cerastium*	缘毛卷耳	*Cerastium furcatum* Cham. et Schlecht.	无危（LC）
388	石竹科	*Cucubalus*	狗筋蔓	*Cucubalus baccifer* L.	无危（LC）
389	石竹科	*Dianthus*	石竹	*Dianthus chinensis* L.	无危（LC）
390	石竹科	*Dianthus*	长萼石竹	*Dianthus longicalyx* Miq	无危（LC）
391	石竹科	*Sagina*	漆姑草	*Sagina japonica*（SW.）Ohwi	无危（LC）
392	石竹科	*Silene*	女娄菜	*Silene apricum*（Turcz. ex Fisch. et Mey.）Rohrb.	无危（LC）
393	石竹科	*Silene*	麦瓶草	*Silene conoidea* L.	无危（LC）
394	石竹科	*Silene*	鹤草	*Silene fortunei* Vis.	无危（LC）
395	石竹科	*Silene*	湖北蝇子草	*Silene hupehensis* C. L. Tang	无危（LC）
396	石竹科	*Silene*	红齿蝇子草	*Silene phoenicodonta* Fr.	无危（LC）
397	石竹科	*Silene*	蔓茎蝇子草	*Silene repens* Patr.	无危（LC）
398	石竹科	*Silene*	石生蝇子草	*Silene tatarinowii*（Regel）Y. M.	无危（LC）
399	石竹科	*Stellaria*	中国繁缕	*Stellaria chinensis* Regel	无危（LC）
400	石竹科	*Stellaria*	内弯繁缕	*Stellaria infracta* Maxim.	无危（LC）
401	石竹科	*Stellaria*	繁缕	*Stellaria media*（L.）Cyr.	无危（LC）
402	石竹科	*Stellaria*	多花繁缕	*Stellaria nipponica* Ohwi	无危（LC）
403	石竹科	*Stellaria*	柳叶繁缕	*Stellaria salicifolia* Y. W. Tsui ex P. Ke	无危（LC）
404	藜科	*Chenopodium*	藜	*Chenopodium album* L.	无危（LC）
405	藜科	*Chenopodium*	小藜	*Chenopodium serotinum* L.	无危（LC）
406	苋科	*Achyranthes*	柳叶牛膝	*Achyranthes longifolia*（Makino）Makino	无危（LC）
407	木兰科	*Liriodendron*	鹅掌楸	*Liriodendron chinense*（Hemsl.）Sarg.	无危（LC）
408	木兰科	*Magnolia*	天目玉兰	*Magnolia amoena* Cheng	易危（VU）
409	木兰科	*Manglietia*	川滇木莲	*Manglietia duclouxii* Finet et Gagnep.	易危（VU）
410	木兰科	*Manglietia*	木莲	*Manglietia fordiana* Oliv.（*Magnolia fordiana*（Oliv.）Hu）	无危（LC）
411	五味子科	*Kadsura*	黑老虎	*Kadsura coccinea*（Lam.）A. C. Smith	易危（VU）
412	五味子科	*Kadsura*	异形南五味子	*Kadsura heteroclita*（Roxb.）Craib	无危（LC）
413	五味子科	*Schisandra*	五味子	*Schisandra chinensis*（Turcz.）Baill.	无危（LC）
414	五味子科	*Schisandra*	红花五味子	*Schisandra rubriflora*（Franch.）Rehd.et Wils.（*S. grandiflora* var. *athayensis* Schneid.）	无危（LC）
415	八角科	*Illicium*	红花八角	*Illicium dunnaianum* Tutch.	无危（LC）

序号	科名	属拉丁名	中文名	学名	濒危等级
416	八角科	*Illicium*	红茴香	*Illicium henryi* Diels	无危（LC）
417	八角科	*Illicium*	小花八角	*Illicium micranthum* Dunn.（*I. chinyunensis* He）	无危（LC）
418	蜡梅科	*Chimonanthus*	山蜡梅	*Chimonanthus nitens* Oliv.	无危（LC）
419	蜡梅科	*Chimonanthus*	蜡梅	*Chimonanthus praecox*（L.）Link.	无危（LC）
420	樟科	*Actinodaphne*	红果黄肉楠	*Actinodaphne cupularis*（Hemsl.）Gamble	无危（LC）
421	樟科	*Actinodaphne*	隐脉黄肉楠	*Actinodaphne obscurinervia* Yang et P. H. Huang	濒危（EN）
422	樟科	*Actinodaphne*	峨眉黄肉楠	*Actinodaphne omeiensis*（Liou）Allen	无危（LC）
423	樟科	*Cinnamomum*	猴樟	*Cinnamomum bodinieri* Lévl.	无危（LC）
424	樟科	*Cinnamomum*	樟	*Cinnamomum camphora*（L.）Presl	无危（LC）
425	樟科	*Cinnamomum*	黄樟	*Cinnamomum parthenoxylon*（Jack）Meissn.（*C. porrectum*（Roxb.）Kosterm.）	无危（LC）
426	樟科	*Cinnamomum*	少花桂	*Cinnamomum pauciflorum* Nees	无危（LC）
427	樟科	*Cinnamomum*	香桂	*Cinnamomum subavenium* Miq.	无危（LC）
428	樟科	*Cinnamomum*	川桂	*Cinnamomum wilsonii* Gamble	无危（LC）
429	樟科	*Lindera*	狭叶山胡椒	*Lindera angustifolia* Cheng	无危（LC）
430	樟科	*Lindera*	香叶树	*Lindera communis* Hemsl.	无危（LC）
431	樟科	*Lindera*	红果山胡椒	*Lindera erythrocarpa* Makino	无危（LC）
432	樟科	*Lindera*	香叶子	*Lindera fragrans* Oliv.	无危（LC）
433	樟科	*Lindera*	绿叶甘橿	*Lindera fruticosa* Hemsl.	无危（LC）
434	樟科	*Lindera*	山胡椒	*Lindera glauca*（Sieb.et Zucc.）Bl.	无危（LC）
435	樟科	*Lindera*	广东山胡椒	*Lindera kwangtungensis*（Liou）Allen	无危（LC）
436	樟科	*Lindera*	黑壳楠	*Lindera megaphylla* Hemsl.	无危（LC）
437	樟科	*Lindera*	绒毛山胡椒	*Lindera nacusua*（D. Don）Merr.	无危（LC）
438	樟科	*Lindera*	三桠乌药	*Lindera obtusiloba* Bl.	无危（LC）
439	樟科	*Lindera*	香粉叶	*Lindera pulcherrima*（Wall.）Benth.var. *attenuata* Allen	无危（LC）
440	樟科	*Lindera*	川钓樟	*Lindera pulcherrima*（Wall.）Benth.var. *hemsleyana*（Diels）H. P. Tsui（*L. urophylla*（Rehd.）Allen）	无危（LC）
441	樟科	*Lindera*	山橿	*Lindera reflexa* Hemsl.	无危（LC）
442	樟科	*Lindera*	四川山胡椒	*Lindera setchuenensis* Gamble	无危（LC）
443	樟科	*Lindera*	菱叶钓樟	*Lindera supracostata* H. Lec.	无危（LC）
444	樟科	*Litsea*	高山木姜子	*Litsea chunii* Cheng	无危（LC）
445	樟科	*Litsea*	毛豹皮樟	*Litsea coreana* Lévl.var. *lanuginosa*（Migo）Yang et P. H. Huang	无危（LC）
446	樟科	*Litsea*	山鸡椒	*Litsea cubeba*（Lour.）Pers.	无危（LC）
447	樟科	*Litsea*	近轮叶木姜子	*Litsea elongata*（Wall.ex Nees）Benth.et Hook.f. var. *subverticillata*（Yang）Yang et P.H.Huang	无危（LC）
448	樟科	*Litsea*	湖北木姜子	*Litsea hupehana* Hemsl	无危（LC）
449	樟科	*Litsea*	毛叶木姜子	*Litsea mollifolia* Chun	无危（LC）
450	樟科	*Litsea*	四川木姜子	*Litsea moupinensis* H. Lec.var. *szechuanica*（Allan）Yang et P. H. Huang	无危（LC）
451	樟科	*Litsea*	木姜子	*Litsea pungens* Hemsl.	无危（LC）
452	樟科	*Litsea*	豹皮樟	*Litsea rotundifolia* Hemsl.var. *oblongifolia*（Nees）Allen	无危（LC）
453	樟科	*Litsea*	红叶木姜子	*Litsea rubescens* Lec.f. *nanchuanensis* Yang	无危（LC）
454	樟科	*Litsea*	绢毛木姜子	*Litsea sericea*（Nees）Hook.f.	无危（LC）
455	樟科	*Litsea*	钝叶木姜子	*Litsea veitchiana* Gamble	无危（LC）

序号	科名	属拉丁名	中文名	学名	濒危等级
456	樟科	*Machilus*	宜昌润楠	*Machilus ichangensis* Rehd.et Wils.	无危（LC）
457	樟科	*Machilus*	薄叶润楠	*Machilus leptophylla* Hanel-Mzt.	无危（LC）
458	樟科	*Machilus*	利川润楠	*Machilus lichuanensis* Cheng	无危（LC）
459	樟科	*Machilus*	小果润楠	*Machilus microcarpa* Hemsl.	无危（LC）
460	樟科	*Machilus*	柳叶润楠	*Machilus salicina* Hance	无危（LC）
461	樟科	*Neocinnamomum*	川鄂新樟	*Neocinnamomum fargesii*（Lec.）Kosterm.	无危（LC）
462	樟科	*Neolitsea*	粉叶新木姜子	*Neolitsea aurata*（Hayata）Koidz. var. *glauca* Yang	无危（LC）
463	樟科	*Neolitsea*	簇叶新木姜子	*Neolitsea confertifolia*（Hemsl.）Merr.	无危（LC）
464	樟科	*Neolitsea*	凹脉新木姜子	*Neolitsea impressa* Yang	易危（VU）
465	樟科	*Neolitsea*	巫山新木姜子	*Neolitsea wushanica*（Chun）Merr.	无危（LC）
466	樟科	*Phoebe*	白楠	*Phoebe neurantha*（Hemsl.）Gamble	无危（LC）
467	樟科	*Phoebe*	光枝楠	*Phoebe neuranthoides* S. Lee et F. N. Wei	无危（LC）
468	樟科	*Phoebe*	紫楠	*Phoebe sheareri*（Hemsl.）Gamble	无危（LC）
469	樟科	*Phoebe*	楠木	*Phoebe zhennan* S. Lee et F. N. Wei	易危（VU）
470	水青树科	*Tetracentron*	水青树	*Tetracentron sinense* Oliv.	无危（LC）
471	领春木科	*Euptelea*	领春木	*Euptelea pleiospermum* Hook.f.et Thoms.	无危（LC）
472	连香树科	*Cercidiphyllum*	连香树	*Cercidiphyllum japonicum* Sieb. et Zucc.	无危（LC）
473	毛茛科	*Aconitum*	大麻叶乌头	*Aconitum cannabifolium* Franch. ex Finet et Gagnep.	无危（LC）
474	毛茛科	*Aconitum*	高乌头	*Aconitum excelsum* Nakai	无危（LC）
475	毛茛科	*Aconitum*	大渡乌头	*Aconitum franchetii* Fin. et Gagnep.	无危（LC）
476	毛茛科	*Aconitum*	瓜叶乌头	*Aconitum hemsleyanum* Pritz.	无危（LC）
477	毛茛科	*Aconitum*	川鄂乌头	*Aconitum henryi* Pritz.	无危（LC）
478	毛茛科	*Aconitum*	铁棒锤	*Aconitum pendulum* Busch	无危（LC）
479	毛茛科	*Aconitum*	花葶乌头	*Aconitum scaposum* Franch.	无危（LC）
480	毛茛科	*Aconitum*	黄草乌	*Aconitum vilmorinianum* Kom.	无危（LC）
481	毛茛科	*Actaea*	类叶升麻	*Actaea asiatica* Hara	无危（LC）
482	毛茛科	*Adonis*	短柱侧金盏花	*Adonis brevistyla* Franch.	无危（LC）
483	毛茛科	*Anemone*	毛果银莲花	*Anemone baicalensis* Turcz.	无危（LC）
484	毛茛科	*Anemone*	草玉梅	*Anemone rivularis* Buch.-Ham.ex DC.	无危（LC）
485	毛茛科	*Anemone*	小花草玉梅	*Anemone rivularis* Buch.-Ham.ex DC. var. *flore-minore* Maxim.	无危（LC）
486	毛茛科	*Anemone*	大火草	*Anemone tomentosa*（Maxim.）Pei	无危（LC）
487	毛茛科	*Anemone*	野棉花	*Anemone vitifolia* Buch.-Ham	无危（LC）
488	毛茛科	*Aquilegia*	无距耧斗菜	*Aquilegia ecalcarata* Maxim	无危（LC）
489	毛茛科	*Aquilegia*	秦岭耧斗菜	*Aquilegia incurvata* Hsiao	无危（LC）
490	毛茛科	*Aquilegia*	甘肃耧斗菜	*Aquilegia oxysepala* Trautv.et Mey.var. *kansuensis* Bruhl.ex Hand.-Mazz.	无危（LC）
491	毛茛科	*Aquilegia*	华北耧斗菜	*Aquilegia yabeana* Kitag.	无危（LC）
492	毛茛科	*Asteropyrum*	星果草	*Asteropyrum peltatum*（Franch.）Drumm.et Hutch.	易危（VU）
493	毛茛科	*Beesia*	铁破锣	*Beesia calthifolia*（Maxim.）Ulbr.	无危（LC）
494	毛茛科	*Calathodes*	鸡爪草	*Calathodes oxycarpa* Sprague	极危（CR）
495	毛茛科	*Caltha*	驴蹄草	*Caltha palustris* L.	无危（LC）
496	毛茛科	*Cimicifuga*	小升麻	*Cimicifuga acerina*（Sieb. et Zucc.）Tanaka	无危（LC）
497	毛茛科	*Cimicifuga*	升麻	*Cimicifuga foetida* L.	无危（LC）

序号	科名	属拉丁名	中文名	学名	濒危等级
498	毛茛科	*Cimicifuga*	南川升麻	*Cimicifuga nanchuanensis* Hsiao	濒危（EN）
499	毛茛科	*Cimicifuga*	单穗升麻	*Cimicifuga simplex* Wormsk.	无危（LC）
500	毛茛科	*Clematis*	钝齿铁线莲	*Clematis apiifolia* DC var. *obtusidentata* Rchd.etWils.	无危（LC）
501	毛茛科	*Clematis*	粗齿铁线莲	*Clematis argentilucida*（Rehd.et Wils.）W. T. Wang	无危（LC）
502	毛茛科	*Clematis*	小木通	*Clematis armandii* Franch.	无危（LC）
503	毛茛科	*Clematis*	大花小木通	*Clematis armandii* Franch.var. *farguhariana*（Rehd.et Wils.）W. T. Wang	无危（LC）
504	毛茛科	*Clematis*	短尾铁线莲	*Clematis brevicaudata* DC.	无危（LC）
505	毛茛科	*Clematis*	毛木通	*Clematis buchananiana* DC.	无危（LC）
506	毛茛科	*Clematis*	威灵仙	*Clematis chinensis* Osbeck	无危（LC）
507	毛茛科	*Clematis*	毛叶威灵仙	*Clematis chinensis* Osbeck f. *vestita* Rehd.et Wils.	无危（LC）
508	毛茛科	*Clematis*	金毛铁线莲	*Clematis chrysocoma* Franch.	无危（LC）
509	毛茛科	*Clematis*	多花铁线莲	*Clematis dasyandra* Maxim.var. *polyantha* Finet et Gagnap.	无危（LC）
510	毛茛科	*Clematis*	扬子铁线莲	*Clematis ganpiniana*（Lévl. et Vant.）Tamura	无危（LC）
511	毛茛科	*Clematis*	小蓑衣藤	*Clematis gouriana* Roxb.ex DC.	无危（LC）
512	毛茛科	*Clematis*	金佛铁线莲	*Clematis gratopsis* W. T. Wang	无危（LC）
513	毛茛科	*Clematis*	单叶铁线莲	*Clematis henryi* Oliv.	无危（LC）
514	毛茛科	*Clematis*	巴山铁线莲	*Clematis kirilowii* Maxim. var. *pashanensis* M. C. Chang	无危（LC）
515	毛茛科	*Clematis*	贵州铁线莲	*Clematis kweichowensis* Pei	无危（LC）
516	毛茛科	*Clematis*	毛蕊铁线莲	*Clematis lasiandra* Maxim.	无危（LC）
517	毛茛科	*Clematis*	长瓣铁线莲	*Clematis macropetala* Ledeb.	无危（LC）
518	毛茛科	*Clematis*	绣球藤	*Clematis montana* Buch.-Ham.ex DC.	无危（LC）
519	毛茛科	*Clematis*	秦岭铁线莲	*Clematis obscura* Maxim.	无危（LC）
520	毛茛科	*Clematis*	宽柄铁线莲	*Clematis otophora* Franch.ex Finet et Gagnep.	近危（NT）
521	毛茛科	*Clematis*	钝萼铁线莲	*Clematis peterae* Hand.-Mazz.	无危（LC）
522	毛茛科	*Clematis*	毛果铁线莲	*Clematis peterae* Hand.-Mazz.var. *trichocarpa* W. T. Wang	无危（LC）
523	毛茛科	*Clematis*	须蕊铁线莲	*Clematis pogonandra* Maxim.	无危（LC）
524	毛茛科	*Clematis*	五叶铁线莲	*Clematis quinquefoliolata* Hutch.	无危（LC）
525	毛茛科	*Clematis*	柱果铁线莲	*Clematis uncinata* Champ.	无危（LC）
526	毛茛科	*Clematis*	皱叶铁线莲	*Clematis uncinata* Champ.var. *coriacea* Pamp.	无危（LC）
527	毛茛科	*Coptis*	黄连	*Coptis chinensis* Franch.	易危（VU）
528	毛茛科	*Delphinium*	还亮草	*Delphinium anthriscifolium* Hance	无危（LC）
529	毛茛科	*Delphinium*	卵瓣还亮草	*Delphinium anthriscifolium* Hance var. *calleryi*（Franch.）Finet et Gagnep.	无危（LC）
530	毛茛科	*Delphinium*	大花还亮草	*Delphinium anthriscifolium* Hance var. *majus* Pamp.	无危（LC）
531	毛茛科	*Delphinium*	毛梗翠雀花	*Delphinium eriostylum* Lévl.	无危（LC）
532	毛茛科	*Delphinium*	秦岭翠雀花	*Delphinium giraldii* Diels	无危（LC）
533	毛茛科	*Delphinium*	川陕翠雀花	*Delphinium henryi* Franch.	无危（LC）
534	毛茛科	*Delphinium*	毛茎翠雀花	*Delphinium hirticaule* Franch.	无危（LC）
535	毛茛科	*Delphinium*	黑水翠雀花	*Delphinium potaninii* Huth	无危（LC）
536	毛茛科	*Dichocarpum*	纵肋人字果	*Dichocarpum fargesii*（Franch.）W. T. Wang et Hsiao	无危（LC）
537	毛茛科	*Halerpestes*	碱毛茛	*Halerpestes cymbalaria*（Pursh）Green	无危（LC）
538	毛茛科	*Hepatica*	川鄂獐耳细辛	*Hepatica henryi*（Oliv.）Steward	易危（VU）
539	毛茛科	*Pulsatilla*	白头翁	*Pulsatilla chinensis*（Bunge）Regel	无危（LC）

续表

序号	科名	属拉丁名	中文名	学名	濒危等级
540	毛茛科	*Thalictrum*	尖叶唐松草	*Thalictrum acutifolium*（Hand.-Mazz.）Boivin	近危（NT）
541	毛茛科	*Thalictrum*	贝加尔唐松草	*Thalictrum baicalense* Turcz.	无危（LC）
542	毛茛科	*Thalictrum*	大叶唐松草	*Thalictrum faberi* Ulbr.	无危（LC）
543	毛茛科	*Thalictrum*	西南唐松草	*Thalictrum fargesii* Franch.ex Finet et Gagnep.	无危（LC）
544	毛茛科	*Thalictrum*	多叶唐松草	*Thalictrum foliolosum* DC.	无危（LC）
545	毛茛科	*Thalictrum*	盾叶唐松草	*Thalictrum ichangense* Lecoy.ex Oliv.	无危（LC）
546	毛茛科	*Thalictrum*	长喙唐松草	*Thalictrum macrorhynchum* Franch.	无危（LC）
547	毛茛科	*Thalictrum*	小果唐松草	*Thalictrum microgynum* Lecoy. ex Oliv.	无危（LC）
548	毛茛科	*Thalictrum*	东亚唐松草	*Thalictrum minus* L. var. *hypoleucum*（Sieb.et Zucc.）Miq.（*T. thunbergii* DC.）	无危（LC）
549	毛茛科	*Thalictrum*	川鄂唐松草	*Thalictrum osmundifolium* Finet et Gagenep.	无危（LC）
550	毛茛科	*Thalictrum*	长柄唐松草	*Thalictrum przewalskii* Maxim.	无危（LC）
551	毛茛科	*Thalictrum*	粗壮唐松草	*Thalictrum robustum* Maxim.	无危（LC）
552	毛茛科	*Thalictrum*	弯柱唐松草	*Thalictrum uncinulatum* Franch.	无危（LC）
553	毛茛科	*Trollius*	川陕金莲花	*Trollius buddae* Schipcz.	无危（LC）
554	小檗科	*Berberis*	堆花小檗	*Berberis aggregata* Schneid.	无危（LC）
555	小檗科	*Berberis*	黑果小檗	*Berberis atrocarpa* Schneid	无危（LC）
556	小檗科	*Berberis*	短柄小檗	*Berberis brachypoda* Maxim.	无危（LC）
557	小檗科	*Berberis*	单花小檗	*Berberis candidula* Schneid.	无危（LC）
558	小檗科	*Berberis*	秦岭小檗	*Berberis circumserrata* Schneid.	无危（LC）
559	小檗科	*Berberis*	直穗小檗	*Berberis dasystachya* Maxim.	无危（LC）
560	小檗科	*Berberis*	首阳小檗	*Berberis dielsiana* Fedde.	无危（LC）
561	小檗科	*Berberis*	南川小檗	*Berberis fallaciosa* Schneid.	无危（LC）
562	小檗科	*Berberis*	异长穗小檗	*Berberis feddeana* Schneid.	无危（LC）
563	小檗科	*Berberis*	湖北小檗	*Berberis gagnepainii* Schneid.	无危（LC）
564	小檗科	*Berberis*	豪猪刺	*Berberis julianae* Schneid	无危（LC）
565	小檗科	*Berberis*	变刺小檗	*Berberis mouilicana* Schneid.	无危（LC）
566	小檗科	*Berberis*	刺黑珠	*Berberis sargentiana* Schneid.	无危（LC）
567	小檗科	*Berberis*	华西小檗	*Berberis silva-taroucana* Schneid.	无危（LC）
568	小檗科	*Berberis*	假豪猪刺	*Berberis soulieana* Schneid	无危（LC）
569	小檗科	*Berberis*	芒齿小檗	*Berberis triacanthophora* Fedde	无危（LC）
570	小檗科	*Berberis*	鄂西小檗	*Berberis zanlaecianensis* Pamp.	无危（LC）
571	小檗科	*Caulophyllum*	红毛七	*Caulophyllum robustum* Maxim.	无危（LC）
572	小檗科	*Diphylleia*	南方山荷叶	*Diphylleia sinensis* H. L. Li	无危（LC）
573	小檗科	*Dysosma*	小八角莲	*Dysosma difformis*（Hemsl.et Wils.）T. H. Wang ex T. S. Ying	易危（VU）
574	小檗科	*Dysosma*	六角莲	*Dysosma pleianthum*（Hance）Woods	近危（NT）
575	小檗科	*Dysosma*	八角莲	*Dysosma versipelle*（Hance）M. Cheng ex T. S. Ying	易危（VU）
576	小檗科	*Epimedium*	粗毛淫羊藿	*Epimedium acuminatum* Franch.	无危（LC）
577	小檗科	*Epimedium*	川鄂淫羊藿	*Epimedium fargesii* Franch.	濒危（EN）
578	小檗科	*Epimedium*	腺毛淫羊藿	*Epimedium glandulosopilosum* H. R. Liang	易危（VU）
579	小檗科	*Epimedium*	黔岭淫羊藿	*Epimedium leptorrhizum* Stearn	近危（NT）
580	小檗科	*Epimedium*	柔毛淫羊藿	*Epimedium pubescens* Maxim.	无危（LC）
581	小檗科	*Epimedium*	三枝九叶草	*Epimedium sagittatum*（Sieb.et Zucc.）Maxim.	近危（NT）

序号	科名	属拉丁名	中文名	学名	濒危等级
582	小檗科	*Epimedium*	四川淫羊藿	*Epimedium sutchuenense* Franch.	无危（LC）
583	小檗科	*Epimedium*	巫山淫羊藿	*Epimedium wushanense* T. S. Ying	无危（LC）
584	小檗科	*Mahonia*	鄂西十大功劳	*Mahonia deciptens* Schneid.	易危（VU）
585	小檗科	*Mahonia*	宽苞十大功劳	*Mahonia eurybracteata* Fedde	无危（LC）
586	小檗科	*Mahonia*	细柄十大功劳	*Mahonia gracilipes*（Oliv.）Fedde.	无危（LC）
587	小檗科	*Mahonia*	峨眉十大功劳	*Mahonia polydonta* Fedde	无危（LC）
588	大血藤科	*Sargentodoxa*	大血藤	*Sargentodoxa cuneata*（Oliv.）Rehd.et Wils.	无危（LC）
589	木通科	*Akebia*	木通	*Akebia quinata*（Houtt.）Decne	无危（LC）
590	木通科	*Akebia*	三叶木通	*Akebia trifoliata*（Thunb.）Koidz	无危（LC）
591	木通科	*Akebia*	白木通	*Akebia trifoliata*（Thunb.）Koidz. ssp. *australis*（Diels）Shimizu	无危（LC）
592	木通科	*Decaisnea*	猫儿屎	*Decaisnea insignis*（Griff.）Hook. f et Thoms. Proc. Linn. Soc.	无危（LC）
593	木通科	*Holboellia*	鹰爪枫	*Holboellia coriacea* Diels	无危（LC）
594	木通科	*Holboellia*	牛姆瓜	*Holboellia grandiflora* Reaub.	无危（LC）
595	木通科	*Sinofranchetia*	串果藤	*Sinofranchetia chinensis*（Franch.）Hemsl.	无危（LC）
596	防己科	*Cocculus*	毛木防己	*Cocculus orbiculatus*（L.）DC. var. *mollis*（Wall. ex Hook. F. et Thoms.）Hara	无危（LC）
597	防己科	*Cyclea*	轮环藤	*Cyclea racemosa* Oliv.	无危（LC）
598	防己科	*Cyclea*	四川轮环藤	*Cyclea sutchtenensis* Gagnep.	无危（LC）
599	防己科	*Diploclisia*	秤钩风	*Diploclisia affinis*（Oliv.）Diels	无危（LC）
600	防己科	*Pericampylus*	细圆藤	*Pericampylus glaucus*（Lam.）Merr.	无危（LC）
601	防己科	*Sinomenium*	风龙	*Sinomenium acutum*（Thunb.）Rehd.et Wils.	无危（LC）
602	防己科	*Stephania*	草质千金藤	*Stephania herbacea* Gagnep.	无危（LC）
603	防己科	*Tinospora*	青牛胆	*Tinospora sagittata*（Oliv.）Gagnep.	濒危（EN）
604	金鱼藻科	*Ceratophyllum*	金鱼藻	*Ceratophyllum demersum* L.	无危（LC）
605	三白草科	*Gymnotheca*	裸蒴	*Gymnotheca chinensis* Dence.	无危（LC）
606	三白草科	*Saururus*	三白草	*Saururus chinensis*（Lour.）Baill.	无危（LC）
607	胡椒科	*Peperomia*	豆瓣绿	*Peperomia tetraphylla*（Forst.f.）Hook.et Arn.（*Peperomia reflexa*（L. f.）A. Dietr.）	无危（LC）
608	胡椒科	*Piper*	竹叶胡椒	*Piper bambusaefolium* Tseng	无危（LC）
609	胡椒科	*Piper*	山蒟	*Piper hancei* Maxim.	无危（LC）
610	胡椒科	*Piper*	华山蒌	*Piper sinense*（Champ.）C. DC.	无危（LC）
611	胡椒科	*Piper*	石南藤	*Piper wallichii* var. *hupeense*（C. DC.）Hand.-Mazz.	无危（LC）
612	金粟兰科	*Chloranthus*	狭叶金粟兰	*Chloranthus angustifolius* Oliv.	无危（LC）
613	金粟兰科	*Chloranthus*	鱼子兰	*Chloranthus elatior* Link	无危（LC）
614	金粟兰科	*Chloranthus*	丝穗金粟兰	*Chloranthus fortunei*（A. Gray）Solms-Laub.	无危（LC）
615	金粟兰科	*Chloranthus*	宽叶金粟兰	*Chloranthus henryi* Hemsl.	无危（LC）
616	金粟兰科	*Chloranthus*	金粟兰	*Chloranthus spicatus*（Thunb.）Makino	无危（LC）
617	金粟兰科	*Sarcandra*	草珊瑚	*Sarcandra glabra*（Thunb.）Nakai	无危（LC）
618	马兜铃科	*Aristolochia*	北马兜铃	*Aristolochia contorta* Bunge	无危（LC）
619	马兜铃科	*Asarum*	短尾细辛	*Asarum caudigerellum* C. Y. Cheng et C. S. Yang	易危（VU）
620	马兜铃科	*Asarum*	尾花细辛	*Asarum caudigerum* Hance.	无危（LC）
621	马兜铃科	*Asarum*	双叶细辛	*Asarum caulescens* Maxim.	无危（LC）
622	马兜铃科	*Asarum*	城口细辛	*Asarum chenkoense* Z. L. Yang	濒危（EN）
623	马兜铃科	*Asarum*	川北细辛	*Asarum chinense* Franch.（*A. fargesii* Franch.）	无危（LC）

序号	科名	属拉丁名	中文名	学名	濒危等级
624	马兜铃科	*Asarum*	铜钱细辛	*Asarum debile* Franch.	无危（LC）
625	马兜铃科	*Asarum*	杜衡	*Asarum forbesii* Maxim.	近危（NT）
626	马兜铃科	*Asarum*	南川细辛	*Asarum nanchuanense* C. S. Yang et J. L. Wu	濒危（EN）
627	马兜铃科	*Asarum*	长毛细辛	*Asarum pulchellum* Hemsl.	无危（LC）
628	马兜铃科	*Asarum*	细辛	*Asarum sieboldii* Miq.	易危（VU）
629	马兜铃科	*Saruma*	马蹄香	*Saruma henryi* Oliv.	濒危（EN）
630	芍药科	*Paeonia*	芍药	*Paeonia lactiflora* Pall.	无危（LC）
631	芍药科	*Paeonia*	草芍药	*Paeonia obovata* Maxim.（*P. wittmanniana* Lindl.）	无危（LC）
632	猕猴桃科	*Actinidia*	城口猕猴桃	*Actinidia chengkouensis* C. Y. Chang	濒危（EN）
633	猕猴桃科	*Actinidia*	中华猕猴桃	*Actinidia chinensis* Planch.	无危（LC）
634	猕猴桃科	*Actinidia*	黄毛猕猴桃	*Actinidia fulvicoma* Hance	近危（NT）
635	猕猴桃科	*Actinidia*	长叶猕猴桃	*Actinidia hemsleyana* Dunn.	易危（VU）
636	猕猴桃科	*Actinidia*	狗枣猕猴桃	*Actinidia kolomikta*（Rupr.et Maxim.）Maxim.	无危（LC）
637	猕猴桃科	*Actinidia*	革叶猕猴桃	*Actinidia rubricaulis* Dunn var. *coriacea*（Finet et Gagnep.）C. F. Liang（*A. coriacea*（Finet et Gagnep.）Dunn）	无危（LC）
638	猕猴桃科	*Actinidia*	四萼猕猴桃	*Actinidia teramera* Maxim.	近危（NT）
639	猕猴桃科	*Actinidia*	毛蕊猕猴桃	*Actinidia trichogyna* Franch.	易危（VU）
640	猕猴桃科	*Actinidia*	对萼猕猴桃	*Actinidia valvata* Dunn	近危（NT）
641	山茶科	*Adinandra*	川杨桐	*Adinandra bockiana* Pritz.ex Diels	无危（LC）
642	山茶科	*Camellia*	贵州连蕊茶	*Camellia costei* Lévl.	无危（LC）
643	山茶科	*Camellia*	油茶	*Camellia oleifera* Abel	无危（LC）
644	山茶科	*Camellia*	川鄂连蕊茶	*Camellia rosthorniana* Hand.-Mazz.	无危（LC）
645	山茶科	*Eurya*	翅柃	*Eurya alata* Kobuski	无危（LC）
646	山茶科	*Eurya*	金叶柃	*Eurya aurea*（Lévl.）Hu et L. K. Ling	无危（LC）
647	山茶科	*Eurya*	短柱柃	*Eurya brevistyla* Kobuski	无危（LC）
648	山茶科	*Eurya*	岗柃	*Eurya groffii* Merr.	无危（LC）
649	山茶科	*Eurya*	微毛柃	*Eurya hebeclados* Y. K. Ling	无危（LC）
650	山茶科	*Eurya*	柃木	*Eurya japonica* Thunb.	无危（LC）
651	山茶科	*Eurya*	细枝柃	*Eurya loquaiana* Dunn	无危（LC）
652	山茶科	*Eurya*	格药柃	*Eurya muricata* Dunn	无危（LC）
653	山茶科	*Eurya*	细齿叶柃	*Eurya nitida* Korthls	无危（LC）
654	山茶科	*Eurya*	钝叶柃	*Eurya obtusifolia* H. T. Chang	无危（LC）
655	山茶科	*Eurya*	四角柃	*Eurya tetragonoclada* Merr.et Chun	无危（LC）
656	山茶科	*Schima*	小花木荷	*Schima parviflora* H. T. Cheng et Chang	无危（LC）
657	山茶科	*Stewartia*	紫茎	*Stewartia sinensis* Rehd.et Wils.	无危（LC）
658	藤黄科	*Hypericum*	赶山鞭	*Hypericum attenuatum* Choisy	无危（LC）
659	藤黄科	*Hypericum*	小连翘	*Hypericum erectum* Thunb.ex Murray	无危（LC）
660	藤黄科	*Hypericum*	扬子小连翘	*Hypericum faberi* R. Keller	无危（LC）
661	藤黄科	*Hypericum*	长柱金丝桃	*Hypericum longistylum* Oliv.	无危（LC）
662	藤黄科	*Hypericum*	金丝桃	*Hypericum monogynum* L.	无危（LC）
663	藤黄科	*Hypericum*	遍地金	*Hypericum wightianum* Wall. ex Wight et Arn.	无危（LC）
664	罂粟科	*Corydalis*	川东紫堇	*Corydalis acuminata* Franch.	无危（LC）
665	罂粟科	*Corydalis*	巫溪紫堇	*Corydalis bulbillifera* C. Y. Wu	无危（LC）

序号	科名	属拉丁名	中文名	学名	濒危等级
666	罂粟科	*Corydalis*	南黄堇	*Corydalis davidii* Franch.	无危（LC）
667	罂粟科	*Corydalis*	北岭黄堇	*Corydalis fargesii* Franch.	无危（LC）
668	罂粟科	*Corydalis*	巴东紫堇	*Corydalis hemsleyana* Franch.ex Prain	无危（LC）
669	罂粟科	*Corydalis*	刻叶紫堇	*Corydalis incisa*（Thunb.）Pers.	无危（LC）
670	罂粟科	*Corydalis*	蛇果黄堇	*Corydalis ophiocarpa* Hook. f. et Thoms.	无危（LC）
671	罂粟科	*Corydalis*	大叶紫堇	*Corydalis temulifolia* Franch.	无危（LC）
672	罂粟科	*Corydalis*	毛黄堇	*Corydalis tomentella* Franch.	无危（LC）
673	罂粟科	*Corydalis*	秦岭紫堇	*Corydalis trisecta* Franch.	无危（LC）
674	罂粟科	*Corydalis*	川鄂黄堇	*Corydalis wilsonii* N. E. Br.	无危（LC）
675	罂粟科	*Dicentra*	大花荷包牡丹	*Dicentra macrantha* Oliv.	无危（LC）
676	罂粟科	*Eomecon*	血水草	*Eomecon chionantha* Hance	无危（LC）
677	罂粟科	*Hylomecon*	荷青花	*Hylomecon japonica*（Thunb.）Prantl et Kundig	无危（LC）
678	罂粟科	*Meconopsis*	柱果绿绒蒿	*Meconopsis oliveriana* Franch.et Prain ex Prain	近危（NT）
679	十字花科	*Arabis*	硬毛南芥	*Arabis hiruta*（L.）Scop.	无危（LC）
680	十字花科	*Arabis*	圆锥南芥	*Arabis paniculata* Franch.	无危（LC）
681	十字花科	*Arabis*	垂果南芥	*Arabis pendula* L.	无危（LC）
682	十字花科	*Cardamine*	露珠碎米荠	*Cardamine circaeoides* Hook. f. et Thoms.	无危（LC）
683	十字花科	*Cardamine*	光头山碎米荠	*Cardamine engleriana* O.E. Schulz	无危（LC）
684	十字花科	*Cardamine*	白花碎米荠	*Cardamine leucantha*（Tausch）O. E. Schulz	无危（LC）
685	十字花科	*Cardamine*	大叶碎米荠	*Cardamine macrophylla* Willd	无危（LC）
686	十字花科	*Cardamine*	紫花碎米荠	*Cardamine tangutorum* O. E. Schul	无危（LC）
687	十字花科	*Coronopus*	臭荠	*Coronopus didymus*（L.）J. E. Smith	无危（LC）
688	十字花科	*Descurainia*	播娘蒿	*Descurainia sophia*（L.）Webb.ex Prantl	无危（LC）
689	十字花科	*Draba*	苞序葶苈	*Draba ladyginii* Pohle	无危（LC）
690	十字花科	*Lepidium*	独行菜	*Lepidium apetalum* Willd.	无危（LC）
691	十字花科	*Lepidium*	楔叶独行菜	*Lepidium cuneiforme* C. Y. Wu	无危（LC）
692	十字花科	*Neomartinella*	堇叶芥	*Neomartinella violifolia*（Lévl.）Pilger	无危（LC）
693	十字花科	*Orychophragmus*	诸葛菜	*Orychophragmus violaceus*（L.）O. E. Schulz	无危（LC）
694	十字花科	*Rorippa*	无瓣蔊菜	*Rorippa dubia*（Pers.）Hara	无危（LC）
695	十字花科	*Rorippa*	蔊菜	*Rorippa indica*（L.）Hiern	无危（LC）
696	金缕梅科	*Corylopsis*	鄂西蜡瓣花	*Corylopsis henryi* Hemsl.	无危（LC）
697	金缕梅科	*Corylopsis*	瑞木	*Corylopsis multiflora* Hance	无危（LC）
698	金缕梅科	*Corylopsis*	蜡瓣花	*Corylopsis sinensis* Hemsl.	无危（LC）
699	金缕梅科	*Corylopsis*	红药蜡瓣花	*Corylopsis veitchiana* Bean.	近危（NT）
700	金缕梅科	*Corylopsis*	四川蜡瓣花	*Corylopsis willmottiae* Rehd. et Wils.	无危（LC）
701	金缕梅科	*Distylium*	小叶蚊母树	*Distylium buxifolium*（Hance）Merr.	无危（LC）
702	金缕梅科	*Distylium*	中华蚊母树	*Distylium chinense*（Franch.）Diels	濒危（EN）
703	金缕梅科	*Fortunearia*	牛鼻栓	*Fortunearia sinensis* Rehd.et Wils.	易危（VU）
704	金缕梅科	*Hamamelis*	金缕梅	*Hamamelis mollis* Oliv.	无危（LC）
705	金缕梅科	*Liquidambar*	枫香树	*Liquidambar formosana* Hance	无危（LC）
706	金缕梅科	*Sinowilsonia*	山白树	*Sinowilsonia henryi* Hemsl.	易危（VU）
707	金缕梅科	*Sycopsis*	水丝梨	*Sycopsis sinensis* Oliv.	无危（LC）
708	景天科	*Hylotelephium*	狭穗八宝	*Hylotelephium angustum*（Maxim.）H.Ohba	无危（LC）

续表

序号	科名	属拉丁名	中文名	学名	濒危等级
709	景天科	*Hylotelephium*	川鄂八宝	*Hylotelephium bonnafousii*（Hamet.）H. Ohba	极危（CR）
710	景天科	*Hylotelephium*	八宝	*Hylotelephium erythrostictum*（Miq.）H. Ohba	无危（LC）
711	景天科	*Hylotelephium*	圆扇八宝	*Hylotelephium sieboldii*（Sweet ex HK.）H.Ohba	近危（NT）
712	景天科	*Hylotelephium*	轮叶八宝	*Hylotelephium verticillatum*（L.）H. Ohba	无危（LC）
713	景天科	*Rhodiola*	云南红景天	*Rhodiola yunnanensis*（Franch.）S. H. Fu	无危（LC）
714	景天科	*Sedum*	费菜	*Sedum aizoon* L.	无危（LC）
715	景天科	*Sedum*	大苞景天	*Sedum amplibracteatum* K. T. Fu	无危（LC）
716	景天科	*Sedum*	乳瓣景天	*Sedum dielsii* Hamet	易危（VU）
717	景天科	*Sedum*	细叶景天	*Sedum elatinoides* Franch.	无危（LC）
718	景天科	*Sedum*	小山飘风	*Sedum filipes* Hemsl.	无危（LC）
719	景天科	*Sedum*	山飘风	*Sedum major*（Hemsl.）Migo	无危（LC）
720	景天科	*Sedum*	南川景天	*Sedum rosthornianum* Diels	无危（LC）
721	景天科	*Sedum*	垂盆草	*Sedum sarmentosum* Bunge	无危（LC）
722	景天科	*Sedum*	繁缕景天（火焰草）	*Sedum stellariifolium* Franch.	无危（LC）
723	景天科	*Sedum*	短蕊景天	*Sedum yvesii* Hamet	无危（LC）
724	景天科	*Sinocrassula*	石莲	*Sinocrassula secunda* W. B. Booth var. *glauca*（Baker）Otto（*E. glauca* Baker）	无危（LC）
725	虎耳草科	*Astilbe*	大落新妇	*Astilbe grandis* Stapf ex Wils（*A. austrosinensis* Hand.-Mazz.）（*Astilbe leucantha* Knoll）	无危（LC）
726	虎耳草科	*Astilbe*	多花落新妇	*Astilbe rivularis* Buch.-Ham.var. *myriantha*（Diels.）J. T. Pan	无危（LC）
727	虎耳草科	*Bergenia*	岩白菜	*Bergenia purpurascens*（Hook.f.et Thoms.）Engl.	无危（LC）
728	虎耳草科	*Chrysosplenium*	滇黔金腰	*Chrysosplenium cavaleriei* Lévl.et Vant.（*Ch. nepalense* D. Don var. *vegetum* Hara）	无危（LC）
729	虎耳草科	*Chrysosplenium*	肾萼金腰	*Chrysosplenium delavayi* Fr.	无危（LC）
730	虎耳草科	*Chrysosplenium*	绵毛金腰	*Chrysosplenium lanuginosum* Hook.f.et Thoms.	无危（LC）
731	虎耳草科	*Chrysosplenium*	大叶金腰	*Chrysosplenium macrophyllum* Oliv.	无危（LC）
732	虎耳草科	*Chrysosplenium*	中华金腰	*Chrysosplenium sinicum* Maxim.	无危（LC）
733	虎耳草科	*Decumaria*	赤壁木	*Decumaria sinensis* Oliv.	无危（LC）
734	虎耳草科	*Deinanthe*	叉叶蓝	*Deinanthe caerulea* Stapf	易危（VU）
735	虎耳草科	*Deutzia*	革叶溲疏	*Deutzia coriacea* R.	无危（LC）
736	虎耳草科	*Deutzia*	异色溲疏	*Deutzia discolor* Hemsl.（*D. densiflora* Rehd.）	无危（LC）
737	虎耳草科	*Deutzia*	黄山溲疏	*Deutzia glauca* Cheng	无危（LC）
738	虎耳草科	*Deutzia*	粉背溲疏	*Deutzia hypoglauca* Rehd.	无危（LC）
739	虎耳草科	*Deutzia*	长叶溲疏	*Deutzia longifolia* Franch.	无危（LC）
740	虎耳草科	*Deutzia*	南川溲疏	*Deutzia nanchuanensis* W. T. Wang	无危（LC）
741	虎耳草科	*Deutzia*	长江溲疏	*Deutzia schneideriana* Rehd.	无危（LC）
742	虎耳草科	*Deutzia*	四川溲疏	*Deutzia setchuenensis* Franch.	无危（LC）
743	虎耳草科	*Deutzia*	多花溲疏	*Deutzia setchuenensis* Franch.var. *corymbiflora*（Lemoine ex Andre）Rehd.	无危（LC）
744	虎耳草科	*Hydrangea*	冠盖绣球	*Hydrangea anomala* D. Don	无危（LC）
745	虎耳草科	*Hydrangea*	东陵绣球	*Hydrangea bretschneideri* Dipp.	无危（LC）
746	虎耳草科	*Hydrangea*	西南绣球	*Hydrangea davidii* Franch.	无危（LC）
747	虎耳草科	*Hydrangea*	白背绣球	*Hydrangea hypoglauca* Rehd.	无危（LC）
748	虎耳草科	*Hydrangea*	圆锥绣球	*Hydrangea paniculata* Sieb.	无危（LC）

序号	科名	属拉丁名	中文名	学名	濒危等级
749	虎耳草科	*Hydrangea*	挂苦绣球	*Hydrangea xanthoneura* Diels	无危（LC）
750	虎耳草科	*Parnassia*	突隔梅花草	*Parnassia delavayi* Franch.	无危（LC）
751	虎耳草科	*Penthorum*	扯根菜	*Penthorum chinense* Pursh	无危（LC）
752	虎耳草科	*Philadelphus*	山梅花	*Philadelphus incanus* Koehne	无危（LC）
753	虎耳草科	*Philadelphus*	绢毛山梅花	*Philadelphus sericanthus* Koehne	无危（LC）
754	虎耳草科	*Pileostegia*	冠盖藤	*Pileostegia viburnoides* Hook.f.et Thoms	无危（LC）
755	虎耳草科	*Ribes*	华中茶藨子	*Ribes Henryi* Franch	无危（LC）
756	虎耳草科	*Ribes*	四川蔓茶藨子	*Ribes ambiguum* Maxim.	无危（LC）
757	虎耳草科	*Ribes*	宝兴茶藨子	*Ribes moupinense* Franch.	无危（LC）
758	虎耳草科	*Ribes*	三裂茶藨子	*Ribes moupinense* Franch. var. *tripartitum*（Batalin）Jancz.	无危（LC）
759	虎耳草科	*Ribes*	木里茶藨子	*Ribes moupinense* Franch. var. *muliense* S. H. Yu et J. M. xu	无危（LC）
760	虎耳草科	*Ribes*	细枝茶藨子	*Ribes tenue* Jancz.	无危（LC）
761	虎耳草科	*Rodgersia*	七叶鬼灯檠	*Rodgersia aesculifolia* Batal.	无危（LC）
762	虎耳草科	*Rodgersia*	羽叶鬼灯檠	*Rodgersia pinnata* Franch.	无危（LC）
763	虎耳草科	*Saxifraga*	秦岭虎耳草	*Saxifraga giraldiana* Engl.	无危（LC）
764	虎耳草科	*Saxifraga*	红毛虎耳草	*Saxifraga rufescens* Balf.f.	无危（LC）
765	虎耳草科	*Saxifraga*	扇叶虎耳草	*Saxifraga rufescens* var. *flabellifolia* C. Y. Wu et J. T. Pan	无危（LC）
766	虎耳草科	*Saxifraga*	虎耳草	*Saxifraga stolonifera* Curt.（*S. stolonifera* var. *immaculata*（Diels.）Hand.-Mazz）	无危（LC）
767	虎耳草科	*Tiarella*	黄水枝	*Tiarella polyphylla* D. Don	无危（LC）
768	海桐花科	*Pittosporum*	皱叶海桐	*Pittosporum crispulum* Gagnep.	无危（LC）
769	海桐花科	*Pittosporum*	突肋海桐	*Pittosporum elevaticostatum* H. T. Chang et Yan	无危（LC）
770	海桐花科	*Pittosporum*	狭叶海桐	*Pittosporum glabratum* Lindl.var. *neriifolium* Rehd.et Wils.	无危（LC）
771	海桐花科	*Pittosporum*	异叶海桐	*Pittosporum heterophyllum* Franch.	无危（LC）
772	海桐花科	*Pittosporum*	柄果海桐	*Pittosporum podocarpum* Gagnep.	无危（LC）
773	海桐花科	*Pittosporum*	厚圆果海桐	*Pittosporum rehderianum* Gowda	无危（LC）
774	海桐花科	*Pittosporum*	棱果海桐	*Pittosporum trigonocarpum* Lévl.	无危（LC）
775	海桐花科	*Pittosporum*	崖花子	*Pittosporum truncatum* Pritz.	无危（LC）
776	海桐花科	*Pittosporum*	木果海桐	*Pittosporum xylocarpum* Hu et Wang	无危（LC）
777	蔷薇科	*Agrimonia*	龙芽草	*Agrimonia pilosa* Ledeb.	无危（LC）
778	蔷薇科	*Amelanchier*	唐棣	*Amelanchier sinica*（Schneid.）Chun	无危（LC）
779	蔷薇科	*Aruncus*	假升麻	*Aruncus sylvester* Kostel.	无危（LC）
780	蔷薇科	*Cerasus*	微毛樱桃	*Cerasus clarofolia*（Schneid.）Yu. et C. L. Li	无危（LC）
781	蔷薇科	*Cerasus*	华中樱桃	*Cerasus conradina*（Koehne）Yu et C. L. Li	无危（LC）
782	蔷薇科	*Cerasus*	迎春樱桃	*Cerasus discoides* Yü et Li	近危（NT）
783	蔷薇科	*Cerasus*	细齿樱桃	*Cerasus serrula*（Franch.）Yu et Li	无危（LC）
784	蔷薇科	*Cerasus*	刺毛樱桃	*Cerasus setulosa*（Batal.）Yü et C. L. Li	无危（LC）
785	蔷薇科	*Cerasus*	四川樱桃	*Cerasus szechuanica*（Batal.）Yüu et C. L. Li	无危（LC）
786	蔷薇科	*Cerasus*	康定樱桃	*Cerasus tatsienensis*（Batal.）Yü et Li	无危（LC）
787	蔷薇科	*Cerasus*	毛樱桃	*Cerasus tomentosa*（Thunb.）Wall.	无危（LC）
788	蔷薇科	*Chaenomeles*	毛叶木瓜	*Chaenomeles cathayensis*（Hemsl.）Schneid.	无危（LC）
789	蔷薇科	*Cotoneaster*	密毛灰栒子	*Cotoneaster acutifolius* Turcz.var. *villosulus* Rehd.et Wils.	无危（LC）
790	蔷薇科	*Cotoneaster*	匍匐栒子	*Cotoneaster adpressus* Bois	无危（LC）

续表

序号	科名	属拉丁名	中文名	学名	濒危等级
791	蔷薇科	*Cotoneaster*	细尖栒子	*Cotoneaster apiculatus* Rehd.et Wils	无危（LC）
792	蔷薇科	*Cotoneaster*	泡叶栒子	*Cotoneaster bullatus* Bois.	无危（LC）
793	蔷薇科	*Cotoneaster*	木帚栒子	*Cotoneaster dielsianus* Pritz.	无危（LC）
794	蔷薇科	*Cotoneaster*	散生栒子	*Cotoneaster divaricatus* Rehd.et Wils.	无危（LC）
795	蔷薇科	*Cotoneaster*	恩施栒子	*Cotoneaster fangianus* Yü	近危（NT）
796	蔷薇科	*Cotoneaster*	光叶栒子	*Cotoneaster glabratus* Rehd. et Wils.	无危（LC）
797	蔷薇科	*Cotoneaster*	粉叶栒子	*Cotoneaster glaucophyllus* Fr.	无危（LC）
798	蔷薇科	*Cotoneaster*	细弱栒子	*Cotoneaster gracilis* Rehd. et Wils.	无危（LC）
799	蔷薇科	*Cotoneaster*	钝叶栒子	*Cotoneaster hebephyllus* Diels	无危（LC）
800	蔷薇科	*Cotoneaster*	平枝栒子	*Cotoneaster horizontalis* Dcne.	无危（LC）
801	蔷薇科	*Cotoneaster*	宝兴栒子	*Cotoneaster moupinensis* Franch.	无危（LC）
802	蔷薇科	*Cotoneaster*	暗红栒子	*Cotoneaster obscurus* Rehd. et Wils.	无危（LC）
803	蔷薇科	*Cotoneaster*	麻叶栒子	*Cotoneaster rhytidophyllus* R. et W.	无危（LC）
804	蔷薇科	*Cotoneaster*	柳叶栒子	*Cotoneaster salicifolius* Franch.	无危（LC）
805	蔷薇科	*Cotoneaster*	皱叶柳叶栒子	*Cotoneaster salicifolius* Franch.var. *rugosus*（Pritz.）Rehd.et Wils.	无危（LC）
806	蔷薇科	*Cotoneaster*	华中栒子	*Cotoneaster silvestrii* Pamp.	无危（LC）
807	蔷薇科	*Cotoneaster*	毛叶水栒子	*Cotoneaster submultiflorus* Popov	无危（LC）
808	蔷薇科	*Crataegus*	野山楂	*Crataegus cuneata* Sicb. et Zucc.	无危（LC）
809	蔷薇科	*Crataegus*	湖北山楂	*Crataegus hupihensis* Sarg.	无危（LC）
810	蔷薇科	*Eriobotrya*	大花枇杷	*Eriobotrya cavaleriei*（Lévl.）Rehd.	无危（LC）
811	蔷薇科	*Eriobotrya*	栎叶枇杷	*Eriobotrya prinioidea* R.et W.	无危（LC）
812	蔷薇科	*Exochorda*	红柄白鹃梅	*Exochorda giraldii* Hesse	无危（LC）
813	蔷薇科	*Exochorda*	绿柄白鹃梅	*Exochorda giraldii* Hesse var. *wilsonii*（Rehd.）Rehd.	无危（LC）
814	蔷薇科	*Fragaria*	纤细草莓	*Fragaria gracilis* Lozinsk.	无危（LC）
815	蔷薇科	*Fragaria*	黄毛草莓	*Fragaria nilgerrensis* Schlecht.ex Gay	无危（LC）
816	蔷薇科	*Fragaria*	东方草莓	*Fragaria orientalis* Lozinsk	无危（LC）
817	蔷薇科	*Geum*	路边青	*Geum aleppicum* Jacq.	无危（LC）
818	蔷薇科	*Geum*	柔毛路边青	*Geum japonicum* Thunb.var. *chinense* F. Bolle	无危（LC）
819	蔷薇科	*Laurocerasus*	尖叶桂樱	*Laurocerasus undulata*（D.Don）Roem.	无危（LC）
820	蔷薇科	*Maddenia*	臭樱	*Maddenia hypoleuca* Koehna	无危（LC）
821	蔷薇科	*Malus*	山荆子	*Malus baccata*（L.）Borkh.	无危（LC）
822	蔷薇科	*Malus*	湖北海棠	*Malus hupehensis*（Pamp.）Rehd.	无危（LC）
823	蔷薇科	*Malus*	陇东海棠	*Malus kansuensis*（Batal.）Schneid.	无危（LC）
824	蔷薇科	*Malus*	光叶陇东海棠	*Malus kansuensis*（Batal.）Schneid. f. *calva* Rehd.	无危（LC）
825	蔷薇科	*Malus*	毛山荆子	*Malus manshurica*（Maxim.）Kom.	无危（LC）
826	蔷薇科	*Malus*	滇池海棠	*Malus yunnanensis*（Franch.）Schneid.	近危（NT）
827	蔷薇科	*Neillia*	毛叶绣线梅	*Neillia ribesioides* Rehd.	无危（LC）
828	蔷薇科	*Padus*	短梗稠李	*Padus brachypoda*（Batal.）Schneid	无危（LC）
829	蔷薇科	*Padus*	灰叶稠李	*Padus grayana*（Maxim.）Schneid.	无危（LC）
830	蔷薇科	*Padus*	细齿稠李	*Padus obtusata*（Koehne）Yu et Ku	无危（LC）
831	蔷薇科	*Photinia*	中华石楠	*Photinia beauverdiana* Schneid.	无危（LC）
832	蔷薇科	*Photinia*	小叶石楠	*Photinia parvifolia*（Pritz.）Schneid.（*Ph.subumbellata* Pehd.et Wils.）	无危（LC）

序号	科名	属拉丁名	中文名	学名	濒危等级
833	蔷薇科	*Photinia*	石楠	*Photinia serrulata* Lindl.	无危（LC）
834	蔷薇科	*Photinia*	毛叶石楠	*Photinia villosa*（Thunb.）DC.	无危（LC）
835	蔷薇科	*Potentilla*	皱叶委陵菜	*Potentilla ancistrifolia* Bunge	无危（LC）
836	蔷薇科	*Potentilla*	翻白草	*Potentilla discolor* Bunge	无危（LC）
837	蔷薇科	*Potentilla*	三叶委陵菜	*Potentilla freyniana* Bornm.	无危（LC）
838	蔷薇科	*Potentilla*	中华三叶委陵菜	*Potentilla freyniana* Bornm.var. *sinica* Migo	无危（LC）
839	蔷薇科	*Potentilla*	垂花委陵菜	*Potentilla pendula* Yu et Li	无危（LC）
840	蔷薇科	*Potentilla*	丛生钉柱委陵菜	*Potentilla saundersinan* Royle var. *caespitosa* Royle	无危（LC）
841	蔷薇科	*Pyracantha*	全缘火棘	*Pyracantha atalantioides*（Hance）Stapf	无危（LC）
842	蔷薇科	*Pyracantha*	细圆齿火棘	*Pyracantha crenulata*（D. Don）Roem.	无危（LC）
843	蔷薇科	*Pyracantha*	火棘	*Pyracantha fortuneana*（Maxim.）Li	无危（LC）
844	蔷薇科	*Pyrus*	杜梨	*Pyrus betulaefolia* Bunge	无危（LC）
845	蔷薇科	*Pyrus*	川梨	*Pyrus pashia* Buch.-Ham.ex D. Don	无危（LC）
846	蔷薇科	*Pyrus*	沙梨	*Pyrus pyrifolia*（Burm.f.）Nakai	无危（LC）
847	蔷薇科	*Pyrus*	麻梨	*Pyrus serrulata* Rehd.	无危（LC）
848	蔷薇科	*Rosa*	拟木香	*Rosa banksiopsis* Baker	无危（LC）
849	蔷薇科	*Rosa*	伞房蔷薇	*Rosa corymbulosa* Rolfe	无危（LC）
850	蔷薇科	*Rosa*	小果蔷薇	*Rosa cymosa* Tratt.	无危（LC）
851	蔷薇科	*Rosa*	西北蔷薇	*Rosa davidii* Crep.	无危（LC）
852	蔷薇科	*Rosa*	陕西蔷薇	*Rosa giraldii* Crep.	无危（LC）
853	蔷薇科	*Rosa*	绣球蔷薇	*Rosa glomerata* Rehd.et Wils.	无危（LC）
854	蔷薇科	*Rosa*	卵果蔷薇	*Rosa helenae* Rehd.et Wils.	无危（LC）
855	蔷薇科	*Rosa*	软条七蔷薇	*Rosa henryi* Bouleng.	无危（LC）
856	蔷薇科	*Rosa*	多苞蔷薇	*Rosa multibracteata* Hemsl.	无危（LC）
857	蔷薇科	*Rosa*	粉团蔷薇	*Rosa multiflora* Thunb.var. *cathayensis* Rehd.et Wils	无危（LC）
858	蔷薇科	*Rosa*	峨眉蔷薇	*Rosa omeiensis* Rolfe	无危（LC）
859	蔷薇科	*Rosa*	缫丝花	*Rosa roxburghii* Tratt.	无危（LC）
860	蔷薇科	*Rosa*	单瓣缫丝花	*Rosa roxburghii* Tratt.f. *normalis* Rehd. et Wils.	近危（NT）
861	蔷薇科	*Rosa*	悬钩子蔷薇	*Rosa rubus* Lévl.et Vant.	无危（LC）
862	蔷薇科	*Rosa*	大红蔷薇	*Rosa saturata* Baker	无危（LC）
863	蔷薇科	*Rosa*	钝叶蔷薇	*Rosa sertata* Rolfe	无危（LC）
864	蔷薇科	*Rosa*	刺梗蔷薇	*Rosa setipoda* Hemsl.et Wils.（*R. hemsleyana* Tackholm）	无危（LC）
865	蔷薇科	*Rosa*	川滇蔷薇	*Rosa soulieana* Crep.	无危（LC）
866	蔷薇科	*Rosa*	扁刺蔷薇	*Rosa sweginzowii* Koehne	无危（LC）
867	蔷薇科	*Rosa*	小叶蔷薇	*Rosa willmottiae* Hemsl.	无危（LC）
868	蔷薇科	*Rubus*	秀丽莓	*Rubus amabilis* Focke	无危（LC）
869	蔷薇科	*Rubus*	西南悬钩子	*Rubus assamensis* Focke	无危（LC）
870	蔷薇科	*Rubus*	桔红悬钩子	*Rubus aurantiacus* Focke	无危（LC）
871	蔷薇科	*Rubus*	竹叶鸡爪茶	*Rubus bambusarum* Focke	无危（LC）
872	蔷薇科	*Rubus*	粉枝莓	*Rubus biflorus* Buch.-Ham.ex Sm.	无危（LC）
873	蔷薇科	*Rubus*	寒莓	*Rubus buergeri* Miq.	无危（LC）
874	蔷薇科	*Rubus*	毛萼莓	*Rubus chroosepalus* Focke	无危（LC）
875	蔷薇科	*Rubus*	小柱悬钩子	*Rubus columelsris* Tutcher	无危（LC）

序号	科名	属拉丁名	中文名	学名	濒危等级
876	蔷薇科	*Rubus*	山莓	*Rubus corchorifolius* L. f.	无危（LC）
877	蔷薇科	*Rubus*	插田泡	*Rubus coreanus* Miq.	无危（LC）
878	蔷薇科	*Rubus*	毛叶插田泡	*Rubus coreanus* Miq.var. *tomentosus* Card.	无危（LC）
879	蔷薇科	*Rubus*	桉叶悬钩子	*Rubus eucalyptus* Focke	无危（LC）
880	蔷薇科	*Rubus*	腺毛大红泡	*Rubus eustephanus* Focke ex Diels var. *glanduliger* Yu et Lu	无危（LC）
881	蔷薇科	*Rubus*	弓茎悬钩子	*Rubus flosculosus* Focke	无危（LC）
882	蔷薇科	*Rubus*	宜昌悬钩子	*Rubus ichangensis* Hemsl.et Ktze.	无危（LC）
883	蔷薇科	*Rubus*	白叶莓	*Rubus innominatus* S. Moore	无危（LC）
884	蔷薇科	*Rubus*	绵果悬钩子	*Rubus lasiostylus* Focke	无危（LC）
885	蔷薇科	*Rubus*	棠叶悬钩子	*Rubus malifolius* Focke	无危（LC）
886	蔷薇科	*Rubus*	乌泡子	*Rubus parkeri* Hance	无危（LC）
887	蔷薇科	*Rubus*	黄泡	*Rubus pectinellus* Maxim.	无危（LC）
888	蔷薇科	*Rubus*	陕西悬钩子	*Rubus piluliferus* Focke	无危（LC）
889	蔷薇科	*Rubus*	红毛悬钩子	*Rubus pinfaensis* Lévl.et Vant.	无危（LC）
890	蔷薇科	*Rubus*	针刺悬钩子	*Rubus pungens* Camb.	无危（LC）
891	蔷薇科	*Rubus*	香莓	*Rubus pungens* Camb. var. *oldhamii*（Miq.）Maxim.	无危（LC）
892	蔷薇科	*Rubus*	空心泡	*Rubus rosaefolius* Smith	无危（LC）
893	蔷薇科	*Rubus*	川莓	*Rubus setchuenensis* Bur.et Franch.	无危（LC）
894	蔷薇科	*Rubus*	单茎悬钩子	*Rubus simplex* Focke	无危（LC）
895	蔷薇科	*Rubus*	木莓	*Rubus swinhoei* Hance	无危（LC）
896	蔷薇科	*Rubus*	巫山悬钩子	*Rubus wushanensis* Yu et Lu	近危（NT）
897	蔷薇科	*Rubus*	黄脉莓	*Rubus xanthoneurus* Focke ex Diels	无危（LC）
898	蔷薇科	*Sanguisorba*	地榆	*Sanguisorba officinalis* L.	无危（LC）
899	蔷薇科	*Sorbaria*	高丛珍珠梅	*Sorbaria arborea* Schneid.	无危（LC）
900	蔷薇科	*Sorbus*	水榆花楸	*Sorbus alnifolia*（Sieb. et Zucc .）K. koch	无危（LC）
901	蔷薇科	*Sorbus*	美脉花楸	*Sorbus caloneura*（Stapf）Rehd.	无危（LC）
902	蔷薇科	*Sorbus*	石灰花楸	*Sorbus folgneri*（Schneid.）Rehd.	无危（LC）
903	蔷薇科	*Sorbus*	湖北花楸	*Sorbus hupehensis* Schneid.	无危（LC）
904	蔷薇科	*Sorbus*	毛序花楸	*Sorbus keissleri*（Schneid.）Rehd.	无危（LC）
905	蔷薇科	*Sorbus*	陕甘花楸	*Sorbus koehneana* Schneid.	无危（LC）
906	蔷薇科	*Sorbus*	大花花楸	*Sorbus macranthum*（Hand. -Mazz）Huang	无危（LC）
907	蔷薇科	*Sorbus*	大果花楸	*Sorbus megalocarpa* Rehd.	无危（LC）
908	蔷薇科	*Sorbus*	西南花楸	*Sorbus rehderiana* Koehne	无危（LC）
909	蔷薇科	*Sorbus*	华西花楸	*Sorbus wilsoniana* Schneid.	无危（LC）
910	蔷薇科	*Sorbus*	长果花楸	*Sorbus zahlbruckneri* Schneid.	无危（LC）
911	蔷薇科	*Spiraea*	中华绣线菊	*Spiraea chinensis* Maxim.	无危（LC）
912	蔷薇科	*Spiraea*	翠蓝绣线菊	*Spiraea henryi* Hemsl.	无危（LC）
913	蔷薇科	*Spiraea*	疏毛绣线菊	*Spiraea hirsuta*（Hemsl.）Schneid.	无危（LC）
914	蔷薇科	*Spiraea*	光叶粉花绣线菊	*Spiraea japonica* L. f.var. *fortunei*（Planch.）	无危（LC）
915	蔷薇科	*Spiraea*	华西绣线菊	*Spiraea laeta* Rehd.	无危（LC）
916	蔷薇科	*Spiraea*	长芽绣线菊	*Spiraea longigemmis* Maxim.	无危（LC）
917	蔷薇科	*Spiraea*	毛枝绣线菊	*Spiraea martinii* Levl.	无危（LC）
918	蔷薇科	*Spiraea*	广椭绣线菊	*Spiraea ovalis* Rehd.	无危（LC）

序号	科名	属拉丁名	中文名	学名	濒危等级
919	蔷薇科	*Spiraea*	土庄绣线菊	*Spiraea pubescens* Turcz.	无危（LC）
920	蔷薇科	*Spiraea*	南川绣线菊	*Spiraea rosthornii* Pritz.	无危（LC）
921	蔷薇科	*Spiraea*	川滇绣线菊	*Spiraea schneideriana* R.	无危（LC）
922	蔷薇科	*Spiraea*	鄂西绣线菊	*Spiraea veitchii* Hemsl.	无危（LC）
923	蔷薇科	*Spiraea*	陕西绣线菊	*Spiraea wilsonii* Duthie	无危（LC）
924	蔷薇科	*Stephanandra*	华空木	*Stephanandra chinensis* Hance	无危（LC）
925	蔷薇科	*Stranvaesia*	毛萼红果树	*Stranvaesia amphidoxa* Schneid.	无危（LC）
926	蔷薇科	*Stranvaesia*	红果树	*Stranvaesia davidiana* Dcne.	无危（LC）
927	蔷薇科	*Stranvaesia*	波叶红果树	*Stranvaesia davidiana* Dcne. var. *undulate*（Dcne .）Rehd. et Wils.（*S. undulata* Dcne.）	无危（LC）
928	蔷薇科	*Stranvaesia*	绒毛红果树	*Stranvaesia tomentosa* Yu et Ku	无危（LC）
929	豆科	*Albizia*	山槐	*Albizia kalkora*（Roxb.）Prain	无危（LC）
930	豆科	*Bauhinia*	鞍叶羊蹄甲	*Bauhinia brachycarpa* Wall. ex Benth.（*B. faberi* Oliv.）	无危（LC）
931	豆科	*Bauhinia*	龙须藤	*Bauhinia championii*（Benth.）Benth.	无危（LC）
932	豆科	*Caesalpinia*	云实	*Caesalpinia decapetala*（Roth）Alston（*C. sepiaria* Roxb.）	无危（LC）
933	豆科	*Campylotropis*	太白山杭子梢	*Campylotropis macrocarpa*（Bge.）Rehd. var. *giraldii*（Schindl.）P. Y. Fu	无危（LC）
934	豆科	*Caragana*	锦鸡儿	*Caragana sinica*（Buchoz）Rehd.	无危（LC）
935	豆科	*Caragana*	柄荚锦鸡儿	*Caragana stipitata* Kom.	濒危（EN）
936	豆科	*Cercis*	紫荆	*Cercis chinensis* Bunge	无危（LC）
937	豆科	*Cercis*	垂丝紫荆	*Cercis racemosa* Oliv.	无危（LC）
938	豆科	*Cladrastis*	小花香槐	*Cladrastis sinensis* Hemsl.	无危（LC）
939	豆科	*Cladrastis*	香槐	*Cladrastis wilsonii* Takeda	无危（LC）
940	豆科	*Dalbergia*	秧青	*Dalbergia assamica* Benth.	濒危（EN）
941	豆科	*Dalbergia*	藤黄檀	*Dalbergia hancei* Benth.	无危（LC）
942	豆科	*Dalbergia*	黄檀	*Dalbergia hupeana* Hance	近危（NT）
943	豆科	*Desmodium*	小槐花	*Desmodium caudatum*（Thunb.）DC.	无危（LC）
944	豆科	*Desmodium*	圆锥山蚂蝗	*Desmodium elegans* DC.（*D. esquirolii* Levi.）	无危（LC）
945	豆科	*Desmodium*	饿蚂蝗	*Desmodium multiflorum* DC.	无危（LC）
946	豆科	*Desmodium*	长波叶山蚂蝗	*Desmodium sequax* Wall.	无危（LC）
947	豆科	*Gleditsia*	皂荚	*Gleditsia sinensis* Lam.	无危（LC）
948	豆科	*Glycine*	野大豆	*Glycine soja* Sieb.et Zucc.	无危（LC）
949	豆科	*Gymnocladus*	肥皂荚	*Gymnocladus chinensis* Baill.	无危（LC）
950	豆科	*Indigofera*	多花木蓝	*Indigofera amblyantha* Craib	无危（LC）
951	豆科	*Indigofera*	苏木蓝	*Indigofera carlesii* Craib	无危（LC）
952	豆科	*Indigofera*	刺序木蓝	*Indigofera silvestrii* Pamp.	无危（LC）
953	豆科	*Lathyrus*	中华山黧豆	*Lathyrus dielsianus* Harms	无危（LC）
954	豆科	*Lespedeza*	胡枝子	*Lespedeza bicolor* Turcz.	无危（LC）
955	豆科	*Lespedeza*	绿叶胡枝子	*Lespedeza buergeri* Miq.	无危（LC）
956	豆科	*Lespedeza*	中华胡枝子	*Lespedeza chinensis* G. Don	无危（LC）
957	豆科	*Lespedeza*	短梗胡枝子	*Lespedeza cyrtobotrya* Miq.	无危（LC）
958	豆科	*Lespedeza*	多花胡枝子	*Lespedeza floribunda* Bunge	无危（LC）
959	豆科	*Lespedeza*	美丽胡枝子	*Lespedeza formosa*（Vog.）Koehne（*L. thunbergii*（DC.）Nakai）	无危（LC）
960	豆科	*Lespedeza*	铁马鞭	*Lespedeza pilosa*（Thunb.）Sieb.et Zucc.	无危（LC）

序号	科名	属拉丁名	中文名	学名	濒危等级
961	豆科	*Lespedeza*	细梗胡枝子	*Lespedeza virgata*（Thunb.）DC.	无危（LC）
962	豆科	*Maackia*	马鞍树	*Maackia hupehensis* Takeda	无危（LC）
963	豆科	*Melilotus*	白花草木犀	*Melilotus albus* Desr.	无危（LC）
964	豆科	*Millettia*	厚果崖豆藤	*Millettia pachycarpa* Benth.	无危（LC）
965	豆科	*Mucuna*	常春油麻藤	*Mucuna sempervirens* Hemsl.	无危（LC）
966	豆科	*Ormosia*	红豆树	*Ormosia hosiei* Hemsl.et Wils.	濒危（EN）
967	豆科	*Podocarpium*	羽叶长柄山蚂蝗	*Podocarpium oldhami* Oliv.	无危（LC）
968	豆科	*Podocarpium*	长柄山蚂蝗	*Podocarpium podocarpum*（DC.）Yang et Huang	无危（LC）
969	豆科	*Pueraria*	粉葛	*Pueraria lobata* var. *thomsonii*（Benth.）Van der Maesen	无危（LC）
970	豆科	*Pueraria*	苦葛	*Pueraria peduncularis*（Grah. ex Benth.）Benth.	无危（LC）
971	豆科	*Rhynchosia*	紫脉花鹿藿	*Rhynchosia craibiana* Rehd.	无危（LC）
972	豆科	*Rhynchosia*	菱叶鹿藿	*Rhynchosia dielsii* Harms	无危（LC）
973	豆科	*Sophora*	苦参	*Sophora flavescens* Ait.	无危（LC）
974	豆科	*Vicia*	山野豌豆	*Vicia amoena* Fisch.	无危（LC）
975	豆科	*Vicia*	窄叶野豌豆	*Vicia angustifolia* L.	无危（LC）
976	豆科	*Vicia*	华野豌豆	*Vicia chinensis* Fr.	无危（LC）
977	豆科	*Vicia*	广布野豌豆	*Vicia cracca* L.	无危（LC）
978	豆科	*Vicia*	大叶野豌豆	*Vicia pseudorobus* Fisch. et C. A. Mey.	无危（LC）
979	豆科	*Vicia*	四籽野豌豆	*Vicia tetrasperma* Moench	无危（LC）
980	豆科	*Vicia*	歪头菜	*Vicia unijuga* A. Br.	无危（LC）
981	豆科	*Vigna*	野豇豆	*Vigna vexillata*（L.）Rich.	无危（LC）
982	酢浆草科	*Oxalis*	山酢浆草	*Oxalis acetosella* L. ssp. *griffithii*（Edgew. et Hook.f.）Hara	无危（LC）
983	牻牛儿苗科	*Geranium*	湖北老鹳草	*Geranium hupehanum* R. Knuth	无危（LC）
984	牻牛儿苗科	*Geranium*	毛蕊老鹳草	*Geranium platyanthum* Duthie	无危（LC）
985	牻牛儿苗科	*Geranium*	灰背老鹳草	*Geranium wlassowianum* Pisch. ex Link	无危（LC）
986	亚麻科	*Reinwardtia*	石海椒	*Reinwardtia trigyna*（Roxb.）Planch.	无危（LC）
987	大戟科	*Acalypha*	铁苋菜	*Acalypha australis* L.	无危（LC）
988	大戟科	*Alchornea*	山麻杆	*Alchornea davidii* Franch.	无危（LC）
989	大戟科	*Bischofia*	重阳木	*Bischofia polycarpa*（Lévl.）Airy-Shaw	无危（LC）
990	大戟科	*Bridelia*	禾串树	*Bridelia insulana* Hance	无危（LC）
991	大戟科	*Croton*	巴豆	*Croton tiglium* L.	无危（LC）
992	大戟科	*Euphorbia*	地锦	*Euphorbia humifusa* Willd. ex Schlecht.	无危（LC）
993	大戟科	*Euphorbia*	黄苞大戟	*Euphorbia sikkimensis* Boiss.	无危（LC）
994	大戟科	*Flueggea*	毛白饭树	*Flueggea acicularia*（Croiz.）Webster	无危（LC）
995	大戟科	*Glochidion*	革叶算盘子	*Glochidion daltonii*（Muell. Arg.）Kurz	无危（LC）
996	大戟科	*Glochidion*	算盘子	*Glochidion puberum*（L.）Hutch.	无危（LC）
997	大戟科	*Glochidion*	湖北算盘子	*Glochidion wilsonii* Hutch.	无危（LC）
998	大戟科	*Mallotus*	白背叶	*Mallotus apelta*（Lour.）Muell.-Arg.	无危（LC）
999	大戟科	*Mallotus*	毛桐	*Mallotus barbatus*（Wall.）Muell.-Arg.	无危（LC）
1000	大戟科	*Mallotus*	红叶野桐	*Mallotus paxii* Pamp.	无危（LC）
1001	大戟科	*Mallotus*	粗糠柴	*Mallotus philippensis*（Lam.）Muell.-Arg.	无危（LC）
1002	大戟科	*Mallotus*	石岩枫	*Mallotus repandus*（Willd.）Muell.-Arg.	无危（LC）
1003	大戟科	*Sapium*	乌桕	*Sapium sebiferum*（L.）Roxb.	无危（LC）

序号	科名	属拉丁名	中文名	学名	濒危等级
1004	大戟科	*Speranskia*	广东地构叶	*Speranskia cantonensis*（Hance）Pax ex Hoffm.	无危（LC）
1005	大戟科	*Vernicia*	油桐	*Vernicia fordii*（Hemsl.）Airy-Shaw	无危（LC）
1006	虎皮楠科	*Daphniphyllum*	狭叶虎皮楠	*Daphniphyllum angustifolium* Hutch.	无危（LC）
1007	虎皮楠科	*Daphniphyllum*	交让木	*Daphniphyllum macropodum* Miq.	无危（LC）
1008	虎皮楠科	*Daphniphyllum*	虎皮楠	*Daphniphyllum oldhami*（Hemsl.）Rosenth.	无危（LC）
1009	芸香科	*Orixa*	臭常山	*Orixa japonica* Thunb.	无危（LC）
1010	芸香科	*Phellodendron*	黄檗	*Phellodendron amurense* Rupr.	易危（VU）
1011	芸香科	*Phellodendron*	川黄檗	*Phellodendron chinense* Schneid.	无危（LC）
1012	芸香科	*Skimmia*	乔木茵芋	*Skimmia arborescens* Anders.	无危（LC）
1013	芸香科	*Skimmia*	茵芋	*Skimmia reevesiana* Fort.	无危（LC）
1014	芸香科	*Tetradium*	臭檀吴萸	*Tetradium daniellii*（Bennett）T. G. Hartley	无危（LC）
1015	芸香科	*Tetradium*	楝叶吴萸	*Tetradium glabrifolium*（Champion ex Bentham）T. G. Hartley	无危（LC）
1016	芸香科	*Tetradium*	吴茱萸	*Tetradium ruticarpum*（A. Jussieu）T. G. Hartley	无危（LC）
1017	芸香科	*Toddalia*	飞龙掌血	*Toddalia asiatica*（L.）Lam.	无危（LC）
1018	芸香科	*Zanthoxylum*	花椒	*Zanthoxylum bungeanum* Maxim.	无危（LC）
1019	芸香科	*Zanthoxylum*	蚬壳花椒	*Zanthoxylum dissitum* Hemsl.	无危（LC）
1020	芸香科	*Zanthoxylum*	刺壳花椒	*Zanthoxylum echinocarpum* Hemsl.	无危（LC）
1021	芸香科	*Zanthoxylum*	小花花椒	*Zanthoxylum micranthum* Hemsl.	无危（LC）
1022	芸香科	*Zanthoxylum*	两面针	*Zanthoxylum nitidum*（Roxb.）DC.	无危（LC）
1023	芸香科	*Zanthoxylum*	异叶花椒	*Zanthoxylum ovalifolium* Wight	无危（LC）
1024	芸香科	*Zanthoxylum*	刺异叶花椒	*Zanthoxylum ovalifolium* Wight var. *spinifolium*（Rehd. et Wils.）Huang	无危（LC）
1025	芸香科	*Zanthoxylum*	毛竹叶花椒	*Zanthoxylum planispinum* Sieb.et.Zucc. f. *ferrugineum*	无危（LC）
1026	芸香科	*Zanthoxylum*	野花椒	*Zanthoxylum simulans* Hance	无危（LC）
1027	芸香科	*Zanthoxylum*	狭叶花椒	*Zanthoxylum stenophyllum* Hemsl.	无危（LC）
1028	芸香科	*Zanthoxylum*	浪叶花椒	*Zanthoxylum undulatifolium* Hemsl.	近危（NT）
1029	苦木科	*Ailanthus*	大果臭椿	*Ailanthus altissima*（Mill.）Swingle var. *sutchuenensis*（Dode）Rehd.et Wils.	无危（LC）
1030	楝科	*Melia*	楝	*Melia azedarach* L.	无危（LC）
1031	楝科	*Toona*	红椿	*Toona ciliate* Roem.	易危（VU）
1032	楝科	*Toona*	香椿	*Toona sinensis*（A. Juss.）Roem .	无危（LC）
1033	远志科	*Polygala*	荷包山桂花	*Polygala arillata* Buch.-Ham. ex D. Don	无危（LC）
1034	远志科	*Polygala*	尾叶远志	*Polygala caudate* Rehd. et Wils.	无危（LC）
1035	远志科	*Polygala*	瓜子金	*Polygala japonica* Houtt.	无危（LC）
1036	远志科	*Polygala*	西伯利亚远志	*Polygala sibirica* L.	无危（LC）
1037	远志科	*Polygala*	小扁豆	*Polygala tatariniwii* Regel.	无危（LC）
1038	马桑科	*Coriaria*	马桑	*Coriaria nepalensis* Wall.	无危（LC）
1039	漆树科	*Choerospondias*	南酸枣	*Choerospondias axillaries*（Roxb.）Burtt et Hill	无危（LC）
1040	漆树科	*Choerospondias*	毛脉南酸枣	*Choerospondias axillaries*（Roxb.）Burtt et Hill var. *pubinervis*（Rehd. et Wils.）Burtt et Hill	易危（VU）
1041	漆树科	*Cotinus*	毛黄栌	*Cotinus coggygria* Scop. var. *pubescens* Engl.	无危（LC）
1042	漆树科	*Pistacia*	黄连木	*Pistacia chinensis* Bunge	无危（LC）
1043	漆树科	*Rhus*	青麸杨	*Rhus potaninii* Maxim.	无危（LC）
1044	漆树科	*Toxicodendron*	刺果毒漆藤	*Toxicodendron radicans*（L.）O. Kuntze.ssp. *hispidum*（Engl.）Gillis	无危（LC）

序号	科名	属拉丁名	中文名	学名	濒危等级
1045	漆树科	*Toxicodendron*	野漆	*Toxicodendron succedaneum*（L.）O. Kuntze	无危（LC）
1046	漆树科	*Toxicodendron*	木蜡树	*Toxicodendron sylvestres*（Sieb.et Zucc.）O. Kuntze	无危（LC）
1047	槭树科	*Acer*	阔叶槭	*Acer amplum* Rehd.	近危（NT）
1048	槭树科	*Acer*	血皮槭	*Acer griseum*（Franch.）Pax	易危（VU）
1049	槭树科	*Acer*	疏花槭	*Acer laxiflorum* Pax	近危（NT）
1050	槭树科	*Acer*	鸡爪槭	*Acer palmatum* Thunb.	易危（VU）
1051	槭树科	*Acer*	杈叶槭	*Acer robustum* Pax	近危（NT）
1052	槭树科	*Acer*	薄叶槭	*Acer tenellum* Pax	濒危（EN）
1053	槭树科	*Acer*	四蕊槭	*Acer tetramerum* Pax	无危（LC）
1054	槭树科	*Acer*	三花槭	*Acer triflorum* Komarow	近危（NT）
1055	槭树科	*Dipteronia*	金钱槭	*Dipteronia sinensis* Oliv.	无危（LC）
1056	无患子科	*Eurycorymbus*	伞花木	*Eurycorymbus cavaleriei*（Levl.）Rehd. et Hand.-Mazz.	无危（LC）
1057	无患子科	*Koelreuteria*	栾树	*Koelreuteria paniculata* Laxm.	无危（LC）
1058	无患子科	*Sapindus*	川滇无患子	*Sapindus delavayi*（Franch.）Radlk.	无危（LC）
1059	无患子科	*Sapindus*	无患子	*Sapindus mukorossi* Gaertn.	无危（LC）
1060	七叶树科	*Aesculus*	七叶树	*Aesculus chinensis* Bunge	无危（LC）
1061	七叶树科	*Aesculus*	天师栗	*Aesculus wilsonii* Rehd	无危（LC）
1062	清风藤科	*Meliosma*	泡花树	*Meliosma cuneifolia* Franch.	无危（LC）
1063	清风藤科	*Meliosma*	垂枝泡花树	*Meliosma flexuosa* Pamp.	无危（LC）
1064	清风藤科	*Meliosma*	贵州泡花树	*Meliosma henryi* Diels	无危（LC）
1065	清风藤科	*Meliosma*	柔毛泡花树	*Meliosma myriantha* Sieb. et Zucc.var. *pilosa*（Lecomte）Law	无危（LC）
1066	清风藤科	*Meliosma*	红柴枝	*Meliosma oldhamii* Mazim.	无危（LC）
1067	清风藤科	*Meliosma*	细花泡花树	*Meliosma parviflora* Lecomte	无危（LC）
1068	清风藤科	*Meliosma*	暖木	*Meliosma veitchiorum* Hemsl.	无危（LC）
1069	清风藤科	*Sabia*	多花清风藤	*Sabia abia schumanniana* Diels ssp. *pluriflora*（Rehd.et Wils.）Y. F. Wu	无危（LC）
1070	清风藤科	*Sabia*	鄂西清风藤	*Sabia campanulata* Wall. ex Roxb. ssp. *ritchieae*（Rehd.et Wils.）Y. F. Wu	无危（LC）
1071	清风藤科	*Sabia*	四川清风藤	*Sabia schumanniana* Diels	无危（LC）
1072	清风藤科	*Sabia*	尖叶清风藤	*Sabia swinhoei* Hemsl.ex Forb.et Hemsl.	无危（LC）
1073	清风藤科	*Sabia*	阔叶清风藤	*Sabia yunnanensis* Franch. ssp. *latifolia*（Rehd.et Wils.）Y. F. Wu	无危（LC）
1074	凤仙花科	*Impatiens*	睫毛萼凤仙花	*Impatiens blepharosepala* Pritz.ex Diels	无危（LC）
1075	凤仙花科	*Impatiens*	顶喙凤仙花	*Impatiens compta* Hook.f.	无危（LC）
1076	凤仙花科	*Impatiens*	细圆齿凤仙花	*Impatiens crenulata* Kook.f.	无危（LC）
1077	凤仙花科	*Impatiens*	牯岭凤仙花	*Impatiens davidii* Franch.	无危（LC）
1078	凤仙花科	*Impatiens*	小花凤仙花	*Impatiens exiguiflora* Hook.f.	无危（LC）
1079	凤仙花科	*Impatiens*	川鄂凤仙花	*Impatiens fargesii* Hook.f.	无危（LC）
1080	凤仙花科	*Impatiens*	细柄凤仙花	*Impatiens leptocaulon* Hook.f.	无危（LC）
1081	凤仙花科	*Impatiens*	长翼凤仙花	*Impatiens longialata* Pritz.ex Diels.	无危（LC）
1082	凤仙花科	*Impatiens*	膜叶凤仙花	*Impatiens membranifolia* Fr. ex Kook.f.	无危（LC）
1083	凤仙花科	*Impatiens*	山地凤仙花	*Impatiens monticolo* Hook.f.	无危（LC）
1084	凤仙花科	*Impatiens*	水金凤	*Impatiens noli-tangere* L.	无危（LC）
1085	凤仙花科	*Impatiens*	湖北凤仙花	*Impatiens pritzelii* Hook.f.	易危（VU）
1086	凤仙花科	*Impatiens*	翼萼凤仙花	*Impatiens pterosepala* Pritz.ex Hook.f.	无危（LC）

序号	科名	属拉丁名	中文名	学名	濒危等级
1087	凤仙花科	*Impatiens*	齿叶凤仙花	*Impatiens sdontophylla* Hook.f.	无危（LC）
1088	凤仙花科	*Impatiens*	四川凤仙花	*Impatiens setchuanensis* Franch.ex Hook.f.	无危（LC）
1089	凤仙花科	*Impatiens*	黄金凤	*Impatiens siculifer* Hook.f.	无危（LC）
1090	凤仙化科	*Impatiens*	窄萼凤仙花	*Impatiens stenosepala* Pritz.ex Diels	无危（LC）
1091	凤仙花科	*Impatiens*	三角萼凤仙花	*Impatiens trigonosepala* Kook.f.	无危（LC）
1092	冬青科	*Ilex*	城口冬青	*Ilex chengkouensis* C.J.Tseng	易危（VU）
1093	冬青科	*Ilex*	冬青	*Ilex chinensis* Sims	无危（LC）
1094	冬青科	*Ilex*	珊瑚冬青	*Ilex corallina* Franch.	无危（LC）
1095	冬青科	*Ilex*	枸骨	*Ilex cornuta* Lindl. et Paxt.	无危（LC）
1096	冬青科	*Ilex*	狭叶冬青	*Ilex fargesii* Franch	无危（LC）
1097	冬青科	*Ilex*	榕叶冬青	*Ilex ficoidea* Hemsl.	无危（LC）
1098	冬青科	*Ilex*	大果冬青	*Ilex macrocarpa* Oliv.	无危（LC）
1099	冬青科	*Ilex*	小果冬青	*Ilex micrococca* Maxim.	无危（LC）
1100	冬青科	*Ilex*	具柄冬青	*Ilex pedunculosa* Miq.	无危（LC）
1101	冬青科	*Ilex*	猫儿刺	*Ilex pernyi* Franch.	无危（LC）
1102	冬青科	*Ilex*	四川冬青	*Ilex szechwanensis* Loes.	无危（LC）
1103	冬青科	*Ilex*	尾叶冬青	*Ilex wilsonii* Loes.	无危（LC）
1104	冬青科	*Ilex*	云南冬青	*Ilex yunnanensis* Franch.	无危（LC）
1105	卫矛科	*Celastrus*	苦皮藤	*Celastrus angulatus* Maxim.	无危（LC）
1106	卫矛科	*Celastrus*	灰叶南蛇藤	*Celastrus glaucophyllus* Rehd.et Wils.	无危（LC）
1107	卫矛科	*Celastrus*	青江藤	*Celastrus hindsii* Benth.	无危（LC）
1108	卫矛科	*Celastrus*	粉背南蛇藤	*Celastrus hypoleucus*（Oliv.）Warb.	无危（LC）
1109	卫矛科	*Celastrus*	南蛇藤	*Celastrus orbiculatus* Thunb.	无危（LC）
1110	卫矛科	*Celastrus*	长序南蛇藤	*Celastrus vaniotii*（Levl.）Rehd.	无危（LC）
1111	卫矛科	*Euonymus*	刺果卫矛	*Euonymus acanthocarpus* Franch.	无危（LC）
1112	卫矛科	*Euonymus*	白杜	*Euonymus bunganus* Maxim.	无危（LC）
1113	卫矛科	*Euonymus*	肉花卫矛	*Euonymus carnosus* Hemsl.	无危（LC）
1114	卫矛科	*Euonymus*	百齿卫矛	*Euonymus centidens* Lévl.	无危（LC）
1115	卫矛科	*Euonymus*	陈谋卫矛	*Euonymus chenmoui* Cheng	无危（LC）
1116	卫矛科	*Euonymus*	裂果卫矛	*Euonymus dielsianus* Loes.ex Diels	无危（LC）
1117	卫矛科	*Euonymus*	双歧卫矛	*Euonymus distichus* Levl.	无危（LC）
1118	卫矛科	*Euonymus*	大花卫矛	*Euonymus grandiflorus* Wall.	无危（LC）
1119	卫矛科	*Euonymus*	西南卫矛	*Euonymus hamiltonianus* Wall.	无危（LC）
1120	卫矛科	*Euonymus*	小果卫矛	*Euonymus microcarpus*（Oliv.）Sprague	无危（LC）
1121	卫矛科	*Euonymus*	栓翅卫矛	*Euonymus phellomanes* Loes.	无危（LC）
1122	卫矛科	*Euonymus*	石枣子	*Euonymus sanguineus* Loes.	无危（LC）
1123	卫矛科	*Euonymus*	陕西卫矛	*Euonymus schensianus* Maxim.	无危（LC）
1124	卫矛科	*Euonymus*	染用卫矛	*Euonymus tingens* Wall.	近危（NT）
1125	卫矛科	*Euonymus*	疣点卫矛	*Euonymus verrucosoides* Loes.	无危（LC）
1126	卫矛科	*Microtropis*	三花假卫矛	*Microtropis triflora* Merr.et Freem.	无危（LC）
1127	卫矛科	*Perrottetia*	核子木	*Perrottetia racemosa*（Oliv.）Loes.	无危（LC）
1128	省沽油科	*Euscaphis*	野鸦椿	*Euscaphis japonica*（Thunb.）Dippel	无危（LC）
1129	省沽油科	*Staphylea*	省沽油	*Staphylea bumalda* DC.	无危（LC）

序号	科名	属拉丁名	中文名	学名	濒危等级
1130	省沽油科	*Staphylea*	膀胱果	*Staphylea holocarpa* Hemsl.	无危（LC）
1131	省沽油科	*Tapiscia*	瘿椒树	*Tapiscia sinensis* Oliv.	无危（LC）
1132	黄杨科	*Buxus*	匙叶黄杨	*Buxus harlandii* Hance	无危（LC）
1133	黄杨科	*Buxus*	大花黄杨	*Buxus henryi* Mayr.	无危（LC）
1134	黄杨科	*Buxus*	皱叶黄杨	*Buxus rugulosa* Hatusima	无危（LC）
1135	黄杨科	*Pachysandra*	板凳果	*Pachysandra axillaris* Franch.	无危（LC）
1136	黄杨科	*Pachysandra*	顶花板凳果	*Pachysandra terminalis* Sieb.et Zucc.	无危（LC）
1137	黄杨科	*Sarcococca*	羽脉野扇花	*Sarcococca hookeriana* Baill.	无危（LC）
1138	黄杨科	*Sarcococca*	野扇花	*Sarcococca ruscifolia* Stapf	无危（LC）
1139	茶茱萸科	*Nothapodytes*	马比木	*Nothapodytes pittosporoides*（Oliv.）Sleumer	无危（LC）
1140	鼠李科	*Berchemia*	黄背勾儿茶	*Berchemia flavescens*（Wall.）Brongn.	无危（LC）
1141	鼠李科	*Berchemia*	多花勾儿茶	*Berchemia floribunda*（Wall.）Brongn.	无危（LC）
1142	鼠李科	*Berchemia*	毛背勾儿茶	*Berchemia hispida*（Tsai et Feng）Y. L. Chen et P. K. Chou	无危（LC）
1143	鼠李科	*Berchemia*	牯岭勾儿茶	*Berchemia kulingensis* Schneid.	无危（LC）
1144	鼠李科	*Berchemia*	峨眉勾儿茶	*Berchemia omeiensis* Fang ex Y. L. Chen	无危（LC）
1145	鼠李科	*Berchemia*	多叶勾儿茶	*Berchemia polyphylla* Wall.ex Laws.	无危（LC）
1146	鼠李科	*Berchemia*	光枝勾儿茶	*Berchemia polyphylla* Wall.ex Laws.var. *leioclada* Hand.-Mazz.	无危（LC）
1147	鼠李科	*Berchemia*	勾儿茶	*Berchemia sinica* Schneid.	无危（LC）
1148	鼠李科	*Hovenia*	枳椇	*Hovenia acerba* Lindl.	无危（LC）
1149	鼠李科	*Paliurus*	马甲子	*Paliurus ramosissimus*（Lour.）Poir	无危（LC）
1150	鼠李科	*Rhamnella*	猫乳	*Rhamnella franguloides*（Maxim.）Weberb.	无危（LC）
1151	鼠李科	*Rhamnella*	毛背猫乳	*Rhamnella julianae* Schneid.	近危（NT）
1152	鼠李科	*Rhamnella*	多脉猫乳	*Rhamnella martinii*（Lévl.）Schneid	无危（LC）
1153	鼠李科	*Rhamnus*	长叶冻绿	*Rhamnus crenata* Sieb.et Zucc.	无危（LC）
1154	鼠李科	*Rhamnus*	刺鼠李	*Rhamnus dumetorum* Schneid.	无危（LC）
1155	鼠李科	*Rhamnus*	贵州鼠李	*Rhamnus esquirolii* Lévl.	无危（LC）
1156	鼠李科	*Rhamnus*	亮叶鼠李	*Rhamnus hemsleyana* Schneid.	无危（LC）
1157	鼠李科	*Rhamnus*	异叶鼠李	*Rhamnus heterophylla* Oliv.	无危（LC）
1158	鼠李科	*Rhamnus*	桃叶鼠李	*Rhamnus iteinophylla* Schneid.	近危（NT）
1159	鼠李科	*Rhamnus*	薄叶鼠李	*Rhamnus leptophyllus* Schneid.	无危（LC）
1160	鼠李科	*Rhamnus*	小叶鼠李	*Rhamnus parvifolia* Bunge	无危（LC）
1161	鼠李科	*Rhamnus*	小冻绿树	*Rhamnus rosthornii* Pritz.	无危（LC）
1162	鼠李科	*Rhamnus*	皱叶鼠李	*Rhamnus rugulosa* Hemsl.	无危（LC）
1163	鼠李科	*Rhamnus*	脱毛皱叶鼠李	*Rhamnus rugulosa* Hensl.var. *glabrata* Y. L. Ghen et P. K. Chou	近危（NT）
1164	鼠李科	*Rhamnus*	多脉鼠李	*Rhamnus sargentiana* Schneid.	无危（LC）
1165	鼠李科	*Rhamnus*	冻绿	*Rhamnus utilis* Decne.	无危（LC）
1166	鼠李科	*Rhamnus*	毛冻绿	*Rhamnus utilis* Decne.var. *hypochrysa*（Schneid.）Rehd.	无危（LC）
1167	鼠李科	*Sageretia*	凹叶雀梅藤	*Sageretia horrida* Pax et K.Hoffm.	无危（LC）
1168	鼠李科	*Sageretia*	刺藤子	*Sageretia melliana* Hand.-Mazz.	无危（LC）
1169	鼠李科	*Sageretia*	皱叶雀梅藤	*Sageretia rugosa* Hance	无危（LC）
1170	鼠李科	*Sageretia*	尾叶雀梅藤	*Sageretia subcaudata* Schneid	无危（LC）
1171	鼠李科	*Sageretia*	雀梅藤	*Sageretia thea*（Osbeck）Johnst.	无危（LC）
1172	葡萄科	*Ampelopsis*	蓝果蛇葡萄	*Ampelopsis bodinieri*（Lévl.et Vant.）Rehd	无危（LC）

序号	科名	属拉丁名	中文名	学名	濒危等级
1173	葡萄科	*Ampelopsis*	灰毛蛇葡萄	*Ampelopsis bodinieri* var. *cinerea*（Gagnep.）Rehd.	无危（LC）
1174	葡萄科	*Ampelopsis*	羽叶蛇葡萄	*Ampelopsis chaffanjoni*（Lévl.et Vant.）Rehd.	无危（LC）
1175	葡萄科	*Ampelopsis*	显齿蛇葡萄	*Ampelopsis grossedentata*（Hand.-Mazz.）W. T. Wang	无危（LC）
1176	葡萄科	*Ampelopsis*	异叶蛇葡萄	*Ampelopsis heterophylla*（Thunb.）Sieb.et Zucc.	无危（LC）
1177	葡萄科	*Ampelopsis*	白蔹	*Ampelopsis japonica*（Thunb.）Makino	无危（LC）
1178	葡萄科	*Ampelopsis*	大叶蛇葡萄	*Ampelopsis megalophylla* Diels et Gilg	无危（LC）
1179	葡萄科	*Ampelopsis*	毛枝蛇葡萄	*Ampelopsis rubifolia*（Wall.）Planch.	无危（LC）
1180	葡萄科	*Cayratia*	白毛乌蔹莓	*Cayratia albifolia* C. L. Li	无危（LC）
1181	葡萄科	*Cayratia*	尖叶乌蔹莓	*Cayratia japonica* var. *pseudotrifolia*（W. T. Wang）C. L. Li	无危（LC）
1182	葡萄科	*Cayratia*	华中乌蔹莓	*Cayratia oligocarpa*（Lévl.et Vant.）Gagnep.	无危（LC）
1183	葡萄科	*Cissus*	苦郎藤	*Cissus assamica*（Laws.）Craib	无危（LC）
1184	葡萄科	*Parthenocissus*	花叶地锦	*Parthenocissus henryana*（Hemsl.）Diels & Gilg	无危（LC）
1185	葡萄科	*Parthenocissus*	三叶地锦	*Parthenocissus himalayana*（Royle）Planch.	无危（LC）
1186	葡萄科	*Parthenocissus*	绿叶地锦	*Parthenocissus laetevirens* Rehd.	无危（LC）
1187	葡萄科	*Tetrastigma*	三叶崖爬藤	*Tetrastigma hemsleyanum* Diels et Gilg	无危（LC）
1188	葡萄科	*Tetrastigma*	崖爬藤	*Tetrastigma obtectum*（Wall.）Planch.	无危（LC）
1189	葡萄科	*Vitis*	桦叶葡萄	*Vitis betulifolia* Diels et Gilg	无危（LC）
1190	葡萄科	*Vitis*	刺葡萄	*Vitis davidii* Foex.	无危（LC）
1191	葡萄科	*Vitis*	变叶葡萄	*Vitis piasezkii* Maxim.	无危（LC）
1192	葡萄科	*Vitis*	华东葡萄	*Vitis pseudoreticulata* W.T.Wang	无危（LC）
1193	葡萄科	*Vitis*	毛葡萄	*Vitis quinquangularis* Rehd.	无危（LC）
1194	葡萄科	*Vitis*	网脉葡萄	*Vitis wilsonae* Veitch	无危（LC）
1195	葡萄科	*Yua*	俞藤	*Yua thomsoni*（Laws.）C. L. Li（*Parthenocissus thomsoni*（Laws.）Planch.）	无危（LC）
1196	椴树科	*Grewia*	扁担杆	*Grewia biloba* G. Don	无危（LC）
1197	椴树科	*Grewia*	小花扁担杆	*Grewia biloba* G. Don var. *parviflora*（Bunge）Hand.-Mazz.	无危（LC）
1198	椴树科	*Tilia*	华椴	*Tilia chinensis* Maxim.	无危（LC）
1199	椴树科	*Tilia*	秃华椴	*Tilia chinensis* Maxim. var. *investita*（V. Engl.）Rehd.	无危（LC）
1200	椴树科	*Tilia*	大叶椴	*Tilia nobilis* Rehd. et Wils.	无危（LC）
1201	椴树科	*Tilia*	灰背椴	*Tilia oliveri* Szysz. var. *cinerascens* Rehd. et Wils.	无危（LC）
1202	椴树科	*Tilia*	少脉椴	*Tilia paucicostata* Maxim.	无危（LC）
1203	椴树科	*Tilia*	椴树	*Tilia tuan* Szysz.	无危（LC）
1204	椴树科	*Tilia*	毛芽椴	*Tilia tuan* Szysz. var. *chinensis* Rehd. et Wils.	无危（LC）
1205	椴树科	*Tilia*	多毛椴	*Tilia tuan* Szysz. var. *intonsa* Rehd. et Wils.	无危（LC）
1206	瑞香科	*Daphne*	尖瓣瑞香	*Daphne acutiloba* Rehd.	无危（LC）
1207	瑞香科	*Daphne*	小娃娃皮	*Daphne gracilis* E.Pritz.	易危（VU）
1208	瑞香科	*Daphne*	毛瑞香	*Daphne kiusiana* Miq. var. *atrocaulis*（Rehd.）Kamym.	无危（LC）
1209	瑞香科	*Daphne*	白瑞香	*Daphne papyracea* Wall.ex Steud.	无危（LC）
1210	瑞香科	*Daphne*	野梦花	*Daphne tangutica* Maxim. var. *wilsonii*	无危（LC）
1211	瑞香科	*Wikstroemia*	头序荛花	*Wikstroemia capitata* Rehd.	无危（LC）
1212	瑞香科	*Wikstroemia*	城口荛花	*Wikstroemia fargesii*（Lecomte）Domke	易危（VU）
1213	瑞香科	*Wikstroemia*	小黄构	*Wikstroemia micrantha* Hemsl.	无危（LC）
1214	胡颓子科	*Elaeagnus*	长叶胡颓子	*Elaeagnus bockii* Diels	无危（LC）

序号	科名	属拉丁名	中文名	学名	濒危等级
1215	胡颓子科	Elaeagnus	巴东胡颓子	Elaeagnus difficilis Serv.	无危（LC）
1216	胡颓子科	Elaeagnus	蔓胡颓子	Elaeagnus glabra Thunb.	无危（LC）
1217	胡颓子科	Elaeagnus	宜昌胡颓子	Elaeagnus henryi Warb.	无危（LC）
1218	胡颓子科	Elaeagnus	披针叶胡颓子	Elaeagnus lanceolata Warb.	无危（LC）
1219	胡颓子科	Elaeagnus	胡颓子	Elaeagnus pungens Thunb.	无危（LC）
1220	胡颓子科	Elaeagnus	星毛羊奶子	Elaeagnus stellipila Rehd.	无危（LC）
1221	胡颓子科	Elaeagnus	牛奶子	Elaeagnus umbellata Thunb.	无危（LC）
1222	胡颓子科	Elaeagnus	文山胡颓子	Elaeagnus wenshanensis C. Y. Chang	无危（LC）
1223	大风子科	Carrierea	山羊角树	Carrierea calycina Franch.	无危（LC）
1224	大风子科	Idesia	山桐子	Idesia polycarpa Maxim.	无危（LC）
1225	大风子科	Itoa	栀子皮	Itoa orientalis Hemsl.	无危（LC）
1226	大风子科	Poliothyrsis	山拐枣	Poliothyrsis sinensis Oliv.	无危（LC）
1227	大风子科	Xylosma	南岭柞木	Xylosma controversum Clos	无危（LC）
1228	堇菜科	Viola	鸡腿堇菜	Viola acuminata Ledeb.	无危（LC）
1229	堇菜科	Viola	双花堇菜	Viola biflora L.	无危（LC）
1230	堇菜科	Viola	南山堇菜	Viola chaerophylloides（Regel）W.Beck.	无危（LC）
1231	堇菜科	Viola	深圆齿堇菜	Viola davidii Franch.	无危（LC）
1232	堇菜科	Viola	阔萼堇菜	Viola grandisepala W.Beck.	无危（LC）
1233	堇菜科	Viola	紫花堇菜	Viola grypoceras A. Gray	无危（LC）
1234	堇菜科	Viola	紫叶堇菜	Viola hediniana W. Beck.et H. de Boiss.	易危（VU）
1235	堇菜科	Viola	巫山堇菜	Viola henryi H. de Boiss.	极危（CR）
1236	堇菜科	Viola	犁头叶堇菜	Viola magnifica C.J.Wang et x.D.Wang	无危（LC）
1237	堇菜科	Viola	柔毛堇菜	Viola principis H. de Boiss.	无危（LC）
1238	堇菜科	Viola	辽宁堇菜	Viola rossii Hemsl.	无危（LC）
1239	堇菜科	Viola	深山堇菜	Viola selkirkii Pursh ex Gold.	无危（LC）
1240	堇菜科	Viola	庐山堇菜	Viola stewardiana W. Beck.	无危（LC）
1241	堇菜科	Viola	四川堇菜	Viola szechwanensis W.Beck.et H.de Boiss	无危（LC）
1242	旌节花科	Stachyurus	倒卵叶旌节花	Stachyurus obovatus（Rehd.）Hand.-Mazz.	无危（LC）
1243	旌节花科	Stachyurus	云南旌节花	Stachyurus yunnanensis Franch.	易危（VU）
1244	秋海棠科	Begonia	掌叶秋海棠	Begonia hemsleyana Hook.f.	无危（LC）
1245	秋海棠科	Begonia	掌裂秋海棠	Begonia pedatifida Lévl.	无危（LC）
1246	秋海棠科	Begonia	中华秋海棠	Begonia sinensis A. DC.	无危（LC）
1247	秋海棠科	Begonia	长柄秋海棠	Begonia smithiana Yu	无危（LC）
1248	葫芦科	Bolbostemma	假贝母	Bolbostemma paniculatum（Maxim.）Franquet	无危（LC）
1249	葫芦科	Gynostemma	心籽绞股蓝	Gynostemma cardiospermum Cogn. ex Oliv.	濒危（EN）
1250	葫芦科	Gynostemma	绞股蓝	Gynostemma pentaphyllum（Thunb.）Makino	无危（LC）
1251	葫芦科	Schizopepon	湖北裂瓜	Schizopepon dioicus Cogn.	无危（LC）
1252	葫芦科	Thladiantha	皱果赤瓟	Thladiantha henryi Hemsl.	无危（LC）
1253	葫芦科	Thladiantha	斑赤瓟	Thladiantha maculata Cogn.	无危（LC）
1254	葫芦科	Trichosanthes	王瓜	Trichosanthes cucumeroides（Ser.）Maxim.	无危（LC）
1255	葫芦科	Trichosanthes	栝楼	Trichosanthes kirilowii Maxim.	无危（LC）
1256	葫芦科	Trichosanthes	中华栝楼	Trichosanthes rosthornii Harms T. guizhouensis C. Y. Cheng	无危（LC）
1257	千屈菜科	Rotala	节节菜	Rotala indica（Willd.）Koehne	无危（LC）

序号	科名	属拉丁名	中文名	学名	濒危等级
1258	千屈菜科	*Rotala*	圆叶节节菜	*Rotala rotundifolia*（Buch.-Ham.ex Roxb.）Koehne	无危（LC）
1259	野牡丹科	*Fordiophyton*	异药花	*Fordiophyton faberi* Stapf	无危（LC）
1260	野牡丹科	*Melastoma*	展毛野牡丹	*Melastoma normale* D. Don	无危（LC）
1261	野牡丹科	*Sarcopyramis*	肉穗草	*Sarcopyramis bodiniari* Lévl.et Vant.	无危（LC）
1262	柳叶菜科	*Circaea*	高山露珠草	*Circaea alpina* L.	无危（LC）
1263	柳叶菜科	*Circaea*	谷蓼	*Circaea erubescens* Franch.et Sav.	无危（LC）
1264	柳叶菜科	*Circaea*	秃梗露珠草	*Circaea glabrescens*（Pamp.）Hand.-Mazz.	无危（LC）
1265	柳叶菜科	*Circaea*	南方露珠草	*Circaea mollis* Sieb.et Zucc.	无危（LC）
1266	柳叶菜科	*Epilobium*	毛脉柳叶菜	*Epilobium amurense* Hausskn.	无危（LC）
1267	柳叶菜科	*Epilobium*	柳兰	*Epilobium angustifolium* L.	无危（LC）
1268	柳叶菜科	*Epilobium*	毛脉柳兰	*Epilobium angustifolium* L.ssp. *circumvagum* Mosquin	无危（LC）
1269	柳叶菜科	*Epilobium*	圆柱柳叶菜	*Epilobium cylindricum* D.Don	无危（LC）
1270	柳叶菜科	*Epilobium*	柳叶菜	*Epilobium hirstutum* L.	无危（LC）
1271	柳叶菜科	*Epilobium*	沼生柳叶菜	*Epilobium paluster* L.	无危（LC）
1272	柳叶菜科	*Epilobium*	小花柳叶菜	*Epilobium parviflorum* Schreb.	无危（LC）
1273	柳叶菜科	*Epilobium*	阔柱柳叶菜	*Epilobium platystigmatosum* C. B. Rob	无危（LC）
1274	柳叶菜科	*Epilobium*	长籽柳叶菜	*Epilobium pyrricholophum* Franch.et Sav.	无危（LC）
1275	柳叶菜科	*Epilobium*	短梗柳叶菜	*Epilobium royleanum* Hausskn.	无危（LC）
1276	八角枫科	*Alangium*	八角枫	*Alangium chinense*（Lour.）Harms	无危（LC）
1277	八角枫科	*Alangium*	稀花八角枫	*Alangium chinense*（Lour.）Harms ssp. *pauciflorum* Fang	无危（LC）
1278	八角枫科	*Alangium*	伏毛八角枫	*Alangium chinense*（Lour.）Harms ssp. *strigosum* Fang	无危（LC）
1279	八角枫科	*Alangium*	深裂八角枫	*Alangium chinense*（Lour.）Harms ssp. *triangulare*（Wanger.）Fang	无危（LC）
1280	八角枫科	*Alangium*	小花八角枫	*Alangium faberi* Oliv.	无危（LC）
1281	八角枫科	*Alangium*	异叶八角枫	*Alangium faberi* Oliv.var. *heterophyllum* Fang	无危（LC）
1282	蓝果树科	*Camptotheca*	喜树	*Camptotheca acuminata* Decne.	无危（LC）
1283	珙桐科	*Davidia*	珙桐	*Davidia involucrata* Baill.	无危（LC）
1284	山茱萸科	*Aucuba*	斑叶珊瑚	*Aucuba albo-punctifolia* Wang	无危（LC）
1285	山茱萸科	*Aucuba*	喜马拉雅珊瑚	*Aucuba himalaica* Hook. f. et Thomson	无危（LC）
1286	山茱萸科	*Aucuba*	倒心叶珊瑚	*Aucuba obcordata*（Rehd.）Fu	无危（LC）
1287	山茱萸科	*Cornus*	川鄂山茱萸	*Cornus chinensis* Wanger.	无危（LC）
1288	山茱萸科	*Cornus*	灯台树	*Cornus controversa* Hemsl.	无危（LC）
1289	山茱萸科	*Cornus*	红椋子	*Cornus hemsleyi*（Schneid. et Wanger.）Sojak	无危（LC）
1290	山茱萸科	*Cornus*	梾木	*Cornus macrophylla*（Wall.）Sojak	无危（LC）
1291	山茱萸科	*Cornus*	长圆叶梾木	*Cornus oblonga*（Wall.）Sojak	无危（LC）
1292	山茱萸科	*Cornus*	小梾木	*Cornus paucinervis*（Hance）Sojak	无危（LC）
1293	山茱萸科	*Cornus*	灰叶梾木	*Cornus poliophylla*（Schneid. et Wanger.）Sojak	无危（LC）
1294	山茱萸科	*Cornus*	毛梾	*Cornus walteri*（Wanger.）Sojak	无危（LC）
1295	山茱萸科	*Dendrobenthamia*	尖叶四照花	*Dendrobenthamia angustata*（Chun）Fang	无危（LC）
1296	山茱萸科	*Dendrobenthamia*	头状四照花	*Dendrobenthamia capitata*（Wall.）Hutch.	无危（LC）
1297	山茱萸科	*Dendrobenthamia*	四照花	*Dendrobenthamia japonica*（DC.）Fang var. *chinensis*（Osborn）Fang	无危（LC）
1298	山茱萸科	*Dendrobenthamia*	多脉四照花	*Dendrobenthamia multinervosa*（Pojark.）Fang	无危（LC）
1299	山茱萸科	*Helwingia*	中华青荚叶	*Helwingia chinensis* Batal.	无危（LC）

序号	科名	属拉丁名	中文名	学名	濒危等级
1300	山茱萸科	*Helwingia*	钝齿青荚叶	*Helwingia chinensis* Batal. var. *crenata*（Lingelsh. et Limpr.）Fang	无危（LC）
1301	山茱萸科	*Helwingia*	青荚叶	*Helwingia japonica*（Thunb.）Dietr.	无危（LC）
1302	山茱萸科	*Helwingia*	白粉青荚叶	*Helwingia japonica*（Thunb.）Dietr. var. *hypoleuca* Hemsl. ex Rehd.	无危（LC）
1303	山茱萸科	*Swida*	光皮梾木	*Swida wilsoniana*（Wanger.）Sojak	无危（LC）
1304	山茱萸科	*Toricellia*	角叶鞘柄木	*Toricellia angulata* Oliv.	无危（LC）
1305	五加科	*Acanthopanax*	糙叶五加	*Acanthopanax henryi*（Oliv.）Harms	无危（LC）
1306	五加科	*Acanthopanax*	藤五加	*Acanthopanax leucorrhizus*（Oliv.）Harms	无危（LC）
1307	五加科	*Acanthopanax*	糙叶藤五加	*Acanthopanax leucorrhizus* Oliv. var. *fulvescens* Harms et R.	无危（LC）
1308	五加科	*Acanthopanax*	匙叶五加	*Acanthopanax rehderianus* Harms	无危（LC）
1309	五加科	*Acanthopanax*	细刺五加	*Acanthopanax setulosus* Franch.	无危（LC）
1310	五加科	*Aralia*	楤木	*Aralia chinensis* L.	无危（LC）
1311	五加科	*Aralia*	食用土当归	*Aralia cordata* Thunb.	无危（LC）
1312	五加科	*Aralia*	头序楤木	*Aralia dasyphy* Miq.	无危（LC）
1313	五加科	*Aralia*	棘茎楤木	*Aralia echinocaulis* Hand.-Mazz.	无危（LC）
1314	五加科	*Aralia*	龙眼独活	*Aralia fargesii* Franch.	无危（LC）
1315	五加科	*Aralia*	柔毛龙眼独活	*Aralia henryi* Harms	无危（LC）
1316	五加科	*Aralia*	波缘楤木	*Aralia undulata* Hand.-Mazz.	无危（LC）
1317	五加科	*Hedera*	常春藤	*Hedera nepalensis* var. *sinensis*（Tobl.）Rehd.	无危（LC）
1318	五加科	*Kalopanax*	刺楸	*Kalopanax septemlobus*（Thunb.）Koidz.	无危（LC）
1319	五加科	*Nothopanax*	异叶梁王茶	*Nothopanax davidii*（Franch.）Harms ex Diels	无危（LC）
1320	五加科	*Schefflera*	短序鹅掌柴	*Schefflera bodinieri*（Lévl.）Rehd.	无危（LC）
1321	五加科	*Schefflera*	穗序鹅掌柴	*Schefflera delavayi*（Franch.）Harms ex Diels	无危（LC）
1322	五加科	*Tetrapanax*	通脱木	*Tetrapanax papyrifer*（Hook.）K. Koch	无危（LC）
1323	伞形科	*Aegopodium*	巴东羊角芹	*Aegopodium henryi* Diels	无危（LC）
1324	伞形科	*Angelica*	重齿当归	*Angelica biserrata*（Shan et Yuan）Yunn et Shan	无危（LC）
1325	伞形科	*Angelica*	紫花前胡	*Angelica decursiva*（Miq.）Franch. et Sav.	无危（LC）
1326	伞形科	*Angelica*	疏叶当归	*Angelica laxifoiata* Diels	无危（LC）
1327	伞形科	*Angelica*	大叶当归	*Angelica megaphylla* Diels	易危（VU）
1328	伞形科	*Anthriscus*	峨参	*Anthriscus sylvestris*（L.）Hoffm.	无危（LC）
1329	伞形科	*Bupleurum*	北柴胡	*Bupleurum chinense* DC.	无危（LC）
1330	伞形科	*Bupleurum*	空心柴胡	*Bupleurum longicaule* Wall. ex DC. var. *franchetii* de Boiss.	无危（LC）
1331	伞形科	*Bupleurum*	大叶柴胡	*Bupleurum longiradiatum* Turcz.	无危（LC）
1332	伞形科	*Bupleurum*	竹叶柴胡	*Bupleurum marginatum* Wall. ex DC.	无危（LC）
1333	伞形科	*Bupleurum*	马尾柴胡	*Bupleurum microcephalum* Diels	无危（LC）
1334	伞形科	*Bupleurum*	有柄柴胡	*Bupleurum petiolulatum* Franch.	无危（LC）
1335	伞形科	*Bupleurum*	小柴胡	*Bupleurum tenue* Buch-Ham. ex D. Don	无危（LC）
1336	伞形科	*Conioselinum*	鞘山芎	*Conioselinum vaginatum*（Spreng.）Thell.	无危（LC）
1337	伞形科	*Cryptotaenia*	鸭儿芹	*Cryptotaenia japonica* Hassk.	无危（LC）
1338	伞形科	*Dickinsia*	马蹄芹	*Dickinsia hydrocotyloides* Franch.	无危（LC）
1339	伞形科	*Heracleum*	白亮独活	*Heracleum candicans* Wall. et DC.	无危（LC）
1340	伞形科	*Heracleum*	独活	*Heracleum hemsleyanum* Diels	无危（LC）
1341	伞形科	*Heracleum*	短毛独活	*Heracleum moellendorffii* Hance	无危（LC）

序号	科名	属拉丁名	中文名	学名	濒危等级
1342	伞形科	Heracleum	平截独活	Heracleum vicinum de Boiss.	无危（LC）
1343	伞形科	Heracleum	永宁独活	Heracleum yungningense Hand.-Mazz.	无危（LC）
1344	伞形科	Hydrocotyle	裂叶天胡荽	Hydrocotyle dielsiana Wolff	近危（NT）
1345	伞形科	Hydrocotyle	中华天胡荽	Hydrocotyle javanica Thunb. var. chinensis Dunn ex Shan et Liou	无危（LC）
1346	伞形科	Hydrocotyle	红马蹄草	Hydrocotyle nepalensis HK.	无危（LC）
1347	伞形科	Hydrocotyle	鄂西天胡荽	Hydrocotyle wilsonii Diels ex Wolff	近危（NT）
1348	伞形科	Ligusticum	尖叶藁本	Ligusticum acuminatum Franch.	无危（LC）
1349	伞形科	Ligusticum	短片藁本	Ligusticum branchylobum Franch	无危（LC）
1350	伞形科	Ligusticum	匍匐藁本	Ligusticum reptans（Diels）Wolff	无危（LC）
1351	伞形科	Ligusticum	藁本	Ligusticum sinense Oliv.	无危（LC）
1352	伞形科	Melanosciadium	紫伞芹	Melanosciadium pimpinelloideum de Boiss.	无危（LC）
1353	伞形科	Notopterygium	宽叶羌活	Notopterygium forbesii de Boiss.	无危（LC）
1354	伞形科	Oenanthe	卵叶水芹	Oenanthe rosthornii Diels	无危（LC）
1355	伞形科	Osmorhiza	香根芹	Osmorhiza aristata（Thunb.）Makino et Yabe	无危（LC）
1356	伞形科	Peucedanum	竹节前胡	Peucedanum dielsianum Fedde ex Wolff	无危（LC）
1357	伞形科	Peucedanum	鄂西前胡	Peucedanum heryi Wolff	近危（NT）
1358	伞形科	Peucedanum	华中前胡	Peucedanum medicum Dunn	无危（LC）
1359	伞形科	Peucedanum	前胡	Peucedanum praeruptortum Dunn	无危（LC）
1360	伞形科	Pimpinella	锐叶茴芹	Pimpinella arguta Diels	无危（LC）
1361	伞形科	Pimpinella	异叶茴芹	Pimpinella diversifolia DC.	无危（LC）
1362	伞形科	Pimpinella	城口茴芹	Pimpinella fargesii de Boiss.	无危（LC）
1363	伞形科	Pimpinella	菱叶茴芹	Pimpinella rhomboidea Diels	无危（LC）
1364	伞形科	Pimpinella	谷生茴芹	Pimpinella valleculosa K.T.Fu	无危（LC）
1365	伞形科	Pleurospermum	太白棱子芹	Pleurospermum giraldii Diels	无危（LC）
1366	伞形科	Sanicula	川滇变豆菜	Sanicula astrantiifolia Wolff ex Kretsch.	无危（LC）
1367	伞形科	Sanicula	天蓝变豆菜	Sanicula coerulescens Franch.	近危（NT）
1368	伞形科	Sanicula	薄片变豆菜	Sanicula lamelligera Hance	无危（LC）
1369	伞形科	Saposhnikovia	防风	Saposhnikovia divaricata（Turcz.）Schischk.	无危（LC）
1370	山柳科	Clethra	城口桤叶树	Clethra fargesii Franch.	濒危（EN）
1371	鹿蹄草科	Chimaphila	喜冬草	Chimaphila japonica Miq.	无危（LC）
1372	鹿蹄草科	Monotropa	松下兰	Monotropa hypopitys L.	无危（LC）
1373	鹿蹄草科	Monotropa	水晶兰	Monotropa uniflora L.	近危（NT）
1374	鹿蹄草科	Pyrola	鹿蹄草	Pyrola calliantha H. Andr.	无危（LC）
1375	鹿蹄草科	Pyrola	普通鹿蹄草	Pyrola decorata H. Andr.	无危（LC）
1376	杜鹃花科	Enkianthus	毛叶吊钟花	Enkianthus deflexus（Griff.）Schneid.	无危（LC）
1377	杜鹃花科	Enkianthus	齿缘吊钟花	Enkianthus serrulatus（Wils.）Schneid.	无危（LC）
1378	杜鹃花科	Gaultheria	滇白珠	Gaultheria leucocarpa var. crenulata（Kurz）T.Z.Hsu	无危（LC）
1379	杜鹃花科	Lyonia	毛叶珍珠花	Lyonia villosa（Wall. ex Clarke）Hand.-Mazz.	无危（LC）
1380	杜鹃花科	Pieris	美丽马醉木	Pieris formosa（Wall.）D. Don	无危（LC）
1381	杜鹃花科	Pieris	马醉木	Pieris japonica（Thunb.）D. Don ex G. Don	无危（LC）
1382	杜鹃花科	Rhododendron	弯尖杜鹃	Rhododendron adenopodum Franch.	易危（VU）
1383	杜鹃花科	Rhododendron	问客杜鹃	Rhododendron ambiguum Hemsl.	无危（LC）
1384	杜鹃花科	Rhododendron	毛肋杜鹃	Rhododendron angustinii Hemsl.	无危（LC）

序号	科名	属拉丁名	中文名	学名	濒危等级
1385	杜鹃花科	*Rhododendron*	耳叶杜鹃	*Rhododendron auriculatum* Hemsl.	无危（LC）
1386	杜鹃花科	*Rhododendron*	秀雅杜鹃	*Rhododendron concinnum* Hemsl.	无危（LC）
1387	杜鹃花科	*Rhododendron*	大白杜鹃	*Rhododendron decorum* Franch.	无危（LC）
1388	杜鹃花科	*Rhododendron*	干净杜鹃	*Rhododendron detersile* Franch.	易危（VU）
1389	杜鹃花科	*Rhododendron*	喇叭杜鹃	*Rhododendron discolor* Franch.	无危（LC）
1390	杜鹃花科	*Rhododendron*	云锦杜鹃	*Rhododendron fortunei* Lindl.	无危（LC）
1391	杜鹃花科	*Rhododendron*	粉白杜鹃	*Rhododendron hypoglaucum* Hemsl.	无危（LC）
1392	杜鹃花科	*Rhododendron*	麻花杜鹃	*Rhododendron maculiferum* Franch.	无危（LC）
1393	杜鹃花科	*Rhododendron*	满山红	*Rhododendron mariesii* Hemsl. et Wils.	无危（LC）
1394	杜鹃花科	*Rhododendron*	照山白	*Rhododendron micranthum* Turcz.	无危（LC）
1395	杜鹃花科	*Rhododendron*	毛棉杜鹃	*Rhododendron moulmainensis* Hook.f.	无危（LC）
1396	杜鹃花科	*Rhododendron*	早春杜鹃	*Rhododendron praevernum* Hutch.	无危（LC）
1397	杜鹃花科	*Rhododendron*	巫山杜鹃	*Rhododendron roxieoides* Chamb.	濒危（EN）
1398	杜鹃花科	*Rhododendron*	杜鹃	*Rhododendron simsii* Planch.	无危（LC）
1399	杜鹃花科	*Rhododendron*	长蕊杜鹃	*Rhododendron stamineum* Franch.	无危（LC）
1400	杜鹃花科	*Rhododendron*	四川杜鹃	*Rhododendron sutchuenensis* Franch.	近危（NT）
1401	紫金牛科	*Ardisia*	硃砂根	*Ardisia crenata* Sims f. *hortensis*（Migo）W. Z. Fang et K.Yao	无危（LC）
1402	紫金牛科	*Ardisia*	百两金	*Ardisia crispa*（Thunb.）A. DC.	无危（LC）
1403	紫金牛科	*Ardisia*	月月红	*Ardisia faberi* Hemsl.	无危（LC）
1404	紫金牛科	*Ardisia*	紫金牛	*Ardisia japonica*（Thunb.）Bl.	无危（LC）
1405	紫金牛科	*Ardisia*	九节龙	*Ardisia pusilla* A. DC.	无危（LC）
1406	紫金牛科	*Embelia*	网脉酸藤子	*Embelia rudis* Hand.-Mazz.	无危（LC）
1407	紫金牛科	*Maesa*	湖北杜茎山	*Maesa hupehensis* Rehd.	无危（LC）
1408	紫金牛科	*Maesa*	杜茎山	*Maesa japonica*（Thunb.）Moritzi et Zollinger	无危（LC）
1409	紫金牛科	*Maesa*	金珠柳	*Maesa montana* A. DC.	无危（LC）
1410	紫金牛科	*Myrsine*	铁仔	*Myrsine africana* L.	无危（LC）
1411	紫金牛科	*Myrsine*	针齿铁仔	*Myrsine semiserrata* Wall.	无危（LC）
1412	紫金牛科	*Myrsine*	光叶铁仔	*Myrsine stolonifera*（Koidz.）Walder	无危（LC）
1413	报春花科	*Androsace*	莲叶点地梅	*Androsace henryi* Oliv.	无危（LC）
1414	报春花科	*Androsace*	白花点地梅	*Androsace incana* Lam.	无危（LC）
1415	报春花科	*Androsace*	秦巴点地梅	*Androsace laxa* C. M. Hu et Y. C. Yang	无危（LC）
1416	报春花科	*Lysimachia*	耳叶珍珠菜	*Lysimachia auriculata* Hemsl.	无危（LC）
1417	报春花科	*Lysimachia*	虎尾草（狼尾花）	*Lysimachia barystachys* Bunge	无危（LC）
1418	报春花科	*Lysimachia*	展枝过路黄	*Lysimachia brittenii* R. Knuth	近危（NT）
1419	报春花科	*Lysimachia*	细梗香草	*Lysimachia capillipes* Hemsl.	无危（LC）
1420	报春花科	*Lysimachia*	露珠珍珠菜	*Lysimachia ciraeoides* Hemsl.	无危（LC）
1421	报春花科	*Lysimachia*	管茎过路黄	*Lysimachia fistulosa* Hand.-Mazz.	无危（LC）
1422	报春花科	*Lysimachia*	五岭管茎过路黄	*Lysimachia fistulosa* Hand.-Mazz. var. *wulingensis* Chen et C. M. Hu	近危（NT）
1423	报春花科	*Lysimachia*	红根草	*Lysimachia fortunei* Maxim.	无危（LC）
1424	报春花科	*Lysimachia*	宜昌过路黄	*Lysimachia henryi* Hemsl.	无危（LC）
1425	报春花科	*Lysimachia*	山萝过路黄	*Lysimachia melampyroides* R.Kunth	无危（LC）
1426	报春花科	*Lysimachia*	落地梅	*Lysimachia paridiformis* Franch.	无危（LC）

序号	科名	属拉丁名	中文名	学名	濒危等级
1427	报春花科	*Lysimachia*	狭叶落地梅	*Lysimachia paridiformis* var. *stenophylla* Franch.	无危（LC）
1428	报春花科	*Lysimachia*	巴东过路黄	*Lysimachia patungensis* Hand.-Mazz.	无危（LC）
1429	报春花科	*Lysimachia*	狭叶珍珠菜	*Lysimachia pentapetala* Bunge	无危（LC）
1430	报春花科	*Lysimachia*	叶头过路黄	*Lysimachia phyllocephala* Hand.-Mazz.	近危（NT）
1431	报春花科	*Lysimachia*	点叶落地梅	*Lysimachia punctatilimba* C. Y. Wu	无危（LC）
1432	报春花科	*Lysimachia*	显苞过路黄	*Lysimachia rubiginosa* Hemsl.	无危（LC）
1433	报春花科	*Lysimachia*	腺药珍珠菜	*Lysimachia stenosepala* Hemsl.	无危（LC）
1434	报春花科	*Primula*	灰绿报春	*Primula cinerascens* Franch.	无危（LC）
1435	报春花科	*Primula*	无粉报春	*Primula efarinosa* Pax	无危（LC）
1436	报春花科	*Primula*	峨眉报春	*Primula faberi* Oliv.	近危（NT）
1437	报春花科	*Primula*	小报春	*Primula forbesii* Franch.	近危（NT）
1438	报春花科	*Primula*	鄂报春	*Primula obconica* Hance	无危（LC）
1439	报春花科	*Primula*	卵叶报春	*Primula ovalifolia* Franch.	近危（NT）
1440	报春花科	*Primula*	钻齿报春	*Primula pellucida* Franch.	无危（LC）
1441	报春花科	*Primula*	粉被灯台报春	*Primula pulverulenta* Duthie	近危（NT）
1442	报春花科	*Primula*	齿叶灯台报春	*Primula serratifolia* Franch.	无危（LC）
1443	报春花科	*Primula*	巴塘报春	*Primula bathangensis* Petitm.	无危（LC）
1444	报春花科	*Primula*	川东灯台报春	*Primula mallophylla* Balf. f.	极危（CR）
1445	报春花科	*Primula*	俯垂粉报春	*Primula nutantiflora* Hemsl.	无危（LC）
1446	柿树科	*Diospyros*	乌柿	*Diospyros cathayensis* Steward	无危（LC）
1447	柿树科	*Diospyros*	君迁子	*Diospyros lotus* L.	无危（LC）
1448	柿树科	*Diospyros*	罗浮柿	*Diospyros morrisiana* Hance	无危（LC）
1449	柿树科	*Diospyros*	岩柿	*Diospyros dumetorum* W. W. Smith	无危（LC）
1450	柿树科	*Diospyros*	油柿	*Diospyros oleifera* Cheng	无危（LC）
1451	安息香科	*Alniphyllum*	赤杨叶	*Alniphyllum fortunei*（Hemsl.）Makino	无危（LC）
1452	安息香科	*Pterostyrax*	白辛树	*Pterostyrax psilophyllus* Diels ex Perk.	近危（NT）
1453	安息香科	*Styrax*	垂珠花	*Styrax dasyantha* Perk.	无危（LC）
1454	安息香科	*Styrax*	野茉莉	*Styrax japonica* Sieb. et Zucc.	无危（LC）
1455	安息香科	*Styrax*	粉花安息香	*Styrax roseus* Dunn	无危（LC）
1456	山矾科	*Symplocos*	薄叶山矾	*Symplocos anomala* Brand	无危（LC）
1457	山矾科	*Symplocos*	毛山矾	*Symplocos groffii* Merr.	无危（LC）
1458	山矾科	*Symplocos*	光叶山矾	*Symplocos lancifolia* Sieb. et Zucc.	无危（LC）
1459	山矾科	*Symplocos*	白檀	*Symplocos paniculata*（Thunb.）Miq.	无危（LC）
1460	山矾科	*Symplocos*	多花山矾	*Symplocos ramosissima* Wall. ex G. Don	无危（LC）
1461	山矾科	*Symplocos*	老鼠矢	*Symplocos stellaris* Brand	无危（LC）
1462	木犀科	*Forsythia*	秦连翘	*Forsythia giraldiana* Lingelsh.	无危（LC）
1463	木犀科	*Forsythia*	连翘	*Forsythia suspensa*（Thunb.）Vahl	无危（LC）
1464	木犀科	*Fraxinus*	光蜡树	*Fraxinus griffithii* Clarke	无危（LC）
1465	木犀科	*Fraxinus*	苦枥木	*Fraxinus insularis* Hemsley	无危（LC）
1466	木犀科	*Fraxinus*	水曲柳	*Fraxinus mandshurica* Rupr.	易危（VU）
1467	木犀科	*Jasminum*	川素馨	*Jasminum urophyllum* Hemsley	无危（LC）
1468	木犀科	*Ligustrum*	蜡子树	*Ligustrum leucanthum*（S. Moore）P. S. Green	无危（LC）
1469	木犀科	*Ligustrum*	女贞	*Ligustrum lucidum* Ait.	无危（LC）

续表

序号	科名	属拉丁名	中文名	学名	濒危等级
1470	木犀科	*Ligustrum*	总梗女贞	*Ligustrum pricei* Hayata	无危（LC）
1471	木犀科	*Ligustrum*	光萼小蜡	*Ligustrum sinense* Lour. var. *myrianthum*（Diels）Hook. f.	无危（LC）
1472	木犀科	*Ligustrum*	宜昌女贞	*Ligustrum strongylophyllum* Hemsl.	无危（LC）
1473	木犀科	*Ligustrum*	兴仁女贞	*Ligustrum xingrenense* D. J. Liu	无危（LC）
1474	木犀科	*Osmanthus*	红柄木犀	*Osmanthus armatus* Diels	无危（LC）
1475	木犀科	*Osmanthus*	木犀	*Osmanthus fragrans*（Thunb.）Lour.	无危（LC）
1476	木犀科	*Osmanthus*	网脉木犀	*Osmanthus reticulatus* P. S. Green	近危（NT）
1477	木犀科	*Syringa*	西蜀丁香	*Syringa komarowii* C. K. Schneider	无危（LC）
1478	木犀科	*Syringa*	四川丁香	*Syringa sweginzowii* Koehne et Lingelsh	无危（LC）
1479	木犀科	*Syringa*	云南丁香	*Syringa yunnanensis* Franch.	无危（LC）
1480	醉鱼草科	*Buddleja*	巴东醉鱼草	*Buddleja albiflora* Hemsl.	无危（LC）
1481	醉鱼草科	*Buddleja*	大叶醉鱼草	*Buddleja davidii* Franch.	无危（LC）
1482	醉鱼草科	*Buddleja*	醉鱼草	*Buddleja lindleyana* Fort.	无危（LC）
1483	醉鱼草科	*Buddleja*	大序醉鱼草	*Buddleja macrostachya* Wallich ex Bentham	无危（LC）
1484	醉鱼草科	*Gardneria*	蓬莱葛	*Gardneria multiflora* Makino	无危（LC）
1485	龙胆科	*Comastoma*	鄂西喉毛花	*Comastoma henryi*（Hemsl.）Holub	无危（LC）
1486	龙胆科	*Gentiana*	川东龙胆	*Gentiana arethusae* Burk.	无危（LC）
1487	龙胆科	*Gentiana*	密花龙胆	*Gentiana densiflora* T. N. Ho	无危（LC）
1488	龙胆科	*Gentiana*	多枝龙胆	*Gentiana myrioclada* Franch.	近危（NT）
1489	龙胆科	*Gentiana*	少叶龙胆	*Gentiana oligophylla* H. Sm. ex Marq.	无危（LC）
1490	龙胆科	*Gentiana*	流苏龙胆	*Gentiana panthaica* Prain et Burk.	无危（LC）
1491	龙胆科	*Gentiana*	红花龙胆	*Gentiana rhodantha* Franch. ex Hemsl.	无危（LC）
1492	龙胆科	*Gentiana*	深红龙胆	*Gentiana rubicunda* Franch.	无危（LC）
1493	龙胆科	*Gentiana*	母草叶龙胆	*Gentiana vandellioides* Hemsl.	无危（LC）
1494	龙胆科	*Gentiana*	二裂母草叶龙胆	*Gentiana vandellioides* Hemsl. var. *biloba* Franch.	无危（LC）
1495	龙胆科	*Gentiana*	灰绿龙胆	*Gentiana yokusai* Burk.	无危（LC）
1496	龙胆科	*Gentianopsis*	湿生扁蕾	*Gentianopsis paludosa*（Hook. f.）Ma	无危（LC）
1497	龙胆科	*Gentianopsis*	卵叶扁蕾	*Gentianopsis paludosa* var. *ovato-deltoidea*（Burk.）Ma ex T. N. Ho	无危（LC）
1498	龙胆科	*Halenia*	花锚	*Halenia corniculata*（L.）Cornaz	无危（LC）
1499	龙胆科	*Halenia*	大花花锚	*Halenia elliptica* D. Don var. *grandiflora* Hemsl.	无危（LC）
1500	龙胆科	*Lomatogonium*	美丽肋柱花	*Lomatogonium bellum*（Hemsl.）H. Smith	无危（LC）
1501	龙胆科	*Megacodon*	川东大钟花	*Megacodon venosus*（Hemsl.）H. Smith	近危（NT）
1502	龙胆科	*Swertia*	獐牙菜	*Swertia bimaculata* Hook. f. et Thoms.	无危（LC）
1503	龙胆科	*Swertia*	川东獐牙菜	*Swertia davidii* Franch.	无危（LC）
1504	龙胆科	*Swertia*	红直獐牙菜	*Swertia erythrosticta* Maxim.	无危（LC）
1505	龙胆科	*Swertia*	贵州獐牙菜	*Swertia kouytchensis* Franch.	无危（LC）
1506	龙胆科	*Swertia*	鄂西獐牙菜	*Swertia oculata* Hemsl.	无危（LC）
1507	龙胆科	*Tripterospermum*	峨眉双蝴蝶	*Tripterospermum cordatum*（Marq.）H. Sm.	无危（LC）
1508	龙胆科	*Tripterospermum*	湖北双蝴蝶	*Tripterospermum discoideum*（Marq.）H. Sm.	近危（NT）
1509	夹竹桃科	*Anodendron*	鳝藤	*Anodendron affine*（Hook. et Arn.）Druce	无危（LC）
1510	夹竹桃科	*Melodinus*	川山橙	*Melodinus hemsleyanus* Diels	无危（LC）
1511	夹竹桃科	*Sindechites*	毛药藤	*Sindechites henryi* Oliv.	无危（LC）

序号	科名	属拉丁名	中文名	学名	濒危等级
1512	夹竹桃科	*Trachelospermum*	紫花络石	*Trachelospermum axillare* Hook. f.	无危（LC）
1513	夹竹桃科	*Trachelospermum*	络石	*Trachelospermum jasminoides*（Lindl.）Lem.	无危（LC）
1514	萝藦科	*Cynanchum*	牛皮消	*Cynanchum auriculatum* Royle et Wight	无危（LC）
1515	萝藦科	*Cynanchum*	大理白前	*Cynanchum forrestii* Schltr.	无危（LC）
1516	萝藦科	*Cynanchum*	峨眉牛皮消	*Cynanchum giraldii* Schltr.	无危（LC）
1517	萝藦科	*Cynanchum*	白前	*Cynanchum glaucescens*（Decne.）Hand.-Mazz.	无危（LC）
1518	萝藦科	*Cynanchum*	竹灵消	*Cynanchum inamoenum*（Maxim）Loes	无危（LC）
1519	萝藦科	*Cynanchum*	朱砂藤	*Cynanchum officinale*（Hemsl.）Tsiang et Zhang	无危（LC）
1520	萝藦科	*Cynanchum*	徐长卿	*Cynanchum paniculatum*（Bunge）Kitagawa	无危（LC）
1521	萝藦科	*Cynanchum*	隔山消	*Cynanchum wilfordii*（Maxim.）Hemsl.	无危（LC）
1522	萝藦科	*Dregea*	苦绳	*Dregea sinensis* Hemsl.	无危（LC）
1523	萝藦科	*Marsdenia*	牛奶菜	*Marsdenia sinensis* Hemsl.	无危（LC）
1524	萝藦科	*Marsdenia*	蓝叶藤	*Marsdenia tinctoria* R. Br.	无危（LC）
1525	萝藦科	*Periploca*	黑龙骨	*Periploca forrestii* Schltr.	无危（LC）
1526	萝藦科	*Periploca*	杠柳	*Periploca sepium* Bunge	无危（LC）
1527	茜草科	*Adina*	水团花	*Adina pilulifera*（Lam.）Franch. ex Drake	无危（LC）
1528	茜草科	*Adina*	细叶水团花	*Adina rubella* Hance	无危（LC）
1529	茜草科	*Aidia*	茜树	*Aidia cochinchinensis* Lour.	无危（LC）
1530	茜草科	*Damnacanthus*	四川虎刺	*Damnacanthus officenarum* Huang	近危（NT）
1531	茜草科	*Emmenopterys*	香果树	*Emmenopterys henryi* Oliv.	近危（NT）
1532	茜草科	*Gardenia*	栀子	*Gardenia jasminoides* Ellis	无危（LC）
1533	茜草科	*Leptodermis*	薄皮木	*Leptodermis oblonga* Bunge	无危（LC）
1534	茜草科	*Leptodermis*	野丁香	*Leptodermis potaninii* Batal.	无危（LC）
1535	茜草科	*Mussaenda*	玉叶金花	*Mussaenda pubescens* Ait. f.	无危（LC）
1536	茜草科	*Myrioneuron*	密脉木	*Myrioneuron fabri* Hemsl.	无危（LC）
1537	茜草科	*Neanotis*	薄叶新耳草	*Neanotis hirsuta*（L. f.）W. H. Lewis	无危（LC）
1538	茜草科	*Neanotis*	臭味新耳草	*Neanotis ingrata*（Wall. ex Hook. f.）W. H. Lewis	无危（LC）
1539	茜草科	*Ophiorrhiza*	广州蛇根草	*Ophiorrhiza cantoniensis* Hance	无危（LC）
1540	茜草科	*Ophiorrhiza*	中华蛇根草	*Ophiorrhiza chinensis* H. S. Lo	无危（LC）
1541	茜草科	*Ophiorrhiza*	日本蛇根草	*Ophiorrhiza japanica* Bl.	无危（LC）
1542	茜草科	*Paederia*	狭叶鸡矢藤	*Paederia stenophylla* Merr.	无危（LC）
1543	茜草科	*Rubia*	金剑草	*Rubia alata* Roxb.	无危（LC）
1544	茜草科	*Rubia*	东南茜草	*Rubia argyi*（Lévl.et Vant）Hara ex L.Lauener et D.K.Fergus	无危（LC）
1545	茜草科	*Rubia*	卵叶茜草	*Rubia ovatifolia* Z. Y. Zhang	无危（LC）
1546	茜草科	*Rubia*	大叶茜草	*Rubia schumanniana* Pritz.（*R. leiocaulis* Diels）	无危（LC）
1547	茜草科	*Rubia*	林生茜草	*Rubia sylvatica*（Maixm.）Nakai	无危（LC）
1548	茜草科	*Sinoadina*	鸡仔木	*Sinoadina racemosa*（Sieb. et. Zucc.）Ridsd.	无危（LC）
1549	茜草科	*Tricalysia*	狗骨柴	*Tricalysia dubia*（Lindl.）Matsam.	无危（LC）
1550	茜草科	*Uncaria*	华钩藤	*Uncaria sinensis*（Oliv.）Havil	无危（LC）
1551	旋花科	*Calystegia*	打碗花	*Calystegia hederacea* ex Roxb. Wall.	无危（LC）
1552	旋花科	*Dichondra*	马蹄金	*Dichondra repens* Forst.	无危（LC）
1553	旋花科	*Evolvulus*	土丁桂	*Evolvulus alsinoides*（L.）L.	无危（LC）
1554	旋花科	*Merremia*	北鱼黄草	*Merremia sibirica*（L.）Hall. f.	无危（LC）

续表

序号	科名	属拉丁名	中文名	学名	濒危等级
1555	旋花科	Merremia	毛籽鱼黄草	*Merremia sibirica*（L.）Hall. f. var. *trichosperma* C. C. Huang ex C. Y. Wu et H. W. Li	无危（LC）
1556	旋花科	Porana	飞蛾藤	*Porana racemosa* Roxb.	无危（LC）
1557	紫草科	Cynoglossum	小花琉璃草	*Cynoglossum lanceolatum* Forsk.	无危（LC）
1558	紫草科	Lithospermum	紫草	*Lithospermum erythrorhizon* Sieb. et Zucc.	无危（LC）
1559	紫草科	Lithospermum	梓木草	*Lithospermum zollingeri* DC.	无危（LC）
1560	紫草科	Myosotis	湿地勿忘草	*Myosotis caespitosa* Schultz.	无危（LC）
1561	紫草科	Myosotis	勿忘草	*Myosotis silvatica* Ehrh. ex Hoffm.	无危（LC）
1562	紫草科	Sinojohnstonia	短蕊车前紫草	*Sinojohnstonia moupinensis*（Franch.）W. T. Wang et Z. Y. Zhang	无危（LC）
1563	紫草科	Sinojohnstonia	车前紫草	*Sinojohnstonia plantaginea* Hu	无危（LC）
1564	紫草科	Trigonotis	西南附地菜	*Trigonotis cavaleriei*（Lévl.）Hand.-Mazz.	无危（LC）
1565	马鞭草科	Callicarpa	尖叶紫珠	*Callicarpa acutifolia* H. T. Chang	无危（LC）
1566	马鞭草科	Callicarpa	紫珠	*Callicarpa bodinieri* Lévl.	无危（LC）
1567	马鞭草科	Callicarpa	华紫珠	*Callicarpa cathayana* H. T. Chang	无危（LC）
1568	马鞭草科	Callicarpa	老鸦糊	*Callicarpa giraldii* Hesse ex Rehd.	无危（LC）
1569	马鞭草科	Callicarpa	日本紫珠	*Callicarpa japonica* Thunb.	无危（LC）
1570	马鞭草科	Callicarpa	白毛长叶紫珠	*Callicarpa longifolia* Lamk. f. *floccosa* Schauer	无危（LC）
1571	马鞭草科	Callicarpa	黄腺紫珠	*Callicarpa luteopunctata* H. T. Chang	无危（LC）
1572	马鞭草科	Callicarpa	红紫珠	*Callicarpa rubella* Lindl.	无危（LC）
1573	马鞭草科	Caryopteris	金腺莸	*Caryopteris aureoglandulosa*（Vant.）C. Y. Wu	无危（LC）
1574	马鞭草科	Caryopteris	莸	*Caryopteris divaricata*（Sieb. et Zucc.）Maxim.	无危（LC）
1575	马鞭草科	Caryopteris	兰香草	*Caryopteris incana*（Thunb.）Miq.	无危（LC）
1576	马鞭草科	Caryopteris	单花莸	*Caryopteris nepetaefolia*（Benth.）Maxim.	无危（LC）
1577	马鞭草科	Caryopteris	锥花莸	*Caryopteris paniculata* C. B. Clarke	无危（LC）
1578	马鞭草科	Caryopteris	三花莸	*Caryopteris terniflora* Maxim.	无危（LC）
1579	马鞭草科	Clerodendrum	臭牡丹	*Clerodendrum bungei* Steud.	无危（LC）
1580	马鞭草科	Clerodendrum	黄腺大青	*Clerodendrum confine* S. L. Chen et T. D. Zhuang	无危（LC）
1581	马鞭草科	Clerodendrum	大青	*Clerodendrum cyrtophyllum* Turcz.	无危（LC）
1582	马鞭草科	Clerodendrum	海通	*Clerodendrum manderinorum* Diels	无危（LC）
1583	马鞭草科	Premna	豆腐柴	*Premna microphylla* Turcz.	无危（LC）
1584	马鞭草科	Premna	狐臭柴	*Premna puberula* Pamp.	无危（LC）
1585	马鞭草科	Vitex	黄荆	*Vitex negundo* L.	无危（LC）
1586	马鞭草科	Vitex	荆条	*Vitex negundo* L. var. *heterophylla*（Franch.）Rehd.	无危（LC）
1587	马鞭草科	Vitex	牡荆	*Vitex negundo* L. var. *cannabifolia*（Sieb. et Zucc.）Hand.-Mazz.	无危（LC）
1588	唇形科	Ajuga	金疮小草	*Ajuga decumbens* Thunb.	无危（LC）
1589	唇形科	Ajuga	紫背金盘	*Ajuga nipponensis* Makino	无危（LC）
1590	唇形科	Amethystanthus	尾叶香茶菜	*Amethystanthus excisa*（Maxim.）Hara	无危（LC）
1591	唇形科	Amethystanthus	拟缺香茶菜	*Amethystanthus excisoides*（Sun ex C. H. Hu）C. Y. Wu et H. W. Li	无危（LC）
1592	唇形科	Amethystanthus	粗齿香茶菜	*Amethystanthus grosseserratus*（Dunn）Kudo	无危（LC）
1593	唇形科	Amethystanthus	鄂西香茶菜	*Amethystanthus henryi*（Hemsl.）Kudo	无危（LC）
1594	唇形科	Amethystanthus	宽叶香茶菜	*Rabdosia latifolia* C. Y. Wu et H. W. Li	无危（LC）
1595	唇形科	Amethystanthus	显脉香茶菜	*Amethystanthus nervosus*（Hemsl.）C. Y. Wu et H. W. Li	无危（LC）
1596	唇形科	Amethystanthus	总序香茶菜	*Amethystanthus racemosa*（Hemsl.）Hara	无危（LC）

序号	科名	属拉丁名	中文名	学名	濒危等级
1597	唇形科	*Clinopodium*	寸金草	*Clinopodium megalanthum*（Diels）C. Y. Wu et Hsuan ex H. W. Li	无危（LC）
1598	唇形科	*Clinopodium*	灯笼草	*Clinopodium polycephalum*（Vaniot）C. Y. Wu et Hsuan	无危（LC）
1599	唇形科	*Clinopodium*	匍匐风轮菜	*Clinopodtum repens*（D. Don）Wall. ex Benth.	无危（LC）
1600	唇形科	*Clinopodium*	麻叶风轮菜	*Clinopodium urticifolium*（Hance）C. Y. Wu et Hsuan ex H. W. Li	无危（LC）
1601	唇形科	*Elsholtzia*	紫花香薷	*Elsholtzia argyi* Lévl.	无危（LC）
1602	唇形科	*Elsholtzia*	香薷	*Elsholtzia ciliata*（Thunb.）Hyland.	无危（LC）
1603	唇形科	*Elsholtzia*	鸡骨柴	*Elsholtzia fruticosa*（D. Don）Rehd.	无危（LC）
1604	唇形科	*Elsholtzia*	水香薷	*Elsholtzia kachinensis* Prain	无危（LC）
1605	唇形科	*Heterolamium*	异野芝麻	*Heterolamium debile*（Hemsl.）C. Y. Wu	无危（LC）
1606	唇形科	*Kinostemon*	粉红动蕊花	*Kinostemon ablorubrum*（Hemsl.）C. Y. Wu et S. Chow	无危（LC）
1607	唇形科	*Kinostemon*	动蕊花	*Kinostemon ornatum*（Hemsl.）Kudo	无危（LC）
1608	唇形科	*Leonurus*	假鬃尾草	*Leonurus chaituroides* C. Y. Wu et H. K. Li	无危（LC）
1609	唇形科	*Loxocalyx*	斜萼草	*Loxocalyx urticilolius* Hemsl.	无危（LC）
1610	唇形科	*Meehania*	肉叶龙头草	*Meehania faberi*（Hemsl.）C. Y. Wu	无危（LC）
1611	唇形科	*Meehania*	华西龙头草	*Meehania fargesii*（Levl）C. Y. Wu	无危（LC）
1612	唇形科	*Melissa*	蜜蜂花	*Melissa axillaris*（Benth.）Bakh. f.	无危（LC）
1613	唇形科	*Microtoena*	麻叶冠唇花	*Microtoena trticifolia* Hemsl.	近危（NT）
1614	唇形科	*Mosla*	石香薷	*Mosla chinensis* Maxim.	无危（LC）
1615	唇形科	*Mosla*	石荠苧	*Mosla scabra*（Thunb.）C. Y. Wu et H. W. Li	无危（LC）
1616	唇形科	*Nepeta*	荆芥	*Nepeta cataria* L.	无危（LC）
1617	唇形科	*Nepeta*	心叶荆芥	*Nepeta fodrii* Hemsl.	无危（LC）
1618	唇形科	*Ocimum*	罗勒	*Ocimum basilicum* L.	无危（LC）
1619	唇形科	*Paraphlomis*	白花假糙苏	*Paraphlomis albiflora*（Hemsl.）Hand.-Mazz.	无危（LC）
1620	唇形科	*Phlomis*	糙苏	*Phlomis umbrosa* Turcz.	无危（LC）
1621	唇形科	*Prunella*	硬毛夏枯草	*Prunella hispida* Benth.	无危（LC）
1622	唇形科	*Prunella*	狭叶夏枯草	*Prunella vulgaris* L. var. *lanceolata*（Bart.）Fern.	无危（LC）
1623	唇形科	*Rubiteucris*	掌叶石蚕	*Rubiteucris palmata*（Benth.）Kudo	无危（LC）
1624	唇形科	*Salvia*	血盆草	*Salvia cavalerie* Lévl. var. *simplicifolia* Stib.	无危（LC）
1625	唇形科	*Salvia*	贵州鼠尾草	*Salvia cavaleriei* Lévl.	无危（LC）
1626	唇形科	*Salvia*	华鼠尾草	*Salvia chinensis* Benth.	无危（LC）
1627	唇形科	*Salvia*	犬形鼠尾草	*Salvia cynica* Dunn	无危（LC）
1628	唇形科	*Salvia*	鼠尾草	*Salvia japonica* Thunb.	无危（LC）
1629	唇形科	*Salvia*	鄂西鼠尾草	*Salvia maximowiczii* Hemsl.	无危（LC）
1630	唇形科	*Salvia*	南川鼠尾草	*Salvia nanchuanensis* Sun	无危（LC）
1631	唇形科	*Salvia*	长冠鼠尾草	*Salvia plectranthoides* Griff.	无危（LC）
1632	唇形科	*Salvia*	地梗鼠尾草	*Salvia scapiformis* Hance	无危（LC）
1633	唇形科	*Salvia*	佛光草	*Salvia substolonifera* Stib.	无危（LC）
1634	唇形科	*Schizonepeta*	多裂叶荆芥	*Schizonepeta multifida*（L.）Briq.	无危（LC）
1635	唇形科	*Scutellaria*	黄芩	*Scutellaria baicalensis* Georgi	无危（LC）
1636	唇形科	*Scutellaria*	莸状黄芩	*Scutellaria caryopteroides* Hand.-Mazz.	无危（LC）
1637	唇形科	*Scutellaria*	韩信草	*Scutellaria indica* L.	无危（LC）

序号	科名	属拉丁名	中文名	学名	濒危等级
1638	唇形科	*Scutellaria*	钝叶黄芩	*Scutellaria obtusifolia* Hemsl.	无危（LC）
1639	唇形科	*Scutellaria*	大花京黄芩	*Scutellaria pekinensis* Maxim. var. *grandiflora* C. Y. Wu et H. W. Li	无危（LC）
1640	唇形科	*Stachys*	甘露子	*Stachys sieboldi* Miq.	无危（LC）
1641	唇形科	*Teucrium*	二齿香科科	*Teucrium bidentatum* Hemsl.	无危（LC）
1642	唇形科	*Teucrium*	峨眉香科科	*Teucrium omeiense* Sun ex S. Chow	无危（LC）
1643	唇形科	*Teucrium*	长毛香科科	*Teucrium pilosum*（Pamp.）C. Y. Wu et S. Chow	无危（LC）
1644	唇形科	*Teucrium*	血见愁	*Teucrium viscidum* Bl.	无危（LC）
1645	唇形科	*Teucrium*	微毛血见愁	*Teucrium viscidum* Bl. var. *nepetoides*（Levl.）C. Y. Wu et S. Chow	无危（LC）
1646	茄科	*Atropanthe*	天蓬子	*Atropanthe sinensis*（Hemsl.）Pascher	濒危（EN）
1647	茄科	*Hyoscyamus*	天仙子	*Hyoscyamus niger* L.	无危（LC）
1648	茄科	*Lycianthes*	单花红丝线	*Lycianthes lysimachioides*（Wall.）Bitter	无危（LC）
1649	茄科	*Lycianthes*	中华红丝线	*Lycianthes lysimachioides*（Wall.）Bitter var. *sinensis* Bitter	无危（LC）
1650	茄科	*Lycium*	枸杞	*Lycium chinense* Mill.	无危（LC）
1651	茄科	*Physalis*	小酸浆	*Physalis minima* L.（*Ph. angulata* var. *villosa* Bonati）	无危（LC）
1652	茄科	*Solanum*	喀西茄	*Solanum aculeatissimum* Jacq.	无危（LC）
1653	茄科	*Solanum*	刺天茄	*Solanum indicum* L.	无危（LC）
1654	茄科	*Solanum*	白英	*Solanum lyratum* Thunb.	无危（LC）
1655	茄科	*Solanum*	龙葵	*Solanum nigrum* L.	无危（LC）
1656	茄科	*Solanum*	少花龙葵	*Solanum photeinocarpum* Nakamara et Odashima	无危（LC）
1657	茄科	*Solanum*	海桐叶白英	*Solanum pittosporifolium* Hemsll.	无危（LC）
1658	茄科	*Solanum*	牛茄子	*Solanum surattence* Burm.f	无危（LC）
1659	玄参科	*Brandisia*	来江藤	*Brandisia hancei* Hook. f.	无危（LC）
1660	玄参科	*Euphrasia*	小米草	*Euphrasia pectinata* Ten.	无危（LC）
1661	玄参科	*Hemiphragma*	鞭打绣球	*Hemiphragma heterophyllum* Wall.	无危（LC）
1662	玄参科	*Mazus*	美丽通泉草	*Mazus pulchellus* Hemsl. ex Forb. et Hemsl.	无危（LC）
1663	玄参科	*Mazus*	通泉草	*Mazus pumilus*（Burm.f.）Van. Steenis	无危（LC）
1664	玄参科	*Mazus*	毛果通泉草	*Mazus spicatus* Vant.	无危（LC）
1665	玄参科	*Melampyrum*	钝叶山罗花	*Melampyrum roseum* Mazim. var. *obtusifolium*（Bonati）Hong	无危（LC）
1666	玄参科	*Mimulus*	四川沟酸浆	*Mimulus szechuanensis* Pai	无危（LC）
1667	玄参科	*Mimulus*	沟酸浆	*Mimulus tenellus* Bge.	无危（LC）
1668	玄参科	*Mimulus*	尼泊尔沟酸浆	*Mimulus tenellus* Bunge var. *nepalensis*（Benth.）Tsoong	无危（LC）
1669	玄参科	*Paulownia*	台湾泡桐	*Paulownia kawakamii* Ito	无危（LC）
1670	玄参科	*Pedicularis*	聚花马先蒿	*Pedicularis confertiflora* Prain	无危（LC）
1671	玄参科	*Pedicularis*	美观马先蒿	*Pedicularis decora* Franch.	无危（LC）
1672	玄参科	*Pedicularis*	密穗马先蒿	*Pedicularis densispica* Franch. ex Maxim.	无危（LC）
1673	玄参科	*Pedicularis*	法氏马先蒿	*Pedicularis fargesii* Franch.	无危（LC）
1674	玄参科	*Pedicularis*	勒氏马先蒿	*Pedicularis legendrei* Bonati	无危（LC）
1675	玄参科	*Pedicularis*	藓生马先蒿	*Pedicularis muscicola* Maxim.	无危（LC）
1676	玄参科	*Pedicularis*	粗茎返顾马先蒿	*Pedicularis resupinata* L. ssp. *crassicaulis*（Vaniot ex Bonati）Tsoong	无危（LC）
1677	玄参科	*Pedicularis*	鼬臭返顾马先蒿	*Pedicularis resupinata* L. ssp. *galeobdolon*（Diels）Tsoong	无危（LC）
1678	玄参科	*Pedicularis*	穗花马先蒿	*Pedicularis spicata* Pall.	无危（LC）
1679	玄参科	*Pedicularis*	扭旋马先蒿	*Pedicularis torta* Maxim.	无危（LC）

序号	科名	属拉丁名	中文名	学名	濒危等级
1680	玄参科	Scrophularia	长梗玄参	Scrophularia fargesii Franch.	无危（LC）
1681	玄参科	Scrophularia	鄂西玄参	Scrophularia henryi Hemsl.	无危（LC）
1682	玄参科	Siphonostegia	阴行草	Siphonostegia chinensis Benth.	无危（LC）
1683	玄参科	Veronica	婆婆纳	Veronica didyma Tenore	无危（LC）
1684	玄参科	Veronica	城口婆婆纳	Veronica fargesii Franch	无危（LC）
1685	玄参科	Veronica	华中婆婆纳	Veronica henryi Yamazaki	无危（LC）
1686	玄参科	Veronica	多枝婆婆纳	Veronica javanica Bl.	无危（LC）
1687	玄参科	Veronica	小婆婆纳	Veronica serpyllifolia L.	无危（LC）
1688	玄参科	Veronica	四川婆婆纳	Veronica szechuanica Batal.	无危（LC）
1689	玄参科	Veronicastrum	美穗草	Veronicastrum brunonianum（Benth.）Hong	无危（LC）
1690	玄参科	Veronicastrum	宽叶腹水草	Veronicastrum latifolium（Hemsl.）Yamazaki	无危（LC）
1691	玄参科	Veronicastrum	长穗腹水草	Veronicastrum longispicatum（Merr.）Yamazaki	无危（LC）
1692	玄参科	Veronicastrum	细穗腹水草	Veronicastrum stenostachyum（Hemsl.）Yamazaki	无危（LC）
1693	紫葳科	Campsis	凌霄	Campsis grandiflora（Thunb.）Schum.	无危（LC）
1694	爵床科	Asystasiella	白接骨	Asystasiella chinensis（S. Moore）E. Hossain	无危（LC）
1695	爵床科	Barleria	假杜鹃	Barleria cristata L.	无危（LC）
1696	爵床科	Calophanoides	圆苞杜根藤	Calophanoides chinensis（Champ.）C. Y. Wu et H. S. Lo ex Y. C. Tang	无危（LC）
1697	爵床科	Peristrophe	九头狮子草	Peristrophe japonica（Thunb.）Bremek.	无危（LC）
1698	爵床科	Pteracanthus	翅柄马蓝	Pteracanthus alatus（Nees）Bremek.	无危（LC）
1699	爵床科	Pteracanthus	腺毛马蓝	Pteracanthus forrestii（Diels）C. Y. Wu	无危（LC）
1700	苦苣苔科	Ancylostemon	矮直瓣苣苔	Ancylostemon humilis W. T. Wang	近危（NT）
1701	苦苣苔科	Ancylostemon	直瓣苣苔	Ancylostemon saxatilis（Hemsl.）Craib	无危（LC）
1702	苦苣苔科	Boea	旋蒴苣苔	Boea hygrometrica（Bunge）R. Br.	无危（LC）
1703	苦苣苔科	Briggsia	川鄂粗筒苣苔	Briggsia rosthornii（Diels）Burtt	无危（LC）
1704	苦苣苔科	Briggsia	鄂西粗筒苣苔	Briggsia speciosa（Hemsl.）Craib	无危（LC）
1705	苦苣苔科	Chirita	牛耳朵	Chirita eburnea Hance	无危（LC）
1706	苦苣苔科	Chirita	神农架唇柱苣苔	Chirita tenuituba（W. T. Wang）W. T. Wang	无危（LC）
1707	苦苣苔科	Deinocheilos	全唇苣苔	Deinocheilos sichuanense W. T. Wang	易危（VU）
1708	苦苣苔科	Hemiboea	纤细半蒴苣苔	Hemiboea gracilis Franch	无危（LC）
1709	苦苣苔科	Hemiboea	柔毛半蒴苣苔	Hemiboea mollifolia W. T. Wang	无危（LC）
1710	苦苣苔科	Hemiboea	降龙草	Hemiboea subcapitata Clarke	无危（LC）
1711	苦苣苔科	Isometrum	毛蕊金盏苣苔	Isometrum giraldii（Diels）Burtt	无危（LC）
1712	苦苣苔科	Lysionotus	吊石苣苔	Lysionotus pauciflorus Maxim.	无危（LC）
1713	苦苣苔科	Opithandra	皱叶后蕊苣苔	Opithandra fargesii（Fr.）Burtt	易危（VU）
1714	苦苣苔科	Paraboea	厚叶蛛毛苣苔	Paraboea crassifolia（Hemsl.）Burtt	无危（LC）
1715	苦苣苔科	Paraboea	蛛毛苣苔	Paraboea sinensis（Oliv.）Burtt	无危（LC）
1716	苦苣苔科	Petrocosmea	紫花苣苔	Petrocosmea griffithii（Wight）Clarke	无危（LC）
1717	苦苣苔科	Petrocosmea	中华石蝴蝶	Petrocosmea sinensis Oliv.	无危（LC）
1718	列当科	Boschniakia	丁座草	Boschniakia himalaica Hook. f. et Thoms	无危（LC）
1719	列当科	Orobanche	列当	Orobanche coerulescens Steph.	无危（LC）
1720	列当科	Phacellanthus	黄筒花	Phacellanthus tubiflorus Sieb. et Zucc.	无危（LC）
1721	透骨草科	Phryma	透骨草	Phryma leptostachya var. oblongifolia（Koidz.）Honda	无危（LC）
1722	车前科	Plantago	疏花车前	Plantago asiatica L. ssp. erosa（Wall.）Z. Y. Li	无危（LC）

续表

序号	科名	属拉丁名	中文名	学名	濒危等级
1723	忍冬科	*Abelia*	糯米条	*Abelia chinensis* R. Br.	无危（LC）
1724	忍冬科	*Abelia*	伞花六道木	*Abelia umbellata*（Graebn. et Buchw.）Rehd.	无危（LC）
1725	忍冬科	*Dipelta*	双盾木	*Dipelta floribunda* Maxim.	无危（LC）
1726	忍冬科	*Lonicera*	淡红忍冬	*Lonicera acuminata* Wall. ex Roxb.	无危（LC）
1727	忍冬科	*Lonicera*	无毛淡红忍冬	*Lonicera acuminata* Wall. var. *depilata* Hsu et H. J. Wang	无危（LC）
1728	忍冬科	*Lonicera*	金花忍冬	*Lonicera chrysantha* Turcz.	无危（LC）
1729	忍冬科	*Lonicera*	须蕊忍冬	*Lonicera chrysantha* Turcz. ssp. *koehneana*（Rehd.）Hsu et H. J. Wang	无危（LC）
1730	忍冬科	*Lonicera*	匍匐忍冬	*Lonicera crassifolia* Batal.	无危（LC）
1731	忍冬科	*Lonicera*	粘毛忍冬	*Lonicera fargesii* Fr.	无危（LC）
1732	忍冬科	*Lonicera*	葱皮忍冬	*Lonicera ferdinandii* Franch.	无危（LC）
1733	忍冬科	*Lonicera*	蕊被忍冬	*Lonicera gynochlamydea* Hemsl.	无危（LC）
1734	忍冬科	*Lonicera*	忍冬	*Lonicera japonica* Thunb.	无危（LC）
1735	忍冬科	*Lonicera*	柳叶忍冬	*Lonicera lanceolata* Wall.	无危（LC）
1736	忍冬科	*Lonicera*	金银忍冬	*Lonicera maackii*（Rupr.）Maxim.	无危（LC）
1737	忍冬科	*Lonicera*	灰毡毛忍冬	*Lonicera macranthoides* Hand.-Mazz.	无危（LC）
1738	忍冬科	*Lonicera*	短尖忍冬	*Lonicera macronata* Rehd.	无危（LC）
1739	忍冬科	*Lonicera*	小叶忍冬	*Lonicera microphylla* Willd. ex Roem. et Schult.	无危（LC）
1740	忍冬科	*Lonicera*	越桔叶忍冬	*Lonicera myrtillus* Hook. f. et Thoms.	无危（LC）
1741	忍冬科	*Lonicera*	红脉忍冬	*Lonicera nervosa* Maxim.	无危（LC）
1742	忍冬科	*Lonicera*	蕊帽忍冬	*Lonicera pileata* Oliv.	无危（LC）
1743	忍冬科	*Lonicera*	凹叶忍冬	*Lonicera retusa* Franch.	无危（LC）
1744	忍冬科	*Lonicera*	毛药忍冬	*Lonicera serreana* Hand.-Mazz.	无危（LC）
1745	忍冬科	*Lonicera*	细毡毛忍冬	*Lonicera similis* Hemsl.	无危（LC）
1746	忍冬科	*Lonicera*	苦糖果	*Lonicera standishii* Jacq.（*L. fragrantissima* Lindl. ssp. *standishii*（Carr.）Hsu et H.J.Wang）	无危（LC）
1747	忍冬科	*Lonicera*	唐古特忍冬	*Lonicera tangutica* Maxim.（*L. flavipes* Rehd.）	无危（LC）
1748	忍冬科	*Lonicera*	盘叶忍冬	*Lonicera tragophylla* Hemsl.	无危（LC）
1749	忍冬科	*Lonicera*	毛果忍冬	*Lonicera trichogyne* Rehd.	无危（LC）
1750	忍冬科	*Lonicera*	华西忍冬	*Lonicera webbiana* Wall. ex DC.	无危（LC）
1751	忍冬科	*Sambucus*	血满草	*Sambucus adnata* Wall. ex DC.	无危（LC）
1752	忍冬科	*Sambucus*	接骨草	*Sambucus chinensis* Lindl.	无危（LC）
1753	忍冬科	*Sambucus*	接骨木	*Sambucus williamsii* Hance	无危（LC）
1754	忍冬科	*Symphoricarpos*	毛核木	*Symphoricarpos sinensis* Rehd.	无危（LC）
1755	忍冬科	*Triosteum*	莛子藨	*Triosteum pinnatifidum* Maxim.	无危（LC）
1756	忍冬科	*Viburnum*	桦叶荚蒾	*Viburnum betulifolium* Batal.	无危（LC）
1757	忍冬科	*Viburnum*	短序荚蒾	*Viburnum brachybotryum* Hemsl.	无危（LC）
1758	忍冬科	*Viburnum*	短筒荚蒾	*Viburnum brevitubum*（Hsu）Hsu	无危（LC）
1759	忍冬科	*Viburnum*	金佛山荚蒾	*Viburnum chinshanense* Graebn.	无危（LC）
1760	忍冬科	*Viburnum*	水红木	*Viburnum cylindricum* Buch.-Ham. ex D. Don	无危（LC）
1761	忍冬科	*Viburnum*	荚蒾	*Viburnum dilatatum* Thunb.	无危（LC）
1762	忍冬科	*Viburnum*	宜昌荚蒾	*Viburnum erosum* Thunb.	无危（LC）
1763	忍冬科	*Viburnum*	直角荚蒾	*Viburnum foetidum* Wall. var. *rectangulatum*（Graebn.）Rehd.	无危（LC）
1764	忍冬科	*Viburnum*	南方荚蒾	*Viburnum fordiae* Hance	无危（LC）

序号	科名	属拉丁名	中文名	学名	濒危等级
1765	忍冬科	*Viburnum*	巴东荚蒾	*Viburnum henryi* Hemsl.	无危（LC）
1766	忍冬科	*Viburnum*	阔叶荚蒾	*Viburnum lobophylllum* Craebn.	无危（LC）
1767	忍冬科	*Viburnum*	珊瑚树	*Viburnum odoratissimum* Ker-Gawl.	无危（LC）
1768	忍冬科	*Viburnum*	少花荚蒾	*Viburnum oliganthum* Batal.	无危（LC）
1769	忍冬科	*Viburnum*	陕西荚蒾	*Viburnum schensianum* Maxim.	无危（LC）
1770	忍冬科	*Viburnum*	合轴荚蒾	*Viburnum sympodiale* Graebn.	无危（LC）
1771	忍冬科	*Viburnum*	壶花荚蒾	*Viburnum urceolatum* Sieb. et Zucc.	无危（LC）
1772	忍冬科	*Viburnum*	烟管荚蒾	*Viburnum utile* Hemsl.	无危（LC）
1773	败酱科	*Patrinia*	少蕊败酱	*Patrinia monandra* Clarke	无危（LC）
1774	败酱科	*Valeriana*	长序缬草	*Valeriana hardwickii* Wall.	无危（LC）
1775	败酱科	*Valeriana*	蜘蛛香	*Valeriana jatamansi* Jones	无危（LC）
1776	川续断科	*Dipsacus*	川续断	*Dipsacus asperoides* C. Y. Cheng et. T. M. Ai	无危（LC）
1777	川续断科	*Dipsacus*	日本续断	*Dipsacus japoncicus* Miq.	无危（LC）
1778	川续断科	*Triplostegia*	双参	*Triplostegia glandulifera* Wall. ex DC.	无危（LC）
1779	桔梗科	*Adenophora*	丝裂沙参	*Adenophora capillaris* Hemsl.	无危（LC）
1780	桔梗科	*Adenophora*	鄂西沙参	*Adenophora hubeiensis* Hong	无危（LC）
1781	桔梗科	*Adenophora*	湖北沙参	*Adenophora longipedicellata* Hong	无危（LC）
1782	桔梗科	*Adenophora*	杏叶沙参	*Adenophora hubeiensis* Nannf.	无危（LC）
1783	桔梗科	*Adenophora*	多毛沙参	*Adenophora rupincola* Hemsl.	无危（LC）
1784	桔梗科	*Adenophora*	沙参	*Adenophora stricta* Miq.	无危（LC）
1785	桔梗科	*Adenophora*	无柄沙参	*Adenophora stricta* Miq. ssp. *sessilifolia* Hong	无危（LC）
1786	桔梗科	*Campanula*	紫斑风铃草	*Campanula punctata* Lam.	无危（LC）
1787	桔梗科	*Campanumoea*	金钱豹	*Campanumoea javanica* Bl.	无危（LC）
1788	桔梗科	*Codonopsis*	光叶党参	*Codonopsis cardiophylla* Diels	易危（VU）
1789	桔梗科	*Codonopsis*	心叶党参	*Codonopsis cordifolioedes* Tsoong	近危（NT）
1790	桔梗科	*Codonopsis*	三角叶党参	*Codonopsis deltoidea* Chipp	近危（NT）
1791	桔梗科	*Codonopsis*	羊乳	*Codonopsis lanceolata*（Sieb. et Zucc.）Trautv.	无危（LC）
1792	桔梗科	*Codonopsis*	党参	*Codonopsis pilosula*（Franch.）Nannf.	无危（LC）
1793	桔梗科	*Codonopsis*	川党参	*Codonopsis tangshen* Oliv.	无危（LC）
1794	桔梗科	*Lobelia*	西南山梗菜	*Lobelia sequinii* Lévl. et Vant.	无危（LC）
1795	桔梗科	*Platycodon*	桔梗	*Platycodon grandiflorus*（Jacq.）A. DC.	无危（LC）
1796	菊科	*Achillea*	云南蓍	*Achillea wilsoniana* Heimerl ex Hand.-Mazz.	无危（LC）
1797	菊科	*Ainsliaea*	狭叶兔儿风	*Ainsliaea angustifolia* Hook.f. et Thoms. ex C.B.Clarke	无危（LC）
1798	菊科	*Ainsliaea*	杏香兔儿风	*Ainsliaea fragrans* Champ.	无危（LC）
1799	菊科	*Ainsliaea*	粗齿兔儿风	*Ainsliaea grossedentata* Franch.	无危（LC）
1800	菊科	*Ainsliaea*	长穗兔儿风	*Ainsliaea henryi* Diels	无危（LC）
1801	菊科	*Ainsliaea*	宽叶兔儿风	*Ainsliaea latifolia*（D.Don）Sch.-Bip.	无危（LC）
1802	菊科	*Ainsliaea*	红背兔儿风	*Ainsliaea rubrifolia* Franch.	无危（LC）
1803	菊科	*Ainsliaea*	四川兔儿风	*Ainsliaea sutchuenensis* Franch.	无危（LC）
1804	菊科	*Ainsliaea*	云南兔儿风	*Ainsliaea yunnanensis* Franch.	无危（LC）
1805	菊科	*Ajania*	异叶亚菊	*Ajania variifolia*（Chang）Tzvel.	无危（LC）
1806	菊科	*Anaphalis*	黄腺香青	*Anaphalis aureo-punctata* Ling et Borza	无危（LC）

序号	科名	属拉丁名	中文名	学名	濒危等级
1807	菊科	*Anaphalis*	宽翅香青	*Anaphalis latialata* Ling et Y. L. Chen	无危（LC）
1808	菊科	*Anaphalis*	珠光香青	*Anaphalis margaritacea*（L.）Benth. et Hook. f.	无危（LC）
1809	菊科	*Anaphalis*	香青	*Anaphalis sinica* Hance	无危（LC）
1810	菊科	*Artemisia*	黄花蒿	*Artemisia annua*	无危（LC）
1811	菊科	*Artemisia*	奇蒿	*Artemisia anomala* S. Moore	无危（LC）
1812	菊科	*Artemisia*	暗绿蒿	*Artemisia atrovirens* Hand.-Mazz.	无危（LC）
1813	菊科	*Artemisia*	南毛蒿	*Artemisia chingii* Pamp.	无危（LC）
1814	菊科	*Artemisia*	侧蒿	*Artemisia deversa* Diels	无危（LC）
1815	菊科	*Artemisia*	无毛牛尾蒿	*Artemisia dubia* Wall. ex Bess. var. *subdigitata*（Mattf.）Y. R. Ling	无危（LC）
1816	菊科	*Artemisia*	锈苞蒿	*Artemisia imponens* Pamp.	无危（LC）
1817	菊科	*Artemisia*	五月艾	*Artemisia indica* Willd.	无危（LC）
1818	菊科	*Artemisia*	白苞蒿	*Artemisia lactiflora* Wall.	无危（LC）
1819	菊科	*Artemisia*	粘毛蒿	*Artemisia mattfeldii* Pamp.	无危（LC）
1820	菊科	*Artemisia*	西南牡蒿	*Artemisia parviflora* Buch.-Ham. ex Roxb.	无危（LC）
1821	菊科	*Artemisia*	灰苞蒿	*Artemisia roxburghiana* Bess.	无危（LC）
1822	菊科	*Artemisia*	白莲蒿	*Artemisia sacrorum* Ledeb.	无危（LC）
1823	菊科	*Artemisia*	商南蒿	*Artemisia shangnanensis* Link et Y. R. Ling	无危（LC）
1824	菊科	*Artemisia*	西南圆头蒿	*Artemisia sinensis*（Pamp.）Ling et Y. R. Ling	无危（LC）
1825	菊科	*Artemisia*	毛莲蒿	*Artemisia vestica* Wall. ex Bess.	无危（LC）
1826	菊科	*Aster*	异叶三脉紫菀	*Aster ageratoides* Turcz. var. *heterophyllus* Maxim.	无危（LC）
1827	菊科	*Aster*	长毛三脉紫菀	*Aster ageratoides* Turcz. var. *pilosus*（Diels）Hand.-Mazz.	无危（LC）
1828	菊科	*Aster*	微糙三脉紫菀	*Aster ageratoides* Turcz. var. *scaberulus*（Miq.）Ling	无危（LC）
1829	菊科	*Aster*	镰叶紫菀	*Aster falcifolius* Hand.-Mazz.	无危（LC）
1830	菊科	*Aster*	琴叶紫菀	*Aster panduratus* Nees ex Walper	无危（LC）
1831	菊科	*Aster*	紫菀	*Aster tataricus* L. f.	无危（LC）
1832	菊科	*Atractylodes*	白术	*Atractylodes macrocephala* Koidz.	无危（LC）
1833	菊科	*Bidens*	白花鬼针草	*Bidens pilosa* L. var. *radiata* Sch.-Bip.	无危（LC）
1834	菊科	*Blumea*	馥芳艾纳香	*Blumea aromatica* DC.	无危（LC）
1835	菊科	*Blumea*	东风草	*Blumea megacephala*（Randeria）Chang et Tseng	无危（LC）
1836	菊科	*Carduus*	节毛飞廉	*Carduus acanthoides* L.	无危（LC）
1837	菊科	*Carpesium*	薄叶天名精	*Carpesium leptophyllum* Chen et C. M. Hu	无危（LC）
1838	菊科	*Carpesium*	长叶天名精	*Carpesium longifolium* Chen et C. M. Hu	无危（LC）
1839	菊科	*Carpesium*	大花金挖耳	*Carpesium macrocephalum* Franch. et Sav.	无危（LC）
1840	菊科	*Carpesium*	小花金挖耳	*Carpesium minum* Hemsl.	无危（LC）
1841	菊科	*Carpesium*	暗花金挖耳	*Carpesium triste* Maxim.	无危（LC）
1842	菊科	*Cirsium*	湖北蓟	*Cirsium hupehense* Pamp.	无危（LC）
1843	菊科	*Cirsium*	线叶蓟	*Cirsium lineare*（Thunb.）Sch.-Bip.	无危（LC）
1844	菊科	*Cremanthodium*	紫茎垂头菊	*Cremanthodium smithianum*	无危（LC）
1845	菊科	*Dendranthema*	毛华菊	*Dendranthema vestitum*（Hemsl.）Ling	无危（LC）
1846	菊科	*Erigeron*	飞蓬	*Erigeron acre* L.	无危（LC）
1847	菊科	*Erigeron*	长茎飞蓬	*Erigeron elongatus* Ledeb.	无危（LC）
1848	菊科	*Eupatorium*	佩兰	*Eupatorium fortunei* Turcz.	无危（LC）

续表

序号	科名	属拉丁名	中文名	学名	濒危等级
1849	菊科	Eupatorium	异叶泽兰	Eupatorium heterophyllum DC.	无危（LC）
1850	菊科	Farfugium	大吴风草	Farfugium japonicum（L. f.）Kitam.	无危（LC）
1851	菊科	Gynura	红凤菜	Gynura bicolor（Willd.）DC.	无危（LC）
1852	菊科	Hieracium	山柳菊	Hieracium umbellatum L.	无危（LC）
1853	菊科	Inula	羊耳菊	Inula cappa（Buch.-Ham.）DC.	无危（LC）
1854	菊科	Inula	湖北旋覆花	Inula hupehensis（Ling）Ling	无危（LC）
1855	菊科	Ixeridium	总状土木香	Inula racemosa Hook. f.	无危（LC）
1856	菊科	Leontopodium	川甘火绒草	Leontopodium chuii Hand.-Mazz.	无危（LC）
1857	菊科	Leontopodium	薄雪火绒草	Leontopodium japonicum Miq	无危（LC）
1858	菊科	Leontopodium	峨眉火绒草	Leontopodium omeiense Ling	无危（LC）
1859	菊科	Leontopodium	华火绒草	Leontopodium sinense Hemsl.	无危（LC）
1860	菊科	Ligularia	大黄囊吾	Ligularia duciformis（C. Winkl.）Hand.-Mazz.	无危（LC）
1861	菊科	Ligularia	矢叶囊吾	Ligularia fargesii（Franch.）Diels	无危（LC）
1862	菊科	Ligularia	蹄叶囊吾	Ligularia fischeri（Ledeb.）Turcz.	无危（LC）
1863	菊科	Ligularia	鹿蹄囊吾	Ligularia hodgsonii Hook.	无危（LC）
1864	菊科	Ligularia	狭苞囊吾	Ligularia intermedia Nakai var. venusta Nakai	无危（LC）
1865	菊科	Ligularia	囊吾	Ligularia sibirica（L.）Cass.	无危（LC）
1866	菊科	Ligularia	离舌囊吾	Ligularia veitchiana（Hemsl.）Greenm.	无危（LC）
1867	菊科	Ligularia	川鄂囊吾	Ligularia wilsoniana（Hemsl.）Greenm.	无危（LC）
1868	菊科	Notoseris	多裂紫菊	Notoseris henryi（Dunn）Shih	无危（LC）
1869	菊科	Notoseris	黑花紫菊	Notoseris melanantha（Franch.）Shih	无危（LC）
1870	菊科	Paraixeris	羽裂黄瓜菜	Paraixeris pinnatipartita（Makino）Tzvel.	无危（LC）
1871	菊科	Paraprenanthes	雷山假福王草	Paraprenanthes heptanhta Shih et D. J. Liou	无危（LC）
1872	菊科	Paraprenanthes	假福王草	Paraprenanthes sororia（Miq.）Shih	无危（LC）
1873	菊科	Parasenecio	披针叶蟹甲草	Parasenecio lancifolia（Franch.）Y. L. Chen	无危（LC）
1874	菊科	Parasenecio	兔儿风蟹甲草	Parasenecio ainsliiflorus（Franch.）Y. L. Chen	无危（LC）
1875	菊科	Parasenecio	三角叶蟹甲草	Parasenecio deltophyllus（Maxim.）Y. L. Chen	无危（LC）
1876	菊科	Parasenecio	紫背蟹甲草	Parasenecio ianthophyllus（Franch.）Y. L. Chen	无危（LC）
1877	菊科	Parasenecio	耳翼蟹甲草	Parasenecio otopteryx Hand.-Mazz.	无危（LC）
1878	菊科	Parasenecio	深山蟹甲草	Parasenecio profundorum（Dunn）Hand.-Mazz.	无危（LC）
1879	菊科	Parasenecio	川鄂蟹甲草	Parasenecio vespertilo（Franch.）Y. L. Chen	无危（LC）
1880	菊科	Pertya	心叶帚菊	Pertya cordifolia Mattf.	无危（LC）
1881	菊科	Pertya	华帚菊	Pertya sinensis Oliv.	无危（LC）
1882	菊科	Petasites	蜂斗菜	Petasites japonicus（Sieb. et Zucc.）Maxim.	无危（LC）
1883	菊科	Petasites	毛裂蜂斗菜	Petasites tricholobus Franch.	无危（LC）
1884	菊科	Picris	单毛毛连菜	Picris hieracioides L. ssp. fuscipilosa Hand.-Mazz.	无危（LC）
1885	菊科	Prenanthes	福王草	Prenanthes tatarinowii Maxim.	无危（LC）
1886	菊科	Pterocypsela	高大翅果菊	Pterocypsela elata（Hemsl.）Shih	无危（LC）
1887	菊科	Saussurea	翼柄风毛菊	Saussurea alatipes Hemsl.	无危（LC）
1888	菊科	Saussurea	翅茎风毛菊	Saussurea cauloptera Hand.-Mazz.	无危（LC）
1889	菊科	Saussurea	三角叶风毛菊	Saussurea deltoide（DC.）Sch.-Bip	无危（LC）
1890	菊科	Saussurea	川陕风毛菊	Saussurea dimorphaea Franch.	无危（LC）
1891	菊科	Saussurea	长梗风毛菊	Saussurea dolichopoda Diels	无危（LC）

序号	科名	属拉丁名	中文名	学名	濒危等级
1892	菊科	*Saussurea*	川东风毛菊	*Saussurea fargesii* Franch.	无危（LC）
1893	菊科	*Saussurea*	少花风毛菊	*Saussurea oligantha* Franch.	无危（LC）
1894	菊科	*Saussurea*	小花风毛菊	*Saussurea parviflora*（Porr.）DC	无危（LC）
1895	菊科	*Saussurea*	松林风毛菊	*Saussurea pinetorum* Hand.-Mazz.	无危（LC）
1896	菊科	*Saussurea*	多头风毛菊	*Saussurea polycephala* Hand.-Mazz.	无危（LC）
1897	菊科	*Saussurea*	杨叶风毛菊	*Saussurea populifolia* Hemsl.	无危（LC）
1898	菊科	*Saussurea*	半琴叶风毛菊	*Saussurea semilyrata* Bureau et Franch.	无危（LC）
1899	菊科	*Saussurea*	喜林风毛菊	*Saussurea stricta* Franch.	无危（LC）
1900	菊科	*Saussurea*	四川风毛菊	*Saussurea sutchuenesis* Franch.	无危（LC）
1901	菊科	*Senecio*	额河千里光	*Senecio argunensis* Turcz.	无危（LC）
1902	菊科	*Senecio*	北千里光	*Senecio dubitabilis* C. Jeffrey et Y. L. Chen	无危（LC）
1903	菊科	*Senecio*	散生千里光	*Senecio exul* Hance	无危（LC）
1904	菊科	*Senecio*	菊状千里光	*Senecio laetus* Edgew.	无危（LC）
1905	菊科	*Senecio*	林荫千里光	*Senecio nemorensis* L.	无危（LC）
1906	菊科	*Senecio*	岩生千里光	*Senecio wightii*（DC. ex Wight）Benth. ex C. B. Clarke	无危（LC）
1907	菊科	*Serratula*	华麻花头	*Serratula chinensis* S. Moore	无危（LC）
1908	菊科	*Serratula*	缢苞麻花头	*Serratula strangulata* Iljin	无危（LC）
1909	菊科	*Sinacalia*	华蟹甲	*Sinacalia tangutica*（Maxim.）B. Nord.	无危（LC）
1910	菊科	*Sinosenecio*	川鄂蒲儿根	*Sinosenecio dryas*（Dunn）C. Jeffrey et Y. L. Chen	无危（LC）
1911	菊科	*Sonchus*	苣荬菜	*Sonchus arvensis* L.	无危（LC）
1912	菊科	*Syneilesis*	兔儿伞	*Syneilesis aconitifolia*（Bunge）Maxim.	无危（LC）
1913	菊科	*Synurus*	山牛蒡	*Synurus deltoides*（Ait.）Nakai	无危（LC）
1914	菊科	*Tephroseris*	狗舌草	*Tephroseris kirilowii*（Turcz. ex DC.）Holul	无危（LC）
1915	菊科	*Tussilago*	款冬	*Tussilago farfara* L.	无危（LC）
1916	菊科	*Vernonia*	柳叶斑鸠菊	*Vernonia saligna*（Wall.）DC.	无危（LC）
1917	菊科	*Youngia*	羽裂黄鹤菜	*Youngia paleacea*（Diels）Babc. et Stebb.	无危（LC）
1918	泽泻科	*Sagittaria*	野慈姑	*Sagittaria trifolia* L.	无危（LC）
1919	水鳖科	*Hydrilla*	罗氏轮叶黑藻	*Hydrilla verticillata* var. *roxburghii* Casp.	无危（LC）
1920	眼子菜科	*Potamogeton*	菹草	*Potamogeton crispus* L.	无危（LC）
1921	眼子菜科	*Potamogeton*	竹叶眼子菜	*Potamogeton malainus* Miq.	无危（LC）
1922	茨藻科	*Najas*	草茨藻	*Najas graminea* Del.	无危（LC）
1923	茨藻科	*Najas*	小茨藻	*Najas minor* All.	无危（LC）
1924	茨藻科	*Zannichellia*	角果藻	*Zannichellia palustris* L.	无危（LC）
1925	百合科	*Aletris*	高山粉条儿菜	*Aletris alpestris* Diels	无危（LC）
1926	百合科	*Aletris*	头花粉条儿菜	*Aletris capitata* Wang et Tang	无危（LC）
1927	百合科	*Aletris*	无毛粉条儿菜	*Aletris glabra* Bur. et Franch.	无危（LC）
1928	百合科	*Aletris*	疏花粉条儿菜	*Aletris laxiflora* Bur.	无危（LC）
1929	百合科	*Aletris*	粉条儿菜	*Aletris spicata*（Thunb.）Franch.	无危（LC）
1930	百合科	*Allium*	野葱	*Allium chrysanthum* Regel	无危（LC）
1931	百合科	*Allium*	天蓝韭	*Allium cyaneum* Regel	无危（LC）
1932	百合科	*Allium*	疏花韭	*Allium henryi* C. H. Wrighe	易危（VU）
1933	百合科	*Allium*	天蒜	*Allium paepalanthoides* Airy-Shaw	无危（LC）
1934	百合科	*Allium*	多叶韭	*Allium plurifoliatum* Rendle	无危（LC）

序号	科名	属拉丁名	中文名	学名	濒危等级
1935	百合科	Allium	合被韭	Allium tubiflorum Rendle	无危（LC）
1936	百合科	Allium	茖葱	Allium victorialis L.	无危（LC）
1937	百合科	Asparagus	天门冬	Asparagus cochinchinensis（Lour.）Merr.	无危（LC）
1938	百合科	Asparagus	羊齿天门冬	Asparagus filicinus Ham. ex D. Don	无危（LC）
1939	百合科	Aspidistra	九龙盘	Aspidistra lurida Ker-Gawl.	无危（LC）
1940	百合科	Cardiocrinum	大百合	Cardiocrinum giganteum（Wall.）Makino	无危（LC）
1941	百合科	Disporopsis	深裂竹根七	Disporopsis pernyi（Hua）Diels	无危（LC）
1942	百合科	Disporum	长蕊万寿竹	Disporum bodinieri（Lévl. et Vant.）Wang et Tang	无危（LC）
1943	百合科	Disporum	万寿竹	Disporum cantoniense（Lour.）Merr.	无危（LC）
1944	百合科	Disporum	大花万寿竹	Disporum megalanthum Wang et Tang	无危（LC）
1945	百合科	Fritillaria	太白贝母	Fritillaria taipaiensis P. Y. Li	濒危（EN）
1946	百合科	Hemerocallis	萱草	Hemerocallis fulva（L.）L.	无危（LC）
1947	百合科	Hemerocallis	小黄花菜	Hemerocallis minor Mill.	无危（LC）
1948	百合科	Hemerocallis	折叶萱草	Hemerocallis plicata Stapf	近危（NT）
1949	百合科	Heterosmilax	华肖菝葜	Heterosmilax chinensis Wang	无危（LC）
1950	百合科	Heterosmilax	肖菝葜	Heterosmilax japonica Kunth	无危（LC）
1951	百合科	Lilium	滇百合	Lilium bakerianum Coll. et Hemsl.	无危（LC）
1952	百合科	Lilium	野百合	Lilium brownii F. E. Br. ex Miellze	无危（LC）
1953	百合科	Lilium	宝兴百合	Lilium duchartrei Franch.	无危（LC）
1954	百合科	Lilium	绿花百合	Lilium fargesii Franch.	近危（NT）
1955	百合科	Lilium	湖北百合	Lilium henryi Baker	近危（NT）
1956	百合科	Lilium	宜昌百合	Lilium leucanthum（Baker）Baker	无危（LC）
1957	百合科	Lilium	乳头百合	Lilium papilliferum Franch.	近危（NT）
1958	百合科	Liriope	禾叶山麦冬	Liriope graminifolia（L.）Baker	无危（LC）
1959	百合科	Liriope	长梗山麦冬	Liriope longipedicellata Wang et Tang	无危（LC）
1960	百合科	Liriope	山麦冬	Liriope spicata（Thunb.）Lour.	无危（LC）
1961	百合科	Maianthemum	舞鹤草	Maianthemum bifolium（L.）F. W. Schmidt	无危（LC）
1962	百合科	Maianthemum	合瓣鹿药	Maianthemum tubiferum（Batalin）LaFrankie	无危（LC）
1963	百合科	Notholirion	假百合	Notholirion bulbuliferum（Lingelsh.）Stearn	无危（LC）
1964	百合科	Ophiopogon	短药沿阶草	Ophiopogon bockianus Diels var. angustifoliatus Wang et Tang	无危（LC）
1965	百合科	Ophiopogon	沿阶草	Ophiopogon bodinieri Lévl.	无危（LC）
1966	百合科	Ophiopogon	间型沿阶草	Ophiopogon intermedius D. Don	无危（LC）
1967	百合科	Ophiopogon	阴生沿阶草	Ophiopogon umbraticola Hance	无危（LC）
1968	百合科	Paris	巴山重楼	Paris bashanensis Wang et Tang	近危（NT）
1969	百合科	Paris	金线重楼	Paris delavayi Franch.	易危（VU）
1970	百合科	Paris	球药隔重楼	Paris fargesii Franch.	近危（NT）
1971	百合科	Paris	具柄重楼	Paris fargesii Franch. var. petiolata（Baker ex C. H. Wright）Wang et Tang	濒危（EN）
1972	百合科	Paris	七叶一枝花	Paris polyphylla Sm.	近危（NT）
1973	百合科	Paris	华重楼	Paris polyphylla Sm. var. chinensis（Franch.）Hara	易危（VU）
1974	百合科	Paris	狭叶重楼	Paris polyphylla Sm. var. stenophylla Franch.	近危（NT）
1975	百合科	Paris	北重楼	Paris verticillata Bieb.	无危（LC）
1976	百合科	Polygonatum	卷叶黄精	Polygonatum cirrhifolium（Wall.）Royle	无危（LC）

序号	科名	属拉丁名	中文名	学名	濒危等级
1977	百合科	*Polygonatum*	多花黄精	*Polygonatum cyrtonema*	近危（NT）
1978	百合科	*Polygonatum*	距药黄精	*Polygonatum franchetii* Hua	近危（NT）
1979	百合科	*Polygonatum*	滇黄精	*Polygonatum filipes*	无危（LC）
1980	百合科	*Polygonatum*	长梗黄精	*Polygonatum longipedunculatum* S. Y. Liang	无危（LC）
1981	百合科	*Polygonatum*	玉竹	*Polygonatum odoratum*（Mill.）Druce	无危（LC）
1982	百合科	*Polygonatum*	康定玉竹	*Polygonatum prattii* Baker	无危（LC）
1983	百合科	*Polygonatum*	黄精	*Polygonatum sibiricum* Delar. ex Redoute	无危（LC）
1984	百合科	*Polygonatum*	轮叶黄精	*Polygonatum verticillatum*（L.）All.	无危（LC）
1985	百合科	*Polygonatum*	湖北黄精	*Polygonatum zanlanscianense* Pamp.	无危（LC）
1986	百合科	*Reineckea*	吉祥草	*Reineckea carnea*（Andr.）Kunth	无危（LC）
1987	百合科	*Rohdea*	万年青	*Rohdea japonica*（Thunb.）Roth	无危（LC）
1988	百合科	*Scilla*	绵枣儿	*Scilla scilloides*（Lindl.）Druce	无危（LC）
1989	百合科	*Smilacina*	窄瓣鹿药	*Smilacina estsienensis*（Franch.）Wang et Tang	无危（LC）
1990	百合科	*Smilacina*	少叶鹿药	*Smilacina estsiensis*（Franch.）Wang et Tang var. *stenoloba*（Franch.）Wang et Tang	近危（NT）
1991	百合科	*Smilacina*	管花鹿药	*Smilacina henryi*（Baker）Wang et Tang	无危（LC）
1992	百合科	*Smilacina*	鹿药	*Smilacina japonica* A. Gray	无危（LC）
1993	百合科	*Smilacina*	丽江鹿药	*Smilacina lichiangensis*（W. W. Sm.）W. W. Sm.	无危（LC）
1994	百合科	*Smilacina*	紫花鹿药	*Smilacina purpurea* Wall.	无危（LC）
1995	百合科	*Smilax*	尖叶菝葜	*Smilax arisanensis* Hayata	无危（LC）
1996	百合科	*Smilax*	柔毛菝葜	*Smilax chingii* Wang et Tang	无危（LC）
1997	百合科	*Smilax*	托柄菝葜	*Smilax discotis* Warb.	无危（LC）
1998	百合科	*Smilax*	长托菝葜	*Smilax ferox* Wall. et Kunth	无危（LC）
1999	百合科	*Smilax*	马甲菝葜	*Smilax lanceifolia* Roxb.	无危（LC）
2000	百合科	*Smilax*	无刺菝葜	*Smilax mairei* Levl.	无危（LC）
2001	百合科	*Smilax*	防己叶菝葜	*Smilax menispermoidea* A. DC.	无危（LC）
2002	百合科	*Smilax*	小叶菝葜	*Smilax microphylla* C. H. Wright	无危（LC）
2003	百合科	*Smilax*	黑叶菝葜	*Smilax nigrescens* Wang et Tang ex P. Y. Li	无危（LC）
2004	百合科	*Smilax*	武当菝葜	*Smilax outanscianensis*	无危（LC）
2005	百合科	*Smilax*	红果菝葜	*Smilax polycolea* Wanb.	无危（LC）
2006	百合科	*Smilax*	尖叶牛尾菜	*Smilax riparia* A. DC. var. *acuminata*（C. H. Wright）Wang et Tang	无危（LC）
2007	百合科	*Smilax*	毛牛尾菜	*Smilax riparia* A. DC. var. *pubescens*（C. H. Wright）Wang et Tang	无危（LC）
2008	百合科	*Smilax*	短梗菝葜	*Smilax scobinicaulis* C. H. Wright	无危（LC）
2009	百合科	*Smilax*	鞘柄菝葜	*Smilax stans* Maxim.	无危（LC）
2010	百合科	*Smilax*	糙柄菝葜	*Smilax trachypoda* Norton	无危（LC）
2011	百合科	*Tofieldia*	岩菖蒲	*Tofieldia thibetica* Franch.	无危（LC）
2012	百合科	*Tricyrtis*	黄花油点草	*Tricyrtis maculata*（D. Don）Machride	无危（LC）
2013	百合科	*Trillium*	延龄草	*Trillium tschonoskii* Maxim.	无危（LC）
2014	百合科	*Tupistra*	开口箭	*Tupistra chinensis* Baker	无危（LC）
2015	百合科	*Veratrum*	毛叶藜芦	*Veratrum grandiflorum*（Maxim.）Loes. f.	无危（LC）
2016	百合科	*Veratrum*	藜芦	*Veratrum nigrum* L.	无危（LC）
2017	百合科	*Veratrum*	长梗藜芦	*Veratrum oblongum* Loes. f.	无危（LC）

序号	科名	属拉丁名	中文名	学名	濒危等级
2018	百合科	*Ypsilandra*	丫蕊花	*Ypsilandra thibetica* Franch.	无危（LC）
2019	百合科	*Zigadenus*	棋盘花	*Zigadenus sibiricus*（L.）A. Gray	无危（LC）
2020	百部科	*Stemona*	大百部	*Stemona tuberosa* Lour.	无危（LC）
2021	石蒜科	*Lycoris*	忽地笑	*Lycoris aurea*（L'Her.）Herb.	无危（LC）
2022	仙茅科	*Curculigo*	大叶仙茅	*Curculigo capitulata*（Lour.）O. Ktze.	无危（LC）
2023	仙茅科	*Curculigo*	疏花仙茅	*Curculigo gracilis*（Wall. ex Kurz.）Hook. f.	无危（LC）
2024	仙茅科	*Curculigo*	仙茅	*Curculigo orchioides* Gaertn.	无危（LC）
2025	薯蓣科	*Dioscorea*	黄独	*Dioscorea bulbifera* L.	无危（LC）
2026	薯蓣科	*Dioscorea*	叉蕊薯蓣	*Dioscorea collettii* Hook. f.	无危（LC）
2027	薯蓣科	*Dioscorea*	粉背薯蓣	*Dioscorea collettii* Hook. f. var. *hypoglauca*（Palibin）Peiet C. T. Ting	无危（LC）
2028	薯蓣科	*Dioscorea*	无翅参薯	*Dioscorea exalata* C. T. Ting et M. C. Chang	无危（LC）
2029	薯蓣科	*Dioscorea*	高山薯蓣	*Dioscorea henryi*（Prain et Burkill）C.T.Ting	易危（VU）
2030	薯蓣科	*Dioscorea*	日本薯蓣	*Dioscorea japonica* Thunb.	无危（LC）
2031	薯蓣科	*Dioscorea*	毛芋头薯蓣	*Dioscorea kamoonensis* Kunth	无危（LC）
2032	薯蓣科	*Dioscorea*	穿龙薯蓣	*Dioscorea nipponica* Makino	无危（LC）
2033	薯蓣科	*Dioscorea*	黄山药	*Dioscorea panthaica* Prain et Burkill	濒危（EN）
2034	薯蓣科	*Dioscorea*	五叶薯蓣	*Dioscorea pentaphylla* L.	无危（LC）
2035	薯蓣科	*Dioscorea*	褐苞薯蓣	*Dioscorea persimilis* Prain et Burkill	濒危（EN）
2036	薯蓣科	*Dioscorea*	盾叶薯蓣	*Dioscorea zingiberensis* C. H. Wright	无危（LC）
2037	鸢尾科	*Belamcanda*	射干	*Belamcanda chinensis*（L.）Redoté	无危（LC）
2038	鸢尾科	*Iris*	长柄鸢尾	*Iris henryi* Baker	无危（LC）
2039	鸢尾科	*Iris*	蝴蝶花	*Iris japonica* Thunb.	无危（LC）
2040	鸢尾科	*Iris*	小花鸢尾	*Iris speculatrix* Hance	无危（LC）
2041	灯心草科	*Juncus*	小花灯心草	*Juncus articulatus* L.	无危（LC）
2042	灯心草科	*Juncus*	分枝灯心草	*Juncus modestus* Buchen.	无危（LC）
2043	灯心草科	*Juncus*	单枝灯心草	*Juncus potaninii* Buchen.	无危（LC）
2044	灯心草科	*Luzula*	散序地杨梅	*Luzula effusa* Buchen.	无危（LC）
2045	灯心草科	*Luzula*	淡花地杨梅	*Luzula pallescens*（Wahlenb.）Bess.	无危（LC）
2046	灯心草科	*Luzula*	羽毛地杨梅	*Luzula plumosa* E. Mey.	无危（LC）
2047	鸭跖草科	*Spatholirion*	竹叶吉祥草	*Spatholirion longifolium*	无危（LC）
2048	鸭跖草科	*Streptolirion*	竹叶子	*Streptolirion volubile* Edgew.	无危（LC）
2049	谷精草科	*Eriocaulon*	谷精草	*Eriocaulon buergerianum* Koern.	无危（LC）
2050	禾本科	*Agrostis*	华北剪股颖	*Agrostis clavata* Trin.	无危（LC）
2051	禾本科	*Agrostis*	大锥剪股颖	*Agrostis megathyrsa* Keng	无危（LC）
2052	禾本科	*Agrostis*	多花剪股颖	*Agrostis myriantha* Hook. f.	近危（NT）
2053	禾本科	*Agrostis*	疏花剪股颖	*Agrostis perlaxa* Pilger	无危（LC）
2054	禾本科	*Alopecurus*	看麦娘	*Alopecurus aequalis* Sobol.	无危（LC）
2055	禾本科	*Alopecurus*	大看麦娘	*Alopecurus pratensis* L.	无危（LC）
2056	禾本科	*Arthraxon*	荩草	*Arthraxon hispidus*（Thunb.）Makino	无危（LC）
2057	禾本科	*Arthraxon*	茅叶荩草	*Arthraxon lanceolatus*（Roxb.）Hochst.	无危（LC）
2058	禾本科	*Arundo*	芦竹	*Arundo donax* L.	无危（LC）
2059	禾本科	*Aulacolepis*	沟稃草	*Aulacolepis treutleri*（Kuntze）Hack.	无危（LC）

续表

序号	科名	属拉丁名	中文名	学名	濒危等级
2060	禾本科	*Avena*	莜麦	*Avena chinensis*（Fisch. ex Roem. et Schult）Metzg	无危（LC）
2061	禾本科	*Avena*	野燕麦	*Avena fatua* L.	无危（LC）
2062	禾本科	*Avena*	光稃野燕麦	*Avena fatua* L. var. *glabrata* Peterm.	无危（LC）
2063	禾本科	*Bashania*	巴山木竹	*Bashania fargesii*（E. G. Camus）Keng f. et Yi	无危（LC）
2064	禾本科	*Bothriochloa*	白羊草	*Bothriochloa ischaemum*（L.）Keng	无危（LC）
2065	禾本科	*Brachiaria*	毛臂形草	*Brachiaria villosa*（Lam.）A. Camus	无危（LC）
2066	禾本科	*Brachypodium*	短柄草	*Brachypodium sylvaticum*（Huds.）Beauv.	无危（LC）
2067	禾本科	*Bromus*	雀麦	*Bromus japonicus* Thunb.	无危（LC）
2068	禾本科	*Bromus*	大雀麦	*Bromus magnus* Keng	无危（LC）
2069	禾本科	*Bromus*	疏花雀麦	*Bromus remotiflorus*（Steud.）Ohwi	无危（LC）
2070	禾本科	*Bromus*	华雀麦	*Bromus sinensis* Keng	无危（LC）
2071	禾本科	*Calamagrostis*	拂子茅	*Calamagrostis epigejos*（L.）Roth	无危（LC）
2072	禾本科	*Calamagrostis*	假苇拂子茅	*Calamagrostis pseudophragmites*（Hall. f.）Koel.	无危（LC）
2073	禾本科	*Capillipedium*	细柄草	*Capillipedium parviflorum*（R. Br.）Stapf	无危（LC）
2074	禾本科	*Catabrosa*	沿沟草	*Catabrosa aquatica*（L.）Beauv.	无危（LC）
2075	禾本科	*Coix*	薏苡	*Coix lacryma-jobi* L.	无危（LC）
2076	禾本科	*Cyrtococcum*	弓果黍	*Cyrtococcum patens*（L.）A. Camus	无危（LC）
2077	禾本科	*Dactylis*	鸭茅	*Dactylis glomerata* L.	无危（LC）
2078	禾本科	*Deschampsia*	发草	*Deschampsia caespitosa*（L.）Beauv.	无危（LC）
2079	禾本科	*Deyeuxia*	疏穗野青茅	*Deyeuxia effusiflora* Rendle	无危（LC）
2080	禾本科	*Deyeuxia*	糙野青茅	*Deyeuxia scabrescens* Munro ex Duthie	无危（LC）
2081	禾本科	*Digitaria*	毛马唐	*Digitaria chrysoblephara* Fig. et De Not.	无危（LC）
2082	禾本科	*Digitaria*	十字马唐	*Digitaria cruciata*（Nees）A. Camus	无危（LC）
2083	禾本科	*Digitaria*	止血马唐	*Digitaria ischaemum*（Schreb.）Schreb.	无危（LC）
2084	禾本科	*Digitaria*	马唐	*Digitaria sanguinalis*（L.）Scop.	无危（LC）
2085	禾本科	*Digitaria*	紫马唐	*Digitaria violascens* Link	无危（LC）
2086	禾本科	*Drepanostachyum*	坝竹	*Drepanostachyum microphyllum*（Hsueh et Yi）Keng f. et Yi	无危（LC）
2087	禾本科	*Echinochloa*	光头稗	*Echinochloa colonum*（L.）Link	无危（LC）
2088	禾本科	*Echinochloa*	稗	*Echinochloa crusgalli*（L.）Beauv.	无危（LC）
2089	禾本科	*Echinochloa*	无芒稗	*Echinochloa crusgalli*（L.）Beauv. var. *mitis*（Pursh）Peterm	无危（LC）
2090	禾本科	*Eleusine*	牛筋草	*Eleusine indica*（L.）Gaertn.	无危（LC）
2091	禾本科	*Elymus*	麦宾草	*Elymus tangutorum*（Nevski）Hand.-Mazz.	无危（LC）
2092	禾本科	*Eragrostis*	知风草	*Eragrostis ferruginea*（Thunb.）Beauv.	无危（LC）
2093	禾本科	*Eragrostis*	黑穗画眉草	*Eragrostis nigra* Nees ex Steud.	无危（LC）
2094	禾本科	*Eragrostis*	画眉草	*Eragrostis pilosa*（L.）Beauv.	无危（LC）
2095	禾本科	*Eriochloa*	野黍	*Eriochloa villosa*（Thunb.）Kunth	无危（LC）
2096	禾本科	*Eulalia*	金茅	*Eulalia speciosa*（Debeaux）Kuntze	无危（LC）
2097	禾本科	*Eulaliopsis*	拟金茅	*Eulaliopsis binata*（Retz.）C. E. Hubb.	无危（LC）
2098	禾本科	*Fargesia*	窝竹	*Fargesia brevissima* Yi	无危（LC）
2099	禾本科	*Fargesia*	箭竹	*Fargesia spathacea* Franch.	无危（LC）
2100	禾本科	*Festuca*	素羊茅	*Festuca modesta* Steud.	无危（LC）
2101	禾本科	*Festuca*	羊茅	*Festuca ovina* L.	无危（LC）
2102	禾本科	*Festuca*	紫羊茅	*Festuca rubra* L.	无危（LC）

序号	科名	属拉丁名	中文名	学名	濒危等级
2103	禾本科	Festuca	中华羊茅	Festuca sinensis Keng	无危（LC）
2104	禾本科	Festuca	藏滇羊茅	Festuca vierhapperi Hand.-Mazz.	无危（LC）
2105	禾本科	Helictotrichon	光花异燕麦	Helictotrichon leianthum（Keng）Ohwi	无危（LC）
2106	禾本科	Hemarthria	牛鞭草	Hemarthria altissima（Poir.）Stapf et C. E. Hubb.	无危（LC）
2107	禾本科	Heteropogon	黄茅	Heteropogon contortus（L.）Beauv.	无危（LC）
2108	禾本科	Hystrix	猬草	Hystrix duthiei（Stapf.）Bor	无危（LC）
2109	禾本科	Indocalamus	巴山箬竹	Indocalamus bashanensis（C. D. Chu et C. S. Chao）H. R. Chao et Y. L. Yang	无危（LC）
2110	禾本科	Indocalamus	硬毛箬竹	Indocalamus hispidus H. R. Zhao et Y. L. Yang	无危（LC）
2111	禾本科	Indocalamus	阔叶箬竹	Indocalamus latifolius（Keng）McClure	无危（LC）
2112	禾本科	Indocalamus	胜利箬竹	Indocalamus victorialis Keng f.	无危（LC）
2113	禾本科	Indocalamus	鄂西箬竹	Indocalamus wilsoni（Rendle）C. S. Chaoe C. D. Chu	无危（LC）
2114	禾本科	Isachne	柳叶箬	Isachne globosa（Thunb.）Kuntze	无危（LC）
2115	禾本科	Leersia	假稻	Leersia japonica Makino	无危（LC）
2116	禾本科	Leptochloa	千金子	Leptochloa chinensis（L.）Nees	无危（LC）
2117	禾本科	Leptochloa	虮子草	Leptochloa panicea（Retz.）Ohwi	无危（LC）
2118	禾本科	Lophatherum	淡竹叶	Lophatherum gracile Brongn	无危（LC）
2119	禾本科	Melica	广序臭草	Melica onoei Franch. et Sav.	无危（LC）
2120	禾本科	Melica	甘肃臭草	Melica przeiwalskyi Roshev.	无危（LC）
2121	禾本科	Microstegium	刚莠竹	Microstegium ciliatum（Trin.）A. Camus	无危（LC）
2122	禾本科	Microstegium	竹叶茅	Microstegium nudum（Trin）A. Camus	无危（LC）
2123	禾本科	Microstegium	柔枝莠竹	Microstegium vimineum（Trin.）A. Camus	无危（LC）
2124	禾本科	Milium	粟草	Milium effusum L.	无危（LC）
2125	禾本科	Miscanthus	五节芒	Miscanthus floridulus（Lab.）Warb. ex Schum. et Laut.	无危（LC）
2126	禾本科	Miscanthus	芒	Miscanthus sinensis Anderss	无危（LC）
2127	禾本科	Muhlenbergia	乱子草	Muhlenbergia hugelii Trin	无危（LC）
2128	禾本科	Muhlenbergia	日本乱子草	Muhlenbergia japonica Steud.	无危（LC）
2129	禾本科	Muhlenbergia	多枝乱子草	Muhlenbergia ramosa（Hack.）Makino	无危（LC）
2130	禾本科	Narenga	河八王	Narenga porphyrocoma（Hance）Bor	无危（LC）
2131	禾本科	Neosinocalamus	慈竹	Neosinocalamus affinis（Rendle）Kengf.	无危（LC）
2132	禾本科	Neyraudia	类芦	Neyraudia neynaudiana（Kunth）Keng ex Hitchc.	无危（LC）
2133	禾本科	Oplismenus	竹叶草	Oplismenus compositus（L.）Beauv.	无危（LC）
2134	禾本科	Orthoraphium	钝颖落芒草	Orthoraphium obtusa Stapf	无危（LC）
2135	禾本科	Panicum	糠稷	Panicum bisulcatum Thunb.	无危（LC）
2136	禾本科	Paspalum	圆果雀稗	Paspalum orbiculare Forst.	无危（LC）
2137	禾本科	Paspalum	双穗雀稗	Paspalum paspaloides（Michx.）Scribn.	无危（LC）
2138	禾本科	Paspalum	雀稗	Paspalum thunbergii Kunth ex Steud.	无危（LC）
2139	禾本科	Pennisetum	狼尾草	Pennisetum alopecuroides（L.）Spreng.	无危（LC）
2140	禾本科	Pennisetum	白草	Pennisetum centrasiaticum Tzvel.	无危（LC）
2141	禾本科	Phleum	高山梯牧草	Phleum alpinum L.	无危（LC）
2142	禾本科	Phleum	鬼蜡烛	Phleum paniculatum Hunds.	无危（LC）
2143	禾本科	Phyllostachys	水竹	Phyllostachys heteroclada Oliv.（P. congesta Rendle）	无危（LC）
2144	禾本科	Phyllostachys	淡竹	Phyllostachys glauca Mcclure	无危（LC）

序号	科名	属拉丁名	中文名	学名	濒危等级
2145	禾本科	*Phyllostachys*	桂竹	*Phyllostachys reticulata*（Ruprecht）K. Koch	无危（LC）
2146	禾本科	*Phyllostachys*	刚竹	*Phyllostachys sulphurea*（Carr.）A. et C. Riv. var. *viridis* R. A. Young	无危（LC）
2147	禾本科	*Pleioblastus*	苦竹	*Pleioblastus amarus*（Keng）Keng f.	无危（LC）
2148	禾本科	*Poa*	白顶早熟禾	*Poa acroleuca* Steud.	无危（LC）
2149	禾本科	*Poa*	早熟禾	*Poa annua* L.	无危（LC）
2150	禾本科	*Pogonatherum*	金丝草	*Pogonatherum crinitum*（Thunb.）Kunth	无危（LC）
2151	禾本科	*Pogonatherum*	金发草	*Pogonatherum paniceum*（Lam.）Hack.	无危（LC）
2152	禾本科	*Polypogon*	棒头草	*Polypogon fugax* Nees ex Steud.	无危（LC）
2153	禾本科	*Roegneria*	肃草	*Roegneria stricta* Keng	无危（LC）
2154	禾本科	*Rottboellia*	筒轴茅	*Rottboellia cochinchinensis*（Lour.）Clayton	无危（LC）
2155	禾本科	*Setaria*	大狗尾草	*Setaria faberii* Herrm.	无危（LC）
2156	禾本科	*Setaria*	西南莩草	*Setaria forbesiana*（Nees）Hook. f.	无危（LC）
2157	禾本科	*Setaria*	棕叶狗尾草	*Setaria palmifolia*（Koen.）Stapf	无危（LC）
2158	禾本科	*Setaria*	皱叶狗尾草	*Setaria plicata*（Lam.）T. Cooke	无危（LC）
2159	禾本科	*Setaria*	狗尾草	*Setaria viridis*（L.）Beauv.	无危（LC）
2160	禾本科	*Spodiopogon*	大油芒	*Spodiopogon sibiricus* Trin.	无危（LC）
2161	禾本科	*Sporobolus*	鼠尾粟	*Sporobolus fertilis*（Steud.）W. D. Clayt.	无危（LC）
2162	禾本科	*Themeda*	苞子草	*Themeda candata*（Nees）A. Camus	无危（LC）
2163	禾本科	*Themeda*	黄背草	*Themeda japonica*（Willd.）Tanada	无危（LC）
2164	禾本科	*Themeda*	菅	*Themeda villosa*（Poir.）A. Camus	无危（LC）
2165	禾本科	*Triarrhena*	荻	*Triarrhena sacchariflorus*（Maxim.）Nakai	无危（LC）
2166	禾本科	*Trisetum*	三毛草	*Trisetum bifidum*（Thunb.）Ohwi	无危（LC）
2167	禾本科	*Trisetum*	湖北三毛草	*Trisetum henryi* Rendle	无危（LC）
2168	禾本科	*Urochloa*	尾稃草	*Urochloa reptans*（L.）Stapf	无危（LC）
2169	禾本科	*Yushania*	鄂西玉山竹	*Yushania confusa*（MaClure）Z. P. Wang	无危（LC）
2170	天南星科	*Acorus*	金钱蒲	*Acorus gramineus* Soland.	无危（LC）
2171	天南星科	*Acorus*	石菖蒲	*Acorus tatarinowii* Schott	无危（LC）
2172	天南星科	*Arisaema*	棒头南星	*Arisaema clavatum* Buchet	易危（VU）
2173	天南星科	*Arisaema*	一把伞南星	*Arisaema erubescens*（Wall.）Schott	无危（LC）
2174	天南星科	*Arisaema*	螃蟹七	*Arisaema fargesii* Buchet	无危（LC）
2175	天南星科	*Arisaema*	象头花	*Arisaema franchetianum* Engl.	无危（LC）
2176	天南星科	*Arisaema*	花南星	*Arisaema lobatum* Engl.	无危（LC）
2177	天南星科	*Arisaema*	灯台莲	*Arisaema sikokianum* Franch. et Sav. var. *serratum*（Makino）Hand.-Mazz.	无危（LC）
2178	天南星科	*Pinellia*	石蜘蛛	*Pinellia integrifolia*	无危（LC）
2179	天南星科	*Pinellia*	半夏	*Pinellia ternata*（Thunb.）Breit.	无危（LC）
2180	天南星科	*Pothos*	石柑子	*Pothos chinensis*（Raf.）Merr.	无危（LC）
2181	天南星科	*Pothos*	百足藤	*Pothos repens*（Lour.）Druce	无危（LC）
2182	天南星科	*Typhonium*	犁头尖	*Typhonium divaricatum*（L.）Decne.	无危（LC）
2183	莎草科	*Bulbostylis*	丝叶球柱草	*Bulbostylis densa*	无危（LC）
2184	莎草科	*Cyperus*	扁穗莎草	*Cyperus compressus* L.	无危（LC）
2185	莎草科	*Cyperus*	异型莎草	*Cyperus difformis* L.	无危（LC）
2186	莎草科	*Cyperus*	碎米莎草	*Cyperus iria* L.	无危（LC）

序号	科名	属拉丁名	中文名	学名	濒危等级
2187	莎草科	Cyperus	具芒碎米莎草	Cyperus microiria Steud.	无危（LC）
2188	莎草科	Cyperus	三轮草	Cyperus orthostachyus Franch. et Sav.	无危（LC）
2189	莎草科	Cyperus	香附子	Cyperus rotundus L.	无危（LC）
2190	莎草科	Eleocharis	牛毛毡	Eleocharis yokoscensis（Franch. et Sav.）Tang et Wang	无危（LC）
2191	莎草科	Fimbristylis	两歧飘拂草	Fimbristylis dichotoma（L.）Vahl	无危（LC）
2192	莎草科	Fimbristylis	水虱草	Fimbristylis miliacea（L.）Vahl	无危（LC）
2193	莎草科	Fimbristylis	匍匐茎飘拂草	Fimbristylis stolonifera Clarke	无危（LC）
2194	莎草科	Juncellus	水莎草	Juncellus serotinus（Rottb.）Clarke	无危（LC）
2195	莎草科	Mariscus	砖子苗	Mariscus umbellatus Vahl	无危（LC）
2196	莎草科	Pycreus	红鳞扁莎	Pycreus sanguinolentus（Vahl）Nees	无危（LC）
2197	莎草科	Scirpus	萤蔺	Scirpus juncoides Roxb.	无危（LC）
2198	莎草科	Scirpus	百球藨草	Scirpus rosthornii Diels	无危（LC）
2199	莎草科	Scirpus	水毛花	Scirpus triangulatus Roxb.	无危（LC）
2200	姜科	Alpinia	山姜	Alpinia japonica（Thunb.）Miq.	无危（LC）
2201	姜科	Hedychium	圆瓣姜花	Hedychium forrestii Diels	无危（LC）
2202	姜科	Zingiber	川东姜	Zingiber atrorubens Gagnep.	无危（LC）
2203	兰科	Amitostigma	头序无柱兰	Amitostigma capitatum Tang et Wang	易危（VU）
2204	兰科	Bulbophyllum	梳帽卷瓣兰	Bulbophyllum andersonii（Hook. f.）J. J. Sm.	无危（LC）
2205	兰科	Bulbophyllum	密花石豆兰	Bulbophyllum odoratissimum Lindl.	无危（LC）
2206	兰科	Calanthe	剑叶虾脊兰	Calanthe davidii Franch.	无危（LC）
2207	兰科	Calanthe	反瓣虾脊兰	Calanthe reflexa（Kuntze）Maxim. E5217	无危（LC）
2208	兰科	Calanthe	三棱虾脊兰	Calanthe tricarinata Wall. ex Lindl.	无危（LC）
2209	兰科	Calanthe	三褶虾脊兰	Calanthe triplicata（Willem.）Ames	无危（LC）
2210	兰科	Calanthe	流苏虾脊兰	Calanthe alpina Hook. f. ex Lindl.	无危（LC）
2211	兰科	Calanthe	短叶虾脊兰	Calanthe arcuata Rolfe var. brevifolia Z.H.Tsi	近危（NT）
2212	兰科	Calanthe	肾唇虾脊兰	Calanthe brevicornu Lindl.	无危（LC）
2213	兰科	Calanthe	钩距虾脊兰	Calanthe graciliflora Hayata	近危（NT）
2214	兰科	Cephalanthera	银兰	Cephalanthera erecta（Thunb. ex A. Murray）Bl.	无危（LC）
2215	兰科	Cymbidium	蕙兰	Cymbidium faberi Rolfe	无危（LC）
2216	兰科	Cymbidium	多花兰	Cymbidium floribundum Lindl.	易危（VU）
2217	兰科	Cymbidium	春兰	Cymbidium goeringii（Rchb. f.）Rchb. f.（C. virescens Lindl.）	易危（VU）
2218	兰科	Cymbidium	寒兰	Cymbidium kanran Makino	易危（VU）
2219	兰科	Cypripedium	大叶杓兰	Cypripedium fasciolatum Franch.	濒危（EN）
2220	兰科	Cypripedium	黄花杓兰	Cypripedium flavum P.F.Hunt et Summerh	易危（VU）
2221	兰科	Cypripedium	毛杓兰	Cypripedium franchetii Wils	易危（VU）
2222	兰科	Cypripedium	绿花杓兰	Cypripedium henryi Rolfe	近危（NT）
2223	兰科	Cypripedium	扇脉杓兰	Cypripedium japonicum Thunb.	无危（LC）
2224	兰科	Dendrobium	曲茎石斛	Dendrobium flexicaule Z. H. Tsi	极危（CR）
2225	兰科	Dendrobium	细叶石斛	Dendrobium hancockii Rolfe	濒危（EN）
2226	兰科	Dendrobium	石斛	Dendrobium nobile Lindl	易危（VU）
2227	兰科	Epipactis	火烧兰	Epipactis helleborine（L.）Crantz.	无危（LC）
2228	兰科	Epipactis	大叶火烧兰	Epipactis mairei Schltr.	近危（NT）
2229	兰科	Galeola	毛萼山珊瑚	Galeola lindleyana（Hook. f. et Thoms.）Rchb. f.	无危（LC）

序号	科名	属拉丁名	中文名	学名	濒危等级
2230	兰科	*Gastrochilus*	台湾盆距兰	*Gastrochilus formosanus*（Hayata）Hayata	近危（NT）
2231	兰科	*Goodyera*	斑叶兰	*Goodyera schechtendaliana* Rchb. f.	近危（NT）
2232	兰科	*Gymnadenia*	西南手参	*Gymnadenia orchidis* Lindl.	易危（VU）
2233	兰科	*Habenaria*	长距玉凤花	*Habenaria davidii* Franch.	近危（NT）
2234	兰科	*Hemipilia*	裂唇舌喙兰	*Hemipilia henryi* Rolfe	近危（NT）
2235	兰科	*Hemipilia*	扇唇舌喙兰	*Hemipilia flabellata* Bur. et Franch.	近危（NT）
2236	兰科	*Herminium*	叉唇角盘兰	*Herminium lanceum*（Thunb.）Vuijk	无危（LC）
2237	兰科	*Ischnogyne*	瘦房兰	*Ischnogyne mandarinorum*（Kraenzh.）Schltr.	无危（LC）
2238	兰科	*Liparis*	大花羊耳蒜	*Liparis distans* C.B.Clarke	无危（LC）
2239	兰科	*Liparis*	小羊耳蒜	*Liparis fargesii* Finet.	近危（NT）
2240	兰科	*Liparis*	香花羊耳蒜	*Liparis odorata*（Willd.）Lindl.	无危（LC）
2241	兰科	*Listera*	大花对叶兰	*Listera grandiflora* Rolfe	近危（NT）
2242	兰科	*Neottianthe*	密花兜被兰	*Neottianthe calcicola E5311*（W.W.Smith）Schltr.	近危（NT）
2243	兰科	*Oreorchis*	长叶山兰	*Oreorchis fargesii* Finet	近危（NT）
2244	兰科	*Peristylus*	小花阔蕊兰	*Peristylus affinis*（D. Don）Seidenf.	无危（LC）
2245	兰科	*Peristylus*	阔蕊兰	*Peristylus goodyeroides* Lindl.	无危（LC）
2246	兰科	*Pholidota*	云南石仙桃	*Pholidota yunnanensis* Rolfe	近危（NT）
2247	兰科	*Platanthera*	二叶舌唇兰	*Platanthera chlorantha* Cust.ex Rchb.	无危（LC）
2248	兰科	*Platanthera*	对耳舌唇兰	*Platanthera finetiana* Schltr.	近危（NT）
2249	兰科	*Platanthera*	密花舌唇兰	*Platanthera hologlottis* Maxim.	无危（LC）
2250	兰科	*Platanthera*	舌唇兰	*Platanthera japonica*（Thunb. ex Marray）Lindl.	无危（LC）
2251	兰科	*Platanthera*	小舌唇兰	*Platanthera minor*（Miq.）Rchb. f.	无危（LC）
2252	兰科	*Pleione*	独蒜兰	*Pleione bulbocodioides*（Franch.）Rolfe	无危（LC）
2253	兰科	*Pleione*	美丽独蒜兰	*Pleione pleionoides*（Kraenzl.ex Diels）Braem et H.Mohr	易危（VU）
2254	兰科	*Pogonia*	朱兰	*Pogonia japonica* Rchb. f.	近危（NT）
2255	兰科	*Spiranthes*	绶草	*Spiranthes sinensis*（Pers.）Ames	无危（LC）
2256	兰科	*Tainia*	带唇兰	*Tainia dunnii* Rolfe	近危（NT）
2257	兰科	*Tulotis*	小花蜻蜓兰	*Tulotis ussuriensis*（Reg. et Maack）Hara	近危（NT）

附表 1.4 《中国植物红皮书》收录物种及其濒危等级

序号	科名	属拉丁名	中文名	学名	濒危等级
一蕨类植物					
1	瓶儿小草科	*Ophioglossum*	狭叶瓶儿小草	*Ophioglossum thermale* Kom.	渐危种
二裸子植物					
1	桫椤科	*Alsophila*	粗齿桫椤	*Alsophila denticulata* Bak.	濒危种
2	银杏科	*Ginkgo*	银杏	*Ginkgo biloba* L.	稀有种
3	松科	*Abies*	秦岭冷杉	*Abies chensiensis* Van Tiegh.	渐危种
4	松科	*Picea*	麦吊云杉	*Picea brachytyla*（Franch.）Pritz.	渐危种
5	松科	*Picea*	大果青杆	*Picea neoveitchii* Mast.	濒危种
6	松科	*Pseudotsuga*	黄杉	*Pseudotsuga sinensis* Dode	渐危种
7	杉科	*Metasequoia*	水杉	*Metasequoia glyptostroboides* Hu et Cheng	稀有种
8	三尖杉科（粗榧科）	*Cephalotaxus*	篦子三尖杉	*Cephalotaxus oliveri* Mast.	渐危种
9	红豆杉科	*Amentotaxus*	穗花杉	*Amentotaxus argotaenia*（Hance）Pilger	渐危种

序号	科名	属拉丁名	中文名	学名	濒危等级
				三被子植物	
1	胡桃科	*Juglans*	胡桃	*Juglans regia* L.	渐危种
2	杨柳科	*Populus*	钻天杨	*Populus nigra* L. var. *italica*（Moench）Koehne	稀有种
3	桦木科	*Corylus*	华榛	*Corylus chinensis* Franch.	渐危种
4	榆科	*Pteroceltis*	青檀	*Pteroceltis tatarinowii* Maxim.	稀有种
5	杜仲科	*Eucommia*	杜仲	*Eucommia ulmoides* Oliv.	稀有种
6	木兰科	*Liriodendron*	鹅掌楸	*Liriodendron chinense*（Hemsl.）Sarg.	稀有种
7	木兰科	*Magnolia*	天目玉兰	*Magnolia amoena* Cheng	渐危种
8	木兰科	*Magnolia*	凹叶厚朴	*Magnolia officinalis* Rehd. et Wils. ssp. *biloba*（Rehd. et Wils.）Law	渐危种
9	木兰科	*Magnolia*	厚朴	*Magnolia officinalis* Rehd.et Wils.	稀有种
10	樟科	*Phoebe*	楠木	*Phoebe zhennan* S. Lee et F. N. Wei	渐危种
11	水青树科	*Tetracentron*	水青树	*Tetracentron sinense* Oliv.	稀有种
12	领春木科	*Euptelea*	领春木	*Euptelea pleiospermum* Hook.f.et Thoms.	稀有种
13	连香树科	*Cercidiphyllum*	连香树	*Cercidiphyllum japonicum* Sieb. et Zucc.	稀有种
14	毛茛科	*Coptis*	黄连	*Coptis chinensis* Franch.	渐危种
15	小檗科	*Dysosma*	八角莲	*Dysosma versipelle*（Hance）M. Cheng ex T. S. Ying	渐危种
16	山茶科	*Stewartia*	紫茎	*Stewartia sinensis* Rehd.et Wils.	渐危种
17	金缕梅科	*Sinowilsonia*	山白树	*Sinowilsonia henryi* Hemsl.	稀有种
18	豆科	*Glycine*	野大豆	*Glycine soja* Sieb.et Zucc.	渐危种
19	豆科	*Ormosia*	红豆树	*Ormosia hosiei* Hemsl.et Wils.	渐危种
20	大戟科	*Croton*	巴豆	*Croton tiglium* L.	渐危种
21	芸香科	*Phellodendron*	黄檗	*Phellodendron amurense* Rupr.	渐危种
22	楝科	*Toona*	红椿	*Toona ciliate* Roem.	渐危种
23	槭树科	*Dipteronia*	金钱槭	*Dipteronia sinensis* Oliv.	稀有种
24	无患子科	*Eurycorymbus*	伞花木	*Eurycorymbus cavaleriei*（Levl.）Rehd.et Hand.-Mazz.	稀有种
25	省沽油科	*Tapiscia*	瘿椒树	*Tapiscia sinensis* Oliv.	稀有种
26	珙桐科	*Davidia*	珙桐	*Davidia involucrata* Baill.	稀有种
27	珙桐科	*Davidia*	光叶珙桐	*Davidia involucrata* Baill. var. *vilmoriniana*（Dode）Wanger.	稀有种
28	五加科	*panax*	秀丽假人参	*panax pseudo-ginseny* Wall. var. *eleganlior*（Burkill）Hoo et Tseny	濒危种
29	安息香科	*Pterostyrax*	白辛树	*Pterostyrax psilophyllus* Diels ex Perk.	渐危种
30	木犀科	*Fraxinus*	水曲柳	*Fraxinus mandshurica* Rupr.	渐危种
31	茜草科	*Emmenopterys*	香果树	*Emmenopterys henryi* Oliv.	稀有种
32	百合科	*Trillium*	延龄草	*Trillium tschonoskii* Maxim.	渐危种
33	兰科	*Gastrodia*	天麻	*Gastrodia elata* Bl.	渐危种

附表 1.5　保护区 CITES 收录物种

序号	科名	属拉丁名	中文名	学名	CITES
一				裸子植物	
1	红豆杉科	*Taxus*	红豆杉	*Taxus chinensis*（Pilger.）Rehd	附录 II
2	红豆杉科	*Taxus*	南方红豆杉	*Taxus chinensis*（Pilger.）Rehd. var. *mairei*（Lemée et Lévl.）Cheng et L.K.Fu.	附录 II

续表

序号	科名	属拉丁名	中文名	学名	CITES
二				被子植物	
1	水青树科	*Tetracentron*	水青树	*Tetracentron sinense* Oliv.	附录Ⅲ
2	大戟科	*Euphorbia*	泽漆	*Euphorbia helioscopia* L.	附录Ⅱ
3	大戟科	*Euphorbia*	续随子	*Euphorbia lathyris* L.	附录Ⅱ
4	柿树科	*Diospyros*	君迁子	*Diospyros lotus* L.	附录Ⅱ
5	菊科	*Saussurea*	云木香	*Saussurea costus*（Falc.）Lipech.	附录Ⅰ
6	兰科	*Amitostigma*	头序无柱兰	*Amitostigma capitatum* Tang et Wang	附录Ⅱ
7	兰科	*Bletilla*	小白芨	*Bletilla formosana*（Hayata）Schltr.	附录Ⅱ
8	兰科	*Bletilla*	黄花白芨	*Bletilla ochracea* Schltr.	附录Ⅱ
9	兰科	*Bletilla*	白芨	*Bletilla striata*（Thunb. ex A. Murray）Rchb. f.	附录Ⅱ
10	兰科	*Bulbophyllum*	密花石豆兰	*Bulbophyllum odoratissimum* Lindl.	附录Ⅱ
11	兰科	*Calanthe*	剑叶虾脊兰	*Calanthe davidii* Franch.	附录Ⅱ
12	兰科	*Calanthe*	三棱虾脊兰	*Calanthe tricarinata* Wall. ex Lindl.	附录Ⅱ
13	兰科	*Calanthe*	流苏虾脊兰	*Calanthe alpina* Hook. f. ex Lindl.	附录Ⅱ
14	兰科	*Cephalanthera*	银兰	*Cephalanthera erecta*（Thunb. ex A. Murray）Bl.	附录Ⅱ
15	兰科	*Coeloglossum*	凹舌兰	*Coeloglossum viride*（L.）Hartm.	附录Ⅱ
16	兰科	*Cymbidium*	蕙兰	*Cymbidium faberi* Rolfe	附录Ⅱ
17	兰科	*Cymbidium*	春兰	*Cymbidium goeringii*（Rchb. f.）Rchb. f.（C. virescens Lindl.）	附录Ⅱ
18	兰科	*Cypripedium*	黄花杓兰	*Cypripedium flavum* P. F. Hunt et Summerh	附录Ⅱ
19	兰科	*Cypripedium*	毛杓兰	*Cypripedium franchetii* Wils	附录Ⅱ
20	兰科	*Cypripedium*	绿花杓兰	*Cypripedium henryi* Rolfe	附录Ⅱ
21	兰科	*Dendrobium*	细叶石斛	*Dendrobium hancockii* Rolfe	附录Ⅱ
22	兰科	*Dendrobium*	石斛	*Dendrobium nobile* Lindl	附录Ⅱ
23	兰科	*Epipactis*	大叶火烧兰	*Epipactis mairei* Schltr.	附录Ⅱ
24	兰科	*Galeola*	毛萼山珊瑚	*Galeola lindleyana*（Hook. f. et Thoms.）Rchb. f.	附录Ⅱ
25	兰科	*Gastrodia*	天麻	*Gastrodia elata* Bl.	附录Ⅱ
26	兰科	*Goodyera*	斑叶兰	*Goodyera schechtendaliana* Rchb. f.	附录Ⅱ
27	兰科	*Gymnadenia*	西南手参	*Gymnadenia orchidis* Lindl.	附录Ⅱ
28	兰科	*Liparis*	小羊耳蒜	*Liparis fargesii* Finet.	附录Ⅱ
29	兰科	*Oreorchis*	长叶山兰	*Oreorchis fargesii* Finet	附录Ⅱ
30	兰科	*Platanthera*	二叶舌唇兰	*Platanthera chlorantha* Cust.ex Rchb.	附录Ⅱ
31	兰科	*Platanthera*	对耳舌唇兰	*Platanthera finetiana* Schltr.	附录Ⅱ
32	兰科	*Platanthera*	舌唇兰	*Platanthera japonica*（Thunb. ex Marray）Lindl.	附录Ⅱ
33	兰科	*Pleione*	独蒜兰	*Pleione bulbocodioides*（Franch.）Rolfe	附录Ⅱ
34	兰科	*Pleione*	美丽独蒜兰	*Pleione pleionoides*（Kraenzl.ex Diels）Braem et H.Mohr	附录Ⅱ
35	兰科	*Pogonia*	朱兰	*Pogonia japonica* Rchb. f.	附录Ⅱ
36	兰科	*Spiranthes*	绶草	*Spiranthes sinensis*（Pers.）Ames	附录Ⅱ
37	兰科	*Tulotis*	小花蜻蜓兰	*Tulotis ussuriensis*（Reg. et Maack）Hara	附录Ⅱ

附表1.6 保护区保护植物名录

序号	科名	属拉丁名	中文名	学名	保护等级
一蕨类植物					
1	蚌壳蕨科	*Cibotium*	金毛狗	*Cibotium barometz*（L.）J. Sm.	II级
2	桫椤科	*Alsophila*	粗齿桫椤	*Alsophila denticulata* Bak.	II级
二裸子植物					
1	银杏科	*Ginkgo*	银杏	*Ginkgo biloba* L.	I级
2	松科	*Abies*	巴山冷杉	*Abies fargesii* Franch.	市级
3	松科	*Abies*	秦岭冷杉	*Abies chensiensis* Van Tiegh.	II级
4	松科	*Picea*	麦吊云杉	*Picea brachytyla*（Franch.）Pritz.	市级
5	松科	*Picea*	大果青杆	*Picea neoveitchii* Mast.	II级
6	松科	*Pseudotsuga*	黄杉	*Pseudotsuga sinensis* Dode	II级
7	松科	*Tsuga*	铁杉	*Tsuga chinensis*（Franch.）Pritz.	市级
8	杉科	*Metasequoia*	水杉	*Metasequoia glyptostroboides* Hu et Cheng	I级
9	三尖杉科（粗榧科）	*Cephalotaxus*	篦子三尖杉	*Cephalotaxus oliveri* Mast.	II级
10	三尖杉科（粗榧科）	*Cephalotaxus*	粗榧	*Cephalotaxus sinensis*（Rehd.et WilS.）Li	市级
11	三尖杉科（粗榧科）	*Cephalotaxus*	宽叶粗榧	*Cephalotaxus sinensis*（Rehd.et WilS.）Li var. *latifolia* Cheng et L.K.Fu	市级
12	红豆杉科	*Amentotaxus*	穗花杉	*Amentotaxus argotaenia*（Hance）Pilger	市级
13	红豆杉科	*Taxus*	红豆杉	*Taxus chinensis*（Pilger.）Rehd	I级
14	红豆杉科	*Taxus*	南方红豆杉	*Taxus chinensis*（Pilger.）Rehd. var. *mairei*（Lemée et Lévl.）Cheng et L.K.Fu.	I级
15	红豆杉科	*Torreya*	巴山榧	*Torreya fargesii* Franch.	II级
三被子植物					
1	胡桃科	*Juglans*	野核桃	*Juglans cathayensis* Dode	市级
2	桦木科	*Corylus*	华榛	*Corylus chinensis* Franch.	市级
3	榆科	*Pteroceltis*	青檀	*Pteroceltis tatarinowii* Maxim.	市级
4	榆科	*Zelkova*	大叶榉树（榉树）	*Zelkova schneideriana* Hand.-Mazz.	II级
5	蓼科	*Fagopyrum*	金荞麦	*Fagopyrum dibotrys*（D. Don）Hara（*Fagopyrum cymosum*（Trev.）Meisn.）	II级
6	木兰科	*Liriodendron*	鹅掌楸	*Liriodendron chinense*（Hemsl.）Sarg.	II级
7	木兰科	*Magnolia*	华中木兰（望春玉兰）	*Magnolia biondii* Pamp.	市级
8	木兰科	*Magnolia*	凹叶厚朴&	*Magnolia officinalis* Rehd. et Wils. ssp. *biloba*（Rehd. et Wils.）Law	II级
9	木兰科	*Magnolia*	厚朴&	*Magnolia officinalis* Rehd.et Wils.	II级
10	樟科	*Actinodaphne*	隐脉黄肉楠	*Actinodaphne obscurinervia* Yang et P. H. Huang	市级
11	樟科	*Cinnamomum*	樟	*Cinnamomum camphora*（L.）Presl	II级
12	樟科	*Cinnamomum*	阔叶樟（银木）	*Cinnamomum platyphyllum*（Diels）Allen	市级
13	樟科	*Phoebe*	紫楠	*Phoebe sheareri*（Hemsl.）Gamble	市级
14	樟科	*Phoebe*	楠木	*Phoebe zhennan* S. Lee et F. N. Wei	II级
15	水青树科	*Tetracentron*	水青树	*Tetracentron sinense* Oliv.	II级
16	连香树科	*Cercidiphyllum*	连香树	*Cercidiphyllum japonicum* Sieb. et Zucc.	II级
17	毛茛科	*Cimicifuga*	南川升麻	*Cimicifuga nanchuanensis* Hsiao	市级
18	小檗科	*Dysosma*	八角莲	*Dysosma versipelle*（Hance）M. Cheng ex T. S. Ying	市级
19	马兜铃科	*Aristolochia*	木通马兜铃	*Aristolochia manshuriensis* Kom.	市级
20	猕猴桃科	*Actinidia*	中华猕猴桃	*Actinidia chinensis* Planch.	市级

续表

序号	科名	属拉丁名	中文名	学名	保护等级
三被子植物					
21	山茶科	*Stewartia*	紫茎	*Stewartia sinensis* Rehd.et Wils.	市级
22	金缕梅科	*Sinowilsonia*	山白树	*Sinowilsonia henryi* Hemsl.	市级
23	豆科	*Glycine*	野大豆	*Glycine soja* Sieb.et Zucc.	II级
24	豆科	*Ormosia*	红豆树	*Ormosia hosiei* Hemsl. et Wils.	II级
25	芸香科	*Phellodendron*	黄檗	*Phellodendron amurense* Rupr.	II级
26	芸香科	*Phellodendron*	川黄檗	*Phellodendron chinense* Schneid.	II级
27	楝科	*Toona*	红椿	*Toona ciliate* Roem.	II级
28	槭树科	*Acer*	薄叶槭	*Acer tenellum* Pax	市级
29	槭树科	*Dipteronia*	金钱槭	*Dipteronia sinensis* Oliv.	市级
30	无患子科	*Eurycorymbus*	伞花木	*Eurycorymbus cavaleriei*（Levl.）Rehd. et Hand.-Mazz.	II级
31	省沽油科	*Tapiscia*	瘿椒树	*Tapiscia sinensis* Oliv.	市级
32	千屈菜科	*Lagerstroemia*	南紫薇	*Lagerstroemia subcostata* Koehne	市级
33	蓝果树科	*Camptotheca*	喜树	*Camptotheca acuminata* Decne.	II级
34	珙桐科	*Davidia*	珙桐	*Davidia involucrata* Baill.	I级
35	珙桐科	*Davidia*	光叶珙桐	*Davidia involucrata* Baill.var. *vilmoriniana*（Dode）Wanger.	I级
36	安息香科	*Pterostyrax*	白辛树	*Pterostyrax psilophyllus* Diels ex Perk.	市级
37	木犀科	*Fraxinus*	水曲柳	*Fraxinus mandshurica* Rupr.	II级
38	茜草科	*Emmenopterys*	香果树	*Emmenopterys henryi* Oliv.	II级
39	玄参科	*Triaenophora*	呆白菜	*Triaenophora rupestris*（Hemsl.）Soler.	II级
40	百合科	*Trillium*	延龄草	*Trillium tschonoskii* Maxim.	市级
41	薯蓣科	*Dioscorea*	穿龙薯蓣	*Dioscorea nipponica* Makino	市级
42	薯蓣科	*Dioscorea*	盾叶薯蓣	*Dioscorea zingiberensis* C.H.Wright	市级

注：I级、II级、市级分别表示国家I级保护、国家II级保护和重庆市市级保护植物。

附表 2　重庆阴条岭国家级自然保护区样方调查记录表

样地号：1		调查人：陶建平、钱凤、党成强		调查时间：2014 年 11 月 9 日	
地点名称：		地形：山地		坡度：13°	
样地面积（m²）：1600		坡向：		坡位：中坡	
经度：109°51′32.23″		纬度：31°32′08.24″		海拔（m）：1901	
植被类型：落叶阔叶林					
乔木层（10m×20m）					
种号	中文名	拉丁名	株株（丛）数数	株高（m）	冠幅（m×m）
1	糙皮桦	*Betula utilis*	1	14	4×3
2	糙皮桦	*Betula utilis*	1	5	死亡
3	糙皮桦	*Betula utilis*	1	8	死亡
4	糙皮桦	*Betula utilis*	1	15	4×3
5	糙皮桦	*Betula utilis*	1	14	1.5×1.5
6	糙皮桦	*Betula utilis*	1	15	3×2
7	糙皮桦	*Betula utilis*	1	15	4×3
8	糙皮桦	*Betula utilis*	1	16	4×3
9	糙皮桦	*Betula utilis*	1	8	死亡
10	糙皮桦	*Betula utilis*	1	15	5×4
11	糙皮桦	*Betula utilis*	1	16	6×6
12	槲栎	*Quercus aliena*	1	14	4×3
13	槲栎	*Quercus aliena*	1	14	3×2
14	槲栎	*Quercus aliena*	1	5	死亡
15	槲栎	*Quercus aliena*	1	4.5	死亡
16	槲栎	*Quercus aliena*	1	8	2×1
17	三桠乌药	*Lindera obtusiloba*	1	10	3×3
18	三桠乌药	*Lindera obtusiloba*	1	10	4×3
19	三桠乌药	*Lindera obtusiloba*	1	7	1×1
20	三桠乌药	*Lindera obtusiloba*	1	8	3×1
21	扇叶槭	*Acer flabellatum*	1	11	3×3
22	扇叶槭	*Acer flabellatum*	1	10	4×3
23	石灰花楸	*Sorbus folgneri*	1	5	2×3
24	水青冈	*Fagus longipetiolata*	1	9	4×3
25	水青冈	*Fagus longipetiolata*	1	9	2×3
26	水青冈	*Fagus longipetiolata*	1	7	2×3
27	水青冈	*Fagus longipetiolata*	1	6	2×2
28	水青冈	*Fagus longipetiolata*	1	10	3×3
29	水青冈	*Fagus longipetiolata*	1	11	1×2
30	水青冈	*Fagus longipetiolata*	1	10	2×1.5
31	水青冈	*Fagus longipetiolata*	1	6.5	3×3
32	水青冈	*Fagus longipetiolata*	1	7	1.5×1.5
33	水青冈	*Fagus longipetiolata*	1	7	4×3

续表

		乔木层（10m×20m）			
种号	中文名	拉丁名	株株（丛）数数	株高（m）	冠幅（m×m）
34	水青冈	*Fagus longipetiolata*	1	10	4×3
35	四照花	*Dendrobenthamia japonica* var. *chinensis*	1	6	4×3
36	四照花	*Dendrobenthamia japonica* var. *chinensis*	1	9	4×4
37	四照花	*Dendrobenthamia japonica* var. *chinensis*	1	5	3×3
38	四照花	*Dendrobenthamia japonica* var. *chinensis*	1	5	3×3
		灌木层（5m×5m）			
种号	中文名	拉丁名	株数	株高（m）	冠幅（m×m）
1	菝葜	*Smilax china*	1	0.5	0.1×0.1
2	糙皮桦	*Betula utilis*	1	2.5	0.5×0.5
3	华山松	*Pinus armandii*	1	2.5	1×0.5
4	华山松	*Pinus armandii*	1	2	0.4×0.3
5	忍冬	*Lonicera japonica*	1	0.5	0.3×0.3
6	扇叶槭	*Acer flabellatum*	1	0.5	0.5×0.4
7	扇叶槭	*Acer flabellatum*	1	2	0.4×0.3
8	扇叶槭	*Acer flabellatum*	1	1.7	0.5×0.4
9	扇叶槭	*Acer flabellatum*	1	2.5	0.5×0.5
10	水青冈	*Fagus longipetiolata*	1	0.5	0.5×0.4
11	水青冈	*Fagus longipetiolata*	1	0.5	0.4×0.4
12	水青冈	*Fagus longipetiolata*	1	0.4	0.3×0.3
13	水青冈	*Fagus longipetiolata*	1	0.4	0.4×0.3
14	四照花	*Dendrobenthamia japonica* var. *chinensis*	1	3	0.5×0.4
15	四照花	*Dendrobenthamia japonica* var. *chinensis*	1	1.7	0.2×2
16	四照花	*Dendrobenthamia japonica* var. *chinensis*	1	0.5	0.3×0.3
17	四照花	*Dendrobenthamia japonica* var. *chinensis*	1	3	0.2×0.2
18	四照花	*Dendrobenthamia japonica* var. *chinensis*	1	1.2	1×1
19	四照花	*Dendrobenthamia japonica* var. *chinensis*	1	0.4	0.3×0.2

样地号：2	调查人：陶建平、钱凤、党成强		调查时间：2014 年 11 月 10 日
地点名称：	地形：山地		坡度：13°
样地面积（m²）：1600	坡向：		坡位：中坡
经度：109°51′32.23″	纬度：31°32′08.24″		海拔（m）：1901
		植被类型：落叶阔叶林	
		乔木层（10m×20m）	

种号	中文名	拉丁名	株株（丛）数数	株高（m）	冠幅（m×m）
1	糙皮桦	*Betula utilis*	1	15	6×5
2	糙皮桦	*Betula utilis*	1	15	6×6
3	糙皮桦	*Betula utilis*	1	5	死亡
4	槲栎	*Quercus aliena*	1	5	死亡
5	槲栎	*Quercus aliena*	1	4.5	死亡
6	槲栎	*Quercus aliena*	1	5	死亡
7	槲栎	*Quercus aliena*	1	5	死亡
8	槲栎	*Quercus aliena*	1	15	3×3
9	三桠乌药	*Lindera obtusiloba*	1	8	2×2

种号	中文名	拉丁名	株株（丛）数数	株高（m）	冠幅（m×m）
		乔木层（10m×20m）			
10	三桠乌药	*Lindera obtusiloba*	1	13	2×3
11	三桠乌药	*Lindera obtusiloba*	1	14	2×2
12	三桠乌约	*Lindera obtusiloba*	1	12	2×3
13	三桠乌药	*Lindera obtusiloba*	1	10	4×3
14	扇叶槭	*Acer flabellatum*	1	14	3×3
15	扇叶槭	*Acer flabellatum*	1	15	4×4
16	扇叶槭	*Acer flabellatum*	1	15	4×4
17	扇叶槭	*Acer flabellatum*	1	12	1.5×1.5
18	水青冈	*Fagus longipetiolata*	1	6	3×3
19	水青冈	*Fagus longipetiolata*	1	9	3×1
20	水青冈	*Fagus longipetiolata*	1	5	1×2
21	水青冈	*Fagus longipetiolata*	1	7	1×1
22	水青冈	*Fagus longipetiolata*	1	6	1×1
23	四照花	*Dendrobenthamia japonica* var. *chinensis*	1	6	2×3
24	四照花	*Dendrobenthamia japonica* var. *chinensis*	1	10	3×4
25	四照花	*Dendrobenthamia japonica* var. *chinensis*	1	7	1×2
26	四照花	*Dendrobenthamia japonica* var. *chinensis*	1	9	3×3
27	四照花	*Dendrobenthamia japonica* var. *chinensis*	1	6	1×3
28	四照花	*Dendrobenthamia japonica* var. *chinensis*	1	10	1×3
29	四照花	*Dendrobenthamia japonica* var. *chinensis*	1	5	2×2
30	四照花	*Dendrobenthamia japonica* var. *chinensis*	1	5	6×3
31	四照花	*Dendrobenthamia japonica* var. *chinensis*	1	7	1×1
32	四照花	*Dendrobenthamia japonica* var. *chinensis*	1	7	1×1
33	四照花	*Dendrobenthamia japonica* var. *chinensis*	1	8	1×1
34	四照花	*Dendrobenthamia japonica* var. *chinensis*	1	5	2×2
35	四照花	*Dendrobenthamia japonica* var. *chinensis*	1	10	3×3
36	四照花	*Dendrobenthamia japonica* var. *chinensis*	1	6	1×1
37	四照花	*Dendrobenthamia japonica* var. *chinensis*	1	5	1×1
38	四照花	*Dendrobenthamia japonica* var. *chinensis*	1	5	2×1
39	四照花	*Dendrobenthamia japonica* var. *chinensis*	1	7	3×2
40	四照花	*Dendrobenthamia japonica* var. *chinensis*	1	7	3×2
41	四照花	*Dendrobenthamia japonica* var. *chinensis*	1	10	6×5
42	四照花	*Dendrobenthamia japonica* var. *chinensis*	1	7	1×1
43	四照花	*Dendrobenthamia japonica* var. *chinensis*	1	6	1×1
44	四照花	*Dendrobenthamia japonica* var. *chinensis*	1	7	3×2
45	四照花	*Dendrobenthamia japonica* var. *chinensis*	1	5	1×2
46	四照花	*Dendrobenthamia japonica* var. *chinensis*	1	8	1.5×1
47	四照花	*Dendrobenthamia japonica* var. *chinensis*	1	5.5	1×2
48	四照花	*Dendrobenthamia japonica* var. *chinensis*	1	8	2×3
49	四照花	*Dendrobenthamia japonica* var. *chinensis*	1	8	3×2
50	四照花	*Dendrobenthamia japonica* var. *chinensis*	1	10	3×3.4
51	四照花	*Dendrobenthamia japonica* var. *chinensis*	1	5	1.5×1.5
52	四照花	*Dendrobenthamia japonica* var. *chinensis*	1	7	3×2

灌木层（5m×5m）					
种号	中文名	拉丁名	株数	株高（m）	冠幅（m×m）
1	菝葜	*Smilax china*	1	1	0.3×0.3
2	菝葜	*Smilax china*	1	1	0.2×0.2
3	炮栎	*Quercus serrata*	1	0.1	0.1×0.1
4	槲栎	*Quercus aliena*	1	1.7	死亡
5	槲栎	*Quercus aliena*	1	3	死亡
6	忍冬	*Lonicera japonica*	1	0.2	0.35×0.25
7	瑞香	*Daphne odora*	1	1	0.1×0.1
8	瑞香	*Daphne odora*	1	0.6	0.1×0.2
9	瑞香	*Daphne odora*	1	0.35	0.1×0.1
10	瑞香	*Daphne odora*	1	0.26	0.1×0.15
11	箬竹	*Indocalamus tessellatus*	1	0.5	0.2×0.2
12	扇叶槭	*Acer flabellatum*	1	0.3	0.1×0.1
13	扇叶槭	*Acer flabellatum*	1	0.35	0.35×0.1
14	扇叶槭	*Acer flabellatum*	1	3.5	1.5×1.5
15	水青冈	*Fagus longipetiolata*	1	2	0.3×0.4
16	水青冈	*Fagus longipetiolata*	1	2	0.5×0.5
17	水青冈	*Fagus longipetiolata*	1	2	0.5×0.5
18	水青冈	*Fagus longipetiolata*	1	1.6	0.5×0.5
19	四照花	*Dendrobenthamia japonica* var. *chinensis*	1	0.5	0.1×0.1
20	四照花	*Dendrobenthamia japonica* var. *chinensis*	1	2.5	1.5×1
21	四照花	*Dendrobenthamia japonica* var. *chinensis*	1	2.5	1×1
22	四照花	*Dendrobenthamia japonica* var. *chinensis*	1	0.6	0.1×0.1

样地号：3	调查人：陶建平、钱凤、党成强	调查时间：2014 年 11 月 10 日
地点名称：	地形：山地	坡度：13°
样地面积（m²）：1600	坡向：	坡位：中坡
经度：109°51′32.23″	纬度：31°32′08.24″	海拔（m）：1901

植被类型：落叶阔叶林					
乔木层（10m×20m）					
种号	中文名	拉丁名	株株（丛）数数	株高（m）	冠幅（m×m）
1	糙皮桦	*Betula utilis*	1	15	5×6
2	糙皮桦	*Betula utilis*	1	16	6×6
3	糙皮桦	*Betula utilis*	1	14	死亡
4	槲栎	*Quercus aliena*	1	13	3×3
5	槲栎	*Quercus aliena*	1	13	3×4
6	槲栎	*Quercus aliena*	1	13	3×4
7	槲栎	*Quercus aliena*	1	5	死亡
8	槲栎	*Quercus aliena*	1	15	3×3
9	槲栎	*Quercus aliena*	1	15	5×4
10	猫儿刺	*Ilex pernyi*	1	5	2×2
11	石灰花楸	*Sorbus folgneri*	1	9	2×3
12	水青冈	*Fagus longipetiolata*	1	7	2×2
13	水青冈	*Fagus longipetiolata*	1	14	4×4
14	水青冈	*Fagus longipetiolata*	1	7	2×3

续表

		乔木层（10m×20m）			
种号	中文名	拉丁名	株株（丛）数数	株高（m）	冠幅（m×m）
15	水青冈	*Fagus longipetiolata*	1	7	2×3
16	水青冈	*Fagus longipetiolata*	1	7	1.5×2
17	水青冈	*Fagus longipetiolata*	1	10	2×3
18	水青冈	*Fagus longipetiolata*	1	13	1×1
19	水青冈	*Fagus longipetiolata*	1	8	死亡
20	水青冈	*Fagus longipetiolata*	1	15	7×6
21	水青冈	*Fagus longipetiolata*	1	13	2×1
22	水青冈	*Fagus longipetiolata*	1	14	5×4
23	水青冈	*Fagus longipetiolata*	1	14	2×2
24	四照花	*Dendrobenthamia japonica* var. *chinensis*	1	6	1×1
25	四照花	*Dendrobenthamia japonica* var. *chinensis*	1	7	1.5×1.5
26	四照花	*Dendrobenthamia japonica* var. *chinensis*	1	7	2×1
27	四照花	*Dendrobenthamia japonica* var. *chinensis*	1	10	1.5×1.5
28	四照花	*Dendrobenthamia japonica* var. *chinensis*	1	8	1×1
29	四照花	*Dendrobenthamia japonica* var. *chinensis*	1	9	1×2

		灌木层（5m×5m）			
种号	中文名	拉丁名	株数	株高（m）	冠幅（m×m）
1	湖北十大功劳	*Mahonia confusa*	1	0.3	0.3×0.2
2	华山松	*Pinus armandii*	1	0.3	0.6×0.3
3	华山松	*Pinus armandii*	1	0.6	0.6×0.7
4	青榨槭	*Acer davidii*	1	0.3	0.1×0.1
5	扇叶槭	*Acer flabellatum*	1	2.2	0.8×0.8
6	扇叶槭	*Acer flabellatum*	1	0.3	0.3×0.2
7	水青冈	*Fagus longipetiolata*	1	1.5	1.5×1.5
8	四照花	*Dendrobenthamia japonica* var. *chinensis*	1	1.8	0.5×0.5
9	四照花	*Dendrobenthamia japonica* var. *chinensis*	1	1.7	1×1
10	四照花	*Dendrobenthamia japonica* var. *chinensis*	1	2.2	0.8×0.8
11	四照花	*Dendrobenthamia japonica* var. *chinensis*	1	0.7	0.5×0.5
12	四照花	*Dendrobenthamia japonica* var. *chinensis*	1	2.5	1.2×1
13	四照花	*Dendrobenthamia japonica* var. *chinensis*	1	1.1	1×1
14	麻叶绣线菊	*Spiraea cantoniensis*	1	0.4	0.3×0.3

样地号：4	调查人：陶建平、钱凤、党成强	调查时间：2015 年 7 月 4 日
地点名称：	地形：山地	坡度：13°
样地面积（m²）：1600	坡向：	坡位：中坡
经度：109°51′32.23″	纬度：31°32′08.24″	海拔（m）：1901

		植被类型：落叶阔叶林			
		乔木层（10m×20m）			
种号	中文名	拉丁名	株株（丛）数数	株高（m）	冠幅（m×m）
1	糙皮桦	*Betula utilis*	1	12	4×3
2	糙皮桦	*Betula utilis*	1	15	3×2
3	糙皮桦	*Betula utilis*	1	10	2×2

续表

乔木层（10m×20m）					
种号	中文名	拉丁名	株株（丛）数数	株高（m）	冠幅（m×m）
4	糙皮桦	*Betula utilis*	1	11	2×2
5	糙皮桦	*Betula utilis*	1	16	5×5
6	糙皮桦	*Betula utilis*	1	15	3×3
7	糙皮桦	*Betula utilis*	1	13	2×3
8	槲栎	*Quercus aliena*	1	15	4×3
9	槲栎	*Quercus aliena*	1	14	4×2
10	槲栎	*Quercus aliena*	1	11	3×2
11	槲栎	*Quercus aliena*	1	7	3×2
12	锐齿槲栎	*Quercus aliena* var. *acuteserrata*	1	14	2×3
13	锐齿槲栎	*Quercus aliena* var. *acuteserrata*	1	15	死亡
14	锐齿槲栎	*Quercus aliena* var. *acuteserrata*	1	14	3×2
15	锐齿槲栎	*Quercus aliena* var. *acuteserrata*	1	15	5×3
16	锐齿槲栎	*Quercus aliena* var. *acuteserrata*	1	15	2×2
17	锐齿槲栎	*Quercus aliena* var. *acuteserrata*	1	10	死亡
18	锐齿槲栎	*Quercus aliena* var. *acuteserrata*	1	7	1×1
19	锐齿槲栎	*Quercus aliena* var. *acuteserrata*	1	9	死亡
20	水青冈	*Fagus longipetiolata*	1	8	1.5×1.5
21	水青冈	*Fagus longipetiolata*	1	7	2×2
22	水青冈	*Fagus longipetiolata*	1	12	6×5
23	水青冈	*Fagus longipetiolata*	1	7	3×2
24	四照花	*Dendrobenthamia japonica* var. *chinensis*	1	9	4×3
25	四照花	*Dendrobenthamia japonica* var. *chinensis*	1	5	5×4
26	四照花	*Dendrobenthamia japonica* var. *chinensis*	1	8	3×3
27	四照花	*Dendrobenthamia japonica* var. *chinensis*	1	5	1.5×1.5
28	四照花	*Dendrobenthamia japonica* var. *chinensis*	1	7	4×4
29	四照花	*Dendrobenthamia japonica* var. *chinensis*	1	9	3×1.5
灌木层（5m×5m）					
种号	中文名	拉丁名	株数	株高（m）	冠幅（m×m）
1	湖北十大功劳	*Mahonia confusa*	1	0.2	0.1×0.2
2	华山松	*Pinus armandii*	1	0.5	0.4×0.4
3	华山松	*Pinus armandii*	1	0.4	0.3×0.4
4	青榨槭	*Acer davidii*	1	2.2	0.4×0.8
5	锐齿槲栎	*Quercus aliena* var. *acuteserrata*	1	0.3	0.1×0.1
6	锐齿槲栎	*Quercus aliena* var. *acuteserrata*	1	1	0.6×0.8
7	四照花	*Dendrobenthamia japonica* var. *chinensis*	1	1.8	0.6×0.6
8	四照花	*Dendrobenthamia japonica* var. *chinensis*	1	1.6	0.2×0.2
9	四照花	*Dendrobenthamia japonica* var. *chinensis*	1	0.3	0.3×0.2
10	四照花	*Dendrobenthamia japonica* var. *chinensis*	1	0.4	0.2×0.2
11	四照花	*Dendrobenthamia japonica* var. *chinensis*	1	2	0.5×0.6
12	四照花	*Dendrobenthamia japonica* var. *chinensis*	1	3	1.5×1.5
13	四照花	*Dendrobenthamia japonica* var. *chinensis*	1	0.3	0.3×0.2
14	四照花	*Dendrobenthamia japonica* var. *chinensis*	1	1	0.8×0.6
15	四照花	*Dendrobenthamia japonica* var. *chinensis*	1	3	2×1

样地号：5		调查人：陶建平、钱凤、党成强		调查时间：2015年7月5日	
地点名称：		地形：山地		坡度：13°	
样地面积（m²）：1600		坡向：		坡位：中坡	
经度：109°51′32.23″		纬度：31°32′08.24″		海拔（m）：1901	

植被类型：落叶阔叶林

乔木层（10m×20m）

种号	中文名	拉丁名	株株（丛）数数	株高（m）	冠幅（m×m）
1	糙皮桦	*Betula utilis*	1	12	3×4
2	糙皮桦	*Betula utilis*	1	12	4×3
3	糙皮桦	*Betula utilis*	1	15	2×2
4	槲栎	*Quercus aliena*	1	17	6×5
5	槲栎	*Quercus aliena*	1	12	1.5×1.5
6	槲栎	*Quercus aliena*	1	15	3×3
7	槲栎	*Quercus aliena*	1	8	2×2.5
8	锐齿槲栎	*Quercus aliena* var. *acuteserrata*	1	15	4×3
9	锐齿槲栎	*Quercus aliena* var. *acuteserrata*	1	15	6×2
10	锐齿槲栎	*Quercus aliena* var. *acuteserrata*	1	15	4×4
11	锐齿槲栎	*Quercus aliena* var. *acuteserrata*	1	5	3×3.5
12	水青冈	*Fagus longipetiolata*	1	5	4×3
13	水青冈	*Fagus longipetiolata*	1	7	5×4
14	水青冈	*Fagus longipetiolata*	1	7	2×2.3
15	四照花	*Dendrobenthamia japonica* var. *chinensis*	1	8	5×4
16	四照花	*Dendrobenthamia japonica* var. *chinensis*	1	6	1×2
17	四照花	*Dendrobenthamia japonica* var. *chinensis*	1	7	4×2
18	四照花	*Dendrobenthamia japonica* var. *chinensis*	1	6.5	1×2
19	四照花	*Dendrobenthamia japonica* var. *chinensis*	1	6.5	2×2
20	四照花	*Dendrobenthamia japonica* var. *chinensis*	1	5	3×3
21	四照花	*Dendrobenthamia japonica* var. *chinensis*	1	6.5	3×2
22	四照花	*Dendrobenthamia japonica* var. *chinensis*	1	8	4×4
23	小果南烛	*Lyonia ovalifolia*	1	4	1.5×1.5
24	小果南烛	*Lyonia ovalifolia*	1	5.2	2×1.8
25	杨叶木姜子	*Litsea populifolia*	1	7	3×3

灌木层（5m×5m）

种号	中文名	拉丁名	株数	株高（m）	冠幅（m×m）
1	华山松	*Pinus armandii*	1	0.6	0.4×0.4
2	华山松	*Pinus armandii*	1	0.6	0.5×0.3
3	华山松	*Pinus armandii*	1	0.6	0.5×0.5
4	华山松	*Pinus armandii*	1	0.6	0.5×0.5
5	华山松	*Pinus armandii*	1	1.2	1.5×1.5
6	青榨槭	*Acer davidii*	1	0.6	0.1×0.1
7	青榨槭	*Acer davidii*	1	0.4	0.05×0.05
8	青榨槭	*Acer davidii*	1	1.7	0.3×0.3
9	青榨槭	*Acer davidii*	1	0.35	0.15×0.5
10	青榨槭	*Acer davidii*	1	0.3	0.1×0.1
11	青榨槭	*Acer davidii*	1	0.5	0.1×0.1

续表

灌木层（5m×5m）					
种号	中文名	拉丁名	株数	株高（m）	冠幅（m×m）
12	青榨槭	*Acer davidii*	1	0.5	0.1×0.1
13	青榨槭	*Acer davidii*	1	0.5	0.1×0.1
14	青榨槭	*Acer davidii*	1	0.4	0.1×0.1
15	青榨槭	*Acer davidii*	1	0.4	0.1×0.1
16	青榨槭	*Acer davidii*	1	0.3	0.1×0.1
17	锐齿槲栎	*Quercus aliena* var. *acuteserrata*	1	0.4	0.35×0.4
18	锐齿槲栎	*Quercus aliena* var. *acuteserrata*	1	0.25	0.1×0.05
19	锐齿槲栎	*Quercus aliena* var. *acuteserrata*	1	0.2	0.05×0.1
20	锐齿槲栎	*Quercus aliena* var. *acuteserrata*	1	0.2	0.1×0.05
21	锐齿槲栎	*Quercus aliena* var. *acuteserrata*	1	0.4	0.1×0.15
22	锐齿槲栎	*Quercus aliena* var. *acuteserrata*	1	0.25	0.1×0.1
23	扇叶槭	*Acer flabellatum*	1	2.2	2×1.5
24	扇叶槭	*Acer flabellatum*	1	3.5	1.8×1.5
25	扇叶槭	*Acer flabellatum*	1	2.5	2×1
26	扇叶槭	*Acer flabellatum*	1	2.2	1.6×1.5
27	扇叶槭	*Acer flabellatum*	1	3.8	1.5×1
28	石灰花楸	*Sorbus folgneri*	1	2.5	1×0.5
29	四照花	*Dendrobenthamia japonica* var. *chinensis*	1	1.6	1.8×0.2
30	四照花	*Dendrobenthamia japonica* var. *chinensis*	1	1.2	0.5×0.5
31	四照花	*Dendrobenthamia japonica* var. *chinensis*	1	1.5	0.4×0.4
32	四照花	*Dendrobenthamia japonica* var. *chinensis*	1	3	3×2
33	四照花	*Dendrobenthamia japonica* var. *chinensis*	1	1.75	0.8×0.5
34	四照花	*Dendrobenthamia japonica* var. *chinensis*	1	1.5	0.2×0.2
35	四照花	*Dendrobenthamia japonica* var. *chinensis*	1	1.5	0.2×0.2
36	四照花	*Dendrobenthamia japonica* var. *chinensis*	1	1.4	0.2×0.1
37	四照花	*Dendrobenthamia japonica* var. *chinensis*	1	1.2	1×0.8
38	绣线菊	*Spiraea salicifolia*	1	1.4	0.1×0.1
39	绣线菊	*Spiraea salicifolia*	1	0.6	0.5×0.4

样地号：6		调查人：陶建平、钱凤、党成强		调查时间：2015 年 11 月 9 日	
地点名称：		地形：山地		坡度：13°	
样地面积（m²）：1600		坡向：		坡位：中坡	
经度：109°51′32.23″		纬度：31°32′08.24″		海拔（m）：1901	
植被类型：落叶阔叶林					
乔木层（10m×20m）					
种号	中文名	拉丁名	株株（丛）数数	株高（m）	冠幅（m×m）
1	糙皮桦	*Betula utilis*	1	17	4.8×5.7
2	糙皮桦	*Betula utilis*	1	19	7×7
3	糙皮桦	*Betula utilis*	1	12	3×2
4	糙皮桦	*Betula utilis*	1	7	4×4
5	糙皮桦	*Betula utilis*	1	5.5	3×2.5
6	槲栎	*Quercus aliena*	1	9	死亡

乔木层（10m×20m）					
种号	中文名	拉丁名	株株（丛）数数	株高（m）	冠幅（m×m）
7	槲栎	*Quercus aliena*	1	13	4×6
8	槲栎	*Quercus aliena*	1	15	6×7
9	槲栎	*Quercus aliena*	1	17	7×8
10	槲栎	*Quercus aliena*	1	15	4×4.5
11	槲栎	*Quercus aliena*	1	17	6×7
12	槲栎	*Quercus aliena*	1	15	5.2×6.3
13	槲栎	*Quercus aliena*	1	13	3.5×4.1
14	槲栎	*Quercus aliena*	1	15.5	4.6×5.8
15	槲栎	*Quercus aliena*	1	12	3.8×4.8
16	荚蒾	*Viburnum dilatatum*	1	7	2.2×2.5
17	荚蒾	*Viburnum dilatatum*	1	7	1.8×2.6
18	青榨槭	*Acer davidii*	1	7	3×15
19	水青冈	*Fagus longipetiolata*	1	7.3	2.2×3.8
20	水青冈	*Fagus longipetiolata*	1	5	1.1×1.3
21	水青冈	*Fagus longipetiolata*	1	5.5	1.1×2.3
22	水青冈	*Fagus longipetiolata*	1	8	3.8×4.7
23	水青冈	*Fagus longipetiolata*	1	13	4×4.3
24	四照花	*Dendrobenthamia japonica* var. *chinensis*	1	5	1.6×2.1
25	四照花	*Dendrobenthamia japonica* var. *chinensis*	1	7.2	4×5
26	四照花	*Dendrobenthamia japonica* var. *chinensis*	1	9	死亡
27	四照花	*Dendrobenthamia japonica* var. *chinensis*	1	7	3×3
灌木层（5m×5m）					
种号	中文名	拉丁名	株数	株高（m）	冠幅（m×m）
1	枹栎	*Quercus serrata*	1	1.2	1×0.8
2	梨	*Pyrus ussuriensis*	1	0.3	0.2×0.2
3	木姜子	*Litsea pungens*	1	0.3	0.3×0.2
4	青榨槭	*Acer davidii*	1	1.5	0.5×0.2
5	青榨槭	*Acer davidii*	1	0.9	0.9×0.8
6	青榨槭	*Acer davidii*	1	2.2	1×0.3
7	青榨槭	*Acer davidii*	1	2.3	0.8×0.3
8	青榨槭	*Acer davidii*	1	2.3	0.7×0.3
9	青榨槭	*Acer davidii*	1	0.8	0.8×0.1
10	青榨槭	*Acer davidii*	1	0.6	0.1×0.1
11	青榨槭	*Acer davidii*	1	0.8	0.1×0.2
12	青榨槭	*Acer davidii*	1	0.3	0.3×0.7
13	青榨槭	*Acer davidii*	1	0.9	0.1×0.1
14	青榨槭	*Acer davidii*	1	1	0.3×0.3
15	青榨槭	*Acer davidii*	1	0.5	0.1×0.1
16	青榨槭	*Acer davidii*	1	0.6	0.2×0.1
17	青榨槭	*Acer davidii*	1	0.5	0.5×0.1
18	青榨槭	*Acer davidii*	1	0.9	0.5×0.1
19	青榨槭	*Acer davidii*	1	0.8	0.4×0.4

续表

种号	中文名	拉丁名	株数	株高（m）	冠幅（m×m）
		灌木层（5m×5m）			
20	青榨槭	*Acer davidii*	1	1.4	0.8×0.2
21	青榨槭	*Acer davidii*	1	0.7	0.1×0.7
22	锐齿槲栎	*Quercus aliena* var. *acuteserrata*	1	0.4	0.4×0.4
23	扇叶槭	*Acer flabellatum*	1	0.8	0.4×0.2
24	扇叶槭	*Acer flabellatum*	1	0.6	0.1×0.2
25	绣线菊	*Spiraea salicifolia*	1	0.3	0.1×0.1
26	绣线菊	*Spiraea salicifolia*	1	1.3	1×0.8
27	绣线菊	*Spiraea salicifolia*	1	0.3	0.1×0.1
28	宜昌荚蒾	*Viburnum erosum*	1	1.2	0.7×0.6
29	宜昌荚蒾	*Viburnum erosum*	1	0.7	0.3×0.2
30	宜昌荚蒾	*Viburnum erosum*	1	0.6	0.2×0.3
31	宜昌荚蒾	*Viburnum erosum*	1	0.7	0.1×0.1
32	朱砂根	*Ardisia crenata*	1	0.5	0.1×0.1
33	朱砂根	*Ardisia crenata*	1	0.3	0.1×0.1
34	朱砂根	*Ardisia crenata*	1	0.3	0.2×0.1

样地号：7		调查人：陶建平、钱凤、党成强		调查时间：2015 年 11 月 10 日	
地点名称：		地形：山地		坡度：13°	
样地面积（m²）：1600		坡向：		坡位：中坡	
经度：109°51′32.23″		纬度：31°32′08.24″		海拔（m）：1901	
		植被类型：落叶阔叶林			
		乔木层（10m×20m）			
种号	中文名	拉丁名	株数	株高（m）	冠幅（m×m）
1	糙皮桦	*Betula utilis*	1	22	4×4
2	糙皮桦	*Betula utilis*	1	17	2.5×3.5
3	枹栎	*Quercus serrata*	1	17	6×5
4	槲栎	*Quercus aliena*	1	7	3×2
5	槲栎	*Quercus aliena*	1	17	5×2
6	槲栎	*Quercus aliena*	1	18	2×2
7	槲栎	*Quercus aliena*	1	19	7×4
8	槲栎	*Quercus aliena*	1	10	死亡
9	槲栎	*Quercus aliena*	1	12	死亡
10	槲栎	*Quercus aliena*	1	13.5	3.5×4
11	槲栎	*Quercus aliena*	1	14.5	4×4.5
12	槲栎	*Quercus aliena*	1	16.8	3.5×4.5
13	槲栎	*Quercus aliena*	1	14.2	4.2×3.8
14	槲栎	*Quercus aliena*	1	3.9	1.1×1.3
15	冷杉	*Abies fabri*	1	5.5	3×3
16	青冈	*Cyclobalanopsis glauca*	1	9.1	1.8×2.7
17	青冈	*Cyclobalanopsis glauca*	1	7.4	2.5×2.8
18	青冈	*Cyclobalanopsis glauca*	1	11	3×3.5
19	扇叶槭	*Acer flabellatum*	1	16	4×5
20	小果南烛	*Lyonia ovalifolia*	1	5	4×2

乔木层（10m×20m）					
种号	中文名	拉丁名	株数	株高（m）	冠幅（m×m）
21	小果南烛	*Lyonia ovalifolia*	1	7.1	1.5×2.2
22	小果南烛	*Lyonia ovalifolia*	1	4.5	1.8×2.1
23	小果南烛	*Lyonia ovalifolia*	1	7.5	1.5×1
灌木层（5m×5m）					
种号	中文名	拉丁名	株数	株高（m）	冠幅（m×m）
1	糙皮桦	*Betula utilis*	1	2.5	1×0.6
2	糙皮桦	*Betula utilis*	1	2.5	2×1.2
3	光枝勾儿茶	*Berchemia polyphylla* var. *leioclada*	1	0.9	1.5×0.6
4	光枝勾儿茶	*Berchemia polyphylla* var. *leioclada*	1	2.5	0.1×0.1
5	光枝勾儿茶	*Berchemia polyphylla* var. *leioclada*	1	2	0.3×0.1
6	槲栎	*Quercus aliena*	1	0.9	0.6×0.4
7	槲栎	*Quercus aliena*	1	2.5	2×1.6
8	槲栎	*Quercus aliena*	1	0.8	0.1×0.1
9	槲栎	*Quercus aliena*	1	3	1.5×1
10	槲栎	*Quercus aliena*	1	3	1.3×1.2
11	槲栎	*Quercus aliena*	1	4	0.3×1
12	槲栎	*Quercus aliena*	1	3	0.5×0.8
13	槲栎	*Quercus aliena*	1	2.5	1.1×1.2
14	槲栎	*Quercus aliena*	1	2.1	0.5×0.7
15	槲栎	*Quercus aliena*	1	2.1	0.5×0.7
16	槲栎	*Quercus aliena*	1	3.3	1.5×2.1
17	蜡莲绣球	*Hydrangea strigosa*	1	1.6	1×0.8
18	蜡莲绣球	*Hydrangea strigosa*	1	1.5	0.8×0.4
19	蜡莲绣球	*Hydrangea strigosa*	1	1	0.1×0.1
20	蜡莲绣球	*Hydrangea strigosa*	1	0.5	0.1×0.1
21	蜡莲绣球	*Hydrangea strigosa*	1	0.6	0.1×0.1
22	青冈	*Cyclobalanopsis glauca*	1	1.8	1.5×1.2
23	青冈	*Cyclobalanopsis glauca*	1	4	1.5×0.8
24	青冈	*Cyclobalanopsis glauca*	1	3	1.5×1
25	青冈	*Cyclobalanopsis glauca*	1	3	0.8×0.8
26	扇叶槭	*Acer flabellatum*	1	1.5	0.5×0.3
27	栓翅卫矛	*Euonymus phellomanus*	1	1.8	1×0.5
28	四照花	*Dendrobenthamia japonica* var. *chinensis*	1	2	2.1×1.1
29	四照花	*Dendrobenthamia japonica* var. *chinensis*	1	1.8	1.2×1.1
30	四照花	*Dendrobenthamia japonica* var. *chinensis*	1	0.6	0.2×0.2
31	四照花	*Dendrobenthamia japonica* var. *chinensis*	1	2.4	1.5×0.6
32	四照花	*Dendrobenthamia japonica* var. *chinensis*	1	1.2	0.5×0.6
33	宜昌荚蒾	*Viburnum erosum*	1	1.4	0.1×0.1
34	宜昌荚蒾	*Viburnum erosum*	1	1	0.1×0.2
35	宜昌荚蒾	*Viburnum erosum*	1	2.2	2.5×0.8
36	珍珠荚蒾	*Viburnum foetidum* var. *ceanothoides*	1	1.8	1×0.4
37	珍珠荚蒾	*Viburnum foetidum* var. *ceanothoides*	1	3	0.6×1.5
38	珍珠荚蒾	*Viburnum foetidum* var. *ceanothoides*	1	2	1.8×0.9
39	珍珠荚蒾	*Viburnum foetidum* var. *ceanothoides*	1	2	1.8×0.8

样地号：8		调查人：陶建平、钱凤、党成强		调查时间：2016 年 8 月 9 日		
地点名称：		地形：山地		坡度：13°		
样地面积（m²）：1600		坡向：		坡位：中坡		
经度：109°51′32.23″		纬度：31°32′08.24″		海拔（m）：1901		
植被类型：落叶阔叶林						
乔木层（10m×20m）						
种号	中文名	拉丁名		株数	株高（m）	冠幅（m×m）
1	糙皮桦	*Betula utilis*		1	17	3×3
2	糙皮桦	*Betula utilis*		1	7	4×2
3	糙皮桦	*Betula utilis*		1	5	死亡
4	糙皮桦	*Betula utilis*		1	—	死亡
5	糙皮桦	*Betula utilis*		1	5	3×1.8
6	糙皮桦	*Betula utilis*		1	8.5	2.5×3.3
7	槲栎	*Quercus aliena*		1	23	7×6
8	槲栎	*Quercus aliena*		1	15	3×4
9	槲栎	*Quercus aliena*		1	17	3×3
10	槲栎	*Quercus aliena*		1	19	4×4
11	槲栎	*Quercus aliena*		1	8.7	5×5.5
12	槲栎	*Quercus aliena*		1	13.1	2×3
13	槲栎	*Quercus aliena*		1	14.2	3.5×3.3
14	槲栎	*Quercus aliena*		1		死亡
15	槲栎	*Quercus aliena*		1	15.7	6×8
16	锐齿槲栎	*Quercus aliena* var. *acuteserrata*		1	14	6×4
17	锐齿槲栎	*Quercus aliena* var. *acuteserrata*		1	5.5	2×2
18	锐齿槲栎	*Quercus aliena* var. *acuteserrata*		1	12.5	2.8×3.5
19	锐齿槲栎	*Quercus aliena* var. *acuteserrata*		1	16.1	4×3
20	锐齿槲栎	*Quercus aliena* var. *acuteserrata*		1	16.2	3×4.2
21	山胡椒	*Lindera glauca*		1	4.4	2.1×2.2
22	四照花	*Dendrobenthamia japonica* var. *chinensis*		1	6	3×2
23	四照花	*Dendrobenthamia japonica* var. *chinensis*		1	6	4×3
24	四照花	*Dendrobenthamia japonica* var. *chinensis*		1	8.7	5×5.5
25	四照花	*Dendrobenthamia japonica* var. *chinensis*		1	4.7	4×3.2
26	四照花	*Dendrobenthamia japonica* var. *chinensis*		1	7	2.5×1.8
27	四照花	*Dendrobenthamia japonica* var. *chinensis*		1	8.5	4×3.1
28	四照花	*Dendrobenthamia japonica* var. *chinensis*		1	10.5	2.7×3
29	四照花	*Dendrobenthamia japonica* var. *chinensis*		1	5.6	1.2×2.3
30	四照花	*Dendrobenthamia japonica* var. *chinensis*		1	11.2	2.5×2.8
31	四照花	*Dendrobenthamia japonica* var. *chinensis*		1	11	2.8×2
32	四照花	*Dendrobenthamia japonica* var. *chinensis*		1	4.7	1.2×1.3
33	四照花	*Dendrobenthamia japonica* var. *chinensis*		1	6.5	3.3×3.7
34	四照花	*Dendrobenthamia japonica* var. *chinensis*		1	4.5	2.3×3.1
35	四照花	*Dendrobenthamia japonica* var. *chinensis*		1	4.8	1.2×1.3
灌木层（5m×5m）						
种号	中文名	拉丁名		株数	株高（m）	冠幅（m×m）
1	枹栎	*Quercus serrata*		1	0.5	0.2×0.1
2	枹栎	*Quercus serrata*		1	0.6	0.2×0.4
3	枹栎	*Quercus serrata*		1	0.6	0.2×0.3

灌木层（5m×5m）					
种号	中文名	拉丁名	株数	株高（m）	冠幅（m×m）
4	枹栎	*Quercus serrata*	1	0.7	0.2×0.4
5	枹栎	*Quercus serrata*	1	0.7	0.2×0.3
6	枹栎	*Quercus serrata*	1	0.45	0.1×0.2
7	枹栎	*Quercus serrata*	1	0.5	0.1×0.1
8	枹栎	*Quercus serrata*	1	0.4	0.2×0.3
9	枹栎	*Quercus serrata*	1	4.3	2×2.2
10	槲栎	*Quercus aliena*	1	0.2	0.2×0.3
11	槲栎	*Quercus aliena*	1	0.5	0.3×0.3
12	槲栎	*Quercus aliena*	1	0.8	0.2×0.1
13	槲栎	*Quercus aliena*	1	0.7	0.1×0.25
14	槲栎	*Quercus aliena*	1	0.4	0.2×0.35
15	华山松	*Pinus armandii*	1	0.4	0.4×0.5
16	华山松	*Pinus armandii*	1	4	2×1.9
17	猫儿刺	*Ilex pernyi*	1	0.4	0.4×0.6
18	青榨槭	*Acer davidii*	1	0.4	0.2×0.2
19	青榨槭	*Acer davidii*	1	0.4	0.2×0.2
20	青榨槭	*Acer davidii*	1	0.3	0.1×0.1
21	青榨槭	*Acer davidii*	1	0.4	0.1×0.2
22	青榨槭	*Acer davidii*	1	0.4	0.1×0.2
23	青榨槭	*Acer davidii*	1	0.6	0.2×0.5
24	青榨槭	*Acer davidii*	1	0.2	0.2×0.15
25	青榨槭	*Acer davidii*	1	0.3	0.15×0.2
26	青榨槭	*Acer davidii*	1	0.3	0.1×0.1
27	青榨槭	*Acer davidii*	1	0.2	0.2×0.1
28	青榨槭	*Acer davidii*	1	0.4	0.1×0.2
29	青榨槭	*Acer davidii*	1	0.4	0.1×0.2
30	青榨槭	*Acer davidii*	1	0.4	0.1×0.2
31	青榨槭	*Acer davidii*	1	0.3	0.2×0.05
32	青榨槭	*Acer davidii*	1	0.3	0.2×0.1
33	青榨槭	*Acer davidii*	1	0.6	0.2×0.1
34	青榨槭	*Acer davidii*	1	0.6	0.2×0.1
35	青榨槭	*Acer davidii*	1	0.48	0.1×0.18
36	青榨槭	*Acer davidii*	1	0.3	0.2×0.15
37	青榨槭	*Acer davidii*	1	0.6	0.2×0.08
38	青榨槭	*Acer davidii*	1	0.45	0.3×0.5
39	青榨槭	*Acer davidii*	1	0.6	0.1×0.1
40	青榨槭	*Acer davidii*	1	0.6	0.1×0.15
41	青榨槭	*Acer davidii*	1	0.7	0.1×0.1
42	青榨槭	*Acer davidii*	1	0.45	0.2×0.15
43	青榨槭	*Acer davidii*	1	0.6	0.1×0.3
44	青榨槭	*Acer davidii*	1	0.8	0.2×0.1
45	青榨槭	*Acer davidii*	1	0.3	0.2×0.1

灌木层（5m×5m）					
种号	中文名	拉丁名	株数	株高（m）	冠幅（m×m）
46	青榨槭	*Acer davidii*	1	0.6	0.2×0.1
47	青榨槭	*Acer davidii*	1	0.3	0.1×0.1
48	青榨槭	*Acer davidii*	1	0.6	0.1×0.1
49	青榨槭	*Acer davidii*	1	0.4	0.1×0.2
50	青榨槭	*Acer davidii*	1	0.5	0.1×0.1
51	青榨槭	*Acer davidii*	1	0.7	0.1×0.3
52	青榨槭	*Acer davidii*	1	4	1.5×1
53	锐齿槲栎	*Quercus aliena* var. *acuteserrata*	1	0.1	0.1×0.1
54	锐齿槲栎	*Quercus aliena* var. *acuteserrata*	1	0.3	0.2×0.3
55	四照花	*Dendrobenthamia japonica* var. *chinensis*	1	4	1.5×1.5
56	四照花	*Dendrobenthamia japonica* var. *chinensis*	1	0.5	0.2×0.2
57	四照花	*Dendrobenthamia japonica* var. *chinensis*	1	0.5	0.2×0.2
58	四照花	*Dendrobenthamia japonica* var. *chinensis*	1	1.2	0.2×0.4
59	四照花	*Dendrobenthamia japonica* var. *chinensis*	1	0.5	0.2×0.4
60	四照花	*Dendrobenthamia japonica* var. *chinensis*	1	0.1	0.1×0.2
61	四照花	*Dendrobenthamia japonica* var. *chinensis*	1	0.5	0.1×0.1
62	四照花	*Dendrobenthamia japonica* var. *chinensis*	1	4.2	1.2×1
63	四照花	*Dendrobenthamia japonica* var. *chinensis*	1	3.2	1.1×1.2
64	四照花	*Dendrobenthamia japonica* var. *chinensis*	1	2.8	2×2.3
65	四照花	*Dendrobenthamia japonica* var. *chinensis*	1	3.6	2×1.5
66	绣线菊	*Spiraea salicifolia*	1	0.3	0.1×0.1
67	绣线菊	*Spiraea salicifolia*	1	0.5	0.3×0.3
68	绣线菊	*Spiraea salicifolia*	1	0.4	0.1×0.1
69	绣线菊	*Spiraea salicifolia*	1	0.4	0.1×0.1
70	绣线菊	*Spiraea salicifolia*	1	0.4	0.1×0.1
71	绣线菊	*Spiraea salicifolia*	1	0.4	0.1×0.1
72	绣线菊	*Spiraea salicifolia*	1	0.4	0.1×0.1
73	绣线菊	*Spiraea salicifolia*	1	0.4	0.1×0.1
74	绣线菊	*Spiraea salicifolia*	1	0.4	0.1×0.1
75	绣线菊	*Spiraea salicifolia*	1	0.4	0.1×0.1
76	绣线菊	*Spiraea salicifolia*	1	0.4	0.1×0.1
77	绣线菊	*Spiraea salicifolia*	1	0.4	0.1×0.1
78	绣线菊	*Spiraea salicifolia*	1	0.4	0.1×0.1
79	绣线菊	*Spiraea salicifolia*	1	0.3	0.3×0.1
80	绣线菊	*Spiraea salicifolia*	1	0.3	0.3×0.2
81	绣线菊	*Spiraea salicifolia*	1	0.2	0.3×0.1
82	绣线菊	*Spiraea salicifolia*	1	0.3	0.2×0.2
83	绣线菊	*Spiraea salicifolia*	1	0.6	0.1×0.1
84	绣线菊	*Spiraea salicifolia*	1	0.8	0.2×0.3
85	绣线菊	*Spiraea salicifolia*	1	0.48	0.2×0.4
86	绣线菊	*Spiraea salicifolia*	1	0.6	0.2×0.3
87	绣线菊	*Spiraea salicifolia*	1	0.45	0.1×0.2

续表

| \多栏{6}{灌木层（5m×5m）} ||||||
种号	中文名	拉丁名	株数	株高（m）	冠幅（m×m）
88	绣线菊	*Spiraea salicifolia*	1	0.4	0.2×0.1
89	宜昌荚蒾	*Viburnum erosum*	1	1.2	0.2×0.3
90	宜昌荚蒾	*Viburnum erosum*	1	0.4	0.1×0.2
91	宜昌荚蒾	*Viburnum erosum*	1	0.6	0.3×0.6
92	宜昌荚蒾	*Viburnum erosum*	1	1.5	0.5×0.7
93	宜昌荚蒾	*Viburnum erosum*	1	0.45	0.2×0.1
94	宜昌荚蒾	*Viburnum erosum*	1	0.4	0.1×0.25
95	宜昌荚蒾	*Viburnum erosum*	1	0.3	0.2×0.3
96	宜昌荚蒾	*Viburnum erosum*	1	0.45	0.2×0.3
97	宜昌荚蒾	*Viburnum erosum*	1	0.6	0.2×0.4

附表3　重庆阴条岭山国家级自然保护区昆虫名录

编号	目	科名	中文种名（拉丁学名）	最新发现时间/年	数量状况	数据来源
1	蜉蝣目	四节蜉科	紫假二翅蜉 *Pseudocloeon purpurara* Gui et al	2014	+	标本
2	蜻蜓目	大蜓科	巨圆臂大蜓 *Anotogaster sieboldii*（Selys）	2009		文献
3	蜻蜓目	蜓科	黑纹伟蜓 *Anax nigrofasciatus* Oguma	2014	+	标本
4	蜻蜓目	蜓科	描金晏蜓 *Polycanthagyna ornithocephala*（McLachlan）	2011		文献
5	蜻蜓目	蜻科	迷尔蜻 *Libellila milli* Schmidt	2011		文献
6	蜻蜓目	蜻科	白尾灰蜻 *Orthetrum albistylum* Selys	2015	++	标本
7	蜻蜓目	蜻科	褐肩灰蜻 *Orthetrum japonicum inlernum* Mclachlan	2009		文献
8	蜻蜓目	蜻科	异色灰蜻 *Orthetrum melania* Selys	2014	+	标本
9	蜻蜓目	蜻科	狭腹灰蜻 *Orthetrum sabina* Drury	2011		文献
10	蜻蜓目	蜻科	青灰蜻 *Orthetrum triangulare* Selys	2014	+	标本
11	蜻蜓目	蜻科	华斜痣蜻 *Tramea virginia*（Rambu）	2014	+	标本
12	蜻蜓目	蜻科	夏赤蜻 *Sympetrum darwinianum* Selys	2010		文献
13	蜻蜓目	蜻科	竖眉赤蜻 *Sympetrum eroticum* Mclachlan	2011		文献
14	蜻蜓目	蜻科	黄基赤蜻 *Sympetrum speciosum* Oguma	2011		文献
15	蜻蜓目	蜻科	小黄赤蜻 *Sympetrum kunckeli* Selys	2014	++	标本
16	蜻蜓目	蜻科	大黄赤蜻 *Sympetrum uniforms* Selys	2014	+	标本
17	蜻蜓目	蜻科	褐顶赤蜻 *Sympetrum infuscatum* Selys	2009		文献
18	蜻蜓目	蜻科	晓褐蜻 *Trihemis aurora* Burmeister	2011		文献
19	蜻蜓目	螅科	长尾黄螅 *Ceriagrion fallax* Ris	2011		文献
20	蜻蜓目	螅科	短尾黄螅 *Ceriagrion melanurum* Selys	2011		文献
21	蜻蜓目	螅科	东亚异痣螅 *Ischnura asiatica* Brauer	2011		文献
22	蜻蜓目	螅科	褐斑异痣螅 *Ischnura senegalensis*（Rambur）	2014	+	标本
23	蜻蜓目	扇螅科	黄纹长腹螅 *Coeliccia cyanomelas* Ris	2011		文献
24	蜻蜓目	扇螅科	白狭扇螅 *Copera annulate* Selys	2011		文献
25	襀翅目	襀科	新襀 *Neoperla* sp.	2014	+	标本
26	螳螂目	长颈螳科	中华屏顶螳 *Kishinouyeum sinensae* Ouchi	2014	+	标本
27	螳螂目	螳科	枯叶大刀螳 *Tenodera aridifolia*（Stoll）	2014	+	标本
28	螳螂目	螳科	中华大刀螳 *Tenodera sinensis* Saussure	2015	+	标本
29	螳螂目	螳科	中华斧螳 *Hierodula chinensis* Werner	2014	++	标本
30	螳螂目	螳科	广斧螳 *Hierodula patellifera* Serville	2014	+	标本
31	螳螂目	螳科	薄翅螳 *Mantis religiosa* Linnaeus	2016	+	标本
32	螳螂目	螳科	棕静螳 *Statilia maculate* Thunberg	2014	+	标本
33	螳螂目	螳科	绿静螳 *Statilia nemoralis*（Saussure）	2015	+	标本
34	䗛目	䗛科	四川无肛䗛 *Paraentoria sichuanensis* Chen et He	2014	+	标本
35	䗛目	䗛科	白带足刺䗛 *Baculonistria alda*（Chen et He）	2014	++	标本
36	革翅目	螋科	慈螋 *Eparachus insignis*（de Haen）	2014	+	标本
37	直翅目	锥头蝗科	短额负蝗 *Atractomorpha sinensis* I. Bolivar	2009		文献

续表

编号	目	科名	中文种名（拉丁学名）	最新发现时间/年	数量状况	数据来源
38	直翅目	锥头蝗科	短星翅蝗 *Calliptanus abbreviatus* I. konnikov	2003		文献
39	直翅目	斑腿蝗科	小稻蝗 *Oxya intricate*（Stal）	2009		文献
40	直翅目	斑腿蝗科	中华稻蝗 *Oxya chinensis*（Thunberg）	2014	+++	标本
41	直翅目	斑腿蝗科	山稻蝗 *Oxya agavisa* Tsai	2014	++	标本
42	直翅目	斑腿蝗科	西安稻蝗 *Oxya sianensis* Zheng	2009		文献
43	直翅目	斑腿蝗科	微翅小蹦蝗 *Pedopodisma microptera* Zhang	2009		文献
44	直翅目	斑腿蝗科	棉蝗 *Chondracris rosea rosea*（De Geer）	2014	++	标本
45	直翅目	斑腿蝗科	印度黄脊蝗 *Patanga succincta*（Johansson）	2009		文献
46	直翅目	斑腿蝗科	黄胫小车蝗 *Oedaleus infernalis* Saussure	2009		文献
47	直翅目	斑腿蝗科	短星翅蝗 *Calliptanus abbreviatus* Ikonnikov	2014	+	标本
48	直翅目	斑腿蝗科	短角外斑腿蝗 *Xenocatantops brachycerus*（Willemse）	2014	+	标本
49	直翅目	斑腿蝗科	长翅素木蝗 *Shirakiacris shirakii* I. Bolivar	2009		文献
50	直翅目	斑腿蝗科	峨嵋腹露蝗 *Fruhstorferiola omei*（Rehn et Rehn）	2009		文献
51	直翅目	斑腿蝗科	长角线斑腿蝗 *Stenocatantops splendens*（Thunberg）	2014	+	标本
52	直翅目	斑翅蝗科	云斑车蝗 *Gastrimargus marmoratus*（Thunberg）	2009		文献
53	直翅目	斑翅蝗科	黑股车蝗 *Gastrimargus nubilis* Uvarov	2009		文献
54	直翅目	斑翅蝗科	黄胫小车蝗 *Oedaleus infernalis* Saussure	2014	+	标本
55	直翅目	斑翅蝗科	四川凸额蝗 *Traulia orientalis szetshuanensis* Ramme	2014	+	标本
56	直翅目	剑角蝗科	中华剑角蝗 *Acrida cinerca*（Thunberg）	2014	+	标本
57	直翅目	剑角蝗科	短翅佛蝗 *Phlaeoba angustidorsis* Bolivar	2009		文献
58	直翅目	网翅蝗科	中华雏蝗 *Chorthippus chinensis* Tarbinsky	2014	+	标本
59	直翅目	网翅蝗科	黄脊竹蝗 *Ceracris kiangsu* Tsai.	2009		文献
60	直翅目	网翅蝗科	青脊竹蝗 *Ceracris nigricornis* Walker	2014	++	标本
61	直翅目	网翅蝗科	黑翅雏蝗 *Chorthippus aethalinus*（Zubovski）	2009		文献
62	直翅目	网翅蝗科	中华雏蝗 *Chorthippus chinensis* Tarbinsky	2014	+	标本
63	直翅目	网翅蝗科	东方雏蝗 *Chorthippus intermedius*（Bey.-Bienko）	2009		文献
64	直翅目	网翅蝗科	大异距蝗 *Heteropternis robusta* B. Bienko	2009		文献
65	直翅目	草螽科	长瓣草螽 *Conocephalus gladiatus* Redtenbacher）	2014	+	标本
66	直翅目	草螽科	日本似草螽 *Hexacentrus japonicus* Karny	2014	++	标本
67	直翅目	露螽科	日本条螽 *Ducetia japonica* Thunberg	2009		文献
68	直翅目	露螽科	细尾拟鼓鸣螽 *Subibulbistridulous gracilis* Shi	2014	+	标本
69	直翅目	露螽科	镰尾露螽 *Phaneroptera falcata*（Poda）	2015	++	标本
70	直翅目	露螽科	截叶糙颈螽 *Ruidocollaris truncatelbata*（Brunner）	2014	+	标本
71	直翅目	螽斯科	中华螽斯 *Tettigonia chinensis* Willemse	2016	++	标本
72	直翅目	螽斯科	碧口寰螽 *Atlanticus bileouensis* Zheng	2009		文献
73	直翅目	螽斯科	优雅蝈螽 *Gampsocleis gratiosa* Brunner von Wattenwyl	2014	++	标本
74	直翅目	蝼蛄科	非洲蝼蛄 *Gryllotalapa africana* Palisot de Beauvois	2014	+	标本
75	直翅目	蝼蛄科	东方蝼蛄 *Gryllotalapa orientalis* Burmeistr	2014	+	标本
76	直翅目	蟋蟀科	油葫芦 *Gryllulus testaceus* Walker	2014	+	标本
77	蜚蠊目	蜚蠊科	美洲大蠊 *Periplaneta americana*（Linnaeus）	2014	+++	标本
78	蜚蠊目	蜚蠊科	黑胸大蠊 *Periplaneta fuliginosa* Serville	2014	+	标本
79	蜚蠊目	姬蠊科	德国小蠊 *Blattella germanica*（Linnaeus）	2014	+	标本

续表

编号	目	科名	中文种名（拉丁学名）	最新发现时间/年	数量状况	数据来源
80	等翅目	白蚁科	黑翅土白蚁 *Odontotermes formosanus*（Shiraki）	2014	++	标本
81	半翅目	蝉科	螂蝉 *Pomponia linearis*（Walker）	2014	++	标本
82	半翅目	蝉科	松寒蝉 *Meimuna opalifera*（Walker）	2014	+	标本
83	半翅目	蝉科	蚱蝉 *Cryptotympana atrata*（Fabricius）	2014	++++	标本
84	半翅目	蝉科	合哑蝉 *Karenia caelatata* Distant	2014	+	标本
85	半翅目	蝉科	瓣马蝉 *Platyomia radna*（Distant）	2014	+	标本
86	半翅目	蝉科	日本螗蝉 *Tanna japonensis*（Distant）	2014	+	标本
87	半翅目	蜡蝉科	斑衣蜡蝉 *Lycorma delicatula*（White）	2014	+	标本
88	半翅目	蛾蜡蝉科	晨星娥蜡蝉 *Cryptoflato guttularis*（Walker）	2014	+	标本
89	半翅目	盾蚧科	中华松针蚧 *Matsucoccus sinensis* Chen	2010		文献
90	半翅目	广翅蜡蝉科	柿广翅蜡蝉 *Ricania sublimbata*（Jacobi）	2010		文献
91	半翅目	角蝉科	羚羊矛角蝉 *Leptobelus gazella* Fairmaire	2009		文献
92	半翅目	沫蝉科	黑斑丽沫蝉 *Cosmoscarta dorsimacula* Walker	2009		文献
93	半翅目	沫蝉科	长头沫蝉 *Abidama producta*（Walker）	2009		文献
94	半翅目	沫蝉科	黑胸丽沫蝉 *Cosmoscarta exultns*（Walker）	2015	++	标本
95	半翅目	沫蝉科	南方曙沫蝉 *Eoscarta borealis*（Distant）	2009		文献
96	半翅目	沫蝉科	赤斑黑沫蝉 *Callitettix versicolor*（Fabricius）	2014	+	标本
97	半翅目	尖胸沫蝉科	白斑尖胸沫蝉 *Aphrophora quadriguttata* Melichar	2009		文献
98	半翅目	尖胸沫蝉科	松尖铲头沫蝉 *Clovia conifer* Walker	2009		文献
99	半翅目	叶蝉科	大斑凹大叶蝉 *Bothrogonia macromaculata* Kuoh	2009		文献
100	半翅目	叶蝉科	黑尾叶蝉 *Nephotettix cincticeps*（Uhler）	2009		文献
101	半翅目	叶蝉科	橙带突额叶蝉 *Gunungidia aurantiifasciata*（Jacobi）	2014	+	标本
102	半翅目	叶蝉科	白翅叶蝉 *Thaia rubiginosa* kuoh	2014	+	标本
103	半翅目	叶蝉科	小绿叶蝉 *Empoasca flavescens* Fabricius	2014	++	标本
104	半翅目	叶蝉科	大青叶蝉 *Cicadella viridis*（Limaeus）	2014	+	标本
105	半翅目	飞虱科	灰飞虱 *Laodelphax striatellus*（Fallen）	2014	+	标本
106	半翅目	飞虱科	褐飞虱 *Nilaparvata lugen*（Stal）	2009		文献
107	半翅目	飞虱科	白背飞虱 *Sogatella furcifera*（Horvath）	2009		文献
108	半翅目	蜡蚧科	白蜡虫 *Ericerus pela*（Chavannes）	2014	++	标本
109	半翅目	蚜科	棉蚜 *Aphis gossypii* Glover	2014	+++	标本
110	半翅目	蚜科	麦长管蚜 *Macrosiphum avenae*（Fabricius）	2014	+	标本
111	半翅目	蝎蝽科	中华螳蝎蝽 *Ranatra chinensis* Mayrt	2009		文献
112	半翅目	蝽科	稻绿蝽 *Nezara viridula forma smaragdula*（Fabricius）	2014	+++	标本
	半翅目	蝽科	稻绿蝽黄肩型 *Nezara viridula forma torquata*（Fabricius）	2014	++	标本
	半翅目	蝽科	稻绿蝽全绿型 *Nezara viridula forma smaragdula*（Fabricius）	2014	++	标本
113	半翅目	蝽科	茶翅蝽 *Halyomorpha picus*（Fabricius）	2014	+	标本
114	半翅目	蝽科	尖角普蝽 *Priassus spiniger* Haglund	2014	+	标本
115	半翅目	蝽科	绿岱蝽 *Dalpada smargdina*（Walker）	2014	++	标本
116	半翅目	蝽科	珀蝽 *Plautia crossota*（Dallas）	2014	+	标本
117	半翅目	蝽科	点蝽 *Tolumnia latipes* Tolumnia	2009		文献
118	半翅目	蝽科	麻皮蝽 *Erthesina fullo*（Thunberg）	2014	+	标本
119	半翅目	荔蝽科	玛蝽 *Mactiphus splendidus* Distant	2009		文献

编号	目	科名	中文种名（拉丁学名）	最新发现时间/年	数量状况	数据来源
120	半翅目	荔蝽科	异色巨蝽 *Eusthenes cupreus*（Westwood）	2009		文献
121	半翅目	荔蝽科	硕蝽 *Eurostus validus* Dallas	2009		文献
122	半翅目	猎蝽科	短翅梭猎蝽 *Sastrapada brevipennis* China	2010		文献
123	半翅目	猎蝽科	素猎蝽 *Epidaus famulus*（Stal）	2009		文献
124	半翅目	猎蝽科	六刺素猎蝽 *Epidaus sexspinus* Hsiao	2014	+	标本
125	半翅目	猎蝽科	云斑真猎蝽 *Harpactor incertus* Distant	2009		文献
126	半翅目	猎蝽科	桔红背猎蝽 *Reduvius tenebrosus* Walker	2009		文献
127	半翅目	猎蝽科	红缘猛猎蝽 *Sphedanolestes gularis* Hsiao	2014	++	标本
128	半翅目	龟蝽科	和豆龟蝽 *Megacopta horvathi*（Montandon）	2009		文献
129	半翅目	龟蝽科	显著圆龟蝽 *Coptosoma notabilis* Montandon	2009		文献
130	半翅目	同蝽科	川翅同蝽 *Anaxandra sichuanensis* Liu	2014	+	标本
131	半翅目	缘蝽科	斑背安缘蝽 *Anoplocnemis binotata* Distant	2009		文献
132	半翅目	缘蝽科	大棒缘蝽 *Clavigralla tuberosa* Hsiao	2009		文献
133	半翅目	缘蝽科	黑须棘缘蝽 *Cletus punctulatus*（Westwood）	2009		文献
134	半翅目	缘蝽科	小达缘蝽 *Dalader rubiginosus* Westwoo	2009		文献
135	半翅目	缘蝽科	环胫黑缘蝽 *Hygia touchei*（Dister）	2009		文献
136	半翅目	缘蝽科	茶色赭缘蝽 *Ochrochria camelina* Kirishenko	2009		文献
137	半翅目	缘蝽科	钝肩普缘蝽 *Plinachtus bicoloripes* Scott	2009		文献
138	半翅目	缘蝽科	条蜂缘蝽 *Riptortus linearis* Fabricius	2014	+	标本
139	半翅目	缘蝽科	黑竹缘蝽 *Notobitus meleagris*（Fabricius）	2009		文献
140	半翅目	瘤蝽科	滇龟瘤蝽 *Cheloris yunnanus* Hsiao & Liu	2009		文献
141	半翅目	土蝽科	纳加朱土蝽 *Parastrachia nagaeruis* Distant	2009		文献
142	半翅目	盲蝽科	三点盲蝽 *Adelphocoris fasiaticollis* Reuter	2014	+	标本
143	半翅目	盲蝽科	苜蓿盲蝽 *Adelphocoris lineolatus*（Goeze）	2009		文献
144	半翅目	盲蝽科	尖盾苜宿盲蝽 *Adelphocoris sichuanus* Kerzhner et Schuh	2010		文献
145	半翅目	盲蝽科	绿丽盲蝽 *Lygus lucorum*（Meyer-Dur）	2009		文献
146	半翅目	盲蝽科	深色狭盲蝽 *Stenodema elegans* Reuter	2014	+	标本
147	半翅目	红蝽科	二斑红蝽 *Physopelta cincticollis*（Fabricius）	2014	++	标本
148	半翅目	红蝽科	四斑红蝽 *Physopelta quadriguttata* Bergroth	2014	++	标本
149	半翅目	划蝽科	小划蝽 *Micronecta quadriseta* Lundblad	2014	+	标本
150	半翅目	负子蝽科	负子蝽 *Sphaerodema rustica* Fabricius	2009		文献
151	缨翅目	蓟马科	稻蓟马 *Stenchaetothrips biformis*（Bagnall）	2009		文献
152	广翅目	齿蛉科	中华斑鱼蛉 *Neochauliodes sinensis*（Walker）	2015	++	标本
153	广翅目	齿蛉科	黑头斑鱼蛉 *Neochauliodes nigris* Liu & Yang	2014	+	标本
154	广翅目	齿蛉科	基黄星齿蛉 *Protohermes basiflavus* Yang	2014	+	标本
155	脉翅目	蝶角蛉科	宽完眼蝶角蛉 *Protidricerus elwesi* McLachlan	2009		文献
156	脉翅目	蚁蛉科	白云蚁蛉 *Glenuroides japonicus*（Maclachlan）	2014	++	标本
157	脉翅目	褐蛉科	全北褐蛉 *Hemerobius humuli* Linnaeus	2015	+	标本
158	鞘翅目	虎甲科	中华虎甲 *Cieindela chnensis* Degeer	2014	+	标本
159	鞘翅目	虎甲科	匙斑虎甲 *Cylindela davidi* Fairmire	2015	+	标本
160	鞘翅目	虎甲科	星斑虎甲 *Cylindela kaleea*（Bates）	2014	+	标本
161	鞘翅目	步甲科	布氏细胫步甲 *Agonum buchanani*（Hope）	2009		文献

编号	目	科名	中文种名（拉丁学名）	最新发现时间/年	数量状况	数据来源
162	鞘翅目	步甲科	黛五角步甲 *Pentagonica daimiella* Bates	2009		文献
163	鞘翅目	步甲科	安妮卡步甲 *Carabus*（*Apotomopterus*）*grossefoveatus annikse* Klcinfeld	2010		文献
164	鞘翅目	步甲科	鄂步甲 *Carabus*（*Apotomopterus*）*hupeensis buycki* Hauser	2010		文献
165	鞘翅目	步甲科	信托步甲 *Carabus*（*Isiocarabus*）*fiduciarius* Thomson	2010		文献
166	鞘翅目	步甲科	巨步甲 *Carabus*（*Oreocarbus*）*titanus* Breuning	2010		文献
167	鞘翅目	步甲科	阿熙步甲 *Carabus*（*Oreocarbus*）*ohshimaianus* Deuve	2010		文献
168	鞘翅目	步甲科	尤咯步甲 *Carabus*（*Shunichioarabus*）*uenoianus* Imura	2010		文献
169	鞘翅目	步甲科	陕步甲 *Carabus*（*Tomocarabus*）*shaanxiensis* Deuve	2010		文献
170	鞘翅目	步甲科	拉步甲 *Carabus lafossei* Feisthamel	2014	++	标本
171	鞘翅目	龙虱科	齿缘龙虱 *Eretes sticticus*（Linnaeus）	2009		文献
172	鞘翅目	龙虱科	异爪麻点龙虱 *Rhantus pulverosus* Stepheas	2009		文献
173	鞘翅目	龙虱科	锦龙虱 *Hydaticus bowringi* Shap	2014	+	标本
174	鞘翅目	葬甲科	黑负葬甲 *Necrophorus concolor* Kraatz	2014	+	标本
175	鞘翅目	锹甲科	黄斑锹甲 *Lucanus parryi* Boileau	2009		文献
176	鞘翅目	锹甲科	深山锹甲 *Lucanus kirchneri* Zilioh	2014	+	标本
177	鞘翅目	锹甲科	斑股锹甲 *Lucanus maculifemoratus* Motschulsky	2014	+	标本
178	鞘翅目	锹甲科	熊半刀锹甲 *Hemisodorcus ursulae* Schenk Klaus-Dirk	2010		文献
179	鞘翅目	锹甲科	布氏璃锹甲巴山亚种 *Platycerus businskyi bashanicus* Imura et Tanikado	2010		文献
180	鞘翅目	锹甲科	黄褐前凹锹甲 *Prosopocoilus blanchardi*（Parry）	2014	+	标本
181	鞘翅目	锹甲科	巨锯锹甲 *Serrognathus titanus*（Boisduval）	2014	+	标本
182	鞘翅目	锹甲科	瑞齿扁锹甲指名亚种 *Serrognathus reichei reichei*（Hope）	2014	+	标本
183	鞘翅目	锹甲科	美颚莫锹甲 *Macrodorcas mellianus*（Kriesche）	2014	+	标本
184	鞘翅目	金龟科	戴联蜣螂 *Sisyphus davidis* Fairmaire	2014	+	标本
185	鞘翅目	丽金龟科	玻璃弧丽金龟 *Popillia flavosellata* Fairmaire	2010		文献
186	鞘翅目	丽金龟科	弱斑弧丽金龟 *Popillia histeroideagy* llenhal	2010		文献
187	鞘翅目	丽金龟科	蓝黑弧丽金龟 *Popillia cyanea* Hope	2009		文献
188	鞘翅目	丽金龟科	曲带弧丽金龟 *Popillia pustulatus* Fairmaire	2009		文献
189	鞘翅目	丽金龟科	腹毛异丽金龟 *Anomala amychodes* Ohaus	2009		文献
190	鞘翅目	丽金龟科	翠绿异丽金龟 *Anomala milestriga* Bates	2009		文献
191	鞘翅目	丽金龟科	红背异丽金龟 *Anomala rufithorax* Ohaus	2009		文献
192	鞘翅目	丽金龟科	铜绿异丽金龟 *Anomala corpulenta* Motschulsky	2014	+	标本
193	鞘翅目	丽金龟科	多色异丽金龟 *Anomala chamaeleon* Fairmaire	2014	+	标本
194	鞘翅目	丽金龟科	黄褐异丽金龟 *Anomala exoleta* Faldermann	2014	+	标本
195	鞘翅目	丽金龟科	陷缝异丽金龟 *Anomala rufiventris* Redtenbacher	2009		文献
196	鞘翅目	丽金龟科	川毛异丽金龟 *Oenothera pilosella* Fairmaire	2009		文献
197	鞘翅目	丽金龟科	黄艳金龟 *Mimela testaceoviridis* Blanchard	2010		文献
198	鞘翅目	丽金龟科	亮绿彩丽金龟 *Mimela splendens* Gyllenhal	2009		文献
199	鞘翅目	丽金龟科	背沟彩丽金龟 *Mimela specularis* Ohaus	2009		文献
200	鞘翅目	丽金龟科	黑附长丽金龟 *Adoretosoma atritarse*（Fairmaire）	2009		文献
201	鞘翅目	花金龟科	日铜罗花金龟 *Rhomborrhina japonica* Hope	2014	+	标本
202	鞘翅目	花金龟科	多纹星花金龟 *Protaetia*（*Potosia*）*famelica*（Janson）	2014	+	标本
203	鞘翅目	花金龟科	赭翅臀花金龟 *Campsiura mirabilis*（Faldermann）	2010		文献

编号	目	科名	中文种名（拉丁学名）	最新发现时间/年	数量状况	数据来源
204	鞘翅目	花金龟科	斑青花金龟 *Oxycetonia bealiae*（Gory *et* Prrcheron）	2010		文献
205	鞘翅目	花金龟科	圆唇肋花金龟 *Parapilinurgus variegates* Arrow	2010		文献
206	鞘翅目	花金龟科	钝毛磷花金龟 *Cosmiomorpha setulosa* Westwood	2009		文献
207	鞘翅目	花金龟科	绿凹缘花金龟 *Dicranobia polanini* Kraatz	2009		文献
208	鞘翅目	花金龟科	宽带鹿花金龟 *Dicranocephalus adamsi* Pascoe	2009		文献
209	鞘翅目	花金龟科	黄粉鹿花金龟 *Dicranocephalus wallichi* Bwringi	2014	+	标本
210	鞘翅目	花金龟科	褐色头花金龟 *Mycteristes microphyllus* Wood-Mason	2009		文献
211	鞘翅目	鳃金龟科	大云鳃金龟 *Polyphylla laticollis* Lewis	2014	+	标本
212	鞘翅目	犀金龟科	蒙瘤犀金龟 *Trichogomaphus mongol* Arrow	2014	+	标本
213	鞘翅目	粪金龟科	波笨粪金龟 *Lethrus potanini* Jakovle	2014	+	标本
214	鞘翅目	芫菁科	毛胫豆芫菁 *Epicauta tibialis* Waterhouse	2014	+	标本
215	鞘翅目	叩甲科	泥红槽缝叩甲 *Agrypnus argllaceus*（Solsky）	2010		文献
216	鞘翅目	叩甲科	筛胸梳爪叩甲 *Melanotus*（*Spheniscosomus*）*cribricollis*（Faldermann）	2014	+	标本
217	鞘翅目	瓢虫科	日本丽瓢虫 *Callicaria superba*（Mulsant）	2010		文献
218	鞘翅目	瓢虫科	七星瓢虫 *Coccinella septempunctata* Linnaeus	2014	++	标本
219	鞘翅目	瓢虫科	五味子瓢虫 *Epilachna subachna*（Diede）	2009		文献
220	鞘翅目	瓢虫科	异色瓢虫 *Harmonia axyridis*（Pallas）	2014	++	标本
221	鞘翅目	瓢虫科	隐斑瓢虫 *Harmonia yedoensis*（Takizawa）	2009		文献
222	鞘翅目	瓢虫科	马铃薯瓢虫 *Henosepilachna vigintioctomaculata*（Motschulsky）	2014	+	标本
223	鞘翅目	瓢虫科	六斑月瓢虫 *Menochilus sexmaculatus* Fabricius	2014	+	标本
224	鞘翅目	瓢虫科	稻红瓢虫 *Micraspis discolor*（Fabricius）	2014	+	标本
225	鞘翅目	瓢虫科	龟纹瓢虫 *Propylaea japonica*（Thunberg）	2014	+	标本
226	鞘翅目	拟步甲科	弯胫大粉甲 *Promethis valgies*（Mwrseul）	2010		文献
227	鞘翅目	天牛科	瘤胸簇天牛 *Aristobia hispida*（Saunders）	2010		文献
228	鞘翅目	天牛科	锈色粒肩天牛 *Apriona swainsoni*（Hope）	2010		文献
229	鞘翅目	天牛科	金绒锦天牛 *Acalolepta permutans* Pascoe	2010		文献
230	鞘翅目	天牛科	眼斑齿胫天牛 *Paraleprodera diophthalmo*（Pascoe）	2010		文献
231	鞘翅目	天牛科	多斑白条天牛 *Batocera horsfieldi*（Hope）	2010		文献
232	鞘翅目	天牛科	橙斑白条天牛 *Batocera davidis* Deyrolle	2014	+	标本
233	鞘翅目	天牛科	缺环绿虎天牛 *Chlorophorus arciferus* Chevrus	2010		文献
234	鞘翅目	天牛科	槐绿虎天牛 *Chlorophorus diadema*（Motschulsky）	2010		文献
235	鞘翅目	天牛科	榄绿虎天牛 *Chlorophorus eleodes*（Fairmaire）	2014	+	标本
236	鞘翅目	天牛科	二斑黑绒天牛 *Embrikstrandia bimaculata*（White）	2010		文献
237	鞘翅目	天牛科	黑足类花天牛 *Lepturalia nigripes*（Degeer）	2010		文献
238	鞘翅目	天牛科	苍蓝蛇纹天牛 *Microlenecamptus obsoletus* Fairmaire	2010		文献
239	鞘翅目	天牛科	多带天牛 *Polyzonus fasciatus* Fabricius	2010		文献
240	鞘翅目	天牛科	桔根接眼天牛 *Priotyrranus closteroides*（Thomson）	2010		文献
241	鞘翅目	天牛科	黄星天牛 *Psacothea hilaris*（Pascoe）	2010		文献
242	鞘翅目	天牛科	脊胸天牛 *Rhytidodera bowrinii* White	2010		文献
243	鞘翅目	天牛科	星天牛 *Anoplophora chinensis*（Forster）	2014	+	标本
244	鞘翅目	天牛科	橘褐天牛 *Nadezhiella cantori*（Hopo）	2009		文献
245	鞘翅目	天牛科	黑翅脊筒天牛 *Nupserha subvelutina* Gahan	2009		文献

续表

编号	目	科名	中文种名（拉丁学名）	最新发现时间/年	数量状况	数据来源
246	鞘翅目	天牛科	苎麻双脊天牛 *Paraglenea fortunei*（Saunders）	2009		文献
247	鞘翅目	天牛科	橙斑白条天牛 *Batocera davidis* Deyrolle	2014	+	标本
248	鞘翅目	天牛科	蓝丽天牛 *Rosalia coelestis* Semenov	2014	+	标本
249	鞘翅目	水龟甲科	长须大水龟虫 *Hydrophilus acuninatus* Motschulsky	2014	+	标本
250	鞘翅目	叶甲科	黄守瓜 *Aulacophora femoralis* Weise	2014	+	标本
251	鞘翅目	叶甲科	柳二十斑叶甲 *Chrysomela vigintipunctata*（Scopoli）	2010		文献
252	鞘翅目	叶甲科	核桃扁叶甲 *Gastrolina depressa* Baly	2010		文献
253	鞘翅目	叶甲科	二纹柱萤叶甲 *Gallerucida bifasciata* Motschulsky	2010		文献
254	鞘翅目	叶甲科	闽克萤叶甲 *Cneorane fokiensis* Weise	2009		文献
255	鞘翅目	叶甲科	褐背小萤叶甲 *Galerucella grisescens*（Joannis）	2009		文献
256	鞘翅目	叶甲科	桑黄迷萤叶甲 *Mimastra cyanura*（Hopo）	2009		文献
257	鞘翅目	叶甲科	黄缘米萤叶甲 *Mimastra lmbata* Baly	2014	++	标本
258	鞘翅目	叶甲科	黄斑长附萤叶甲 *Monolepta signata* Olivier	2009		文献
259	鞘翅目	叶甲科	红铜凸顶跳甲 *Euphitrea micans* Baly	2009		文献
260	鞘翅目	叶甲科	金绿沟胫跳甲 *Hemipyxis plagioderoides*（Motschulsky）	2009		文献
261	鞘翅目	叶甲科	裸顶丝跳甲 *Hespera sericea* Weise	2009		文献
262	鞘翅目	叶甲科	蓝胸圆肩叶甲 *Humba cyanicollis* Hope	2009		文献
263	鞘翅目	叶甲科	棕头寡毛跳甲 *Luperomorpha nobilis* Weise	2014	+	标本
264	鞘翅目	叶甲科	蓝色九节跳甲 *Nonarthra cyaneum* Baly	2014	+	标本
265	鞘翅目	叶甲科	油菜蚤跳甲 *Psyllides punctifrons* Baly	2009		文献
266	鞘翅目	肖叶甲科	褐足角胸肖叶甲 *Basilepta fulvipes*（Motschulsky）	2009		文献
267	鞘翅目	肖叶甲科	光角胸肖叶甲 *Basilepta laevigata*（Tan）	2009		文献
268	鞘翅目	肖叶甲科	隆基角胸肖叶甲 *Basilepta leechi*（Jacoby）	2009		文献
269	鞘翅目	肖叶甲科	毛腹角胸肖叶甲 *Basilepta pubiventer* Tan	2009		文献
270	鞘翅目	肖叶甲科	圆角胸肖叶甲 *Basilepta ruficolle*（Jacoby）	2009		文献
271	鞘翅目	肖叶甲科	四川隐头叶甲 *Cryptocephalus slocumi* Gressitt	2009		文献
272	鞘翅目	肖叶甲科	斑鞘豆叶甲 *Colposcelis signata*（Motschulsky）	2009		文献
273	鞘翅目	肖叶甲科	淡鞘短柱叶甲 *Pachybrachys eruditus* Baly	2009		文献
274	鞘翅目	肖叶甲科	黑额光叶甲 *Smaragdina nigrifrons*（Hopo）	2014	+	文献
275	鞘翅目	铁甲科	斜缘丽甲 *Callispa obiqua* Chen et Yu	2015	+	标本
276	鞘翅目	铁甲科	甘薯台龟甲 *Taiwania circumdata*（Herbst）	2009		文献
277	鞘翅目	铁甲科	北锯龟甲 *Basiprionota bisignata*（Boheman）	2010		文献
278	鞘翅目	铁甲科	大锯龟甲 *Basiprionota chinensis*（Fabricius）	2010		文献
279	鞘翅目	象甲科	核桃长足象 *Alcidodes juglans* Chao	2010		文献
280	鞘翅目	象甲科	大粒横沟象 *Dyscerus cribripennis* Matsumura et Kono	2010		文献
281	鞘翅目	象甲科	长尖光洼象 *Gasteroclisus klapperichi*	2009		文献
282	鞘翅目	小蠹科	华山松梢小蠹 *Cryphalus lipingensis* Tsai et Li	2010		文献
283	鞘翅目	小蠹科	近瘤小蠹 *Orthotomicus：suturalis* Gyllenhal	2010		文献
284	鞘翅目	小蠹科	华山松大小蠹 *Dendroctonus armandi* Tsai et Li	2010		文献
285	鞘翅目	小蠹科	纵坑切梢小蠹 *Tomicus piniperda*（Linnweus）	2010		文献
286	鳞翅目	木蠹蛾科	咖啡豹蠹蛾 *Zeuzera coffeae* Nietner	2014	+	标本
287	鳞翅目	木蠹蛾科	梨豹蠹蛾 *Zeuzera pyrina*（Linnaeus）	2014	+	标本

编号	目	科名	中文种名（拉丁学名）	最新发现时间/年	数量状况	数据来源
288	鳞翅目	木蠹蛾科	黄胸木蠹蛾 *Cossus chinensis* Rothschild	2014	++	标本
289	鳞翅目	螟蛾科	二化螟 *Chilo suppressalis*（Walker）	2009	+	标本
290	鳞翅目	螟蛾科	稻纵卷叶螟 *Cnaphalocrocis medinalis* Guenee	2014	+++	标本
291	鳞翅目	螟蛾科	黑缘犁角野螟 *Coniorhychus butyrosa* Butler	2009		文献
292	鳞翅目	螟蛾科	赭缘绢野螟 *Diaphania lacustralis*（Moore）	2009		文献
293	鳞翅目	螟蛾科	黄杨绢野螟 *Diaphania perspectalis*（Walker）	2009		文献
294	鳞翅目	螟蛾科	四斑绢野螟 *Diaphania quadrimaculalis*（Bremer et Grey）	2014	+	标本
295	鳞翅目	螟蛾科	绿翅绢野螟 *Diaphania angustalis*（Snellen）	2014	++	标本
296	鳞翅目	螟蛾科	白蜡绢野螟 *Diaphania nigropunctalis*（Bremer）	2014	+	标本
297	鳞翅目	螟蛾科	豆荚野螟 *Maruca testulalis*（Geyer）	2009		文献
298	鳞翅目	螟蛾科	玉米螟 *Ostrinia nubilalis* Hubern	2009		文献
299	鳞翅目	螟蛾科	白班黑翅野螟 *Pygospila tyres*（Cramer）	2009		文献
300	鳞翅目	螟蛾科	泡桐卷野螟 *Pycnarman cribrata*（Fabricius）	2014	+	标本
301	鳞翅目	螟蛾科	曲纹短须螟 *Sacada contigua*（Moore）	2009		文献
302	鳞翅目	螟蛾科	葡萄卷叶野螟 *Sylepta luctuosalis*（Guenee）	2009		文献
303	鳞翅目	螟蛾科	华长肩螟 *Tgulifera sinasis*（Caradja）	2009		文献
304	鳞翅目	螟蛾科	朱硕螟 *Toccolosida rubriceps* Walker	2009		文献
305	鳞翅目	螟蛾科	三化螟 *Tryporyza incertulas*（Walker）	2009		文献
306	鳞翅目	螟蛾科	大白斑野螟 *Polythlipta liquidalis* Leech	2014	++	标本
307	鳞翅目	螟蛾科	金双点螟 *Orybina flaviplaga* Walker	2014	+	标本
308	鳞翅目	螟蛾科	艳双点螟 *Orybina regalis* Leech	2014	+	标本
309	鳞翅目	刺蛾科	肖媚绿刺蛾 *Parasa pseudorepanda* Herring	2014		文献
310	鳞翅目	刺蛾科	素刺蛾 *Susica pallida* Walker	2009		文献
311	鳞翅目	刺蛾科	丽绿刺蛾 *Parasa lepida*（Cramer）	2014	+	标本
312	鳞翅目	刺蛾科	迹斑绿刺蛾 *Parasa pastoralis* Butler	2014	+	标本
313	鳞翅目	刺蛾科	黄刺蛾 *Cnidocampa flavescens*（Walker）	2014	++	标本
314	鳞翅目	波纹蛾科	华波纹蛾 *Habrosyne pyritoides*（Hufnagel）	2009		文献
315	鳞翅目	波纹蛾科	金波纹蛾 *Plusina aurea* Gaede	2009		文献
316	鳞翅目	波纹蛾科	波纹蛾 *Thyatira batis*（Linnaeus）	2009		文献
317	鳞翅目	波纹蛾科	粉太波纹蛾 *Tethea consimilis*（Warren）	2014	++	标本
318	鳞翅目	波纹蛾科	陕篝波纹蛾 *Gaurena fletcheri* Werny	2014	+	标本
319	鳞翅目	网蛾科	银线网蛾 *Rhodoneura yunnana* Chu et Wang	2014	+	标本
320	鳞翅目	网蛾科	树形网蛾 *Rhodoneura aurea* Butler	2014	+	标本
321	鳞翅目	燕蛾科	三点燕蛾 *Pseudomicronia archilis* Guenée	2009		文献
322	鳞翅目	鹿蛾科	蜀鹿蛾 *Amata davidi*（Poujade）	2014	+	标本
323	鳞翅目	鹿蛾科	中华鹿蛾 *Amata sinensis* Rothsch	2014	+	标本
324	鳞翅目	圆钩蛾科	洋麻圆钩蛾 *Cyclidia substigmaria*（Hübner）	2014	+I	标本
325	鳞翅目	钩蛾科	中华豆斑钩蛾 *Auzata chinensis* Leech	2014	+	标本
326	鳞翅目	钩蛾科	哑铃带钩蛾 *Macrocilis mysticata*（Walker）	2009		文献
327	鳞翅目	钩蛾科	六点钩蛾 *Betalbora acuminata*（Leech）	2009		文献
328	鳞翅目	钩蛾科	交让木山钩蛾 *Oreta s insignis*（Butler）	2014		文献
329	鳞翅目	钩蛾科	网线钩蛾 *Oreta obtusa* Walker	2014		文献

续表

编号	目	科名	中文种名（拉丁学名）	最新发现时间/年	数量状况	数据来源
330	鳞翅目	钩蛾科	珊瑚树钩蛾 *Psiloreta turpis*（Butler）	2009		文献
331	鳞翅目	钩蛾科	中华大窗钩蛾 *Macrauzata maxima chinensis* Inouc	2014	+	标本
332	鳞翅目	舟蛾科	黑蕊舟蛾 *Dudusa sphingiformis* Moore	2014	+	标本
333	鳞翅目	舟蛾科	白二尾舟蛾 *Cerura tattakana* Matsumura	2014	+	标本
334	鳞翅目	舟蛾科	凹缘舟蛾 *Euhampsonia niveiceps*（Walker）	2014	+	标本
335	鳞翅目	舟蛾科	黄二星舟蛾 *Euhampsonia cristata*（Butler）	2014	+	标本
336	鳞翅目	舟蛾科	银二星舟蛾 *Euhampsonia splendida*（Oberthür）	2014	+	标本
337	鳞翅目	舟蛾科	钩翅舟蛾 *Gangarides dharma* Moore	2014	+	标本
338	鳞翅目	舟蛾科	核桃美舟蛾 *Uropyia meticulodina*（Oberthür）	2014	+++	标本
339	鳞翅目	舟蛾科	丽霭舟蛾 *Hupodonta pulcherrima*（Moore）	2009		文献
340	鳞翅目	舟蛾科	锡金内斑舟蛾 *Peridea sikkima*（Moore）	2014	+	标本
341	鳞翅目	舟蛾科	栎掌舟蛾 *Phalera assimilis*（Bremer et Grey）	2014	++	标本
342	鳞翅目	舟蛾科	纹掌舟蛾 *Phalera ordgara* Schaus	2009		文献
343	鳞翅目	舟蛾科	珠掌舟蛾 *Phalera parivala* Moore	2009		文献
344	鳞翅目	舟蛾科	苹掌舟蛾 *Pnalera flavescens*（Bremer et Grey）	2014	+	标本
345	鳞翅目	舟蛾科	白斑胯白舟蛾 *Syntypitis comatus*（Leech）	2009		文献
346	鳞翅目	舟蛾科	沙舟蛾 *Shaka atrovittata*（Bremer）	2009		文献
347	鳞翅目	舟蛾科	点舟蛾 *Stigmatophorina hammamelis* Mell	2014	+	标本
348	鳞翅目	舟蛾科	光锦舟蛾秦巴亚种 *Ginshachia phoebe shanguang* Schintlmeister et Fang	2014	+	标本
349	鳞翅目	舟蛾科	伪奇舟蛾 *Allata*（*Pseudallata*）*laticostalis*（Hampson）	2014	+	标本
350	鳞翅目	舟蛾科	艳金舟蛾 *Spatalia doerriesi* Graeser	2014	+	标本
351	鳞翅目	舟蛾科	纹蛸舟蛾 *Rachia strita* Hampson	2014	+	标本
352	鳞翅目	尺蛾科	黄斑弥尺蛾 *Aeichanna flavamacularia* Leech	2009		文献
353	鳞翅目	尺蛾科	白棒弥尺蛾 *Arichanna leucorhabdas* Wehrli	2009		文献
354	鳞翅目	尺蛾科	萝藦艳青尺蛾 *Agathia carissima*（Butler）	2009		文献
355	鳞翅目	尺蛾科	白皮臭尺蛾 *Alcis amoenaria* Staudinger	2009		文献
356	鳞翅目	尺蛾科	娴尺蛾 *Auaxa cesadaria* Walker	2009		文献
357	鳞翅目	尺蛾科	双云尺蛾 *Biston comitata* Warren	2014	+	标本
358	鳞翅目	尺蛾科	松回纹尺蛾 *Chartographa fabiolaria*（Oberthür）	2009		文献
359	鳞翅目	尺蛾科	双肩尺蛾 *Cleora cinctaria* Schiffermüller	2009		文献
360	鳞翅目	尺蛾科	肾纹绿尺蛾 *Comibaena procumbaria*（Pryer）	2014	+	标本
361	鳞翅目	尺蛾科	兀尺蛾 *Elphos insueta* Butler	2009		文献
362	鳞翅目	尺蛾科	二线绿尺蛾 *Euchloris atyche* Prout	2009		文献
363	鳞翅目	尺蛾科	枯叶尺蛾 *Gandaritis flavata sinicaria* Leech	2014	+	标本
364	鳞翅目	尺蛾科	中国枯叶尺蛾 *Gandaritis sinicaria* Leech	2009		文献
365	鳞翅目	尺蛾科	水蜡尺蛾 *Garaeus parva distans* Warren	2009		文献
366	鳞翅目	尺蛾科	白脉青尺蛾 *Hipparchus albovenaris* Bremer	2014	+	标本
367	鳞翅目	尺蛾科	黄幅射尺蛾 *Iotaphora iridicolor* Butler	2009		文献
368	鳞翅目	尺蛾科	青辐射尺蛾 *Iotaphora admirabilis* Oberthür	2014	+	标本
369	鳞翅目	尺蛾科	中国巨青尺蛾 *Limbatochlamys rothorni* Rothschild	2014	+	标本
370	鳞翅目	尺蛾科	辉尺蛾 *Luxiaria mitorrhaphes* Prout	2009		文献
371	鳞翅目	尺蛾科	豆纹尺蛾 *Metallolophia arenaria* Leech	2009		文献

编号	目	科名	中文种名（拉丁学名）	最新发现时间/年	数量状况	数据来源
372	鳞翅目	尺蛾科	叉新青尺蛾 Neohipparchus vervastoraria（Oberthür）	2009		文献
373	鳞翅目	尺蛾科	丝棉木金星尺蛾 Calospilos suspecta Warren	2014	++	标本
374	鳞翅目	尺蛾科	中华星尺蛾 Ophthalmodes senensium Oberthür	2014	+	标本
375	鳞翅目	尺蛾科	树形尺蛾 Erebomorpha fulguraria Walker	2014	+	标本
376	鳞翅目	尺蛾科	四川尾尺蛾 Ourapteryx ebuleata szechuana（Wehrhi）	2014	+++	标本
377	鳞翅目	尺蛾科	接骨木尾尺蛾 Ourapteryx sambucaria Linnaeus	2009		文献
378	鳞翅目	尺蛾科	川匀点尺蛾 Percnia belluaria sifanica Wehrli	2014	+	标本
379	鳞翅目	尺蛾科	柿星尺蛾 Percnia giraffata（Guenée）	2014	++	标本
380	鳞翅目	尺蛾科	苹烟尺蛾 Phthonosema tendinosaria Bremer	2015	+	标本
381	鳞翅目	尺蛾科	叉线青尺蛾 Tanaoctenia dehaliaria（Wehrli）	2009		文献
382	鳞翅目	尺蛾科	次粉垂耳尺蛾 Terpna pratti Prout	2014		文献
383	鳞翅目	尺蛾科	掌尺蛾 Buzura recursaria superans Butler	2014	++	标本
384	鳞翅目	尺蛾科	黑玉臂尺蛾 Xandrames dholaria Moore	2014	+	标本
385	鳞翅目	尺蛾科	折玉臂尺蛾 Xandrames latiferaria（Walker）	2014	+	标本
386	鳞翅目	毒蛾科	白毒蛾 Arctornis l-nigrum（Muller）	2014		文献
387	鳞翅目	毒蛾科	苔棕毒蛾 Ilema eurydice（Butler）	2014	+	标本
388	鳞翅目	毒蛾科	肾毒蛾 Cifuna locuples Walker	2014	+	标本
389	鳞翅目	毒蛾科	峨山黄足毒蛾 Ivela eshanensis Chao	2009		文献
390	鳞翅目	毒蛾科	络毒蛾 Lymantria concolor（Walker）	2009		文献
391	鳞翅目	毒蛾科	杧果毒蛾 Lymantria marginata Walker	2014	+	标本
392	鳞翅目	毒蛾科	黄蚵雪毒蛾 Stilpnotia ochripes Moore	2009		文献
393	鳞翅目	毒蛾科	叉斜带毒蛾 Numenes separate Leech	2014	+	标本
394	鳞翅目	毒蛾科	白斜带毒蛾 Numenes albofascia（Leech）	2014	+	标本
395	鳞翅目	毒蛾科	乌桕黄毒蛾 Euproctis bipunctapex（Hampson）	2014	+	标本
396	鳞翅目	毒蛾科	积带黄毒蛾 Euproctis leucozona Collenette	2014	+	标本
397	鳞翅目	灯蛾科	银华苔蛾 Agylla albocinerea（Moore）	2014	+	标本
398	鳞翅目	灯蛾科	银雀苔蛾 Tarika varana（Moore）	2014	+	标本
399	鳞翅目	灯蛾科	明痣苔蛾 Stigmatophora micans（Bremer）	2014	+	标本
400	鳞翅目	灯蛾科	全黄荷苔蛾 Ghoria holochrea Hampson	2014	+	标本
401	鳞翅目	灯蛾科	白黑瓦苔蛾 Vamuna ramelana Moore	2014	++++	标本
402	鳞翅目	灯蛾科	蛛雪苔蛾 Cyana ariadne（Elwes）	2014	+	标本
403	鳞翅目	灯蛾科	锡金雪苔蛾 Cyana sikkimensis（Elwes）	2014	+	标本
404	鳞翅目	灯蛾科	路雪苔蛾 Cyana adita（Moore）	2014	+	标本
405	鳞翅目	灯蛾科	缘点土苔蛾 Eilema costipuncta（Leech）	2014	+	标本
406	鳞翅目	灯蛾科	乌闪网苔蛾 Macrobrochis staudingeri（Apheraky）	2014	+	标本
407	鳞翅目	灯蛾科	缘黄苔蛾 Lithosia subcosteola Druce	2014	+	标本
408	鳞翅目	灯蛾科	卷玛苔蛾 Macotasa tortricoides（Walker）	2014	+	标本
409	鳞翅目	灯蛾科	灰土苔蛾 Eilema grieseola（Hubner）	2014	+	标本
410	鳞翅目	灯蛾科	异美苔蛾 Miltochrista aberrans Butler	2014	+	标本
411	鳞翅目	灯蛾科	之美苔蛾 Miltochrista ziczac（Walker）	2014	++	标本
412	鳞翅目	灯蛾科	斯美苔蛾 Miltochrista spilosomaides（Moore）	2009		文献
413	鳞翅目	灯蛾科	优美苔蛾 Miltochrista striata（Bremer et Grey）	2014	+++	标本

编号	目	科名	中文种名（拉丁学名）	最新发现时间/年	数量状况	数据来源
414	鳞翅目	灯蛾科	十字美苔蛾 *Miltochrista cruciata*（Walker）	2009		文献
415	鳞翅目	灯蛾科	黑轴美苔蛾 *Miltochrista stibivenata* Hampson	2014	+	标本
416	鳞翅目	灯蛾科	黑缘美苔蛾 *Miltochrista delineata*（Walker）	2014	+	标本
417	鳞翅目	灯蛾科	圆斑苏苔蛾 *Thysanoptyx signata* Walker	2014	++	标本
418	鳞翅目	灯蛾科	长斑苏苔蛾 *Thysanoptyx tetragona*（Walker）	2014	++	标本
419	鳞翅目	灯蛾科	闪光苔蛾 *Chrysaeglia magnifica*（Walker）	2014	+	标本
420	鳞翅目	灯蛾科	粉蝶灯蛾 *Nyctemera adversata* Sthaller	2014	++	标本
421	鳞翅目	灯蛾科	华虎灯蛾 *Calpenia zerenaria* Oberthür	2014	+	标本
422	鳞翅目	灯蛾科	八点灰灯蛾 *Creatonotos transiens*（Walker）	2014	+	标本
423	鳞翅目	灯蛾科	黑条灰灯蛾 *Creatonotus gangis*（Linnaeus）	2014	+	标本
424	鳞翅目	灯蛾科	黄灯蛾 *Rhyparia purpruate*（Linnaeus）	2009	+	标本
425	鳞翅目	灯蛾科	白雪灯蛾 *Chionarctia nivea* Ménétriès	2014	++	标本
426	鳞翅目	灯蛾科	洁白雪灯蛾 *Chionarctia pura*（Leech）	2014	+	标本
427	鳞翅目	灯蛾科	缘斑望灯蛾 *Lemyra costimacula*（Leech）	2014	+	标本
428	鳞翅目	灯蛾科	伪姬白望灯蛾 *Lemyra anormal*（Daniel）	2014	+	标本
429	鳞翅目	灯蛾科	漆黑望灯蛾 *Lemyra infernalis*（Butler）	2014	+	标本
430	鳞翅目	灯蛾科	点线望灯蛾 *Lemyra punctilinea* Moore	2014	+	标本
431	鳞翅目	灯蛾科	背红望灯蛾 *Lemyra rubilinea*（Moore）	2014	+	标本
432	鳞翅目	灯蛾科	尘污灯蛾 *Spilarctia obliqua*（Walker）	2009		文献
433	鳞翅目	灯蛾科	显脉污灯蛾 *Spilarctia bisecta* Leech	2014	+	标本
434	鳞翅目	灯蛾科	楔斑拟灯蛾 *Asota paliura* Swinhoe	2014	+	标本
435	鳞翅目	灯蛾科	大丽灯蛾 *Aglaomorpha histrio* Walker	2014	+	标本
436	鳞翅目	灯蛾科	乳白格灯蛾 *Areas galactina* Hoeven	2014	+	标本
437	鳞翅目	夜蛾科	桃剑纹夜蛾 *Acronicta intermedia* Warren	2009		文献
438	鳞翅目	夜蛾科	稻柱茎夜蛾 *Sesamia inferens*（Walker）	2014	+	标本
439	鳞翅目	夜蛾科	大地老虎 *Agrotis tokionis* Butler	2014	++	标本
440	鳞翅目	夜蛾科	小地老虎 *Agrotis ipsilon*（Hafnagel）	2009		文献
441	鳞翅目	夜蛾科	丹日明夜蛾 *Sphragifera sigillata*（Menetries）	2014	+	标本
442	鳞翅目	夜蛾科	日月明夜蛾 *Sphragifera biplagiata*（Walker）	2014	+	标本
443	鳞翅目	夜蛾科	门斑委夜蛾 *Athetis atripuncta*（Hampson）	2009		文献
444	鳞翅目	夜蛾科	两色髯须夜蛾 *Hypena trigonalis* Guenée	2014	+	标本
445	鳞翅目	夜蛾科	粘虫 *Pseudalatia separata*（Malker）	2009		文献
446	鳞翅目	夜蛾科	铅色径夜蛾 *Pareuplexia chalybeata*（Malker）	2009		文献
447	鳞翅目	夜蛾科	宽夜蛾 *Platyja umminia*（Cramer）	2009		文献
448	鳞翅目	夜蛾科	斜纹夜蛾 *Spodoptera litura*（Fabricius）	2014	++	标本
449	鳞翅目	夜蛾科	角后夜蛾 *Trisuloides corneila* Staudinger	2014	+	标本
450	鳞翅目	夜蛾科	甘蓝夜蛾 *Mamestra brassicae*（Linnaeus）	2014	+	标本
451	鳞翅目	夜蛾科	肾巾夜蛾 *Dysgonia praetermissa*（Warren）	2014	++	标本
452	鳞翅目	夜蛾科	霉巾夜蛾 *Dysgoniaa maturate* Walker	2014	+	标本
453	鳞翅目	夜蛾科	掌夜蛾 *Tiracola plagiata*（Walker）	2014	+	标本
454	鳞翅目	夜蛾科	白斑胖夜蛾 *Orthogonia canimaculata* Warren	2014	+	标本
455	鳞翅目	夜蛾科	红衣夜蛾 *Clethrophora distincta* Leech	2014	+	标本

编号	目	科名	中文种名（拉丁学名）	最新发现时间/年	数量状况	数据来源
456	鳞翅目	夜蛾科	旋皮夜蛾 *Eligma narcissus*（Cramer）	2014	++	标本
457	鳞翅目	夜蛾科	超桥夜蛾 *Anomis fulvida* Guenee	2014	+	标本
458	鳞翅目	夜蛾科	幅射夜蛾 *Apsarasa radians*（Westwood）	2014	+	标本
459	鳞翅目	夜蛾科	庸毛翅夜蛾 *Lagoptera juno*（Dalman）	2014	+	标本
460	鳞翅目	夜蛾科	斜线关夜蛾 *Artena dotata*（Fabricius）	2014	+	标本
461	鳞翅目	夜蛾科	齿斑畸夜蛾 *Borsippa quadrilineata*（Walker）	2014	+	标本
462	鳞翅目	夜蛾科	安钮夜蛾 *Anua tirhaca*（Cramer）	2014	+	标本
463	鳞翅目	夜蛾科	凡艳叶夜蛾 *Eudocima fullonica*（Clerck）	2014	+	标本
464	鳞翅目	夜蛾科	锯线荣夜蛾 *Gloriana dentilinea*（Leech）	2014	+	标本
465	鳞翅目	夜蛾科	三斑蕊夜蛾 *Cymatophoropsis trimaculata*（Bremer）	2014	+	标本
466	鳞翅目	夜蛾科	白点朋闪夜蛾 *Hypersypnoides astrigera*（Butler）	2014	+	标本
467	鳞翅目	夜蛾科	蓝条夜蛾 *Ischyja manlia*（Cramer）	2014	++	标本
468	鳞翅目	夜蛾科	玉边目夜蛾 *Erebus albicinctus* Kollar	2014	+	标本
469	鳞翅目	夜蛾科	毛目夜蛾 *Erebus pilosa*（Leech）	2014	+	标本
470	鳞翅目	夜蛾科	波目夜蛾 *Erebus orion*（Hampson）	2014	+	标本
471	鳞翅目	夜蛾科	意光裳夜蛾 *Ephesia ella*（Butler）	2014	++	标本
472	鳞翅目	夜蛾科	苎麻夜蛾 *Arcte coerula*（Guenee）	2014	+	标本
473	鳞翅目	夜蛾科	中金弧夜蛾 *Diachrysia intermixta* Warren	2014	+	标本
474	鳞翅目	夜蛾科	银锭夜蛾 *Macdunnoughia crassisigna* Warren	2014	+	标本
475	鳞翅目	夜蛾科	壶夜蛾 *Calyptra thalictri*（Borkhausen）	2014	++	标本
476	鳞翅目	虎蛾科	黄修虎蛾 *Seudyra flavida* Leech	2014	+++	标本
477	鳞翅目	虎蛾科	小修虎蛾 *Seudyra mandarina* Leech	2014	++	标本
478	鳞翅目	斑蛾科	无斑透翅锦斑蛾 *Agalope immaculata* Leech	2009		文献
479	鳞翅目	斑蛾科	红肩旭锦斑蛾 *Campylotes romanovi* Leech	2009		文献
480	鳞翅目	斑蛾科	马尾松旭锦斑蛾 *Campylotes desgodinsi* Oberthu	2014	+	标本
481	鳞翅目	斑蛾科	桧带锦斑蛾 *Pidorus glaucopis* Drury	2009		文献
482	鳞翅目	天蛾科	鬼脸天蛾 *Acherontia lachesis*（Fabricius）	2014	+	标本
483	鳞翅目	天蛾科	白薯天蛾 *Herse convolvuli*（Linnaeus）	2014	+++	标本
484	鳞翅目	天蛾科	大背天蛾 *Meganoton analis*（Felder）	2014	+	标本
485	鳞翅目	天蛾科	绒星天蛾 *Dolbina tancrei* Staudinger	2014	+	标本
486	鳞翅目	天蛾科	丁香天蛾 *Psilogramma increta*（Walker）	2014	+	标本
487	鳞翅目	天蛾科	鹰翅天蛾 *Oxyambulyx ochracea*（Butler）	2014	++	标本
488	鳞翅目	天蛾科	栎鹰翅天蛾 *Oxyambulyx liturata*（Butler）	2014	+	标本
489	鳞翅目	天蛾科	豆天蛾 *Clanis bilineata tsingtauica* Mell	2014	+	标本
490	鳞翅目	天蛾科	洋槐天蛾 *Clanis deucalion*（Walker）	2014	+	标本
491	鳞翅目	天蛾科	齿翅三线天蛾 *Polyptychus dentatus*（Cramer）	2014	+	标本
492	鳞翅目	天蛾科	梨六点天蛾 *Marumba gaschkewitschi complacens* Walke	2014	+	标本
493	鳞翅目	天蛾科	椴六点天蛾 *Marumba dyras*（Walker）	2014	+	标本
494	鳞翅目	天蛾科	月天蛾 *Parum porphyria* Butler	2014	++	标本
495	鳞翅目	天蛾科	枸月天蛾 *Paeum colligate* Walker	2014	+	标本
496	鳞翅目	天蛾科	眼斑天蛾 *Callambulyx orbita* Chu et Wang	2014	+	标本
497	鳞翅目	天蛾科	紫光盾天蛾 *Phyllosphingia dissimilis sinensis* Jordanr	2014	+	标本

续表

编号	目	科名	中文种名（拉丁学名）	最新发现时间/年	数量状况	数据来源
498	鳞翅目	天蛾科	大黑边天蛾 *Haemorrhagia alternate* Butler	2014	+	标本
499	鳞翅目	天蛾科	葡萄天蛾 *Ampelophaga rubiginosa rubiginosa* Bremer et Grey	2014	++	标本
500	鳞翅目	天蛾科	葡萄缺角天蛾 *Acocmeryx naga*（Moore）	2014	+++	标本
501	鳞翅目	天蛾科	黄点缺角天蛾 *Acosmeryx miskini*（Murray）	2015	+	标本
502	鳞翅目	天蛾科	缺角天蛾 *Acosmeryx castanea* Jordan et Rothschild	2014	+	标本
503	鳞翅目	天蛾科	黑长喙天蛾 *Macroglossum pyrrhosticta*（Butler）	2015	+	标本
504	鳞翅目	天蛾科	青背长喙天蛾 *Macroglossum bombylans*（Boisduval）	2014	+	标本
505	鳞翅目	天蛾科	斑腹长喙天蛾 *Macroglossum variegatum*	2014	+	标本
506	鳞翅目	天蛾科	红天蛾 *Pergesa elpenor lewisi*（Butler）	2014	+	标本
507	鳞翅目	天蛾科	青白肩天蛾 *Rhagastis olivacea*（Moore）	2015	+	标本
508	鳞翅目	天蛾科	白肩天蛾 *Rhagastis mongoliana mongoliana*（Butler）	2014	+	标本
509	鳞翅目	天蛾科	条背天蛾 *Cechenena lineosa*（Walker）	2014	++++	标本
510	鳞翅目	天蛾科	绿斜天蛾 *Rhyncholaba acteus*（Craner）	2014	+	标本
511	鳞翅目	枯叶蛾科	黄褐幕枯叶蛾 *Malacosoma neustria testacea* Motschulsky	2014	+	标本
512	鳞翅目	枯叶蛾科	油松毛虫 *Dentrolimus tabulaeformis* Tsai et Liu	2014	+	标本
513	鳞翅目	枯叶蛾科	马尾松毛虫 *Dendrolimus punctata punctata*（Walker）	2016	+++	标本
514	鳞翅目	枯叶蛾科	明纹枯叶蛾 *Euthrix improvisa*（Lajonquia）	2014	+	标本
515	鳞翅目	枯叶蛾科	斜纹枯叶蛾 *Euthrix orboy orboy* Zolotuhin	2015	+	标本
516	鳞翅目	枯叶蛾科	竹纹枯叶蛾 *Euthrix laeta*（Walker）	2014	+	标本
517	鳞翅目	枯叶蛾科	栗黄枯叶蛾 *Trabala vishnou vishnou*（Lefebure）	2014	++	标本
518	鳞翅目	带蛾科	褐斑带蛾 *Apha subdives* Walker	2014	+	标本
519	鳞翅目	带蛾科	灰纹带蛾 *Ganisa cyanugrisea* Mell	2014	+	标本
520	鳞翅目	大蚕蛾科	绿尾大蚕蛾 *Actias selenen ningpoana* Felder	2014	+	标本
521	鳞翅目	大蚕蛾科	红尾大蚕蛾 *Actias rhodopneuma* Rober	2014	+	标本
522	鳞翅目	大蚕蛾科	樗蛾 *Philosamia cynthia* Walkeri et Felder	2014	+	标本
523	鳞翅目	大蚕蛾科	柞蚕蛾 *Antheraea pernyi* Guérin-Ménevlle	2015	+	标本
524	鳞翅目	大蚕蛾科	钩翅大蚕蛾 *Antheraea assamensis* Westuood	2014	+	标本
525	鳞翅目	大蚕蛾科	银杏大蚕蛾 *Dictyoploca japonica* Woore	2016	++	标本
526	鳞翅目	大蚕蛾科	后目大蚕蛾 *Dictyoploca simla* Westwood	2014	+	标本
527	鳞翅目	大蚕蛾科	藤豹大蚕蛾 *Loepa anthera* Jorda	2014	+	标本
528	鳞翅目	大蚕蛾科	黄豹大蚕蛾 *Loepa katinka* Westwood	2015	+++	标本
529	鳞翅目	大蚕蛾科	豹大蚕蛾 *Loepa oberthuri*（Leech）	2014	+	标本
530	鳞翅目	蚕蛾科	野蚕蛾 *Theophila mandarina* Moore	2014	+	标本
531	鳞翅目	蚕蛾科	多齿翅蚕蛾 *Oberthüeria caeca*（Oberthür）	2014	+	标本
532	鳞翅目	蚕蛾科	桑横蚕蛾 *Rondotia menciana* Moore	2014	+	标本
533	鳞翅目	笋纹蛾科	枯球笋纹蛾 *Brahmophthalma wallichii*（Gray）	2014	+	标本
534	鳞翅目	凤蝶科	金裳凤蝶 *Troides aeacus*（Felder et Felder）	2015	+	标本
535	鳞翅目	凤蝶科	麝凤蝶 *Byasa alcinous*（Klug）	2014	+	标本
536	鳞翅目	凤蝶科	多姿麝凤蝶 *Byasa polyeuctes*（Doubleday）	2010		文献
537	鳞翅目	凤蝶科	长尾麝凤蝶 *Byasa impediens*（Rothschild）	2015		标本
538	鳞翅目	凤蝶科	达摩麝凤蝶 *Byasa darmonius*（Alpheraky）	2010		文献
539	鳞翅目	凤蝶科	蓝美凤蝶 *Papilio protenor* Cramer	2014	+	标本

编号	目	科名	中文种名（拉丁学名）	最新发现时间/年	数量状况	数据来源
540	鳞翅目	凤蝶科	美凤蝶 *Papilio memnon* Linnaeus	2014	+	标本
541	鳞翅目	凤蝶科	玉带凤蝶 *Papilio polytes* Linnaeus	2014	+	标本
542	鳞翅目	凤蝶科	红基美凤蝶 *Papilio alcmenor* Felder	2014	+	标本
543	鳞翅目	凤蝶科	碧翠凤蝶 *Papilio bianor*（Cramer）	2014	+++	标本
544	鳞翅目	凤蝶科	巴黎翠凤蝶 *Papilio paris* Linnaeus	2014	+	标本
545	鳞翅目	凤蝶科	窄斑翠凤蝶 *Papilio arcturus* Westwood	2014	+	标本
546	鳞翅目	凤蝶科	宽带凤蝶 *Papilio nephelus* Boisduval	2014	+	标本
547	鳞翅目	凤蝶科	牛郎凤蝶 *Papilio bootes* Westwood	2014	+	标本
548	鳞翅目	凤蝶科	柑橘凤蝶 *Papilio xuthus*（Linnaeus）	2014	++	标本
549	鳞翅目	凤蝶科	金凤蝶 *Papilio machaon* Linnaeus	2000		文献
550	鳞翅目	凤蝶科	青凤蝶 *Graphium sarpedon*（Linnaeus）	2014	+	标本
551	鳞翅目	凤蝶科	宽带青凤蝶 *Graphium cloanthus*（Westwood）	2009		文献
552	鳞翅目	凤蝶科	褐钩凤蝶 *Meandrusa sciron*（Leech）	2009		文献
553	鳞翅目	凤蝶科	华夏剑凤蝶 *Pazala mandarina*（Oberthur）	2009		文献
554	鳞翅目	凤蝶科	升天剑凤蝶 *Pazala euroa*（Leech）	2010		文献
555	鳞翅目	凤蝶科	金斑剑凤蝶 *Pazala alebion* Gray	2014	++	标本
556	鳞翅目	凤蝶科	乌克兰剑凤蝶 *Pazala tamerlana*（Oberthür）	2010		文献
557	鳞翅目	凤蝶科	褐斑凤蝶 *Chilasa agestor* Gray	2010		文献
558	鳞翅目	凤蝶科	中华虎凤蝶 *Luehdorfia chinensis* Leech	2010		文献
559	鳞翅目	绢蝶科	冰清绢蝶 *Parnassius glacialis* Butler	2016	+	标本
560	鳞翅目	粉蝶科	红襟粉蝶 *Anthocharis cardamines*（Linnaeus）	2010		文献
561	鳞翅目	粉蝶科	黄尖襟粉蝶 *Anthocharis scolymus* Butler	2010		文献
562	鳞翅目	粉蝶科	黑角方粉蝶 *Dercas lycorias*（Doubleday）	2000		文献
563	鳞翅目	粉蝶科	橙黄豆粉蝶 *Colias fieldi* Ménétriès	2014	+++	标本
564	鳞翅目	粉蝶科	斑缘豆粉蝶 *Coliasr erate*（Fsper）	2014	+	标本
565	鳞翅目	粉蝶科	宽边黄粉蝶 *Eurema hecabe*（Linnaeus）	2014	+++++	标本
566	鳞翅目	粉蝶科	圆翅钩粉蝶 *Gonepterys amintha* Blanchard	2014	+	标本
567	鳞翅目	粉蝶科	尖钩粉蝶 *Gonepterys mahaguru* Gistel	2010		文献
568	鳞翅目	粉蝶科	钩粉蝶 *Gonepterys rhamni*（Linnaeus）	2010		文献
569	鳞翅目	粉蝶科	突角小粉蝶 *Leptidea amurensis*（Ménériès）	2010		文献
570	鳞翅目	粉蝶科	圆翅小粉蝶 *Leptidea gigantean* Leech	2010		文献
571	鳞翅目	粉蝶科	菜粉蝶 *Pieris rapae*（Linnaeus）	2014	++++	标本
572	鳞翅目	粉蝶科	黑纹粉蝶 *Pieris melete* Ménériès	2014	++	标本
573	鳞翅目	粉蝶科	东方菜粉蝶 *Pieris canidia*（Sparrman）	2014	++++	标本
574	鳞翅目	粉蝶科	暗脉粉蝶 *Pieris napi*（Linnaeus）	2014	+	标本
575	鳞翅目	粉蝶科	三黄娟粉蝶 *Aporia larraldei*（Oberthür）	2014	+	标本
578	鳞翅目	粉蝶科	马丁娟粉蝶 *Aporia martineti*（Oberthür）	2009		文献
579	鳞翅目	斑蝶科	大绢斑蝶 *Parantica sita*（Koolar）	2010		文献
580	鳞翅目	环蝶科	灰翅串珠环蝶 *Faunis aerope*（Leech）	2014	+	标本
581	鳞翅目	眼蝶科	暮眼蝶 *Melantis leda*（linnaeus）	2014	+	标本
582	鳞翅目	眼蝶科	白带黛眼蝶 *Lethe confusa*（Aurivillius）	2010		文献
583	鳞翅目	眼蝶科	白条黛眼蝶 *Lethe albolineata*（Poujade）	2014	+	标本

续表

编号	目	科名	中文种名（拉丁学名）	最新发现 时间/年	数量状况	数据来源
584	鳞翅目	眼蝶科	明带黛眼蝶 *Lethe helle*（Leech）	2010		文献
585	鳞翅目	眼蝶科	深山黛眼蝶 *Lethe insane* Kollar	2010		文献
586	鳞翅目	眼蝶科	直带黛眼蝶 *Lethe lanars* Butler	2010	+	标本
587	鳞翅目	眼蝶科	边纹黛眼蝶 *Lethe marginalis*（Motschulsky）	2010		文献
588	鳞翅目	眼蝶科	珠连黛眼蝶 *Lethe monolifera* Oberthür	2014	+	标本
589	鳞翅目	眼蝶科	黑带黛眼蝶 *Lethe nigrifascia* Leech	2014	+	标本
590	鳞翅目	眼蝶科	妍黛眼蝶 *Lethe yantra* Fruhstorfer	2000		文献
591	鳞翅目	眼蝶科	宁眼蝶 *Ninguta schrenkii*（Menetries）	2010		文献
592	鳞翅目	眼蝶科	箭纹粉眼蝶 *Callarge sagitta*（Leech）	2014	+	标本
593	鳞翅目	眼蝶科	蒙链荫眼蝶 *Neope muirheadi* Felder	2014	+	标本
594	鳞翅目	眼蝶科	华北白眼蝶 *Melanargia epimede*（Staudinger）	2010		文献
595	鳞翅目	眼蝶科	白眼蝶 *Melanargia halimede* Ménériès	2014	+++	标本
596	鳞翅目	眼蝶科	亚洲白眼蝶 *Melanargia asiatica* Oberthür *et* Houlbert	2014	+	标本
597	鳞翅目	眼蝶科	甘藏白眼蝶 *Melanargia ganymedes* Ruhl-Heyne	2014	+	标本
598	鳞翅目	眼蝶科	山地白眼蝶 *Melanargia Montana* Leech	2014	+	标本
599	鳞翅目	眼蝶科	曼丽白眼蝶 *Melanargia meridionalis* C. Felder *et* R. Felder	2014	++	标本
600	鳞翅目	眼蝶科	拟稻眉眼蝶 *Mycalesis francisca*（Stoll）	2014	++	标本
601	鳞翅目	眼蝶科	密纱眉眼蝶 *Mycalesis misenus* be Nicèville	2014	+	标本
602	鳞翅目	眼蝶科	矍眼蝶 *Ypthima balda*（Fabricius）	2014	+	标本
603	鳞翅目	眼蝶科	中华矍眼蝶 *Ypthima chinensis* Leech	2014	++	标本
604	鳞翅目	眼蝶科	幽矍眼蝶 *Ypthima conjuncta* Leech	2014	+	标本
605	鳞翅目	眼蝶科	乱云矍眼蝶 *Ypthima megalomma* Butler	2014	+	标本
606	鳞翅目	眼蝶科	东亚矍眼蝶 *Ypthima motschulskyi*（Bremer *et* Grey）	2014	+	标本
607	鳞翅目	眼蝶科	密纹矍眼蝶 *Ypthima multistriata* Butler	2014	+	标本
608	鳞翅目	眼蝶科	完璧矍眼蝶 *Ypthima perfecta*（Leech）	2014	++	标本
609	鳞翅目	眼蝶科	小矍眼蝶 *Ypthima nareda* Kollar	2010		文献
610	鳞翅目	眼蝶科	大艳眼蝶 *Callerebia suroia* Tytler	2015	++	标本
611	鳞翅目	眼蝶科	混同艳眼蝶 *Callerebia confuse* Watkins	2010		文献
612	鳞翅目	眼蝶科	凤眼蝶 *Neorina partia* Leech	2014	+	标本
613	鳞翅目	眼蝶科	斗毛眼蝶 *Lasiommata deidamia*（Eversmann）	2014	+	标本
614	鳞翅目	眼蝶科	多眼蝶 *Kirinia epaminondas*（Staudinger）	2014	+	标本
615	鳞翅目	眼蝶科	蛇眼蝶 *Minois dryas*（Scopoli）	2010	+	标本
616	鳞翅目	眼蝶科	古眼蝶 *Palaeonympha opalina* Butler	2014	+	标本
617	鳞翅目	眼蝶科	白瞳舜眼蝶 *Loxerebia saxicola*（Oberthür）	2014	+	标本
618	鳞翅目	眼蝶科	草原舜眼蝶 *Loxerebia pratorum*（Oberthür）	2015	+	标本
619	鳞翅目	眼蝶科	大斑阿芬眼蝶 *Aphantous arvensis* Leech	2010		文献
620	鳞翅目	眼蝶科	藏眼蝶 *Tatinga tibetana*（Oberthür）	2016	+	标本
621	鳞翅目	眼蝶科	网眼蝶 *Rhaphicera dumicola*（Ménétriès）	2014	+	标本
622	鳞翅目	眼蝶科	黄环链眼蝶 *Lopinga achine*（Scopoli）	2010		文献
623	鳞翅目	蛱蝶科	大二尾蛱蝶 *Polyura eudamippus*（Doubleday）	2010		文献
624	鳞翅目	蛱蝶科	二尾蛱蝶 *Polyura narcaea*（Oberthür）	2014	+	标本
625	鳞翅目	蛱蝶科	紫闪蛱蝶 *Apatura iris*（Linnaeus）	2015	+	标本

编号	目	科名	中文种名（拉丁学名）	最新发现时间/年	数量状况	数据来源
626	鳞翅目	蛱蝶科	曲带闪蛱蝶 *Apatura laverna* Leech	2010		文献
627	鳞翅目	蛱蝶科	锦瑟蛱蝶 *Seokia pratti*（Leech）	2010		文献
628	鳞翅目	蛱蝶科	秀蛱蝶 *Pseudergolis wedah*（Kollar）	2010		文献
629	鳞翅目	蛱蝶科	黑脉蛱蝶 *Hestina assimilis*（Linnaeus）	2010		文献
630	鳞翅目	蛱蝶科	拟斑脉蛱蝶 *Hestina persimilis*（Westwood）	2014	+	标本
631	鳞翅目	蛱蝶科	大紫蛱蝶 *Sasakia charonda*（Hewitson	2014	+	标本
632	鳞翅目	蛱蝶科	斐豹蛱蝶 *Argyreus hyperbius*（Linnaeus）	2015	+++	标本
633	鳞翅目	蛱蝶科	绿豹蛱蝶 *Argynnis paphia*（Linnaeus）	2010		文献
634	鳞翅目	蛱蝶科	老豹蛱蝶 *Argyonome laodice*（Pallas）	2014	++	标本
635	鳞翅目	蛱蝶科	银豹蛱蝶 *Childrena childreni*（Gray）	2010		文献
636	鳞翅目	蛱蝶科	云豹蛱蝶 *Nephargynnis anadyomene* Felker et Felker	2014	+	标本
637	鳞翅目	蛱蝶科	灿福蛱蝶 *Fabriciana adippe* Denis et Schiffermuller	2010		文献
638	鳞翅目	蛱蝶科	银斑豹蛱蝶 *Speyeria aglaja*（Linnaeus）	2014	+	标本
639	鳞翅目	蛱蝶科	嘉翠蛱蝶 *Euthalia kardama*（Moore）	2010		文献
640	鳞翅目	蛱蝶科	折线蛱蝶 *Limenitis sydyi* Lederer	2010		文献
641	鳞翅目	蛱蝶科	戟眉线蛱蝶 *Limenitis homeyeri* Tancre	2014	+	标本
642	鳞翅目	蛱蝶科	扬眉线蛱蝶 *Limenitis helmanni* Lederer	2014		文献
643	鳞翅目	蛱蝶科	断眉线蛱蝶 *Limenitis doerriesi* Staudinger	2000		文献
644	鳞翅目	蛱蝶科	横眉线蛱蝶 *Limenitis moltrechti* Kardakoff	2015	+	标本
645	鳞翅目	蛱蝶科	幸福带蛱蝶 *Athyma fortura* Leech	2000		文献
646	鳞翅目	蛱蝶科	玉杵带蛱蝶 *Athyma jina*（Moore）	2015	++	标本
647	鳞翅目	蛱蝶科	虬眉带蛱蝶 *Athyma opalina*（Kollar）	2015	+	标本
648	鳞翅目	蛱蝶科	六点带蛱蝶 *Athyma punctata* Leech	2009		文献
649	鳞翅目	蛱蝶科	锦瑟蛱蝶 *Seokia pratti*（Leech）	2015	+	标本
652	鳞翅目	蛱蝶科	小环蛱蝶 *Neptis sappho*（Pallas）	2014	++	标本
653	鳞翅目	蛱蝶科	珂环蛱蝶 *Neptis clinia* Moore	2010		文献
654	鳞翅目	蛱蝶科	仿珂环蛱蝶 *Neptis clinioides* de Nicéville	2010		文献
655	鳞翅目	蛱蝶科	中环蛱蝶 *Neptis hylas*（Linnaeus）	2014	++	标本
656	鳞翅目	蛱蝶科	娑环蛱蝶 *Neptis soma* Moore	2014	+	标本
657	鳞翅目	蛱蝶科	司环蛱蝶 *Neptis speyeri* Staudinger	2010		文献
658	鳞翅目	蛱蝶科	黄重环蛱蝶 *Neptis cydippe* Leech	2010		文献
659	鳞翅目	蛱蝶科	伊洛环蛱蝶 *Neptis ilos* Fruhstorfer	2010		文献
660	鳞翅目	蛱蝶科	提环蛱蝶 *Neptis thisbe*（Menetries）	2010		文献
661	鳞翅目	蛱蝶科	耶环蛱蝶 *Neptis yerburii* Butler	2015	+	标本
662	鳞翅目	蛱蝶科	茂环蛱蝶 *Neptis nemorosa* Oberthür	2010		文献
663	鳞翅目	蛱蝶科	羚环蛱蝶 *Neptis antilope* Leech	2010		文献
664	鳞翅目	蛱蝶科	朝鲜环蛱蝶 *Neptis philyroides* Staudinger	2010		文献
665	鳞翅目	蛱蝶科	链环蛱蝶 *Neptis pryeri*（Butler）	2014	++	标本
666	鳞翅目	蛱蝶科	娜巴环蛱蝶 *Neptis namba* Tytler	2014	+	标本
667	鳞翅目	蛱蝶科	宽环蛱蝶 *Neptis mahendra* Moore	2014	+	标本
668	鳞翅目	蛱蝶科	矛环蛱蝶 *Neptis armandia*（Oberthür）	2014	+	标本
669	鳞翅目	蛱蝶科	重环蛱蝶 *Neptis alwina*（Bremer）	2015	+	标本

续表

编号	目	科名	中文种名（拉丁学名）	最新发现时间/年	数量状况	数据来源
670	鳞翅目	蛱蝶科	弥环蛱蝶 Neptis miah Moore	2014	+	标本
671	鳞翅目	蛱蝶科	单环蛱蝶 Neptis rivularis（Scopoli）	2010		文献
672	鳞翅目	蛱蝶科	断环蛱蝶 Neptis sankara（Kollar）	2010		文献
673	鳞翅目	蛱蝶科	云南环蛱蝶 Neptis yunnana Oberthür	2010		文献
674	鳞翅目	蛱蝶科	朝鲜环蛱蝶 Neptis philyroides Staudinger	2010		文献
675	鳞翅目	蛱蝶科	娜环蛱蝶 Neptis nata Moore	2009		文献
676	鳞翅目	蛱蝶科	阿环蛱蝶 Neptis ananta Moore	2009		文献
677	鳞翅目	蛱蝶科	白钩蛱蝶 Polygonia c-album（Linnaeus）	2009		文献
678	鳞翅目	蛱蝶科	明窗蛱蝶 Dilipa fenestra（Leech）	2014	+	标本
679	鳞翅目	蛱蝶科	黄帅蛱蝶 Sephisa princeps（Fixsen）	2009		文献
680	鳞翅目	蛱蝶科	素饰蛱蝶 Stibochiona nicea（Gray）	2014	++	标本
681	鳞翅目	蛱蝶科	绢蛱蝶 Calinaga buddha Moore	2009		文献
682	鳞翅目	蛱蝶科	大卫绢蛱蝶 Calinaga davidis Oberthür	2014	++++	标本
683	鳞翅目	蛱蝶科	红锯蛱蝶 Cethosia bibles（Drury）	2014	++	标本
684	鳞翅目	蛱蝶科	猫蛱蝶 Timelaea maculate（Bremer et Grey）	2014	+	标本
685	鳞翅目	蛱蝶科	荨麻蛱蝶 Aglais urticae（Linnaeus）	2009		文献
686	鳞翅目	蛱蝶科	大红蛱蝶 Vanessa indica（Herbst）	2014	++	标本
687	鳞翅目	蛱蝶科	小红蛱蝶 Vanessa cardui（Linnaeus）	2014	+	标本
688	鳞翅目	蛱蝶科	拟缕蛱蝶 Litinga mimica（Poujade）	2014	+	标本
689	鳞翅目	蛱蝶科	直纹蜘蛱蝶 Araschnia prorsoides（Blanchard）	2014	+	标本
690	鳞翅目	蛱蝶科	枯叶蛱蝶 Kallima inachis Doubleday	2009		文献
691	鳞翅目	蛱蝶科	琉璃蛱蝶 Kaniska canace（Linnaeus）	2014	+	标本
692	鳞翅目	蛱蝶科	美眼蛱蝶 Junonia almana（Linnaeus）	2014	+	标本
693	鳞翅目	蛱蝶科	翠蓝眼蛱蝶 Junonia orithya（Linnaeus）	2014	+	标本
694	鳞翅目	蛱蝶科	钩翅眼蛱蝶 Junonia iphita Cramer	2014	+	标本
695	鳞翅目	蛱蝶科	散纹盛蛱蝶 Symbrenthia lilaea（Hewitson）	2014	+++	标本
696	鳞翅目	喙蝶科	朴喙蝶 Libythea celtis Laicharting	2014	+	标本
697	鳞翅目	蚬蝶科	银纹尾蚬蝶 Dodona eugenes Bates	2014	+	标本
698	鳞翅目	蚬蝶科	波蚬蝶 Zemeros flegyas（Cramer）	2014	+	标本
699	鳞翅目	灰蝶科	尖翅银灰蝶 Curetis acuta Moore	2014	+	标本
700	鳞翅目	灰蝶科	苹果乌灰蝶 Fixsenia pruni（Linnaeus）	2000		文献
701	鳞翅目	灰蝶科	金梳灰蝶 Ahlbergia chalcidis Chou et Li	2000		文献
702	鳞翅目	灰蝶科	靛灰蝶 Caerulea coeligena（Oberthür）	2010		文献
703	鳞翅目	灰蝶科	珂灰蝶 Cordelia comes（Leech）	2010		文献
704	鳞翅目	灰蝶科	宓妮珂灰蝶 Cordelia minerva（Leech）	2010		文献
705	鳞翅目	灰蝶科	黑灰蝶 Niphanda fusca（Bremer et Grey）	2015	+	标本
706	鳞翅目	灰蝶科	白灰蝶 Phengaris atroguttata（Oberthür）	2010		文献
707	鳞翅目	灰蝶科	海南玳灰蝶 Deudorix hainana（Chou et Gu）	2010		文献
708	鳞翅目	灰蝶科	银线工灰蝶 Gonerilia thespis（Leech）	2010		文献
709	鳞翅目	灰蝶科	齿轮灰蝶 Novosatsuma pratti（Leech）	2010		文献
710	鳞翅目	灰蝶科	锯灰蝶 Orthomiella pontis（Elwes）	2010		文献
711	鳞翅目	灰蝶科	中华锯灰蝶 Orthomiella sinensis（Elwes）	2010		文献

编号	目	科名	中文种名（拉丁学名）	最新发现时间/年	数量状况	数据来源
712	鳞翅目	灰蝶科	霓沙燕灰蝶 *Rapala nissa*（Kollar）	2015	+	标本
713	鳞翅目	灰蝶科	高沙子燕灰蝶 *Rapala takasagonis* Matsumura	2010		文献
714	鳞翅目	灰蝶科	蓝燕灰蝶 *Rapala caerulea*（Bremaer）	2010		文献
715	鳞翅目	灰蝶科	彩燕灰蝶 *Rapala selira*（Moore）	2010		文献
716	鳞翅目	灰蝶科	拟杏洒灰蝶 *Satyrium pseudopruni* Murayama	2010		文献
717	鳞翅目	灰蝶科	红斑洒灰蝶 *Satyrium rubicundulum*（Leech）	2010		文献
718	鳞翅目	灰蝶科	摩来彩灰蝶 *Heliophorus moorei*（Hewitson）	2015	+	标本
719	鳞翅目	灰蝶科	美丽彩灰蝶 *Heliophorus pulcher* Chou	2010		文献
720	鳞翅目	灰蝶科	莎菲彩灰蝶 *Heliophorus saphir*（Blanchard）	2015	+	标本
721	鳞翅目	灰蝶科	酢浆灰蝶 *Pseudozizeeria maha*（Kollar）	2014	++++	标本
722	鳞翅目	灰蝶科	点玄灰蝶 *Tongeia filicaudis*（Pryer）	2015	++	标本
723	鳞翅目	灰蝶科	竹都玄灰蝶 *Tongeia zuthus*（Leech）	2014	++	标本
724	鳞翅目	灰蝶科	蓝灰蝶 *Everes argiades*（Pallas）	2014	+++	标本
725	鳞翅目	灰蝶科	琉璃灰蝶 *Celastrina argiola*（Linnaeus）	2015	+	标本
726	鳞翅目	灰蝶科	大紫琉璃灰蝶 *Celastrina oreas*（Leech）	2014	+	标本
727	鳞翅目	灰蝶科	白斑妩灰蝶 *Udara albocaerulea*（Moore）	2015	+	标本
728	鳞翅目	灰蝶科	珍贵妩灰蝶 *Udara dilecta*（Moore）	2014	+	标本
729	鳞翅目	灰蝶科	多眼灰蝶 *Polyommatus eras* Ochsenbeimer	2014	+	标本
730	鳞翅目	弄蝶科	双带弄蝶 *Lobocla bifasciata*（Bremer *et* Grey）	2010		文献
731	鳞翅目	弄蝶科	简纹带弄蝶 *Lobocla simplex*（Leech）	2000		文献
732	鳞翅目	弄蝶科	嵌带弄蝶 *Lobocla proxima*（Leech）	2010		文献
733	鳞翅目	弄蝶科	斜带星弄蝶 *Celaenorrhinus aurivittatus*（Moore）	2009		文献
734	鳞翅目	弄蝶科	腌翅弄蝶 *Astictopterus jama* Felder *et* Felder	2015	+	标本
735	鳞翅目	弄蝶科	白弄蝶 *Abraximorpha davidii*（Mabille）	2010		文献
736	鳞翅目	弄蝶科	飒弄蝶 *Satarupa gopala* Moore	2010		文献
737	鳞翅目	弄蝶科	钩形黄斑弄蝶 *Ampittia virgata* Leech	2010		文献
738	鳞翅目	弄蝶科	无斑珂弄蝶 *Caltoris bromus* Leech	2010		文献
739	鳞翅目	弄蝶科	绿弄蝶 Choaspes benjaminii（Guern-Menville）	2010		文献
740	鳞翅目	弄蝶科	黑弄蝶 *Daimao tethys* Ménétriès	2014	+	标本
741	鳞翅目	弄蝶科	直纹稻弄蝶 *Parnara guttata*（Bremer *et* Grey）	2014	+++++	标本
742	鳞翅目	弄蝶科	曲纹稻弄蝶 *Parnara ganga* Evans	2014	+++	标本
743	鳞翅目	弄蝶科	中华谷弄蝶 *Pelopidas sinensis*（Mabille）	2010		文献
744	鳞翅目	弄蝶科	近赭谷弄蝶 *Pelopidas sbochracea*（Moore）	2010		文献
745	鳞翅目	弄蝶科	黄纹孔弄蝶 *Polytremis lubricans*（Herrich-Schaffer）	2015	+	标本
746	鳞翅目	弄蝶科	透纹孔弄蝶 *Polytremis pellucida*（Murray）	2010		文献
747	鳞翅目	弄蝶科	盒纹孔弄蝶 *Polytremis theca*（Evans）	2010		文献
748	鳞翅目	弄蝶科	刺纹孔弄蝶 *Polytremis inza*（Evans）	2010		文献
749	鳞翅目	弄蝶科	豹弄蝶 *Thymelicus leoninus*（Futler）	2014	+	标本
750	鳞翅目	弄蝶科	黑豹弄蝶 *Thymelicus sylvaticus*（Bremer）	2014	+	标本
751	鳞翅目	弄蝶科	小赭弄蝶 *Ochlodes venata*（Bremer）	2014	+	标本
752	鳞翅目	弄蝶科	雪山赭弄蝶 *Ochlodes siva*（Moore）	2000		文献
753	鳞翅目	弄蝶科	菩提赭弄蝶 *Ochlodes bouddha*（Mabille）	2000		文献

续表

编号	目	科名	中文种名（拉丁学名）	最新发现时间/年	数量状况	数据来源
754	鳞翅目	弄蝶科	黄赭弄蝶 *Ochlodes crataeis*（Leech）	2000		文献
755	鳞翅目	弄蝶科	雪山赭弄蝶 *Ochlodes siva*（Moore）	2000		文献
756	鳞翅目	弄蝶科	白斑赭弄蝶 *Ochlodes subhyalina*（Bremer *et* Grey）	2000		文献
757	鳞翅目	弄蝶科	珠弄蝶 *Erynnis montanus*（Bremer）	2000		文献
758	鳞翅目	弄蝶科	深山珠弄蝶 *Erynnis tages*（Linnaeus）	2014	+	标本
759	鳞翅目	弄蝶科	孔子黄室弄蝶 *Potanthus confucia*（Felder *et* Felder）	2014	+	标本
760	鳞翅目	弄蝶科	花裙陀弄蝶 *Thoressa submacula*（Leech）	2014	+	标本
761	鳞翅目	弄蝶科	花弄蝶 *Pyrgus maculates*（Bremer *et* Grey）	2014	+	标本
762	双翅目	食蚜蝇科	黑带食蚜蝇 *Syrphus balteatus* De Geer	2014	+++	标本
763	双翅目	食蚜蝇科	黑足蚜蝇 *Syrphus vitripennis* Meigen	2015	+	标本
764	双翅目	食蚜蝇科	长尾管蚜蝇 *Eristalis tenax*（Linnaeus）	2014	++	标本
765	双翅目	食蚜蝇科	中宽墨管蚜蝇 *Mesembrius amplintersitus* Huo	2016	+	标本
766	双翅目	食蚜蝇科	黄肩长柄食蚜蝇 *Monoceromyia wiedemanni* Shannon	2009		文献
767	双翅目	食蚜蝇科	黄角深环食蚜蝇 *Asiodidea nikkoensis*（Matsumura）	2009		文献
768	双翅目	寄蝇科	粘虫长芒寄蝇 *Dolichocolon paradoxum* Brauer *et* Bergnstamm	2015	+	标本
769	双翅目	蝇科	家蝇 *Musca domestica* Linnaeus	2014	++++	标本
770	双翅目	实蝇科	灰地种蝇 *Dacus platura* Hendel	2015	+	标本
771	双翅目	蠓科	明斑库蠓 *Culicoides circumscriptus* kieffer	2012		文献
772	双翅目	蠓科	端斑库蠓 *Culicoides erairai* Kono *et* Takahashi	2012		文献
773	双翅目	虻科	华广原虻 *Tabanus signatipennis* Portsch	2012		文献
774	双翅目	虻科	日本原虻 *Tabanus nipponicus* Murdoch *et* Takahas	2012		文献
775	双翅目	虻科	杭州原虻 *Tabannus hongchouensis* Liu	2012		文献
776	双翅目	虻科	江苏原虻 *Tabannus kiangsinsis* Wang *et* Liu	2012		文献
777	双翅目	虻科	土灰原虻 *Tabannus griseus* Krber	2012		文献
778	双翅目	虻科	高砂原虻 *Tabannus takasagoensis* Shiraki	2012		文献
779	双翅目	虻科	亚布力原虻 *Tabannus yablonicus* Takagi	2012		文献
780	双翅目	虻科	罗氏原虻 *Tabannus loukasshki* Philip	2012		文献
781	双翅目	虻科	三重原虻 *Tabannus trigeminus* Linneaus	2009		文献
782	双翅目	虻科	二斑黄虻 *Atylotus bivittateinus* Takhasi	2012		文献
783	双翅目	虻科	霍氏黄虻 *Atylotus horvathi*（Szilady）	2012		文献
784	双翅目	虻科	范氏斑虻 *Chrysops vanderwulpi* Krober	2012		文献
785	双翅目	虻科	舟山斑虻 *Chrysops chusanensis* Ouchi	2012		文献
786	双翅目	虻科	中华斑虻 *Chrysops sinensis* Walker	2014	+	标本
787	双翅目	虻科	窄条斑虻 *Chrysops striatulus* Pechumann	2012		文献
788	双翅目	水虻科	黑水虻 *Hermetia illucens* Leech	2014	+	标本
789	双翅目	蚊科	银雪伊蚊 *Aedes Alboniveus* Barraud	2012		文献
790	双翅目	蚊科	日本伊蚊 *Aedes japonicus*（Theobald）	2012		文献
791	双翅目	蚊科	东嬴伊蚊 *Aedes nipponicus* LaCass *et* Yamaguti	2012		文献
792	双翅目	蚊科	白纹伊蚊 *Aedes albopictus*（Skuse）	2012		文献
793	双翅目	蚊科	类翅斑库蚊 *Culex murrelli* Lien	2012		文献
794	双翅目	蚊科	小翅斑库蚊 *Culex mimuluxs* Edwards	2012		文献
795	双翅目	蚊科	翅斑库蚊 *Culex mimeticus* Nee	2012		文献

编号	目	科名	中文种名（拉丁学名）	最新发现时间/年	数量状况	数据来源
796	双翅目	蚊科	致倦库蚊 *Culex quinquefasciatus* Say	2012		文献
797	双翅目	蚊科	伪杂鳞库蚊 *Culex pseudovishnui* Colless	2012		文献
798	双翅目	蚊科	三带喙库蚊 *Culex tritaeniorhynchus* Ciles	2012		文献
799	双翅目	蚊科	贪食库蚊 *Culex hascanus* Wiede	2012		文献
800	双翅目	蚊科	白胸库蚊 *Culex pallidothorax* Thelbald	2012		文献
801	双翅目	蚊科	薛氏库蚊 *Culex shebbearei* Barraud.	2012		文献
802	双翅目	蚊科	马来库蚊 *Culex malayi* Leicester	2012		文献
803	双翅目	毛蚊科	黑毛蚊 *Penthetria melanaspis* Wied	2015	+	标本
804	膜翅目	蚁科	丝毛弓背蚁 *Camponotus herculeanus* Emery	2009		文献
805	膜翅目	蚁科	日本弓背蚁 *Camponotus japonicus*（Mary）	2014	++	标本
806	膜翅目	泥蜂科	日本泥蜂 *Ammophila sabulosa nipponica* Tsuneki	2009		文献
807	膜翅目	泥蜂科	日本蓝泥蜂 *Chalybion japanicum*（Gribodo）	2009		文献
808	膜翅目	蚜茧蜂科	烟蚜茧蜂 *Aphidius gifuensis* Ashmead	2009		文献
809	膜翅目	旗腹蜂科	广旗腹蜂 *Evania appendigaster*（Linneaus）	2010		文献
810	膜翅目	地蜂科	克缨地蜂中国亚种 *Andrena knuthi chinensis* Wu	2009		文献
811	膜翅目	地蜂科	埃彩带蜂 *Nomia*（*Hoplonomia*）*elliotii* Smith	2009		文献
812	膜翅目	地蜂科	熟彩带蜂 *Nomia*（*Hoplonomia*）*maturans* Cockerell	2009		文献
813	膜翅目	地蜂科	甘肃淡脉隧蜂 *Lasioglossum kansuense* Bliithgen	2009		文献
814	膜翅目	地蜂科	铜色隧蜂 *Halictus aerarius* Smith	2009		文献
815	膜翅目	跳小蜂科	棉阔柄跳小蜂 *Metaphycus pulvinariae*（Howard）	2010		文献
816	膜翅目	切叶蜂科	黑龙江黄斑蜂 *Anthidium amurense* Radozkowski	2009		文献
817	膜翅目	切叶蜂科	切叶蜂 *Megachile humilia* Smith	2009		文献
818	膜翅目	叶蜂科	鞭角华扁叶蜂 *Chinolyda flagellicormis*（F.Smith）	2014	+	标本
819	膜翅目	条蜂科	盗条蜂 *Anthophora*（*Melea*）*plagiata* Illige	2009		文献
820	膜翅目	胡蜂科	亚非马蜂 *Potistes hebraeus* Fabricius	2014	+	标本
821	膜翅目	胡蜂科	金环胡蜂 *Vespa mandarinia mandarinia* Smith	2014	+	标本
822	膜翅目	胡蜂科	墨胸胡蜂 *Vespa velutina nigrithorax* Buysson	2014	+	标本
823	膜翅目	胡蜂科	变侧异腹胡蜂 *Parapolybia varia*（Fabricius）	2014	+	标本
824	膜翅目	蜜蜂科	拟黄芦蜂 *Ceratina hieroglyphica* Smith	2009		文献
825	膜翅目	蜜蜂科	长木蜂 *Xylocopa attenuata* Perkin	2009		文献
826	膜翅目	蜜蜂科	东方蜜蜂中华亚种 *Apis*（*Sigmatapis*）*cerana cerana* Fabricius	2014	++++	标本
827	膜翅目	蜜蜂科	炎熊蜂 *Bombus ardens*（Smith）	2014	+	标本
828	膜翅目	蜜蜂科	黄熊蜂 *Bombus*（*Pyrobombus*）*flavecens* Smith.	2014	++	标本
829	膜翅目	蜜蜂科	三条熊蜂 *Bombus*（*Diversobombus*）*trifasciatus* Smith	2016	+	标本
830	膜翅目	蛛蜂科	背变沟蛛蜂 *Cyphononyx fulvognathus*（Rohwer）	2014	+	标本

注：数量状况，用"＋＋＋＋"、"＋＋＋"、"＋＋"和"＋"表示。

附表 4 重庆阴条岭山国家级自然保护区脊椎动物名录

序号	目	科	中文种名	拉丁种名	最新发现时间/年	数量状况	数据来源
1	食虫目	猬科	东北刺猬	*Erinaceus amurensis*	2008	+	2009 年科考报告；四川兽类原色图鉴，1999
2	食虫目	鼹科	宽齿鼹	*Euroscaptor grandis*	2014	+	2014 年照片
3	食虫目	鼩鼱科	微尾鼩	*Anourosorex squamipes*	2015	++	2015 照片；四川资源动物志-第二卷，1984（四川短尾鼩，除川西北外四川省广泛分布）
4	翼手目	菊头蝠科	小菊头蝠	*Rhinolophus pusillus*	2009	+	2009 年科考报告；四川资源动物志-第二卷，1984
5	翼手目	菊头蝠科	皮氏菊头蝠	*Rhinolophus pearsoni*	1999	+	四川资源动物志-第二卷，1984（达县、南江）；四川兽类原色图鉴，王酉之，1999（川东、南等地）
6	翼手目	蹄蝠科	大蹄蝠	*Hipposideros armiger*	2002	+	四川兽类原色图鉴，王酉之，1999（川东各县）；重庆市翼手类调查及保护建议，罗键，2002（巫溪）
7	翼手目	蝙蝠科	中华鼠耳蝠	*Myotis chinensis*	2008	+	2009 年科考报告；罗键等，2002（巫山）
8	灵长目	猴科	猕猴	*Macaca mulatta*	2015	++	2015 年照片；2009 年科考报告；四川资源动物志-第二卷，1984（巫溪）
9	灵长目	猴科	川金丝猴	*Rhinopithecus roxellana*	?	?	2009 年科考报告
10	食肉目	犬科	豺	*Cuon alpinus*	?	?	2009 年科考报告
11	食肉目	犬科	狼	*Canis lupus*	?	?	2009 年科考报告
12	食肉目	犬科	貉	*Nyctereutes procyonoides*	?	?	2009 年科考报告；四川资源动物志-第二卷，1984（除川西北外分布广泛）
13	食肉目	犬科	赤狐	*Vulpes vulpes*	1984	+	2009 年科考报告；四川资源动物志-第二卷，1984；中国动物志，1987（四川）
14	食肉目	熊科	黑熊	*Ursus thibetanus*	2014	+	2014 年访问；四川资源动物志-第二卷，1984（巫溪）；中国动物志，1987（四川）
15	食肉目	鼬科	黄喉貂	*Martes flavigula*	2015	+	2015 照片；四川资源动物志-第二卷，1984（巫溪）；中国动物志，1987（四川，青鼬）
16	食肉目	鼬科	黄鼬	*Mustela sibirca*	2015	+	2015 照片；四川兽类原色图鉴，王酉之，1999（川东）
17	食肉目	鼬科	香鼬	*Mustela altaica*	2009	+	2009 年科考报告；四川资源动物志-第二卷，1984（万县、城口、巫山）
18	食肉目	鼬科	黄腹鼬	*Mustela kathiah*	2009	+	2009 年科考报告；四川兽类原色图鉴，王酉之，1999（巫山、万县、城口等）
19	食肉目	鼬科	鼬獾	*Melogale moschata*	2009	+	2009 年科考报告；四川资源动物志-第二卷，1984（华南亚种，万县、涪陵等）；四川兽类原色图鉴，王酉之，1999（广泛分布于平原丘陵及中低山）
20	食肉目	鼬科	狗獾	*Meles meles*（Linnaeus）	2015	+	2015 年照片；2009 年科考报告；四川资源动物志（獾）和原色图鉴，（分布广泛）
21	食肉目	鼬科	猪獾	*Arctonyx collaris*	2015	+	2015 年视频；2009 年科考报告；四川资源动物志和原色图鉴，（分布广泛）
22	食肉目	鼬科	水獭	*Lutra lutra*	2009	+	2009 年科考报告；四川资源动物志-第二卷，1984（巫溪）；四川兽类原色图鉴，王酉之，1999（除川西北外，省内分布广泛）
23	食肉目	灵猫科	大灵猫	*Viverra zibetha*	2009	+	2009 年科考报告；四川资源动物志-第二卷，1984（城口、奉节、万源等）；四川兽类原色图鉴，王酉之，1999（川东及川东南）
24	食肉目	灵猫科	小灵猫	*Viverricula indica*	2009	+	2009 年科考报告；四川兽类原色图鉴，王酉之，1999（川东及东南部中低山、深丘）
25	食肉目	灵猫科	斑林狸	*Prionodon pardicolor*	2009	+	2009 年科考报告；四川兽类原色图鉴，王酉之，1999（川西南）

序号	目	科	中文种名	拉丁种名	最新发现时间/年	数量状况	数据来源
26	食肉目	灵猫科	果子狸	*Paguma larvata*	2011	+	2011 年照片；四川兽类原色图鉴，王酉之，1999（川东，花面狸）；四川资源动物志-第二卷，1984（巫溪）
27	食肉目	猫科	金猫	*Pardofelis temminckii*	2009	+	2009 年科考报告；四川兽类原色图鉴，王酉之，1999（四川盆地周缘及川西南）；四川资源动物志-第二卷，1984（万县）
28	食肉目	猫科	豹猫	*Prionailurus bengalensis*	2011	+	2011 年照片；四川兽类原色图鉴，王酉之，1999（川东及西南部）；2009 年科考报告
29	食肉目	猫科	金钱豹	*Panthera pardus*	?	?	2009 年科考报告；四川兽类原色图鉴，王酉之，1999（盆地周边及川西）
30	食肉目	猫科	云豹	*Neofelis nebulosa*	?	?	2009 年科考报告；四川兽类原色图鉴，王酉之，1999（盆地周边及川西南）
31	偶蹄目	猪科	野猪	*Sus scrofa*	2015	++	2015 年照片；2009 年科考报告；四川资源动物志-第二卷，1984（巫溪）
32	偶蹄目	麝科	林麝	*Moschus berezovskii*	2015	+	2015 年照片；2009 年科考报告
33	偶蹄目	鹿科	赤麂	*Muntiacus vaginalis*	2015	+	2015 年照片和视频
34	偶蹄目	鹿科	小麂	*Muntiacus reevesi*	2015	++	2015 年照片；2009 年科考报告
35	偶蹄目	鹿科	毛冠鹿	*Elaphodus cephalophus*	2015	+	2015 年照片；2009 年科考报告
36	偶蹄目	鹿科	狍	*Capreolus pygargus*	2015	+	2015 年照片；2009 年科考报告
37	偶蹄目	牛科	鬣羚	*Capricornis sumatraensis*（Bechstein）	2015	+	2015 年照片；009 年科考报告；四川资源动物志-第二卷，1984（巫溪）
38	偶蹄目	牛科	喜马拉雅斑羚	*Naemorhedus goral*	2015	+	2015 年照片；2009 年科考报告
39	啮齿目	松鼠科	岩松鼠	*Sciurotamias davidianus*	2015	++	2015 年照片；2009 年科考报告
40	啮齿目	松鼠科	隐纹花松鼠	*Tamiops swinhoei*	2009	+	2009 年科考报告；四川资源动物志-第二卷，1984（城口）
41	啮齿目	松鼠科	赤腹松鼠	*Callosciurus erythraeus*	2009	+	2009 年科考报告；四川兽类原色图鉴，王酉之，1999（赤腹丽松鼠，盆地及周山区）；四川资源动物志-第二卷，1984（城口）
42	啮齿目	松鼠科	红颊长吻松鼠	*Dremomys rufigenis*	2009	+	2009 年科考报告；四川兽类原色图鉴，王酉之，1999（川东、南）；四川资源动物志-第二卷，1984（万县等）
43	啮齿目	松鼠科	珀氏长吻松鼠	*Dremomys pernyi*	2009	++	2009 年科考报告；四川资源动物志-第二卷，1984（城口、巫山等）
44	啮齿目	松鼠科	复齿鼯鼠	*Trogopterus xanthipes*	2015	+	2015 年照片；2009 年科考报告；四川资源动物志-第二卷，1984（巫溪）
45	啮齿目	松鼠科	红白鼯鼠	*Petaurista alborufus*	2013	+	2013 年照片；2009 年科考报告；四川资源动物志-第二卷，1984（巫溪）
46	啮齿目	鼠科	巢鼠	*Micromys minutus*	2009	++	2009 年科考报告；四川资源动物志-第二卷，1984（全省）
47	啮齿目	鼠科	黑线姬鼠	*Apodemus agrarius*	2009	+	2009 年科考报告；四川资源动物志-第二卷，1984（川东条状山区）；四川兽类原色图鉴，王酉之，1999（川东）
48	啮齿目	鼠科	褐家鼠	*Rattus norvegicus*	2009	+	2009 年科考报告；四川兽类原色图鉴，王酉之，1999（广泛）
49	啮齿目	鼠科	黄胸鼠	*Rattus tanezumi*	2009	+	2009 年科考报告；四川兽类原色图鉴，王酉之，1999（除川西北草原及高原，广泛）
50	啮齿目	鼠科	大足鼠	*Rattus nitidus*	2009	+	2009 年科考报告；四川资源动物志-第二卷，1984（城口）；四川兽类原色图鉴，王酉之，1999（除川西北高原，广泛）
51	啮齿目	鼠科	安氏白腹鼠（白腹鼠）	*Niviventer andersoni*（Thomas）	2009	+	2009 年科考报告

续表

序号	目	科	中文种名	拉丁种名	最新发现时间/年	数量状况	数据来源
52	啮齿目	鼠科	针毛鼠	*Niviventer fulvscens*	2009	+	2009 年科考报告；四川兽类原色图鉴，王酉之，1999（盆地丘陵及周山地）
53	啮齿目	鼠科	北社鼠	*Niviventer confucianus*	2009	+	2009 年科考报告；四川兽类原色图鉴，王酉之，1999（全省各地）；四川资源动物志-第二卷，1984（全省，社鼠）
54	啮齿目	鼠科	小家鼠	*Mus musculus*	2009	+	2009 年科考报告；四川资源动物志-第二卷，1984（全省）
55	啮齿目	鼹型鼠科	罗氏鼢鼠	*Eospalax rothschildi*	2009	++	2009 年科考报告；四川资源动物志-第二卷，1984（巫山、城口）；四川兽类原色图鉴，王酉之，1999（城口、巫山）
56	啮齿目	鼹型鼠科	中华竹鼠	*Rhizomys sinensis*	2009	++	2009 年科考报告；四川资源动物志-第二卷，1984（城口）
57	啮齿目	豪猪科	帚尾豪猪	*Atherurus macrourus*	2009	+	2009 年科考报告；四川兽类原色图鉴，王酉之，1999（川东、南、西山区及深丘）
58	啮齿目	豪猪科	中国豪猪	*Hystrix hodgsoni*	2009	++	2009 年科考报告；四川资源动物志-第二卷，1984（城口、万县）
59	兔形目	鼠兔科	藏鼠兔	*Ochotona thibetana*	2009	+	2009 年科考报告；四川兽类原色图鉴，王酉之，1999（盆地周缘低山区）
60	兔形目	兔科	草兔	*Lepus capensis*（Linnaeus）	2009	++	2009 年科考报告；四川兽类原色图鉴，王酉之，1999（盆地东、南、北山地及丘陵）；四川资源动物志-第二卷，1984（城口）
61	䴙䴘目	䴙䴘科	小䴙䴘	*Tachybaptus ruficollis*	2009	+	原科考报告，2009
62	鹳形目	鹭科	苍鹭	*Ardea cinerea*	2009	+	原科考报告，2009
63	鹳形目	鹭科	白鹭	*Egretta garzetta*	2009	++	原科考报告，2009；重庆大巴山自然保护区鸟类资源调查
64	鹳形目	鹭科	牛背鹭	*Bubulcus ibis*	2014	+	野外考察见到
65	鹳形目	鹭科	池鹭	*Ardeola bacchus*	2009	++	原科考报告，2009；重庆大巴山自然保护区鸟类资源调查
66	鹳形目	鹭科	夜鹭	*Nycticorax nycticorax*	2009	+	原科考报告，2009
67	鹳形目	鹭科	大麻鳽	*Botaurus stellaris*	2014	+	野外考察见到；原科考报告，2009
68	雁形目	鸭科	赤麻鸭	*Tadorna ferruginea*	2009	+	原科考报告，2009
69	雁形目	鸭科	鸳鸯	*Aix galericulata*	2014	+	野外考察见到；重庆大巴山自然保护区鸟类资源调查
70	雁形目	鸭科	绿翅鸭	*Anas crecca*	2009	+	原科考报告，2009
71	雁形目	鸭科	绿头鸭	*Anas platyrhynchos*	2009	+	原科考报告，2009
72	雁形目	鸭科	斑嘴鸭	*Anas poecilorhyncha*	2014	+	野外考察见到
73	隼形目	鹰科	凤头蜂鹰	*Pernis ptilorhyncus*	2009	+	原科考报告，2009；重庆大巴山自然保护区鸟类资源调查
74	隼形目	鹰科	黑鸢	*Milvus migrans*	2009	+	原科考报告，2009；重庆大巴山自然保护区鸟类资源调查
75	隼形目	鹰科	白尾鹞	*Circus cyaneus*	2009	+	原科考报告，2009
76	隼形目	鹰科	松雀鹰	*Accipiter virgatus*	2009	+	原科考报告，2009
77	隼形目	鹰科	雀鹰	*Accipiter nisus*	2009	+	原科考报告，2009
78	隼形目	鹰科	普通鵟	*Buteo buteo*	2009	+	原科考报告，2009；重庆大巴山自然保护区鸟类资源调查
79	隼形目	鹰科	大鵟	*Buteo hemilasius*	2009	+	原科考报告，2009
80	隼形目	鹰科	金雕	*Aquila chrysaetos*	2009	+	原科考报告，2009；重庆大巴山自然保护区鸟类资源调查
81	隼形目	隼科	红隼	*Falco tinnunculus*	2009	+	原科考报告，2009；重庆大巴山自然保护区鸟类资源调查

序号	目	科	中文种名	拉丁种名	最新发现 时间/年	数量 状况	数据来源
82	隼形目	隼科	游隼	*Falco peregrinus*	2009	+	原科考报告，2009
83	鸡形目	雉科	鹌鹑	*Coturnix coturnix*	2009	+	原科考报告，2009
84	鸡形目	雉科	灰胸竹鸡	*Bambusicola thoracicus*	2009	++	原科考报告，2009；重庆大巴山自然保护区鸟类资源调查
85	鸡形目	雉科	红腹角雉	*Tragopan temminckii*	2015	+	野外考察见到；重庆大巴山自然保护区鸟类资源调查
86	鸡形目	雉科	白冠长尾雉	*Syrmaticus reevesii*	2009	+	原科考报告，2009；重庆大巴山自然保护区鸟类资源调查
87	鸡形目	雉科	环颈雉	*Phasianus colchicus*	2014	++	野外考察见到；原科考报告，2009；重庆大巴山自然保护区鸟类资源调查
88	鸡形目	雉科	红腹锦鸡	*Chrysolophus pictus*	2015	+	野外考察见到；原科考报告，2009；重庆大巴山自然保护区鸟类资源调查
89	鹤形目	秧鸡科	白胸苦恶鸟	*Amaurornis phoenicurus*	2009	+	原科考报告，2009；重庆大巴山自然保护区鸟类资源调查
90	鹤形目	秧鸡科	董鸡	*Gallicrex cinerea*	2009	+	原科考报告，2009；重庆大巴山自然保护区鸟类资源调查
91	鸻形目	鸻科	凤头麦鸡	*Vanellus vanellus*	2009	+	原科考报告，2009
92	鸻形目	鸻科	金眶鸻	*Charadrius dubius*	2009	+	原科考报告，2009
93	鸻形目	鹬科	丘鹬	*Scolopax rusticola*	2009	+	原科考报告，2009；重庆大巴山自然保护区鸟类资源调查
94	鸻形目	鹬科	白腰草鹬	*Tringa ochropus*	2009	+	原科考报告，2009
95	鸻形目	鹬科	矶鹬	*Actitis hypoleucos*	2009	+	原科考报告，2009
96	鸽形目	鸠鸽科	山斑鸠	*Streptopelia orientalis*	2014	+++	野外考察见到；原科考报告，2009
97	鸽形目	鸠鸽科	火斑鸠	*Streptopelia tranquebarica*	2009	+++	原科考报告，2009；重庆大巴山自然保护区鸟类资源调查
98	鸽形目	鸠鸽科	珠颈斑鸠	*Streptopelia chinensis*	2009	+++	原科考报告，2009；重庆大巴山自然保护区鸟类资源调查
99	鸽形目	鸠鸽科	红翅绿鸠	*Treron sieboldii*	2009	+	原科考报告，2009；重庆大巴山自然保护区鸟类资源调查
100	鹃形目	杜鹃科	红翅凤头鹃	*Clamator coromandus*	2009	+	原科考报告，2009
101	鹃形目	杜鹃科	大鹰鹃	*Cuculus sparverioides*	2009	+	原科考报告，2009；重庆大巴山自然保护区鸟类资源调查
102	鹃形目	杜鹃科	棕腹杜鹃	*Cuculus nisicolor*	2009	+	原科考报告，2009
103	鹃形目	杜鹃科	四声杜鹃	*Cuculus micropterus*	2009	++	原科考报告，2009；重庆大巴山自然保护区鸟类资源调查
104	鹃形目	杜鹃科	大杜鹃	*Cuculus canorus*	2009	++	原科考报告，2009；重庆大巴山自然保护区鸟类资源调查
105	鹃形目	杜鹃科	中杜鹃	*Cuculus saturatus*	2009	+	原科考报告，2009；重庆大巴山自然保护区鸟类资源调查
106	鹃形目	杜鹃科	小杜鹃	*Cuculus poliocephalus*	2014	+	野外考察见到；原科考报告，2009；重庆大巴山自然保护区鸟类资源调查
107	鹃形目	杜鹃科	翠金鹃	*Chrysococcyx maculatus*	2009	+	原科考报告，2009；重庆大巴山自然保护区鸟类资源调查
108	鹃形目	杜鹃科	噪鹃	*Eudynamys scolopacea*	2009	++	原科考报告，2009；重庆大巴山自然保护区鸟类资源调查
109	鸮形目	鸱鸮科	领角鸮	*Otus lettia*	2009	+	原科考报告，2009；重庆大巴山自然保护区鸟类资源调查
110	鸮形目	鸱鸮科	雕鸮	*Bubo bubo*	2009	+	原科考报告，2009
111	鸮形目	鸱鸮科	灰林鸮	*Strix aluco*	2015	+	野外考察见到；原科考报告，2009
112	鸮形目	鸱鸮科	领鸺鹠	*Glaucidium brodiei*	2009	+	原科考报告，2009

序号	目	科	中文种名	拉丁种名	最新发现时间/年	数量状况	数据来源
113	鸮形目	鸱鸮科	斑头鸺鹠	*Glaucidium cuculoides*	2015	+	野外考察见到
114	鸮形目	鸱鸮科	长耳鸮	*Asio otus*	2009	+	原科考报告，2009
115	鸮形目	鸱鸮科	鹰鸮	*Ninox scutulata*	2009	+	原科考报告，2009；重庆大巴山自然保护区鸟类资源调查
116	鸮形目	鸱鸮科	短耳鸮	*Asio flammeus*	2009	+	原科考报告，2009
117	夜鹰目	夜鹰科	普通夜鹰	*Caprimulgus indicus*	2009	+	原科考报告，2009；重庆大巴山自然保护区鸟类资源调查
118	雨燕目	雨燕科	短嘴金丝燕	*Aerodramus brevirostris*	2009	+	原科考报告，2009；重庆大巴山自然保护区鸟类资源调查
119	雨燕目	雨燕科	白腰雨燕	*Apus pacificus*	2009	+	原科考报告，2009
120	雨燕目	雨燕科	小白腰雨燕	*Apus nipalensis*	2009	+	原科考报告，2009
121	佛法僧目	翠鸟科	普通翠鸟	*Alcedo atthis*	2009	++	原科考报告，2009；重庆大巴山自然保护区鸟类资源调查
122	佛法僧目	翠鸟科	蓝翡翠	*Halcyon pileata*	2009	+	原科考报告，2009
123	佛法僧目	翠鸟科	冠鱼狗	*Megaceryle lugubris*	2009	+	原科考报告，2009
124	佛法僧目	佛法僧科	三宝鸟	*Eurystomus orientalis*	2009	+	原科考报告，2009；重庆大巴山自然保护区鸟类资源调查
125	戴胜目	戴胜科	戴胜	*Upupa epops*	2009	+	原科考报告，2009
126	䴕形目	啄木鸟科	斑姬啄木鸟	*Picumnus innominatus*	2009	++	原科考报告，2009；重庆大巴山自然保护区鸟类资源调查
127	䴕形目	啄木鸟科	星头啄木鸟	*Dendrocopos canicapillus*	2009	+	原科考报告，2009；重庆大巴山自然保护区鸟类资源调查
128	䴕形目	啄木鸟科	棕腹啄木鸟	*Dendrocopos hyperythrus*	2009	+	原科考报告，2009；重庆大巴山自然保护区鸟类资源调查
129	䴕形目	啄木鸟科	赤胸啄木鸟	*Dendrocopos cathpharius*	2009	+	原科考报告，2009；重庆大巴山自然保护区鸟类资源调查
130	䴕形目	啄木鸟科	大斑啄木鸟	*Dendrocopos major*	2009	++	原科考报告，2009；重庆大巴山自然保护区鸟类资源调查
131	䴕形目	啄木鸟科	灰头绿啄木鸟	*Picus canus*	2009	++	原科考报告，2009；重庆大巴山自然保护区鸟类资源调查
132	雀形目	百灵科	小云雀	*Alauda gulgula*	2009	+	原科考报告，2009；重庆大巴山自然保护区鸟类资源调查
133	雀形目	燕科	家燕	*Hirundo rustica*	2009	+	原科考报告，2009；重庆大巴山自然保护区鸟类资源调查
134	雀形目	燕科	金腰燕	*Cecropis daurica*	2009	+	原科考报告，2009；重庆大巴山自然保护区鸟类资源调查
135	雀形目	鹡鸰科	山鹡鸰	*Dendronanthus indicus*	2009	+	原科考报告，2009；重庆大巴山自然保护区鸟类资源调查
136	雀形目	鹡鸰科	白鹡鸰	*Motacilla alba*	2014	+++	野外考察见到；原科考报告，2009；重庆大巴山自然保护区鸟类资源调查
137	雀形目	鹡鸰科	黄鹡鸰	*Motacilla flava*	2009	+	原科考报告，2009
138	雀形目	鹡鸰科	灰鹡鸰	*Motacilla cinerea*	2009	++	原科考报告，2009；重庆大巴山自然保护区鸟类资源调查
139	雀形目	鹡鸰科	田鹨	*Anthus richardi*	2009	+	原科考报告，2009；重庆大巴山自然保护区鸟类资源调查
140	雀形目	鹡鸰科	树鹨	*Anthus hodgsoni*	2009	+	原科考报告，2009；重庆大巴山自然保护区鸟类资源调查
141	雀形目	鹡鸰科	水鹨	*Anthus spinoletta*	2009	+	原科考报告，2009；重庆大巴山自然保护区鸟类资源调查
142	雀形目	鹡鸰科	山鹨	*Anthus sylvanus*	2009	+	原科考报告，2009

续表

序号	目	科	中文种名	拉丁种名	最新发现时间/年	数量状况	数据来源
143	雀形目	山椒鸟科	暗灰鹃鵙	*Coracina melaschistos*	2009	++	原科考报告，2009；重庆大巴山自然保护区鸟类资源调查
144	雀形目	山椒鸟科	小灰山椒鸟	*Pericrocotus cantonensis*	2009	+	原科考报告，2009
145	雀形目	山椒鸟科	长尾山椒鸟	*Pericrocotus ethologus*	2009	++	原科考报告，2009；重庆大巴山自然保护区鸟类资源调查
146	雀形目	鹎科	领雀嘴鹎	*Spizixos semitorques*	2014	+++	野外考察见到；原科考报告，2009；重庆大巴山自然保护区鸟类资源调查
147	雀形目	鹎科	黄臀鹎	*Pycnonotus xanthorrhous*	2014	+++	野外考察见到；原科考报告，2009；重庆大巴山自然保护区鸟类资源调查
148	雀形目	鹎科	白头鹎	*Pycnonotus sinensis*	2014	++	野外考察见到；原科考报告，2009；重庆大巴山自然保护区鸟类资源调查
149	雀形目	鹎科	绿翅短脚鹎	*Hypsipetes mcclellandii*	2014	+++	野外考察见到；原科考报告，2009；重庆大巴山自然保护区鸟类资源调查
150	雀形目	鹎科	黑短脚鹎	*Hypsipetes leucocephalus*	2014	+	野外考察见到；原科考报告，2009；重庆大巴山自然保护区鸟类资源调查
151	雀形目	伯劳科	虎纹伯劳	*Lanius tigrinus*	2009	+	原科考报告，2009
152	雀形目	伯劳科	牛头伯劳	*Lanius bucephalus*	2009	+	原科考报告，2009
153	雀形目	伯劳科	红尾伯劳	*Lanius cristatus*	2009	+	原科考报告，2009；重庆大巴山自然保护区鸟类资源调查
154	雀形目	伯劳科	棕背伯劳	*Lanius schach*	2009	+	原科考报告，2009；重庆大巴山自然保护区鸟类资源调查
155	雀形目	伯劳科	灰背伯劳	*Lanius tephronotus*	2014	++	野外考察见到；原科考报告，2009；重庆大巴山自然保护区鸟类资源调查
156	雀形目	黄鹂科	黑枕黄鹂	*Oriolus chinensis*	2009	+	原科考报告，2009
157	雀形目	卷尾科	黑卷尾	*Dicrurus macrocercus*	2009	++	原科考报告，2009；重庆大巴山自然保护区鸟类资源调查
158	雀形目	卷尾科	灰卷尾	*Dicrurus leucophaeus*	2009	+	原科考报告，2009；重庆大巴山自然保护区鸟类资源调查
159	雀形目	卷尾科	发冠卷尾	*Dicrurus hottentottus*	2009	+	原科考报告，2009；重庆大巴山自然保护区鸟类资源调查
160	雀形目	椋鸟科	八哥	*Acridotheres cristatellus*	2009	+	原科考报告，2009；重庆大巴山自然保护区鸟类资源调查
161	雀形目	椋鸟科	丝光椋鸟	*Sturnus sericeus*	2009	+	原科考报告，2009
162	雀形目	椋鸟科	灰椋鸟	*Sturnus cineraceus*	2009	+	原科考报告，2009
163	雀形目	鸦科	松鸦	*Garrulus glandarius*	2015	+++	野外考察见到；原科考报告，2009；重庆大巴山自然保护区鸟类资源调查
164	雀形目	鸦科	红嘴蓝鹊	*Urocissa erythrorhyncha*	2015	+++	野外考察见到；原科考报告，2009；重庆大巴山自然保护区鸟类资源调查
165	雀形目	鸦科	灰树鹊	*Dendrocitta formosae*	2009	+	原科考报告，2009；重庆大巴山自然保护区鸟类资源调查
166	雀形目	鸦科	喜鹊	*Pica pica*	2009	+	原科考报告，2009；重庆大巴山自然保护区鸟类资源调查
167	雀形目	鸦科	星鸦	*Nucifraga caryocatactes*	2015	+++	野外考察见到；原科考报告，2009；重庆大巴山自然保护区鸟类资源调查
168	雀形目	鸦科	秃鼻乌鸦	*Corvus frugilegus*	2009	+	原科考报告，2009
169	雀形目	鸦科	大嘴乌鸦	*Corvus macrorhynchos*	2015	+++	野外考察见到；原科考报告，2009；重庆大巴山自然保护区鸟类资源调查
170	雀形目	鸦科	白颈鸦	*Corvus pectoralis*	2009	+	原科考报告，2009；重庆大巴山自然保护区鸟类资源调查
171	雀形目	河乌科	褐河乌	*Cinclus pallasii*	2015	+++	野外考察见到；原科考报告，2009；重庆大巴山自然保护区鸟类资源调查

续表

序号	目	科	中文种名	拉丁种名	最新发现时间/年	数量状况	数据来源
172	雀形目	鹪鹩科	鹪鹩	*Troglodytes troglodytes*	2009	+	原科考报告，2009；重庆大巴山自然保护区鸟类资源调查
173	雀形目	鸫科	红喉歌鸲	*Luscinia calliope*	2009	+	原科考报告，2009
174	雀形目	鸫科	红胁蓝尾鸲	*Tarsiger cyanurus*	2014	++	野外考察见到；原科考报告，2009
175	雀形目	鸫科	鹊鸲	*Copsychus saularis*	2009	++	原科考报告，2009
176	雀形目	鸫科	蓝额红尾鸲	*Phoenicurus frontalis*	2009	+	原科考报告，2009
177	雀形目	鸫科	北红尾鸲	*Phoenicurus auroreus*	2014	+++	野外考察见到；原科考报告，2009；重庆大巴山自然保护区鸟类资源调查
178	雀形目	鸫科	红尾水鸲	*Rhyacornis fuliginosa*	2015	+++	野外考察见到；原科考报告，2009；重庆大巴山自然保护区鸟类资源调查
179	雀形目	鸫科	白顶溪鸲	*Chaimarrornis leucocephalus*	2015	+++	野外考察见到；原科考报告，2009；重庆大巴山自然保护区鸟类资源调查
180	雀形目	鸫科	小燕尾	*Enicurus scouleri*	2014	++	野外考察见到；原科考报告，2009；重庆大巴山自然保护区鸟类资源调查
181	雀形目	鸫科	黑背燕尾	*Enicurus immaculatus*	2009	+	原科考报告，2009；重庆大巴山自然保护区鸟类资源调查
182	雀形目	鸫科	灰背燕尾	*Enicurus schistaceus*	2014	+++	野外考察见到
183	雀形目	鸫科	白额燕尾	*Enicurus leschenaulti*	2014	+	野外考察见到
184	雀形目	鸫科	黑喉石䳭	*Saxicola torquata*	2009	+	原科考报告，2009；重庆大巴山自然保护区鸟类资源调查
185	雀形目	鸫科	灰林䳭	*Saxicola ferreus*	2009	++	原科考报告，2009；重庆大巴山自然保护区鸟类资源调查
186	雀形目	鸫科	蓝矶鸫	*Monticola solitarius*	2009	+	原科考报告，2009；重庆大巴山自然保护区鸟类资源调查
187	雀形目	鸫科	紫啸鸫	*Myophonus caeruleus*	2015	+++	野外考察见到；原科考报告，2009；重庆大巴山自然保护区鸟类资源调查
188	雀形目	鸫科	乌鸫	*Turdus merula*	2009	+	原科考报告，2009；重庆大巴山自然保护区鸟类资源调查
189	雀形目	鸫科	灰头鸫	*Turdus rubrocanus*	2014	++	野外考察见到；重庆大巴山自然保护区鸟类资源调查
190	雀形目	鸫科	斑鸫	*Turdus eunomus*	2009	+	原科考报告，2009；重庆大巴山自然保护区鸟类资源调查
191	雀形目	鹟科	乌鹟	*Muscicapa sibirica*	2009	+	原科考报告，2009
192	雀形目	鹟科	棕尾褐鹟	*Muscicapa ferruginea*	2014	++	野外考察见到
193	雀形目	鹟科	白眉姬鹟	*Ficedula zanthopygia*	2009	+	原科考报告，2009；重庆大巴山自然保护区鸟类资源调查
194	雀形目	鹟科	灰蓝姬鹟	*Ficedula tricolor*	2009	+	原科考报告，2009；重庆大巴山自然保护区鸟类资源调查
195	雀形目	鹟科	白腹蓝姬鹟	*Cyanoptila cyanomelana*	2009	+	原科考报告，2009；重庆大巴山自然保护区鸟类资源调查
196	雀形目	鹟科	铜蓝鹟	*Eumyias thalassinus*	2014	++	野外考察见到；原科考报告，2009；重庆大巴山自然保护区鸟类资源调查
197	雀形目	鹟科	棕腹仙鹟	*Niltava sundara*	2014	+	野外考察见到；原科考报告，2009；重庆大巴山自然保护区鸟类资源调查
198	雀形目	鹟科	蓝喉仙鹟	*Cyornis rubeculoides*	2009	+	原科考报告，2009；重庆大巴山自然保护区鸟类资源调查
199	雀形目	鹟科	方尾鹟	*Culicicapa ceylonensis*	2009	+	原科考报告，2009；重庆大巴山自然保护区鸟类资源调查
200	雀形目	王鹟科	寿带	*Terpsiphone paradisi*	2009	+	原科考报告，2009；重庆大巴山自然保护区鸟类资源调查

序号	目	科	中文种名	拉丁种名	最新发现时间/年	数量状况	数据来源
201	雀形目	画眉科	白喉噪鹛	*Garrulax albogularis*	2009	+	原科考报告，2009；重庆大巴山自然保护区鸟类资源调查
202	雀形目	画眉科	山噪鹛	*Garrulax davidi*	2009	+	原科考报告，2009；重庆大巴山自然保护区鸟类资源调查
203	雀形目	画眉科	灰翅噪鹛	*Garrulax cineraceus*	2014	++	野外考察见到；原科考报告，2009；重庆大巴山自然保护区鸟类资源调查
204	雀形目	画眉科	眼纹噪鹛	*Garrulax ocellatus*	2014	++	野外考察见到；原科考报告，2009
205	雀形目	画眉科	斑背噪鹛	*Garrulax lunulatus*	2015	+++	野外考察见到；重庆大巴山自然保护区鸟类资源调查
206	雀形目	画眉科	画眉	*Garrulax canorus*	2014	++	野外考察见到；原科考报告，2009；重庆大巴山自然保护区鸟类资源调查
207	雀形目	画眉科	白颊噪鹛	*Garrulax sannio*	2009	+	野外考察见到；原科考报告，2009；重庆大巴山自然保护区鸟类资源调查
208	雀形目	画眉科	橙翅噪鹛	*Garrulax elliotii*	2014	+++	野外考察见到；原科考报告，2009；重庆大巴山自然保护区鸟类资源调查
209	雀形目	画眉科	斑胸钩嘴鹛	*Pomatorhinus erythrocnemis*	2015	+++	野外考察见到；原科考报告，2009；重庆大巴山自然保护区鸟类资源调查
210	雀形目	画眉科	棕颈钩嘴鹛	*Pomatorhinus ruficollis*	2015	+++	野外考察见到；原科考报告，2009；重庆大巴山自然保护区鸟类资源调查
211	雀形目	画眉科	小鳞胸鹪鹛	*Pnoepyga pusilla*	2009	+	原科考报告，2009；重庆大巴山自然保护区鸟类资源调查
212	雀形目	画眉科	红头穗鹛	*Stachyris ruficeps*	2009	+	原科考报告，2009；重庆大巴山自然保护区鸟类资源调查
213	雀形目	画眉科	矛纹草鹛	*Babax lanceolatus*	2014	++	野外考察见到；重庆大巴山自然保护区鸟类资源调查；重庆大巴山自然保护区鸟类资源调查
214	雀形目	画眉科	红嘴相思鸟	*Leiothrix lutea*	2015	+++	野外考察见到；原科考报告，2009；重庆大巴山自然保护区鸟类资源调查
215	雀形目	画眉科	淡绿鵙鹛	*Pteruthius xanthochlorus*	2009	+	原科考报告，2009
216	雀形目	画眉科	金胸雀鹛	*Alcippe chrysotis*	2015	++	野外考察见到；重庆大巴山自然保护区鸟类资源调查
217	雀形目	画眉科	褐头雀鹛	*Alcippe cinereiceps*	2009	+	原科考报告，2009
218	雀形目	画眉科	褐顶雀鹛	*Alcippe brunnea*	2009	+	原科考报告，2009；重庆大巴山自然保护区鸟类资源调查
219	雀形目	画眉科	灰眶雀鹛	*Alcippe morrisonia*	2014	++	野外考察见到；重庆大巴山自然保护区鸟类资源调查
220	雀形目	画眉科	白领凤鹛	*Yuhina diademata*	2014	+++	野外考察见到；重庆大巴山自然保护区鸟类资源调查
221	雀形目	画眉科	黑颏凤鹛	*Yuhina nigrimenta*	2009	+	原科考报告，2009；重庆大巴山自然保护区鸟类资源调查
222	雀形目	鸦雀科	红嘴鸦雀	*Conostoma oemodium*	2009	+	原科考报告，2009
223	雀形目	鸦雀科	白眶鸦雀	*Paradoxornis conspicillatus*	2014	++	野外考察见到；原科考报告，2009
224	雀形目	鸦雀科	棕头鸦雀	*Paradoxornis webbianus*	2014	++	野外考察见到；原科考报告，2009
225	雀形目	扇尾莺科	棕扇尾莺	*Cisticola juncidis*	2009	+	原科考报告，2009
226	雀形目	扇尾莺科	山鹪莺	*Prinia crinigera*	2009	+	原科考报告，2009
227	雀形目	扇尾莺科	纯色山鹪莺	*Prinia inornata*	2009	+	原科考报告，2009
228	雀形目	莺科	短翅树莺	*Cettia diphone*	2009	+	原科考报告，2009；重庆大巴山自然保护区鸟类资源调查
229	雀形目	莺科	强脚树莺	*Cettia fortipes*	2009	++	原科考报告，2009；重庆大巴山自然保护区鸟类资源调查
230	雀形目	莺科	高山短翅莺	*Bradypterus mandelli*	2009	+	原科考报告，2009

序号	目	科	中文种名	拉丁种名	最新发现时间/年	数量状况	数据来源
231	雀形目	莺科	东方大苇莺	*Acrocephalus orientalis*	2009	+	原科考报告，2009
232	雀形目	莺科	黄腹树莺	*Cettia acanthizoides*	2009	++	原科考报告，2009；重庆大巴山自然保护区鸟类资源调查
233	雀形目	莺科	棕腹柳莺	*Phylloscopus subaffinis*	2009	+	原科考报告，2009；重庆大巴山自然保护区鸟类资源调查
234	雀形目	莺科	黄腰柳莺	*Phylloscopus proregulus*	2009	++	原科考报告，2009；重庆大巴山自然保护区鸟类资源调查
235	雀形目	莺科	黄眉柳莺	*Phylloscopus inornatus*	2009	+	原科考报告，2009；重庆大巴山自然保护区鸟类资源调查
236	雀形目	莺科	极北柳莺	*Phylloscopus borealis*	2009	+	原科考报告，2009
237	雀形目	莺科	暗绿柳莺	*Phylloscopus trochiloides*	2009	+	原科考报告，2009；重庆大巴山自然保护区鸟类资源调查
238	雀形目	莺科	乌嘴柳莺	*Phylloscopus magnirostris*	2009	+	原科考报告，2009
239	雀形目	莺科	冕柳莺	*Phylloscopus coronatus*	2009	+	原科考报告，2009
240	雀形目	莺科	冠纹柳莺	*Phylloscopus reguloides*	2009	+	原科考报告，2009；重庆大巴山自然保护区鸟类资源调查
241	雀形目	莺科	金眶鹟莺	*Seicercus burkii*	2009	+	原科考报告，2009；重庆大巴山自然保护区鸟类资源调查
242	雀形目	莺科	栗头鹟莺	*Seicercus castaniceps*	2009	+	原科考报告，2009
243	雀形目	莺科	棕脸鹟莺	*Abroscopus albogularis*	2009	+	原科考报告，2009
244	雀形目	戴菊科	戴菊	*Regulus regulus*	2009	++	原科考报告，2009；重庆大巴山自然保护区鸟类资源调查
245	雀形目	绣眼鸟科	暗绿绣眼鸟	*Zosterops japonicus*	2009	+	原科考报告，2009
246	雀形目	长尾山雀科	银喉长尾山雀	*Aegithalos caudatus*	2009	+	原科考报告，2009
247	雀形目	长尾山雀科	红头长尾山雀	*Aegithalos concinnus*	2009	++	原科考报告，2009；重庆大巴山自然保护区鸟类资源调查
248	雀形目	长尾山雀科	银脸长尾山雀	*Aegithalos fuliginosus*	2015	+++	野外考察见到；原科考报告，2009；重庆大巴山自然保护区鸟类资源调查
249	雀形目	山雀科	煤山雀	*Parus ater*	2009	+	原科考报告，2009；重庆大巴山自然保护区鸟类资源调查
250	雀形目	山雀科	黄腹山雀	*Parus venustulus*	2009	+	原科考报告，2009；重庆大巴山自然保护区鸟类资源调查
251	雀形目	山雀科	大山雀	*Parus major*	2015	++	野外考察见到；原科考报告，2009；重庆大巴山自然保护区鸟类资源调查
252	雀形目	山雀科	绿背山雀	*Parus monticolus*	2015	+++	野外考察见到；原科考报告，2009；重庆大巴山自然保护区鸟类资源调查
253	雀形目	䴓科	普通䴓	*Sitta europaea*	2014	+	野外考察见到；重庆大巴山自然保护区鸟类资源调查
254	雀形目	啄花鸟科	纯色啄花鸟	*Dicaeum concolor*	2009	+	原科考报告，2009
255	雀形目	花蜜鸟科	蓝喉太阳鸟	*Aethopyga gouldiae*	2014	++	野外考察见到；重庆大巴山自然保护区鸟类资源调查
256	雀形目	雀科	山麻雀	*Passer rutilans*	2009	++	原科考报告，2009；重庆大巴山自然保护区鸟类资源调查
257	雀形目	雀科	麻雀	*Passer montanus*	2014	++	野外考察见到；原科考报告，2009；重庆大巴山自然保护区鸟类资源调查
258	雀形目	梅花雀科	白腰文鸟	*Lonchura striata*	2009	+	原科考报告，2009；重庆大巴山自然保护区鸟类资源调查
259	雀形目	燕雀科	燕雀	*Fringilla montifringilla*	2009	+	原科考报告，2009
260	雀形目	燕雀科	暗胸朱雀	*Carpodacus nipalensis*	2009	+	原科考报告，2009

序号	目	科	中文种名	拉丁种名	最新发现时间/年	数量状况	数据来源
261	雀形目	燕雀科	普通朱雀	*Carpodacus erythrinus*	2009	+	原科考报告，2009；重庆大巴山自然保护区鸟类资源调查
262	雀形目	燕雀科	酒红朱雀	*Curpodacus vinaceus*	2015	+++	野外考察见到；重庆大巴山自然保护区鸟类资源调查
263	雀形目	燕雀科	褐灰雀	*Pyrrhula nipalensis*	2014	++	野外考察见到
264	雀形目	燕雀科	灰头灰雀	*Pyrrhula erythaca*	2015	+++	野外考察见到；重庆大巴山自然保护区鸟类资源调查
265	雀形目	燕雀科	金翅雀	*Carduelis sinica*	2015	+++	野外考察见到；重庆大巴山自然保护区鸟类资源调查
266	雀形目	鹀科	凤头鹀	*Melophus lathami*	2009	+	原科考报告，2009；重庆大巴山自然保护区鸟类资源调查
267	雀形目	鹀科	蓝鹀	*Latoucheornis siemsseni*	2009	+	原科考报告，2009；重庆大巴山自然保护区鸟类资源调查
268	雀形目	鹀科	戈氏岩鹀	*Emberiza godlewskii*	2009	++	原科考报告，2009；重庆大巴山自然保护区鸟类资源调查
269	雀形目	鹀科	三道眉草鹀	*Emberiza cioides*	2014	++	野外考察见到；重庆大巴山自然保护区鸟类资源调查
270	雀形目	鹀科	栗耳鹀	*Emberiza fucata*	2009	+	原科考报告，2009
271	雀形目	鹀科	小鹀	*Emberiza pusilla*	2009	+	原科考报告，2009；重庆大巴山自然保护区鸟类资源调查
272	雀形目	鹀科	黄眉鹀	*Emberiza chrysophrys*	2009	+	原科考报告，2009
273	雀形目	鹀科	黄喉鹀	*Emberiza elegans*	2009	+	原科考报告，2009；重庆大巴山自然保护区鸟类资源调查
274	雀形目	鹀科	黄胸鹀	*Emberiza aureola*	2009	+	原科考报告，2009
275	雀形目	鹀科	灰头鹀	*Emberiza spodocephala*	2009	+	原科考报告，2009；重庆大巴山自然保护区鸟类资源调查
276	有鳞目	壁虎科	多疣壁虎	*Gekko japonicus*	2009	++	原科考报告，2009；
277	有鳞目	鬣蜥科	丽纹攀蜥（丽纹龙蜥）	*Japalura splendida*	2008	++	2008 年照片；四川爬行类原色图鉴，赵尔宓，2002；重庆市两栖爬行动物分类分布名录，罗键，2012；重庆脊椎动物名录，程地芸，2002；原科考报告，2009
278	有鳞目	蜥蜴科	北草蜥	*Takydromus septentrionalis*	2012	+++	四川爬行类原色图鉴，赵尔宓，2002；重庆市两栖爬行动物分类分布名录，罗键，2012；重庆脊椎动物名录，程地芸，2002；原科考报告，2009
279	有鳞目	石龙子科	山滑蜥	*Scincella monticola*	2009	+	原科考报告，2009
280	有鳞目	石龙子科	铜蜓蜥	*Sphenomorphus indicus*	2002	+++	四川爬行类原色图鉴，赵尔宓，2002；重庆市两栖爬行动物分类分布名录，罗键，2012；重庆脊椎动物名录，程地芸，2002；原科考报告，2009
281	有鳞目	闪皮蛇科	黑脊蛇	*Achalinus spinalis*	2009	++	原科考报告，2009
282	有鳞目	游蛇科	翠青蛇	*Cyclophiops major*	2015	+++	2015 年照片；原科考报告，2009
283	有鳞目	游蛇科	黄链蛇	*Lycodon flavozonatus*（*Dinodon flavozonatum*）	2012	+	重庆市两栖爬行动物分类分布名录，罗键，2012；原科考报告，2009
284	有鳞目	游蛇科	赤链蛇	*Lycodon rufozonatum*（*Dinodon rufozonatum*）	2012	+++	重庆市两栖爬行动物分类分布名录，罗键，2012；原科考报告，2009
285	有鳞目	游蛇科	双斑锦蛇	*Elaphe bimaculata*	2012	+	重庆市原科考报告，2009；两栖爬行动物分类分布名录，罗键，2012
286	有鳞目	游蛇科	王锦蛇	*Elaphe carinata*	2008	+++	2008 照片；重庆市两栖爬行动物分类分布名录，罗键，2012；重庆市原科考报告，2009
287	有鳞目	游蛇科	玉斑蛇（玉斑锦蛇）	*Euprepiophis mandarinus*（*Elaphe mandarina*）	2015	++	2015 照片；四川爬行类原色图鉴，赵尔宓，2002；重庆市两栖爬行动物分类分布名录，罗键，2012；重庆脊椎动物名录，程地芸，2002；原科考报告，2009

续表

序号	目	科	中文种名	拉丁种名	最新发现时间/年	数量状况	数据来源
288	有鳞目	游蛇科	紫灰蛇（紫灰锦蛇）	*Oreocryptophis porphyraceus*（*Elaphe porphyracea*）	2012	＋＋＋	重庆市两栖爬行动物分类分布名录，罗键，2012；原科考报告，2009
289	有鳞目	游蛇科	黑眉晨蛇（黑眉锦蛇）	*Orthriophis taeniurus*（*Elaphe taeniurus*）	2012	＋＋＋	重庆市两栖爬行动物分类分布名录，罗键，2012；原科考报告，2009
290	有鳞目	游蛇科	大眼斜鳞蛇	*Pseudoxenodon macrops*	2014	＋＋	2014 照片/标本；重庆市两栖爬行动物分类分布名录，罗键，2012
291	有鳞目	游蛇科	颈槽蛇	*Rhabdophis nuchalis*	2015	＋＋＋	重庆市两栖爬行动物分类分布名录，罗键，2012；原科考报告，2009
292	有鳞目	游蛇科	虎斑颈槽蛇	*Rhabdophis tigrinus*	2012	＋＋＋	四川爬行类原色图鉴，赵尔宓，2002；重庆市两栖爬行动物分类分布名录，罗键，2012；原科考报告，2009
293	有鳞目	游蛇科	黑头剑蛇	*Sibynophis chinensis*	2002	＋＋	四川爬行类原色图鉴，赵尔宓，2002；原科考报告，2009
294	有鳞目	游蛇科	乌华游蛇	*Sinonatrix percarinata*	2012	＋＋＋	四川爬行类原色图鉴，赵尔宓，2002；重庆市两栖爬行动物分类分布名录，罗键，2012；重庆脊椎动物名录，程地芸，2002；原科考报告，2009
295	有鳞目	游蛇科	乌梢蛇	*Ptyas dhumnades*（*Zaocys dhumnades*）	2012	＋＋＋	四川爬行类原色图鉴，赵尔宓，2002；重庆市两栖爬行动物分类分布名录，罗键，2012；重庆脊椎动物名录，程地芸，2002；原科考报告，2009
296	有鳞目	眼镜蛇科	中华珊瑚蛇	*Sinomicrurus macclellandi*	2002	＋	四川爬行类原色图鉴，赵尔宓，2002；2015 年9 月大渝网新闻（巫溪县长桂乡）
297	有鳞目	蝰科	尖吻蝮	*Deinagkistrodon acutus*	2009	＋	原科考报告，2009
298	有鳞目	蝰科	短尾蝮	*Gloydius brevicaudus*	2012	＋＋＋	2008 年照片/标本；四川爬行类原色图鉴，赵尔宓，2002；重庆市两栖爬行动物分类分布名录，罗键，2012；重庆脊椎动物名录，程地芸，2002；原科考报告，2009
299	有鳞目	蝰科	菜花原矛头蝮	*Protobothrops jerdonii*	2014	＋＋	2014 年照片/标本；原科考报告，2009
300	有鳞目	蝰科	福建绿蝮（福建竹叶青蛇）	*Viridovipera stejnegeri*（*Trimeresurus stejnegeri*）	2014	＋	2014 年照片/标本；原科考报告，2009
301	有尾目	小鲵科	巫山巴鲵	*Liua shihi*			
302	有尾目	隐鳃鲵科	大鲵	*Andrias daviddianus*	2015	＋＋	2008、2014、2015 年照片和标本；中国两栖动物及其分布彩色图鉴，费梁，2012（巫山北鲵）；原科考报告 2009；重庆市两栖爬行动物分类分布名录，罗键，2012
303	无尾目	角蟾科	利川齿蟾	*Oreolalax lichuanensis*	2006	＋	四川两栖类原色图鉴，费梁，2001；重庆市的药用两栖爬行类，程地芸，1999；原科考报告2009；重庆市两栖爬行动物分类分布名录，罗键，2012；四川省脊椎动物名录及分布，第一卷，1982
304	无尾目	角蟾科	巫山角蟾	*Megophrys wushanensis*	2014	＋	2014 年照片和标本；原科考报告 2009
305	无尾目	蟾蜍科	中华蟾蜍华西亚种	*Bufo gargarizans andrewsi* Schmidt	2009	＋	原科考报告，2009
306	无尾目	蟾蜍科	中华蟾蜍指名亚种	*Bufo g.gargarizans* Cantor	2008	＋＋	2008 年照片和标本；重庆脊椎动物名录，程地芸，2002；中国两栖动物及其分布彩色图鉴，费梁，2012
307	无尾目	雨蛙科	无斑雨蛙	*Hyla immaculata*	2014	＋＋	2014 年照片和标本；原科考报告 2009；中国两栖动物及其分布彩色图鉴，费梁，2012；四川省脊椎动物名录及分布，第一卷，1982
308	无尾目	雨蛙科	华西雨蛙	*Hyla gongshanensis*	2012	＋	原科考报告，2009；重庆市两栖爬行动物分类分布名录，罗键，2012
309	无尾目	雨蛙科	秦岭雨蛙	*Hyla tsinlingensis*	2012	＋	原科考报告，2009；重庆市两栖爬行动物分类分布名录，罗键，2012

序号	目	科	中文种名	拉丁种名	最新发现时间/年	数量状况	数据来源
310	无尾目	蛙科	峨眉林蛙	*Rana omeimontis*	2012	++	原科考报告，2009；重庆市两栖爬行动物分类分布名录，罗键，2012
311	无尾目	蛙科	中国林蛙	*Rana chensinensis*	2012	+	中国两栖动物及其分布彩色图鉴，费梁，2012；原科考报告 2009；重庆市两栖爬行动物分类分布名录，罗键，2012
312	无尾目	蛙科	黑斑侧褶蛙	*Pelophylax nigromaculatus*	2014	+	2008、2014 年照片和标本；中国两栖动物及其分布彩色图鉴，费梁，2012；原科考报告，2009
313	无尾目	蛙科	沼蛙	*Boulengerana guentheri*	2006	++	四川两栖类原色图鉴，2001，费梁；重庆市的药用两栖爬行类，程地芸，1999；原科考报告 2009；重庆市两栖爬行动物分类分布名录，罗键，2012
314	无尾目	蛙科	花臭蛙	*Odorrana schmackeri*	2002	++	重庆脊椎动物名录，程地芸，2002；中国两栖动物及其分布彩色图鉴，费梁，2012；原科考报告，2009
315	无尾目	蛙科	南江臭蛙	*Odorrana nanjiangensis*	2012	++	中国两栖动物及其分布彩色图鉴，费梁，2012；原科考报告，2009
316	无尾目	叉舌蛙科	泽陆蛙	*Fejervarya multistriata*	2008	+	原科考报告，2009
317	无尾目	叉舌蛙科	隆肛蛙	*Feirana quadranus*	2012	+	四川两栖类原色图鉴，费梁，2001；中国两栖动物及其分布彩色图鉴，费梁，2012；原科考报告 2009；重庆市两栖爬行动物分类分布名录，罗键，2012
318	无尾目	树蛙科	斑腿泛树蛙	*Polypedates megacephalus*	2015	+	2008/2014/2015 照片/标本；四川两栖类原色图鉴，费梁，2001；中国两栖动物及其分布彩色图鉴，费梁，2012；原科考报告 2009；重庆市两栖爬行动物分类分布名录，罗键，2012；中国两栖动物及其分布彩色图鉴，费梁，2012
319	无尾目	姬蛙科	合征姬蛙	*Microhyla mixtura*	2009	++	原科考报告，2009
320	鲤形目	条鳅科	红尾荷马条鳅	*Homatula variegata*	2016	++	原科考报告，2009；2016 年采到标本
321	鲤形目	条鳅科	短体荷马条鳅	*Homatula potanini*	2008	+	原科考报告，2009
322	鲤形目	鲤科	宽鳍鱲	*Zacco platypus*	2016	++	原科考报告，2009；2016 年采到标本
323	鲤形目	鲤科	马口鱼	*Opsariichthys bidens*	2016	++	原科考报告，2009；2016 年采到标本
324	鲤形目	鲤科	唇䱻	*Hemibarbus labeo*	2008	+	原科考报告，2009
325	鲤形目	鲤科	银鮈	*Squalidus argentatus*	2008	+	原科考报告，2009
326	鲤形目	鲤科	白甲鱼	*Onychostoma simum*	2008	+	原科考报告，2009
327	鲤形目	鲤科	泸溪直口鲮	*Rectoris luxiensis*	2008	+	原科考报告，2009
328	鲤形目	鲤科	云南盘鮈	*Discogobio yunnanensis*	2016	+	原科考报告，2009；2016 年采到标本
329	鲤形目	鲤科	中华裂腹鱼	*Schizothorax sinensis*	2008	++	原科考报告，2009
330	鲤形目	爬鳅科	峨眉后平鳅	*Metahomaloptera omeiensis*	2016	+	原科考报告，2009；2016 年采到标本
331	鲇形目	鲿科	瓦氏拟鲿	*Pseudobagrus vachellii*	2008	+	原科考报告，2009
332	鲇形目	鲿科	光泽拟鲿	*Pseudobagrus nitidus*	2008	+	原科考报告，2009
333	鲇形目	鲿科	切尾拟鲿	*Pseudobagrus truncatus*	2016	++	原科考报告，2009；2016 年采到标本
334	鲇形目	鮡科	中华纹胸鮡	*Glyptothorax sinensis*	2008	+	原科考报告，2009

附图1 重庆阴条岭国家级自然保护区景观和植被图片

重庆第一峰——阴条岭

最具视觉冲击大峡谷——兰英大峡谷

森林生态系统

森林生态系统

河流生态系统

草原生态系统

草原生态系统

落叶阔叶林

落叶阔叶林

针阔混交林

针叶林

落叶阔叶灌丛

华山松林

巴山冷杉林

化香树林

野核桃林

湖北山楂灌丛

栓皮栎林

栲树林

火棘林

箬竹丛

附图 2 重庆阴条岭国家级自然保护区大型真菌图片

干小皮伞 *Marasmius siccus*

红拟迷孔菌 *Daedaleopsis rubescens*

黄枝珊瑚菌 *Ramaria flava*

棱柄马鞍菌 *Helvella lacunosa*

毛柄金钱菌 *Flammulina velutipes*

毛头鬼伞 *Coprinus comatus*

蜜环菌 *Armillaria mellea*

云芝栓孔菌 *Trametes versicolor*

附图 3 重庆阴条岭国家级自然保护区维管植物图片

红豆杉 *Taxus chinensis*

珙桐 *Davidia involucrata*

连香树 *Cercidiphyllum japonicum*

水青树 *Tetracentron sinense*

巴山榧 *Torreya fargesii*

金钱槭 *Dipteronia sinensis*

八角莲 *Dysosma versipelle*

川党参 *Codonopsis tangshen*

穿心莛子藨 *Triosteum himalayanum*

湖北海棠 *Malus hupehensis*

莲叶点地梅 *Androsace henryi*

毛肋杜鹃 *Rhododendron angustinii*

牛耳朵 *Chirita eburnea*

七叶鬼灯檠 *Rodgersia aesculifolia*

七叶一枝花 *Paris polyphylla*

青荚叶 *Helwingia japonica*

中华花荵 *Polemonium chinense*

疏花蛇菰 *Balanophora laxiflora*

巫溪虾脊兰 *Calanthe wuxiensis*

火烧兰 *Epipactis helleborine*

巫溪铁线莲 *Clematis wuxiensis*

湖北花楸 *Sorbus hupehensis*

附图4 重庆阴条岭国家级自然保护区动物图片

巫山巴鲵 *Liua shihi*

中华蟾蜍华西亚种 *Bufo gargarizans andrewsi*

菜花原矛头蝮 *Protobothrops jerdonii*

丽纹攀蜥 *Japalura splendida*

白领凤鹛 *Yuhina diademata*

灰头鸫 *Turdus rubrocanus*

北红尾鸲 *Phoenicurus auroreus*

大麻鳽 *Botaurus stellaris*

黑短脚鹎 *Hypsipetes madagascariensis*

红腹锦鸡 *Chrysolophus pictus*

酒红朱雀 *Carpodacus vinaceus*

黄腹山雀 *Parus venustulus*

金雕 *Aquila chrysaetos*

复齿鼯鼠 *Trogopterus xanthipes*

红白鼯鼠 *Petaurista alborufus*

黄喉貂 *Martes flavigula*

岩松鼠 *Sciurotamias davidianus*

喜马拉雅斑羚 *Naemorhedus goral*

鬣羚 *Capricornis sumatraensis*

狍 *Capreolus pygargus*

小麂 *Muntiacus reevesi*

野猪 *Sus scrofa*

林麝 *Moschus berezovskii*（涂宏宾摄）